大学数学科学丛书 26

代数导引

（第二版）

万哲先 著

科学出版社

北京

内 容 简 介

本书将抽象代数导引和线性代数初步揉合在一起，并详细地阐述了有限域的结构，有限域上二次型的合同标准形，以及有限域上多项式的因式分解. 本书的编写贯穿了从具体到抽象及具体演算和严格推导并重这两个原则.

本书内容覆盖了大学及师范院校抽象代数、线性代数以及高等代数这三门课程的教学内容，可用作教材，亦可作自学之用.

图书在版编目(CIP)数据

代数导引／万哲先著. —2版. —北京：科学出版社，2010

(大学数学科学丛书；26)

ISBN 978-7-03-026381-0

Ⅰ.代… Ⅱ.万… Ⅲ.① 代数-高等学校-教材 Ⅳ.① O15

中国版本图书馆CIP数据核字(2010)第006979号

责任编辑：王丽平／责任校对：陈玉凤
责任印制：吴兆东／封面设计：陈 敬

科学出版社 出版
北京东黄城根北街16号
邮政编码：100717
http://www.sciencep.com

北京虎彩文化传播有限公司 印刷
科学出版社发行 各地新华书店经销
*

2004年5月第 一 版 开本：B5(720×1000)
2010年2月第 二 版 印张：25 1/4
2022年4月第七次印刷 字数：488 000

定价：148.00元

(如有印装质量问题，我社负责调换)

怀念华罗庚教授(1910—1985)

和段学复教授(1914—2005)

怀念华罗庚教授(1910—1985)

和段学复教授(1914—2005)

作 者 简 介

万哲先祖籍湖北沔阳(今仙桃市)，1927 年生于山东淄川(今淄博市)，1948 年毕业于清华大学，毕业后留校任助教，1950 年调入中国科学院工作，1978 年起任研究员.

万哲先的主要研究兴趣是代数及其应用，组合论和编码，特别是典型群、矩阵几何、有限几何、李代数、移位寄存器序列、设计和编码. 他出版了 22 册图书，其中包括《典型群》(与华罗庚合著)、《李代数》、《有限几何与不完全区组设计的一些研究》(与戴宗铎、冯绪宁、阳本傅合著)、《代数和编码》、《非线性移位寄存器》(与戴宗铎、刘木兰、冯绪宁合著)、《Kac-Moody 代数导引》、《有限域上典型群的几何学》(英文版)、《矩阵几何》(英文版)、《有限典型群子空间轨道生成的格》(与霍元极合著)、《四元码》(英文版)、《有限域与 Galois 环》(英文版)、《设计理论》(英文版)等.

《大学数学科学丛书》序

按照恩格斯的说法，数学是研究现实世界中数量关系和空间形式的科学.从恩格斯那时到现在，尽管数学的内涵已经大大拓展了，人们对现实世界中的数量关系和空间形式的认识和理解已今非昔比，数学科学已构成包括纯粹数学及应用数学内含的众多分支学科和许多新兴交叉学科的庞大的科学体系，但恩格斯的这一说法仍然是对数学的一个中肯而又相对来说易于为公众了解和接受的概括，科学地反映了数学这一学科的内涵. 正由于忽略了物质的具体形态和属性、纯粹从数量关系和空间形式的角度来研究现实世界，数学表现出高度抽象性和应用广泛性的特点，具有特殊的公共基础地位，其重要性得到普遍的认同.

整个数学的发展史是同人类物质文明和精神文明的发展史交融在一起的.作为一种先进的文化，数学不仅在人类文明的进程中一直起着积极的推动作用，而且是人类文明的一个重要的支柱. 数学教育对于启迪心智、增进素质、提高全人类文明程度的必要性和重要性已得到空前普遍的重视. 数学教育本质是一种素质教育；学习数学，不仅要学到许多重要的数学概念、方法和结论，更要着重领会到数学的精神实质和思想方法. 在大学学习高等数学的阶段，更应该自觉地去意识并努力体现这一点.

作为面向大学本科生和研究生以及有关教师的教材，教学参考书或课外读物的系列，本丛书将努力贯彻加强基础、面向前沿、突出思想、关注应用和方便阅读的原则，力求为各专业的大学本科生或研究生（包括硕士生及博士生）走近数学科学、理解数学科学以及应用数学科学提供必要的指引和有力的帮助，并欢迎其中相当一些能被广大学校选用为教材，相信并希望在各方面的支持及帮助下，本丛书将会愈出愈好.

李大潜

2003 年 12 月 27 日

序　言

本书是根据作者 1976 年 3 月出版的《代数和编码》一书中代数部分(即第一、二、五章)增补、改写而成. 该书曾于 1980 年出版修订版, 并多次重印, 现在已出第三版. 这次增补、改写, 主要是将原书第一章“抽象代数的基本概念和有限域的结构”拆成第一、三、四章并增写了第二章、第三章 3.4 节和第四章 4.4 节. 同时将原书第二章“线性代数初步”拆成第五、七、八章并增写了第六章、第七章 7.3 节和第九章. 其余章节也有一些小的增补和改动, 不再一一列举. 增补、改写的目的是希望这本书能成为大学和师范院校数学系抽象代数和线性代数(或高等代数)这两门课程的教材或教学参考书, 因此增补了这两门课程教学大纲中没有包括在《代数和编码》一书中的一些内容.

《代数和编码》一书是当时为工程技术人员编写的, 因此在编写时力求从具体实例出发, 引出抽象概念, 强调计算而不只偏重理论推导. 这次增补、改写也贯穿了上述两个原则. 因此本书仍适合工程技术人员阅读. 采用这两个原则来编书, 对于在学的大学生也是有益的, 他们不会认为代数只是抽象概念和理论推导的堆积, 通过具体实例引出代数概念, 可以深刻领会它们的涵义, 通过例题的演算也可以学会代数计算的技巧和明了理论推导的线索.

这本书的另一个特点是用较大的篇幅来讨论有限域和有限域上的多项式, 这主要是因为它们有许多重要的工程技术应用, 同时学习抽象代数一方面应该把它们落实到复数域、实数域、有理数域和整数环等这一些常见的代数结构, 另一方面也可以落实到有限域. 这对理解和掌握抽象代数是有帮助的.

这本书的第一、二、三、四、六章可以作为抽象代数的教材, 它的第五、七、八、九章可以作为线性代数的教材. 其实这两部分内容在本书中是有机地贯穿在一起的. 因此也可以把抽象代数和线性代数合并成一门代数课, 而连贯地采用这本书的前九章作为教材.

这本书前九章还包括了教学大纲以外的一些内容, 这些材料可以有选择地作为学生的课外阅读材料, 读了可以开宽眼界, 启发思路.

第十章(即原书第五章)应该是计算代数的内容之一, 为了工程技术人员的需要仍把它保留下来. 计算代数还应该包括 Gröbner 基、Sturm 定理、计算群论等内容. 计算代数的重要性日益明显, 希望不久的将来它能成为大专院校数学系的必修课.

这本书的增补、改写得到了河北北方学院霍元极、寇福来教授的大力帮助和推动. 他们花了不少精力、心血和时间, 积极地和作者讨论应该增添改写哪些内容并协助作者编写, 还将本书用CCT排版系统输入到计算机里. 没有他们的帮助和推动, 本书是很难完成的. 谨向他们致以衷心的感谢.

作者还要感谢山东理工大学和范跃进教授, 他们为作者提供了良好的生活环境和优越的工作条件, 使作者能在山东张店山东理工大学的校园里完成本书的编写. 张店是作者童年生活和学习的地方, 1932~1936 年作者曾在张店生活了 4 年, 并就读于胶济铁路张店小学. 作者对张店和胶济铁路张店小学怀有深厚的感情, 每次乘火车路过张店都要下车在月台上漫步, 凝视张店的草木和建筑, 目睹张店的发展和进步, 并回忆过去在张店的生活和学习. 作者愿以此书来寄托对它们的怀念.

万哲先

2003 年 5 月于山东张店

第二版前言

在这一版里改正了第一版的一些排印错误，有的错误是霍元极教授和张鸿燕先生指出来的，作者谨向他们致谢. 这一版还增加了以下内容：复数域、实数域和有理数域上的多项式，对称多项式的基本定理，行列式诸性质的证明，结式，Witt 定理的一个推广，等等. 这使得本书第一、二、四、五、六、七、八、九章中符合高等代数教学大纲的内容也适宜作为高等代数课程的教本或教学参考书，第三、十两章可作为课外阅读材料.

万哲先

2009 年 10 月 15 日于北京

目　　录

预备知识

我们先介绍阅读本书所需要的一些预备知识：首先给出集合和映射这两个基本概念，然后介绍整数的因数分解.

0.1 集合和映射

集合和映射是近代数学中的两个基本概念，我们在下面对它们作一扼要的介绍.

所谓集合 就是指作为整体来考察的一堆东西. 例如，有理数的全体就组成一个集合，实数的全体也组成一个集合. 我们用 $\mathbb{Q}$ 表示全体有理数组成的集合，用 $\mathbb{R}$ 表示全体实数组成的集合，而用 $\mathbb{Z}_p$ 表示由 $0, 1, 2, \cdots, p-1$ 组成的集合. 组成集合的成员叫做这个集合的*元素*. 我们用

$$a \in M$$

表示 a 是集合 M 的元素，读作 *a属于M*; 用

$$a \notin M$$

表示 a 不是集合 M 的元素，读作 *a不属于M*.

通常有两种办法给出一个集合，一种是列举出它的全部元素，一种是给出这个集合的元素所具有的特征性质. 譬如，$\mathbb{Z}_p$ 是由 $0, 1, 2, \cdots, p-1$ 这 p 个元素组成的集合，记作

$$\mathbb{Z}_p = \{0, 1, 2, \cdots, p-1\},$$

这就是列举出 $\mathbb{Z}_p$ 的全部元素. 又如 $\mathbb{Q}[\sqrt{2}\,]$ 是由一切形如

$$a + b\sqrt{2}$$

的实数组成的集合，其中 a 和 b 是有理数，记作

$$\mathbb{Q}[\sqrt{2}\,] = \{a + b\sqrt{2} \colon a, b \in \mathbb{Q}\},$$

这就是给出 $\mathbb{Q}[\sqrt{2}\,]$ 中元素的特征性质. 括号 $\{\cdots\}$ 中的符号 “:” 之前的 $a + b\sqrt{2}$ 表明 $\mathbb{Q}[\sqrt{2}\,]$ 中元素的形状, 但 a, b 究竟是什么则由符号 “ : ” 之后的性质 $a, b \in \mathbb{Q}$ 来说明.

为了处理问题方便，我们引进空集合 的概念. 我们把空集合看作是不包含任何元素的集合，并记作 $\emptyset$. 其他的集合叫做*非空集合*. 因此，非空集合就是确实包含元素的集合.

我们用 $|M|$ 表示集合 M 所包含元素的个数，称之为*集合 M 的基数*. 如果 $|M|$ 是一个有限数，我们就说 M 是一个*有限集*. 我们把空集合看作是含 0 个元素的有限集，即 $|\emptyset| = 0$. 如果 M 不是有限集，我们就把它叫做*无限集*.

如果两个集合 M 与 N 含有完全相同的元素，即 $a \in M$ 当且仅当 $a \in N$, 那么就说这两个集合**相等**, 记作

$$M = N.$$

如果集合 M 的元素都是集合 N 的元素，即从 $a \in M$ 可以推出 $a \in N$, 那么就说 M 是 N 的**子集合**(简称**子集**), 记作

$$M \subset N \quad 或 \quad N \supset M.$$

例如，设 $\mathbb{Q}, \mathbb{R}$ 和 $\mathbb{C}$ 分别是有理数集、实数集和复数集. 那么 $\mathbb{Q} \subset \mathbb{R}, \mathbb{R} \subset \mathbb{C}$. 根据定义，每个集合都是它自己的子集合. 我们还规定，空集是任一集合的子集合.

设 M 是一个集合， N 是 M 的一个子集合. 我们用 $M \setminus N$ 表示由 M 中不属于 N 的那些元素所组成的集合，即

$$M \setminus N = \{a : a \in M \text{ 而 } a \notin N\}.$$

$M \setminus N$ 称为集合 N 在 M 中的**余集**. 例如，如果 $\mathbb{Z}$ 是全体整数所组成的集合，$2\mathbb{Z}$ 是全体偶数 (包含 0) 组成的集合，那么 $\mathbb{Z} \supset 2\mathbb{Z}$, 并且 $\mathbb{Z} \setminus 2\mathbb{Z}$ 是由全体奇数组成的集合.

设 M 和 N 是两个集合. 由既属于 M 又属于 N 的全体元素所组成的集合叫做 M 和 N 的**交**, 记作

$$M \cap N,$$

即

$$M \cap N = \{a : a \in M \text{ 且 } a \in N\}.$$

例如，当 M 是全体偶数组成的集合，而 N 是全体小于 7 的正整数所组成的集合时，

$$M \cap N = \{2, 4, 6\}.$$

对于任意两个集合，显然有

$$M \cap N \subset M, \quad M \cap N \subset N.$$

仍设 M 和 N 是两个集合. 由属于集合 M 或属于集合 N 的全体元素所组成的集合叫做 M 和 N 的**并**, 记作

$$M \cup N.$$

例如，

$$\{1, 2, 3, 4\} \cup \{2, 4, 5\} = \{1, 2, 3, 4, 5\}.$$

显然有

$$M \cup N \supset M, \quad M \cup N \supset N.$$

集合的交和并这两个概念可以推广到任意多个（有限多个或无限多个）集合的情形. 设 I 是一个足码集合. 又设对于每个 $\alpha \in I$, 都有一个集合 M_α. 那么，由属于每一个 $M_\alpha(\alpha \in I)$ 的元素的全体所组成的集合叫做这些 M_α 的**交**, 记作

$$\cap_{\alpha\in I}M_\alpha.$$

同样，由属于任何一个 $M_\alpha(\alpha\in I)$ 的元素的全体组成的集合叫做这些 M_α 的*并*，记作

$$\cup_{\alpha\in I}M_\alpha.$$

显然有

$$\cap_{\alpha\in I}M_\alpha\subset M_\alpha,\quad 对任一\ \alpha\in I,$$

$$\cup_{\alpha\in I}M_\alpha\supset M_\alpha,\quad 对任一\ \alpha\in I.$$

下面再介绍映射的概念.

设 M 和 M' 是两个集合. 所谓从集合 M 到集合 M' 的一个*映射*，是指一个对应规则，它使 M 中每一个元素 a 都有 M' 中一个确定的元素 a' 与它对应. 有时我们也把从集合 M 到 M' 的一个映射叫做定义在 M 上而在 M' 中取值的一个*函数*.

我们用记号

$$\sigma: M\longrightarrow M'$$

表示 σ 是从集合 M 到 M' 的一个*映射*. 如果在映射 σ 下，元素 $a'\in M'$ 与元素 $a\in M$ 对应，就记作

$$\sigma: a\longmapsto a'$$

或

$$\sigma(a)=a'.$$

我们把 a' 叫做 a 在映射 σ 之下的*像*，而 a 叫做 a' 在映射 σ 之下的一个*原像*. a' 在 σ 之下的全体原像的集合记作 $\sigma^{-1}(a')$，即

$$\sigma^{-1}(a')=\{a\in M:\sigma(a)=a'\},$$

并称之为 a' 在映射 σ 之下的*完全原像*. 更一般地，设 N' 是 M' 的一个子集合，我们用 $\sigma^{-1}(N')$ 来表示由 M 中的那些在 σ 之下的像为 N' 的元素的全体元素所组成的集合，即

$$\sigma^{-1}(N')=\{a\in M:\sigma(a)\in N'\},$$

并称之为 N' 在映射 σ 之下的*完全原像*.

设 σ 是从集合 M 到 M' 的一个映射. 我们用 $\sigma(M)$ 表示在映射 σ 之下，M 中所有元素的像组成的集合，即

$$\sigma(M)=\{\sigma(a):a\epsilon M\}.$$

显然

$$\sigma(M)\subset M'.$$

如果 $\sigma(M)=M'$, 映射 σ 就叫做是一个满射. 如果在映射 σ 之下, M 中不同元素的像也一定不同, 即由 $a_1, a_2\in M$ 而 $a_1\neq a_2$ 一定有 $\sigma(a_1)\neq\sigma(a_2)$, 我们就说 σ 是一个单射. 既是单射又是满射的映射叫做双射.

设 M 是一个集合. 将 M 的每一个元素都映到它自身的映射

$$a\longmapsto a,\quad a\in M$$

叫做集合 M 的恒等映射, 记作 1_M, 在不致引起混淆的情况下, 也可以简单地记作 1. 显然, 恒等映射是一个双射.

我们举几个例子来说明上面的概念.

例 0.1 $M=\{1,2,3,4\}, M'=\{1',2',3'\}$. 定义 $\sigma(1)=\sigma(2)=1'$, $\sigma(3)=\sigma(4)=3'$. 映射 σ 不是满射, 因为 $2'$ 没有原像. σ 也不是单射, 因为 1 和 2 的像相同, 3 和 4 的像相同. 此外, $\sigma^{-1}(1')=\{1,2\}$, $\sigma^{-1}(\{1',2'\})=\{1,2\}$, 并且 $\sigma^{-1}(\{1',3'\})=\sigma^{-1}(M')=M$. □

例 0.2 M 是全体整数的集合 $\mathbb{Z}$, 而 M' 是全体非负整数的集合. 定义从 M 到 M' 的一个映射 σ:

$$\sigma(a)=|a|,\quad a\in M.$$

那么 σ 是满射, 但不是单射. □

例 0.3 设 M 是全体正整数的集合 $\mathbb{N}$, 而

$$M'=\{x, x^2, x^3,\cdots\},$$

即 M' 是未定元 x 的全体正幂次的集合. 定义从 M 到 M' 的一个映射 σ:

$$\sigma(n)=x^n,\quad n\in M.$$

那么 σ 既是满射又是单射, 因而是一个双射. □

现在, 设 σ 是从集合 M 到集合 M' 的一个映射, 而 σ' 是从 M' 到集合 M'' 的一个映射. 我们定义 σ 和 σ' 的合成映射, 记作 $\sigma'\circ\sigma$, 它是从 M 到 M'' 的一个映射, 其对应规则是

$$\begin{aligned}\sigma'\circ\sigma: M&\longrightarrow M''\\ a&\longmapsto\sigma'(\sigma(a)).\end{aligned}$$

例 0.4 设 $M=M'=M''=\mathbb{Z}$, σ 是映射

$$\begin{aligned}\sigma:\ \mathbb{Z}&\longrightarrow\mathbb{Z}\\ a&\longmapsto a^3,\end{aligned}$$

σ' 是映射

$$\begin{aligned}\sigma':\ \mathbb{Z}&\longrightarrow\mathbb{Z}\\ a&\longmapsto a^2.\end{aligned}$$

那么

$$\begin{aligned}\sigma'\circ\sigma:\ \ \mathbb{Z} &\longrightarrow \ \mathbb{Z}\\ a &\longmapsto \ a^6.\end{aligned}$$ □

另外，如果 σ'' 是从 M'' 集合 M''' 的一个映射，那么

$$\sigma''\circ(\sigma'\circ\sigma)=(\sigma''\circ\sigma')\circ\sigma.$$

事实上，对任 $a\in M$, 我们有

$$(\sigma''\circ(\sigma'\circ\sigma))(a)=\sigma''((\sigma'\circ\sigma)(a))=\sigma''(\sigma'(\sigma(a))),$$

$$((\sigma''\circ\sigma')\circ\sigma)(a)=(\sigma''\circ\sigma')(\sigma(a))=\sigma''(\sigma'(\sigma(a))).$$

设 σ: $M\to M'$ 是从集合 M 到集合 M' 的一个映射，而 $N\subset M$. 定义一个从 N 到 M' 的映射，记作 $\sigma|_N$, 它的对应规则是

$$\begin{aligned}\sigma|_N:N&\to M'\\ a\ &\mapsto\sigma(a)\end{aligned}$$

于是 $\sigma|_N(a)=\sigma(a)$ 对一切 $a\in N$. $\sigma|_N$ 叫做映射 σ 在 N 上的*限制*.

设 S 是一非空集合. 用 $S\times S$ 来表示 S 中元素的有序对 $(a,b),a,b\in S$, 组成的集合，即

$$S\times S=\{(a,b):a,b\in S\},$$

并把 $S\times S$ 叫做 S 与它自身的*笛卡儿积*. 再设 $R=\{0,1\}$. 从 $S\times S$ 到 R 的一个映射

$$\begin{aligned}\sim:\ \ S\times S &\longrightarrow\ R\\ (a,b)&\longmapsto\ \sim(a,b)\end{aligned}$$

也叫做 S 上的一个*关系*. 当 $\sim(a,b)=1$ 时，就说 a 和 b 有关系 $\sim$, 并记作 $a\sim b$; 当 $\sim(a,b)=0$ 时，就说 a 和 b 没有关系 $\sim$, 并记作 $a\nsim b$. 例如，设 $S=\mathbb{R}$, 在 $\mathbb{R}$ 上如下定义一个关系 $<$:

$$<(a,b)=1\quad \text{当且仅当}\quad a<b,$$

$$<(a,b)=0\quad \text{当且仅当}\quad a\geqslant b.$$

设 $\sim$ 是 S 上的一个关系. $\sim$ 叫做 S 上的一个*等价关系*, 如果它适合下面三个条件:

1. $a\sim a$ 对所有 $a\in S$. (自反性)
2. 从 $a\sim b$ 推出 $b\sim a$. (对称性)
3. 从 $a\sim b$ 和 $b\sim c$ 推出 $a\sim c$. (传递性)

例0.5 设 $S=\mathbb{Z}$. 对于任意两个整数 a 和 b, 定义

$$a \sim b \text{ 当且仅当 } a, b \text{ 有相同的奇偶性.}$$

显然这样定义的 $a \sim b$ 是 $\mathbb{Z}$ 上的一个等价关系. □

设 $\sim$ 是非空集 S 上的一个等价关系. S 的非空子集 T 叫做一个 *等价类*, 如果对 T 中任意两个元素 a, b 都有 $a \sim b$, 而且对任意 $c \in S$, 如果 $c \sim a$ 对某个 $a \in T$ 就有 $c \in T$.

设 S 是一个非空集, 而 I 是一个足码集. S 的一组非空子集 $S_\alpha (\alpha \in I)$ 叫 S 的一个 *分拆*, 如果 $\cup_{\alpha \in I} S_\alpha = S$ 而且当 $\alpha \neq \beta$ 时 $S_\alpha \cap S_\beta = \emptyset$.

现在我们要证明非空集上的任一等价关系都给出这个集合分成等价类的一个分拆, 而且非空集的任一分拆都可定义这个集合上的一个等价关系, 如果当 a, b 属于这分拆的同一个子集时就定义 $a \sim b$.

定理0.1 *设 $\sim$ 是非空集 S 上的一个等价关系. 对任意 $a \in S$ 定义 $S_a = \{x \in S : a \sim x\}$. 那么 S_a 是一个等价类而且对任意两个元素 $a, b \in S$ 或者 $S_a \cap S_b = \emptyset$ 或者 $S_a = S_b$. 进一步 S 有一个子集 I 使得 $S_a \cap S_b = \emptyset$ 对 I 中任意两个不同的元素 a, b 而且 $\cup_{a \in I} S_a = S$, 即 $\{S_a : a \in I\}$ 是 S 分成等价类的一个分拆而且对任意两个元素 $a, b \in S$, $a \sim b$ 当且仅当 $a, b \in S_c$ 对某个 $c \in I$.*

证明 首先对任意 $a \in S$ 都有 $a \sim a$, 因此 $a \in S_a$, S_a 非空. 其次我们证明对 S_a 中任意两个不同的元素 b, c 都有 $b \sim c$. 根据 S_a 的定义, 有 $a \sim b$ 和 $a \sim c$. 根据 $\sim$ 的对称性, 从 $a \sim b$ 推出 $b \sim a$. 根据传递性, 从 $b \sim a$ 和 $a \sim c$ 推出 $b \sim c$. 我们再证明对任意 $d \in S$, 从 $d \sim b$ 对某个 $b \in S_a$ 推出 $d \in S_a$. 实际上, 从 $d \sim b$ 推出 $b \sim d$ 而 $b \in S_a$ 的意思是 $a \sim b$. 根据传递性, 从 $a \sim b$ 和 $b \sim d$ 推出 $a \sim d$. 因此 $d \in S_a$. 这证明了 S_a 是一个等价类.

假定 $S_a \cap S_b \neq \emptyset$. 我们先证明 $a \sim b$. 设 $c \in S_a \cap S_b$. 那么 $a \sim c$ 和 $b \sim c$. 但是从 $b \sim c$ 推出 $c \sim b$, 而从 $a \sim c$ 和 $c \sim b$ 推出 $a \sim b$. 对任意 $x \in S_b$ 有 $b \sim x$, 那么从 $a \sim b$ 和 $b \sim x$ 推出 $a \sim x$, 于是 $x \in S_a$. 类似地, 从 $x \in S_a$ 推出 $x \in S_b$. 这证明了 $S_a = S_b$.

任选 $a \in S$, 都有一个等价类 S_a. 如果 $S_a = S$, 就令 $I = \{a\}$. 如果 $S_a \neq S$, 就有 $b \in S \setminus S_a$ 而 $S_a \cap S_b = \emptyset$. 令 I 是 S 的一个子集使得 $S_a \cap S_b = \emptyset$ 对 I 中任意两个不同的元素 a, b, 而且是具有此性质的最大的一个子集. 显然 $\cup_{a \in I} S_a = S$. 于是 $\{S_a : a \in I\}$ 是 S 分成等价类的一个分拆. 进一步, 不难证明, 对任意两个不同的元素 $a, b \in S$, $a \sim b$ 当且仅当 $a, b \in S_c$ 对某个 $c \in I$. □

反过来, 我们有

定理0.2 *设 S 是一个非空集, 而 $\{S_\alpha : \alpha \in I\}$ 是 S 的一个分拆, 这里 I 是一个足码集. 对任意 $a, b \in S$ 定义 $a \sim b$ 当且仅当 a 和 b 属于同一个 S_γ 对某个 $\gamma \in I$. 那么 $\sim$ 是 S 上的一个等价关系而对任意 $\alpha \in I$, 从 $a \in S_\alpha$ 推出 $S_\alpha = S_a = \{x \in S : a \sim x\}$.*

证明留作习题.

0.2 整数的分解

用 $\mathbb{Z}$ 表示全体整数 (正整数、负整数和 0) 的集合. 我们知道在 $\mathbb{Z}$ 中可以进行加法和乘法运算, 并且 $\mathbb{Z}$ 对于这两种运算是封闭的.

我们先来复习一下 $\mathbb{Z}$ 中的带余除法.

定理0.3 设 a 和 b 是两个整数, 而 $b \neq 0$. 那么存在唯一的一对整数 q 和 r, 使得

$$a = qb + r, \quad 0 \leqslant r < |b|, \tag{0.1}$$

式中 $|b|$ 表示 b 的绝对值.

证明 先证明存在性. 如果 $a = 0$, 就取 $q = r = 0$. 对于 $a > 0$, 我们对 a 作数学归纳法来证明. 如果 $a < |b|$, 就取 $q = 0$, $r = a$; 如果 $a \geqslant |b|$, 令 $a_1 = a - |b|$. 那么 $0 \leqslant a_1 < a$. 根据归纳法假设, 有整数 q_1 和 r_1 存在, 使得

$$a_1 = q_1 b + r_1, \quad 0 \leqslant r_1 < |b|.$$

把 a_1 代入前一个等式后再进行变换, 我们得到

$$a = q_1 b + |b| + r_1, \quad 0 \leqslant r_1 < |b|.$$

如果 $b > 0$, 就令 $q = q_1 + 1$; 如果 $b < 0$, 就令 $q = q_1 - 1$. 在这两种情形我们取 $r = r_1$, 那么 (0.1) 成立.

剩下要考虑 $a < 0$ 的情形. 这时 $-a > 0$. 由上面的讨论, 存在 q_1 和 r_1

$$-a = q_1 b + r_1, \quad 0 \leqslant r_1 < |b|.$$

那么 $a = -q_1 b - r_1$. 当 $r_1 = 0$ 时, 取 $q = -q_1$, $r = 0$, 那么 (0.1) 成立. 下设 $r_1 \neq 0$. 如果 $b > 0$, 就令 $q = -(q_1 + 1)$ 和 $r = b - r_1$; 如果 $b < 0$, 就令 $q = -(q_1 - 1)$ 和 $r = -b - r_1$. 在这两种情形, 都有 (0.1) 成立.

再证明唯一性. 假定存在 q, r 使得 (0.1) 成立, 并且存在 q', r' 使得

$$a = q'b + r', \quad 0 \leqslant r' < |b|. \tag{0.2}$$

不妨设 $r' \geqslant r$, 由 (0.1) 减去 (0.2), 我们得

$$(q - q')b + r - r' = 0,$$

或等价地,

$$(q - q')b = r' - r \geqslant 0.$$

但 $r' - r \leqslant r' < |b|$. 于是 $|q - q'| \cdot |b| = r' - r < |b|$. 这就推出 $q = q'$, 因而 $r = r'$. □

(0.1) 式叫做用 b 去除 a 的带余除法算式. 由于 q 和 r 由 a 和 b 唯一确定, 因此可以记

$$r = (a)_b.$$

当 $r = 0$ 时, 我们就说 b 是 a 的因数, 或 a 是 b 的倍数, 也说 a 被 b 所整除, 或 b 整除 a, 并用符号

$$b|a$$

来表示. 我们还用符号 $b\nmid a$ 表示 b 不整除 a. 显然, 如果 b 是 a 的因数, 而 $a\neq 0$, 那么有

$$|b|\leqslant |a|.$$

设 a, b, c 都是整数, 而 $c\neq 0$. 如果 c 既是 a 的因数, 又是 b 的因数, 我们就说 c 是 a 和 b 的**公因数**. 当 a 和 b 不全等于 0 时, a 和 b 的公因数中就有一个最大的; 我们把 a 和 b 的公因数中最大的那一个叫做 a 和 b 的**最大公因数**, 并用符号

$$\gcd(a, b)$$

来表示. 显然, $\gcd(a, b)>0$. 当 a 和 b 都等于 0 时, 那么任何一个整数都是它们的公因数, 这时 a 和 b 没有最大公因数, 因此符号 $\gcd(0, 0)$ 没有意义.

设 a 和 b 都是不等于 0 的整数. 我们来复习一下求 $\gcd(a, b)$ 的**辗转相除法**. 假定 $|a|>|b|$. 根据带余除法算式, 依次有

$$a=q_1b+r_1,\quad 0<r_1<|b|, \tag{0.3}$$

$$b=q_2r_1+r_2,\quad 0<r_2<r_1, \tag{0.4}$$

$$r_1=q_3r_2+r_3,\quad 0<r_3<r_2, \tag{0.5}$$

$$\cdots\cdots$$

$$r_{n-3}=q_{n-1}r_{n-2}+r_{n-1},\quad 0<r_{n-1}<r_{n-2}, \tag{0.6}$$

$$r_{n-2}=q_nr_{n-1}+r_n,\qquad 0<r_n<r_{n-1}, \tag{0.7}$$

$$r_{n-1}=q_{n+1}r_n, \tag{0.8}$$

那么

$$\gcd(a, b)=r_n.$$

事实上, 由 (0.8) 式知 $r_n|r_{n-1}$, 再由 (0.7) 式知 $r_n|r_{n-2}$, 再由 (0.6) 式知 $r_n|r_{n-3}, \cdots$, 如此继续下去, 最后由 $r_n|r_1$ 和 $r_n|b$ 及 (0.3) 式知 $r_n|a$. 因此 r_n 是 a 和 b 的一个公因数. 反过来, 假设 d 是 a 和 b 的一个公因数, 即 $d|a, d|b$. 那么由 (0.3) 式知 $d|r_1$. 再由 (0.4) 式知 $d|r_2$, 再由 (0.5) 式知 $d|r_3, \cdots$, 如此继续下去, 最后由 $d|r_{n-2}$ 和 $d|r_{n-1}$ 及 (0.7) 式知 $d|r_n$. 因此 $r_n=\gcd(a, b)$.

进一步, 可将 (0.3) 至 (0.7) 式改写成

$$r_1=a+(-q_1)b, \tag{0.9}$$

$$r_2=b+(-q_2)r_1, \tag{0.10}$$

$$r_3=r_1+(-q_3)r_2, \tag{0.11}$$

$$\cdots\cdots$$

$$r_{n-1}=r_{n-3}+(-q_{n-1})r_{n-2}, \tag{0.12}$$

$$r_n=r_{n-2}+(-q_n)r_{n-1}. \tag{0.13}$$

(0.13) 式是说 r_n 是 r_{n-2} 和 r_{n-1} 的整数系数的线性组合. 将 (0.12) 式代入 (0.13) 式，得

$$r_n = (-q_n)r_{n-3} + (1 + q_n q_{n-1})r_{n-2}.$$

这就是说，r_n 是 r_{n-3} 和 r_{n-2} 的整数系数的线性组合. 如此继续下去，就可以将 a 和 b 的最大公因数 r_n 表示成 a 和 b 的整数系数的线性组合，即

$$r_n = ca + db,$$

其中 c 和 d 都是整数. 从上面这个式子立刻推出 a 和 b 的任一公因数都是 r_n 的因数. 我们证明了

定理 0.4 设 a 和 b 都是不等于 0 的整数. 那么 a 和 b 的最大公因数 $\gcd(a, b)$ 可以表示成 a 和 b 的整数系数的线性组合，而且 a 和 b 的任一公因数都是 $\gcd(a, b)$ 的因数.

对于不全等于 0 的两个整数，定理 0.4 显然也成立. 譬如，设 $a = 0, b \neq 0$，那么 $\gcd(a, b) = |b| = 0 \cdot a + (|b|/b)b$ 而 $|b|/b = \pm 1$.

例 0.6 设 $|a| = 49, |b| = 36$. 由带余除法，依次得到下面的一系列算式

$$\begin{aligned}
49 &= 1 \cdot 36 + 13, & 13 &< 36,\\
36 &= 2 \cdot 13 + 10, & 10 &< 13,\\
13 &= 1 \cdot 10 + 3, & 3 &< 10,\\
10 &= 3 \cdot 3 + 1, & 1 &< 3,\\
3 &= 3 \cdot 1.
\end{aligned}$$

这表明

$$\gcd(49, 36) = 1.$$

将前四个式子改写成

$$\begin{aligned}
13 &= 49 - 1 \cdot 36,\\
10 &= 36 - 2 \cdot 13,\\
3 &= 13 - 1 \cdot 10,\\
1 &= 10 - 3 \cdot 3.
\end{aligned}$$

将第三式右方代入第四式中的后一个 3, 再将所得算式中的 10 用第二式右方代入，最后将所得算式中的 13 用第一式右方代入，得

$$\begin{aligned}
1 &= 10 - 3 \cdot (13 - 1 \cdot 10)\\
&= (-3) \cdot 13 + 4 \cdot 10\\
&= (-3) \cdot 13 + 4 \cdot (36 - 2 \cdot 13)\\
&= 4 \cdot 36 + (-11) \cdot 13\\
&= 4 \cdot 36 + (-11) \cdot (49 - 1 \cdot 36)\\
&= (-11) \cdot 49 + 15 \cdot 36,
\end{aligned}$$

即

$$1=(-11)\cdot 49+15\cdot 36.$$ □

当 a 和 b 的最大公因数是 1 时，即当 $\gcd(a, b)=1$ 时，我们就说 a 和 b **互素**. 例如，根据刚才的计算，我们知道 49 和 36 互素. 当 a 和 b 互素时，即当 $\gcd(a, b)=1$ 时，根据上面的讨论可知，1 可以表示成 a 和 b 的整数系数的线性组合，即

$$1=ca+db,$$

其中 c 和 d 都是整数.

设 a 和 b 都是不等于 0 的整数. 如果整数 c 既是 a 的倍数，又是 b 的倍数，我们就说 c 是 a 和 b 的**公倍数**. 显然，$|ab|$ 是 a 和 b 的一个正的公倍数. 因此 a 和 b 的正的公倍数中一定有一个最小的；我们把 a 和 b 的正的公倍数中最小的那一个叫做 a 和 b 的**最小公倍数**, 并用符号

$$\operatorname{lcm}[a, b]$$

来表示.

显然，对于任意有限多个不全等于 0 的整数 $a_1, a_2, \cdots, a_n$, 也可定义它们的公因数和最大公因数. 我们说 c 是它们的一个公因数，如果 c 是每一个 $a_i\,(i=1, 2, \cdots, n)$ 的因数；而它们的公因数中最大的那一个就叫它们的最大公因数，并用符号

$$\gcd(a_1, a_2, \cdots, a_n)$$

来表示.

对于任意有限多个都不等于 0 的整数 $a_1, a_2, \cdots, a_n$, 也可定义它们的公倍数和最小公倍数. 我们说 b 是它们的一个公倍数, 如果 b 是每一个 $a_i\,(i=1, 2, \cdots, n)$ 的倍数；而它们的正的公倍数中最小的那一个就叫它们的最小公倍数，并用符号

$$\operatorname{lcm}[a_1, a_2, \cdots, a_n]$$

来表示.

根据定义，显然有

$$\begin{aligned}
\gcd(a_1, a_2, \cdots, a_n) &= \gcd(a_1, (a_2, \cdots, a_n)) \\
&= \gcd(a_1, (a_2, \cdots (a_{n-1}, a_n) \cdots)), \\
\operatorname{lcm}[a_1, a_2, \cdots, a_n] &= \operatorname{lcm}[a_1, \operatorname{lcm}[a_2, \cdots, a_n]] \\
&= \operatorname{lcm}[a_1, \operatorname{lcm}[a_2, \cdots, \operatorname{lcm}[a_{n-1}, a_n] \cdots]].
\end{aligned}$$

设 p 是一个大于 1 的整数. 我们说 p 是一个**素数**, 如果 p 的正因数只有 1 和 p. 不是素数的大于 1 的整数叫做**复合数**. 我们知道，素数的个数无限. 为了求出 $\leqslant$ 某一给定的正整数的所有素数，可以利用**筛法**. 譬如要求出 $\leqslant 100$ 的所有素数，可先将从 2 到 100 的整数依序列出：

2	3	~~4~~	5	~~6~~	7	~~8~~	~~9~~	~~10~~	11	~~12~~	13	~~14~~
~~15~~	~~16~~	17	~~18~~	19	~~20~~	~~21~~	~~22~~	23	~~24~~	~~25~~	~~26~~	~~27~~
~~28~~	29	~~30~~	31	~~32~~	~~33~~	~~34~~	~~35~~	~~36~~	37	~~38~~	~~39~~	~~40~~
41	~~42~~	43	~~44~~	~~45~~	~~46~~	47	~~48~~	~~49~~	~~50~~	~~51~~	~~52~~	53
~~54~~	~~55~~	~~56~~	~~57~~	~~58~~	59	~~60~~	61	~~62~~	~~63~~	~~64~~	~~65~~	~~66~~
67	~~68~~	~~69~~	~~70~~	71	~~72~~	73	~~74~~	~~75~~	~~76~~	~~77~~	~~78~~	79
~~80~~	~~81~~	~~82~~	83	~~84~~	~~85~~	~~86~~	~~87~~	~~88~~	89	~~90~~	~~91~~	~~92~~
~~93~~	~~94~~	~~95~~	~~96~~	97	~~98~~	~~99~~	~~100~~					

2 是其中最小的一个数，2 是一个素数. 把 2 挑选出来，然后把 2 的倍数 (不包括 2 本身) 都划去. 剩下的没有划去的比 2 大的数里，3 是最小的一个数，3 是一个素数. 把 3 挑选出来，然后把剩下的数中 3 的倍数 (不包括 3 本身) 都划去. 如此继续下去，直到剩下的没有划去的也没有挑选出来的数里 11 是最小的一个数时为止. 因为 $\leqslant 100$ 的复合数一定有一个素因数 $\leqslant \sqrt{100}=10$, 所以这时剩下的数就都是素数. 这样就得到了 $\leqslant 100$ 的素数表：

2	3	5	7	11	13	17	19	23	29	31	37	41
43	47	53	59	61	67	71	73	79	83	89	97	

所谓的*算术基本定理*如下：

定理0.5 *任何大于 1 的整数都可以表示成一些素数的乘积. 如果不计这些素数在乘积中排列的先后顺序，那么这种表示法是唯一的.*

证明 (第一部分) 设 n 是个大于 1 的整数. 如果 n 是素数，n 自然是素数的乘积，即 $n=n$. 如果 n 不是素数，那么 n 的大于 1 的因数中有一个最小的. 设这个最小的是 p_1. 因 p_1 的因数也是 n 的因数，所以 p_1 一定是素数. 设

$$n=p_1n_1,\quad 1<n_1<n.$$

若 n_1 是素数，则 n 已表示成素数之积. 若 n_1 不是素数，令 p_2 是 n_1 的大于 1 的因数中那个最小的，则 p_2 一定是素数. 设

$$n=p_1p_2n_2,\quad 1<n_2<n_1<n.$$

如此继续下去，我们得到一个递减的正整数序列

$$n>n_1>n_2>\cdots>1.$$

上述分解过程不可能超过 n 次，故最后必得

$$n=p_1p_2\cdots p_r,$$

其中 $p_1, p_2, \cdots, p_r$ 都是素数. 这就证明了算术基本定理的第一部分.

为了证明定理的第二部分, 先证明下面这个引理.

引理0.6 设 p 是一个素数. 如果 $p|ab$, 其中 a 和 b 都是整数, 那么 $p|a$ 或 $p|b$.

证明 如果 $p\nmid a$, 那么 $\gcd(p,a)=1$. 于是存在整数 c, d, 使得

$$1=cp+da.$$

将上式两边都乘以 b, 得

$$b=bcp+dab.$$

因 $p|ab$, 所以 $p|b$. 因此引理成立. □

从引理 0.6 立刻推出: 设 p 是个素数, 且 $p|a_1a_2\cdots a_m$, 那么 $p|a_1$, 或 $p|a_2$, $\cdots$, 或 $p|a_m$.

定理 0.5 的证明(第二部分) 设 n 是一个大于 1 的整数, 并假定有两种方法把 n 表示成素数的乘积:

$$n=p_1p_2\cdots p_r=q_1q_2\cdots q_s, \tag{0.14}$$

其中 $p_1, p_2, \cdots, p_r$ 和 $q_1, q_2, \cdots, q_s$ 都是素数. 我们对 r 用数学归纳法来证明表示法的唯一性.

当 $r=1$ 时, $n=p_1$ 是素数. 因此 $s=1, n=p_1=q_1$. 这时表示法唯一.

现在假定对于任何大于 1 的整数, 如果它可以表示成 $r-1$ 个素数的乘积, 那么表示法唯一. 我们来证将 n 表示成素数之积的表示法唯一. 我们有 $p_1|n$, 那么 $p_1|q_1q_2\cdots q_s$. 因此根据引理 0.6, $p|q_1$, 或 $p_1|q_2$, $\cdots$, 或 $p_1|q_s$. 重新排列 $q_1, q_2, \cdots, q_s$ 之后, 可设 $p_1|q_1$. 因 p_1, q_1 都是素数, 所以 $p_1=q_1$, 于是从 (0.14) 式推出

$$p_2p_3\cdots p_r=q_2q_3\cdots q_s.$$

根据归纳法假设, 一定有 $r-1=s-1$, 并且重排 $q_2, q_3, \cdots, q_s$ 之后, 一定有 $p_2=q_2, p_3=q_3, \cdots, p_r=q_r$. 这证明了把 n 表示成素数乘积的方法, 如不计这些素数在乘积中的先后次序, 是唯一的. □

根据算术基本定理, 任何一个不等于 0 的整数 a 都可以表示成下面的形状

$$a=\pm p_1^{e_1}p_2^{e_2}\cdots p_r^{e_r}, \tag{0.15}$$

其中 $p_1, p_2, \cdots, p_r$ 是两两不同的素数, $e_1, e_2, \cdots, e_r$ 是正整数, 而 "+" 号或 "−" 号分别视 $a>0$ 或 $a<0$ 而定.

(0.15) 式叫做整数 a 的素因数分解式.

设 $a, b, \cdots, c$ 是有限多个不等于 0 整数. 将它们表示成

$$a=\pm\, p_1^{e_1}p_2^{e_2}\cdots p_m^{e_m},$$

$$b=\pm\, p_1^{f_1}p_2^{f_2}\cdots p_m^{f_m},$$

$$\cdots\cdots$$

$$c=\pm\, p_1^{g_1}p_2^{g_2}\cdots p_m^{g_m},$$

其中 $p_1, p_2, \cdots, p_m$ 是两两不同的素数, $e_i, f_i, g_i (i=1, 2, \cdots, m)$ 都是 $\geqslant 0$ 的整数. 那么 $a, b, \cdots, c$ 的最大公因数 $\gcd(a, b, \cdots, c)$ 和最小公倍数 $\operatorname{lcm}[a, b, \cdots, c]$ 分别是

$$\begin{aligned}&\gcd(a, b, \cdots, c)\\&= p_1^{\min\{e_1,f_1,\cdots,g_1\}} p_2^{\min\{e_2,f_2,\cdots,g_2\}} \cdots p_m^{\min\{e_m,f_m,\cdots,g_m\}}\end{aligned} \tag{0.16}$$

和

$$\begin{aligned}&\operatorname{lcm}[a, b, \cdots, c]\\&= p_1^{\max\{e_1,f_1,\cdots,g_1\}} p_2^{\max\{e_2,f_2,\cdots,g_2\}} \cdots p_m^{\max\{e_m,f_m,\cdots,g_m\}},\end{aligned} \tag{0.17}$$

其中 $\min\{e_i, f_i, \cdots, g_i\}$ 和 $\max\{e_i, f_i, \cdots, g_i\}$ 分别表示 $e_i, f_i, \cdots, g_i$ 中最小的一个数和最大的一个数. 从 (0.16) 式和 (0.17) 式立刻可以推出: 对于任意两个正整数 a 和 b, 总有

$$\gcd(a, b)\operatorname{lcm}[a, b] = ab. \tag{0.18}$$

习　题

0.1 设 M, N 和 P 是集合 S 的子集. 证明以下分配律

$$M \cap (N \cup P) = (M \cap N) \cup (M \cap P),$$

$$M \cup (N \cap P) = (M \cup N) \cap (M \cup P).$$

0.2 设 M, N_1 和 N_2 是集合 S 的子集, 并假设 $M \subset N_1 \cup N_2$. 证明

$$M = (M \cap N_1) \cup (M \cap N_2).$$

0.3 设 M 和 N 是集合 S 的子集. 证明

$$S \setminus (M \cup N) = (S \setminus M) \cap (S \setminus N),$$

$$S \setminus (M \cap N) = (S \setminus M) \cup (S \setminus N).$$

0.4 设 M, N, N_1 和 N_2 都是 S 的子集. 定义

$$M \backslash N = \{a \in S : a \in M \text{ 而 } a \notin N\}.$$

证明:

i) $M \backslash N = M \cap (S \backslash N)$,

ii) $M \backslash N = \emptyset$当且仅当$M \subseteq N$,

iii) $M \backslash (N_1 \cup N_2) = (M \backslash N_1) \cap (M \backslash N_2)$,

iv) $M \backslash (N_1 \cap N_2) = (M \backslash N_1) \cup (M \backslash N_2)$.

0.5 设 S 是一个有限集, 而 σ 是 S 到自身的一个映射. 证明: σ 是单射当且仅当它是满射. 举例说明, 当 S 是无限集时, 上述命题不一定成立.

0.6 证明定理 0.2.

0.7 求 gcd(187, 221), 并将它表示成 187 和 221 的整数系数的线性组合.

0.8 对于 gcd(6188, 4709), 要求同上.

0.9 设 $a_1, a_2, \cdots, a_r$ 是 r 个不等于 0 的整数，并假定 $\gcd(a_1, a_2, \cdots, a_r) = d$. 证明存在整数 $c_1, c_2, \cdots, c_r$, 使得

$$d = c_1a_1 + c_2a_2 + \cdots + c_ra_r.$$

0.10 证明公式 (0.16) 和 (0.17).

0.11 证明公式 (0.18).

第 1 章　域和多项式

代数一般被认为是研究代数结构性质的理论. 群、环、域、模是四个基本的代数结构 . 1832 年伽罗瓦 (Galois) 为了得到代数方程用根式可解的充分必要条件，引进了群和域这两个代数结构. 在这一章里我们将对域进行专门的研究. 首先，在 1.1 节中我们从读者所熟悉的有理数域 $\mathbb{Q}$ 、实数域 $\mathbb{R}$ 和复数域 $\mathbb{C}$ 出发归纳出域的概念. 然后，作为一个例子，构造了有限域 $\mathbb{Z}_p$. 我们构造有限域的方法比较形式，这是因为我们想避免同余类环这一比较复杂的概念，因而直接在 $\mathbb{Z}_p$ 中引进模 p 加法和模 p 乘法. 在 1.2 节中，我们介绍了域的特征、素域和域的同构等几个重要的概念. 在 1.3 节讨论系数在一个域中的多项式. 最后，在 1.4 节讨论系数在复数域 $\mathbb{C}$ 、实数域 $\mathbb{R}$ 和有理数域 $\mathbb{Q}$ 中的多项式.

1.1　域 的 概 念

我们从有理数开始讨论. 我们不是考察一个一个的有理数，而是考察有理数的全体所组成的集合. 我们用 $\mathbb{Q}$ 来表示这个集合. 我们知道，在 $\mathbb{Q}$ 中可以进行加法、减法、乘法和除法四则运算，即给定两个有理数 a 和 b, 可以对它们进行加法运算，得到的和 $a+b$ 也是个有理数；可以对它们进行减法运算，得到它们的差 $a-b$ 也是个有理数；可以对它们进行乘法运算，得到它们的积 ab 也是个有理数；如果 $b\neq 0$ 的话，那么它们的商 $\frac{a}{b}$ 也是个有理数. 我们还知道，差可以表示成和的形状，即若用 $-b$ 表示 b 的相反数 (即适合条件 $b+(-b)=0$ 的数 $-b$), 那么 $a-b=a+(-b)$, 这样 a 和 b 的差就表示成了 a 和 $-b$ 的和. 同样，商也可以表示成积的形状，即当 $b\neq 0$ 时，如果用 b^{-1} 表示 b 的倒数 (即 b^{-1} 适合条件 $bb^{-1}=1$), 那么 $\frac{a}{b}=ab^{-1}$, 这样 a 被 b 除所得的商就表示成了 a 与 b^{-1} 的积. 因此，在有理数的四则运算中，加法和乘法这两种运算是更为基本的.

我们都知道，$\mathbb{Q}$ 中的加法和乘法这两种运算满足以下运算规则：

I.1　对任意 $a, b\in\mathbb{Q}$, 有

$$a+b=b+a. \qquad \text{(加法交换律)}$$

I.2　对任意 $a, b, c\in\mathbb{Q}$, 有

$$(a+b)+c=a+(b+c). \qquad \text{(加法结合律)}$$

I.3　$\mathbb{Q}$ 中有一个数 0, 具有性质

$$a+0=0+a=a, \text{ 对所有的} a\in\mathbb{Q}.$$

I.4　对任意 $a\in\mathbb{Q}$, $\mathbb{Q}$ 中有一个与它相反的数 $-a$, 使得

$$a+(-a)=(-a)+a=0.$$

II.1　对任意 $a, b\in\mathbb{Q}$, 有

$$ab=ba. \qquad \text{(乘法交换律)}$$

II.2 对任意 $a, b, c \in \mathbb{Q}$, 有

$$(ab)c = a(bc). \quad \text{(乘法结合律)}$$

II.3 $\mathbb{Q}$ 中有一个数 1, 具有性质

$$a1 = 1a = a, \text{ 对所有的} a \in \mathbb{Q}.$$

II.4 对任意 $a \in \mathbb{Q}$ 而 $a \neq 0$, $\mathbb{Q}$ 中有它的倒数 a^{-1}, 具有性质

$$aa^{-1} = a^{-1}a = 1.$$

III 对任意 $a, b, c \in \mathbb{Q}$, 有

$$\begin{aligned} a(b+c) &= ab + ac, \\ (b+c)a &= ba + ca. \end{aligned} \quad \text{(分配律)}$$

上面这些运算规则中, I 是关于加法的, II 是关于乘法的, I 和 II 完全是平行的, III 是说乘法对于加法来说是分配的.

我们再考察全体实数所组成的集合，并把这个集合记作 $\mathbb{R}$. 我们知道，在 $\mathbb{R}$ 中也可以进行加法运算和乘法运算：任意给定两个实数 a 和 b, 它们的和 $a+b$ 是个实数，它们的积 ab 也是个实数，而且 $\mathbb{R}$ 中加法运算和乘法运算也满足上面的运算规则 I, II, III, 当然要把其中的 $\mathbb{Q}$ 改成 $\mathbb{R}$.

现在，我们来考察全体复数所组成的集合，我们把这个集合记作 $\mathbb{C}$. 在 $\mathbb{C}$ 中也可以进行加法运算和乘法运算：对任意的 $a, b \in \mathbb{C}$, 它们的和 $a+b$ 与积 ab 也都是复数，而且 $\mathbb{C}$ 中的加法运算和乘法运算也满足上面举出的运算规则 I, II, III, 当然要把其中的 $\mathbb{Q}$ 改成 $\mathbb{C}$.

从上面这些例子，我们就可以抽象出“域”的概念.

定义 1.1 设 F 是一个非空集合，F 的成员叫做*元素*. 假定在 F 中规定了加法和乘法这两种运算，即对于 F 中任意两个元素 a 和 b, 可以对它们进行加法运算和乘法运算，把加法运算的结果记作 $a+b$, 叫做它们的*和*; 把乘法运算的结果记作 ab, 叫做它们的*积*. 我们还要求 F 中任意两个元素的和与积仍是 F 中的元素 (这个性质通常称为 F 对于加法运算和乘法运算是*封闭的*). 我们说 F 对于所规定的加法运算和乘法运算是一个*域*, 如果以下运算规则都成立：

I.1 对任意 $a, b \in F$, 有

$$a + b = b + a. \quad \text{(加法交换律)}$$

I.2 对任意 $a, b, c \in F$, 有

$$(a+b)+c = a+(b+c). \quad \text{(加法结合律)}$$

I.3 F 中有一个元素，把它记作 0, 具有性质

$$a + 0 = a, \text{ 对所有的} a \in F.$$

I.4 对任意 $a \in F$, F 中有一个元素，把它记作 $-a$, 具有性质

$$a + (-a) = 0.$$

II.1 对任意 $a, b \in F$, 有

$$ab = ba. \qquad \text{(乘法交换律)}$$

II.2 对任意 $a, b, c \in F$, 有

$$(ab)c = a(bc). \qquad \text{(乘法结合律)}$$

II.3 F 中有一个 $\neq 0$ 的元素，把它记作 e, 具有性质

$$ae = a, \text{ 对所有的} a \in F.$$

II.4 对任意 $a \in F$ 而 $a \neq 0$, F 中有一个元素，把它记作 a^{-1}, 具有性质

$$aa^{-1} = e.$$

III 对任意 $a, b, c \in F$, 有

$$a(b+c) = ab + ac. \qquad \text{(分配律)}$$

值得注意的是，在定义 1.1 中，因为假设了加法交换律 I.1 成立，所以在 I.3 中我们仅仅要求 $a+0=a$, 而略去了 $0+a=a$ 这一要求. 从 I.1 和 $a+0=a$ 可以推出 $0+a=a$. 同理，我们在 I.4 中只要求 $a+(-a)=0$, 而略去了 $(-a)+a=0$ 这一要求. 因为乘法交换律 II.1 成立，所以在 II.3 中只要求 $ae=a$ 而略去了 $ea=a$ 这一要求；在 II.4 中只要求 $aa^{-1}=e$, 而略去了 $a^{-1}a=e$ 这一要求；在Ⅲ中也略去了 $(b+c)a=ba+ca$ 这一要求.

基于定义 1.1 并根据前面的分析，我们可以说，所有有理数组成的集合 $\mathbb{Q}$ 对于有理数的加法和乘法运算来说是一个域，叫做*有理数域*; 所有实数组成的集合 $\mathbb{R}$ 对于实数的加法和乘法运算来说是一个域，叫做*实数域*; 所有复数组成的集合 $\mathbb{C}$ 对于复数的加法和乘法运算来说也是一个域，叫做*复数域*. 我们知道， $\mathbb{R}$ 是 $\mathbb{C}$ 的子集，而 $\mathbb{R}$ 中的加法和乘法运算即是把 $\mathbb{R}$ 中的元素看作 $\mathbb{C}$ 中元素所作的加法运算和乘法运算. 这时我们说 $\mathbb{R}$ 是 $\mathbb{C}$ 的*子域*. 一般地，我们有下面的定义.

定义 1.2 设 F 是一个域，而 F_0 是 F 的一个非空子集. 如果 F_0 对于 F 中的加法运算和乘法运算来说也是一个域，这就是说， F_0 中任意两个元素按 F 中加法运算和乘法运算进行运算所得的和与积仍是 F_0 中的元素，而且 F 中的加法运算和乘法运算对于 F_0 来说也满足定义 1.1 中的运算规则 I, II, III, 那么我们就说 F_0 是 F 的一个*子域*.

值得注意的是，设 F 是一个域， F_0 是 F 的一个非空子集，如果 F_0 对于 F 中的加法运算和乘法运算封闭，那么要验证 F_0 是 F 的子域，只要验证 I.3, I.4, II.3, II.4 在 F_0 中成立就行了，因为这时 I.1, I.2, II.1, II.2 和 III 在 F_0 中自然成立.

根据定义 1.2, 我们可以说 $\mathbb{R}$ 是 $\mathbb{C}$ 的子域， $\mathbb{Q}$ 也是 $\mathbb{C}$ 的子域， $\mathbb{Q}$ 还是 $\mathbb{R}$ 的子域.

为了搞清楚域的概念，下面我们再举几个例子.

例 1.1 考察所有形如

$$a + b\sqrt{2}, \quad a, b \in \mathbb{Q}$$

的实数所组成的集合，把这个集合记作 $\mathbb{Q}[\sqrt{2}]$. 我们规定 $\mathbb{Q}[\sqrt{2}]$ 中两个元素的和与积分别是它们作为实数的和与积. 我们来验证 $\mathbb{Q}[\sqrt{2}]$ 对于实数的加法运算和乘法运算是一个域，因而是 $\mathbb{R}$ 的一个子域. 首先，设 $a+b\sqrt{2}, c+d\sqrt{2}\in\mathbb{Q}[\sqrt{2}]$, 那么

$$(a+b\sqrt{2})+(c+d\sqrt{2})=(a+c)+(b+d)\sqrt{2},$$

$$(a+b\sqrt{2})(c+d\sqrt{2})=(ac+2bd)+(ad+bc)\sqrt{2}.$$

显然， $a+c, b+d, ac+2bd, ad+bc\in\mathbb{Q}$. 因此 $\mathbb{Q}[\sqrt{2}]$ 对于加法运算和乘法运算是封闭的. 其次，还要验证 $\mathbb{Q}[\sqrt{2}]$ 中的加法运算和乘法运算满足运算规则 I.3, I.4, II.3, II.4.

显然 $0=0+0\sqrt{2}\in\mathbb{Q}[\sqrt{2}]$, 并且对一切 $a+b\sqrt{2}\in\mathbb{Q}[\sqrt{2}]$, 有 $(a+b\sqrt{2})+0=a+b\sqrt{2}$. 因此 II.3 成立. 再者，对任意 $a+b\sqrt{2}\in\mathbb{Q}[\sqrt{2}]$, 有 $(-a)+(-b)\sqrt{2}\in\mathbb{Q}[\sqrt{2}]$, 使得

$$(a+b\sqrt{2})+((-a)+(-b)\sqrt{2})=0.$$

因此 I.4 也成立.

可以平行地证明 II.3 和 II.4 也成立，只要注意到 $1=1+0\sqrt{2}\in\mathbb{Q}[\sqrt{2}]$; 而当 $a+b\sqrt{2}\in\mathbb{Q}[\sqrt{2}]$, $a+b\sqrt{2}\neq 0$ 时，$a^2-2b^2\neq 0$. 因此

$$\frac{a}{a^2-2b^2}-\frac{b}{a^2-2b^2}\sqrt{2}\in\mathbb{Q}[\sqrt{2}],$$

而且

$$(a+b\sqrt{2})\left(\frac{a}{a^2-2b^2}-\frac{b}{a^2-2b^2}\sqrt{2}\right)=1.$$

这就证明了 $\mathbb{Q}[\sqrt{2}]$ 是 $\mathbb{R}$ 的一个子域. □

例1.2 考察所有形如

$$a+b\sqrt[3]{2},\quad a,b\in\mathbb{Q}$$

的实数所组成的集合，并把这个集合记作 S. 如果规定 S 中两个元素的和与积分别是它们作为实数的和与积，那么 S 不是域，因为 S 对于乘法运算不封闭. 例如

$$\sqrt[3]{2}\sqrt[3]{2}=\sqrt[3]{4}$$

就不是形如 $a+b\sqrt[3]{2}\ (a,b\in\mathbb{Q})$ 的实数.

但是，如果考察所有形如

$$a+b\sqrt[3]{2}+c\sqrt[3]{4},\quad a,\ b,\ c\in\mathbb{Q}$$

的实数所组成的集合，把这个集合记作 $\mathbb{Q}[\sqrt[3]{2}]$, 并规定 $\mathbb{Q}[\sqrt[3]{2}]$ 中两个元素的和与积分别是它们作为实数的和与积，可以验证 $\mathbb{Q}[\sqrt[3]{2}]$ 是一个域. 请读者自己验证一下. □

例1.3 考察全体整数(正、负整数和 0) 的集合，并把这个集合记作 $\mathbb{Z}$. 显然 $\mathbb{Z}$ 对于整数的加法运算和乘法运算是封闭的，而且 $\mathbb{Z}$ 中加法运算和乘法运算满足运算规则 I.1, I.2, I.3, I.4, II.1, II.2, II.3 和 III. 但在 $\mathbb{Z}$ 中 II.4 不成立. 譬如， 2 和任意整数的乘积都不等于 1. 因此 $\mathbb{Z}$ 不是域. □

无论是 $\mathbb{C}$, $\mathbb{R}$, $\mathbb{Q}$ 还是 $\mathbb{Q}[\sqrt{2}]$, $\mathbb{Q}[\sqrt[3]{2}]$, 它们的元素的个数都是无限的. 但在有些场合，我们会遇到元素个数有限的域. 我们有

定义1.3 设 F 是一个域. 如果 F 的元素个数无限， F 就叫*无限域*; 如果 F 的元素个数有限， F 就叫*有限域*或*伽罗瓦域*.

我们举一个有限域的例子. 下面我们经常要用到关于整数分解的一些性质. 不熟悉这部分内容的读者请先阅读本书的 0.2 节.

例1.4 设 p 是一个给定的素数. 令 $\mathbb{Z}_p$ 表示所有 $<p$ 的非负整数所组成的集合，即

$$\mathbb{Z}_p=\{0, 1, 2, \cdots, p-1\}.$$

显然，按照通常的整数加法运算和乘法运算， $\mathbb{Z}_p$ 不是域，因为 $\mathbb{Z}_p$ 对于通常的整数加法和乘法运算都不封闭. 下面我们将用另外的方法来规定 $\mathbb{Z}_p$ 中的加法和乘法运算使得 $\mathbb{Z}_p$ 成为一个域.

我们回忆在 0.2 节引进的一个记号：设 a 和 b 是两个整数，而 $b\neq 0$. 再设用 b 去除 a 所得的商是 q, 余数是 r, 即

$$a=qb+r, \quad 0\leqslant r<|b|.$$

我们知道, q 和 r 由 a 和 b 唯一确定. 我们记

$$r=(a)_b.$$

现在设 $a, b\in\mathbb{Z}_p$. 我们按下式来规定 a 与 b 的和 (把它记作 $a\oplus b$) 与积 (把它记作 $a\odot b$):

$$a\oplus b=(a+b)_p,$$

$$a\odot b=(ab)_p.$$

我们常把 $\mathbb{Z}_p$ 中的加法 $\oplus$ 叫做模 p 加法，把 $\mathbb{Z}_p$ 中的乘法 $\odot$ 叫做模 p 乘法. 我们来验证 $\mathbb{Z}_p$ 对于如上规定的加法和乘法运算是一个域.

首先，显然有

$$0\leqslant (a+b)_p<p, \quad 0\leqslant (ab)_p<p.$$

因此 $\mathbb{Z}_p$ 对于模 p 加法和模 p 乘法是封闭的.

其次，我们要验证如上规定的 $\mathbb{Z}_p$ 中的模 p 加法和模 p 乘法满足运算规则 I, II, III.

先证 I.1 和 II.1 成立. 对任意 $a, b \in \mathbb{Z}_p$, 我们有

$$a + b = b + a,\ ab = ba.$$

因此

$$(a + b)_p = (b + a)_p,\ (ab)_p = (ba)_p,$$

即

$$a \oplus b = b \oplus a,\ a \odot b = b \odot a.$$

在验证 I.2 和 II.2 之前, 我们先证明下面的引理.

引理 1.1 设 a_1, a_2, b 都是整数而 $b \neq 0$. 则 $(a_1)_b = (a_2)_b$ 当且仅当 $b|(a_1 - a_2)$.

证明 由带余除法, 可以设

$$a_1 = q_1 b + (a_1)_b, \quad 0 \leqslant (a_1)_b < |b|,$$

$$a_2 = q_2 b + (a_2)_b, \quad 0 \leqslant (a_2)_b < |b|.$$

那么

$$a_1 - a_2 = (q_1 - q_2)b + (a_1)_b - (a_2)_b. \tag{1.1}$$

如果 $b|(a_1 - a_2)$, 那么由 (1.1) 式可推出 $b|((a_1)_b - (a_2)_b)$. 因 $0 \leqslant (a_1)_b, (a_2)_b < |b|$, 所以有 $0 \leqslant |(a_1)_b - (a_2)_b| < |b|$. 因此一定有 $(a_1)_b = (a_2)_b$.

反过来, 当 $(a_1)_b = (a_2)_b$ 时, 由 (1.1) 式显然有 $b|(a_1 - a_2)$. □

由引理 1.1, 我们可以得到

引理 1.2 设 a_1, a_2, b 都是整数而 $b \neq 0$. 那么①

$$(a_1 \pm a_2)_b = ((a_1)_b \pm (a_2)_b)_b, \tag{1.2}$$

$$(a_1 a_2)_b = ((a_1)_b (a_2)_b)_b. \tag{1.3}$$

证明 首先注意, 对于任意整数 a, 根据带余除法, 我们可以写

$$a = qb + (a)_b,\ 0 \leqslant (a)_b < |b|.$$

因此

$$b|(a - (a)_b).$$

特别地, 因为

$$(a_1 \pm a_2) - ((a_1)_b \pm (a_2)_b) = (a_1 - (a_1)_b) \pm (a_2 - (a_2)_b)$$

和

$$a_1 a_2 - (a_1)_b (a_2)_b = a_1 (a_2 - (a_2)_b) + (a_1 - (a_1)_b)(a_2)_b$$

都是 b 的倍数, 所以由引理 1.1 就推出 (1.2) 式和 (1.3) 式. □

---

① (1.2) 式实际上是两个式子, 等号两边取 “+” 号得到一个式子, 等号两边取 “−” 号又得到一个式子, 以后出现符号 “±” 时也作此了解, 不再一一说明.

显然，引理 1.2 可以推广到 n 个整数 $a_i(i=1, 2, \cdots, n)$ 的和与积的情形，即

$$(a_1+a_2+\cdots+a_n)_b=((a_1)_b+(a_2)_b+\cdots+(a_n)_b)_b,$$
$$(a_1a_2\cdots a_n)_b=((a_1)_b(a_2)_b\cdots(a_n)_b)_b.$$

请读者自己证明.

例 1.4 (续) 现在我们来验证在 $\mathbb{Z}_p$ 中 I.2 和 II.2 成立. 由 $\mathbb{Z}_p$ 中加法运算和乘法运算的定义可知对任意 $a, b, c\in\mathbb{Z}_p$, 有

$$\begin{aligned}(a\oplus b)\oplus c &= ((a+b)_p+c)_p,\\ (a\odot b)\odot c &= ((ab)_pc)_p.\end{aligned}$$

因 $c\in\mathbb{Z}_p$, 所以 $(c)_p=c$. 因此由引理 1.2, 得

$$\begin{aligned}((a+b)_p+c)_p &= ((a+b)+c)_p,\\ ((ab)_pc)_p &= ((ab)c)_p.\end{aligned}$$

再根据整数加法和乘法的结合律，即

$$\begin{aligned}(a+b)+c &= a+(b+c),\\ (ab)c &= a(bc).\end{aligned}$$

我们有

$$\begin{aligned}((a+b)+c)_p &= (a+(b+c))_p,\\ ((ab)c)_p &= (a(bc))_p.\end{aligned}$$

仍由引理 1.2, 得

$$\begin{aligned}(a+(b+c))_p &= (a+(b+c)_p)_p,\\ (a(bc))_p &= (a(bc)_p)_p.\end{aligned}$$

那么由 $\mathbb{Z}_p$ 中模 p 加法和模 p 乘法的定义，有

$$\begin{aligned}(a+(b+c)_p)_p &= a\oplus(b\oplus c),\\ (a(bc)_p)_p &= a\odot(b\odot c).\end{aligned}$$

于是，由以上诸式立刻推出

$$\begin{aligned}(a\oplus b)\oplus c &= a\oplus(b\oplus c),\\ (a\odot b)\odot c &= a\odot(b\odot c).\end{aligned}$$

这就证明了 I.2 和 II.2 在 $\mathbb{Z}_p$ 中都成立.

以下证明 III 在 $\mathbb{Z}_p$ 中成立. 根据 $\mathbb{Z}_p$ 中加法运算和乘法运算的定义, 我们有

$$a \odot (b \oplus c) = (a(b+c)_p)_p.$$

由引理 1.2, 有

$$(a(b+c)_p)_p = (a(b+c))_p.$$

因为整数的乘法运算对于加法运算是分配的, 即

$$a(b+c) = ab + ac,$$

所以

$$(a(b+c))_p = (ab+ac)_p.$$

仍由引理 1.2, 有

$$(ab+ac)_p = ((ab)_p + (ac)_p)_p,$$

并且由 $\mathbb{Z}_p$ 中加法运算和乘法运算的定义, 有

$$((ab)_p + (ac)_p)_p = a \odot b \oplus a \odot c.$$

那么从以上这些等式, 我们得到

$$a \odot (b \oplus c) = a \odot b \oplus a \odot c.$$

这证明 III 在 $\mathbb{Z}_p$ 中成立.

再来证明 I.3 和 II.3 在 $\mathbb{Z}_p$ 中成立. 显然对任意 $a \in \mathbb{Z}_p$, 有 $a + 0 = a$, 因此

$$a \oplus 0 = (a+0)_p = (a)_p = a, \quad \text{对任意 } a \in \mathbb{Z}_p.$$

这表明 $\mathbb{Z}_p$ 中 0 这个元素具有 I.3 所要求的性质. 可以平行地证明 $\mathbb{Z}_p$ 中 1 这个元素具有 II.3 所要求的性质, 即

$$a \odot 1 = a, \quad \text{对任意} \quad a \in \mathbb{Z}_p.$$

再来证在 $\mathbb{Z}_p$ 中 I.4 成立. 对任意 $a \in \mathbb{Z}_p$, 有

$$a \oplus (p-a)_p = (a + (p-a)_p)_p = (p)_p = 0,$$

这表明对于任一给定的 $a \in \mathbb{Z}_p$, $\mathbb{Z}_p$ 中 $(p-a)_p$ 这个元素具有 I.4 所要求的性质.

最后来证在 $\mathbb{Z}_p$ 中 II.4 成立. 对任意 $a \in \mathbb{Z}_p$ 而 $a \neq 0$, 即 $0 < a < p$, 因 p 是素数, 所以 $\gcd(a, p) = 1$. 因此一定有整数 c 和 d, 使得

$$1 = ca + dp.$$

显然 $p|((ca+dp) - ca)$. 因此由引理 1.1, 有

$$1 = (1)_p = (ca+dp)_p = (ca)_p.$$

根据带余除法，可设

$$c = qp + (c)_p, \quad 0 \leqslant (c)_p < p.$$

仍由引理 1.1, 有

$$\begin{aligned} 1 &= (ca)_p = ((qp + (c)_p)a)_p = (qpa + (c)_p a)_p \\ &= ((c)_p a)_p = (a(c)_p)_p. \end{aligned}$$

再根据 $\mathbb{Z}_p$ 中乘法运算的定义，有

$$(a(c)_p)_p = a \odot (c)_p.$$

因此

$$1 = a \odot (c)_p.$$

这表明 $\mathbb{Z}_p$ 中元素 $(c)_p$ 具有 II.4 所要求的性质.

至此我们证明了 $\mathbb{Z}_p$ 是一个域.

$\mathbb{Z}_p$ 正好有 p 个元素，因此是个有限域. 因为素数的个数是无限的，并且对任一素数，我们都如上定义了一个有限域，所以我们得到了无限多个有限域.

特别地，当 $p = 2$ 时，我们得到一个仅含两个元素 0 和 1 的有限域 $\mathbb{Z}_2$. 它的加法表和乘法表分别是

$\oplus$	0	1
0	0	1
1	1	0

$\odot$	0	1
0	0	0
1	0	1

加法表的读法是：加号 $\oplus$ 下面的 $a\,(=0$ 或 $1)$ 与加号右侧的 $b\,(=0$ 或 $1)$ 相加所得的和 $a \oplus b$ 是 a 所在的行与 b 所在的列的公共元素，即

$$0 \oplus 0 = 0, \quad 0 \oplus 1 = 1, \quad 1 \oplus 0 = 1, \quad 1 \oplus 1 = 0.$$

乘法表的读法是：乘号 $\odot$ 下面的 $a\,(=0$ 或 $1)$ 与乘号右侧的 $b\,(=0$ 或 $1)$ 相乘所得的积 $a \odot b$ 是 a 所在的行与 b 所在的列的公共元素，即

$$0 \odot 0 = 0, \quad 0 \odot 1 = 0, \quad 1 \odot 0 = 0, \quad 1 \odot 1 = 1.$$

值得注意的是，在 $\mathbb{Z}_2$ 中，有

$$1 \oplus 1 = 0.$$

当 $p = 3$ 时，我们得到一个含 3 个元素 0, 1 和 2 的有限域 $\mathbb{Z}_3$, 它的加法表和乘法表分别是

$\oplus$	0	1	2
0	0	1	2
1	1	2	0
2	2	0	1

$\odot$	0	1	2
0	0	0	0
1	0	1	2
2	0	2	1

在 $\mathbb{Z}_3$ 中，有

$$1 \oplus 1 \oplus 1 = 0.$$

一般地，在 $\mathbb{Z}_p$ 中，有

$$\underbrace{1 \oplus 1 \oplus \cdots \oplus 1}_{p\text{ 个 }1} = (\underbrace{1+1+\cdots+1}_{p\text{ 个 }1})_p = (p)_p = 0.$$

这一点与 $\mathbb{Q}, \mathbb{R}$ 以及 $\mathbb{C}$ 中的加法很不一样. □

例 1.5 一个自然发生的问题是：如果在上面的讨论中用一个复合数m 来代替素数 p, 即令

$$\mathbb{Z}_m = \{0, 1, 2, \cdots, m-1\},$$

并按同样的方法来规定 $\mathbb{Z}_m$ 中的加法运算和乘法运算，即对任意 $a, b \in \mathbb{Z}_m$, 规定

$$\begin{aligned} a \oplus b &= (a+b)_m, \\ a \odot b &= (ab)_m, \end{aligned}$$

并把它们分别称为模 m 加法和模 m 乘法. 我们要问：这时 $\mathbb{Z}_m$ 是不是域？仔细检查一下上面的证明可以看出，$\mathbb{Z}_m$ 对于如上规定的加法运算和乘法运算都是封闭的，而且上面关于 I, II.1, II.2, II.3 和 III 在 $\mathbb{Z}_p$ 中成立的验证可以原封不动地搬到 $\mathbb{Z}_m$ 上来. 但是在 $\mathbb{Z}_m$ 中， II.4 却不成立. 事实上，因 m 是复合数， m 就有一个真因数分解

$$m = m_1 m_2, \quad 1 < m_1,\ m_2 < m.$$

因此 $m_1, m_2 \in \mathbb{Z}_m$, 并且

$$m_1 \odot m_2 = (m_1 m_2)_m = (m)_m = 0.$$

显然 $m_2 \neq 0$, 但对于 m_2 来说，不可能有 $m_2^{-1} \in \mathbb{Z}_m$, 使 $m_2 \odot m_2^{-1} = 1$; 因为否则将有

$$\begin{aligned} m_1 &= m_1 \odot 1 = m_1 \odot (m_2 \odot m_2^{-1}) \\ &= (m_1 \odot m_2) \odot m_2^{-1} = 0 \odot m_2^{-1} = 0, \end{aligned}$$

这与 $1<m_1<m$ 相矛盾. 因此，当 m 是复合数时， $\mathbb{Z}_m$ 不是域. □

我们往往把定义 1.1 中的 I, II, III 叫做域的公理. 大家都知道，有理数、实数以及复数的加法运算和乘法运算所满足的运算规则不只有 I, II, III 这几条. 但是我们说 I, II, III 这几条运算规则是最基本的，其他的一些加法运算和乘法运算的规则可从它们推导出来. 因此我们把它们选出来作为域的公理. 这样，当我们要验证一个定义了加法运算和乘法运算的集合是不是域时，除了验证这个集合是不是对于加法和乘法运算封闭之外，只要验证 I, II, III 是否成立就行了，而无须检验其他运算规则是否成立. 下面我们从域的公理出发来推导域的另外一些运算规则.

定理1.3 设 F 是任意一个域. 那么在 F 中下列运算规则成立:

i) F 中满足条件

$$a+0=a, \quad \text{对一切 } a\in F$$

的元素 0 是唯一确定的;

ii) 对任意 $a\in F$, F 中满足条件

$$a+(-a)=0$$

的元素 $-a$ 是由 a 所唯一确定的;

iii) F 中不等于 0 而且满足条件

$$ae=a, \quad \text{对一切 } a\in F$$

的元素 e 是唯一确定的;

iv) 对任意 $a\in F$ 而 $a\neq 0$, F 中满足条件

$$aa^{-1}=e$$

的元素 a^{-1} 是由 a 所唯一确定的.

证明 设 F 中有元素 0 和 $0'$ 分别满足条件

$$a+0=a, \quad \text{对一切 } a\in F$$

和

$$a+0'=a, \quad \text{对一切 } a\in F.$$

在前一式中令 $a=0'$, 有 $0'+0=0'$. 在后一式中令 $a=0$, 有 $0+0'=0$. 但根据 I.1, 有 $0'+0=0+0'$. 因此 $0=0'$. 这证明 i) 成立.

对任意 $a\in F$, 设 F 中有 $-a$ 和 b, 使得

$$a+(-a)=0, \quad a+b=0.$$

那么

$$\begin{aligned} b &= b+0=b+(a+(-a))=(b+a)+(-a) \\ &= (a+b)+(-a)=0+(-a)=(-a)+0 \\ &= -a. \end{aligned}$$

这证明 ii) 成立.

用同样的方法可以证明 iii) 和 iv) 也成立，我们就不重复了. □

基于定理 1.3, 我们可以给出下面的定义.

定义1.4 设 F 是任意一个域 . F 中唯一满足条件

$$a+0=a, \quad \text{对一切 } a\in F$$

的那个元素 0 叫做 F 的*零元素*. 对任意 $a\in F$, F 中由 a 所唯一确定的满足条件

$$a+(-a)=0$$

的那个元素 $-a$ 叫做 a 的*负元素*. F 中满足条件

$$ae=a, \quad \text{对一切 } a\in F$$

的唯一的那个 $\neq 0$ 的元素 e 叫做 F 的*单位元素*. 对任意 $a\in F$ 而 $a\neq 0$, F 中由 a 所唯一确定的满足条件

$$aa^{-1}=e$$

的那个元素 a^{-1} 叫做 a 的*逆元素*.

定理1.4 *设 F 是一个域. 在 F 中以下运算规则成立:*

i) 加法消去律 . 设 a, b, c 是 F 中任意三个元素. 如果 $a+c=b+c$, 那么 $a=b$.

ii) 乘法消去律 . 设 a, b, c 是 F 中任意三个元素而 $c\neq 0$. 如果 $ac=bc$, 那么 $a=b$.

iii) $a0=0$, 对一切 $a\in F$.

iv) 设 $a, b\in F$. 如果 $ab=0$, 那么 $a=0$ 或 $b=0$.

证明 设 $a+c=b+c$, 那么

$$\begin{aligned} a &= a+0=a+(c+(-c))=(a+c)+(-c) \\ &= (b+c)+(-c)=b+(c+(-c))=b+0=b. \end{aligned}$$

这证明了 i).

类似地可以证明 ii).

对任意 $a\in F$, 我们有

$$a0+0=a0=a(0+0)=a0+a0.$$

由 i) 可推出 $a0=0$. 这证明了 iii).

最后，如果 $ab=0$ 而 $a\neq 0$, 那么由 ii), 可从

$$ab=0=a0$$

推出 $b=0$. 因此 iv) 也成立. □

由定理 1.4 中的 i) 和 ii) 可推出下面这个重要事实:

推论1.5 设 F 是一个域，F_0 是 F 的一个子域．那么 F 的零元素和单位元素都属于 F_0，而且分别就是 F_0 的零元素和单位元素．如果 $a\in F_0$，那么 a 在 F 中的负元素就是 a 在 F_0 中的负元素；如果 $a\in F_0$ 且 $a\neq 0$，那么 a 在 F 中的逆元素就是 a 在 F_0 中的逆元素．

证明 设 0 是 F 的零元素，而 0_0 是 F_0 的零元素．因为 $0_0\in F$ 而 0 是 F 的零元素，所以根据 I.3，有 $0_0+0=0_0$．又因为 0_0 是 F_0 的零元素，仍由 I.3，有 $0_0+0_0=0_0$．因此 $0_0+0=0_0+0_0$．再利用加法消去律，得 $0=0_0$．

用同样的方法可平行地证明 F 的单位元素一定属于 F_0，而且也就是 F_0 的单位元素．

利用 F_0 的每个元素在 F 中负元素的唯一性，可推知 F_0 的一个元素在 F_0 中的负元素与它在 F 中的负元素是一致的．类似地，F_0 的一个非零元素在 F_0 中的逆元素一定是它在 F 中的逆元素． □

从定理 1.4 的 iii)，可推出下面的

推论1.6 设 F 是一个域，$a\in F$ 而 $a\neq 0$．那么 a 的逆元素 $a^{-1}\neq 0$．

证明 假定 $a^{-1}=0$．那么 $e=aa^{-1}=a0=0$．但在域的公理 II.3 中要求 $e\neq 0$．因此一定有 $a^{-1}\neq 0$． □

定理1.7 设 F 是一个域．那么在 F 中以下运算规则成立：

i) $-(-a)=a$，对任意 $a\in F$．

ii) $-(a+b)=(-a)+(-b)$，对任意 $a,b\in F$．

iii) $a(-b)=(-a)b=-(ab)$，对任意 $a,b\in F$．

iv) $(-a)(-b)=ab$，对任意 $a,b\in F$．

v) $(a^{-1})^{-1}=a$，对任意 $a\in F$ 而 $a\neq 0$．

vi) $(ab)^{-1}=a^{-1}b^{-1}$，对任意 $a,b\in F$ 而 $a\neq 0, b\neq 0$．

vii) $(-a)^{-1}=-a^{-1}$，对任意 $a\in F$ 而 $a\neq 0$．

证明 我们有 $a+(-a)=0$，$-(-a)+(-a)=0$．因此 $-(-a)+(-a)=a+(-a)$．由加法消去律，得 $-(-a)=a$．这就证明了 i)．

其次，我们有

$$\begin{aligned}(a+b)+((-a)+(-b)) &= ((a+b)+(-a))+(-b)\\ &= ((b+a)+(-a))+(-b)\\ &= (b+(a+(-a)))+(-b)\\ &= (b+0)+(-b)\\ &= b+(-b)\\ &= 0.\end{aligned}$$

但是另一方面，显然有

$$(a+b)+(-(a+b))=0.$$

因此有

$$(a+b)+(-(a+b))=(a+b)+((-a)+(-b)).$$

再由加法消去律. 得

$$-(a+b)=(-a)+(-b).$$

这证明了 ii).

我们有

$$0=a0=a(b+(-b))=ab+a(-b).$$

另一方面，显然有

$$0=ab+(-(ab)).$$

因此

$$ab+a(-b)=ab+(-(ab)).$$

利用加法消去律，得 $a(-b)=-(ab)$. 同理可证 $(-a)b=-(ab)$. 因此 iii) 也成立.

利用 iii) 和 i) 又可推出

$$(-a)(-b)=-(a(-b))=-(-(ab))=ab.$$

因此 iv) 也成立.

v) 和 vi) 的证明可分别仿照 i) 和 ii) 的证明来进行. 我们就不重复了.

至于 vii), 对任意 $a\in F$ 而 $a\neq 0$, 由 iv), 我们有

$$(-a)(-a^{-1})=aa^{-1}=e.$$

因此 $(-a)^{-1}=-a^{-1}$. □

在本节开始时，我们就曾指出，在有理数域中，利用相反数和倒数可以将减法运算和除法运算分别用加法运算和乘法运算表示. 在任意域中，我们也可以利用负元素和逆元素来引进减法运算和除法运算. 即若 $a, b\in F$, 则定义

$$a-b=a+(-b).$$

当 $b\neq 0$ 时，定义

$$a\div b=ab^{-1}.$$

从域中加法运算和乘法运算所满足的运算规则，即域的公理和上面的三个定理中的运算规则，还可以推出域中加、减、乘、除四则运算所满足的另一些运算规则. 例如，对于域 F 中任意三个元素 a, b, c, 我们有

$$
\begin{aligned}
a-(b+c) &= a-b-c, \\
a-(b-c) &= a-b+c, \\
a(b-c) &= ab-ac, \\
a \div bc &= ab^{-1}c^{-1}, \quad \text{当 } b \neq 0,\ c \neq 0 \text{ 时}, \\
a \div (b \div c) &= ab^{-1}c, \quad \text{当 } b \neq 0,\ c \neq 0 \text{ 时},
\end{aligned}
$$

等等.

设 a 是域 F 中任意一个元素， n 是任意一个正整数．我们把 n 个 a 的和简记为 na, 即

$$na = \underbrace{a + a + \cdots + a}_{n\text{个 } a}.$$

并规定 0 个 a 是 F 中的零元素 0, 即

$$0a = 0.$$

注意上式左边的 0 是整数 0, 而右边的 0 是域 F 中的零元素.

仍设 n 是一个正整数，那么 $-n$ 是一个负整数．我们定义

$$(-n)a = -(na).$$

这样我们有以下

定理1.8 设 F 是一个域．那么在 F 中以下运算规则成立：

i) 对任意 $a \in F$ 以及任意整数 m 和 n, 有

$$(m+n)a = ma + na,\ (mn)a = m(na).$$

ii) 对任意 $a, b \in F$ 和任意整数 n, 有

$$n(a+b) = na + nb.$$

iii) 对任意 $a, b \in F$ 以及任意整数 m 和 n, 有

$$(ma)(nb) = (mn)(ab).$$

设 a 是域 F 中任意元素， n 是任意正整数．我们把 n 个 a 之积简记为 a^n, 即

$$a^n = \underbrace{aa\cdots a}_{n\text{个 } a}.$$

当 $a \neq 0$, 我们还规定

$$
\begin{aligned}
a^0 &= e, \\
a^{-n} &= (a^{-1})^n.
\end{aligned}
$$

那么我们有

定理1.9 设 F 是一个域．那么在 F 中以下运算规则成立：

i) 对任意 $a \in F$ 以及任意整数 m 和 n, 有

$$a^{m+n} = a^m a^n,$$
$$a^{mn} = (a^m)^n.$$

但是当 $a = 0$ 时, 我们还要求 $m > 0$ 和 $n > 0$.

ii) 对任意 $a, b \in F$ 和任意整数 m, 有

$$(ab)^m = a^m b^m.$$

但是当 $a = 0$ 或 $b = 0$ 时, 我们还要求 $m > 0$.

iii) 二项式定理. 对任意 $a, b \in F$ 和任意正整数 n, 都有

$$(a+b)^n = \sum_{i=0}^{n} \binom{n}{i} a^{n-i} b^i, \tag{1.4}$$

其中 $\binom{n}{i}$ 是从 n 个两两不同的对象中取出 i 个对象的方法数, 亦称 n 中取 i 的组合数, 即

$$\binom{n}{i} = \frac{n!}{i!(n-i)!}.$$

上面两个定理的证明, 除了二项式定理之外, 都非常容易. 下面我们只给出二项式定理的证明. 对 n 作数学归纳法来证明.

当 $n = 1$ 时, (1.4) 显然成立. 现在设 $n \geqslant 1$, 并且假定 (1.4) 对于 n 成立. 那么

$$\begin{aligned}
(a+b)^{n+1} &= (a+b)^n (a+b) \\
&= \left(\sum_{i=0}^{n} \binom{n}{i} a^{n-i} b^i \right) (a+b) \\
&= \sum_{i=0}^{n} \binom{n}{i} a^{n+1-i} b^i + \sum_{i=0}^{n} \binom{n}{i} a^{n-i} b^{i+1} \\
&= \sum_{i=0}^{n} \binom{n}{i} a^{n+1-i} b^i + \sum_{i=1}^{n+1} \binom{n}{i-1} a^{n+1-i} b^i \\
&= a^{n+1} + \sum_{i=1}^{n} \left(\binom{n}{i} + \binom{n}{i-1} \right) a^{n+1-i} b^i + b^{n+1}.
\end{aligned}$$

但是

$$\binom{n}{i} + \binom{n}{i-1} = \binom{n+1}{i}.$$

因此 (1.4) 对于 $n+1$ 成立. 根据数学归纳法原理, (1.4) 对于任意正整数 n 都成立.

1.2 域的特征和素域

在上一节我们看到，$\mathbb{Q}, \mathbb{R}$ 和 $\mathbb{C}$ 这一类域与 $\mathbb{Z}_p$ 有一点很不一样. 这就是：对于前者来说，任意有限个 1 的和都不等于 0; 而对于后者来说，p 个 1 的和等于 0. 为了区别这两类域，考察元素的序列

$$e,\ 2e,\ 3e,\ \cdots \tag{1.5}$$

是有益处的，其中 e 是域的单位元素. 首先，我们给出下面的定义.

定义 1.5 设 F 是一个域，e 是它的单位元素. 如果对于任意正整数 m, 都有 $me \neq 0$, 我们就说 F 的特征是 0, 或 F 是特征 0 的域. 如果存在正整数 m, 使得 $me = 0$, 那么适合条件 $pe = 0$ 的最小正整数 p 就叫做 F 的特征, 或者说 F 是特征 p 的域.

下面我们证明

定理 1.10 设 F 是任意一域. 那么 F 的特征或者是 0, 或者是一个素数 p.

证明 设 F 的特征是 p, 而 $p \neq 0$. 我们用反证法来证明 p 必为素数. 如果 p 不是素数，那么 p 有因数分解 $p = p_1p_2$, 这里 $1 < p_1, p_2 < p$. 因此

$$pe = (p_1p_2)e = 0.$$

因为 $e^2 = e$, 所以有

$$(p_1e)(p_2e) = (p_1p_2)e.$$

因此

$$p_1e = 0 \quad \text{或} \quad p_2e = 0.$$

但 $1<p_1, p_2<p$, 这与 p 的最小性相矛盾，因此 p 必为素数. □

注意，$\mathbb{Q}, \mathbb{R}$ 和 $\mathbb{C}$ 都是特征 0 的域，而 $\mathbb{Z}_p$ 是特征 p 的域.

进一步，我们有

定理 1.11 设 F 是任意一域. 如果 F 的特征是 0, 那么对于 F 中任意一个非零元素 a 和任意正整数 m, 都有 $ma \neq 0$, 而且下列元素

$$0,\ \pm a,\ \pm 2a,\ \pm 3a,\ \cdots \tag{1.6}$$

两两不同. 如果 F 是特征 p 的域, 那么对于 F 中任意一个非零元素 a, 都有 $pa = 0$, p 是适合条件 $pa = 0$ 的最小正整数，而且下列 p 个元素

$$0,\ a,\ 2a,\ 3a,\ \cdots,\ (p-1)a \tag{1.7}$$

两两不同；进一步，设 m 是一个整数，那么 $ma = 0$ 当且仅当 $p|m$.

证明 先设 F 是特征 0 的域. 如果对于 F 中的某个非零元素 a, 存在正整数 m, 使得 $ma = 0$, 那么

$$a(me) = m(ae) = ma = 0.$$

但是 $a \neq 0$, 因此一定有 $me = 0$, 这与 F 的特征是 0 相矛盾. 所以对于 F 中任意一个非零元素 a 和任意正整数 m, 一定有 $ma \neq 0$. 其次, 如果 (1.6) 中有两个元素相等, 譬如 $ka = la$, 并且 $k < l$, 那么

$$(l-k)a = la - ka = 0.$$

但是 $l - k > 0$, 所以这是不可能的.

再设 F 的特征是 p, 那么 $pe = 0$. 设 a 是 F 中任意一个非零元素, 那么

$$pa = p(ea) = (pe)a = 0a = 0.$$

又若 m 是一个使得 $ma = 0$ 的正整数, 那么

$$(me)a = m(ea) = ma = 0.$$

因为 $a \neq 0$, 所以 $me = 0$. 根据域的特征的定义, p 是适合条件 $pe = 0$ 的最小正整数, 所以 $p \leqslant m$. 因此 p 是适合条件 $pa = 0$ 的最小正整数. 其次, 如果 (1.7) 中有两个元素相等, 譬如 $ka = la$, 并且 $0 \leqslant k < l < p$, 那么

$$(l-k)a = la - ka = 0.$$

但 $0 < l - k < p$, 这与 p 是适合条件 $pa = 0$ 的最小正整数这一事实相矛盾.

最后我们证明, 如果 F 是一个特征为 p 的域, a 是 F 中任意一个非零元素, m 是一个整数, 那么 $ma = 0$ 当且仅当 $p|m$. 首先, 如果 $p|m$, 即 $m = pq$, 这里 q 是一个整数, 那么

$$ma = (pq)a = q(pa) = q0 = 0.$$

反过来, 设 $ma = 0$. 如果 $p\nmid m$, 那么 $\gcd(p, m) = 1$. 于是有整数 c 和 d, 使得

$$1 = cp + dm.$$

因此

$$\begin{aligned} a &= 1a = (cp + dm)a = (cp)a + (dm)a \\ &= c(pa) + d(ma) = c0 + d0 = 0. \end{aligned}$$

这是不可能的. 因此一定有 $p|m$. □

现在我们来考察特征 p 的域. 设 F 是特征 p 的任意域, e 是它的单位元素. 令

$$\Pi = \{0,\ e,\ 2e,\ \cdots,\ (p-1)e\}.$$

因为 $pe = 0$, 所以对任意整数 k, $(kp)e = k(pe) = k0 = 0$. 因此 Π 中任意两个元素 ke 和 le 的和与积可以按照下面的公式进行计算:

$$\begin{aligned}(ke+le) &= (k+l)_p e,\\ (ke)(le) &= (kl)_p e.\end{aligned}$$

这就是说，Π 对于 F 中的加法运算和乘法运算来说是封闭的，并且 F 的零元素 0 和单位元素 e 都在 Π 中. 显然 Π 中的任意元素 ke 的负元素 $(p-k)e$ 也在 Π 中. 进一步，仿照例 1.4 中关于 $\mathbb{Z}_p$ 中任一非零元素都有逆元素存在的证明，可以证明 Π 中任一非零元素的逆元素一定属于 Π. 这就证明了 Π 是 F 的子域.

更进一步, 因为 F 的任一子域都含有 F 的单位元素 e, 因而也含有 $2e, 3e, \cdots, (p-1)e$, 所以一定包有 Π. 这就是说，Π 是 F 的最小的子域. 我们把 Π 叫做 F 的*素域*.

与例 1.4 中的 $\mathbb{Z}_p$ 相比较，可以发现从 Π 到 $\mathbb{Z}_p$ 的映射

$$ke \longmapsto k\ (0 \leqslant k < p)$$

是一个双射，而且这个映射将 Π 中任意两个元素 ke 与 le 的和 $ke+le$ 映到 ke 的像 k 与 le 的像 l 在 $\mathbb{Z}_p$ 中的和 $k \oplus l$, 并把 ke 与 le 的积 $(ke)(le)$ 映到 ke 的像 k 与 le 的像 l 在 $\mathbb{Z}_p$ 中的积 $k \odot l$. 这时我们说 Π 和 $\mathbb{Z}_p$ 是*同构的*.

现在我们给出下面这个一般性的定义.

定义 1.6 设 F 和 F' 是两个域. 如果可以建立一个从 F 到 F' 的双射

$$\sigma : a \longmapsto \sigma(a) \quad (a \in F,\ \sigma(a) \in F'),$$

而且这个双射保持域的加法运算和乘法运算，这就是说，F 中任意两个元素 a 与 b 的和 $a+b$ 对应到 a 的像 $\sigma(a)$ 与 b 的像 $\sigma(b)$ 在 F' 中的和 $\sigma(a)+\sigma(b)$, 而 a 与 b 的积 ab 对应到 $\sigma(a)$ 与 $\sigma(b)$ 的积 $\sigma(a)\sigma(b)$. 换句话说，如果这个双射 σ 适合条件：对任意 $a, b \in F$, 有

$$\begin{aligned}\sigma(a+b) &= \sigma(a)+\sigma(b),\\ \sigma(ab) &= \sigma(a)\sigma(b),\end{aligned}$$

我们就说 F 和 F'*同构*, 记作 $F \simeq F'$, 并说 σ 是从 F 到 F' 的一个*同构映射*或简称*同构*.

同构的域只不过是它们相应的元素的符号不同而已. 因此今后我们往往把同构的域看成是同一个域.

我们再来考察特征 0 的域. 设 F 是特征 0 的任意域，e 是它的单位元素. 由定理 1.11, 下列元素

$$\cdots, -2e, -e, 0, e, 2e, \cdots \tag{1.8}$$

两两不同. 当 $n \neq 0$ 时，将 ne 的逆元素记作 $(ne)^{-1}$. 令

$$\Pi = \{(me)(ne)^{-1} : m, n \in \mathbb{Z},\ n \neq 0\}.$$

显然, $(0e)(ne)^{-1}=0$, $(ne)(ne)^{-1}=e$. 因此 F 的零元素和单位元素都属于 Π. 进而有

$$(me)(ne)^{-1}=(m'e)(n'e)^{-1}$$

当且仅当

$$mn'=nm'.$$

不难验证

$$\begin{aligned}(me)(ne)^{-1}+(m'e)(n'e)^{-1} &= [(mn'+nm')e][(nn')e]^{-1},\\ ((me)(ne)^{-1})((m'e)(n'e)^{-1}) &= [(mm')e][(nn')e]^{-1}.\end{aligned}$$

因此 Π 对于 F 中的加法运算和乘法运算是封闭的.

设 $(me)(ne)^{-1}$ 是 Π 中任意一个元素, 那么 $(-me)(ne)^{-1}$ 也属于 Π, 并且

$$(me)(ne)^{-1}+(-me)(ne)^{-1}=0.$$

当 $m\neq 0$, 即当 $(me)(ne)^{-1}\neq 0$ 时, $(ne)(me)^{-1}$ 也属于 Π, 并且

$$((me)(ne)^{-1})((ne)(me)^{-1})=e.$$

这证明了 Π 是 F 的子域.

进一步, 因为 F 的任一子域都含有 F 的单位元素 e, 因而也含有 (1.8) 中的每一个元素, 所以也含有每一个形如

$$(me)(ne)^{-1},\ (m,\ n\in\mathbb{Z},\ n\neq 0)$$

的元素. 这就是说, Π 是 F 的最小的子域. 我们把 Π 叫做 F 的素域.

与有理数域 $\mathbb{Q}$ 相比较: 我们知道, 每个有理数都可以表示成形状

$$\frac{m}{n}\quad (m,\ n\in\mathbb{Z},\ n\neq 0),$$

即

$$\mathbb{Q}=\left\{\frac{m}{n}: m,\ n\in\mathbb{Z},\ n\neq 0\right\},$$

并且

$$\frac{m}{n}=\frac{m'}{n'}$$

当且仅当

$$mn'=nm'.$$

可见从 Π 到 $\mathbb{Q}$ 的映射

$$(me)(ne)^{-1} \longmapsto \frac{m}{n}$$

是一个双射, 并且它将 Π 中任意两个元素 $(me)(ne)^{-1}$ 与 $(m'e)(n'e)^{-1}$ 的和 $[(mn'+nm')e][(nn')e]^{-1}$ 映到 $(me)(ne)^{-1}$ 的像 $\frac{m}{n}$ 与 $(m'e)(n'e)^{-1}$ 的像 $\frac{m'}{n'}$ 的和 $\frac{mn'+nm'}{nn'}$, 并把 $(me)(ne)^{-1}$ 与 $(m'e)(n'e)^{-1}$ 的积 $[(mm')e][(nn')e]^{-1}$ 映到 $\frac{m}{n}$ 与 $\frac{m'}{n'}$ 的积 $\frac{mm'}{nn'}$. 因此 Π 与 $\mathbb{Q}$ 同构.

综合上面的讨论, 我们有

定理1.12 设 F 是任意域. 用 Π 表示 F 的素域. 那么, 当 F 的特征是一个素数 p 时, Π 与 $\mathbb{Z}_p$ 同构; 当 F 的特征是 0 时, Π 与 $\mathbb{Q}$ 同构.

推论1.13 如果 F 是一个有限域, 那么 F 的特征一定不等于 0.

证明 如果 F 的特征是 0, 那么 F 的素域 Π 就与有理数域 $\mathbb{Q}$ 同构. 但 $\mathbb{Q}$ 是个无限域, 因此这时 F 也是无限域. 这就出现了矛盾. □

关于同构的域, 我们有

定理1.14 设 F 和 F' 是两个同构的域, 并且

$$\sigma : a \longmapsto \sigma(a) \quad (a \in F, \sigma(a) \in F')$$

是从 F 到 F' 的同构. 那么在这个同构对应之下, F 的零元素一定映到 F' 的零元素, F 的单位元素一定映到 F' 的单位元素. 进一步, 设 F 中的元素 a 映到 F' 的元素 $\sigma(a)$, 那么 a 的负元素 $-a$ 一定映到 $\sigma(a)$ 的负元素 $-\sigma(a)$, 当 $a \neq 0$ 时, a 的逆元素 a^{-1} 一定映到 $\sigma(a)$ 的逆元素 $\sigma(a)^{-1}$.

证明 设 0 和 e 分别是 F 的零元素和单位元素. 我们来证 $\sigma(0)$ 和 $\sigma(e)$ 分别是 F' 的零元素和单位元素. 我们有

$$a+0=a, \quad \text{对任意 } a \in F.$$

因此,

$$\sigma(a)+\sigma(0)=\sigma(a+0)=\sigma(a).$$

因为 σ 是一个双射, 所以当 a 遍历 F 时. $\sigma(a)$ 必遍历 F'. 这就是说, 上式中的 $\sigma(a)$ 可以是 F' 中的任一元素. 这证明了 $\sigma(0)$ 是 F' 的零元素.

同理可证 $\sigma(e)$ 是 F' 的单位元素.

进一步, 对任意 $a \in F$, 我们有

$$\sigma(a)+\sigma(-a)=\sigma(a+(-a))=\sigma(0).$$

但另一方面, 又有

$$\sigma(a)+(-\sigma(a))=\sigma(0).$$

因此

$$\sigma(a)+\sigma(-a)=\sigma(a)+(-\sigma(a)).$$

由加法消去律，得

$$\sigma(-a)=-\sigma(a).$$

同理可证，当 $a\neq 0$ 时，

$$\sigma(a^{-1})=\sigma(a)^{-1}.$$

□

推论 1.15 设 F 和 F' 是两个同构的域，并且

$$\sigma: a\longmapsto \sigma(a)$$

是从 F 到 F' 的一个同构. 那么

$$\sigma(a-b)=\sigma(a)-\sigma(b),\quad 对任意 a, b\in F,$$

$$\sigma(ab^{-1})=\sigma(a)\sigma(b)^{-1},\quad 对任意 a, b\in F, 而 b\neq 0.$$

证明 对任意 $a, b\in F$, 我们有

$$\sigma(a-b)=\sigma(a+(-b))=\sigma(a)+\sigma(-b)=\sigma(a)-\sigma(b).$$

又若 $b\neq 0$, 那么

$$\sigma(ab^{-1})=\sigma(a)\sigma(b^{-1})=\sigma(a)\sigma(b)^{-1}.$$

□

推论 1.16 设 F 和 F' 是两个同构的域. 那么 F 和 F' 的特征一定相等.

证明 设

$$\sigma: a\longmapsto \sigma(a)$$

是从 F 到 F' 的一个同构. 由定理 1.14, F 的单位元素 e 在 σ 之下的像 $\sigma(e)$ 是 F' 的单位元素. 于是对于任意正整数 m, 有

$$\begin{aligned}\sigma(me)&=\sigma(\underbrace{e+e+\cdots+e}_{m\text{ 个}})\\&=\underbrace{\sigma(e)+\sigma(e)+\cdots+\sigma(e)}_{m\text{ 个}}\\&=m\sigma(e),\end{aligned}$$

即 me 在 σ 之下的像是 $m\sigma(e)$.

如果 F 的特征是 0, 那么对任意正整数 m, 都有 $me\neq 0$. 但根据定理 1.14, F 的零元素 0 在 σ 之下的像 $\sigma(0)$ 是 F' 的零元素，因此 $m\sigma(e)\neq\sigma(0)$, 即 F' 的特征也是 0.

如果 F 的特征是 p, p 是一个素数，那么 $pe=0$. 因此 $p\sigma(e)=\sigma(0)$, 于是 F' 的特征 $\neq 0$. 设 F' 的特征为 p', 那么 p' 是一个素数，并且 $p'|p$. 因为 p 也是一个素数，所以 $p'=p$. □

从推论 1.16 可以看到，域的特征的确是域的一个特征性质.

例 1.6 我们来构作一个仅含 4 个元素的域.

设 $\mathbb{F}_4$ 是仅含 4 个元素的一个域. 由推论 1.13, $\mathbb{F}_4$ 的特征一定是一个素数 p. 设 e 是 $\mathbb{F}_4$ 的单位元素. 由定理 1.12, $\mathbb{F}_4$ 的素域

$$\Pi=\{0, e, 2e, \cdots, (p-1)e\}$$

就是含 p 个元素的域，而且与 $\mathbb{Z}_p$ 同构. 由于 $\mathbb{F}_4$ 仅含 4 个元素，所以 $p\leqslant 3$.

我们先证 $p\neq 3$. 假定 $p=3$, 那么 Π 是含 3 个元素 0, e 和 $2e$ 的域. 因此 $\mathbb{F}_4$ 一定有一个元素不属于 Π. 将这个元素记作 a. 那么

$$\mathbb{F}_4=\{0, e, 2e, a\}.$$

因为 $\mathbb{F}_4$ 对于加法运算是封闭的，所以 $a+e\in\mathbb{F}_4$. 如果 $a+e=0$, 那么 $a=2e$; 如果 $a+e=e$. 那么 $a=0$; 如果 $a+e=2e$, 那么 $a=e$; 如果 $a+e=a$, 那么 $e=0$; 这都是不可能的. 这就证明了 $p\neq 3$. 因此， $p=2$, 即

$$\Pi=\{0,e\},$$

并且根据定理 1.12, Π 与 $\mathbb{Z}_2$ 同构.

现在设 y 是 $\mathbb{F}_4$ 中的一个不属于 Π 的元素. 那么 $y+e\neq 0, e, y$. 因此

$$\mathbb{F}_4=\{0, e, y, y+e\}.$$

因为 $\mathbb{F}_4$ 对于乘法运算封闭，所以 $y^2\in\mathbb{F}_4$. 显然 $y^2\neq 0$. 如果 $y^2=e$, 那么由 $\mathbb{F}_4$ 的特征是 2 可得 $(y-e)^2=0$, 于是 $y=e$, 这是不可能的；如果 $y^2=y$, 那么利用乘法消去律也有 $y=e$. 因此，一定有 $y^2=y+e$, 即

$$y^2+y+e=0.$$

这样，可以算出 $\mathbb{F}_4$ 的加法表与乘法表如下：

$+$	0	e	y	$y+e$
0	0	e	y	$y+e$
e	e	0	$y+e$	y
y	y	$y+e$	0	e
$y+e$	$y+e$	y	e	0

$\cdot$	0	e	y	$y+e$
0	0	0	0	0
e	0	e	y	$y+e$
y	0	y	$y+e$	e
$y+e$	0	$y+e$	e	y

通过例行的检验可知 $\mathbb{F}_4$ 确是一个域.

下面我们证明，在同构的意义下，含有 4 个元素的域是唯一的.

事实上，设 $\mathbb{F}_4'$ 是另一个仅含 4 个元素的域，$0'$ 和 e' 分别是 $\mathbb{F}_4'$ 的零元素和单位元素. 根据上面的证明，$\mathbb{F}_4'$ 的特征也是 2, 并且

$$\Pi' = \{0', e'\}$$

是它的素域，Π' 与 $\mathbb{Z}_2$ 同构. 今设 y' 是 $\mathbb{F}_4'$ 的一个不属于 Π' 的元素. 那么仿上有

$$\mathbb{F}_4' = \{0', e', y', y'+e'\}$$

以及

$$y'^2 + y' + e' = 0'.$$

这样，$\mathbb{F}_4'$ 的加法表和乘法表可算得如下：

$+$	$0'$	e'	y'	$y'+e'$
$0'$	$0'$	e'	y'	$y'+e'$
e'	e'	$0'$	$y'+e'$	y'
y'	y'	$y'+e'$	$0'$	e'
$y'+e'$	$y'+e'$	y'	e'	$0'$

$\cdot$	$0'$	e'	y'	$y'+e'$
$0'$	$0'$	$0'$	$0'$	$0'$
e'	$0'$	e'	y'	$y'+e'$
y'	$0'$	y'	$y'+e'$	e'
$y'+e'$	$0'$	$y'+e'$	e'	y'

将 $\mathbb{F}_4$ 的加法表和乘法表与 $\mathbb{F}_4'$ 的加法表和乘法表相比较，可以看出从 $\mathbb{F}_4$ 到 $\mathbb{F}_4'$ 的双射

$$0 \longmapsto 0', \quad e \longmapsto e', \quad y \longmapsto y', \quad y+e \longmapsto y'+e'$$

是 $\mathbb{F}_4$ 和 $\mathbb{F}_4'$ 之间的一个同构. 因此 $\mathbb{F}_4$ 与 $\mathbb{F}_4'$ 同构.

今后我们将证明，如果两个有限域的元素个数相等，那么它们一定同构.

最后我们指出，从上面算出的仅含 4 个元素的有限域 $\mathbb{F}_4$ 的加法表和乘法表可以看出，从 $\mathbb{F}_4$ 到它自身的双射

$$0 \longmapsto 0, \quad e \longmapsto e, \quad y \longmapsto y+e, \quad y+e \longmapsto y$$

是一个同构，称之为 $\mathbb{F}_4$ 的自同构. □

一般地，我们有以下定义.

定义 1.7 设 F 是一个域. 从 F 到它自身的同构叫做 F 的自同构.

虽然，将 F 中任一元素都映到它自身的恒等映射

$$a \longmapsto a, \quad 对一切\ a \in F$$

是 F 的一个自同构，这个自同构叫做恒等自同构.

最后我们证明下面这个只在特征 p 的域里才成立的运算规则.

定理 1.17 设 F 是特征 p 的域, a 和 b 是 F 中任意两个元素. 那么

$$(a+b)^p = a^p + b^p.$$

证明 根据二项式定理, 我们有

$$(a+b)^p = \sum_{i=0}^{p} \binom{p}{i} a^{p-i} b^i.$$

因为

$$\binom{p}{i} = \frac{p!}{i!(p-i)!}$$

是 p 中取 i 的组合数, 所以一定是个整数. 显然 $p|p!$. 又因为 p 是素数, 所以当 $0<i<p$ 时, 一定有 $p\nmid i!$ 和 $p\nmid (p-1)!$. 因此 $p\nmid i!(p-i)!$. 所以, 当 $0<i<p$ 时,

$$p\left|\binom{p}{i}\right..$$

于是由定理 1.11, 当 $0<i<p$ 时,

$$\binom{p}{i} a^i b^{p-i} = 0.$$

因此

$$(a+b)^p = a^p + b^p.$$ □

推论 1.18 设 F 是特征 p 的域, a 和 b 是 F 中任意两个元素. 那么

$$(a-b)^p = a^p - b^p.$$

证明 根据定理 1.17, 我们有

$$\begin{aligned}(a-b)^p &= (a+(-b))^p = a^p + (-b)^p \\ &= a^p + ((-1)b)^p = a^p + (-1)^p b^p.\end{aligned}$$

当 $p>2$ 时, p 是一个奇数, 我们有 $(-1)^p=-1$. 因此

$$(a-b)^p = a^p - b^p.$$

当 $p=2$ 时, 对任意 $a\in F$, 有 $2a=0$. 因此, $a=-a$. 从而也有

$$(a-b)^2 = a^2 + b^2 = a^2 - b^2.$$ □

推论 1.19 设 F 是特征 p 的域, $a_1, a_2, \cdots, a_m$ 是 F 中任意 m 个元素. 那么

$$(a_1 + a_2 + \cdots + a_m)^p = a_1^p + a_2^p + \cdots + a_m^p.$$

推论 1.20 设 F 是特征 p 的域，a 和 b 是 F 中任意两个元素，n 是任意非负整数. 那么

$$(a \pm b)^{p^n} = a^{p^n} \pm b^{p^n}.$$

以上两个推论可分别通过对 m 和 n 作数学归纳法加以证明，细节请读者自行补出.

推论 1.21 设 F 是特征 p 的有限域，n 是任意非负整数. 那么，从 F 到它自身的映射

$$\sigma_n : a \longmapsto a^{p^n} \ (a \in F)$$

是 F 的一个自同构.

证明 首先证明 σ_n 是一个双射. 设 $\sigma_n(a) = \sigma_n(b)$, 即 $a^{p^n} = b^{p^n}$. 那么由推论 1.20, 我们有 $(a-b)^{p^n} = a^{p^n} - b^{p^n} = 0$. 由定理 1.4 的 iv) 可推出 $a - b = 0$, 即 $a = b$. 这就是说，当 $a \neq b$ 时，一定有 $\sigma_n(a) \neq \sigma_n(b)$. 因此 σ_n 是一个单射. 又因为 F 中元素的个数是有限的，所以 σ_n 也是一个满射. 因此 σ_n 是从 F 到 F 的一个双射.

其次，由推论 1.20, 我们有

$$(a+b)^{p^n} = a^{p^n} + b^{p^n}.$$

因此

$$\sigma_n(a+b) = \sigma_n(a) + \sigma_n(b).$$

由乘法交换律，我们有

$$(ab)^{p^n} = a^{p^n} b^{p^n}.$$

因此

$$\sigma_n(ab) = \sigma_n(a)\sigma_n(b).$$

这证明了 σ_n 是 F 的一个自同构. □

在例 1.6 中，$\mathbb{F}_4$ 的自同构

$$0 \longmapsto 0, \quad e \longmapsto e, \quad y \longmapsto y+e, \quad y+e \longmapsto y$$

实际上就是自同构

$$a \longmapsto a^2 \ (a \in \mathbb{F}_4).$$

1.3 多项式和有理分式

设 F 是一给定的域，x 是一个未定元，而 i 是一个非负整数. 形如

$$a_i x^i, \quad a_i \in F$$

的式子叫做系数在 F 中的未定元 x 的**单项式**. 有限个系数在 F 中的单项式 $a_0x^0, a_1x^1, a_2x^2, \cdots, a_nx^n$(其中 n 是任意非负整数, $a_0, a_1, a_2, \cdots, a_n \in F$) 的形式和

$$a_0x^0 + a_1x^1 + a_2x^2 + \cdots + a_nx^n \tag{1.9}$$

叫做系数在 F 中的未定元 x 的**多项式**, 或简称域 F 上 x 的多项式. 在多项式 (1.9) 中, a_ix^i 叫做它的 i **次项**, a_i 叫做它的 i 次项**系数**. 当 $a_i = e$ 时, 记 $ex^i = x^i$. 当 $a_i = 0$ 时, 通常在表达式 (1.9) 中省略 a_ix^i 这一项. 今后我们约定 $x^0 = e$ 为 F 中的单位元素, 记 a_0x^0 为 a_0, 并将 x^1 记作 x, 那么多项式 (1.9) 又可写成

$$a_0 + a_1x + a_2x^2 + \cdots + a_nx^n.$$

我们往往用简单的记号 $f(x), g(x), h(x), f_i(x), \cdots$ 来代表多项式.

设 $f(x)$ 和 $g(x)$ 是 F 上 x 的两个多项式. 如果它们同次项的系数都相等, 我们就说 $f(x)$ 和 $g(x)$**相等**, 也说 $f(x)$ 和 $g(x)$ 是同一个多项式, 记作

$$f(x) = g(x).$$

特别地,

$$a_0 + a_1x + a_2x^2 + \cdots + a_nx^n, \ a_i \in F$$

和

$$a_0 + a_1x + a_2x^2 + \cdots + a_nx^n + 0x^{n+1} + 0x^{n+2} + \cdots + 0x^{n+m}$$

是相等的多项式.

以后我们往往采用求和记号 Σ 把多项式

$$f(x) = a_0 + a_1x + a_2x^2 + \cdots + a_nx^n$$

简记为

$$f(x) = \sum_{i=0}^{n} a_ix^i.$$

如果 $a_n \neq 0$, 我们就说 $f(x)$ 是 n **次多项式**, 记作 $\deg f(x) = n$, 并说 a_n 是 $f(x)$ 的**首项系数**. 如果 $a_n = e$, $f(x)$ 就叫**首一多项式**. 一次多项式也叫做**线性多项式**. 当 $f(x)$ 的所有系数都是 0 时, 我们就说 $f(x)$ 是**零多项式**, 仍用 0 来表示它, 并规定 $\deg 0 = -\infty$.

用 $F[x]$ 表示 F 上 x 的多项式的全体所组成的集合. 下面我们来规定 $F[x]$ 中的加法运算和乘法运算. 设 $f(x)$ 和 $g(x)$ 是 $F[x]$ 中任意两个元素, 并设

$$f(x) = \sum_{i=0}^{n} a_ix^i, \quad g(x) = \sum_{i=0}^{m} b_ix^i.$$

令 $M = \max\{n, m\}$, 即当 $n \neq m$ 时, M 就是 n 和 m 中较大的那个数, 而当 $n = m$ 时, $M = n = m$. 令

$$a_{n+1} = a_{n+2} = \cdots = a_M = 0, \quad 如果 n < M,$$

$$b_{m+1} = b_{m+2} = \cdots = b_M = 0, \quad 如果 m < M,$$

那么可以将 $f(x)$ 和 $g(x)$ 分别写成

$$f(x)=\sum_{i=0}^{M}a_ix^i,\quad g(x)=\sum_{i=0}^{M}b_ix^i.$$

我们把 $f(x)$ 和 $g(x)$ 的*和*记作 $f(x)+g(x)$, 其定义为

$$f(x)+g(x)=\sum_{i=0}^{M}(a_i+b_i)x^i.$$

显然， $f(x)+g(x)\in F[x]$, 即 $F[x]$ 对于如上定义的加法运算是封闭的. 再令

$$a_{n+1}=a_{n+2}=\cdots=a_{n+m}=0,\ \text{如果}\ m\geqslant 1,$$

$$b_{m+1}=b_{m+2}=\cdots=b_{m+n}=0,\ \text{如果}\ n\geqslant 1.$$

那么可以将 $f(x)$ 和 $g(x)$ 分别写为

$$f(x)=\sum_{i=0}^{n+m}a_ix^i,\quad g(x)=\sum_{i=0}^{n+m}b_ix^i.$$

我们把 $f(x)$ 和 $g(x)$ 的*积*记作 $f(x)g(x)$, 其定义为

$$f(x)g(x)=\sum_{i=0}^{n+m}\left(\sum_{j=0}^{i}a_jb_{i-j}\right)x^i.$$

显然 $f(x)g(x)\in F[x]$, 即 $F[x]$ 对于如上所定义的乘法运算是封闭的. 进一步, 可以证明

$$\deg\,(f(x)+g(x))\leqslant\max\{\deg f(x),\deg g(x)\},\tag{1.10}$$

$$\deg\,(f(x)g(x))=\deg f(x)+\deg g(x).\tag{1.11}$$

不难验证如上所规定的 $F[x]$ 中的加法运算和乘法运算满足运算规则 I.1, I.2, I.3, I.4, II.1, II.2, II.3 和 III. 但在 $F[x]$ 中, II.4 不成立. 事实上, x 在 $F[x]$ 中就没有逆元素: 如果 $f(x)\in F[x]$ 是 x 的逆元素, 即 $xf(x)=e$, 那么 $\deg\,(xf(x))=\deg e=0$. 但 $\deg\,(xf(x))=\deg x+\deg f(x)\geqslant\deg x=1$, 这是不可能的. 既然在 $F[x]$ 中 II.4 不成立, 所以 $F[x]$ 不是域.

因为 $F[x]$ 中有不存在逆元素的非零元素, 所以我们不能像 1.1 节中那样, 利用逆元素通过乘法运算来引进除法运算. 但是和 $\mathbb{Z}$ 中一样, $F[x]$ 中也有带余除法.

定理1.22 (带余除法) *设 $a(x)$ 和 $b(x)$ 是 $F[x]$ 中的两个多项式, $b(x)\neq 0$. 那么存在唯一的一对多项式 $q(x),r(x)\in F[x]$, 使得*

$$a(x)=q(x)b(x)+r(x),\quad \deg r(x)<\deg b(x).\tag{1.12}$$

证明 先对 $a(x)$ 的次数用归纳法来证明 $F[x]$ 中存在一对满足 (1.12) 式的多项式 $q(x)$ 和 $r(x)$.

当 $\deg a(x) < \deg b(x)$ 时，取 $q(x)=0, r(x)=a(x)$, 则 (1.12) 式成立.

当 $\deg a(x) \geqslant \deg b(x)$ 时，设

$$\begin{aligned} a(x) &= a_0 + a_1 x + a_2 x^2 + \cdots + a_n x^n, \\ b(x) &= b_0 + b_1 x + b_2 x^2 + \cdots + b_m x^m, \end{aligned}$$

其中 $a_n \neq 0, b_m \neq 0$. 那么 $n \geqslant m$. 令

$$a_1(x) = a(x) - a_n b_m^{-1} x^{n-m} b(x).$$

那么 $\deg a_1(x) \leqslant n-1$. 根据归纳法假设，存在一对多项式 $q_1(x)$, $r_1(x) \in F[x]$. 使得

$$a_1(x) = q_1(x)b(x) + r_1(x), \quad \deg r_1(x) < \deg b(x).$$

于是

$$a(x) = (a_n b_m^{-1} x^{n-m} + q_1(x))b(x) + r_1(x).$$

令

$$q(x) = a_n b_m^{-1} x^{n-m} + q_1(x), \quad r(x) = r_1(x),$$

就有 (1.12) 式.

再证明满足 (1.12) 式的多项式对 $q(x)$ 和 $r(x)$ 是唯一的. 设有另一对多项式 $q_1(x), r_1(x) \in F[x]$, 使得

$$a(x) = q_1(x)b(x) + r_1(x), \quad \deg r_1(x) < \deg b(x).$$

那么

$$(q(x) - q_1(x))b(x) = -r(x) + r_1(x).$$

所以

$$\deg\ ((q(x) - q_1(x))b(x)) = \deg\ (-r(x) + r_1(x)).$$

但是

$$\deg\ (-r(x) + r_1(x)) \leqslant \max\{\deg r(x), \deg r_1(x)\} < \deg b(x),$$

因此

$$\deg\ ((q(x) - q_1(x))b(x)) = \deg\ (q(x) - q_1(x)) + \deg b(x) < \deg b(x).$$

所以一定有 $q(x) - q_1(x) = 0$, 即 $q(x) = q_1(x)$. 从而也有 $r(x) = r_1(x)$. 这证明了定理 1.22. □

定理 1.22 中所得到的 $q(x)$ 叫做用 $b(x)$ 做除式去除被除式$a(x)$ 所得的商, 而 $r(x)$ 叫做用 $b(x)$ 去除 $a(x)$ 所得的余式. 我们记

$$r(x) = (a(x))_{b(x)},$$

并称 (1.12) 为带余除法算式.

推论 1.23 设 $a_1(x), a_2(x)$ 和 $b(x)$ 都是 $F[x]$ 中的多项式, $b(x) \neq 0$. 那么

$$(a_1(x) \pm a_2(x))_{b(x)} = (a_1(x))_{b(x)} \pm (a_2(x))_{b(x)},$$
$$(a_1(x)a_2(x))_{b(x)} = ((a_1(x))_{b(x)}(a_2(x))_{b(x)})_{b(x)}.$$

证明 根据定理 1.22, 设

$$a_1(x) = q_1(x)b(x) + (a_1(x))_{b(x)}, \ \deg\ (a_1(x))_{b(x)} < \deg\ b(x),$$
$$a_2(x) = q_2(x)b(x) + (a_2(x))_{b(x)}, \ \deg\ (a_2(x))_{b(x)} < \deg\ b(x).$$

那么

$$a_1(x) \pm a_2(x) = (q_1(x) \pm q_2(x))b(x) + (a_1(x))_{b(x)} \pm (a_2(x))_{b(x)}.$$

因为

$$\begin{aligned}&\deg\ ((a_1(x))_{b(x)} \pm (a_2(x))_{b(x)})\\&\quad\leqslant \max\{\deg\ (a_1(x))_{b(x)}, \deg\ (a_2(x))_{b(x)}\} < \deg\ b(x),\end{aligned}$$

所以由余式的唯一性, 得

$$(a_1(x) \pm a_2(x))_{b(x)} = (a_1(x))_{b(x)} \pm (a_2(x))_{b(x)}.$$

其次, 我们有

$$\begin{aligned}a_1(x)a_2(x) = &\ (q_1(x)q_2(x)b(x) + q_1(x)(a_2(x))_{b(x)} + q_2(x)(a_1(x))_{b(x)})b(x)\\&+(a_1(x))_{b(x)}(a_2(x))_{b(x)}.\end{aligned}$$

由定理 1.22, 可设

$$(a_1(x))_{b(x)}(a_2(x))_{b(x)} = q_3(x)b(x) + ((a_1(x))_{b(x)}(a_2(x))_{b(x)})_{b(x)}.$$

于是

$$\begin{aligned}a_1(x)a_2(x) = &\ (q_1(x)q_2(x)b(x) + q_1(x)(a_2(x))_{b(x)}\\&+q_2(x)(a_1(x))_{b(x)} + q_3(x))b(x)\\&+((a_1(x))_{b(x)}(a_2(x))_{b(x)})_{b(x)}.\end{aligned}$$

但是

$$\deg\left(\left((a_1(x))_{b(x)}(a_2(x))_{b(x)}\right)_{b(x)}\right) < \deg b(x).$$

仍由余式的唯一性，得

$$(a_1(x)a_2(x))_{b(x)} = ((a_1(x))_{b(x)}(a_2(x))_{b(x)})_{b(x)}.$$ □

这个推论也可以推广到 n 个多项式 $a_i(x)(i=1, 2, \cdots, n)$ 的和与积的情形，即

$$\begin{aligned}
&(a_1(x) \pm a_2(x) \pm \cdots \pm a_n(x))_{b(x)} \\
&\quad = (a_1(x))_{b(x)} \pm (a_2(x))_{b(x)} \pm \cdots \pm (a_n(x))_{b(x)}, \\
&(a_1(x)a_2(x)\cdots a_n(x))_{b(x)} \\
&\quad = ((a_1(x))_{b(x)}(a_2(x))_{b(x)}\cdots(a_n(x))_{b(x)})_{b(x)}.
\end{aligned}$$

定理 1.22 的归纳证明实际上给出了具体求 $q(x)$ 和 $r(x)$ 的方法. 我们用一个例子来阐明这一点.

例 1.7 设 $F=\mathbb{Z}_2$, 而

$$\begin{aligned}
a(x) &= x^5+x^4+x^2+1, \\
b(x) &= x^3+x+1.
\end{aligned}$$

带余除法可按下面的算式进行:

$$\begin{array}{r|cccccc|l}
x^3+x+1 & x^5 & +x^4 & & +x^2 & & +1 & x^2+x+1 \\
 & x^5 & & +x^3 & +x^2 & & & \\
\cline{2-7}
 & & x^4 & +x^3 & & & +1 & \\
 & & x^4 & & +x^2 & +x & & \\
\cline{3-7}
 & & & x^3 & +x^2 & +x & +1 & \\
 & & & x^3 & & +x & +1 & \\
\cline{4-7}
 & & & & x^2 & & &
\end{array}$$

于是我们求得商 $q(x)=x^2+x+1$ 和余式 $r(x)=x^2$. 所得结果可以写成

$$x^5+x^4+x^2+1=(x^2+x+1)(x^3+x+1)+x^2.$$

为了书写和计算的方便，我们将多项式

$$a_nx^n+a_{n-1}x^{n-1}+\cdots+a_1x+a_0$$

简记为

$$a_n\ a_{n-1}\ \cdots\ a_1\ a_0.$$

例如，可以把多项式

$$x^5+x^4+x^2+1$$

和

$$x^3+x+1$$

分别简记为

$$110101$$

和

$$1011.$$

这样，上面的带余除法算式可简化为

$$
\begin{array}{r|cccccc|l}
1\ 0\ 1\ 1 & 1 & 1 & 0 & 1 & 0 & 1 & 1\ 1\ 1 \\
 & 1 & 0 & 1 & 1 & & & \\ \cline{2-5}
 & & 1 & 1 & 0 & 0 & 1 & \\
 & & 1 & 0 & 1 & 1 & & \\ \cline{3-7}
 & & & 1 & 1 & 1 & 1 & \\
 & & & 1 & 0 & 1 & 1 & \\ \cline{4-7}
 & & & & 1 & & &
\end{array}
$$

□

因为 $F[x]$ 和 $\mathbb{Z}$ 一样也有带余除法，所以也可以平行地讨论 $F[x]$ 中的整除性、因式、倍式、最高公因式、最低公倍式和不可约多项式等概念.

首先，在 (1.12) 中，当 $r(x)=0$ 时，我们就说 $b(x)$ 是 $a(x)$ 的一个**因式**,$a(x)$ 是 $b(x)$ 的**倍式**, 或说 $b(x)$**整除**$a(x)$, 并用符号

$$b(x)|a(x)$$

来表示. 我们还用符号

$$b(x)\nmid a(x)$$

来表示 $b(x)$**不整除**$a(x)$, 即用 $b(x)$ 去除 $a(x)$ 时所得余式不为 0. 显然，如果 $b(x)$ 是 $a(x)$ 的一个因式，并且 $a(x)\neq 0$, 那么

$$\deg b(x)\leqslant \deg a(x).$$

设 $a(x)$, $b(x)$ 和 $c(x)$ 都是 $F[x]$ 中的多项式，并且 $c(x)\neq 0$. 如果 $c(x)$ 既是 $a(x)$ 的因式，又是 $b(x)$ 的因式，我们就说 $c(x)$ 是 $a(x)$ 和 $b(x)$ 的**公因式**. 当 $a(x)$ 和 $b(x)$ 中至少有一个不为 0 时，$a(x)$ 和 $b(x)$ 的公因式中就有一个次数最高的首一多项式，我们把它叫做 $a(x)$ 和 $b(x)$ 的**最高公因式**, 记作

$$\gcd(a(x),b(x)).$$

当 $a(x)$ 和 $b(x)$ 都等于 0 时，任何一个多项式都是它们的公因式，这时 $a(x)$ 和 $b(x)$ 没有最高公因式，因此符号 $\gcd(0,0)$ 没有意义.

设 $a(x)$ 和 $b(x)$ 都是 $F[x]$ 中的非零多项式. 我们也可以用辗转相除法来求 $\gcd(a(x),b(x))$. 由带余除法，用 $b(x)$ 去除 $a(x)$ 得到商 $q_1(x)$ 和余式 $r_1(x)$. 如果

$r_1(x) \neq 0$, 再用 $r_1(x)$ 去除 $b(x)$ 得到商 $q_2(x)$ 和余式 $r_2(x)$. 如果 $r_2(x) \neq 0$. 又用 $r_2(x)$ 去除 $r_1(x)$ 得到商 $q_3(x)$ 和余式 $r_3(x)$. 这样辗转相除下去，所得到的余式的次数便不断降低，即

$$\deg b(x) > \deg r_1(x) > \deg r_2(x) > \deg r_3(x) > \cdots,$$

因此在有限次的辗转相除后，必然有余式为 0. 于是我们有下面这一串式子：

$$\begin{aligned} a(x) &= q_1(x)b(x) + r_1(x), \quad 0 \leqslant \deg r_1(x) < \deg b(x), \\ b(x) &= q_2(x)r_1(x) + r_2(x), \quad 0 \leqslant \deg r_2(x) < \deg r_1(x), \\ r_1(x) &= q_3(x)r_2(x) + r_3(x), \quad 0 \leqslant \deg r_3(x) < \deg r_2(x), \\ &\cdots\cdots \\ r_{n-3}(x) &= q_{n-1}(x)r_{n-2}(x) + r_{n-1}(x), \quad 0 \leqslant \deg r_{n-1}(x) < \deg r_{n-2}(x), \\ r_{n-2}(x) &= q_n(x)r_{n-1}(x) + r_n(x), \quad 0 \leqslant \deg r_n(x) < \deg r_{n-1}(x), \\ r_{n-1}(x) &= q_{n+1}(x)r_n(x). \end{aligned} \tag{1.13}$$

设 $r_n(x)$ 的首项系数为 c, 那么

$$\gcd(a(x), b(x)) = c^{-1}r_n(x).$$

上式的证明和 0.2 节中关于整数的情形完全一样，我们不再重复. 另外，和整数的情形一样，利用上面的这一串式子，还可以将 $a(x)$ 和 $b(x)$ 的最高公因式 $\gcd(a(x), b(x))$ 表示成 $a(x)$ 和 $b(x)$ 的系数为多项式的线性组合，即

$$\gcd(a(x), b(x)) = c(x)a(x) + d(x)b(x), \tag{1.14}$$

其中 $c(x)$ 和 $d(x)$ 都是 $F[x]$ 中的多项式. 从 (1.14) 式可以立刻推出 $a(x)$ 和 $b(x)$ 的任一公因式都是 $\gcd(a(x), b(x))$ 的因式.

定理1.24 设 F 是一个域，$a(x)$ 和 $b(x)$ 是 $F[x]$ 中的非零多项式. 那么 $a(x)$ 和 $b(x)$ 的最高公因式 $\gcd(a(x), b(x))$ 可以表示成 $a(x)$ 和 $b(x)$ 的以 $F[x]$ 中多项式为系数的线性组合，即

$$\gcd(a(x), b(x)) = c(x)a(x) + d(x)b(x), \tag{1.15}$$

其中 $c(x)$ 和 $d(x)$ 都是 $F[x]$ 中的多项式，而且 $a(x)$ 和 $b(x)$ 的任一公因式都是 $\gcd(a(x), b(x))$ 的因式. 进一步，如果再假定 $\deg a(x) > 0$ 和 $\deg b(x) > 0$, 并且对任意 $c \in F$, 有 $a(x) \neq cb(x)$, 那么还可以要求 (1.15) 中的 $c(x)$ 和 $d(x)$ 满足以下条件

$$\begin{aligned} \deg c(x) &< \deg b(x) - \deg \gcd(a(x), b(x)), \\ \deg d(x) &< \deg a(x) - \deg \gcd(a(x), b(x)), \end{aligned} \tag{1.16}$$

而且满足 (1.16) 的多项式 $c(x)$ 和 $d(x)$ 是唯一的.

证明 我们只需证明定理的最后一个断言.

(1.15) 式显然成立, 但其中的 $c(x)$ 和 $d(x)$ 不一定满足条件 (1.16). 设

$$a(x) = a_1(x)\gcd(a(x), b(x)),$$
$$b(x) = b_1(x)\gcd(a(x), b(x)).$$

那么

$$\deg a_1(x) = \deg a(x) - \deg\ \gcd(a(x), b(x)),$$
$$\deg b_1(x) = \deg b(x) - \deg\ \gcd(a(x), b(x)).$$

由带余除法, 我们有

$$c(x) = q_1(x)b_1(x) + c_1(x), \deg c_1(x) < \deg b_1(x),$$
$$d(x) = q_2(x)a_1(x) + d_1(x), \deg d_1(x) < \deg a_1(x).$$

因此

$$\begin{aligned}\gcd(a(x), b(x)) =&(q_1(x) + q_2(x))a_1(x)b_1(x)\gcd(a(x), b(x))\\&+ c_1(x)a(x) + d_1(x)b(x).\end{aligned} \tag{1.17}$$

令

$$n = \deg a(x) + \deg b(x) - \deg\ \gcd(a(x), b(x)).$$

那么

$$n = \deg a_1(x) + \deg b_1(x) + \deg\ \gcd(a(x), b(x)).$$

显然有

$$\begin{aligned}\deg(c_1(x)a(x)) &< \deg b_1(x) + \deg a(x)\\&= \deg b_1(x) + \deg a_1(x) + \deg\ \gcd(a(x), b(x)) = n.\end{aligned}$$

类似地

$$\deg\ (d_1(x)b(x)) < n.$$

因此

$$\deg\ (c_1(x)a(x) + d_1(x)b(x)) < n.$$

因为对任意 $c \in F, a(x) \neq cb(x)$, 所以

$$\deg a_1(x) + \deg b_1(x) > 0.$$

因此

$$\deg\ \gcd(a(x), b(x)) < n.$$

但是

$$\deg\,(a_1(x)b_1(x)\gcd(a(x),b(x))) = n,$$

于是由 (1.17) 式推出

$$q_1(x) + q_2(x) = 0.$$

因此

$$\gcd\,(a(x),\, b(x)) = c_1(x)a(x) + d_1(x)b(x),$$

而

$$\deg\, c_1(x) < \deg\, b_1(x) = \deg\, b(x) - \deg\ \gcd(a(x),b(x)),$$

$$\deg\, d_1(x) < \deg\, a_1(x) = \deg\, a(x) - \deg\ \gcd(a(x),b(x)).$$

这就是说，$c_1(x)$ 和 $d_1(x)$ 满足条件 (1.15) 和 (1.16). 至于满足条件 (1.16) 的 $c(x)$ 和 $d(x)$ 的唯一性，我们放在后面去证明.

当 $\gcd\,(a(x),\, b(x)) = e$ 时，我们就说 $a(x)$ 和 $b(x)$ 互素.

推论 1.25 设 F 是一个域，$a(x)$ 和 $b(x)$ 是 $F[x]$ 中两个互素的多项式. 那么存在 $F[x]$ 中的多项式 $c(x)$ 和 $d(x)$, 使得

$$e = c(x)a(x) + d(x)b(x).$$

进一步，如果再假定 $a(x)$ 和 $b(x)$ 都是次数 $\geqslant 1$ 的多项式，那么还可以要求

$$\deg\, c(x) < \deg\, b(x), \quad \deg\, d(x) < \deg\, a(x).$$ □

下面我们用一个实例来说明怎样用辗转相除法来求两个多项式的最高公因式，以及怎样将最高公因式表示成这两个多项式的线性组合.

例 1.8 求 $\mathbb{F}_2$ 上多项式

$$x^5 + x^4 + x^3 + x^2 + x + 1 \text{ 和 } x^4 + x^2 + x + 1$$

的最高公因式. 我们可以采用下面的竖式来进行辗转相除法:

x^2+x	$x^4 \quad +x^2 +x +1$	$x^5 +x^4 +x^3 +x^2 +x +1$	$x+1$
	$x^4 +x^3$	$x^5 \quad +x^3 +x^2 +x$	
	$x^3 +x^2 +x +1$	$x^4 \quad +1$	
	$x^3 +x^2$	$x^4 \quad +x^2 +x +1$	
	$x +1$	$x^2 +x$	x
		$x^2 +x$	
		0	

因此

$$x + 1 = \gcd\,(x^5 + x^4 + x^3 + x^2 + x + 1,\ x^4 + x^2 + x + 1).$$

上面的竖式也可以用下面的简式来代替：

$$
\begin{array}{ccc|ccccc|cccccc|cc}
1 & 1 & 0 & 1 & 0 & 1 & 1 & 1 & 1 & 1 & 1 & 1 & 1 & 1 & 1 & 1 \\
 & & & 1 & 1 & & & & 1 & 0 & 1 & 1 & 1 & & & \\
\hline
 & & & & 1 & 1 & 1 & 1 & & 1 & 0 & 0 & 0 & 1 & & \\
 & & & & 1 & 1 & & & & 1 & 0 & 1 & 1 & 1 & & \\
\cline{5-8}\cline{10-14}
 & & & & & & 1 & 1 & & & & 1 & 1 & & 1 & 0 \\
 & & & & & & & & & & & 1 & 1 & & & \\
\cline{12-14}
 & & & & & & & & & & & & 0 & & &
\end{array}
$$

为了把 $x+1$ 表示为 $x^5+x^4+x^3+x^2+x+1$ 和 x^4+x^2+x+1 的线性组合，需要把上面辗转相除的竖式改写为

$$
\begin{aligned}
x^5+x^4+x^3+x^2+x+1 &= (x+1)(x^4+x^2+x+1)+(x^2+x), \\
x^4+x^2+x+1 &= (x^2+x)(x^2+x)+(x+1) \\
x^2+x &= x(x+1).
\end{aligned}
$$

那么

$$
\begin{aligned}
x+1 &= (x^4+x^2+x+1)+(x^2+x)(x^2+x) \\
&= (x^4+x^2+x+1)+(x^2+x)[(x^5+x^4+x^3+x^2+x+1) \\
&\quad +(x+1)(x^4+x^2+x+1)] \\
&= (x^2+x)(x^5+x^4+x^3+x^2+x+1) \\
&\quad +(x^3+x+1)(x^4+x^2+x+1).
\end{aligned}
$$
□

再设 $a(x), b(x), c(x)$ 都是 $F[x]$ 中的多项式，并且 $a(x) \neq 0$, $b(x) \neq 0$. 如果 $c(x)$ 既是 $a(x)$ 的倍式又是 $b(x)$ 的倍式，我们就说 $c(x)$ 是 $a(x)$ 和 $b(x)$ 的一个公倍式. 显然， $a(x)b(x)$ 是 $a(x)$ 和 $b(x)$ 的一个公倍式. 因此 $a(x)$ 和 $b(x)$ 的公倍式中一定有一个次数最低的首一多项式，我们把它叫做 $a(x)$ 和 $b(x)$ 的最低公倍式，记作

$$
\operatorname{lcm}[a(x), b(x)].
$$

和整数的情形一样，对于 $F[x]$ 中 n 个不全为零的多项式 $a_1(x), a_2(x), \cdots, a_n(x)$，也可以定义它们的最高公因式，并把它记作 $\gcd(a_1(x), a_2(x), \cdots, a_n(x))$. 当 $a_i(x)$ $(1 \leqslant i \leqslant n)$ 都不等于0时，也可以定义它们的最低公倍式，并把它记作 $\operatorname{lcm}[a_1(x), a_2(x), \cdots, a_n(x)]$. 细节我们就不再重复了.

设 $p(x)$ 是 $F[x]$ 中一个次数 $\geqslant 1$ 的多项式. 如果 $p(x)$ 在 $F[x]$ 中的因式只有 F 中的非零元素 c 和 $cp(x)$，我们就说 $p(x)$ 是 $F[x]$ 中的一个不可约多项式. 否则

$p(x)$ 就叫做 $F[x]$ 中的可约多项式. 显然, $F[x]$ 中一个次数 $\geqslant 1$ 的多项式 $p(x)$ 不可约当且仅当 $p(x)$ 不能表示成 (或说分解成)$F[x]$ 中两个次数 $< \deg p(x)$ 的多项式的乘积.

多项式的可约、不可约的概念与系数域密切相关.

例1.9 x^2-2 是 $\mathbb{Q}[x]$ 中的一个不可约多项式; 但在 $\mathbb{R}[x]$ 中, x^2-2 是可约的, 因为在 $\mathbb{R}[x]$ 中,

$$x^2-2=(x+\sqrt{2})(x-\sqrt{2}),$$

其中 $x+\sqrt{2}$ 和 $x-\sqrt{2}$ 都是 x^2-2 的因式. □

与算术基本定理相平行, 我们有以下

定理1.26(唯一因式分解定理) 域 F 上任一次数 $\geqslant 1$ 的多项式 $f(x)$ 都可以表示成 $F[x]$ 中一些不可约多项式的乘积. 进一步, 如果

$$f(x)=p_1(x)p_2(x)\cdots p_r(x)=q_1(x)q_2(x)\cdots q_s(x)$$

是将 $f(x)$ 分解成不可约多项式之积的两种方法, 那么一定有 $r=s$, 并且适当重排因式的次序之后, 有

$$p_i(x)=c_iq_i(x),\quad i=1,2,\cdots,r,$$

其中 $c_i(i=1,2,\cdots,r)$ 是 F 中的一些非零元素.

我们往往把这个定理简单地说成是: 域 F 上任一次数 $\geqslant 1$ 的多项式 $f(x)$ 都可以唯一地分解成 $F[x]$ 中一些不可约多项式的乘积. 这个定理的证明与 0.2 节中算术基本定理的证明是完全平行的. 在证明定理的第一部分时, 可以对 $f(x)$ 的次数作数学归纳法; 在证明定理的第二部分时, 要对 r 作数学归纳法, 在证明中自然要用到下面这个与引理 0.4 相平行的引理.

引理1.27 设 $p(x)$, $a(x)$ 和 $b(x)$ 都是 $F[x]$ 中的多项式, 并且 $p(x)$ 不可约. 如果 $p(x)|a(x)b(x)$, 那么 $p(x)|a(x)$ 或 $p(x)|b(x)$.

这个引理的证明与引理 0.4 的证明相同, 因此我们将其省略. 我们将证明它的一个推广.

引理1.28 设 $f(x)$, $a(x)$ 和 $b(x)$ 是都是 $F[x]$ 中的多项式而 $f(x)\neq 0$. 如果 $f(x)|a(x)b(x)$ 并且 $\gcd(f(x),a(x))=e$, 那么 $f(x)|b(x)$.

证明 因为 $\gcd(f(x),a(x))=e$, 所以由推论 1.25 的前一部分, 在 $F[x]$ 中存在多项式 $c(x)$ 和 $d(x)$, 使得

$$e=c(x)f(x)+d(x)a(x).$$

用 $b(x)$ 乘以上式两边, 得

$$b(x)=b(x)c(x)f(x)+b(x)d(x)a(x).$$

显然 $f(x)$ 是上式右方的因式, 所以 $f(x)$ 也是上式左方的因式, 即 $f(x)|b(x)$. □

定理 1.24 的证明(唯一性部分) 现在我们利用引理 1.28 来证明: 如果 $\deg a(x)>0$, $\deg b(x)>0$, 并且对任意 $c\in F$, $a(x)\neq cb(x)$, 那么 (1.15) 式中的

$c(x)$ 和 $d(x)$, 如果适合条件 (1.16), 就是唯一的. 事实上, 设又有

$$\gcd(a(x),\, b(x)) = c_1(x)a(x) + d_1(x)b(x). \tag{1.18}$$

而

$$\begin{aligned} &\deg\, c_1(x) < \deg\, b(x) - \deg\, \gcd(a(x), b(x)), \\ &\deg\, d_1(x) < \deg\, a(x) - \deg\, \gcd(a(x), b(x)). \end{aligned} \tag{1.19}$$

那么从 (1.15) 式减去 (1.18) 式, 得

$$(c(x) - c_1(x))a(x) + (d(x) - d_1(x))b(x) = 0.$$

将 $a(x)$ 和 $b(x)$ 的最高公因式 $\gcd(a(x),\, b(x))$ 从上式中约去, 得

$$(c(x) - c_1(x))a_1(x) + (d(x) - d_1(x))b_1(x) = 0.$$

因为 $\gcd(a_1(x), b_1(x)) = e$, 所以由引理 1.28, 有

$$a_1(x) | (d(x) - d_1(x)).$$

但是由 (1.16) 和 (1.19) 两式, 得

$$\deg\, (d(x) - d_1(x)) < \deg\, a(x) - \deg\, \gcd(a(x), b(x)) = \deg\, a_1(x).$$

因此 $d(x) - d_1(x) = 0$, 即 $d(x) = d_1(x)$.

类似地有 $c(x) = c_1(x)$. □

设 $f(x)$ 和 $g(x)$ 都是 $F[x]$ 中的多项式, 并且 $f(x) \neq 0$, $\deg\, g(x) \geqslant 1$. 如果 $g(x)^2 | f(x)$, 我们就说 $g(x)$ 是 $f(x)$ 的一个**重因式**. 进一步, 如果 $g(x)^m | f(x)$ 而 $g(x)^{m+1} \nmid f(x)$, 那么 m 就叫做 $g(x)$ 作为 $f(x)$ 的因式的**重数**. 我们将讨论 $F[x]$ 中的非零多项式有重因式的条件. 为此我们引进多项式的形式微商的概念. 设

$$f(x) = a_0 + a_1 x + a_2 x^2 + \cdots + a_{n-1}x^{n-1} + a_n x^n$$

是 $F[x]$ 中的一个多项式. 我们规定 $f(x)$ 的**形式微商** $f'(x)$ 为

$$f'(x) = a_1 + 2a_2 x + \cdots + (n-1)a_{n-1}x^{n-2} + na_n x^{n-1}.$$

这个规定自然是受到微积分中微商的启发而规定的, 但在本书中, 我们只把它作为一个形式定义. 可以验证, 多项式的形式微商满足以下这些基本规律:

$$\begin{aligned} (f(x) + g(x))' &= f'(x) + g'(x), \\ (cf(x))' &= cf'(x), \\ (f(x)g(x))' &= f'(x)g(x) + f(x)g'(x), \\ (f(x)^m)' &= mf(x)^{m-1}f(x)', \end{aligned}$$

其中 $f(x), g(x) \in F[x]$, $c \in F$, m 是任意正整数.

定理1.29 设 $f(x)$ 是 $F[x]$ 中的一个次数 $\geqslant 1$ 的多项式. 那么 $f(x)$ 没有重因式, 当且仅当 $f(x)$ 和 $f'(x)$ 互素.

证明 设 $f(x)$ 有重因式, 譬如 $g(x)$ 是它的一个重因式, $\deg g(x) \geqslant 1$. 那么可以写

$$f(x) = g(x)^2 f_1(x), \quad f_1(x) \in F[x].$$

于是

$$f'(x) = 2g(x)g'(x)f_1(x) + g(x)^2 f_1'(x).$$

因此 $g(x)$ 是 $f(x)$ 和 $f'(x)$ 的公因式, 从而 $f(x)$ 与 $f'(x)$ 不互素.

再设 $f(x)$ 和 $f'(x)$ 不互素. 令 $g(x) = \gcd(f(x), f'(x))$, 那么 $\deg g(x) \geqslant 1$. 自然有 $F[x]$ 中的多项式 $h(x)$ 使 $f(x) = g(x)h(x)$. 那么 $f'(x) = g'(x)h(x) + g(x)h'(x)$. 于是 $g(x)|g'(x)h(x)$. 因 $\deg g'(x) < \deg g(x)$, 由唯一因式分解定理有 $d(x) \in F(x)$, $\deg d(x) \geqslant 1$ 使 $d(x)|g(x)$, 而且 $d(x)|h(x)$. 因此 $d(x)$ 是 $f(x)$ 的重因式. □

设 $f(x) = a_0 + a_1x + a_2x^2 + \cdots + a_nx^n$ 是 $F[x]$ 中的一个多项式, $\alpha \in F$. 在 $f(x)$ 中用 α 代 x 得到的 F 中的元素 $a_0 + a_1\alpha + a_2\alpha^2 + \cdots + a_n\alpha^n$ 称为当 $x = \alpha$ 时 $f(x)$ 的 *值*, 记作 $f(\alpha)$.

利用带余除法, 可以得到下面的定理.

定理1.30 (余元定理) 设 $f(x)$ 是 $F[x]$ 中的一个多项式, $\alpha \in F$. 那么用一次多项式 $x - \alpha$ 去除 $f(x)$ 所得的余式是 F 中的元素 $f(\alpha)$.

证明 假设用 $x - \alpha$ 去除 $f(x)$ 所得的商为 $q(x)$ 而余式为 F 中的元素 c, 即

$$f(x) = q(x)(x - \alpha) + c.$$

用 α 代 x, 得

$$f(\alpha) = c.$$

这就证明了定理 1.30. □

如果 $F[x]$ 中的多项式 $f(x)$ 在 $x = \alpha$ 时的值是 0, 即 $f(\alpha) = 0$, 那么 α 就叫做 $f(x)$ 的一个 *根*.

从余元定理可以推出下面的

推论1.31 设 $f(x)$ 是 $F[x]$ 中的一个多项式, $\alpha \in F$. 那么 α 是 $f(x)$ 的根当且仅当 $(x - \alpha)|f(x)$.

如果 $x - \alpha$ 是 $f(x)$ 的 m 重因式, α 就叫 $f(x)$ 的一个 m 重根.

从推论 1.31 又可以推出

推论1.32 设 $f(x)$ 是 $F[x]$ 中的一个 n 次多项式. 那么 $f(x)$ 在 F 中最多有 n 个两两不同的根.

证明 由推论 1.31, $f(x)$ 在 F 中互不相同的根的个数等于 $f(x)$ 在 $F[x]$ 中互不相同的首项系数是 e 的一次因式的个数. 根据唯一因式分解定理, 后者显然 $\leqslant n$. □

在例 1.4 中，我们曾选定一个素数 p, 构造了一个含 p 个元素的域. 现在我们要选定 $F[x]$ 中的一个不可约多项式 $p(x)$, 来构造一个域 $F[x]_{p(x)}$.

例 1.10 设 F 是域， $p(x)$ 是 $F[x]$ 中的一个 n 次不可约多项式. 我们用 $F[x]_{p(x)}$ 表示 $F[x]$ 中所有次数 $< n$ 的多项式的集合，即

$$F[x]_{p(x)} = \{a_0 + a_1x + a_2x^2 + \cdots + a_{n-1}x^{n-1} : a_i \in F(0 \leqslant i \leqslant n-1)\}. \quad (1.20)$$

设 $a(x), b(x) \in F[x]$. 我们仿照例 1.4 来规定 $a(x)$ 与 $b(x)$ 的和 (将其记作 $a(x) \oplus b(x)$) 与积 (将其记作 $a(x) \odot b(x)$):

$$a(x) \oplus b(x) = (a(x) + b(x))_{p(x)} = a(x) + b(x)$$

$$a(x) \odot b(x) = (a(x)b(x))_{p(x)}.$$

和例 1.4 一样，可以验证 $F[x]_{p(x)}$ 对于如上规定的加法运算和乘法运算是一个域. 我们不再重复证明的细节. 我们只指出， F 中的零元素 0 就是 $F[x]_{p(x)}$ 中的零元素， F 中的单位元素就是 $F[x]_{p(x)}$ 中的单位元素. 当然，在证明中要用到下面这个与引理 1.1 相平行的引理.

引理 1.33 设 $f(x)$ 是 $F[x]$ 中的一个非零多项式， $a(x)$ 和 $b(x)$ 是 $F[x]$ 中的任意两个多项式. 那么

$$(a(x))_{f(x)} = (b(x))_{f(x)} \text{ 当且仅当 } f(x) | (a(x) - b(x)).$$

例 1.10(续) 值得注意的是， F 中的元素都是 $F[x]_{p(x)}$ 中的元素，它们是 $F[x]_{p(x)}$ 中的零元素和零次多项式. 进一步，对于 F 中的任意两个元素 a 和 b, 将它们看作 $F[x]_{p(x)}$ 中的元素进行加法运算和乘法运算得到的和 $a \oplus b$ 与积 $a \odot b$, 与将它们看作 F 中的元素进行加法运算和乘法运算得到的和 $a + b$ 与积 ab 是一样的，即

$$a \oplus b = (a+b)_{p(x)} = a + b,$$

$$a \odot b = (ab)_{p(x)} = ab.$$

因此， F 是 $F[x]_{p(x)}$ 的一个子域.

特别地，如果 $p(x)$ 是 $F[x]$ 中的一个一次多项式 (一次多项式一定是不可约的), 那么显然有 $F[x]_{p(x)} = F$.

进一步，如果我们写

$$p(x) = p_0 + p_1x + p_2x^2 + \cdots + p_nx^n,\ p_i \in F,$$

那么在 $F[x]_{p(x)}$ 中，有

$$p_0 \oplus (p_1 \odot x) \oplus (p_2 \odot x \odot x) \oplus \cdots \oplus (p_n \odot \underbrace{x \odot x \odot \cdots \odot x}_{n \text{ 个}})$$

$$=(p_0+p_1x+p_2x^2+\cdots+p_nx^n)_{p(x)}$$
$$=(p(x))_{p(x)}=0.$$

这就是说 $F[x]_{p(x)}$ 中的元素 x 是 F 上未定元 x 的不可约多项式

$$p(x)=p_0+p_1x+p_2x^2+\cdots+p_nx^n$$

的根. 因此我们也说 $F[x]_{p(x)}$ 是添加 $F[x]$ 中的一个不可约多项式 $p(x)$ 的根 x 到 F 上而得到的域①.

如果 F 是含有 q 个元素的有限域, 那么 (1.20) 式中的 $a_0, a_1, a_2, \cdots, a_{n-1}$ 可以是 F 中这 q 个元素中的任何一个, 因此 $F[x]_{p(x)}$ 是 q^n 个元素的有限域. 特别地, 如果我们取 $F=\mathbb{Z}_p$, 其中 p 是一个给定的素数, 而 $p(x)$ 是 $\mathbb{Z}_p[x]$ 中的一个 n 次不可约多项式, 那么 $\mathbb{Z}_p[x]_{p(x)}$ 就是一个恰含 p^n 个元素的有限域, 而 $\mathbb{Z}_p$ 是它的一个子域. 因此, 在 $\mathbb{Z}_p[x]_{p(x)}$ 中也有

$$\underbrace{1\oplus 1\oplus\cdots\oplus 1}_{p\text{ 个 }1}=0.$$

以后我们将证明, 对于任意的素数 p 和正整数 n, 都存在一个恰含 p^n 个元素的有限域, 并且在同构的意义下只有一个恰含 p^n 个元素的有限域. 因此我们往往用 $\mathbb{F}_{p^n}$ 或 $GF(p^n)$ 来代表这个恰含 p^n 个元素的有限域, 这并不会引起混淆. □

总结以上的讨论, 我们有下面的

定理 1.34 设 F 是任意一个域, $p(x)$ 是 $F[x]$ 中的一个 n 次不可约多项式. 令

$$F[x]_{p(x)}=\{a_0+a_1x+a_2x^2+\cdots+a_{n-1}x^{n-1}: a_i\in F\},$$

并对任意 $a(x), b(x)\in F[x]_{p(x)}$, 规定

$$a(x)\oplus b(x)=a(x)+b(x),$$

$$a(x)\odot b(x)=(a(x)b(x))_{p(x)}.$$

那么 $F[x]_{p(x)}$ 对于如上规定的加法运算和乘法运算是一个域, 它包有 F 作为它的子域, 而且 $F[x]_{p(x)}$ 中的元素 x 是 F 上未定元 x 的不可约多项式 $p(x)$ 的一个根. 进一步, 如果 F 是 q 个元素的有限域, 那么 $F[x]_{p(x)}$ 就是 q^n 个元素的有限域.

例 1.11 设 $p=2$. 考察 $\mathbb{Z}_2[x]$ 中的多项式

$$p(x)=x^2+x+1.$$

① 要注意区别开符号 x 的两种不同的意义: 其一, x 是 $F[x]_{p(x)}$ 中的一个元素; 其二, x 是 $F[x]$ 中的一个元素, 即 F 上的一个未定元.

因为 $p(0)=1\neq 0, p(1)=1\neq 0$, 所以 $p(x)$ 在 $\mathbb{Z}_2$ 中没有根. 又因为 $p(x)$ 是二次的，所以它在 $\mathbb{Z}_2[x]$ 中不可约. 由定理 1.34, $\mathbb{Z}_2[x]_{x^2+x+1}$ 是恰含 $2^2=4$ 个元素的有限域. 事实上,

$$\mathbb{Z}_2[x]_{x^2+x+1}=\{0,\,1,\,x,\,x+1\}.$$

根据 $\mathbb{Z}_2[x]_{x^2+x+1}$ 中加法和乘法的定义，容易写出 $\mathbb{Z}_2[x]_{x^2+x+1}$ 的加法表和乘法表：

$\oplus$	0	1	x	$x+1$
0	0	1	x	$x+1$
1	1	0	$x+1$	x
x	x	$x+1$	0	1
$x+1$	$x+1$	x	1	0

$\odot$	0	1	x	$x+1$
0	0	0	0	0
1	0	1	x	$x+1$
x	0	x	$x+1$	1
$x+1$	0	$x+1$	1	x

显然， $\mathbb{Z}_2[x]_{x^2+x+1}$ 与例 1.6 中构造的四元域同构.

值得注意的是， $\mathbb{Z}_2[x]_{x^2+x+1}$ 中任一非零元素 $\alpha\,(\alpha=1,x$ 或 $x+1)$ 都适合条件

$$\alpha^{2^2-1}=\alpha^3=1,$$

并且 $\mathbb{Z}_2[x]_{x^2+x+1}$ 中 x 和 $x+1$ 这两个非零元素具有性质

$$x\neq 1,\quad x^2\neq 1,$$

$$x+1\neq 1,\quad (x+1)^2\neq 1.$$

因此 $\mathbb{Z}_2[x]_{x^2+x+1}$ 中的非零元素可以表示为它们当中任何一个的幂. 譬如,

$$x,\quad x^2=x+1,\quad x^3=1$$

就是 $\mathbb{Z}_2[x]_{x^2+x+1}$ 中的 3 个互不相同的非零元素. □

例1.12 设 $p=3$. 考察 $\mathbb{Z}_3[x]$ 中的多项式

$$p(x)=x^2+1.$$

因为在 $\mathbb{Z}_3$ 中,

$$p(0)=1\neq 0,$$

$$p(1)=1+1=2\neq 0,$$

$$p(2)=2^2+1=2\odot 2+1=1+1=2\neq 0,$$

所以 $p(x)$ 在 $\mathbb{Z}_3$ 中没有根；又因为 $p(x)$ 的次数是 2, 所以它在 $\mathbb{Z}_3[x]$ 中不可约. 根据定理 1.34, $\mathbb{Z}_3[x]_{x^2+1}$ 是恰含 $3^2=9$ 个元素的有限域. 事实上,

$$\mathbb{Z}_3[x]_{x^2+1}=\{0,\,1,\,2,\,x,\,x+1,\,x+2,\,2x,\,2x+1,\,2x+2\}.$$

根据 $\mathbb{Z}_3[x]_{x^2+1}$ 中加法和乘法的定义，容易写出它的加法表和乘法表：

$\oplus$	0	1	2	x	$x+1$	$x+2$	$2x$	$2x+1$	$2x+2$
0	0	1	2	x	$x+1$	$x+2$	$2x$	$2x+1$	$2x+2$
1	1	2	0	$x+1$	$x+2$	x	$2x+1$	$2x+2$	$2x$
2	2	0	1	$x+2$	x	$x+1$	$2x+2$	$2x$	$2x+1$
x	x	$x+1$	$x+2$	$2x$	$2x+1$	$2x+2$	0	1	2
$x+1$	$x+1$	$x+2$	x	$2x+1$	$2x+2$	$2x$	1	2	0
$x+2$	$x+2$	x	$x+1$	$2x+2$	$2x$	$2x+1$	2	0	1
$2x$	$2x$	$2x+1$	$2x+2$	0	1	2	x	$x+1$	$x+2$
$2x+1$	$2x+1$	$2x+2$	$2x$	1	2	0	$x+1$	$x+2$	x
$2x+2$	$2x+2$	$2x$	$2x+1$	2	0	1	$x+2$	x	$x+1$

$\odot$	0	1	2	x	$x+1$	$x+2$	$2x$	$2x+1$	$2x+2$
0	0	0	0	0	0	0	0	0	0
1	0	1	2	x	$x+1$	$x+2$	$2x$	$2x+1$	$2x+2$
2	0	2	1	$2x$	$2x+2$	$2x+1$	x	$x+2$	$x+1$
x	0	x	$2x$	2	$x+2$	$2x+2$	1	$x+1$	$2x+1$
$x+1$	0	$x+1$	$2x+2$	$x+2$	$2x$	1	$2x+1$	2	x
$x+2$	0	$x+2$	$2x+1$	$2x+2$	1	x	$x+1$	$2x$	2
$2x$	0	$2x$	x	1	$2x+1$	$x+1$	2	$2x+2$	$x+2$
$2x+1$	0	$2x+1$	$x+2$	$x+1$	2	$2x$	$2x+2$	x	1
$2x+2$	0	$2x+2$	$x+1$	$2x+1$	x	2	$x+2$	1	$2x$

在 $\mathbb{Z}_3[x]_{x^2+1}$ 中，任一非零元素 α 都适合条件

$$\alpha^{3^2-1}=\alpha^8=1.$$

而对于 $\alpha=x+1,x+2,2x+1,2x+2$, 则有

$$\alpha\neq 1,\quad \alpha^2\neq 1,\quad \alpha^3\neq 1,\quad \cdots,\quad \alpha^7\neq 1.$$

因此 $\mathbb{Z}_3[x]_{x^2+1}$ 中的每个非零元素都可以表示成它们当中任何一个的幂. 譬如,

$$x+1,\ (x+1)^2,\ (x+1)^3,\ \cdots,\ (x+1)^7,\ (x+1)^8=1$$

就是 $\mathbb{Z}_3[x]_{x^2+1}$ 中的 8 个互不相同的非零元素. □

以后我们将证明, $\mathbb{F}_{p^n}$ 中任一非零元素 α 都适合条件

$$\alpha^{p^n-1}=e.$$

并且 $\mathbb{F}_{p^n}$ 中至少存在一个非零元素 ξ, 使得

$$\xi\neq e,\quad \xi^2\neq e,\quad \xi^3\neq e,\quad \cdots,\quad \xi^{p^n-2}\neq e.$$

因此 $\mathbb{F}_{p^n}$ 中的非零元素都可表示成 ξ 的幂, 即

$$\xi,\ \xi^2,\ \xi^3,\ \cdots,\ \xi^{p^n-2},\ \xi^{p^n-1}=e$$

就是 $\mathbb{F}_{p^n}$ 中互不相同的 p^n-1 个非零元素.

现在我们扼要地介绍一下域 F 上 n 个未定元 $x_1, x_2, \cdots, x_n$ 的多项式. 形如

$$ax_1^{k_1}x_2^{k_2}\cdots x_n^{k_n}$$

的式子, 其中 $a\in F$ 而 $k_1,k_1,\cdots,k_n$ 都是非负整数, 叫做系数在 F 中的 n 个未定元 $x_1, x_2, \cdots, x_n$ 的*单项式*, 简称 F 上的 n 元单项式, 如果 $a\neq 0$, $k_1+k_2+\cdots+k_n$ 就叫做它的*次数*. 如果两个单项式中相同不定元有相同的幂次, 它们就叫做*同类项*. F 上有限个彼此不是同类项的 n 元单项式的形式和

$$\sum_{k_1,k_2,\cdots,k_n} a_{k_1k_2\cdots k_n}x_1^{k_1}x_2^{k_2}\cdots x_n^{k_n}$$

叫做系数在 F 中的 n 个未定元 $x_1,x_2,\cdots,x_n$ 的*多项式*, 简称 F 上的 n 元多项式. 一个多项式中系数不为零的单项式的最高次数就叫做这个*多项式的次数*. 两个 n 元多项式叫做*相等*, 或者说它们是同一多项式, 如果它们同类项的系数都相等. 一个 n 元多项式叫*齐次多项式*, 如果它的系数不为零的单项式有同一次数. 例如, x^2y+y^3 和 x^2+xy+y^2 都是齐次多项式. 我们常用 $f(x_1,x_2,\cdots,x_n), g(x_1,x_2,\cdots,x_n)$ 等符号来代表 F 上的 n 元多项式. F 上 n 元多项式的全体所组成的集合记作 $F[x_1,x_2,\cdots,x_n]$. 正像一元多项式一样, 我们可以规定两个 n 元多项式

$$f(x_1, x_2, \cdots, x_n) = \sum_{k_1, k_2, \cdots, k_n} a_{k_1 k_2 \cdots k_n} x_1^{k_1} x_2^{k_2} \cdots x_n^{k_n},$$

$$g(x_1, x_2, \cdots, x_n) = \sum_{k_1, k_2, \cdots, k_n} b_{k_1 k_2 \cdots k_n} x_1^{k_1} x_2^{k_2} \cdots x_n^{k_n}$$

的和与积分别为

$$f(x_1, x_2, \cdots, x_n) + g(x_1, x_2, \cdots, x_n)$$
$$= \sum_{k_1, k_2, \cdots, k_n} (a_{k_1 k_2 \cdots k_n} + b_{k_1 k_2 \cdots k_n}) x_1^{k_1} x_2^{k_2} \cdots x_n^{k_n}$$

和

$$f(x_1, x_2, \cdots, x_n) g(x_1, x_2, \cdots, x_n)$$
$$= \sum_{k_1, k_2, \cdots, k_n} \sum_{l_1, l_2, \cdots, l_n} a_{k_1 k_2 \cdots k_n} b_{l_1 l_2 \cdots l_n} x_1^{k_1 + l_1} x_2^{k_1 + l_2} \cdots x_n^{k_n + l_n}.$$

容易验证 $F[x_1, x_2, \cdots, x_n]$ 对于如上规定的加法运算和乘法运算是封闭的. 我们还可以证明这两种运算满足运算规则 I.1, I.2, I.3, I.4, II.1, II.2, II.3 和 III, 但不满足 II.4.

最后我们引进域 F 上 n 个未定元 $x_1, x_2, \cdots, x_n$ 的有理分式. 为了书写简便，我们只讨论 $n=1$ 的情形，并把 x_1 记作 x. 至于 $n>1$ 的情形，与 $n=1$ 的处理方法一样.

设 $a(x), b(x) \in F[x]$ 而 $b(x) \neq 0$. 那么式子

$$a(x)/b(x)$$

就叫做 F 上未定元 x 的一个**有理分式**, 简称一元有理分式，或更简称**分式**, $a(x)$ 叫做它的**分子**, $b(x)$ 叫做它的**分母**. 又设 $a_1(x), b_1(x) \in F[x]$ 而 $b_1(x) \neq 0$, 我们把下面的两个分式

$$a(x)/b(x) \quad 和 \quad a_1(x)/b_1(x)$$

看作是同一个分式，或者说它们**相等**, 并记作

$$a(x)/b(x) = a_1(x)/b_1(x),$$

如果

$$a(x) b_1(x) = b(x) a_1(x).$$

有理分式 $a(x)/b(x)$ 叫做**真分式**, 如果 $\deg a(x) < \deg b(x)$; $a(x)/b(x)$ 叫做**不可约分式**, 如果 $\gcd(a(x), b(x)) = e$. 假定 $\gcd(a(x), b(x)) = d(x)$, 令 $a(x) = a_1(x)d(x)$, $b(x) = b_1(x)d(x)$, 那么 $\gcd(a_1(x), b_1(x)) = e$. 有 $a(x)/b(x) = a_1(x)/b_1(x)$, 而 $a_1(x)/b_1(x)$ 是一个不可约分式. 因此任一分式都可化为一个不可约分式. 设 $a_1(x)/b_1(x)$ 和 $a_2(x)/b_2(x)$ 都是不可约因式，如果 $a_1(x)/b_1(x) = a_2(x)/b_2(x)$, 那么 $a_1(x)b_2(x) =$

$b_1(x)a_2(x)$; 因为 $\gcd(a_1(x), b_1(x)) = \gcd(a_2(x), b_2(x)) = e$, 所以由唯一因式分解定理，我们有 $a_1(x) = ca_2(x)$, $b_1(x) = cb_2(x)$, 这里 $c \in F$ 而 $c \neq 0$. 如果进一步假定 $b_1(x)$ 和 $b_2(x)$ 的首项系数都等于 e, 那么就一定有 $b_1(x) = b_2(x)$, $a_1(x) = a_2(x)$. 因此任一分式都等于唯一的一个分母的首项系数为 e 的不可约分式.

我们用 $F(x)$ 来表示 F 上一个未定元 x 的有理分式的全体所组成的集合. 下面我们规定 $F(x)$ 中的加法运算和乘法运算. 设

$$a(x)/b(x) \quad 和 \quad c(x)/d(x)$$

是 $F(x)$ 中的两个元素, 即 $a(x), b(x), c(x), d(x)$ 都是 $F[x]$ 中的元素, 并且 $b(x) \neq 0$, $d(x) \neq 0$. 这两个分式的**和**与**积**规定为

$$a(x)/b(x) + c(x)/d(x) = (a(x)d(x) + b(x)c(x))/b(x)d(x), \tag{1.21}$$

$$(a(x)/b(x))(c(x)/d(x)) = a(x)c(x)/b(x)d(x). \tag{1.22}$$

不难证明，如果

$$a(x)/b(x) = a_1(x)/b_1(x), \quad c(x)/d(x) = c_1(x)/d_1(x),$$

那么

$$a(x)/b(x) + c(x)/d(x) = a_1(x)/b_1(x) + c_1(x)/d_1(x), \tag{1.23}$$

$$(a(x)/b(x))(c(x)/d(x)) = (a_1(x)/b_1(x))(c_1(x)/d_1(x)). \tag{1.24}$$

以 (1.23) 式为例，由 (1.21) 式，有

$$\begin{aligned} a(x)/b(x) + c(x)/d(x) &= (a(x)d(x) + b(x)c(x))/b(x)d(x), \\ a_1(x)/b_1(x) + c_1(x)/d_1(x) &= (a_1(x)d_1(x) + b_1(x)c_1(x))/b_1(x)d_1(x), \end{aligned}$$

但是

$$\begin{aligned} &(a(x)d(x) + b(x)c(x))(b_1(x)d_1(x)) \\ &= a(x)b_1(x)d(x)d_1(x) + b(x)b_1(x)c(x)d_1(x) \\ &= b(x)a_1(x)d(x)d_1(x) + b(x)b_1(x)d(x)c_1(x) \\ &= (b(x)d(x))(a_1(x)d_1(x) + b_1(x)c_1(x)), \end{aligned}$$

由此就推出 (1.23) 式. 因此，按 (1.21) 和 (1.22) 两式分别定义的加法运算和乘法运算是良好定义. 进一步还可以证明，$F(x)$ 对于如此定义的加法运算和乘法运算来说是一个域，$0/e$ 是它的零元素，e/e 是它的单位元素，$F(x)$ 中非零元素 $a(x)/b(x)$ 的逆元素是 $b(x)/a(x)$. 我们把这些验证都留给读者作为练习. 这样我们又得到一个域的例子. 我们把域 $F(x)$ 叫做域 F 上一个未定元 x 的**有理分式域**, 简称有理分式域. 我们还把 $F[x]$ 中的元素 $a(x)$ 与 $F(x)$ 中的元素 $a(x)/e$ 看成同一个元素. 这样，就把 $F[x]$ 看成 $F(x)$ 的一个子集. 特别地，F 就是 $F(x)$ 的一个子域，而 F 的零元素和单位元素分别是 $F(x)$ 的零元素和单位元素.

1.4 复数域、实数域和有理数域上的多项式

在上面一节里我们讨论了任意域 F 上的多项式. 特别我们证明了唯一因式分解定理 (即定理 1.26), 给了多项式没有重因式的一个充要条件 (即定理 1.29), 定义了多项式的根这一重要概念并且给出了 F 中一个元素是一个多项式的根的一个充要条件 (即推论 1.31). 现在我们特别取 F 为复数域 $\mathbb{C}$, 实数域 $\mathbb{R}$ 和有理数域 $\mathbb{Q}$ 来讨论他们上面的多项式.

先从复数域 $\mathbb{C}$ 开始, 设

$$f(x) = a_0 + a_1x + \cdots + a_nx^n \tag{1.25}$$

是 $\mathbb{C}$ 上的一个多项式, 即 $a_i \in \mathbb{C}(i = 0, 1, 2, \cdots, n)$. 是否 $f(x)$ 在 $\mathbb{C}$ 中有根？这一问题由下面的所谓的 "代数基本定理" 所回答.

定理 1.35 任一次数 $n \geqslant 1$ 的复系数多项式 $f(x)$ 在 $\mathbb{C}$ 中至少有一个根.

这个定理的证明要用到分析的知识, 这超出了本书的范围, 读者读到复变函数论时会遇到很简单的证明, 因此我们略去它的证明.

从定理 1.35 立即推出

推论 1.36 任一次数 $n \geqslant 2$ 的复系数多项式 $f(x)$ 在 $\mathbb{C}$ 上一定可约.

证明 根据定理 1.35, $f(x)$ 在 $\mathbb{C}$ 中有一个根 α, 再根据推论 1.31, $(x-\alpha)|f(x)$. 令

$$g(x) = \frac{f(x)}{x-\alpha},$$

那么 $g(x) \in \mathbb{C}[x]$ 并且 $f(x) = (x-\alpha)g(x)$, 即 $f(x)$ 在 $\mathbb{C}$ 上一定可约. □

推论 1.37 任一次数 $n \geqslant 1$ 的复系数多项式 $f(x)$ 在 $\mathbb{C}$ 上 "唯一地" 分解成 n 个一次因式的乘积.

证明 根据定理 1.26, $f(x)$ "唯一地" 分解成一些不可约因式 $f_1(x), f_2(x), \cdots, f_r(x)$ 的乘积

$$f(x) = f_1(x)f_2(x)\cdots f_r(x), \quad f_i(x) \in \mathbb{C}[x] \quad (i = 1, 2, \cdots, r).$$

再根据推论 1.36, 每个 $f_r(x)$ 都是 1 次的. 于是

$$n = \deg f(x) = \deg f_1(x) + \deg f_2(x) + \cdots + \deg f_r(x) = r$$ □

推论 1.38 任一次数 $n \geqslant 1$ 的复系数多项式 $f(x)$ 在 $\mathbb{C}$ 中恰有 n 个根 (但重数是 k 的根要算成 k 个根).

例 1.13 设 n 是 $\geqslant 1$ 的整数. 在复数域 $\mathbb{C}$ 上分解多项式.

$$x^n - 1.$$

当 $n = 1$ 时, $x - 1$ 是 1 次的, 就是不可约多项式.

当 $n=2$ 时,

$$x^2-1=(x-1)(x+1).$$

$x-1$ 和 $x+1$ 都是 1 次的，因此都不可约.

当 $n\geqslant 3$ 时，令

$$\zeta=\cos\frac{2\pi}{n}+i\sin\frac{2\pi}{n}.$$

根据德莫佛 (De Moivre) 定理,

$$\zeta^k=\cos\frac{2k\pi}{n}+i\sin\frac{2k\pi}{n},\quad k=0,1,2,\cdots,n-1,$$

它们两个不同，而

$$(\zeta^k)^n=\cos 2k\pi+i\sin 2k\pi=1.$$

即 $\zeta^0=1,\zeta,\zeta^2,\cdots,\zeta^{n-1}$ 就是 x^n-1 的 n 个根. 所以

$$x^n-1=(x-1)(x-\zeta)(x-\zeta^2)\cdots(x-\zeta^{n-1}).$$

$1,\zeta,\zeta^2,\cdots,\zeta^{n-1}$ 都称为 n 次单位根, 它们都可以写成 ζ 的幂次，所以 ζ 又叫 n 次本原单位根. □

现在来讨论实系数的多项式，设 (1.25) 中的多项式 $f(x)$ 的系数 $a_i(i=0,1,2,\cdots,n)$ 都是实数. 首先我们有

定理1.39 设 $f(x)\in\mathbb{R}[x]$ 并设 $\alpha\in\mathbb{C}\backslash\mathbb{R}$(即 $\alpha\in\mathbb{C}$ 而 $\alpha\notin\mathbb{R}$); 再用 $\bar{\alpha}$ 表示 α 的共轭复数 (即如果 $\alpha=a+bi,a,b\in\mathbb{R}$, 则 $\bar{\alpha}=a-bi$). 那么 $f(\alpha)=0$ 当且仅当 $f(\bar{\alpha})=0$.

证明 假定 $f(\alpha)=0$, 即

$$a_0+a_1\alpha+\cdots+a_n\alpha^n=0.$$

将上式双方取共轭，再利用共轭数的性质，因为 $a_i\in\mathbb{R}$ 及 $0\in\mathbb{R}$, 得到

$$a_0+a_1\bar{\alpha}+\cdots+a_n\bar{\alpha}^n=0,$$

即 $f(\bar{\alpha})=0$. 同理从 $f(\bar{\alpha})=0$ 也可推出 $f(\alpha)=0$. □

推论1.40 任一次数 $n\geqslant 3$ 的实系数多项式 $f(x)$ 在 $\mathbb{R}$ 上一定可约.

证明 根据定理 1.35 $f(x)$ 至少有一个根 α. 如果 $\alpha\in\mathbb{R}$, 和推论 1.36 一样可以证明， $x-\alpha$ 是 $f(x)$ 的因式， $x-\alpha\in\mathbb{R}[x]$, 而且 $f(x)$ 可约. 如果 $\alpha\in\mathbb{C}\backslash\mathbb{R}$, 根据定理 1.39, $\bar{\alpha}$ 也是 $f(x)$ 的一个根. 根据推论 1.31, $(x-\alpha)|f(x)$ 和 $(x-\bar{\alpha})|f(x)$. 令

$$g(x)=\frac{f(x)}{x-\alpha},$$

则 $g(x)\in\mathbb{C}[x]$ 而 $f(x)=(x-\alpha)g(x)$, 将 $x=\bar{\alpha}$ 代入，得 $0=f(\bar{\alpha})=(\bar{\alpha}-\alpha)g(\bar{\alpha})$. 因 $\alpha\in\mathbb{C}\backslash\mathbb{R}$, 故 $\bar{\alpha}-\alpha\neq 0$. 于是 $g(\bar{\alpha})=0$, 因此 $(x-\bar{\alpha})|g(x)$. 令

$$h(x)=\frac{g(x)}{x-\bar{\alpha}},$$

则 $h(x) \in \mathbb{C}[x]$ 而 $g(x) = (x-\bar{\alpha})h(x)$. 那么

$$f(x) = (x-\alpha)(x-\bar{\alpha})h(x).$$

因为 $\alpha+\bar{\alpha}, \alpha\bar{\alpha} \in \mathbb{R}$, 所以

$$(x-\alpha)(x-\bar{\alpha}) = x^2 - (\alpha+\bar{\alpha})x + \alpha\bar{\alpha} \in \mathbb{R}[x].$$

因此 $h(x) \in \mathbb{R}[x]$. 这样 $f(x)$ 就分解成 $\mathbb{R}$ 上两个多项式 $(x-\alpha)(x-\bar{\alpha})$ 和 $h(x)$ 的乘积, 故 $f(x)$ 在 $\mathbb{R}$ 上可约. □

推论 1.41 任一次数 $\geqslant 1$ 的实系数多项式 $f(x)$ 在 $\mathbb{R}$ 上"唯一地"分解成一些在 $\mathbb{R}$ 上不可约的二次多项式与一次多项式的乘积.

什么时候 $\mathbb{R}$ 上的一个二次多项式不可约呢? 可以一般地来考察特征 $\neq 2$ 的任意域 F 上的二次多项式

$$f(x) = ax^2 + bx + c, \quad a, b, c \in \mathbb{F} \text{ 而 } a \neq 0,$$

何时不可约这一问题. 令

$$\varDelta = b^2 - 4ac,$$

并把 $\varDelta$ 叫做二次多项式 ax^2+bx+c 的判别式.

定理 1.42 设 F 是特征 $\neq 2$ 的域, $ax^2+bx+c \in F[x]$, 而 $a \neq 0$. 那么 ax^2+bx+c 在 F 上不可约, 当且仅当 $\varDelta$ 不是 F 中的平方元, 即不存在 $d \in F$ 使 $\varDelta = d^2$.

证明 只要证明"ax^2+bx+c 在 F 上可约, 当且仅当 $\varDelta = d^2$ 而 $d \in F$"就行了. 先设 $\varDelta = d^2$ 而 $d \in F$. 那么

$$\begin{aligned} ax^2+bx+c &= a\left(x^2 + \frac{b}{a}x + \frac{c}{a}\right) \\ &= a\left(x^2 + \frac{b}{a}x + \left(\frac{b}{2a}\right)^2 - \left(\frac{b}{2a}\right)^2 + \frac{c}{a}\right) \\ &= a\left(\left(x+\frac{b}{2a}\right)^2 - \frac{b^2-4ac}{4a^2}\right) \\ &= a\left(\left(x+\frac{b}{2a}\right)^2 - \frac{\varDelta}{4a^2}\right) \\ &= a\left(\left(x+\frac{b}{2a}\right)^2 - \frac{d^2}{4a^2}\right) \\ &= a\left(x+\frac{b}{2a}+\frac{d}{2a}\right)\left(x+\frac{b}{2a}-\frac{d}{2a}\right). \end{aligned}$$

这就是说, ax^2+bx+c 在 F 上可约.

反之, 设 ax^2+bx+c 在 F 上可约, 不妨设

$$ax^2+bx+c = a(x-\alpha_1)(x-\alpha_2), \quad \alpha_1, \alpha_2 \in F$$

那么

$$ax^2+bx+c=a(x^2-(\alpha_1+\alpha_2)x+\alpha_1\alpha_2).$$

于是 $b=-a(\alpha_1+\alpha_2), c=a\alpha_1\alpha_2$, 而

$$\Delta=b^2-4ac=a^2(\alpha_1+\alpha_2)^2-4a^2\alpha_1\alpha_2=a^2(\alpha_1-\alpha_2)^2,$$

即 Δ 是 F 中平方元. □

推论1.43 实系数的二次多项式 $ax^2+bx+c(a,b,c\in\mathbb{R},a\neq 0)$ 不可约，当且仅当它的判别式 $\Delta=b^2-4ac<0$.

例1.14 设 n 是 $\geqslant 1$ 的整数，在实数域 $\mathbb{R}$ 上分解

$$x^n-1.$$

$n=1$ 和 $n=2$ 的结果和在复数域上的结果一样，就不重复了．以下设 $n\geqslant 3$. 区别 n 是奇数和偶数两种情形．当 $n=2m+1$ 是奇数时，

$$\overline{\zeta^k}=\cos\frac{2k\pi}{n}-i\sin\frac{2k\pi}{n},\quad k=1,2,\cdots,m,$$

显然

$$\zeta^k+\overline{\zeta^k}=2\cos\frac{2k\pi}{n},$$

$$\zeta^k\overline{\zeta^k}=1.$$

因此

$$x^n-1=(x-1)\left(x^2-2\cos\frac{2\pi}{n}+1\right)\left(x^2-2\cos\frac{4\pi}{n}+1\right)\cdots\left(x^2-2\cos\frac{2m\pi}{n}+1\right).$$

注意 $x^2-2\cos\frac{2k\pi}{n}+1(k=1,2,\cdots,m)$ 的判别式 $4\cos^2\frac{2k\pi}{n}-4=4\left(\cos^2\frac{2k\pi}{n}-1\right)<0$, 因此 $x^2-2\cos\frac{2k\pi}{n}+1(k=1,2,\cdots,m)$ 在 $\mathbb{R}$ 上不可约．同理，当 $n=2m$ 是偶数时，

$$x^n-1=(x-1)(x+1)\left(x^2-2\cos\frac{2\pi}{n}+1\right)\left(x^2-2\cos\frac{4\pi}{n}+1\right)\cdots\left(x^2-2\cos\frac{2(m-1)\pi}{n}+1\right).$$

□

最后来讨论有理系数的多项式．前面我们看到，复系数的不可约多项式都是 1 次的，而实系数的不可约多项式都是 1 次或 2 次的．自然会问，有理系数的不可约多项式的次数有没有限制？

我们先指出，$\mathbb{Q}$ 上多项式在 $\mathbb{Q}$ 上是否可约的问题可化为 $\mathbb{Z}$ 上多项式在 $\mathbb{Q}$ 上是否可约的问题，设

$$f(x)=a_0+a_1x+a_2x^2+\cdots+a_nx^n,\quad a_i\in\mathbb{Q}\,(i=0,1,2\cdots,n).$$

把每个 a_i 都表示成两个整数的商,如 $a_i = \dfrac{u_i}{v_i}(i=0,1,2,\cdots,n)$, 再设 $v_0, v_1, v_2, \cdots, v_n$ 的最小公倍数是 m. 令

$$g(x) = mf(x),$$

那么 $g(x)$ 是一个整系数多项式. 显然, $f(x)$ 在 $\mathbb{Q}$ 上可约当且仅当 $g(x)$ 在 $\mathbb{Q}$ 上可约.

其次, 我们指出, $\mathbb{Z}$ 上多项式在 $\mathbb{Q}$ 上可约当且仅当它在 $\mathbb{Z}$ 上可约. 设 $f(x)$ 是 $\mathbb{Z}$ 上多项式. 如果 $f(x)$ 在 $\mathbb{Z}$ 上可约, 当然它在 $\mathbb{Q}$ 上也可约. 反过来, 假定 $f(x)$ 在 $\mathbb{Q}$ 上可约, 要证它在 $\mathbb{Z}$ 上也可约. 这要引进下面的概念.

定义 1.8　设

$$f(x) = a_0 + a_1x + a_2x^2 + \cdots + a_nx^n$$

是 $\mathbb{Z}$ 上的多项式, 如果 $\gcd(a_0, a_1, a_2, \cdots, a_n) = 1$, 就说 $f(x)$ 是一个 "本原" 多项式. (由于在第三章 3.3 节中我们还要定义有限域上的本原多项式, 所以把此处定义的本原多项式加上双引号.)

我们要用到下面这个高斯 (Gauss) 引理.

引理 1.44　*两个 "本原" 多项式的乘积仍是 "本原" 多项式.*

证明　设

$$f(x) = a_0 + a_1x + a_2x^2 + \cdots + a_nx^n$$

和

$$g(x) = b_0 + b_1x + b_2x^2 + \cdots + b_mx^m$$

都是 "本原" 多项式. 假设 $f(x)g(x)$ 的系数的最大公因数是 d 而 $d \neq 1$, 再设素数 p 是 d 的一个因子, 那么 p 一定能整除 $f(x)g(x)$ 的所有系数. 因 $f(x)$ 是 "本原" 多项式, $f(x)$ 的系数不能都被 p 整除, 令 a_r 是 $f(x)$ 中足码最小的一个不被 p 整除的系数. 同样令 b_s 是 $g(x)$ 中足码最小的一个不被 p 整除的系数.

$f(x)g(x)$ 中 x^{r+s} 的系数是

$$a_rb_s + a_{r+1}b_{s-1} + a_{r+2}b_{s-2} + \cdots + a_{r-1}b_{s+1} + a_{r-2}b_{s+2} + \cdots.$$

这个和应该被 p 整除. 另一方面, 除第一项外, 其余项都能被 p 整除. 因此 $p|a_rb_s$, 于是 $p|a_r$ 或 $p|b_s$, 这与假设相违. □

现在可以证明

定理 1.45　*设 $f(x)$ 是 $\mathbb{Z}$ 上的 n 次多项式. 如果 $f(x)$ 在 $\mathbb{Q}$ 上可约, 那么它在 $\mathbb{Z}$ 上也可约.*

证明　假设 $f(x)$ 在 $\mathbb{Q}$ 上可约, 并设 $f(x) = f_1(x)f_2(x)$, 这里 $f_1(x), f_2(x)$ 都是 $\mathbb{Q}$ 上的多项式, $0 < \deg f_i < n, i = 1, 2$. 设 m_1 是 $f_1(x)$ 各项系数的分母的一个公倍数, 那么 $m_1f_1(x) \in \mathbb{Z}$. 令 $g_1(x) = m_1f_1(x)$, 并设 d_1 是 $g_1(x)$ 各项系数的最大

公因数，再设 $h_1(x)=\dfrac{1}{d_1}g_1(x)$, 那么 $h_1(x)$ 是一个“本原”多项式，而 $f_1(x)$ 可以表作

$$f_1(x)=\frac{d_1}{m_1}h_1(x).$$

同理 $f_2(x)$ 可以表作

$$f_2(x)=\frac{d_2}{m_2}h_2(x),$$

其中 $d_2,m_2\in\mathbb{Z}$ 而 $h_2(x)$ 是一个“本原”多项式. 因此

$$f(x)=f_1(x)f_2(x)=\frac{d_1d_2}{m_1m_2}h_1(x)h_2(x).$$

设 $h(x)=h_1(x)h_2(x)$. 根据引理 1.44, $h(x)$ 是“本原”多项式. 设 $\dfrac{d_1d_2}{m_1m_2}=\dfrac{r}{s}$, 其中 $\gcd(r,s)=1$ 而 $s>0$, 那么 $f(x)=\dfrac{r}{s}h(x)$. 因为 $f(x)\in\mathbb{Z}[x]$ 及 $\gcd(r,s)=1$, 所以 s 整除 $h(x)$ 的每一个系数. 因为 $h(x)$ 是“本原”多项式，所以 $h(x)$ 的所有系数的最大公因数是 1, 因此 $s=1$. 那么

$$f(x)=(rh_1(x))h_2(x).$$

显然 $rh_1(x),h_2(x)\in\mathbb{Z}[x]$ 而且 $0<\deg\ (rh_1(x))=\deg\ f_1(x)<n, 0<\deg\ h_2(x)=\deg\ f_2(x)<n$. 这说明 $f(x)$ 在 $\mathbb{Z}$ 上可约. □

下面再介绍 $\mathbb{Z}$ 上多项式在 $\mathbb{Q}$ 上不可约的一个判别法，即艾森斯坦 (Eisenstein)判别法.

定理1.46 设

$$f(x)=a_0+a_1x+a_2x^2+\cdots+a_{n-1}x^{n-1}+a_nx^n\in\mathbb{Z}[x].$$

再设有一个素数 p 具有以下诸性质：

i) $p|a_0,a_1,\cdots,a_{n-1}$,

ii) $p\nmid a_n$,

iii) $p^2\nmid a_0$,

那么 $f(x)$ 在 $\mathbb{Q}$ 上不可约.

证明 用反证法. 假定 $f(x)$ 在 $\mathbb{Q}$ 上可约，根据定理 1.45, $f(x)$ 在 $\mathbb{Z}$ 上也可约. 设

$$f(x)=g(x)h(x),$$

其中

$$g(x)=b_0+b_1x+\cdots+b_kx^k,$$

$$h(x)=c_0+c_1x+\cdots+c_lx^l$$

是整系数多项式，而

$$0<k<n,\quad 0<l<n,\quad k+l=n.$$

由 i), $p|a_0$, 但 $a_0=b_0c_0$, 所以 $p|b_0$ 或 $p|c_0$. 由 iii), $p^2\nmid a_0$, 所以 $p|b_0$ 和 $p|c_0$ 不能同时发生，不妨设 $p|b_0$, 而 $p\nmid c_0$. 由 ii), $p\nmid a_n$, 但 $a_n=b_kc_l$, 所以 $p\nmid b_k$. 假定 b_s 是 $g(x)$ 的足码最小的不能被 p 整除的系数，考察

$$a_s=b_sc_0+b_{s-1}c_1+\cdots+b_0c_s.$$

因为 $s\leqslant k<n$, 所以由 i), $p|a_s$. 由 b_s 的取法， $p|(b_{s-1}c_1+\cdots+b_0c_s)$, 由上式推出 $p|b_sc_0$. 因 p 是素数， $p|b_s$ 或 $p|c_0$. 这是一个矛盾. □

例1.15 设 n 是 $\geqslant 1$ 的任意整数，考察多项式

$$x^n+2.$$

取 $p=2$, 那么定理 1.46 中的性质 i), ii), iii) 都成立. 因此 x^n+2 在 $\mathbb{Q}$ 上不可约. □

这证明了

推论1.47 *$\mathbb{Q}$ 上存在任意次数 $\geqslant 1$ 的不可约的多项式.*

例1.16 当 p 是素数时， $f(x)=1+x+x^2+\cdots+x^{p-1}$ 叫做*分园多项式*. 因为

$$f(x)=1+x+x^2+\cdots+x^{p-1}=\frac{x^p-1}{x-1},$$

所以 $f(x)$ 在复数域中的根就是 $\neq 1$ 的那 $p-1$ 个 p 次单位根. 现在我们研究，分园多项式 $f(x)$ 在 $\mathbb{Q}$ 上是否不可约？显然 $f(x)$ 在 $\mathbb{Q}$ 上可约当且仅当 $f(x+1)$ 在 $\mathbb{Q}$ 上可约. 根据二项式定理,

$$\begin{aligned}f(x+1)&=\frac{(x+1)^p-1}{(x+1)-1}=\frac{x^p+\binom{p}{1}x^{p-1}+\cdots+\binom{p}{p-1}x}{x}\\&=x^{p-1}+\binom{p}{1}x^{p-2}+\cdots+\binom{p}{p-1}.\end{aligned}$$

在二项式系数公式

$$\binom{p}{i}=\frac{p(p-1)\cdots(p-i+1)}{i!}$$

中, 对于 $i<p$, 分子都被 p 整除而分母不能被 p 整除. 另一方面, 常数项 $\binom{p}{p-1}=p$ 不能被 p^2 整数. 所以根据定理 1.46 $f(x+1)$ 在 $\mathbb{Q}$ 上不可约，因此 $f(x)$ 在 $\mathbb{Q}$ 上也不可约. □

习 题 一

1.1 设 $\mathbb{Q}[i]$ 是由全体形如 $a+bi\,(a,b\in\mathbb{Q})$ 的复数组成的集合，即

$$\mathbb{Q}[i]=\{a+bi: a, b\in\mathbb{Q}\}.$$

证明 $\mathbb{Q}[i]$ 对于通常的复数的加法运算和乘法运算是一个域.

1.2 设 $\mathbb{Q}[\sqrt[3]{2}]$ 是这样一些实数的集合：

$$\mathbb{Q}[\sqrt[3]{2}] = \{a + b\sqrt[3]{2} + c\sqrt[3]{4} : a, b, c \in \mathbb{Q}\}.$$

证明 $\mathbb{Q}[\sqrt[3]{2}]$ 对于通常的实数的加法运算和乘法运算是一个域.

1.3 证明定理 1.8 和定理 1.9.

1.4 证明：任一仅含 3 个元素的域都与 $\mathbb{Z}_3$ 同构.

1.5 证明：任一仅含 9 个元素的域都与 $\mathbb{Z}_3[x]_{x^2+1}$ 同构.

1.6 证明：一个域的任一自同构都将其素域的每个元素映到自身，然后推断出恒等自同构是有理数域 $\mathbb{Q}$ 和域 $\mathbb{Z}_p$(p 是任一素数) 仅有的自同构.

1.7* 证明：实数域 $\mathbb{R}$ 只有一个自同构.

1.8 证明推论 1.19 和 1.20.

1.9 证明 (1.10) 式和 (1.11) 式.

1.10 在 $\mathbb{Z}_2[x]$ 中，设 $a(x) = x^9 + x^8 + x^5 + x^3 + 1$, $b(x) = x^4 + x + 1$. $a(x)$ 能否被 $b(x)$ 整除？

1.11 设 $a(x) = x^6 + x^5 + x^2 + x + 1$, $b(x) = x^2 + x + 1 \in \mathbb{Z}_2[x]$. 求 $q(x)$, $r(x) \in \mathbb{Z}_2[x]$, 使得 $a(x) = q(x)b(x) + r(x)$, $\deg r(x) < \deg b(x)$.

1.12 设 $a(x) = x^6+3x^5+4x^2+x+1$, $b(x) = x^2+2x+3 \in \mathbb{Z}_5[x]$. 求 $q(x)$, $r(x) \in \mathbb{Z}_5[x]$, 使得 $a(x) = q(x)b(x) + r(x)$, $\deg r(x) < \deg b(x)$.

1.13 设 $a(x) = x^7+x^4+x^2+x+1$, $b(x) = x^5+x^2+x+1 \in \mathbb{Z}_2[x]$. 求 $\gcd(a(x), b(x))$, 并把它表示成 $a(x)$ 和 $b(x)$ 的以 $\mathbb{Z}_2[x]$ 中的多项式为系数的线性组合.

1.14 对于多项式 $a(x) = x^8+3x^7+2x^6+3x^5+3x^4+2x^3+x$, $b(x) = x^3+3x^2+x \in \mathbb{Z}_5[x]$, 要求同上.

1.15 证明定理 1.26.

1.16 把 $x^6 + x^4 + x + 1 \in \mathbb{Z}_2[x]$ 分解成 $\mathbb{Z}_2[x]$ 中不可约多项式的乘积.

1.17 证明 $x^7 + x^6 + x^5 + x^4 + x^3 + x^2 + x + 1 \in \mathbb{Z}_2[x]$ 有重因式. 求出这个重因式并确定其重数.

1.18 对于多项式 $x^5 + x^4 + x^3 + x^2 + x + 1 \in \mathbb{Z}_2[x]$, 要求同上.

1.19 证明引理 1.33.

1.20 设 F 是任意域， x 是一个未定元. 证明 $F(x)$ 对于由 (1.21) 式和 (1.22) 式规定的加法运算和乘法运算是一个域.

1.21 证明奇数次实系数多项式至少有一实数根.

1.22 设 n 是正整数, 将 $x^n - 2$ 在复数域上和实数域上分解成不可约因式的乘积.

1.23 设 F 是域， $f(x) = ax^2 + bx + c \in F[x]$ 而 $a \neq 0$. 证明 $f(x)$ 有重根当且仅当它的判别式 $\Delta = b^2 - 4ac = 0$.

1.24 设 $f(x) = ax^2 + bx + c \in \mathbb{R}[x]$ 而 $a \neq 0$. 证明

i) $f(x)$ 有两个相异实根当且仅当 $\Delta = b^2 - 4ac > 0$;

ii) $f(x)$ 有一对共轭虚根当且仅当 $\Delta = b^2 - 4ac < 0$.

1.25 证明 $\mathbb{Q}$ 上的 3 次多项式 $f(x)$ 在 $\mathbb{Q}$ 上可约的充要条件是 $f(x)$ 有有理根.

1.26 设 $f(x)=a_0+a_1x+a_2x^2+\cdots+a_nx^n\in\mathbb{Z}[x]$ 而 $a_n\neq 0$. 设 $r,s\in\mathbb{Z}$ 而 $\gcd(r,s)=1$. 证明：如果有理数 $\dfrac{r}{s}$ 是 $f(x)$ 的根，那么 $r|a_0$ 而且 $s|a_n$.

1.27 设 $f(x)=a_0+a_1x+a_2x^2+\cdots+a_{n-1}x^{n-1}+x^n\in\mathbb{Z}[x]$. 证明： $f(x)$ 的有理根一定是整数，而且是 a_0 的因数.

1.28 设 n 是 $\geqslant 2$ 的整数，再设 $p_1,p_2,\cdots,p_m$ 是 $m\geqslant 1$ 个互不相同的素数. 证明：$\sqrt[n]{p_1p_2\cdots p_m}$ 是无理数.

1.29 设 $f(x),g(x)\in\mathbb{Z}[x]$ 并设 $g(x)$ 是"本原"多项式，如果 $f(x)=g(x)h(x)$, 其中 $h(x)\in\mathbb{Q}[x]$, 则 $h(x)\in\mathbb{Z}[x]$.

1.30 设 F 是域， $a_1,a_2,\cdots,a_n,b_1,b_2,\cdots,b_n\in F$, 并假定 $a_1,a_2,\cdots,a_n$ 两两不等. 证明

i) 多项式 $g_i(x)=\dfrac{(x-a_1)\cdots(x-a_{i-1})(x-a_{i+1})\cdots(x-a_n)}{(a_i-a_1)\cdots(a_i-a_{i-1})(a_i-a_{i+1})\cdots(a_i-a_n)}$ 适合条件：

$$g_i(a_j)=0,\quad j=1,2,\cdots,i-1,i+1,\cdots,n;$$
$$g_i(a_i)=1.$$

ii) 多项式 $f(x)=\sum_{i=1}^{n}b_ig_i(x)$ 适合条件

$$f(a_i)=b_i,\quad i=1,2,\cdots,n.$$

iii) $f(x)$ 是唯一的次数 $\leqslant n-1$ 的，适合条件 $f(a_i)=b_i,i=1,2,\cdots,n$ 的多项式. ($f(x)$ 叫做拉格朗日 (Lagrange) 插值多项式.)

第 2 章　群

群是又一个重要的代数结构. 在 2.1 节中, 我们从域的加法群和乘法群出发, 引进交换群这一抽象概念, 并从交换群过渡到一般的群的概念, 而且给出了许多实例. 与 1.1 节中域的情形相平行, 我们还引进子群和群的同构的概念. 在 2.2 节中, 我们研究置换群. 在 2.3 节中, 我们引进了陪集、正规子群、商群和群同态的概念. 在本章的最后, 我们介绍了群的同态基本定理.

2.1　群 的 概 念

前面我们已经说过, 在域的公理中, I 是关于加法的, II 是关于乘法的, 而且它们是平行的. 如果说有所不同的话, 那就是在 II.3 中要求 $e \neq 0$, 而 II.4 则是对域中的所有非零元素来说的. 如果我们用 F^* 来表示 F 中所有非零元素所组成的集合, 那么根据定理 1.4 中的 iv), F^* 对于乘法运算是封闭的, 而且 F^* 满足以下运算规则:

1) 对任意 $a, b \in F^*$, 有

$$ab = ba.$$

2) 对任意 $a, b, c \in F^*$, 有

$$(ab)c = a(bc).$$

3) F^* 中有一个元素, 把它记作 e, 具有性质

$$ae = a, \quad \text{对一切 } a \in F^*.$$

4) 对任意 $a \in F^*$, F^* 中有一个元素, 把它记作 a^{-1}, 使得

$$aa^{-1} = e.$$

(需要注意的是, 4) 的成立用到了推论 1.6). 这样一来, F^* 中乘法运算所满足的运算规则就与 F 中加法运算所满足的运算规则形式上完全一样, 所不同的只不过是运算符号不同而已, 即前者是 “ ”(即毗连), 而后者是 “+”. 这样我们就归纳出交换群的概念.

定义 2.1　设 G 是一个非空集合. 假定在 G 中规定了一种运算, 叫做 *乘法*, 即对于 G 中任意两个元素 a 和 b, 可以对它们进行乘法运算, 把运算的结果记作 ab, 叫做它们的 *积*. 我们还要求 G 中任意两个元素经乘法运算的结果, 即它们的积, 仍是 G 中的元素. 我们说 G 对于所规定的乘法运算是一个 *交换群*, 亦称 *阿贝耳群*, 如果以下运算规则成立:

1) 对任意 $a, b \in G$, 有

$$ab = ba. \qquad \text{(交换律)}$$

2) 对任意 $a, b, c \in G$, 有

$$(ab)c = a(bc). \qquad \text{(结合律)}$$

3) G 中有一个元素，把它记作 e, 使得

$$ae = a, \quad 对一切 \quad a \in G.$$

4) 对任意 $a \in G$, G 中有一个元素，把它记作 a^{-1}, 使得

$$aa^{-1} = e.$$

我们把定义 2.1 中的 1), 2), 3), 4) 叫做*交换群*的*公理*. 我们从交换群的公理出发，先来推导下面这个定理.

定理2.1 *设 G 是任意一个交换群，那么*

i) G 中适合条件

$$ae = a, \quad 对一切\ a \in G$$

的元素 e 是唯一确定的.

ii) 对任意 $a \in G$, G 中适合条件

$$aa^{-1} = e$$

的元素 a^{-1} 是由 a 所唯一确定的.

证明 设 G 中有元素 e 和 e', 使得

$$ae = a, \quad 对一切\ a \in G,$$

$$ae' = a, \quad 对一切\ a \in G.$$

在前一式中令 $a = e'$, 有 $e'e = e'$. 在后一式中令 $a = e$, 有 $ee' = e$. 但是根据 1), 有 $e'e = ee'$, 因此 $e = e'$. 这就证明了 i).

其次，对任意 $a \in G$, 设 G 中有 a^{-1} 和 b, 分别使得 $aa^{-1} = e$ 和 $ab = e$. 那么

$$\begin{aligned} b &= be = b(aa^{-1}) = (ba)a^{-1} \\ &= (ab)a^{-1} = ea^{-1} = a^{-1}e = a^{-1}. \end{aligned}$$

这证明了 ii) 成立. □

基于定理 2.1, 我们给出下面这个定义.

定义2.2 设 G 是任意一个交换群. G 中适合条件

$$ae = a, \quad 对一切\ a \in G$$

的唯一的那个元素 e 叫做 G 的*单位元素*. 对任意 $a \in G$, G 中适合条件

$$aa^{-1} = e$$

的唯一的那个元素 a^{-1} 叫做 a 的*逆元素*.

有时我们也把交换群 G 中的运算记作 “+”, 叫做*加法运算*, 并把 G 中两个元素 a 与 b 经加法运算的结果记作 $a + b$, 叫做 a 与 b 的和. 这时就要把群的公理中

的运算符号改成“+”; 把 3) 中的 e 改记成 0, 有时也把它叫做 G 的零元素; 把 4) 中的 a^{-1} 改记成 $-a$, 有时也把它叫做 a 的负元素.

显然, 任意一域 F 中的全体元素所组成的集合对于 F 中的加法运算来说是一个交换群; 这个交换群叫做 域 F 的加法群, 记作 F^+. 又根据本节开始时的分析, 域 F 中全体非零元素所组成的集合对于 F 中的乘法运算来说也是一个交换群; 这个交换群叫做域 F 的乘法群, 记作 F^*. 不仅如此, 我们有

定理2.2 设 F 是一个非空集合. 假定在 F 中规定了加法 (记作“+”) 和乘法 (记作“ ”(毗连)) 两种运算, 并且 F 对于这两种运算是封闭的. 如果以下条件成立, 那么 F 就是一个域:

I′ F 对于加法运算来说是一个交换群 (把这个群的单位元记作 0, 并叫做 F 的零元素).

II′ F 中全体非零元素所组成的集合 F^* 对于 F 的乘法运算来说也是一个交换群.

III′ 对任意 $a, b, c \in F$, 有

$$a(b+c) = ab + ac.$$

证明 我们只需证明 I, II, III 可由 I′, II′, III′ 导出. 注意到 I′ 只不过是 I 利用交换群的概念的另一种表述, 而 III’ 与 III 完全一样, 因此 I 和 III 成立. 再注意到 II.4 显然包含在 II′ 中, 因此只要证明 II.1, II.2, II.3 成立即可.

我们先证

$$0a = a0 = 0, \text{对任意 } a \in F. \tag{2.1}$$

由 I.3 和 III, 我们有

$$0a = (0+0)a = 0a + 0a.$$

由 I.4, 在 F 中存在一个元素 b, 使得 $0a + b = 0$. 于是

$$\begin{aligned} 0a &= 0a + 0 = 0a + (0a + b) \\ &= (0a + 0a) + b = 0a + b = 0. \end{aligned}$$

同理可证 $a0 = 0$.

用 e 表示 F^* 的对于乘法来说所构成的交换群的单位元素, 那么自然有 $ae = a$, 对于 $a \in F^*$. 在 (2.1) 中取 $a = e$, 就有 $0e = 0$, 因此 $ae = a$, 对于 $a \in F$. 这证明了 II.3 成立.

II.1 和 II.2 显然对于 F^* 中任意三个非零元素 a, b, c 都成立. 如果 a, b 中有等于 0 的, 那么由 (2.1) 可推出 $ab = ba$ 的两边都等于 0. 因此 II.1 对于 F 中任两个元素 a, b 都成立. 同理可证 II.2 对于 F 中任意三个元素 a, b, c 都成立. □

我们把 I′, II′ 和 III′ 也叫做域的公理. 值得注意的是, 引进了交换群的概念之后, 域的公理显得简洁得多.

除了域的加法群和乘法群以外，我们再给出下面这个交换群的例子.

例2.1 设 m 是个正整数，而

$$\mathbb{Z}_m = \{0, 1, 2, \cdots, m-1\}.$$

在例 1.5 中，我们曾在 $\mathbb{Z}_m$ 中如下规定了乘法运算，即模 m 乘法运算

$$a \odot b = (ab)_m, \quad 对任意\ a, b \in \mathbb{Z}_m.$$

显然 $\mathbb{Z}_m$ 对于如上规定的乘法运算是封闭的. 利用例 1.4 中关于 $\mathbb{Z}_p$ 是域的有关证明可证 $\mathbb{Z}_m$ 中的乘法运算满足运算规则 1), 2), 3). 但要注意，对于 3), 我们有

$$a \odot 1 = a, \quad 对任意\ a \in \mathbb{Z}_m.$$

可是运算规则 4) 却不成立. 事实上， $0 \odot a = 0$, 对任意 $a \in \mathbb{Z}_m$, 因此在 $\mathbb{Z}_m$ 中 0 没有逆元素. 所以 $\mathbb{Z}_m$ 对于上面规定的乘法运算不成交换群. 不仅如此，当 m 是复合数时，从 $\mathbb{Z}_m$ 中除去 0 之后所得的集合

$$\mathbb{Z}_m \setminus \{0\} = \{1, 2, 3, \cdots, m-1\}$$

对于前面规定的乘法运算也不是交换群. 事实上，设 $m = m_1 m_2, 1 < m_1, m_2 < m$, 那么 $m_1, m_2 \in \mathbb{Z}_m \setminus \{0\}$, 并且

$$m_1 \odot m_2 = (m_1 m_2)_m = (m)_m = 0.$$

因此，这时 $\mathbb{Z}_m \setminus \{0\}$ 对于前面规定的乘法运算甚至都不封闭.

但是，如果我们引进集合

$$\mathbb{Z}_m^* = \{a : a \in \mathbb{Z}_m 而且\ \gcd(a, m) = 1\},$$

那么可以证明 $\mathbb{Z}_m^*$ 对于模 m 乘法运算

$$a \odot b = (ab)_m$$

来说是一个交换群.

首先来证明 $\mathbb{Z}_m^*$ 对于模 m 乘法运算来说是封闭的. 设 $a, b \in \mathbb{Z}_m^*$, 即 $0 < a, b < m$, 并且 $\gcd(a, m) = \gcd(b, m) = 1$. 显然从 $\gcd(a, m) = \gcd(b, m) = 1$ 可推出 $\gcd(ab, m) = 1$. 设用 m 去除 ab 所得的商是 q, 余数是 $(ab)_m$, 即

$$ab = qm + (ab)_m, \ 0 \leqslant (ab)_m < m.$$

由上式可知

$$\gcd(ab, m) = \gcd((ab)_m, m).$$

因 $\gcd(ab, m) = 1$, 所以 $\gcd((ab)_m, m) = 1$. 这就证明了

$$a \odot b = (ab)_m \in \mathbb{Z}_m^*.$$

再证 $\mathbb{Z}_m^*$ 中的模 m 乘法运算满足运算规则 1), 2), 3), 4). 仿照例 1.4 中关于 $\mathbb{Z}_p$ 是域的有关证明，可以证明 $\mathbb{Z}_m^*$ 中的乘法运算满足交换律和结合律. 又显然 1 是 $\mathbb{Z}_m^*$ 的单位元素，所以 3) 也成立. 现在我们证明 4) 也成立. 设 $a \in \mathbb{Z}_m^*$. 因为 $\gcd(a, m) = 1$, 所以有整数 c 和 d 存在，使得

$$1 = ca + dm.$$

由上式可知，gcd$(c, m) = 1$. 因此也有 gcd$((c)_m, m) = 1$, 即 $(c)_m \in \mathbb{Z}_m^*$. 又因为

$$\begin{aligned} 1 &= ca + dm = (ca + dm)_m = (ca)_m \\ &= ((c)_m a)_m = (c)_m \odot a, \end{aligned}$$

所以 $(c)_m = a^{-1}$. 至此，我们证明了 $\mathbb{Z}_m^*$ 是一个交换群. □

例2.2 设 F 是任意域，$f(x)$ 是 $F[x]$ 中的一个次数 >1 的多项式，而

$$F[x]_{f(x)}^* = \{a(x) : a(x) \in F[x], \deg a(x) < \deg f(x) \text{ 且 } \gcd(a(x), f(x)) = 1\}.$$

在 $F[x]_{f(x)}^*$ 中引进乘法运算：对任意 $a(x), b(x) \in F[x]_{f(x)}^*$, 规定它们的积为

$$a(x) \odot b(x) = (a(x)b(x))_{f(x)}.$$

那么仿照例 2.1 可证得 $F[x]_{f(x)}^*$ 是一个交换群. 我们就不重复了. □

在定义 2.1 中把运算规则 1) 取消，我们就得到一般的群的定义.

定义2.3 设 G 是一个非空集合. 假定在 G 中规定了一种运算，通常叫做*乘法*, 即对 G 中任意两个元素 a 和 b, 可以对它们进行乘法运算，把运算的结果记作 ab, 叫做它们的*积*. 我们还要求 G 中任意两个元素经乘法运算的结果，即它们的积，仍是 G 中的元素. 我们说 G 对于所规定的乘法运算是一个*群*, 如果以下运算规则成立：

1) 对任意 $a, b, c \in G$, 有

$$(ab)c = a(bc). \qquad \text{(结合律)}$$

2) G 中有一个元素，把它记作 e, 使得

$$ae = a, \quad \text{对一切 } a \in G.$$

3) 对于满足 2) 的 $e \in G$ 和任意 $a \in G$, G 中有一个元素，把它记作 a^{-1}, 使得

$$aa^{-1} = e.$$

我们把定义 2.3 中的 1), 2), 3) 叫做*群的公理*.

当然，交换群是群. 然而，在有的群中交换律并不成立. 我们来看几个例子.

例2.3 设 $\triangle A_1A_2A_3$ 是欧几里得平面 P 中的一个等边三角形，点 O 是它的中心. 用 $D_{2\cdot 3}$ 表示 P 的保持距离不变，并将 $\triangle A_1A_2A_3$ 映为自身的映射的集合. 注意 $D_{2\cdot 3}$ 的每个元素都是 P 到自身的双射. 因此 $D_{2\cdot 3}$ 中两个元素的合成就有了意义. 对于 $T_1, T_2 \in D_{2\cdot 3}$, 我们规定 T_1 和 T_2 的积为 T_1 和 T_2 的合成映射 $T_1 \circ T_2$, 即先施行 T_2, 再施行 T_1. 显然 $T_1 \circ T_2$ 也是 $D_{2\cdot 3}$ 的一个元素. 这样一来，我们就在 $D_{2.3}$ 中引进了一种运算，即合成，并且 $D_{2\cdot 3}$ 对于如此规定的运算是封闭的. 进一步，可以证明群的公理 1), 2), 3) 在 $D_{2\cdot 3}$ 中都成立. 事实上，1) 是映射合成之结合性的

特殊情形. 用 E 表示 P 的恒等映射, 即保持 P 中每个点都固定不变的映射. 显然 E 是保持距离不变、也保持 $\triangle A_1A_2A_3$ 不变的一个映射. E 就叫做单位变换, 并且有 $T\circ E=T$, 对一切 $T\in D_{2\cdot 3}$. 最后, 设 $T\in D_{2\cdot 3}$, 用 T^{-1} 表示 T 的逆变换, 即

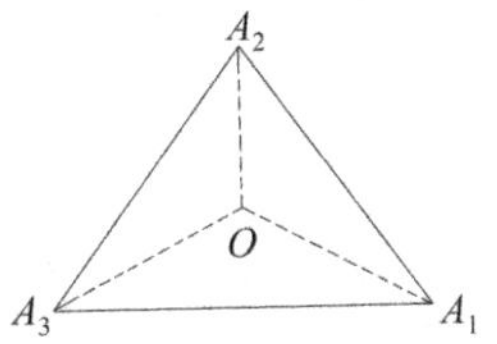

图 2.1 等边三角形

如果 T 把点 x 变为 y, T^{-1} 就把 y 变为 x. 那么 T^{-1} 也是一个保持距离不变、并把 $\triangle A_1A_2A_3$ 映到自身的一个映射, 而且有 $T\circ T^{-1}=E$. 因此 $D_{2\cdot 3}$ 是一个群.

现在我们来具体地认识一下 $D_{2\cdot 3}$ 这个群. 设 $T\in D_{2\cdot 3}$. 那么 T 把 $\triangle A_1A_2A_3$ 映到自身, 因此它保持中心 O 不变. 于是 T 把 OA_1 映为 OA_1, OA_2 或 OA_3. 如果 T 把 OA_1 映为 OA_1, 即 T 保持 OA_1 不变, 那么 T 或者也保持 OA_2 和 OA_3 不变, 或者将 OA_2 和 OA_3 互换. 对于前一情形, T 是恒等变换 E; 而在后一情形, T 是关于 OA_1 的一个反射. 上述两种情形分别表示为

$$\begin{pmatrix} A_1 & A_2 & A_3 \\ A_1 & A_2 & A_3 \end{pmatrix} \text{和} \begin{pmatrix} A_1 & A_2 & A_3 \\ A_1 & A_3 & A_2 \end{pmatrix}.$$

如果 T 把 OA_1 映到 OA_2, 那么 T 或者将 OA_2 和 OA_1 互换而保持 OA_3 不变, 或者 T 将 OA_2 映为 OA_3 而将 OA_3 映为 OA_1. $D_{2\cdot 3}$ 中的这两个元素可分别用

$$\begin{pmatrix} A_1 & A_2 & A_3 \\ A_2 & A_1 & A_3 \end{pmatrix} \text{和} \begin{pmatrix} A_1 & A_2 & A_3 \\ A_2 & A_3 & A_1 \end{pmatrix}$$

来表示. 前者是关于 OA_3 的一个反射, 而后者是按逆时针方向绕中心 O 旋转角度 $2\pi/3$ 的一个变换. 最后, 如果 T 将 OA_1 映为 OA_3, 那么就有以下两种可能

$$\begin{pmatrix} A_1 & A_2 & A_3 \\ A_3 & A_2 & A_1 \end{pmatrix} \text{和} \begin{pmatrix} A_1 & A_2 & A_3 \\ A_3 & A_1 & A_2 \end{pmatrix}.$$

前者是关于 OA_2 的一个反射, 而后者是按逆时针方向绕中心 O 旋转角度 $4\pi/3$ 的一个变换.

我们把 $D_{2\cdot 3}$ 叫做等边三角形的对称群. 显然

$$\begin{pmatrix} A_1 & A_2 & A_3 \\ A_2 & A_1 & A_3 \end{pmatrix} \circ \begin{pmatrix} A_1 & A_2 & A_3 \\ A_1 & A_3 & A_2 \end{pmatrix} = \begin{pmatrix} A_1 & A_2 & A_3 \\ A_2 & A_3 & A_1 \end{pmatrix},$$

$$\begin{pmatrix} A_1 & A_2 & A_3 \\ A_1 & A_3 & A_2 \end{pmatrix} \circ \begin{pmatrix} A_1 & A_2 & A_3 \\ A_2 & A_1 & A_3 \end{pmatrix} = \begin{pmatrix} A_1 & A_2 & A_3 \\ A_3 & A_1 & A_2 \end{pmatrix},$$

而

$$\begin{pmatrix} A_1 & A_2 & A_3 \\ A_2 & A_3 & A_1 \end{pmatrix} \neq \begin{pmatrix} A_1 & A_2 & A_3 \\ A_3 & A_1 & A_2 \end{pmatrix}.$$

因此在 $D_{2\cdot3}$ 中交换律不成立，即 $D_{2\cdot3}$ 不是交换群. □

例2.4 设 $i_1, i_2, \cdots, i_n$ 是 $1, 2, \cdots, n$ 的一个排列. 我们用符号

$$\begin{pmatrix} 1 & 2 & \cdots & n \\ i_1 & i_2 & \cdots & i_n \end{pmatrix}$$

表示 n 个元素 $1,2,\cdots,n$ 上的一个*置换*, 它把 $1, 2, \cdots, n$ 分别变成 $i_1, i_2, \cdots, i_n$. 例如

$$\begin{pmatrix} 1 & 2 & 3 & 4 \\ 2 & 1 & 4 & 3 \end{pmatrix}$$

是四个元素 1, 2, 3, 4 上的一个置换，它把 1, 2, 3, 4 分别变为 2, 1, 4, 3. 我们把两个置换

$$\begin{pmatrix} 1 & 2 & \cdots & n \\ i_1 & i_2 & \cdots & i_n \end{pmatrix} \text{ 和 } \begin{pmatrix} 1 & 2 & \cdots & n \\ j_1 & j_2 & \cdots & j_n \end{pmatrix}$$

的乘积规定为它们的合成

$$\begin{pmatrix} 1 & 2 & \cdots & n \\ j_1 & j_2 & \cdots & j_n \end{pmatrix} \circ \begin{pmatrix} 1 & 2 & \cdots & n \\ i_1 & i_2 & \cdots & i_n \end{pmatrix} = \begin{pmatrix} 1 & 2 & \cdots & n \\ j_{i_1} & j_{i_2} & \cdots & j_{i_n} \end{pmatrix}.$$

例如

$$\begin{pmatrix} 1 & 2 & 3 & 4 \\ 3 & 2 & 1 & 4 \end{pmatrix} \circ \begin{pmatrix} 1 & 2 & 3 & 4 \\ 2 & 1 & 4 & 3 \end{pmatrix} = \begin{pmatrix} 1 & 2 & 3 & 4 \\ 2 & 3 & 4 & 1 \end{pmatrix}.$$

n 个元素的置换总共有 $n!$ 个，并且容易证明它们对于如上规定的乘法运算形成一个群，我们把这个群叫做 n 次 (或 n 个元素上的) *对称群*, 记作 S_n. 容易证明，当 $n \geqslant 3$ 时，S_n 不是交换群. □

通过上面的例子我们得到了下面的定理，我们把它的证明留作练习.

定理2.3 *n 个元素上全体置换所组成的集合对于置换的合成这一运算形成一个群.*

与群 $\mathbb{Q}^+$ 和 $\mathbb{Q}^*$, 或更一般地，与含有无限多个元素的无限域 F 的群 F^+ 和 F^* 所不同的是，群 $\mathbb{Z}_m^*$, $D_{2\cdot3}$ 和 S_n 只含有限个元素. 我们有以下定义.

定义2.4 设 G 是任意群. 如果 G 含有无限多个元素，G 就叫做*无限群*. 如果 G 仅含有限个元素，G 就叫做*有限群*. G 的基数 $|G|$ 叫做 G 的*阶*.

例如，有理数域 $\mathbb{Q}$ 的乘法群 $\mathbb{Q}^*$ 是个无限交换群；等边三角形的对称群 $D_{2\cdot3}$ 是个阶为 6 的有限群；n 次对称群 S_n 是个阶为 $n!$ 的有限群；有限域 $\mathbb{Z}_p$ 的乘法群 $\mathbb{Z}_p^*$ 是个有限交换群，它的阶是 $p-1$. 例 2.1 中的群 $\mathbb{Z}_m^*$ 也是个有限交换群.

我们把它的阶记作 $\phi(m)$, $\phi(m)$ 称为欧拉(Euler) ϕ 函数, 它等于小于 m 的正整数中与 m 互素的个数. 如果 m 的素因数分解式为

$$m = p_1^{e_1} p_2^{e_2} \cdots p_r^{e_r},$$

其中 $p_1, p_2, \cdots, p_r$ 是两两不同的素数，而 $e_1, e_2, \cdots, e_r$ 都是 $\geqslant 1$ 的整数，那么

$$\phi(m) = \prod_{i=1}^{r} p_i^{e_i - 1}(p_i - 1).$$

这个公式的证明将在 4.3 节给出，见推论 4.24.

与关于交换群的定理 2.1 相平行，我们有下面这个关于群的定理，但是与定理 2.1 相比，其证明显得有些复杂，因为在证明过程中不能使用交换律.

定理2.4 设 G 是任意群. 那么

i) G 中使得

$$ae = a, \quad 对一切\ a \in G$$

的元素 e 是唯一确定的，它还满足条件

$$ea = a, \quad 对一切\ a \in G;$$

而且， e 也是 G 中满足条件

$$ea = a, \quad 对一切\ a \in G$$

的唯一确定的元素.

ii) 对任意 $a \in G$, G 中使得

$$aa^{-1} = e$$

的元素 a^{-1} 是由 a 所唯一确定的，它还满足条件

$$a^{-1}a = e;$$

而且 a^{-1} 也是 G 中满足条件

$$a^{-1}a = e$$

的唯一确定的元素.

证明 i) 设 $e, e_1 \in G$, 分别满足条件

$$ae = a, \quad 对一切\ a \in G \tag{2.2}$$

和

$$ae_1 = a, \quad 对一切\ a \in G. \tag{2.3}$$

特别地，我们有 $ee = e$ 和 $ee_1 = e$. 因 e_1 适合条件 (2.3), 而 $e \in G$, 所以由群的公理 3), 有一个 $e^{-1} \in G$, 使得

$$ee^{-1} = e_1.$$

根据结合律，我们有

$$e = ee_1 = e(ee^{-1}) = (ee)e^{-1} = ee^{-1} = e_1.$$

这证明了 e 的唯一性.

对任意 $a\in G$, 由群的公理 3), 有 $a^{-1}\in G$, 使得 $aa^{-1}=e$. 再根据群的公理 2) 和 3), 我们有

$$aa^{-1}=e=ee=e(aa^{-1})=(ea)a^{-1}. \tag{2.4}$$

对于 $a^{-1}\in G$, 由群的公理 3), 存在 $(a^{-1})^{-1}\in G$, 使得 $a^{-1}(a^{-1})^{-1}=e$. 用 $(a^{-1})^{-1}$ 右乘 $aa^{-1}=(ea)a^{-1}$ 的两端, 得

$$(aa^{-1})(a^{-1})^{-1}=a(a^{-1}(a^{-1})^{-1})=ae=a,$$

$$(ea)a^{-1}(a^{-1})^{-1}=(ea)e=ea.$$

因此

$$ea=a.$$

设 e_1 是 G 中也满足条件.

$$e_1a=a, \text{对一切 } a\in G \tag{2.5}$$

的一个元素. 将 e_1 代入 (2.2) 式, 得 $e_1e=e_1$. 将 e 代入 (2.5) 式, 得 $e_1e=e$. 因此 $e_1=e$. 这就证明了 i).

ii) 对任意 $a\in G$, 设 $a^{-1}\in G$, 使得

$$aa^{-1}=e.$$

那么

$$(a^{-1}a)a^{-1}=a^{-1}(aa^{-1})=a^{-1}e=a^{-1}. \tag{2.6}$$

对于 $a^{-1}\in G$, 又有 $(a^{-1})^{-1}\in G$, 使得

$$(a^{-1})(a^{-1})^{-1}=e. \tag{2.7}$$

从 (2.6) 式和 (2.7) 式可推得

$$\begin{aligned} e &= a^{-1}(a^{-1})^{-1}=((a^{-1}a)a^{-1})(a^{-1})^{-1} \\ &= (a^{-1}a)(a^{-1}(a^{-1})^{-1})=(a^{-1}a)e=a^{-1}a. \end{aligned}$$

设 a_1^{-1} 是 G 中又一个使得

$$aa_1^{-1}=e$$

的元素, 那么

$$a^{-1}=a^{-1}e=a^{-1}(aa_1^{-1})=(a^{-1}a)a_1^{-1}=ea_1^{-1}=a_1^{-1}.$$

这表明 a^{-1} 是唯一适合条件 $aa^{-1}=e$ 的元素. 同理, a^{-1} 也是唯一适合条件 $a^{-1}a=e$ 的元素. □

基于定理 2.4, 我们给出下面这个定义.

定义 2.5 设 G 是任意群 . G 中唯一适合条件

$$ae = a, \quad \text{对一切 } a \in G$$

的元素 e 叫做 G 的*单位元素*. 对任意 $a \in G$, G 中唯一适合条件

$$aa^{-1} = e$$

的元素 a^{-1} 叫做 a 的*逆元素*.

例如, 在例 2.3 中, 等边三角形的对称群 $D_{2\cdot 3}$ 的单位元素是恒等变换, 并且

$$\begin{pmatrix} A_1 & A_2 & A_3 \\ A_2 & A_3 & A_1 \end{pmatrix}^{-1} = \begin{pmatrix} A_1 & A_2 & A_3 \\ A_3 & A_1 & A_2 \end{pmatrix},$$

$$\begin{pmatrix} A_1 & A_2 & A_3 \\ A_1 & A_3 & A_2 \end{pmatrix}^{-1} = \begin{pmatrix} A_1 & A_2 & A_3 \\ A_1 & A_3 & A_2 \end{pmatrix}$$

等等. 在例 2.4 中, 恒等置换

$$\begin{pmatrix} 1 & 2 & \cdots & n \\ 1 & 2 & \cdots & n \end{pmatrix}$$

是 S_n 的单位元素, 而且在 S_4 中, 有

$$\begin{pmatrix} 1 & 2 & 3 & 4 \\ 2 & 3 & 1 & 4 \end{pmatrix}^{-1} = \begin{pmatrix} 1 & 2 & 3 & 4 \\ 3 & 1 & 2 & 4 \end{pmatrix},$$

$$\begin{pmatrix} 1 & 2 & 3 & 4 \\ 2 & 3 & 4 & 1 \end{pmatrix}^{-1} = \begin{pmatrix} 1 & 2 & 3 & 4 \\ 4 & 1 & 2 & 3 \end{pmatrix}$$

等等.

从群的公理可以导出在任意群中都成立的其他的一些运算规则. 我们把它们概括为下面的两个定理.

定理2.5 设 G 是任意群. 那么在 G 中下列规则成立:

i) (消去律) 设 $a, b, c \in G$. 如果 $ab = ac$, 那么 $b = c$.

ii) 设 a, b 是 G 中任意两个元素, 那么 $(ab)^{-1} = b^{-1}a^{-1}$.

iii) 设 a 是 G 中任意元素, 那么 $(a^{-1})^{-1} = a$.

证明 设 $ab = ac$. 由 3), a 的逆元素 $a^{-1} \in G$. 于是

$$\begin{aligned} b &= eb = (a^{-1}a)b = a^{-1}(ab) \\ &= a^{-1}(ac) = (a^{-1}a)c = ec = c. \end{aligned}$$

因此 i) 成立.

其次, 我们有

$$(ab)(ab)^{-1} = e.$$

另一方面,

$$\begin{aligned}(ab)(b^{-1}a^{-1}) &= a(b(b^{-1}a^{-1})) = a((bb^{-1})a^{-1}) \\ &= a(ea^{-1}) = aa^{-1} = e.\end{aligned}$$

根据逆元素的唯一性 (即定理 2.4 中的 ii)), 得

$$(ab)^{-1} = b^{-1}a^{-1}.$$

因此 ii) 成立.

最后，我们有

$$a^{-1}a = e,$$

$$a^{-1}(a^{-1})^{-1} = e.$$

仍由逆元素的唯一性，得

$$(a^{-1})^{-1} = a.$$

因此 iii) 成立. □

设 G 是任意群， a 是 G 中任一元素, n 是一个正整数. 规定

$$a^n = \underbrace{aa\cdots a}_{n\text{个}a},$$

$$a^0 = e,$$

$$a^{-n} = (a^{-1})^n.$$

那么我们有

定理 2.6 设 G 是任意群. 那么在 G 中下列规则成立:

i) 对任意适合条件 $ab = ba$ 的 $a, b \in G$ 和任意整数 n, 有

$$(ab)^n = a^n b^n.$$

ii) 对任意 $a \in G$ 和任意整数 m, n, 有

$$a^{m+n} = a^m a^n,$$

$$a^{mn} = (a^m)^n.$$

由于这个定理的证明很简单，我们就不写出来了.

在例 2.3 中，容易证明 3 是使得

$$\begin{pmatrix} A_1 & A_2 & A_3 \\ A_2 & A_3 & A_1 \end{pmatrix}^3 = \begin{pmatrix} A_1 & A_2 & A_3 \\ A_1 & A_2 & A_3 \end{pmatrix}$$

的最小正整数. 但在 $\mathbb{Q}^*$ 中，对于任意正整数 n, 都有 $2^n \neq 1$. 一般地，我们有:

定义 2.6 设 G 是任意群， a 是 G 中任一元素. 如果对任意正整数 n, 都有 $a^n \neq e$, 那么 a 就叫做一个*无限阶元素*. 如果有整数 n, 使得 $a^n = e$, 那么 a 就叫做一个*有限阶元素*, 而使 $a^n = e$ 的最小正整数 n 叫做 a 的*阶*.

根据定理 1.11, 如果 F 是一个特征 0 的域，那么 F 的加法群中任一非零元素都是无限阶的；而当 F 是特征 p 的域时，F 的加法群中任一非零元素都是 p 阶元素.

定理2.7 *设 G 是个有限群，那么 G 中任一元素都是有限阶的. 设 a 是 G 的一个 n 阶元素，那么下面这 n 个元素*

$$a^0 = e, a^1 = a, a^2, a^3 \cdots, a^{n-1} \tag{2.8}$$

是 G 中 n 个两两不同的元素，a 的任意次幂 (正、负或 0) 皆在 (2.8) 中，并且 $a^m = e$ 当且仅当 $n|m$. 进一步，令

$$\langle a \rangle = \{a^0, a^1, a^2, \cdots, a^{n-1}\},$$

那么 $\langle a \rangle$ 对于 G 的运算来说是一个 n 阶交换群.

证明 设 $a \in G$. 因为 G 的元素个数有限，所以下面这一系列元素

$$a^0 = e,\ a^1 = a,\ a^2,\ a^3,\ \cdots$$

不能两两不同. 设 $a^j = a^k, 0 \leqslant j < k$. 那么

$$a^{k-j} = a^k a^{-j} = a^j (a^{-1})^j = (aa^{-1})^j = e^j = e.$$

并且 $k - j > 0$. 因此 a 是有限阶的.

现在设 a 是 G 的一个 n 阶元素. 假定 $a^{m_1} = a^{m_2}, 0 \leqslant m_1 \leqslant m_2 < n$, 那么 $a^{m_2 - m_1} = e$. 因为 a 的阶是 n, 而 $0 \leqslant m_2 - m_1 < n$, 所以一定有 $m_2 - m_1 = 0$, 即 $m_1 = m_2$. 这证明了 (2.8) 中的 n 个元素两两不同.

设 m 是任意整数. 再设用 n 去除 m 所得的商是 q 而余数是 $(m)_n$, 即

$$m = qn + (m)_n, \quad 0 \leqslant (m)_n < n.$$

那么

$$\begin{aligned} a^m &= a^{qn+(m)_n} = a^{qn} a^{(m)_n} = (a^n)^q a^{(m)_n} \\ &= e^q a^{(m)_n} = e a^{(m)_n} = a^{(m)_n}. \end{aligned}$$

因为 $a^{(m)_n}$ 在 (2.8) 中，所以 a^m 也在 (2.8) 中. 进一步，由上式显然有 $a^m = e$ 当且仅当 $a^{(m)_n} = e$. 但 $0 \leqslant (m)_n < n$, 所以 $a^{(m)_n} = e$ 当且仅当 $(m)_n = 0$, 即 $n|m$.

现在我们来证 $\langle a \rangle$ 对于 G 的运算来说是一个交换群. 因为结合律对于 G 中元素来说都成立，所以对于 $\langle a \rangle$ 中元素来说也成立. 显然 $a^0 = e$ 是 $\langle a \rangle$ 的单位元素. 又对于任意 $a^k \in \langle a \rangle, 0 \leqslant k < n$, 有 $a^{n-k} \in \langle a \rangle$, 并且

$$a^k a^{n-k} = a^n = e.$$

因此 $\langle a \rangle$ 中任一元素的逆元素都在 $\langle a \rangle$ 中. 这证明了 $\langle a \rangle$ 是一个 n 阶群. 显然 $\langle a \rangle$ 是一个交换群. □

在这里我们指出，同子域的概念一样，也可以定义子群的概念.

定义 2.7 设 G 是一个群，H 是 G 的一个非空子集. 如果 H 对于 G 的运算来说是一个群，即 H 对于 G 的运算是封闭的，而且 G 的运算对于 H 来说群公理 1), 2), 3) 也成立，那么 H 就叫做 G 的一个*子群*.

这样一来，定理 2.7 的最后一个断言实际上是说，如果 a 是有限群 G 中的一个 n 阶元素，那么 $\langle a\rangle=\{a^0=e, a, a^2, \cdots, a^{n-1}\}$ 是 G 的一个 n 阶子群.

例 2.5 S_4 中的下面 6 个元素

$$\begin{pmatrix}1&2&3&4\\1&2&3&4\end{pmatrix},\begin{pmatrix}1&2&3&4\\1&3&2&4\end{pmatrix},\begin{pmatrix}1&2&3&4\\3&2&1&4\end{pmatrix},$$

$$\begin{pmatrix}1&2&3&4\\2&1&3&4\end{pmatrix},\begin{pmatrix}1&2&3&4\\2&3&1&4\end{pmatrix},\begin{pmatrix}1&2&3&4\\3&1&2&4\end{pmatrix}$$

构成 S_4 的一个子群. 以下 4 个元素

$$\begin{pmatrix}1&2&3&4\\1&2&3&4\end{pmatrix},\begin{pmatrix}1&2&3&4\\2&1&4&3\end{pmatrix},$$

$$\begin{pmatrix}1&2&3&4\\3&4&1&2\end{pmatrix},\begin{pmatrix}1&2&3&4\\4&3&2&1\end{pmatrix}$$

也构成 S_4 的一个子群，这个子群叫做*四群*, 记作 V_4. 下面的 12 个元素

$$\begin{pmatrix}1&2&3&4\\1&2&3&4\end{pmatrix},\begin{pmatrix}1&2&3&4\\2&1&4&3\end{pmatrix},\begin{pmatrix}1&2&3&4\\3&4&1&2\end{pmatrix},$$

$$\begin{pmatrix}1&2&3&4\\4&3&2&1\end{pmatrix},\begin{pmatrix}1&2&3&4\\2&3&1&4\end{pmatrix},\begin{pmatrix}1&2&3&4\\3&1&2&4\end{pmatrix},$$

$$\begin{pmatrix}1&2&3&4\\2&4&3&1\end{pmatrix},\begin{pmatrix}1&2&3&4\\4&1&3&2\end{pmatrix},\begin{pmatrix}1&2&3&4\\3&2&4&1\end{pmatrix},$$

$$\begin{pmatrix}1&2&3&4\\4&2&1&3\end{pmatrix},\begin{pmatrix}1&2&3&4\\1&3&4&2\end{pmatrix},\begin{pmatrix}1&2&3&4\\1&4&2&3\end{pmatrix}$$

也构成 S_4 的一个子群，叫做 *4 次交错群*, 记作 A_4. 显然 V_4 也是 A_4 的一个子群. □

与推论 1.5 平行地，我们有

定理 2.8 *设 G 是一个群，H 是 G 的一个子群. 那么 G 的单位元素一定属于 H, 并且也是 H 的单位元素. H 中元素 a 在 G 中的逆元素一定属于 H, 并且也是 a 在 H 中的逆元素.*

利用下面的定理可以简化群的子集是子群的证明.

定理 2.9 *设 G 是一个群，H 是 G 的一个非空子集. 下列命题彼此等价:*

i) H 是 G 的一个子群;

ii) 对任意 $a, b \in H$, 有 $ab \in H$, 并且对任意 $a \in H$, 也有 $a^{-1} \in H$;

iii) 对任意 $a, b \in H$, 有 $ab^{-1} \in H$.

证明 i) 推 ii) 和 ii) 推 iii) 是显然的. 现在我们来证 iii) 推 i).

假定对任意 $a, b \in H$, 有 $ab^{-1} \in H$. 特别地, 对任意 $a \in H$, 有 $e = aa^{-1} \in H$. 因此, 对任意 $a \in H$, 有 $a^{-1} = ea^{-1} \in H$. 因此对任意 $a, b \in H$, 我们有 $b^{-1} \in H$, 并且 $ab = a(b^{-1})^{-1} \in H$. 这就是说, H 对于 G 的运算是封闭的. H 自然满足群公理 1). 因此 H 是 G 的一个子群. □

和域的同构的概念一样, 我们也可以定义群的同构.

定义 2.8 设 G 和 G' 是两个群. 如果从 G 到 G' 有一个双射

$$\sigma:\ G \to G'$$

$$a \longmapsto \sigma(a),$$

并且 σ 保持群的运算, 即

$$\sigma(ab) = \sigma(a)\sigma(b), \quad 对一切 a, b \in G,$$

我们就说 G 和 G' 同构, 记作 $G \simeq G'$, σ 叫做从 G 到 G' 的一个同构映射, 简称同构. 从 G 到自身的同构叫做 G 的自同构.

与定理 1.14 平行地, 我们有

定理 2.10 设 σ 是从群 G 到群 G' 的一个同构, 那么 σ 把 G 的单位元素映到 G' 的单位元素, 把 G 中元素 a 的逆元素 a^{-1} 映到 a 的像 $\sigma(a)$ 的逆元素 $\sigma(a)^{-1}$.

例 2.6 映射

$$\begin{pmatrix} 1 & 2 & 3 \\ i_1 & i_2 & i_3 \end{pmatrix} \longmapsto \begin{pmatrix} A_1 & A_2 & A_3 \\ A_{i_1} & A_{i_2} & A_{i_3} \end{pmatrix}$$

是从 S_3 到等边三角形的对称群 $D_{2\cdot 3}$ 的一个同构.

2.2 置 换 群

在例 2.4 中, 我们引进了 n 次对称群 S_n, 它由 n 个元素 $1, 2, \cdots, n$ 上的 $n!$ 个置换所组成. 现在, 我们把 S_n 的任一子群定义为 n 个元素上的置换群. 从例 2.5 我们知道, 四群 V_4 和 4 次交错群 A_4 都是置换群. 置换群是最先出现在数学文献中的群的实例. 下面我们将对它进行较为详细的研究.

我们从置换的循环分解开始讨论.

把 n 个元素 $1, 2, \cdots, n$ 上的一个元素序列 $i_1, i_2 \cdots, i_r (r > 1)$ 进行循环置换, 即

$$\sigma(i_1) = i_2,\ \sigma(i_2) = i_3,\ \cdots,\ \sigma(i_{r-1}) = i_r,\ \sigma(i_r) = i_1,$$

而保持其余元素不变的置换 σ 叫做一个长度为 r 的循环, 简称 r 循环. 此时我们用符号

$$\sigma = (i_1\, i_2\, \cdots\, i_r)$$

来表示 σ. 显然还可以写成

$$\sigma = (i_2\, i_3\, \cdots\, i_r\, i_1) = (i_3\, i_4\, \cdots\, i_r\, i_1\, i_2)$$

等等. 置换 σ^2 把 i_1 映到 i_3, 把 i_2 映到 i_4, 等等. 一般地, 对于 $1 \leqslant k \leqslant r$, 有

$$\sigma^k(i_j) = \begin{cases} i_{j+k}, & \text{如果 } j+k \leqslant r, \\ i_{j+k-r}, & \text{如果 } j+k > r. \end{cases}$$

由此立即得出 $\sigma^r = 1$. 但 $\sigma^k \neq 1$, 对于 $1 \leqslant k < r$, 因此 σ 的阶为 r.

两个循环 σ 和 σ' 叫做*不相交的*, 如果它们的记号中不含公共元素, 换句话说, 如果被其中一个循环变动的任一元素而被另一个循环固定不变.

定理 2.11 *两个不相交的循环可换.*

证明 设 σ 和 σ' 是两个互不相交的循环. 如果 i 是使得 $\sigma(i) \neq i$ 的任一元素, 那么 $\sigma'(i) = i$, 并且 $\sigma\sigma'(i) = \sigma(i)$ (注意, 从现在起我们将 $\sigma \circ \sigma'$ 简写成 $\sigma\sigma'$). 从 $\sigma(i) \neq i$ 推得 $\sigma^2(i) \neq \sigma(i)$, 即 $\sigma(i)$ 也被 σ 所变动, 于是 $\sigma'\sigma(i) = \sigma(i)$, 因此 $\sigma\sigma'(i) = \sigma(i) = \sigma'\sigma(i)$. 同理可证, 如果 j 是使得 $\sigma'(j) \neq j$ 的任一元素, 那么 $\sigma'\sigma(j) = \sigma'(j) = \sigma\sigma'(j)$. 另外, 如果 $\sigma(k) = \sigma'(k) = k$, 那么 $\sigma\sigma'(k) = \sigma'\sigma(k)$. 因此 $\sigma\sigma' = \sigma'\sigma$. □

由定理 2.11 可得

推论 2.12 *设置换 α 是 s 个长度分别为 $r_1, r_2, \cdots, r_s$ 的互不相交的循环之积. 那么 α 的阶等于 $r_1, r_2, \cdots, r_s$ 的最小公倍数.*

证明 设 $\alpha = \sigma_1\sigma_2\cdots\sigma_s$, 这里 $\sigma_1 = (i_1\, i_2\, \cdots\, i_{r_1})$, $\sigma_2 = (j_1\, j_2\, \cdots\, j_{r_2}), \cdots, \sigma_s = (l_1\, l_2\, \cdots\, l_{r_s})$ 是互不相交的循环. 又设 m 是 $r_1, r_2, \cdots, r_s$ 的最小公倍数. 由定理 2.11, 我们有 $\alpha^m = \sigma_1^m\sigma_2^m\cdots\sigma_s^m = 1$. 另一方面, 设 $\alpha^{m'} = 1$, 那么 $\sigma_1^{m'}\sigma_2^{m'}\cdots\sigma_s^{m'} = 1$. 因为 $\sigma_1, \sigma_2, \cdots, \sigma_s$ 互不相交, 所以 $\sigma_1^{m'} = \sigma_2^{m'} = \cdots = \sigma_s^{m'} = 1$. 因此 m' 能被 r_1, $r_2, \cdots, r_s$ 整除, 从而 m' 能被 $r_1, r_2, \cdots, r_s$ 的最小公倍数 m 整除. 因此 m 是 α 的阶. □

对任意 i, 我们习惯上把 (i) 看作 1 循环, 而且它也代表恒等置换. 按照这一习惯. 我们可以看到每个置换都是若干互不相交的循环之积. 例如, 如果

$$\alpha = \begin{pmatrix} 1 & 2 & 3 & 4 & 5 & 6 & 7 & 8 \\ 2 & 5 & 7 & 3 & 8 & 6 & 4 & 1 \end{pmatrix},$$

那么

$$\alpha(1) = 2, \quad \alpha(2) = 5, \quad \alpha(5) = 8, \quad \alpha(8) = 1,$$
$$\alpha(3) = 7, \quad \alpha(7) = 4, \quad \alpha(4) = 3,$$
$$\alpha(6) = 6.$$

因此

$$\alpha=(6)(3\,7\,4)(1\,2\,5\,8).$$

一般地，我们有

定理2.13 *每个置换都可以分解成若干互不相交的循环之积，而且除了循环的次序以及或者含有、或者省略的 1 循环之外，这种分解是唯一确定的.*

证明 设 α 是一个 n 元置换. 我们可以从 $1, 2, \cdots, n$ 中任选一个元素，譬如 i_1, 并形成元素的序列 $\alpha(i_1)=i_2$, $\alpha(i_2)=i_3, \cdots$, 直到重又出现序列中的元素为止. 第一个重复出现的元素为 $i_{r_1+1}=\alpha(i_{r_1})=i_1$; 因为 $i_k=\alpha^{k-1}(i_1)$, 并且对于 $1<k<l<r_1$, 当 $i_k=i_l$ 时，有 $\alpha^{l-k}(i_1)=i_1$, 所以序列 $i_1, i_2, \cdots, i_{r_1}$ 中的元素两两不同，并且 α 循环地置换这个序列. 如果 $r_1<n$, 我们再在 $\{i_1, i_2, \cdots, i_{r_1}\}$ 之外选取元素 j_1. 如果 $\alpha^m(j_1)=\alpha^q(i_1)$, 那么 $j_1=\alpha^{q-m}(i_1)\in\{i_1, i_2, \cdots, i_{r_1}\}$, 这与 j_1 的选择相矛盾. 因此我们又得到元素 $j_1, j_2, \cdots, j_{r_2}$ 的一个序列，这个序列也被 α 循环置换，并且与第一个序列无公共元素. 这样继续下去，直到最后用完集合 $\{1, 2, \cdots, n\}$ 中的元素，便可得到一些互不相交的循环

$$(i_1\ \cdots\ i_{r_1}),\ (j_1\ \cdots\ j_{r_2}),\ \cdots,\ (l_1\ \cdots\ l_{r_s}).$$

对于任意 i, 比较它在 α 和 $(i_1\ \cdots\ i_{r_1})(j_1\ \cdots\ j_{r_2})\cdots(l_1\ \cdots\ l_{r_s})$ 这两个置换之下的像，得

$$\alpha=(i_1\cdots i_{r_1})(j_1\cdots j_{r_2})\cdots(l_1\cdots l_{r_s}), \tag{2.9}$$

即把 α 分解成了一些互不相交的循环置换的乘积.

今假定有另一种方式把 α 分解成互不相交的循环置换的乘积，并且它本质上与 (2.9) 不同，即与 (2.9) 不仅是因子的次序以及所含有或者省略的 1 循环的不同. 那么就有一对元素 $i, j, i\neq j, i$ 和 j 都在 (2.9) 中某个循环中出现，并且在次序上 j 紧随着 i, 但在 α 的另一个分解式中却不是这种情形. 第一个分解式表明 $\alpha(i)=j$, 而第二个分解式却表明 $\alpha(i)\neq j$. 这一矛盾证明了我们的分解的唯一性. □

形如 $(i\,j)$ 的循环叫做 *对换*. 容易证明

$$(i_1\,i_2\cdots i_r)=(i_1\,i_r)\cdots(i_1\,i_3)(i_1\,i_2),$$

即 r 循环可分解成 $r-1$ 个对换的乘积. 由此可知任意 $\alpha\in S_n$ 都是一些对换的乘积. 当然，有多种方式把一个置换分解成对换的乘积，例如，

$$\begin{aligned}\alpha&=\begin{pmatrix}1&2&3&4&5\\2&3&1&5&4\end{pmatrix}=(1\,2\,3)(4\,5)\\&=(1\,3)(1\,2)(4\,5)=(2\,1)(2\,3)(4\,5)\\&=(1\,3)(4\,5)(1\,3)(2\,1)(2\,3).\end{aligned}$$

然而，我们有

定理2.14 如果把一个置换 α 表示成一些对换的乘积，那么这些对换的个数的奇偶性是由 α 所唯一确定的.

证明 根据定理 2.13, 我们可以假设 α 是长度分别为 r_1, r_2, $\cdots$, r_s 的互不相交的循环之积. 现规定

$$N(\alpha) = (r_1 - 1) + (r_2 - 1) + \cdots + (r_s - 1).$$

显然，α 可以写成 $N(\alpha)$ 个对换的乘积.

设 $a, b, c_1, c_2, \cdots, c_h, d_1, d_2, \cdots, d_k$ 是 $\{1, 2, \cdots, n\}$ 中互不相同的元素，其中 $h \geqslant 0, k \geqslant 0$. 对于 $\{1, 2, \cdots, n\}$ 中的任一元素 i, 通过比较置换的像可证明下面的式子成立：

$$(a\,b)(a\,c_1 \cdots c_h\,b\,d_1 \cdots d_k) = (a\,c_1 \cdots c_h)(b\,d_1 \cdots d_k).$$

由此式可推知，对于 α 的互不相交的循环分解式来说，如果 a 和 b 在同一个循环中出现，那么 $N((ab)(\alpha)) = N(\alpha) - 1$; 如果 a 和 b 出现在不同的循环里，那么 $N((ab)(\alpha)) = N(\alpha) + 1$. 无论哪种情况，用一个对换与 α 作乘法运算后都改变 $N(\alpha)$ 的奇偶性. 因此当用 m 个对换的乘积与 α 作乘法运算时，如果 m 是奇数，那么 $N(\alpha)$ 的奇偶性就改变；如果 m 是偶数，那么 $N(\alpha)$ 的奇偶性就保持不变. 今假定 α 是 m 个对换的乘积，因为 $N(1) = 0$, 所以 $N(\alpha)$ 和 m 有相同的奇偶性. 因此，在 α 的任何两个对换乘积的分解中，其对换的个数有相同的奇偶性，即其对换个数的奇偶性由 α 所唯一确定. □

我们把一个置换 α 叫做*奇置换*或*偶置换*, 如果 α 分别是奇数个或偶数个对换的乘积. 由定理 2.14, 这是一个良好定义，即 α 是奇置换或偶置换与把 α 表成一些对换的乘积的方式无关. 显然，两个置换 α 和 β 的积 $\alpha\beta$ 是个偶置换当且仅当 α 和 β 同为偶置换或同为奇置换，而 $\alpha\beta$ 是奇置换当且仅当 α 和 β 中一个是偶置换而另一个是奇置换. 又显然一个奇置换或偶置换的逆也分别是奇置换或偶置换 (习题 2.13).

定理2.15 $n(n \geqslant 2)$ 个元素上全体偶置换所组成的集合构成对称群 S_n 的一个 $n!/2$ 阶的子群.

证明 我们用 A_n 表示 n 个元素上全体偶置换的集合. 因为两个偶置换的乘积是一个偶置换，并且一个偶置换的逆也是个偶置换，所以根据定理 2.9, A_n 是 S_n 的一个子群. 设 A_n 的元素为

$$\alpha_1, \alpha_2, \cdots, \alpha_m,$$

其中 m 是 A_n 的阶. 因为 $n \geqslant 2$, 所以有 m 个互不相同的奇置换

$$(a\,b)\alpha_1, (a\,b)\alpha_2, \cdots, (a\,b)\alpha_m,$$

并且它们是 S_n 中的全部奇置换；这是因为如果 β 是个奇置换，那么 $(a\,b)\beta$ 是个偶置换. 所以对某个 i, 有 $(a\,b)\beta = \alpha_i$, 而且 $\beta = (a\,b)\alpha_i$. 因此 $|S_n| = 2m = 2|A_n|$, 即 $|A_n| = \dfrac{1}{2}|S_n| = n!/2$. □

A_n 称为 n 次 *交错群*.

在下一节我们将证明，每个有限群都同构于一个置换群. 因此置换群在群论中占有很重要的地位.

2.3 陪集 正规子群 商群和群同态

我们从陪集的定义开始讨论.

定义 2.9 设 G 是一个群，H 是 G 的一个子群，a 是 G 的一个元素. G 中元素的集合

$$\{ah : h \in H\}$$

叫做 G 的对于 H 的一个 *左陪集*, 记作 aH, 即

$$aH = \{ah : h \in H\}.$$

因 $H = eH$, 所以 H 自身也是 G 的对于 H 的左陪集.

例 2.7 我们知道，V_4 是 A_4 的一个子群，而且

$$V_4 = \{(1), (1\,2)(3\,4), (1\,3)(2\,4), (1\,4)(2\,3)\}$$

自身是 A_4 的对于 V_4 的一个左陪集，此外,

$$(1\,2\,3)V_4 = \{(1\,2\,3), (1\,3\,4), (2\,4\,3), (1\,4\,2)\}$$

和

$$(1\,3\,2)V_4 = \{(1\,3\,2), (2\,3\,4), (1\,2\,4), (1\,4\,3)\}$$

也是 A_4 的对于 V_4 的左陪集. 注意左陪集

$$(2\,3\,4)V_4 = \{(2\,3\,4), (1\,3\,2), (1\,4\,3), (1\,2\,4)\}$$

与左陪集 $(1\,3\,2)V_4$ 相等，而左陪集

$$(1\,3\,4)V_4 = \{(1\,3\,4), (1\,2\,3), (1\,4\,2), (2\,4\,3)\}$$

与左陪集 $(1\,2\,3)V_4$ 相等. 可以证明，A_4 中任一对于 V_4 的左陪集都与左陪集

$$V_4, (1\,2\,3)V_4, (1\,3\,2)V_4$$

中的某一个相等. □

一般地，我们有

引理 2.16 *设 G 是一个群，H 是 G 的一个子群. 那么 G 的任意两个对于 H 的左陪集或者没有公共元素，或者相等.*

证明 设 aH 和 bH 是 G 的对于 H 的两个左陪集，这里 $a, b \in G$. 我们只需证明，如果 aH 和 bH 有公共元素，那么它们必定相等，设 c 是 aH 和 bH 的一个公共元素，那么有元素 $h_1, h_2 \in H$, 使得

$$c = ah_1 = bh_2.$$

因此 $a=bh_2h_1^{-1}$, $b=ah_1h_2^{-1}$. 于是对于任一元素 $ah\in aH$, 这里 $h\in H$, 有

$$ah=(bh_2h_1^{-1})h=b(h_2h_1^{-1}h)\in bH,$$

因此 $aH\subset bH$. 类似地，我们有 $bH\subset aH$. 因此 $aH=bH$. □

从上面的引理可推出

定理2.17 设 G 是一个群，H 是 G 的一个子群. 那么 G 可分拆成一些对于 H 的互不相交的左陪集的并.

证明 显然有

$$G=\cup_{g\in G}gH,$$

根据引理 2.16, 对于 H 的两个左陪集或者没有公共元素，或者相等. 因此，如果在陪集集合 $\{gH:g\in G\}$ 里把重复的取消，就得到一个由一些对于 H 的互不相交的左陪集所组成的集合，并且这些左陪集的并就是 G. □

引理2.18 设 G 是一个有限群，H 是 G 的一个子群. 那么 G 的任意两个对于 H 的左陪集都含有相同个数的元素.

证明 设 gH 和 $g'H$ 是 G 的两个对于 H 的左陪集. 显然

$$\begin{aligned} gH &\to g'H,\\ gh &\longmapsto g'h\ (h\in H)\end{aligned}$$

是一个双射，因此引理成立. □

例2.8 A_4 是三个对于 V_4 的互不相交的左陪集的并：

$$A_4=V_4\cup(1\ 2\ 3)V_4\cup(1\ 3\ 2)V_4,$$

并且 $|A_4|=3|V_4|$. □

例2.9 S_4 是两个对于 A_4 的不相交的左陪集的并：

$$S_4=A_4\cup(1\ 2)A_4,$$

并且 $|S_4|=2|A_4|$. 令

$$S_3'=\{(1),(1\ 2\ 3),(1\ 3\ 2),(1\ 2),(1\ 3),(2\ 3)\}.$$

我们知道 S_3' 也是 S_4 的一个子群，容易证明 S_4 是四个对于 S_3' 的互不相交的左陪集的并：

$$S_4=S_3'\cup(1\ 4)S_3'\cup(2\ 4)S_3'\cup(3\ 4)S_3',$$

并且 $|S_4|=4|S_3'|$. □

群 G 的对于它的子群 H 的互不相同的左陪集的个数叫做 H 在 G 中的*指数*, 记作 $G:H$. 一般地，我们有

推论2.19 设 G 是一个有限群，H 是 G 的一个子群. 那么 $G:H$ 有限，并且

$$|G|=(G:H)|H|.$$

证明 这是定理 2.17 和引理 2.18 的直接推论. □

由推论 2.19 可得到以下重要定理.

定理2.20(拉格朗日 (Lagrange)) *有限群的子群的阶整除这个群的阶.*

定义2.10 设 G 是一个群, H 是 G 的一个子群. G 的对于 H 的左陪集 aH 中的任一元素都叫做左陪集 aH 的*左陪集代表*. 从 G 的对于 H 的每一个左陪集中选取一个左陪集代表, 由它们所组成的集合叫做 G 的对于 H 的*左陪集代表的完备系*.

例如, 如果 $\{a_\alpha : \alpha \in J\}$ 是 G 的对于 H 的左陪集代表的完备系, 这里 J 是一个足码集, 那么

$$G = \cup_{\alpha\in J}\, a_\alpha H.$$

即 G 是这些不相交的 $a_\alpha H$ 的并.

例2.10 在 A_4 中, 集合

$$\{(1), (1\ 2\ 3), (1\ 3\ 2)\}$$

是 A_4 的对于 V_4 的左陪集代表的一个完备系. □

与左陪集的概念相平行, 我们也可引进右陪集的概念.

定义2.11 设 G 是一个群, H 是 G 的一个子群. 又设 a 是 G 的一个元素. G 中元素的集合

$$\{ha : h \in H\}$$

叫做 G 的对于 H 的一个*右陪集*, 记作 Ha, 即

$$Ha = \{ha : h \in H\}.$$

显然, H 自身是 G 的对于 H 的一个右陪集.

例2.11 容易证明, A_4 有以下三个对于 V_4 的右陪集:

$$V_4,$$

$$V_4(1\ 2\ 3) = \{(1\ 2\ 3), (1\ 3\ 4), (2\ 4\ 3), (1\ 4\ 2)\}$$

和

$$V_4(1\ 3\ 2) = \{(1\ 3\ 2), (2\ 3\ 4), (1\ 2\ 4), (1\ 4\ 3)\}.$$

而且 A_4 的任何其他对于 V_4 的右陪集都与以上三个右倍集中的某一个相等. □

例2.12 S_4 有两个对于 A_4 的右陪集, 它们是

$$A_4 \text{ 和 } A_4(1\ 2),$$

并且 S_4 的对于 A_4 的任一右陪集都与其中的一个相等. 此外, S_4 有四个对于 S_3' 的右陪集, 它们是

$$S_3',\ S_3'(1\ 4),\ S_3'(2\ 4),\ S_3'(3\ 4),$$

而且 S_4 的任一对于 S_3' 的右陪集都与其中的一个相等. □

与引理 2.16, 定理 2.17, 引理 2.18 和推论 2.19 相平行, 我们有

引理 2.21 设 G 是一个群，H 是 G 的一个子群. 那么 G 的任意两个对于 H 的右陪集或者没有公共元素，或者相等.

定理 2.22 设 G 是一个群，H 是 G 的一个子群. 那么 G 可分拆成一些对于 H 的互不相交的右陪集的并.

引理 2.23 设 G 是一个有限群，H 是 G 的一个子群. 那么 G 的任意两个对于 H 的右陪集都含有相同的个数的元素.

推论 2.24 设 G 是一个有限群，H 是 G 的一个子群. 用 $(G:H)_r$ 表示 G 的对于 H 的互不相交的右陪集的个数. 那么

$$|G| = (G\colon H)_r|H|.$$

引理 2.21, 定理 2.22, 引理 2.23 和推论 2.24 的证明分别与引理 2.16, 定理 2.17, 引理 2.18 和推论 2.19 的证明相平行. 这里我们就不再重复了.

从推论 2.19 和推论 2.24 可得到以下的推论

推论 2.25 设 G 是一个有限群，H 是 G 的一个子群. 那么 G 的对于 H 的左陪集的个数与 G 的对于 H 的右陪集的个数相等.

我们还可以与定义 2.10 平行地定义群 G 对于 G 的子群 H 的一个右陪集的*右陪集代表*, 以及*右陪集代表的完备系*. 这些概念的详细定义我们就不再叙述了.

一个自然的问题是，群 G 对于它的子群 H 的任一左陪集是否与 G 对于 H 的某一个右陪集相等？在例 2.7 和例 2.11 中我们看到，A_4 对于 V_4 的每个左陪集也是一个右陪集；更确切地说，

$$V_4 = V_4, \quad (1\,2\,3)V_4 = V_4(1\,2\,3), \quad (1\,3\,2)V_4 = V_4(1\,3\,2).$$

在例 2.9 和例 2.12 中，可以证明 S_4 对于 A_4 的每个左陪集也是一个右陪集；确切地说，有

$$A_4 = A_4, \quad (1\,2)A_4 = A_4(1\,2).$$

但是，S_4 对于 S_3' 的左陪集

$$(1\,4)S_3' = \{(1\,4), (1\,2\,3\,4), (1\,3\,2\,4), (1\,2\,4), (1\,3\,4), (1\,4)(2\,3)\}$$

不是 S_4 的右陪集. 事实上, 注意到右陪集 S_3' 中的所有置换都保持 4 不变, 所以

$$(1\,4)S_3' \neq S_3';$$

右陪集 $S_3'(14)$ 中的所有置换都将 1 变为 4, 所以

$$(1\,4)S_3' \neq S_3'(1\,4);$$

类似地，我们还有

$$(1\,4)S_3' \neq S_3'(2\,4)$$

和

$$(1\,4)S_3' \neq S_3'(3\,4).$$

值得注意的是，如果群 G 对于 H 的一个左陪集 aH 也是一个右陪集，那么它一定是 Ha, 这是因为 $a \in aH$, 并且 Ha 是唯一的含有 a 的右陪集. 因此，给出下面的定义就显得非常自然了.

定义 2.12 设 G 是一个群， N 是 G 的一个子群. 如果 $aN = Na$, 对一切 $a \in G$, 那么 N 就叫做 G 的一个*正规子群*.

我们用符号 $N \lhd G$ 表示 N 是 G 的正规子群. 如果 $N \lhd G$, 那么对任意 $a \in G$, 我们把 aN 简称为 a 对于 N 的*陪集*.

例 2.13 $V_4 \lhd A_4$. □

例 2.14 $A_4 \lhd S_4$. □

显然，对任意群 G, 都有

$$G \lhd G, \quad \{e\} \lhd G,$$

其中 $\{e\}$ 是仅由 G 的单位元素 e 组成的 G 的子群. 此外，如果 G 是一个交换群，那么 G 的每个子群都是 G 的正规子群. 但是当 G 不是交换群时，就可能有 G 的某个子群不是正规子群. 例如， S_3' 是 S_4 的一个子群，但它不是 S_4 的正规子群.

定理 2.26 *设 G 是一个群， N 是 G 的一个子群. 那么下列条件彼此等价:*

i) *$N \lhd G$, 即 $aN = Na$, 对一切 $a \in G$;*

ii) *$a^{-1}Na = N$, 对一切 $a \in G$;*

iii) *$a^{-1}Na \subset N$, 对一切 $a \in G$.*

证明 i) 推 ii) 和 ii) 推 iii) 是显然的. 现在假设 iii) 成立. 因为 $a^{-1} \in G$, 所以有 $(a^{-1})^{-1}Na^{-1} \subset N$, 对一切 $a \in G$; 即 $aNa^{-1} \subset N$, 对一切 $a \in G$. 于是

$$N = a^{-1}(aNa^{-1})a \subset a^{-1}Na.$$

因此 $a^{-1}Na = N$, 从而 $aN = Na$, 对一切 $a \in G$; 即 i) 成立. □

定理 2.27 *设 G 是一个群， N 是 G 的一个正规子群. 将 G 写成 G 的对于 N 的互不相交的陪集的并:*

$$G = \cup_{\alpha \in J} a_\alpha N,$$

这里 J 是一个足码集使得 $\{a_\alpha \colon \alpha \in J\}$ 是 G 对于 H 的陪集代表的完备系. 如果我们通过

$$(a_\alpha N)(a_\beta N) = (a_\alpha a_\beta)N \tag{2.10}$$

来定义两个陪集的乘积，那么这个定义是良好的，即与陪集中代表元的选取无关，并且全体陪集的集合 $\{a_\alpha N : \alpha \in J\}$ 对于这样规定的陪集的乘法构成一个群.

证明 假设 $a_\alpha N = a'_\alpha N$ 和 $a_\beta N = a'_\beta N$. 那么有 $n_\alpha, n_\beta \in N$, 使得 $a_\alpha = a'_\alpha n_\alpha, a_\beta = a'_\beta n_\beta$. 因此

$$(a_\alpha a_\beta)N = ((a'_\alpha n_\alpha)(a'_\beta n_\beta))N = (a'_\alpha(n_\alpha a'_\beta)n_\beta)N.$$

因为 $N \lhd G$, 所以 $Na'_\beta = a'_\beta N$, 因此存在一个 $n' \in N$, 使得 $n_\alpha a'_\beta = a'_\beta n'$. 于是

$$\begin{aligned} a'_\alpha(n_\alpha a'_\beta)n_\beta N &= a'_\alpha(a'_\beta n')n_\beta N \\ &= (a'_\alpha a'_\beta)(n' n_\beta)N \\ &= (a'_\alpha a'_\beta)N. \end{aligned}$$

这就证明了定义 (2.10) 与陪集中代表元的选取无关, 换句话说, 定义 (2.10) 是个良好定义.

我们用 G/N 表示陪集的集合 $\{a_\alpha N : \alpha \in J\}$, 即

$$G/N = \{a_\alpha N : \alpha \in J\}.$$

下面来证 G/N 对于由 (2.10) 定义的陪集乘法作成一个群.

显然, G/N 对于陪集的乘法运算是封闭的.

设 $a_\alpha N$, $a_\beta N$ 和 $a_\gamma N$ 是 G/N 中的任意三个陪集. 由定义,

$$((a_\alpha N)(a_\beta N))(a_\gamma N) = ((a_\alpha a_\beta)N)(a_\gamma N) = ((a_\alpha a_\beta)a_\gamma)N.$$

类似地,

$$(a_\alpha N)((a_\beta N)(a_\gamma N)) = (a_\alpha(a_\beta a\gamma))N.$$

因为 $(a_\alpha a_\beta)a_\gamma = a_\alpha(a_\beta a_\gamma)$, 所以有

$$((a_\alpha N)(a_\beta N))(a_\gamma N) = (a_\alpha N)((a_\beta N)(a_\gamma N)).$$

这证明了乘法满足结合律.

对任意陪集 $a_\alpha N \in G/N$, 由定义

$$(a_\alpha N)N = a_\alpha N.$$

这证明了陪集 N 是 G/N 的单位元素.

最后, 对任意陪集 $a_\alpha N$, $a_\alpha^{-1}N$ 也是一个陪集, 并且

$$(a_\alpha N)(a_\alpha^{-1}N) = (a_\alpha a_\alpha^{-1})N = eN = N.$$

即 $a_\alpha^{-1}N$ 是 $a_\alpha N$ 的逆.

因此, G/N 对于陪集的乘法运算是一个群. □

推论 2.28 *如果 G 是一个交换群, N 是 G 的一个子群, 那么 G/N 也是一个交换群.*

证明 对任意两个陪集 aN 和 bN, 我们有

$$(aN)(bN) = (ab)N = (ba)N = (bN)(aN).$$ □

定义 2.13 设 G 是一个群, N 是 G 的一个正规子群. 定理 2.27 中定义的群 G/N 叫做 G 对于 N 的商群.

例 2.15 我们知道, $A_4 \lhd S_4$, 并且 $S_4 : A_4 = 2$. 因此, 商群 S_4/A_4 是一个阶为 2 的群. □

例 2.16 我们知道，$V_4 \lhd A_4$, 并且 $A_4 : V_4 = 3$. 因此，商群 A_4/V_4 是一个阶为 3 的群. □

如果 N 是群 G 的一个正规子群，那么在 G 和商群 G/N 之间就应该有某种关系，因为 G/N 的乘法运算是利用了 G 的乘法运算所规定的. 为寻求它们之间的确切关系，我们引进下面的定义.

定义 2.14 设 G 和 G' 是群. 如果从 G 到 G' 的一个映射

$$\sigma : G \longrightarrow G'$$

保持群的运算，即

$$\sigma(ab) = \sigma(a)\sigma(b), \text{ 对一切 } a, b \in G,$$

我们就说 σ 是从 G 到 G' 的一个同态映射或同态. 进一步，如果 σ 是满射，我们就说 G' 是 G 的一个同态像.

显然，从群 G 到群 G' 的同构是个同态.

现在我们来阐明

定理 2.29 设 G 是一个群，N 是 G 的一个正规子群. 那么商群 G/N 是 G 的同态像. 更确切地说，映射

$$\begin{aligned} \sigma: \quad G &\longrightarrow G/N \\ a &\longmapsto aN \end{aligned}$$

是从 G 到 G/N 的一个满同态.

证明 显然，

$$(aN)(bN) = (ab)N.$$

这就证明了映射 σ 是一个同态. □

与关于群同构的定理 2.10 相类似，我们有以下关于群同态的

定理 2.30 设 G 和 G' 是两个群，σ 是从 G 到 G' 的一个同态. 那么

i) σ 把 G 的单位元素映到 G' 的单位元素，

ii) σ 把 G 中元素 a 的逆元素映到像 $\sigma(a)$ 的逆元素.

证明 i) 设 e 和 e' 分别是 G 和 G' 的单位元素. 把 σ 作用到等式 $ee = e$ 的两边，得

$$\sigma(e)\sigma(e) = \sigma(e).$$

用 $\sigma(e)$ 在 G' 中的逆元素乘以上式两边，得

$$\sigma(e)e' = e'.$$

我们又有 $e'e' = e'$. 于是 $\sigma(e)e' = e'e'$. 根据消去律便可推出 $\sigma(e) = e'$.

ii) 把 σ 作用到等式 $aa^{-1} = e$ 的两边，得

$$\sigma(a)\sigma(a^{-1}) = \sigma(e) = e'.$$

因此，$\sigma(a^{-1}) = \sigma(a)^{-1}$. □

现在我们给出下面的定义.

定义 2.15 设 G 和 G' 是两个群，σ 是从 G 到 G' 的一个同态. 那么对于一切 $a \in G$, 像 $\sigma(a)$ 的集合叫做 σ 的 像, 记作 $\mathrm{Im}\,\sigma$. G' 的单位元 e' 的完全原像叫做 σ 的 核, 记作 $\mathrm{Ker}\,\sigma$. 确切地说,

$$\mathrm{Im}\,\sigma = \{\sigma(a) \colon a \in G\}$$

和

$$\mathrm{Ker}\,\sigma = \{a \in G \colon \sigma(a) = e'\}.$$

于是，我们有下面的群的同态基本定理.

定理 2.31 设 G 和 G' 是两个群，σ 是从 G 到 G' 的一个同态. 那么

i) $\mathrm{Im}\,\sigma$ 是 G' 的一个子群;

ii) $\mathrm{Ker}\,\sigma$ 是 G 的一个正规子群;

iii) 群 $G/\mathrm{Ker}\,\sigma$ 和 $\mathrm{Im}\,\sigma$ 同构. 确切地说，映射

$$\begin{aligned} \overline{\sigma} \colon \quad G/\mathrm{Ker}\,\sigma &\longrightarrow \mathrm{Im}\,\sigma \\ a\mathrm{Ker}\,\sigma &\longmapsto \sigma(a) \end{aligned} \tag{2.11}$$

是从 $G/\mathrm{Ker}\,\sigma$ 到 $\mathrm{Im}\,\sigma$ 的一个同构.

证明 i) 对任意 $\sigma(a), \sigma(b) \in \mathrm{Im}\,\sigma$, 这里 $a, b \in G$, 我们有

$$\sigma(a)\sigma(b)^{-1} = \sigma(a)\sigma(b^{-1}) = \sigma(ab^{-1}) \in \mathrm{Im}\,\sigma.$$

根据定理 2.9, $\mathrm{Im}\,\sigma$ 是 G' 的一个子群.

ii) 设 a, b 是 $\mathrm{Ker}\,\sigma$ 的任意两个元素，即 $\sigma(a) = \sigma(b) = e'$. 那么

$$\sigma(ab^{-1}) = \sigma(a)\sigma(b^{-1}) = \sigma(a)\sigma(b)^{-1} = e'e'^{-1} = e'.$$

这证明了 $\mathrm{Ker}\,\sigma$ 是 G 的一个子群. 设 $a \in \mathrm{Ker}\,\sigma$, $x \in G$, 那么

$$\begin{aligned} \sigma(x^{-1}ax) &= \sigma(x^{-1})\sigma(a)\sigma(x) \\ &= \sigma(x)^{-1}e'\sigma(x) = \sigma(x)^{-1}\sigma(x) = e', \end{aligned}$$

这就是说，$x^{-1}ax \in \mathrm{Ker}\,\sigma$. 因此 $x^{-1}\mathrm{Ker}\,\sigma\, x \subset \mathrm{Ker}\,\sigma$. 由定理 2.26, $\mathrm{Ker}\,\sigma \lhd G$.

iii) 按 (2.11) 定义一个从 $G/\mathrm{Ker}\,\sigma$ 到 $\mathrm{Im}\,\sigma$ 的映射 $\overline{\sigma}$. 假设 $a\mathrm{Ker}\,\sigma = b\mathrm{Ker}\,\sigma$. 那么有元素 $k \in \mathrm{Ker}\,\sigma$, 使得 $a = bk$. 因此 $\sigma(a) = \sigma(b)\sigma(k) = \sigma(b)e' = \sigma(b)$. 这证明由 (2.11) 定义的映射是良好的，即与陪集中代表的选取无关.

对任一元素 $\sigma(a) \in \sigma(G) = \mathrm{Im}\,\sigma$, 有陪集 $a\mathrm{Ker}\,\sigma$, 使得

$$\overline{\sigma}(a\mathrm{Ker}\,\sigma) = \sigma(a).$$

因此，σ 是一个满射.

现设 $a\mathrm{Ker}\,\sigma$ 和 $b\mathrm{Ker}\,\sigma$ 是 $G/\mathrm{Ker}\,\sigma$ 的两个元素，使得

$$\overline{\sigma}(a\mathrm{Ker}\,\sigma) = \overline{\sigma}(b\mathrm{Ker}\,\sigma).$$

因为 $\overline{\sigma}(a\mathrm{Ker}\,\sigma) = \sigma(a)$, $\overline{\sigma}(b\mathrm{Ker}\,\sigma) = \sigma(b)$, 所以 $\sigma(a) = \sigma(b)$. 因此 $\sigma(a^{-1}b) = \sigma(a)^{-1}\sigma(b) = e'$, 于是 $a^{-1}b \in \mathrm{Ker}\,\sigma$, 从而 $a^{-1}b\mathrm{Ker}\,\sigma = \mathrm{Ker}\,\sigma$, 即 $a\mathrm{Ker}\,\sigma = b\mathrm{Ker}\,\sigma$. 这证明 σ 是一个单射.

对于 $G/\mathrm{Ker}\,\sigma$ 中任意两个元素 $a\mathrm{Ker}\,\sigma$ 和 $b\mathrm{Ker}\,\sigma$, 有

$$\begin{aligned}\overline{\sigma}((a\mathrm{Ker}\,\sigma)(b\mathrm{Ker}\,\sigma)) &= \overline{\sigma}(ab\mathrm{Ker}\,\sigma) = \sigma(ab) = \sigma(a)\sigma(b) \\ &= \overline{\sigma}(a\mathrm{Ker}\,\sigma)\overline{\sigma}(b\mathrm{Ker}\,\sigma).\end{aligned}$$

因此 $\overline{\sigma}$ 是从 $G/\mathrm{Ker}\,\sigma$ 到 $\mathrm{Im}\,\sigma$ 的一个同构. □

推论2.32 *设 G 和 G' 是两个群, σ 是从 G 到 G' 的一个同态. 那么*

i) *σ 是满射当且仅当 $\mathrm{Im}\,\sigma = G'$,*

ii) *σ 是单射当且仅当 $\mathrm{Ker}\,\sigma = \{e\}$.*

作为定理 2.31 的一个应用, 我们来证明下面这个曾在 2.2 节末尾提到的定理.

定理2.33 (开雷 (Cayley)) *每个有限群都同构于一个置换群.*

证明 设 G 是一个 n 阶有限群, 它的元素记作 $g_1, g_2, \cdots, g_n$. 对于每个元素 $h\in G$, 根据消去律 (定理 2.5 中的 i)), $hg_1, hg_2, \cdots, hg_n$ 是 $g_1, g_2, \cdots, g_n$ 的一个排列, 如果记 $hg_i = g_{h_i}(1 \leqslant i, h_i \leqslant n)$, 便可得到一个 n 个元素上的置换

$$\begin{pmatrix} 1 & 2 & \cdots & n \\ h_1 & h_2 & \cdots & h_n \end{pmatrix}.$$

因此我们就有一个映射

$$\begin{aligned}\sigma:\ G &\longrightarrow S_n \\ h &\longmapsto \begin{pmatrix} 1 & 2 & \cdots & n \\ h_1 & h_2 & \cdots & h_n \end{pmatrix}.\end{aligned}$$

设 $h' \in G$, 并且在 σ 之下, 有

$$h' \longmapsto \begin{pmatrix} 1 & 2 & \cdots & n \\ h'_1 & h'_2 & \cdots & h'_n \end{pmatrix},$$

即 $h'g_i = g_{h'_i}$ $(1 \leqslant i, h'_i \leqslant n)$. 那么

$$(hh')g_i = g_{(hh')_i}$$

和

$$h(h'g_i) = hg_{h'_i} = g_{h_{h'_i}}.$$

由结合律, 有

$$g_{(hh')_i} = g_{h_{h'_i}}.$$

因此

$$\begin{aligned}&\begin{pmatrix}1 & 2 & \cdots & n\\ h_1 & h_2 & \cdots & h_n\end{pmatrix}\begin{pmatrix}1 & 2 & \cdots & n\\ h'_1 & h'_2 & \cdots & h'_n\end{pmatrix}\\ =&\begin{pmatrix}1 & 2 & \cdots & n\\ h_{h'_1} & h_{h'_2} & \cdots & h_{h'_n}\end{pmatrix}\\ =&\begin{pmatrix}1 & 2 & \cdots & n\\ (hh')_1 & (hh')_2 & \cdots & (hh')_n\end{pmatrix}.\end{aligned}$$

这表明映射 σ 是从 G 到 S_n 的一个同态. 根据消去律, 有 $\operatorname{Ker}\sigma=\{e\}$. 由定理 2.31, $\operatorname{Im}\sigma$ 是 S_n 的一个子群, 因此, G 和置换群 $\operatorname{Im}\sigma$ 同构. □

附录 对称多项式

设 F 是域, $x_1,x_2,\cdots,x_n$ 是 F 上的 n 个未定元, $f(x_1,x_2,\cdots,x_n)$ 是 F 上的一个 n 元多项式. 如果

$$f(x_{\pi(1)},x_{\pi(2)},\cdots,x_{\pi(n)})=f(x_1,x_2,\cdots,x_n)\quad \text{对任一置换 } \pi\in S_n,$$

$f(x_1,x_2,\cdots,x_n)$ 就叫做一个 n 元**对称多项式**. 例如, $x_1x_2\cdots x_n, x_1+x_2+\cdots+x_n$, $x_1^2+x_2^2+\cdots+x_n^2$ 都是 n 元对称多项式. 记 $(\pi f)(x_1,x_2,\cdots,x_n)=f(x_{\pi(1)},x_{\pi(2)},\cdots,x_{\pi(n)})$, 并说 π 把 $f(x_1,x_2,\cdots,x_n)$ 作用成 $(\pi f)(x_1,x_2,\cdots,x_n)$.

因为每个置换都是一些对换的乘积, 对称多项式有下述等价的定义. 如果

$$f(x_1,x_2,\cdots,x_j,\cdots,x_i,\cdots,x_n)=f(x_1,x_2,\cdots,x_i,\cdots,x_j,\cdots,x_n)$$

对任意两个足码 $i<j$, $f(x_1,x_2,\cdots,x_n)$ 就叫做一个 n 元对称多项式.

引入一个新的未定元 t, 令

$$(t-x_1)(t-x_2)\cdots(t-x_n)=t^n-\sigma_1t^{n-1}+\sigma_2t^{n-2}-\cdots+(-1)^n\sigma_n, \tag{2.12}$$

那么 t 的幂的系数

$$\begin{aligned}\sigma_1&=x_1+x_2+\cdots+x_n,\\ \sigma_2&=x_1x_2+x_1x_3+\cdots+x_1x_n+x_2x_3+\cdots+x_{n-1}x_n,\\ \sigma_3&=x_1x_2x_3+x_1x_2x_4+\cdots+x_{n-2}x_{n-1}x_n,\\ &\cdots\cdots\\ \sigma_n&=x_1x_2\cdots x_n\end{aligned} \tag{2.13}$$

都是对称多项式, 这是因为对于任意置换 $\pi\in S_n$,

$$(t-x_{\pi(1)})(t-x_{\pi(2)})\cdots(t-x_{\pi(n)})=(t-x_1)(t-x_2)\cdots(t-x_n).$$

即在任意置换 π 的作用下，(2.12) 式左方保持不变. 所以 (2.12) 的右方也保持不变. $\sigma_1,\sigma_2,\cdots,\sigma_n$ 叫做 $x_1,x_2,\cdots,x_n$ 的 *初等对称多项式*(即 *初等对称函数*).

设 $\phi(\sigma_1,\sigma_2,\cdots,\sigma_n)$ 是初等对称多项式 $\sigma_1,\sigma_2,\cdots,\sigma_n$ 的多项式. 若把 $\sigma_1,\sigma_2,\cdots,\sigma_n$ 的表达式 (2.13) 代入,就得到 $x_1,x_2,\cdots,x_n$ 的一个对称多项式. 设 $c\sigma_1^{\mu_1}\sigma_2^{\mu_2}\cdots\sigma_n^{\mu_n}$ ($c\in F$ 而 $c\neq 0$) 是 $\varphi(\sigma_1,\sigma_2,\cdots,\sigma_n)$ 的一项, 因为 σ_i 是 $x_1,x_2,\cdots,x_n$ 的 i 次齐次对称多项式，$i=1,2,\cdots,n$, 所以 $c\sigma_1^{\mu_1}\sigma_2^{\mu_2}\cdots\sigma_n^{\mu_n}$ 经过代换之后就得到 $x_1,x_2,\cdots,x_n$ 的一个次数为 $\mu_1+2\mu_2+\cdots+n\mu_n$ 的齐次对称多项式.

再引进 n 元单项式的 "*字典式次序*". 我们说，单项式 $ax_1^{\alpha_1}\cdots x_n^{\alpha_n}(a\neq 0)$ 排在另一项 $bx_1^{\beta_1}\cdots x_n^{\beta_n}(b\neq 0)$ 的前面，也说 $ax_1^{\alpha_1}\cdots x_n^{\alpha_n}$"大于" $bx_1^{\beta_1}\cdots x_n^{\beta_n}$, $bx_1^{\beta_1}\cdots x_n^{\beta_n}$"小于"$ax_1^{\alpha_1}\cdots x_n^{\alpha_n}$, 假如第一个非零差 $\alpha_i-\beta_i$ 是正数. 例如，$x_1^2x_2x_3^3x_4$ 排在 $x_1^2x_2x_3x_4^5$ 的前面，$x_1^2x_2x_3^3x_4$ "大于"$x_1^2x_2x_3x_4^5$, 以及 $x_1^2x_2x_3x_4^5$ "小于"$x_1^2x_2x_3^3x_4$.

设 $f(x_1,x_2,\cdots,x_n)$ 是 n 元对称多项式,把它的项按字典式次序排列,排在最前面的项叫做它的 *首项*. 例如, (2.13) 中初等对称多项式 $\sigma_1,\sigma_2,\cdots,\sigma_n$ 都是按字典式次序排列的, 而它们的首项分别是 $x_1,x_1x_2,\cdots,x_1x_2\cdots x_n$. 设 $ax_1^{\alpha_1}x_2^{\alpha_2}\cdots x_n^{\alpha_n}(a\neq 0)$ 是 n 元 k 次对称多项式 $f(x_1,x_2,\cdots,x_n)$ 的首项，显然有 $\alpha_1\geqslant\alpha_2\geqslant\cdots\geqslant\alpha_n$ 以及 $\alpha_1+\alpha_2+\cdots+\alpha_n=k$.

所谓 *对称函数的基本定理* 指的是

定理2.34 *$F[x_1,x_2,\cdots,x_n]$ 中每一个对称多项式 $f(x_1,x_2,\cdots,x_n)$ 都可以表成初等对称多项式 $\sigma_1,\sigma_2,\cdots,\sigma_n$ 的多项式 $\phi(\sigma_1,\sigma_2,\cdots,\sigma_n)$, 而且表法是唯一的. 所谓表法唯一是指: 如果 $\phi_1(\sigma_1,\sigma_2,\cdots,\sigma_n)=\phi_2(\sigma_1,\sigma_2,\cdots,\sigma_n)$, 则 $\phi_1(y_1,y_2,\cdots,y_n)=\phi_2(y_1,y_2,\cdots,y_n)$ 对任意 n 个未定元 $y_1,y_2,\cdots,y_n$.*

证明 先证可表性. 把对称多项式 $f(x_1,x_2,\cdots,x_n)$ 的项按"字典式次序" 排列. 我们对字典式次序作归纳法来证明可表性.

设所给的对称多项式 $f(x_1,x_2,\cdots,x_n)$ 的次数为 k, 字典式次序排列的首项是 $ax_1^{\alpha_1}\cdots x_n^{\alpha_n}$, 那么 $\alpha_1\geqslant\alpha_2\geqslant\cdots\geqslant\alpha_n$ 以及 $\alpha_1+\alpha_2+\cdots+\alpha_n=k$. 容易看出 $\phi_1=a\sigma_1^{\alpha_1-\alpha_2}\sigma_2^{\alpha_2-\alpha_3}\cdots\sigma_{n-1}^{\alpha_{n-1}-\alpha_n}\sigma_n^{\alpha_n}$ 经过代换 (2.13), 按前所述，就得到 $x_1,x_2,\cdots,x_n$ 的一个次数为 $\alpha_1+\alpha_2+\cdots+\alpha_n=k$ 的齐次对称多项式，再乘出来，再按字典式次序排列它的项，它的首项也是 $ax_1^{\alpha_1}\cdots x_n^{\alpha_n}$. 那么

$$f(x_1,x_2,\cdots,x_n)-a\sigma_1^{\alpha_1-\alpha_2}\sigma_2^{\alpha_2-\alpha_3}\cdots\sigma_{n-1}^{\alpha_{n-1}-\alpha_n}\sigma_n^{\alpha_n} \tag{2.14}$$

就是一个对称多项式, 它的次数 $\leqslant k$ 而它的首项与 $f(x_1,x_2,\cdots,x_n)$ 的首项, 按字典式次序排列来说要"小". 然后在 (2.14) 中选取一个字典式次序排列的首项, 再重复上面的步骤. 由于按字典式次序排列"小"于 $ax_1^{\alpha_1}\cdots x_n^{\alpha_n}$ 的项有限，这一步骤一定终止到 0. 于是

$$f(x_1,x_2,\cdots,x_n)-\phi_1-\phi_2-\cdots-\phi_m=0,$$

其中 $\phi_1,\phi_2,\cdots,\phi_m$ 都是 $\sigma_1,\sigma_2,\cdots,\sigma_n$ 的单项式，而按字典式次序排列一个比一个“小”. 因此

$$f(x_1,x_2,\cdots,x_n)=\phi_1+\phi_2+\cdots+\phi_m.$$

这就是说，$f(x_1,x_2,\cdots,x_n)$ 表成了初等对称多项式 $\sigma_1,\sigma_2,\cdots,\sigma_n$ 的多项式.

进一步来证明表法的唯一性. 作差 $\phi_1-\phi_2=\phi$. 只要证明: 由 $\phi(y_1,y_2,\cdots,y_n)\neq 0$ 可推出 $\phi(\sigma_1,\sigma_2,\cdots,\sigma_n)\neq 0$. 设 $ay_1^{m_1}y_2^{m_2}\cdots y_n^{m_n}(a\neq 0,m_1,m_2,\cdots,m_n$ 都 $\geqslant 0)$ 是 ϕ 中任意一项，令

$$\alpha_1=m_1+m_2+\cdots+m_n,\alpha_2=m_2+\cdots+m_n,\cdots,\alpha_{n-1}=m_{n-1}+m_n,\alpha_n=m_n,$$

则

$$ay_1^{m_1}y_2^{m_2}\cdots y_n^{m_n}=ay_1^{\alpha_1-\alpha_2}y_2^{\alpha_2-\alpha_3}\cdots y_{n-1}^{\alpha_{n-1}-\alpha_n}y_n^{\alpha_n}.$$

因此 $\phi(y_1,y_2,\cdots,y_n)$ 中每一项可以写成

$$ay_1^{\alpha_1-\alpha_2}y_2^{\alpha_2-\alpha_3}\cdots y_{n-1}^{\alpha_{n-1}-\alpha_n}y_n^{\alpha_n}\quad(a\neq 0)\tag{2.15}$$

的形式,其中 $\alpha_1,\alpha_2,\cdots,\alpha_n$ 都是非负整数. 规定一项 $ay_1^{\alpha_1-\alpha_2}y_2^{\alpha_2-\alpha_3}\cdots y_{n-1}^{\alpha_{n-1}-\alpha_n}y_n^{\alpha_n}$ $(a\neq 0)$ 排在另一项 $by_1^{\beta_1-\beta_2}y_2^{\beta_2-\beta_3}\cdots y_{n-1}^{\beta_{n-1}-\beta_n}y_n^{\beta_n}(b\neq 0)$ 的前面，假如第一个非零差 $\alpha_i-\beta_i$ 是正数. 假设按这个字典式次序排列， $ay_1^{\alpha_1-\alpha_2}y_2^{\alpha_2-\alpha_3}\cdots y_{n-1}^{\alpha_{n-1}-\alpha_n}y_n^{\alpha_n}$ 是 ϕ 的首项. 在 $\phi(y_1,y_2,\cdots,y_n)$ 中，以 σ_i 代替 $y_i(i=1,2,\cdots,n)$ 并把它用 x_i 表出，那么从 $\phi(y_1,y_2,\cdots,y_n)$ 的字典式次序的首项，我们得到

$$ax_1^{\alpha_1}x_2^{\alpha_2}\cdots x_n^{\alpha_n}.$$

这一项不能被消去，因此 $\phi(\sigma_1,\sigma_2,\cdots,\sigma_n)\neq 0$. □

上述定理中可表性的证明实际上给了一个把对称多项式表成初等对称多项式的方法.

习 题 二

2.1 证明 n 个元素上全体置换所组成的集合对于置换的合成这一运算构成一个群，并证明当 $n\geqslant 3$ 时，这个群不是交换群.

2.2 设 $a_1,a_2,\cdots,a_r$ 是群 G 的 r 个元素. 证明

$$(a_1a_2\cdots a_r)^{-1}=a_r^{-1}\cdots a_2^{-1}a_1^{-1}.$$

2.3 证明定理 2.6.

2.4 设一个群的每个元素的平方都等于单位元素. 证明这个群是个交换群.

2.5 设 a 和 b 是群 G 的任意两个元素. 证明

i) a, a^{-1} 和 $b^{-1}ab$ 有相同的阶.

ii) ab 和 ba 有相同的阶.

2.6 设 a, b 是一个群中阶数分别为 m 和 n 的两个元素. 如果 $ab = ba$, 那么 ab 的阶整除 m 和 n 的最小公倍数 $\operatorname{lcm}[m, n]$. 举例说明, 当 $ab \neq ba$ 时, 这一结论并不成立.

2.7 证明定理 2.8.

2.8 证明: 一个群的两个子群的交也是一个子群.

2.9 证明定理 2.10.

2.10 设

$$\sigma = \begin{pmatrix} 1 & 2 & 3 & 4 & 5 & 6 \\ 5 & 6 & 3 & 1 & 4 & 2 \end{pmatrix}, \quad \tau = \begin{pmatrix} 1 & 2 & 3 & 4 & 5 & 6 \\ 3 & 4 & 6 & 2 & 5 & 1 \end{pmatrix}$$

是 S_6 的两个元素.

i) 计算 $\sigma\tau, \tau\sigma, \sigma^{-1}, \sigma^2, \sigma^3$ 和 $\tau^{-1}\sigma\tau$.

ii) 把 σ 和 τ 表示成不相交的循环之积, 并确定 σ 和 τ 的阶.

2.11 设

$$\sigma = \begin{pmatrix} 1 & 2 & 3 & 4 \\ 3 & 4 & 1 & 2 \end{pmatrix}, \quad \tau = \begin{pmatrix} 1 & 2 & 3 & 4 \\ 4 & 1 & 2 & 3 \end{pmatrix}.$$

求置换 x 和 y, 使得 $\sigma x = \tau$ 和 $y\sigma = \tau$.

2.12 设 α 和 σ 是 n 个元素上的两个置换, 其中

$$\sigma = (i_1\, i_2 \cdots i_r)$$

是一个 r 循环. 证明

$$\alpha\sigma\alpha^{-1} = (\alpha(i_1)\ \alpha(i_2) \cdots \alpha(i_r)),$$

并将这一结果推广到 σ 是任一置换的情形.

2.13 证明:

i) 两个置换 α 和 β 的积 $\alpha\beta$ 是个偶置换当且仅当 α 和 β 同为偶置换或同为奇置换, 而 $\alpha\beta$ 是奇置换当且仅当 α 和 β 中一个是偶置换而另一个是奇置换.

ii) 一个奇置换或偶置换的逆也分别是奇置换或偶置换.

2.14 设 G 是一个群, H 是 G 的一个子群, $a \in G$. 证明

$$Ha^{-1} = \{x^{-1} : x \in aH\}.$$

2.15 证明: 指数为 2 的子群一定是正规子群. 特别地, A_n 是 S_n 的正规子群.

2.16 设 G 是一个群. 定义

$$C = \{c \in G : cx = xc, \text{对一切 } x \in G\}.$$

证明 C 是 G 的一个交换子群, 并且 $C \lhd G$. C 叫做 G 的中心.

2.17 证明: 如果 $n \geqslant 3$, 那么 S_n 的中心仅含恒等置换.

2.18 设 G 是一个群, $a \in G$. 定义

$$C_G(a) = \{x \in G : x^{-1}ax = a\}.$$

证明 $C_G(a)$ 是 G 的一个包含 a 和 C (G 的中心) 的子群. $C_G(a)$ 叫做 a 在 G 中的中心化子.

2.19 试确定 (1 2 3) 在 S_5 中的中心化子.

2.20 设 a 和 b 是群 G 的两个元素. 如果存在元素 $x \in G$, 使得 $x^{-1}ax = b$, 就说 a 和 b共轭. 证明

i) 对于给定的 $a \in G$, 集合

$$\{x^{-1}ax : x \in G\}$$

中的任意两个元素都共轭, 并且凡与这个集合中的一个元素共轭的元素仍包含在这个集合中. 这个集合叫做 G 的一个共轭类.

ii) 如果 G 是一个有限群, 那么 G 中与给定元素 a 共轭的元素的个数等于指数 $G : C_G(a)$.

iii) G 的两个共轭类或者没有公共元素, 或者相等.

2.21 列出 S_4 的所有共轭类.

2.22 设 α 和 β 是 S_n 的两个元素. 证明 α 与 β 共轭当且仅当把它们表示成不相交的循环的乘积后, 二者之间长度 > 1 的循环的个数是相等的, 并且在它们的长度 > 1 的循环之间存在一个双射, 使得相对应的循环的长度都相等.

2.23 设 G 是一个群, H 是 G 的一个子群. 定义

$$N_G(H) = \{x \in G : x^{-1}Hx = H\}.$$

证明$N_G(H)$是 G 的包含 H 的一个子群, 并且 $H \lhd N_G(H)$. $N_G(H)$ 叫做 H 在 G 中的正规化子.

2.24 设 H_1 和 H_2 是群 G 的两个子群. 如果存在元素 $x \in G$, 使得 $x^{-1}H_1x = H_2$, 我们就说 H_1 和 H_2 共轭. 证明

i) 对于 G 的一个给定的子群 H, 集合

$$\{x^{-1}Hx : x \in G\}$$

中的任意两个子群都共轭, 并且凡与这个集合中的一个子群共轭的子群仍包含在这个集合中.

ii) 如果 G 是一个有限群, 那么 G 的与给定子群 H 共轭的子群的个数等于指数 $G : N_G(H)$.

iii) G 的子群 H 是正规子群当且仅当 H 是 G 的唯一与 H 共轭的子群.

2.25 证明: 一个群中两个共轭元素的中心化子是共轭的.

2.26 证明: 一个群的两个共轭子群的正规化子是共轭的.

2.27 证明: 如果一个有限群仅有两个共轭类, 那么 $|G| = 2$.

2.28 设 σ 是群 G 到群 G' 的一个满同态. 证明: G 的中心在 σ 之下的像包含在 G' 的中心之内.

2.29 设 σ 是群 G 到群 G' 的一个满同态, K 是 σ 的核. 证明

i) 如果 H 是 G 的一个子群，那么 $\sigma(H)$ 是 G' 的一个子群. 如果 $H \lhd G$, 那么 $\sigma(H) \lhd G'$.

ii) 如果 H' 是 G' 的一个子群，那么 $\sigma^{-1}(H')$ 是 G 的含有 K 的子群. 如果 $H' \lhd G'$, 那么 $\sigma^{-1}(H') \lhd G$.

iii) 存在从 G 的包含 K 的子群的集合到 G' 的子群的集合的一个双射，它把 G 的包含 K 的正规子群映到 G' 的正规子群.

iv) 如果 N 是 G 的包含 K 的一个正规子群，那么

$$G/N \simeq G'/\sigma(N).$$

2.30 设 H 和 N 都是群 G 的子群，其中 N 是 G 的正规子群. 证明

$$HN = \{hn : h \in H,\, n \in N\}$$

是 G 的包含 N 的一个子群，而 $H \cap N$ 是 H 的正规子群，并且映射

$$hN \longmapsto h(H \cap N)$$

是从 HN/N 到 $H/H \cap N$ 的一个同构.

2.31 对于任意 n, 将幂和

i) $x_1^2 + x_2^2 + \cdots + x_n^2$

ii) $x_1^3 + x_2^3 + \cdots + x_n^3$

用初等对称多项式表出.

2.32 设 $s_p = x_1^p + x_2^p + \cdots + x_n^p$. 证明牛顿 (Newton) 公式

$$s_p - s_{p-1}\sigma_1 + s_{p-2}\sigma_2 - \cdots + (-1)^{p-1}s_1\sigma_{p-1} + (-1)^p p\sigma_p = 0, \quad 对于\ p \leqslant n,$$

$$s_p - s_{p-1}\sigma_1 + \cdots + (-1)^n s_{p-n}\sigma_n = 0, \quad 对于\ p > n,$$

并利用这些公式将幂和 s_1, s_2, s_3, s_4, s_5 用初等对称多项式表出.

第3章 有 限 域

有限域是由伽罗瓦在 1832 年作为他定义的域的例子引进的. 这一章, 我们要对有限域做专门的研究. 在 3.1 节, 我们证明了有限域的乘法群是一个循环群. 在 3.2 节, 我们证明了有限域的三个结构定理. 我们采用的是初等证明, 显得比较复杂, 读者可以从书后所附参考书目中的 [2], [3] 或 [5] 等书里找到用较深工具的简单证明. 在 3.3 节, 我们对极小多项式和本原多项式进行了比较详细的讨论. 最后, 在 3.4 节, 我们在有限域中引进了元素的迹和范数.

3.1 有限域的乘法群

首先, 我们给出下面这个定义.

定义 3.1 设 G 是一个 n 阶有限群. 如果 G 中存在一个 n 阶元素 a, 使得

$$G = \langle a \rangle = \{a^0 = e, a^1 = a, a^2, \cdots, a^{n-1}\},$$

那么 G 就叫做一个 (n 阶)循环群, 而 a 叫做 G 的一个生成元.

在 1.3 节我们曾经指出, 在 $\mathbb{Z}_2[x]^*_{x^2+x+1}$ 中有两个 3 阶元素, 在 $\mathbb{Z}_3[x]^*_{x^2+1}$ 中有 4 个 8 阶元素. 因此 $\mathbb{Z}_2[x]^*_{x^2+x+1}$ 和 $\mathbb{Z}_3[x]^*_{x^2+1}$ 都是循环群. 下面我们要证明, 任一有限域的乘法群都是循环群, 而且还要算出它的生成元的个数. 为此, 我们先证明几个引理.

引理 3.1 设 G 是一个有限群, a 是 G 的一个 n 阶元素, k 是任意整数, 那么 a^k 是一个 $n/\gcd(k,n)$ 阶元素. 特别地, a^k 是一个 n 阶元素当且仅当 $\gcd(k, n) = 1$.

证明 令 $d = \gcd(k,n)$. 显然有

$$(a^k)^{\frac{n}{d}} = a^{\frac{kn}{d}} = (a^n)^{\frac{k}{d}} = e^{\frac{k}{d}} = e.$$

设 m 是 a^k 的阶, 那么由定理 2.7 可知

$$m | \frac{n}{d}. \tag{3.1}$$

另一方面,

$$a^{km} = (a^k)^m = e.$$

因为 a 是个 n 阶元, 所以仍由定理 2.7, $n|km$. 据此可推出

$$\frac{n}{d} | \frac{k}{d} m.$$

但

$$\gcd\left(\frac{n}{d}, \frac{k}{d}\right) = 1,$$

所以

$$\frac{n}{d}|m. \tag{3.2}$$

于是由 (3.1) 和 (3.2), 得 $m = n/d$, 即 $m = n/\gcd(k, n)$. □

推论3.2 设 G 是一个 n 阶循环群, a 是它的一个生成元, k 是任意整数. 那么 a^k 是 G 的生成元当且仅当 $\gcd(k, n) = 1$.

证明 显然, a^k 是 G 的生成元当且仅当 a^k 的阶是 n. 因此, 由引理 3.1, a^k 是 G 的生成元当且仅当 $\gcd(k, n) = 1$. □

引理3.3 设 G 是一个有限交换群, a 是 G 的一个 m 阶元素, b 是 G 的一个 n 阶元素, 并且 $\gcd(m, n) = 1$. 那么 ab 是一个 mn 阶元素.

证明 显然有

$$(ab)^{mn} = (a^m)^n (b^n)^m = e^n e^m = ee = e.$$

设 l 是 ab 的阶, 那么由定理 2.7, $l|mn$. 另一方面, 由 $(ab)^l = e$ 可推出

$$a^l = b^{-l}.$$

根据引理 3.1, a^l 的阶是 m 的因数, b^{-l} 的阶是 n 的因数, 因此 $a^l = b^{-l}$ 的阶是 $\gcd(m, n)$ 的因数. 但我们已假定 $\gcd(m, n) = 1$, 所以 $a^l = b^{-l}$ 是个 1 阶元素, 即

$$a^l = b^{-l} = e.$$

所以由定理 2.7 有 $m|l$, $n|l$. 仍由 $\gcd(m, n) = 1$, 得 $mn|l$. 因此一定有 $l = mn$. □

引理3.4 设 G 是一个有限交换群. 如果 G 的元素的阶中 n 是最大的, 那么 G 中任一元素的阶一定是 n 的因数.

证明 设 a 是 G 的一个 n 阶元素, 并且 $n \geqslant G$ 中任一元素的阶. 设 b 是 G 中一个元素, 并假定 b 的阶是 m. 如果 $m \nmid n$, 那么一定有一个素数 p, 它在 m 中出现的幂次大于它在 n 中出现的幂次, 即

$$n = p^{e_1} n_1,\ m = p^{e_2} m_1,$$

$$\gcd(p, n_1) = \gcd(p, m_1) = 1,$$

$$e_2 > e_1.$$

那么根据引理 3.1, $a^{p^{e_1}}$ 是 G 的一个 n_1 阶元素, 而 b^{m_1} 是 G 的一个 p^{e_2} 阶元素. 但是 $\gcd(n_1, p^{e_1}) = 1$, 于是由引理 3.3, $a^{p^{e_1}} b^{m_1}$ 是 G 的一个 $p^{e_2} n_1$ 阶元素. 然而

$$p^{e_2} n_1 > p^{e_1} n_1 = n.$$

这与 n 的最大性相矛盾. 因此一定有 $m|n$. □

现在我们来证明

定理3.5 任一有限域的乘法群都是循环群.

证明 设 F 是个有限域, 它的元素个数是 q, 那么 F^* 是个 $q-1$ 阶的有限交换群. 在 F^* 中一定有一个最大阶的元素. 设 a 是 F^* 中的一个最大阶元素, 并设 a 的阶是 n. 那么根据定理 2.7,

$$e, a, a^2, \cdots, a^{n-1}$$

就是 F^* 中 n 个两个不同的元素. 因为 F^* 中一共有 $q-1$ 个元素, 所以一定有 $n \leqslant q-1$. 另一方面, 根据引理 3.4, F^* 中任一元素的阶都是 n 的因数. 因此 F^* 中任一元素都适合多项式 $x^n - e$. 但 F^* 中一共有 $q-1$ 个元素. 因此由推论 1.32, 一定有 $q-1 \leqslant n$. 所以 $n = q-1$. 这证明了 F^* 是由 a 生成的循环群. □

定义 3.2 有限域的乘法群的生成元叫做这个有限域的 *本原元*.

推论 3.6 *设 F 是一个有限域, 它的元素个数为 q, 那么 F 总共有 $\phi(q-1)$ 个本原元.*

证明 设 a 是 F^* 的一个生成元, 即 F 的一个本原元. 那么由定理 2.7

$$a^0 = e, a^1 = a, a^2, \cdots, a^{q-2}$$

就是 F^* 的全部 $q-1$ 个元素. 由推论 3.2, $a^k\,(0 \leqslant k \leqslant q-1)$ 是 F^* 的生成元当且仅当 $\gcd(k, q-1) = 1$. 因此 F^* 的生成元 (即 F 的本原元) 的总数是 $\phi(q-1)$. □

3.2 有限域的结构

在这一节, 我们将证明有限域的三个结构定理, 它们是

定理 3.7 *设 F 是一个特征 p 的有限域, 那么 F 的元素个数一定是 p 的一个幂.*

定理 3.8 *设 p 是任一素数而 n 是任一正整数, 那么总存在着一个恰含 p^n 个元素的有限域.*

定理 3.9 *任意两个元素个数相同的有限域一定同构.*

我们先来证明定理 3.7 的一个推广.

定理 3.10 *设 F 是一个有限域, 它包有一个 q 个元素的有限域 $\mathbb{F}_q$ 作为子域, 那么 F 的元素个数一定是 q 的一个幂.*

证明 将 $\mathbb{F}_q$ 改记成 F_1. 如果 $F = F_1$, 那么 F 就是恰含 q 个元素的有限域, 因此这时定理 3.10 成立. 如果 $F \neq F_1$, 那么 F 就含有一个元素 e_2, 而 $e_2 \notin F_1$. 令

$$F_2 = \{a_1 + a_2 e_2 : a_1, a_2 \in F_1\}.$$

我们来证明: 如果

$$a_1 + a_2 e_2 = b_1 + b_2 e_2,\ a_1, a_2, b_1, b_2 \in F_1,$$

那么就一定有 $a_1 = b_1$, $a_2 = b_2$. 事实上, 从上式推出

$$(a_2 - b_2) e_2 = b_1 - a_1.$$

如果 $a_2 \neq b_2$, 那么

$$e_2 = (a_2 - b_2)^{-1}(b_1 - a_1) \in F_1.$$

这是一个矛盾. 因此一定有 $a_2 = b_2$. 于是也有 $a_1 = b_1$. 据此可以推出 F_2 恰含 q^2 个两两不同的元素.

如果 $F = F_2$, 那么 F 就是恰含 q^2 个元素的有限域，因此这时定理 3.10 成立. 如果 $F \neq F_2$, 那么 F 就会有一个元素 e_3, 而 $e_3 \notin F_2$. 令

$$F_3 = \{a_1 + a_2e_2 + a_3e_3 : a_1,\ a_2,\ a_3 \in F_1\}.$$

假设 $a_1 + a_2e_2 + a_3e_3 = b_1 + b_2e_2 + b_3e_3$, a_i, $b_i \in F_1$. 那么

$$(a_3 - b_3)e_3 = (b_1 - a_1) + (b_2 - a_2)e_2.$$

如果 $a_3 \neq b_3$, 那么

$$e_3 = (a_3 - b_3)^{-1}(b_1 - a_1) + (a_3 - b_3)^{-1}(b_2 - a_2)e_2 \in F_2.$$

这是一个矛盾. 因此一定有 $a_3 = b_3$. 于是有

$$a_1 + a_2e_2 = b_1 + b_2e_2.$$

再根据前面的证明，可知 $a_1 = b_1$, $a_2 = b_2$. 于是可推出 F_3 恰含 q^3 个两两不同的元素.

如果 $F = F_3$, 那么 F 就是恰含 q^3 个元素的有限域. 因此这时定理 3.10 成立，如果 $F \neq F_3$, 那么 F 就含有一个元素 e_4, 而 $e_4 \notin F_3$. 令

$$F_4 = \{a_1 + a_2e_2 + a_3e_3 + a_4e_4 : a_1, a_2, a_3, a_4 \in F_1\}.$$

仿上可证 F_4 恰含 q^4 个两两不同的元素.

如此继续讨论下去. 如果 F 的元素个数是 N, 而 $q^n \leqslant N < q^{n+1}$, 那么我们就得到 F 的一串子集

$$F_1,\ F_2,\ F_3,\ \cdots,\ F_n,$$

其中

$$F_i = \{a_1 + a_2e_2 + \cdots + a_ie_i : a_1,\ a_2,\ \cdots,\ a_i \in F_1,$$
$$e_2 \notin F_1, e_3 \notin F_2, \cdots, e_i \notin F_{i-1}\},$$

而 $F_i\,(1 \leqslant i \leqslant n)$ 恰含 q^i 个两两不同的元素. 如果 $F \neq F_n$, 那么 F 就含有一个元素 e_{n+1}, 而 $e_{n+1} \notin F_n$. 令

$$F_{n+1} = \{a_1 + a_2e_2 + \cdots + a_ne_n + a_{n+1}e_{n+1} :$$
$$a_1,\ a_2,\ \cdots,\ a_n,\ a_{n+1} \in F_1\}.$$

仿上可证 F_{n+1} 恰含 q^{n+1} 个两两不同的元素. 但 F_{n+1} 是 F 的一个子集，而 F 的元素个数 $N < q^{n+1}$, 这是不可能的. 因此一定有 $F = F_n$, 即 F 恰含 q^n 个元素. □

定理 3.7 的证明 设 F 是特征 p 的有限域，那么 p 一定是一个素数，而 F 的素域 Π 就是恰含 p 个元素的有限域. 在定理 3.10 中取 $\mathbb{F}_q = \Pi$, 就得到定理 3.7. □

为了证明定理 3.8, 我们只需证明：对于任一素数 p 和任一正整数 n, $\mathbb{Z}_p[x]$ 中总有一个 n 次不可约多项式即可. 事实上，如果 $f(x)$ 是 $\mathbb{Z}_p[x]$ 中的一个 n 次不可

约多项式，那么在例 1.10 中构造的域 $\mathbb{Z}_p[x]_{f(x)}$ 就是一个 p^n 个元素的有限域. 下面我们将求出任一有限域上 n 次首一不可约多项式个数的一个明显公式，然后再利用这个公式推出这个个数 $\geqslant 1$. 特别地，我们就证明了 $\mathbb{Z}_p[x]$ 中总有 n 次不可约多项式存在.

我们需要做一些准备.

引理 3.11 设 F 是个有限域，$\mathbb{F}_q$ 是 F 的一个含 q 个元素的子域，那么 $\mathbb{F}_q$ 中每个元素 α 都适合条件 $\alpha^q=\alpha$. 进一步，如果 F 中的元素 β 适合 $\beta^q=\beta$, 那么 $\beta\in\mathbb{F}_q$.

证明 根据定理 3.5, $\mathbb{F}_q^*$ 是 $q-1$ 阶循环群. 设 ξ 是它的一个生成元，那么

$$\xi^0=e,\ \xi^1=\xi,\ \xi^2,\ \cdots,\ \xi^{q-2}$$

就是 F_q^* 的全部 $q-1$ 个元素. 显然有

$$(\xi^i)^{q-1}=(\xi^{q-1})^i=e^i=e,\ 0\leqslant i\leqslant q-2.$$

将上式两边同乘以 ξ^i, 就有

$$(\xi^i)^q=\xi^i,\ 0\leqslant i\leqslant q-2.$$

这就是说，$\mathbb{F}_q$ 中任一元素 α(包括 0) 都适合条件 $\alpha^q=\alpha$. 这样一来，多项式 x^q-x 就以 $\mathbb{F}_q$ 中的 q 个元素作为它的全部根. 将 x^q-x 看作 F 上的多项式，它在 F 中最多有 q 个根. 因此如果有 $\beta(\in F)$ 是这个多项式的根，即 $\beta^q-\beta=0$, 那么一定有 $\beta\in\mathbb{F}_q$. □

引理 3.12 设 $\mathbb{F}_q$ 是 q 个元素的有限域，而 $f(x)$ 是 $\mathbb{F}_q$ 上的一个 n 次不可约多项式，那么一定有

$$f(x)|(x^{q^n}-x)$$

证明 令

$$\mathbb{F}_q[x]_{f(x)}=\{a_0+a_1x+a_2x^2+\cdots+a_{n-1}x^{n-1}:$$
$$a_0,\ a_1,a_2,\ \cdots,\ a_{n-1}\in\mathbb{F}_q\}.$$

在例 1.10 中已经规定了 $\mathbb{F}_q[x]_{f(x)}$ 的加法和乘法运算，即对任意 $a(x),b(x)\in\mathbb{F}_q[x]_{f(x)}$, 有

$$\begin{aligned}a(x)\oplus b(x)&=a(x)+b(x),\\ a(x)\odot b(x)&=(a(x)b(x))_{f(x)}.\end{aligned}$$

我们也证明了 $\mathbb{F}_q[x]_{f(x)}$ 按上述规定的加法和乘法运算是一个域，而且是一个含 q^n 个元素的域. 根据引理 3.11,$\mathbb{F}_q[x]_{f(x)}$ 中的元素 α 都适合条件 $\alpha^{q^n}=\alpha$, 即 $\alpha^{q^n}-\alpha=0$. 特别地，对于 $x\in\mathbb{F}_q[x]_{f(x)}$, 在 $\mathbb{F}_q[x]_{f(x)}$ 中有 $x^{q^n}-x=0$, 而这实际上是

$$\underbrace{x\odot x\odot\cdots\odot x}_{q^n\text{ 个}}-x=0,$$

即

$$(x^{q^n})_{f(x)} - x = 0.$$

但根据推论 1.23, 有

$$(x^{q^n} - x)_{f(x)} = (x^{q^n})_{f(x)} - x,$$

因此

$$(x^{q^n} - x)_{f(x)} = 0.$$

这就是说,

$$f(x)|(x^{q^n} - x). \qquad \square$$

引理3.13 设 $\mathbb{F}_q$ 是 q 个元素的有限域, 而 $f(x)$ 是 $\mathbb{F}_q[x]$ 中一个 m 次不可约多项式. 如果 $m > n$, 那么一定有

$$f(x) \nmid (x^{q^n} - x).$$

证明 用反证法. 设 $f(x)|(x^{q^n} - x)$. 这就是说, $(x^{q^n} - x)_{f(x)} = 0$. 因此

$$(x^{q^n})_{f(x)} = x.$$

因为 $\deg f(x) = m$, 所以 $\mathbb{F}_q[x]_{f(x)}$ 是 q^m 个元素的有限域. 根据定理 3.7, q 一定是 $\mathbb{F}_q$ 的特征的一个幂, 也是 $\mathbb{F}_q[x]_{f(x)}$ 的特征的一个幂. 于是对于 $\mathbb{F}_q[x]_{f(x)}$ 中任意一个元素

$$g(x) = \sum_{i=0}^{m-1} a_i x^i,\ a_i \in \mathbb{F}_q,$$

都有

$$\begin{aligned}(g(x)^{q^n})_{f(x)} - g(x) &= \left(\sum_{i=0}^{m-1} a_i^{q^n} x^{iq^n}\right)_{f(x)} - \sum_{i=0}^{m-1} a_i x^i \\ &= \sum_{i=0}^{m-1} a_i(((x^{q^n})_{f(x)})^i)_{f(x)} - \sum_{i=0}^{m-1} a_i x^i \\ &= \sum_{i=0}^{m-1} a_i x^i - \sum_{i=0}^{m-1} a_i x^i \\ &= 0.\end{aligned}$$

这就是说, $\mathbb{F}_q[x]_{f(x)}$ 的 q^m 个元素都适合多项式 $x^{q^n} - x$. 但 $m > n$, 根据推论 1.32, 这是不可能的. 这就完成了引理 3.13 的证明. $\square$

引理3.14 设 m, n 是正整数, 而 $d = \gcd(m, n)$, 那么

$$\gcd(x^m - e, x^n - e) = x^d - e.$$

证明 对 $\max\{m,n\}$ 作归纳法. 当 $m=n$ 时, 本引理显然成立. 设 $m>n$, 那么

$$\begin{aligned}\gcd(x^m-e,x^n-e)&=\gcd(x^m-e-x^{m-n}(x^n-e),x^n-e)\\&=\gcd(x^{m-n}-e,x^n-e).\end{aligned}$$

但 $\max\{m-n,\ n\}<m=\max\{m,n\}$, 而 $\gcd(m-n,\ n)=\gcd(m,\ n)=d$, 所以根据归纳假设, 有

$$\gcd(x^{m-n}-e,x^n-e)=x^d-e.$$

因此

$$\gcd(x^m-e,x^n-e)=x^d-e.$$ □

引理 3.15 设 m,n 是正整数, 而 $d=\gcd(m,\ n)$. 那么

$$\gcd(x^{q^m}-x,\ x^{q^n}-x)=x^{q^d}-x.$$

证明 仿照引理 3.14 的证明, 可证得

$$\gcd(q^m-1,q^n-1)=q^d-1.$$

根据引理 3.14, 有

$$\gcd(x^{q^m-1}-e,x^{q^n-1}-e)=x^{q^d-1}-e.$$

因此

$$\gcd(x^{q^m}-x,x^{q^n}-x)=x^{q^d}-x.$$ □

引理 3.16 设 $\mathbb{F}_q$ 是一个 q 个元素的有限域, $f(x)$ 是 $\mathbb{F}_q[x]$ 中一个 d 次不可约多项式. 那么 $f(x)|(x^{q^n}-x)$ 当且仅当 $d|n$.

证明 根据引理 3.12,

$$f(x)|(x^{q^d}-x).$$

如果 $d|n$, 那么 $\gcd(d,\ n)=d$. 根据引理 3.15,

$$\gcd(x^{q^d}-x,x^{q^n}-x)=x^{q^d}-x,$$

于是

$$f(x)|\gcd(x^{q^d}-x,x^{q^n}-x),$$

因此

$$f(x)|(x^{q^n}-x).$$

另一方面, 假设 $f(x)|(x^{q^n}-x)$, 那么

$$f(x)|\gcd(x^{q^n}-x,x^{q^d}-x).$$

令 $d' = \gcd(n, d)$. 根据引理 3.15, 就有

$$f(x)|(x^{q^{d'}} - x).$$

再根据引理 3.13, $d' \geqslant d$. 但 $d' = \gcd(n, d) \leqslant d$. 因此 $d' = d$. 于是 $d|n$. □

引理3.17 设 $\mathbb{F}_q$ 是一个 q 个元素的有限域. 那么对于任意正整数 n, $x^{q^n} - x$ 都没有重因式.

证明 设 $f(x) = x^{q^n-1} - e$. 那么

$$f'(x) = (q^n - 1)x^{q^n-2}.$$

设 $\mathbb{F}_q$ 的特征为 p. 根据定理 3.7, q 是 p 的一个幂. 令 $q = p^m$, 那么

$$\gcd(q^n - 1, p) = \gcd(p^{mn} - 1, p) = 1.$$

因此 $f'(x) \neq 0$. 但 $f'(x)$ 只有 x 和 $cx\,(c \in \mathbb{F}_q^*)$ 作为它的因式, 而 $x \nmid f(x)$, 所以 $\gcd(f(x), f'(x)) = e$. 于是根据定理 1.29, $x^{q^n-1} - e$ 没有重因式. 又显然 x 不是 $x^{q^n-1} - e$ 的因式, 因此 $x^{q^n} - x$ 也没有重因式. □

有了上面这些准备, 我们来证明

定理3.18 设 $\mathbb{F}_q$ 是一个 q 个元素的有限域, n 是一个正整数, 而 $p_1, p_2, \cdots, p_m$ 是 n 的所有两两不同的素因数. 用 $\Phi_{q,n}(x)$ 表示 $\mathbb{F}_q[x]$ 中所有 n 次首一不可约多项式的乘积, 那么

$$\begin{aligned}\Phi_{q,n}(x) &= (x^{q^n} - x)\prod_{i=1}^{m}(x^{q^{n/p_i}} - x)^{-1}\prod_{1\leqslant i<j\leqslant m}(x^{q^{n/p_ip_j}} - x)\\ &\quad\times\prod_{1\leqslant i<j<k\leqslant m}(x^{q^{n/p_ip_jp_k}} - x)^{-1}\cdots(x^{q^{n/p_1p_2\cdots p_m}} - x)^{\varepsilon},\end{aligned} \tag{3.3}$$

其中 $\varepsilon = 1$ 或 -1 分别由 m 是偶数或奇数来确定. 再用 $|\Phi_{q,n}|$ 表示 $\mathbb{F}_q[x]$ 中 n 次首一不可约多项式的个数, 那么

$$\begin{aligned}|\Phi_{q,n}| &= \frac{1}{n}\left(q^n - \sum_{i=1}^{m}q^{n/p_i} + \sum_{1\leqslant i<j\leqslant m}q^{n/p_ip_j}\right.\\ &\quad\left.- \sum_{1\leqslant i<j<k\leqslant m}q^{n/p_ip_jp_k} + \cdots + (-1)^m q^{n/p_1p_2\cdots p_m}\right).\end{aligned} \tag{3.4}$$

证明 在引理 3.17 里已经证明 $x^{q^n} - x$ 没有重因式. 根据定理 1.26, $x^{q^n} - x$ 可以分解成 $\mathbb{F}_q$ 中一些两两不同的首一不可约多项式的乘积.

再根据引理 3.16, 易见 $x^{q^n} - x$ 是 $\mathbb{F}_q[x]$ 中所有次数是 n 的因数的首一不可约多项式的乘积. 为了从 $x^{q^n} - x$ 得到 $\Phi_{q,n}(x)$, 需要从 $x^{q^n} - x$ 中除去所有次数是

$n/p_1, n/p_2, \cdots$, 或 n/p_m 的因数的首一不可约多项式. 仍由引理 3.16, 次数是 n/p_i 的因数的首一不可约多项式的乘积正好是 $x^{q^{n/p_i}} - x\,(1 \leqslant i \leqslant m)$. 但从 $x^{q^n} - x$ 除去 $\prod_{i=1}^{m}(x^{q^{n/p_i}} - x)^{-1}$ 之后，在

$$(x^{q^n} - x)\prod_{i=1}^{m}(x^{q^{n/p_i}} - x)^{-1}$$

中，次数是 $\dfrac{n}{p_ip_j}(1\leqslant i < j\leqslant m)$ 的因数的首一不可约多项式却被除去了两次，故又需添上. 但在添上 $\prod_{1\leqslant i<j\leqslant m}(x^{q^{n/p_ip_j}} - x)$ 之后，在

$$(x^{q^n} - x)\prod_{i=1}^{m}(x^{q^{n/p_i}} - x)^{-1}\prod_{1\leqslant i<j\leqslant m}(x^{q^{n/p_ip_j}} - x)$$

中，以 $\dfrac{n}{p_ip_jp_k}\,(1 \leqslant i < j < k \leqslant m)$ 的因数为次数的首一不可约多项式先被除去了 3 次，后又被添上了 $\binom{3}{2} = 3$ 次，故仍需除去. 如此继续下去，即得 (3.3) 式.

当然，也可直接验证 (3.3) 成立. 首先，$\mathbb{F}_q[x]$ 中任一 n 次首一不可约多项式显然在 (3.3) 式两边各出现一次. 其次，设 $\phi(x)$ 是 $\mathbb{F}_q[x]$ 中任一次数是 d 的首一不可约多项式，$d|n$, 而 $d \neq n$. 重排 $p_1, p_2, \cdots, p_m$ 后，可设

$$\begin{aligned} n &= p_1^{e_1}p_2^{e_2}\cdots p_m^{e_m},\\ d &= p_1^{f_1}p_2^{f_2}\cdots p_r^{f_r}p_{r+1}^{e_{r+1}}\cdots p_m^{e_m},\\ f_1 &< e_1,\ f_2 < e_2,\ \cdots,\ f_r < e_r, \end{aligned}$$

那么在

$$n/p_{i_1}p_{i_2}\cdots p_{i_s}\ (0 \leqslant s \leqslant m,\ 1 \leqslant i_1 < i_2 < \cdots < i_s \leqslant m)$$

这些数中，只有

$$n, n/p_i\,(1 \leqslant i \leqslant r),\ n/p_ip_j\,(1 \leqslant i < j \leqslant r),\ \cdots,\ n/p_1p_2\cdots p_r$$

以 d 为因数. 因此，在

$$x^{q^{n/p_{i_1}p_{i_2}\cdots p_{i_s}}} - x\,(0 \leqslant s \leqslant m,\ 1 \leqslant i_1 < i_2 < \cdots i_s \leqslant m)$$

这些多项式中，只有

$$x^{q^n} - x,\ x^{q^{n/p_i}} - x\,(1 \leqslant i \leqslant r),$$
$$x^{q^{n/p_ip_j}} - x\,(1 \leqslant i < j \leqslant r), \cdots, x^{q^{n/p_1p_2\cdots p_r}} - x$$

以 $\phi(x)$ 为因式. 因此 $\phi(x)$ 在 (3.3) 式右方出现的次数是

$$1 - \binom{r}{1} + \binom{r}{2} - \cdots + (-1)^r = (1-1)^r = 0.$$

最后，设 $\psi(x)$ 是 $\mathbb{F}_q[x]$ 中任一次数为 l 的首一不可约多项式，而 $l\nmid d$. 那么显然 $\psi(x)$ 在 (3.3) 式两边都不出现．这样又给出 (3.3) 式的另一证明．

比较 (3.3) 式两边的次数就得出

$$\begin{aligned} n|\Phi_{q,n}| = q^n - \sum_{i=1}^{m} q^{n/p_i} + \sum_{1\leqslant i<j\leqslant m} q^{n/p_ip_j} \\ - \sum_{1\leqslant i<j<k\leqslant m} q^{n/p_ip_jp_k} + \cdots + (-1)^m q^{n/p_1p_2\cdots p_m}. \end{aligned} \tag{3.5}$$

再将上式两边除以 n 就得出 (3.4) 式. □

推论 3.19

$$|\Phi_{q,n}| > 0.$$

证明 显然 $|\Phi_{q,n}| \geqslant 0$. 因此要证明这个推论，只需证明 $|\Phi_{q,n}| \neq 0$. 令

$$n = p_1^{e_1} p_2^{e_2} \cdots p_m^{e_m},$$

其中 $p_1, p_2, \cdots, p_m$ 是两两不同的素数．那么 (3.5) 式右边除了最后一项之外，其他项都是

$$q^{n/p_1p_2\cdots p_m+1}$$

的倍数．因此 $n|\Phi_{q,n}|$ 不能被 $q^{n/p_1p_2\cdots p_m+1}$ 所整除．故 $n|\Phi_{q,n}| \neq 0$. 于是 $|\Phi_{q,n}| \neq 0$.□

现在我们来证定理 3.8.

定理 3.8 的证明 当 p 是任一素数，n 是任一正整数时，根据推论 3.19, 我们有 $|\Phi_{p,n}| > 0$, 即 p 个元素的有限域 $\mathbb{Z}_p$ 上总有 n 次首一不可约多项式存在．因此由例 1.10, 总有 p^n 个元素的有限域存在. □

为了证明定理 3.9, 先引进下面的定义.

定义 3.3 设 F 是一个有限域，$\mathbb{F}_q$ 是它的一个恰含 q 个元素的子域．设 α 是 F 中任一元素．α 在 $\mathbb{F}_q$ 上的*极小多项式*是指 α 所适合的 $\mathbb{F}_q[x]$ 中次数最低的首一多项式.

我们再证明几条引理.

引理 3.20 *设 F 是一个有限域，$\mathbb{F}_q$ 是它的一个恰含 q 个元素的子域，那么 F 中任一元素在 $\mathbb{F}_q$ 上都有唯一的极小多项式，而且它是 $\mathbb{F}_q$ 上的不可约多项式.*

证明 根据定理 3.10, F 的元素的个数一定是 q 的一个幂，设为 q^n. 那么根据定理 3.11, F 中任一元素 α 均适合 $\mathbb{F}_q$ 上的多项式

$$x^{q^n} - x.$$

因此 α 一定适合 $\mathbb{F}_q$ 上的一个次数最低的首一多项式，这就证明了 α 在 $\mathbb{F}_q$ 上一定有极小多项式.

假定 α 在 $\mathbb{F}_q$ 上有两个极小多项式 $f(x)$ 和 $g(x)$. 那么一定有 $\deg f(x) = \deg g(x)$. 设 $\deg f(x) = m$. 那么 α 适合 $\mathbb{F}_q$ 上的多项式 $f(x)-g(x)$, 而 $\deg(f(x)-g(x)) < m$. 如果 $f(x) \neq g(x)$, 那么 α 就适合 $\mathbb{F}_q$ 上的次数 $< m$ 的非零多项式. 将这个多项式乘以其首项系数的逆元素, 就得到 α 所适合的 $\mathbb{F}_q$ 上的一个次数 $< m$ 的首一多项式. 这与 $f(x)$ 是 α 在 $\mathbb{F}_q$ 上的极小多项式的假设相矛盾. 因此 $f(x) = g(x)$. 这证明了 α 在 $\mathbb{F}_q$ 上的极小多项式的唯一性.

设 $f(x)$ 是 α 在 $\mathbb{F}_q$ 上的极小多项式. 如果 $f(x)$ 在 $\mathbb{F}_q$ 上可约, 即

$$f(x) = g(x)h(x), \text{ 而 } \deg g(x), \deg h(x) < \deg f(x).$$

将 α 代入上式, 得

$$f(\alpha) = g(\alpha)h(\alpha).$$

由于 $f(\alpha) = 0$, 所以 $g(\alpha) = 0$ 或 $h(\alpha) = 0$. 因为

$$\deg g(x), \deg h(x) < \deg f(x),$$

所以 α 又适合 $\mathbb{F}_q$ 上次数 $< \deg f(x)$ 的多项式, 这与 $f(x)$ 是 α 在 $\mathbb{F}_q$ 上的极小多项式的假设相矛盾. 因此 $f(x)$ 是 $\mathbb{F}_q$ 上的不可约多项式. □

引理3.21 设 F 是一个有限域, $\mathbb{F}_q$ 是它的一个恰含 q 个元素的子域, α 是 F 中的任一元素. 假定 α 在 $\mathbb{F}_q$ 上的极小多项式 $f(x)$ 是 m 次的, 那么

$$F_0 = \{a_0 + a_1\alpha + a_2\alpha^2 + \cdots + a_{m-1}\alpha^{m-1} : a_0, a_1, \cdots, a_{m-1} \in \mathbb{F}_q\}$$

是 F 的一个子域, 而且 F_0 与 $\mathbb{F}_q[x]_{f(x)}$ 同构. 进一步, 如果还假定 F 的元素个数是 q^n, 那么 m 一定是 n 的因数.

证明 因为 $f(x)$ 是 α 在 $\mathbb{F}_q$ 上的极小多项式, 所以

$$\sum_{i=0}^{m-1} a_i\alpha^i = \sum_{i=0}^{m-1} b_i\alpha^i, \; a_i, b_i \in \mathbb{F}_q$$

当且仅当 $a_i = b_i \, (i = 0, 1, 2, \cdots, m-1)$. 因此 F_0 是 F 的一个含有 q^m 个元素的子集合.

我们来证明 F_0 是 F 的一个子域. 显然 F_0 对 F 的加法运算封闭. 其次设

$$\sum_{i=0}^{m-1} a_i\alpha^i, \; \sum_{i=0}^{m-1} b_i\alpha^i \; (a_i, b_i \in \mathbb{F}_q)$$

是 F_0 的任意两个元素. 令

$$a(x) = \sum_{i=0}^{m-1} a_i x^i, \; b(x) = \sum_{i=0}^{m-1} b_i x^i.$$

根据带余除法，可设

$$a(x)b(x) = q(x)f(x) + r(x),\ \deg r(x) < \deg f(x).$$

将 $x=\alpha$ 代入上式，得

$$a(\alpha)b(\alpha) = r(\alpha).$$

显然 $r(\alpha) \in F_0$. 这证明了 F_0 对于 F 的乘法运算也封闭.

还需要验证域的公理 I.3, I.4, II.3 和 II.4 在 F_0 中成立. F 的零元素 0 和单位元素 e 都属于 $\mathbb{F}_q$, 因此也都属于 F_0, 而且分别是 F_0 的零元素和单位元素. 因此 I.3 和 II.3 成立. 又对任意 $\sum_{i=0}^{m-1} a_i\alpha^i \in F_0$, $\sum_{i=0}^{m-1}(-a_i)\alpha^i$ 也属于 F_0, 而且

$$\sum_{i=0}^{m-1} a_i\alpha^i + \sum_{i=0}^{m-1}(-a_i)\alpha^i = 0.$$

这证明 I.4 也成立. 现在，假设 $\sum_{i=0}^{m-1} a_i\alpha^i \neq 0$. 令

$$a(x) = \sum_{i=0}^{m-1} a_i x^i.$$

因为 $f(x)$ 不可约，而且 $\deg a(x) < \deg f(x)$, 所以 $a(x)$ 与 $f(x)$ 互素. 于是有多项式 $c(x), d(x) \in \mathbb{F}_q[x]$, 使得

$$a(x)c(x) + f(x)d(x) = e.$$

将 $x=\alpha$ 代入上式，得 $a(\alpha)c(\alpha) = e$. 根据带余除法，可设

$$c(x) = q(x)f(x) + r(x),\ \deg r(x) < \deg f(x).$$

将 $x=\alpha$ 代入上式，得 $c(\alpha) = r(\alpha)$. 因此 $a(\alpha)r(\alpha) = e$. 显然 $r(\alpha) \in F_0$. 这证明了 II.4 在 F_0 中成立. 因此 F_0 是 F 的一个子域.

容易验证

$$\sum_{i=0}^{m-1} a_i\alpha^i \mapsto \sum_{i=0}^{m-1} a_i x^i (a_i \in \mathbb{F}_q)$$

是从 F_0 到 $\mathbb{F}_q[x]_{f(x)}$ 上的一个同构对应.

最后，设 F 的元素个数是 q^n. 因为 F_0 是 F 的 q^m 个元素的子域，根据定理 3.10, 存在某个正整数 k, 使得 $q^n = (q^m)^k$. 因此 m 是 n 的一个因数. □

现在来证明定理 3.9.

定理3.9的证明 设 F 和 F' 是两个都含 p^n 个元素的有限域，这里 p 是一个素数. 那么它们的素域都是含有 p 个元素的域，从而都同构于 $\mathbb{Z}_p$, 因此这两个

素域彼此同构. 设 Π 和 Π' 分别是 F 和 F' 的素域, 而 0 和 $0'$ 分别是它们的零元素, e 和 e' 分别是它们的单位元素, 那么

$$\Pi = \{0, e, 2e, \cdots, (p-1)e\},$$

$$\Pi' = \{0', e', 2e', \cdots, (p-1)e'\},$$

并且

$$\sigma : ke \mapsto ke' \ \ (0 \leqslant k \leqslant p-1)$$

是从 Π 到 Π' 的一个同构对应.

根据定理 3.5, F^* 是一个循环群. 设 ξ 是 F^* 的一个生成元, $f(x)$ 是 ξ 在 Π 上的极小多项式, 且 $\deg f(x) = m$. 那么, 根据引理 3.21,

$$F_0 = \{a_0 + a_1\xi + a_2\xi^2 + \cdots + a_{m-1}\xi^{m-1}\colon a_0, a_1, a_2, \cdots, a_{m-1} \in \Pi\}$$

是 F 的一个含 p^m 个元素的子域, 而且与 $\Pi[x]_{f(x)}$ 同构. 根据带余除法, 对于 $i = 0, 1, 2, \cdots, p^n - 2$, 有

$$x^i = q_i(x)f(x) + r_i(x), \ \deg r_i(x) < \deg f(x).$$

将 $x = \xi$ 代入上式, 得

$$\xi^i = r_i(\xi) \in F_0, \ i = 0, 1, 2, \cdots, p^{n-2}.$$

但

$$F^* = \{\xi^0 = e, \xi^1 = \xi, \xi^2, \cdots, \xi^{p^n-2}\}.$$

因此 $F^* \subset F_0$. 又显然 $0 \in F_0$, 所以 $F \subset F_0$. 但是 F_0 是 F 的子域, 因此 $F = F_0$. 由此推出 $\deg f(x) = n$.

记

$$f(x) = f_0 + f_1x + f_2x^2 + \cdots + f_{n-1}x^{n-1} + x^n, \ f_i \in \Pi.$$

令

$$g(x) = f_0' + f_1'x + f_2'x^2 + \cdots + f_{n-1}'x^{n-1} + x^n, \ f_i' \in \Pi',$$

其中 f_i' 表示 f_i 在同构映射 σ 之下的像, 即

$$\sigma(f_i) = f_i', \ i = 0, 1, 2, \cdots, n-1.$$

由 $f(x)$ 是 Π 上的一个不可约多项式, 易证 $g(x)$ 是 Π' 上的一个不可约多项式. 但 $\deg g(x) = n$, 所以根据引理 3.12, 有

$$g(x)|(x^{p^n} - x).$$

根据引理 3.11, F' 中的 p^n 个元素都是 $x^{p^n} - x$ 的根. 再利用推论 1.32, F' 中的 p^n 个元素就是 $x^{p^n} - x$ 的全部根. 因此 F' 中一定有一个元素 ξ' 适合 $g(x)$. 因为

$g(x)$ 是 Π' 上的一个首一不可约多项式，所以 $g(x)$ 就是 ξ' 在 Π' 上的极小多项式．根据引理 3.21 就推出

$$F'=\{a'_0+a'_1\xi'+a'_2\xi'^2+\cdots+a'_{n-1}\xi'^{\,n-1}:a'_0,a'_1,a'_2,\cdots,a'_{n-1}\in\Pi'\},$$

并且 F' 和 $\Pi'[x]_{g(x)}$ 同构．

容易证明，映射

$$\sum_{i=0}^{n-1}a_ix^i\ \mapsto\ \sum_{i=0}^{n-1}\sigma(a_i)x^i\ \ (a_i\in\Pi)$$

是从 $\Pi[x]_{f(x)}$ 到 $\Pi'[x]_{g(x)}$ 的一个同构对应，因此 $\Pi[x]_{f(x)}$ 和 $\Pi'[x]_{g(x)}$ 同构．从 F 与 $\Pi[x]_{f(x)}$ 同构，$\Pi[x]_{f(x)}$ 与 $\Pi'[x]_{g(x)}$ 同构，以及 $\Pi'[x]_{g(x)}$ 与 F' 同构即可推出 F 与 F' 同构．当然，也可以直接验证，映射

$$\sum_{i=0}^{n-1}a_i\xi^i\mapsto\sum_{i=0}^{n-1}\sigma(a_i)\xi'^{\,i}\,(a_i\in\Pi)$$

是从 F 到 F' 的一个同构对应． □

定理 3.9 是说，对于任意素数 p 和任意正整数 n,"基本上"有唯一的一个含有 p^n 个元素的有限域．今后我们总是用 $\mathbb{F}_{p^n}$ 来表示 p^n 个元素的有限域，并把它的单位元素记作 1. 特别地，在同构的意义上，$\mathbb{F}_p=\mathbb{Z}_p$. 为了具体构造出 $\mathbb{F}_{p^n}$, 需要具体求出 p 个元素的有限域 $\mathbb{F}_p$ 上的 n 次不可约多项式，这个问题将在第十章中讨论．值得注意的是，如果 $f(x)$ 和 $g(x)$ 是 $\mathbb{F}_p$ 上两个不同的 n 次不可约多项式，那么 $\mathbb{F}_p[x]_{f(x)}$ 和 $\mathbb{F}_p[x]_{g(x)}$ 都是 p^n 个元素的有限域；根据定理 3.9, 它们是同构的，因此可以把它们看作同一个 $\mathbb{F}_{p^n}$.

作为本节证明的有限域的结构定理的应用，我们证明

定理3.22 设 $\mathbb{F}_{p^n}$ 是 p^n 个元素的有限域，而 $\mathbb{F}_p$ 是它的素域．如果 F_0 是 $\mathbb{F}_{p^n}$ 的子域，可以假定 F_0 含 p^m 个元素，那么 m 一定是 n 的因数．反之，如果 m 是 n 的因数，那么 $\mathbb{F}_{p^n}$ 有唯一的一个含 p^m 个元素的子域．进一步，设 $\mathbb{F}_{p^m}$ 和 $\mathbb{F}_{p^{m'}}$ 都是 $\mathbb{F}_{p^n}$ 的子域，那么 $\mathbb{F}_{p^m}\subset\mathbb{F}_{p^{m'}}$ 当且仅当 m 是 m' 的因数．

证明 设 F_0 是 $\mathbb{F}_{p^n}$ 的一个子域．因为 F_0 包含 $\mathbb{F}_{p^n}$ 的单位元素 1, 所以包有 $\mathbb{F}_{p^n}$ 的素域 $\mathbb{F}_p$ 作为它自己的素域．根据定理 3.7, 可设 F_0 含 p^m 个元素．再根据定理 3.10, 存在某个正整数 k, 使得 $p^n=(p^m)^k$. 因此 $n=mk$, 这就是说．m 是 n 的因数．

反之，设 m 是 n 的因数．因为 $\mathbb{F}_{p^n}$ 的 p^n 个元素恰好是多项式 $x^{p^n}-x$ 的 p^n 个根，而

$$(x^{p^m}-x)|(x^{p^n}-x).$$

所以 $\mathbb{F}_q^n$ 中恰好有 p^m 个元素是多项式 $x^{p^m}-x$ 的根. 用 F_0 表示 $x^{p^m}-x$ 在 $\mathbb{F}_{p^n}$ 中的 p^m 个根所组成的集合. 设 $\alpha, \beta \in F_0$, 即

$$\alpha^{p^m}=\alpha,\ \beta^{p^m}=\beta.$$

那么

$$\begin{aligned}(\alpha+\beta)^{p^m} &= \alpha^{p^m}+\beta^{p^m}=\alpha+\beta,\\ (\alpha\beta)^{p^m} &= \alpha^{p^m}\beta^{p^m}=\alpha\beta,\end{aligned}$$

因此 $\alpha+\beta, \alpha\beta \in F_0$, 即 F_0 对于 $\mathbb{F}_{p^n}$ 的加法和乘法运算是封闭的. 显然 $0, 1 \in F_0$. 设 $\alpha \in F_0$, 那么

$$(-\alpha)^{p^m}=(-1)^{p^m}\alpha^{p^m}=-\alpha,$$

而当 $\alpha \neq 0$ 时,

$$(\alpha^{-1})^{p^m}=(\alpha^{p^m})^{-1}=\alpha^{-1}.$$

因此 $-\alpha \in F_0$, 并且当 $\alpha \neq 0$ 时, $\alpha^{-1} \in F_0$. 这证明了 F_0 是 $\mathbb{F}_{p^n}$ 的一个子域, 并且根据 F_0 的定义可知它含 p^m 个元素.

如果 F_1 是 $\mathbb{F}_{p^n}$ 的另一个含 p^m 个元素的子域. 那么 F_1 的 p^m 个元素也是多项式 $x^{p^m}-x$ 的 p^m 个根. 但 $x^{p^m}-x$ 在 $\mathbb{F}_{p^n}$ 中至多有 p^m 个根, 因此 $F_1=F_0$.

进一步, 设 $\mathbb{F}_{p^m}$ 和 $\mathbb{F}_{p^{m'}}$ 都是 $\mathbb{F}_{q^n}$ 的子域. 如果 $\mathbb{F}_{p^m} \subset \mathbb{F}_{p^{m'}}$, 那么根据定理 3.10, 存在某正整数 l, 使得 $p^{m'}=(p^m)^l$. 因此 m 是 m' 的因数. 反之, 如果 m 是 m' 的因数, 那么 $\mathbb{F}_{p^{m'}}$ 就包含一个 p^m 个元素的子域 F_0, 它也是 $\mathbb{F}_{p^n}$ 的子域. 但 $\mathbb{F}_{p^n}$ 只有唯一的一个含 p^m 个元素的子域 $\mathbb{F}_{p^m}$. 因此 $F_0=\mathbb{F}_{p^m}$. 于是 $\mathbb{F}_{p^m} \subset \mathbb{F}_{p^{m'}}$. □

3.3 极小多项式和本原多项式

在这一节, 我们对极小多项式作进一步的探讨.

定理 3.23 *设 F 是个有限域, $\mathbb{F}_q$ 是它的一个恰含 q 个元素的子域, α 是 F^* 的一个元素. 假定 α 在 F^* 中的阶是 l, 那么 $(q, l)=1$. 再假定 $(q)_l$ 在 $\mathbb{Z}_l^*$ 中的阶是 m, 那么 α 在 $\mathbb{F}_q$ 上的极小多项式 $f(x)$ 就是 m 次的, $\alpha, \alpha^q, \alpha^{q^2}, \cdots, \alpha^{q^{m-1}}$ 就是 $f(x)$ 的 m 个两两不同的根, 而且它们在 F^* 中的阶都是 l. 进一步, 如果再假定 F 的元素的个数是 q^n, 那么 F 的本原元在 $\mathbb{F}_q$ 上的极小多项式一定是 n 次的, 并且它的 n 个根都是 F 的本原元.*

证明 根据定理 3.10 可设 F 含 q^n 个元素. 设 α 是 F^* 的一个元素, 并假定 α 在 F^* 中的阶是 l. 根据定理 3.5, $\alpha^{q^n-1}=e$. 再根据定理 2.7, $l|(q^n-1)$. 但是 $\gcd(q^n-1, q)=1$, 因此 $\gcd(q, l)=1$. 于是 $\gcd((q)_l, l)=1$, 这就是说 $(q)_l \in \mathbb{Z}_l^*$.

将 α 在 $\mathbb{F}_q$ 上的极小多项式 $f(x)$ 写成

$$f(x)=a_0+a_1x+a_2x^2+\cdots+a_{k-1}x^{k-1}+x^k,\ a_i\in\mathbb{F}_q,$$

那么

$$f(\alpha)=a_0+a_1\alpha+a_2\alpha^2+\cdots+a_{k-1}\alpha^{k-1}+\alpha^k=0.$$

因为 q 是 F 特征的一个幂，所以

$$\begin{aligned}0&=f(\alpha)^q\\&=a_0^q+a_1^q\alpha^q+a_2^q(\alpha^2)^q+\cdots+a_{k-1}^q(\alpha^{k-1})^q+(\alpha^k)^q\\&=a_0+a_1\alpha^q+a_2(\alpha^q)^2+\cdots+a_{k-1}(\alpha^q)^{k-1}+(\alpha^q)^k.\end{aligned}$$

这就是说， α^q 也是 $f(x)$ 的一个根. 同理可证， $\alpha^{q^2},\alpha^{q^3},\cdots$ 都是 $f(x)$ 的根.

再设 $(q)_l$ 在 $\mathbb{Z}_l^*$ 中的阶是 m, 即 $(q)_l^m=1$, 于是 $l|(q^m-1)$, 并且 $\alpha^{q^m-1}=e$. 因此

$$\alpha^{q^m}=\alpha.$$

我们再证 $\alpha,\alpha^q\,\alpha^{q^2},\cdots,\alpha^{q^{m-1}}$ 这 m 个元素两两不同. 假定 $\alpha^{q^i}=\alpha^{q^j}, 0\leqslant i\leqslant j\leqslant m-1$, 那么 $\alpha^{q^j-q^i}=1$. 于是 $l|(q^j-q^i)$. 因为 $\gcd(l,q)=1.$, 所以 $l|(q^{j-i}-1)$, 即 $(q)_l^{j-i}=1$. 因此 $m|(j-i)$. 但 $0\leqslant i\leqslant j\leqslant m-1$, 所以 $i=j$. 这证明了 m 个元素

$$\alpha,\ \alpha^q,\ \alpha^{q^2},\ \cdots,\alpha^{q^{m-1}}$$

是 $f(x)$ 的 m 个两两不同的根.

令

$$g(x)=(x-\alpha)(x-\alpha^q)(x-\alpha^{q^2)}\cdots(x-\alpha^{q^{m-1}}).$$

将 $g(x)$ 写成

$$g(x)=b_0+b_1x+b_2x^2+\cdots+b_mx^m,$$

其中

$$b_i=g_i(\alpha,\alpha^q,\alpha^{q^2},\cdots,\alpha^{q^{m-1}})\in F,$$

而 $g_i(x_0,x_1,x_2,\cdots,x_{m-1})$ 是 $\mathbb{F}_q$ 上 (实际是 $\mathbb{F}_q$ 的素域上) 的 m 个未定元 x_0, x_1, $x_2,\cdots$, x_{m-1} 的多项式. 因 $\alpha^{q^m}=\alpha$, 所以

$$g(x)=(x-\alpha^q)(x-\alpha^{q^2})(x-\alpha^{q^3})\cdots(x-\alpha^{q^m}),$$

于是对于 $i=0,\ 1,\ 2,\ \cdots,\ m$, 有

$$\begin{aligned}b_i&=g_i(\alpha^q,\alpha^{q^2},\alpha^{q^3},\cdots,\alpha^{q^{m-1}},\alpha^{q^m})\\&=(g_i(\alpha,\alpha^q,\alpha^{q^2},\cdots,\alpha^{q^{m-2}},\alpha^{q^{m-1}}))^q\\&=b_i^q.\end{aligned}$$

根据引理 3.11, 对一切 i, 有 $b_i \in \mathbb{F}_q$. 这就证明了 $g(x) \in \mathbb{F}_q[x]$. 又因为 $g(x)$ 的根都是 $f(x)$ 的根, 所以 $g(x)|f(x)$. 但根据引理 3.20, $f(x)$ 不可约, 因此 $g(x) = f(x)$. 这证明了 $f(x)$ 是 m 次的, 并且 $\alpha, \alpha^q, \alpha^{q^2}, \cdots, \alpha^{q^{m-1}}$ 是它的 m 个两两不同的根. 又因 $\gcd(q, l) = 1$, 所以根据引理 3.1 可知, 对于 $i = 0, 1, 2, \cdots, m-1$, α^{q^i} 都是 F^* 中阶为 l 的元素.

最后, 假设 F 的元素个数是 q^n, 那么 F 的本原元都是 $q^n - 1$ 阶的. 显然 q 在 $\mathbb{Z}_{q^n-1}^*$ 中的阶是 n, 因此 F 中本原元的极小多项式一定是 n 次的, 而它的 n 个根都是 F^* 中的 $q^n - 1$ 阶元素, 即都是 F 中的本原元. □

推论 3.24 设 q 是一个素数的幂, $\mathbb{F}_q$ 是 q 个元素的有限域. 再设 $f(x)$ 是 $\mathbb{F}_q$ 上的一个 n 次不可约多项式, 并假定 $f(x) \neq x$. 可以把 $\mathbb{F}_q$ 看作 $\mathbb{F}_{q^n}$ 的一个子域, 譬如取 $\mathbb{F}_{q^n} = \mathbb{F}_q[x]_{f(x)}$, 那么 $f(x)$ 的 n 个根都在 $\mathbb{F}_{q^n}$ 中, 而且它们在 $\mathbb{F}_{q^n}^*$ 中有相同的阶.

证明 根据引理 3.12,

$$f(x)|(x^{q^n} - x).$$

再根据引理 3.11, $\mathbb{F}_{q^n}$ 的 q^n 个元素就是多项式 $x^{q^n} - x$ 的 q^n 个根. 因此 $f(x)$ 的 n 个根都在 $\mathbb{F}_{q^n}$ 中. 因 $f(x)$ 不可约, 而 $f(x) \neq x$, 所以

$$f(x)|(x^{q^n-1} - 1),$$

因此 $f(x)$ 的 n 个根都是 $x^{q^n-1} - 1$ 的根, 于是都属于 $\mathbb{F}_{q^n}^*$. 不失一般性, 假定 $f(x)$ 是个首一多项式. 因为 $f(x)$ 不可约, 所以它是它的任意一个根在 $\mathbb{F}_q$ 上的极小多项式. 根据定理 3.23, 就可推出 $f(x)$ 的 n 个根在 $\mathbb{F}_{q^n}^*$ 中有相同的阶. □

基于这个推论, 我们给出下面这个定义.

定义 3.4 设 q 是一个素数的幂, $f(x)$ 是 $\mathbb{F}_q$ 上的一个 n 次不可约多项式, 并假定 $f(x) \neq x$. $f(x)$ 的 *周期* 定义为 $f(x)$ 在 $\mathbb{F}_{q^n}$ 中的 n 个根在 $\mathbb{F}_{q^n}^*$ 中的公共的阶. $f(x)$ 的 *指数* 定义为用它的周期去除 $q^n - 1$ 的商. 如果 $f(x)$ 的周期是 $q^n - 1$, 那么 $f(x)$ 就叫做 $\mathbb{F}_q$ 上的 *本原多项式*. 换句话说, 如果 $f(x)$ 的根都是 $\mathbb{F}_q^n$ 的本原元, 那么 $f(x)$ 就叫做本原多项式.

推论 3.25 设 q 是一个素数的幂. $f(x)$ 是 $\mathbb{F}_q$ 上的一个 n 次不可约多项式, 而 $f(x) \neq x$, 那么 $f(x)$ 的周期恰好是 x 在群 $\mathbb{F}_q[x]_{f(x)}^*$ 中的阶, 而 $f(x)$ 的指数就等于 $|\mathbb{F}_q[x]_{f(x)}^*|/|\langle x\rangle|$.

证明 这是因为 x 就是 $f(x)$ 在 q^n 个元素的域 $\mathbb{F}_q[x]_{f(x)}$ 中的一个根. □

定义 3.5 设

$$f(x) = a_0 + a_1 x + a_2 x^2 + \cdots + a_n x^n$$

是 $\mathbb{F}_q$ 上的一个 n 次多项式, 并且 $a_0 a_n \neq 0$. 我们把

$$\tilde{f}(x) = x^n f\left(\frac{1}{x}\right) = a_0 x^n + a_1 x^{n-1} + a_2 x^{n-2} + \cdots + a_n$$

叫做与 $f(x)$互反 的多项式，或简单地叫做 $f(x)$ 的 互反多项式.

显然,

i) $\tilde{\tilde{f}}(x)=f(x)$.

ii) $f(x)$ 和 $\tilde{f}(x)$ 同时是可约多项式或不可约多项式.

iii) 当 $f(x)$ 和 $\tilde{f}(x)$ 同时是不可约多项式时，设 $\alpha(\in\mathbb{F}_{q^n})$ 是 $f(x)$ 的一个根，那么 $\alpha^{-1}(\in\mathbb{F}_{q^n})$ 就是 $\tilde{f}(x)$ 的一个根. 因 α 和 α^{-1} 在 $\mathbb{F}_{q^n}^*$ 中有相同的阶，所以 $f(x)$ 和 $\tilde{f}(x)$ 的周期相等.

iv) $f(x)$ 和 $\tilde{f}(x)$ 同时是本原多项式或不是本原多项式.

一般说来，不可约多项式不一定是本原多项式. 例如， $\mathbb{F}_3$ 上的不可约多项式 x^2+1 在 $\mathbb{F}_{3^2}=\mathbb{F}_3[x]_{x^2+1}$ 中有两个根 x 和 $-x$, 而且

$$(\pm x)^4=(-1)^2=1.$$

因 $4\neq 3^2-1$, 所以 x^2+1 不是本原多项式. 又如， $\mathbb{F}_2$ 上的多项式 $f(x)=x^4+x^3+x^2+x+1$ 是不可约的，因为易证它不能被 $\mathbb{F}_2$ 上的一次多项式 $x, x+1$ 和 $\mathbb{F}_2$ 上的二次多项式 x^2+x+1 所整除，这里 $x, x+1$ 是 $\mathbb{F}_2$ 上仅有的一次多项式，而 x^2+x+1 是 $\mathbb{F}_2$ 上唯一的二次不可约多项式. 但 $f(x)$ 在 $\mathbb{F}_2[x]_{f(x)}$ 中的根 x 在 $\mathbb{F}_2[x]_{f(x)}^*$ 中的阶为 5,

$$x^5-1=(x-1)(x^4+x^3+x^2+x+1)=0,$$

而 $5\neq 2^4-1$, 所以 $f(x)$ 不是本原多项式.

但是，我们有

定理3.26 设 q 是一个素数的幂，而 n 是任意一个正整数. 那么 $\mathbb{F}_q$ 上一定有 n 次本原多项式存在. 进一步， $\mathbb{F}_q$ 上 n 次首一本原多项式的个数是 $\phi(q^n-1)/n$.

证明 根据定理 3.5, $\mathbb{F}_{q^n}$ 一定有本原元. 设 ξ 是 $\mathbb{F}_{q^n}$ 的一个本原元. 那么根据定理 3.23, ξ 在 $\mathbb{F}_q$ 上的极小多项式是 n 次的，而且它的根都是 $\mathbb{F}_{q^n}$ 的本原元. 因此 ξ 在 $\mathbb{F}_q$ 上的极小多项式就是 n 次本原多项式.

进一步，设 $f(x)$ 是 $\mathbb{F}_q$ 上的一个 n 次首一本原多项式，那么 $f(x)$ 的根都是 $\mathbb{F}_{q^n}$ 的本原元. 再设 $g(x)$ 也是 $\mathbb{F}_q$ 上的一个 n 次首一本原多项式. 如果 $f(x)$ 和 $g(x)$ 在 $\mathbb{F}_{q^n}$ 中有一个公共根 ξ, 那么 $f(x)$ 和 $g(x)$ 都是 ξ 的极小多项式. 根据引理 3.20, $f(x)=g(x)$. 因此 $\mathbb{F}_q$ 上 n 次首一本原多项式的个数乘以 n(每一个 n 次本原多项式在 $\mathbb{F}_q$ 中根的个数) 就等于 $\mathbb{F}_{q^n}$ 的本原元的个数 $\phi(q^n-1)$. 所以 $\mathbb{F}_q$ 上 n 次首一本原多项式的个数等于 $\phi(q^n-1)/n$. □

定理3.27 设 q 是一个素数的幂， n 是一个正整数，并假定 q^n-1 是个素数. 如果 q 是奇数，那么 $q=3$ 而 $n=1$. 如果 $q=2$, 那么 n 一定是素数. 特别地，当 2^n-1 是素数时， $\mathbb{F}_2$ 上的 n 次不可约多项式一定是 n 次本原多项式.

证明 先设 q 是一个奇素数的幂，那么 $q-1$ 就是偶数. 但显然有

$$(q-1)|(q^n-1),$$

所以 2 是 q^n-1 的一个因数. 当 $q>3$, 或 $q=3$ 而 $n>1$ 时, 我们有 $2<q^n-1$. 因此这时 q^n-1 不是素数. 我们这就证明了, 如果 q 是奇素数的幂, 而 q^n-1 是素数, 那么 $q=3$ 而 $n=1$.

再设 $q=2$. 如果 n 不是素数而 $n>1$, 设 m 是 n 的一个因数, 而且 $1<m<n$, 那么

$$(2^m-1)|(2^n-1).$$

因此 2^m-1 是 2^n-1 的因数, 而且 $1<2^m-1<2^n-1$. 因此 2^n-1 不是素数. 如果 $n=1$, $2^n-1=2^1-1=1$ 也不是素数. 这证明了, 当 2^n-1 是素数时, n 一定是素数.

当 2^n-1 是素数时, $\mathbb{F}_{2^n}^*$ 中 $\neq 1$ 的元素的阶都是 2^n-1, 即 $\mathbb{F}_{2^n}^*$ 中 $\neq 1$ 的元素都是 $\mathbb{F}_{2^n}$ 的本原元. 这时 $x^{2^n-1}-1$ 在 $\mathbb{F}_2$ 上的 $\neq x-1$ 的不可约因式正好都是 $\mathbb{F}_{2^n}$ 中本原元的极小多项式, 因而都是 $\mathbb{F}_2$ 上的 n 次本原多项式. 但当 2^n-1 是素数时, n 一定是素数, 因此 $n>1$. 于是 $\mathbb{F}_2$ 上的 n 次不可约多项式就都是 $x^{2^n-1}-1$ 的 $\neq x-1$ 的不可约因式, 所以都是 n 次本原多项式. □

从定理 3.27 可知, 讨论 2^n-1 何时是素数是有意义的. 但即使 n 是素数, 2^n-1 仍可能是复合数. 例如, $2^{11}-1=2047=23\times 89$. 当 p 是素数, 而 2^p-1 也是素数时, 2^p-1 就叫做梅森 (Mersenne) 素数. 记作

$$M_p=2^p-1.$$

截至到 2014 年已知的梅森素数一共 48 个. 根据文献 [13] 所载, 当

$$\begin{aligned}p=\ &2, 3, 5, 7, 13, 17, 19, 31, 61, 89, 107, 127, 521,\\ &607, 1279, 2203, 2281, 3217, 4253, 4423, 9689, 9941,\\ &11213, 19937, 21701, 23209, 44497, 86243, 110503,\\ &132049, 216091, 756839, 859433, 1257787, 1398269,\\ &2976221, 3021377, 6972593, 13466917, 20996011, 24036583,\\ &25964951, 30402457, 32582657, 37156667, 42643801, 43112609, 57885161\end{aligned}$$

这 48 个值时, M_p 是素数.

3.4 迹和范数

设 $\mathbb{F}_{p^n}$ 是 p^n 个元素的有限域, 其中 p 是一个素数. 它的素域是 p 个元素的有限域 $\mathbb{F}_p$.

定义 3.6 设 α 是 $\mathbb{F}_{p^n}$ 的任意一个元素. α 的迹, 记作 $\mathrm{Tr}(\alpha)$, 定义为

$$\mathrm{Tr}(\alpha)=\alpha+\alpha^p+\alpha^{p^2}+\cdots+\alpha^{p^{n-1}}.$$

首先, 我们证明

定理3.28 对任意的 $\alpha \in \mathbb{F}_{p^n}$, $\mathrm{Tr}(\alpha)$ 是 $\mathbb{F}_{p^n}$ 的素域 $\mathbb{F}_p$ 中的元素.

证明 根据引理 3.11, 对于任意 $\alpha \in \mathbb{F}_{p^n}$, 我们有 $\alpha^{p^n} = \alpha$. 因此

$$\begin{aligned}\mathrm{Tr}(\alpha)^p &= (\alpha + \alpha^p + \alpha^{p^2} + \cdots + \alpha^{p^{n-1}})^p \\ &= \alpha^p + \alpha^{p^2} + \alpha^{p^3} + \cdots + \alpha \\ &= \mathrm{Tr}(\alpha).\end{aligned}$$

即 $\mathrm{Tr}(\alpha)$ 是多项式 $x^p - x$ 的一个根，再根据引理 3.11, $\mathrm{Tr}(\alpha) \in \mathbb{F}_p$. □

定义3.7 设 α 是 $\mathbb{F}_{p^n}$ 的任一元素， $f(x)$ 是 α 在 $\mathbb{F}_p$ 上的极小多项式，并且 $\deg f(x) = m$. 根据引理 3.21, $m|n$. 设 $g(x) = f(x)^{\frac{n}{m}}$, 那么 $g(x)$ 叫做 α 在 $\mathbb{F}_p$ 上的特征多项式. 显然 $\deg g(x) = n$.

其次，我们有以下比定理 3.28 更确切的结果.

定理3.29 设 α 是 $\mathbb{F}_{p^n}$ 的任一元素，而

$$g(x) = x^n + a_{n-1}x^{n-1} + \cdots + a_1 x + a_0$$

是 α 在 $\mathbb{F}_p$ 上的特征多项式. 那么

$$\mathrm{Tr}(\alpha) = -a_{n-1}.$$

证明 设 $f(x)$ 是 α 在 $\mathbb{F}_p$ 上的极小多项式，并且 $\deg f(x) = m$. 根据引理 3.21, $m|n$, 再由定理 3.23, $\alpha, \alpha^p, \alpha^{p^2}, \cdots, \alpha^{p^{m-1}}$ 是 $f(x)$ 的 m 个两两不同的根，并且 $\alpha^{p^m} = \alpha$. 根据定义 3.7, $g(x) = f(x)^{\frac{n}{m}}$. 因此 $\alpha, \alpha^p, \alpha^{p^2}, \cdots, \alpha^{p^{n-1}}$ 是 $g(x)$ 的所有的 n 个根. 于是

$$\begin{aligned}g(x) &= (x-\alpha)(x-\alpha^p)(x-\alpha^{p^2})\cdots(x-\alpha^{p^{n-1}}) \\ &= x^n + a_{n-1}x^{n-1} + \cdots + a_1 x + a_0.\end{aligned}$$

因此,

$$\mathrm{Tr}(\alpha) = -a_{n-1}.$$ □

根据定理 3.28, 我们有映射

$$\begin{aligned}\mathrm{Tr}:\ \mathbb{F}_{p^n} &\to \mathbb{F}_p \\ \alpha &\mapsto \mathrm{Tr}(\alpha).\end{aligned} \tag{3.6}$$

这个映射有许多重要性质，我们把它们综合如下:

定理3.30 由 (3.6) 定义的映射 $\mathrm{Tr}: \mathbb{F}_{p^n} \to \mathbb{F}_p$ 具有以下性质:

i) $\mathrm{Tr}(\alpha + \beta) = \mathrm{Tr}(\alpha) + \mathrm{Tr}(\beta)$, 对任意 $\alpha, \beta \in \mathbb{F}_{p^n}$.

ii) $\mathrm{Tr}(c\alpha) = c\mathrm{Tr}(\alpha)$, 对任意 $c \in \mathbb{F}_p$ 和 $\alpha \in \mathbb{F}_{p^n}$.

iii) $\mathrm{Tr}(a) = na$, 对任意 $a \in \mathbb{F}_p$.

iv) $\mathrm{Tr}(\alpha^p) = \mathrm{Tr}(\alpha)$, 对任意 $\alpha \in \mathbb{F}_{p^n}$.

证明 i) 对任意 $\alpha, \beta \in \mathbb{F}_{p^n}$, 根据推论 1.20,

$$\begin{aligned}\mathrm{Tr}(\alpha+\beta) &= (\alpha+\beta)+(\alpha+\beta)^p+(\alpha+\beta)^{p^2}+\cdots+(\alpha+\beta)^{p^{n-1}}\\ &= \alpha+\beta+\alpha^p+\beta^p+\alpha^{p^2}+\beta^{p^2}+\cdots+\alpha^{p^{n-1}}+\beta^{p^{n-1}}\\ &= \mathrm{Tr}(\alpha)+\mathrm{Tr}(\beta).\end{aligned}$$

ii) 对任意 $c \in \mathbb{F}_p$, 根据引理 3.11, $c^p = c$. 从而对所有 $i \geqslant 0$, 都有 $c^{p^i} = c$. 于是对于 $\alpha \in \mathbb{F}_{p^n}$,

$$\begin{aligned}\mathrm{Tr}(c\alpha) &= (c\alpha)+(c\alpha)^p+(c\alpha)^{p^2}+\cdots+(c\alpha)^{p^{n-1}}\\ &= c\alpha+c\alpha^p+c\alpha^{p^2}+\cdots+c\alpha^{p^{n-1}}\\ &= c\mathrm{Tr}(\alpha).\end{aligned}$$

iii) 根据引理 3.11, 对于任意 $a \in \mathbb{F}_p$, 有 $a^p = a$, 再由定义 3.6, $\mathrm{Tr}(a) = na$.

iv) 对于任意 $\alpha \in \mathbb{F}_{p^n}$, 根据引理 3.11, 有 $\alpha^{p^n} = \alpha$. 因此

$$\begin{aligned}\mathrm{Tr}(\alpha^p) &= \alpha^p+(\alpha^p)^p+(\alpha^p)^{p^2}+\cdots+(\alpha^p)^{p^{n-1}}\\ &= \alpha^p+\alpha^{p^2}+\alpha^{p^3}+\cdots+\alpha\\ &= \mathrm{Tr}(\alpha).\end{aligned}$$

□

注意, 定理 3.30 的 i) 意味着映射 $\mathrm{Tr}:\mathbb{F}_{p^n}\to\mathbb{F}_p$ 是从 $\mathbb{F}_{p^n}$ 的加群到 $\mathbb{F}_p$ 的加群的一个同态映射. 此外, 我们有

定理 3.31 从 $\mathbb{F}_{p^n}$ 的加群到 $\mathbb{F}_p$ 的加群的同态映射 $\mathrm{Tr}:\mathbb{F}_{p^n}\to\mathbb{F}_p$ 是一个满射, 并且

$$\mathrm{Ker}\,\mathrm{Tr} = \{\beta^p-\beta\colon \beta\in\mathbb{F}_{p^n}\}. \tag{3.7}$$

证明 显然, $\mathrm{Tr}(0)=0$. 因此由定理 3.30 的 ii), 要证 Tr 是满射, 只需证明有一个元素 $\alpha \in \mathbb{F}_{p^n}$, 使得 $\mathrm{Tr}(\alpha) \neq 0$. 假设对于 $\alpha \in \mathbb{F}_{p^n}$,

$$\mathrm{Tr}(\alpha) = \alpha+\alpha^p+\alpha^{p^2}+\cdots+p^{p^{n-1}} = 0.$$

那么 α 是多项式

$$x+x^p+x^{p^2}+\cdots+x^{p^{n-1}} \tag{3.8}$$

的一个根. 多项式 (3.8) 的次数是 p^{n-1}, 所以它至多有 p^{n-1} 个两两不同的根. 但 $\mathbb{F}_{p^n}$ 有 p^n 个元素. 因此 $\mathbb{F}_{p^n}$ 中存在不是多项式 (3.8) 的根的元素, 而这种元素的迹不是零.

现在来证明 (3.7). 对于 $\beta \in \mathbb{F}_{p^n}$, 根据引理 3.11, $\beta^{p^n}=\beta$. 于是

$$\begin{aligned}\mathrm{Tr}(\beta^p-\beta) &= (\beta^p-\beta)+(\beta^p-\beta)^p+(\beta^p-\beta)^{p^2}+\cdots+(\beta^p-\beta)^{p^{n-1}}\\ &= \beta^p-\beta+\beta^{p^2}-\beta^p+\cdots+\beta^{p^n}-\beta^{p^{n-1}}\\ &= 0.\end{aligned}$$

因此 $\beta^p-\beta\in\operatorname{Ker}\operatorname{Tr}$. 反之，假设对于某个 $\alpha\in\mathbb{F}_{q^n}$, $\operatorname{Tr}(\alpha)=0$. 考察多项式

$$f(x)=x^p-x-\alpha,$$

并设 $g(x)$ 是 $f(x)$ 在 $\mathbb{F}_{p^n}$ 上的一个不可约因式. 根据定理 1.34, 添加不可约多项式 $g(x)$ 的一个根 β 到 $\mathbb{F}_{p^n}$ 得到一个域 $\mathbb{F}_{p^n}[x]_{g(x)}$. 那么 $\beta^p-\beta=\alpha$, 并且

$$\begin{aligned}0&=\operatorname{Tr}(\alpha)\\&=\alpha+\alpha^p+\cdots+\alpha^{p^{n-1}}\\&=(\beta^p-\beta)+(\beta^p-\beta)^p+\cdots+(\beta^p-\beta)^{p^{n-1}}\\&=\beta^{p^n}-\beta.\end{aligned}$$

根据引理 3.11, $\beta\in\mathbb{F}_{p^n}$. 这就完成了 (3.7) 的证明. □

现在我们来介绍 $\mathbb{F}_{p^n}$ 中元素的范数.

定义 3.8 设 α 是 $\mathbb{F}_{p^n}$ 的任一元素. α 的 范数, 记作 $N(\alpha)$, 定义为

$$N(\alpha)=\alpha\alpha^p\alpha^{p^2}\cdots\alpha^{p^{n-1}}=\alpha^{(p^n-1)/(p-1)}.$$

平行于定理 3.28, 3.29, 3.30 和 3.31, 我们有

定理 3.32 对任意 $\alpha\in\mathbb{F}_{p^n}$, $N(\alpha)$ 是 $\mathbb{F}_p$ 的一个元素.

定理 3.33 设 α 是 $\mathbb{F}_{p^n}$ 的一个元素，而

$$g(x)=x^n+a_{n-1}x^{n-1}+\cdots+a_1x+a_0$$

是 α 在 $\mathbb{F}_{p^n}$ 上的特征多项式. 那么

$$N(\alpha)=(-1)^na_0.$$

定理 3.34 映射

$$\begin{aligned}N:\ \mathbb{F}_{p^n}&\to\mathbb{F}_p\\ \alpha&\mapsto N(\alpha)\end{aligned}$$

具有以下性质:

i) $N(\alpha\beta)=N(\alpha)N(\beta)$, 对任意 $\alpha,\ \beta\in\mathbb{F}_{p^n}$.

ii) $N(c\alpha)=c^nN(\alpha)$, 对任意 $c\in\mathbb{F}_p$ 和 $\alpha\in\mathbb{F}_{p^n}$.

iii) $N(a)=a^n$, 对任意 $a\in\mathbb{F}_p$.

iv) $N(\alpha^p)=N(\alpha)$, 对任意 $\alpha\in\mathbb{F}_{p^n}$.

定理 3.35 映射 $N:\mathbb{F}_{p^n}^*\to\mathbb{F}_p^*$ 是一个满同态，并且

$$\operatorname{Ker}N=\{\beta\in\mathbb{F}_{p^n}^*:\ \beta^{(p^n-1)/(p-1)}=1\}.$$

上述定理的证明类似于所对应的迹的定理的证明，留给读者作为练习.

我们把迹和范数推广为如下的相对迹和相对范数.

定义 3.9 设 $\mathbb{F}_{q^n}$ 是 q^n 个元素的有限域，其中 q 是一个素数的幂，而 $\mathbb{F}_q$ 是 q 个元素的有限域. 令 $\alpha\in\mathbb{F}_{q^n}$. α 在 $\mathbb{F}_q$ 上的 相对迹, 记作 $\operatorname{Tr}_{\mathbb{F}_{q^n}/\mathbb{F}_q}(\alpha)$, 定义为

$$\mathrm{Tr}_{\mathbb{F}_{q^n}/\mathbb{F}_q}(\alpha)=\alpha+\alpha^q+\alpha^{q^2}+\cdots+\alpha^{q^{n-1}},$$

而 α 在 $\mathbb{F}_q$ 上的相对范数, 记作 $N_{\mathbb{F}_{q^n}/\mathbb{F}_q}(\alpha)$, 定义为

$$N_{\mathbb{F}_{q^n}/\mathbb{F}_q}(\alpha)=\alpha\alpha^q\alpha^{q^2}\cdots\alpha^{q^{n-1}}=\alpha^{(q^n-1)/(q-1)}.$$

定义3.10 设 α 是 $\mathbb{F}_{q^n}$ 的任一元素, $f(x)$ 是 α 在 $\mathbb{F}_q$ 上的极小多项式, 并且设 $\deg f(x)=m$. 根据引理 3.21, $m|n$. 令 $g(x)=f(x)^{\frac{n}{m}}$. 那么 $g(x)$ 叫做 α 在 $\mathbb{F}_q$ 上的特征多项式. 显然 $\deg g(x)=n$.

我们指出相对迹与相对范数的如下性质, 证明从略.

定理3.36 设 α 是 $\mathbb{F}_{q^n}$ 的任一元素, 那么 $\mathrm{Tr}_{\mathbb{F}_{q^n}/\mathbb{F}_q}(\alpha)$ 和 $N_{\mathbb{F}_{q^n}/\mathbb{F}_q}(\alpha)$ 都是 $\mathbb{F}_q$ 的元素. 更确切地说, 设

$$g(x)=x^n+a_{n-1}x^{n-1}+\cdots+a_1x+a_0$$

是 α 在 $\mathbb{F}_q$ 上的特征多项式, 那么

$$\mathrm{Tr}_{\mathbb{F}_{q^n}/\mathbb{F}_q}(\alpha)=-a_{n-1},$$

而

$$N_{\mathbb{F}_{q^n}/\mathbb{F}_q}(\alpha)=(-1)^na_0.$$

进一步, 我们有

i) $\mathrm{Tr}_{\mathbb{F}_{q^n}/\mathbb{F}_q}(\alpha+\beta)=\mathrm{Tr}_{\mathbb{F}_{q^n}/\mathbb{F}_q}(\alpha)+\mathrm{Tr}_{\mathbb{F}_{q^n}/\mathbb{F}_q}(\beta)$, 对任意 $\alpha,\beta\in\mathbb{F}_{q^n}$,
$N_{\mathbb{F}_{q^n}/\mathbb{F}_q}(\alpha\beta)=N_{\mathbb{F}_{q^n}/\mathbb{F}_q}(\alpha)N_{\mathbb{F}_{q^n}/\mathbb{F}_q}(\beta)$, 对任意 $\alpha,\beta\in\mathbb{F}_{q^n}$;

ii) $\mathrm{Tr}_{\mathbb{F}_{q^n}/\mathbb{F}_q}(c\alpha)=c\mathrm{Tr}_{\mathbb{F}_{q^n}/\mathbb{F}_q}(\alpha)$, 对任意 $c\in\mathbb{F}_q$ 和 $\alpha\in\mathbb{F}_{q^n}$,
$N_{\mathbb{F}_{q^n}/\mathbb{F}_q}(c\alpha)=c^nN_{\mathbb{F}_{q^n}/\mathbb{F}_q}(\alpha)$, 对任意 $c\in\mathbb{F}_q$ 和 $\alpha\in\mathbb{F}_{q^n}$;

iii) $\mathrm{Tr}_{\mathbb{F}_{q^n}/\mathbb{F}_q}(a)=na$, 对任意 $a\in\mathbb{F}_q$;
$N_{\mathbb{F}_{q^n}/\mathbb{F}_q}(a)=a^n$, 对任意 $a\in\mathbb{F}_q$;

iv) $\mathrm{Tr}_{\mathbb{F}_{q^n}/\mathbb{F}_q}(\alpha^q)=\mathrm{Tr}_{\mathbb{F}_{q^n}/\mathbb{F}_q}(\alpha)$, $N_{\mathbb{F}_{q^n}/\mathbb{F}_q}(\alpha^q)=N_{\mathbb{F}_{q^n}/\mathbb{F}_q}(\alpha)$, 对任意 $\alpha\in\mathbb{F}_{q^n}$;

v) 映射 $\mathrm{Tr}_{\mathbb{F}_{q^n}/\mathbb{F}_q}\colon\mathbb{F}_{q^n}\to\mathbb{F}_q$ 是 $\mathbb{F}_{q^n}$ 的加群到 $\mathbb{F}_q$ 的加群的一个满同态, 它的核是

$$\mathrm{Ker}\,\mathrm{Tr}_{\mathbb{F}_{q^n}/\mathbb{F}_q}=\{\beta^q-\beta\colon\beta\in\mathbb{F}_{q^n}\}.$$

映射 $N_{\mathbb{F}_{q^n}/\mathbb{F}_q}\colon\mathbb{F}_{q^n}^*\to\mathbb{F}_q^*$ 是 $\mathbb{F}_{q^n}$ 的乘法群到 $\mathbb{F}_q$ 的乘法群的一个满同态, 同态核是

$$\mathrm{Ker}\,N_{\mathbb{F}_{q^n}/\mathbb{F}_q}=\{\beta\in\mathbb{F}_{q^n}^*\colon\beta^{(q^n-1)/(q-1)}=1\}.$$

另外, 我们还有

定理3.37 设 q 是一个素数的幂, m,n 是正整数, $m|n$. 那么对任意 $\alpha\in\mathbb{F}_{q^n}$, 有

$$\mathrm{Tr}_{\mathbb{F}_{q^n}/\mathbb{F}_q}(\alpha)=\mathrm{Tr}_{\mathbb{F}_{q^m}/\mathbb{F}_q}(\mathrm{Tr}_{\mathbb{F}_{q^n}/\mathbb{F}_{q^m}}(\alpha))\tag{3.9}$$

和

$$N_{\mathbb{F}_{q^n}/\mathbb{F}_q}(\alpha) = N_{\mathbb{F}_{q^m}/\mathbb{F}_q}(N_{\mathbb{F}_{q^n}/\mathbb{F}_{q^m}}(\alpha)). \tag{3.10}$$

证明 由于证法类似，我们只给出 (3.9) 的证明：

$$\begin{aligned}
&\mathrm{Tr}_{\mathbb{F}_{q^m}/\mathbb{F}_q}(\mathrm{Tr}_{\mathbb{F}_{q^n}/\mathbb{F}_{q^m}}(\alpha))\\
=&\sum_{i=0}^{m-1}(\mathrm{Tr}_{\mathbb{F}_{q^n}/\mathbb{F}_{q^m}}(\alpha))^{q^i} = \sum_{i=0}^{m-1}\left(\sum_{j=0}^{(n/m)-1}\alpha^{q^{mj}}\right)^{q^i}\\
=&\sum_{i=0}^{m-1}\sum_{j=0}^{(n/m)-1}\alpha^{q^{mj+i}} = \sum_{k=0}^{n-1}\alpha^{q^k}\\
=&\mathrm{Tr}_{\mathbb{F}_{q^n}/\mathbb{F}_q}(\alpha).
\end{aligned}$$

□

习 题 三

3.1 证明： n 阶循环群生成元的个数等于 $\phi(n)$.

3.2 设 G 是一个 n 阶循环群. 证明 G 的任意子群都是循环群，并且它的阶是 n 的因数. 此外，对于 n 的任一正因数 d, G 有唯一的 d 阶子群. 因此 G 的子群的个数等于 n 的正因数的个数.

3.3 设 G 是一个无限群. 如果存在一个元素 $a \in G$, 使得 $G = \{\cdots a^{-3}, a^{-2}, a^{-1}, a^0 = e, a, a^2, a^3, \cdots\}$, 那么 G 就叫做 *无限循环群*, 而 a 叫做 G 的一个 *生成元*. 证明：无限循环群生成元的个数是 2.

3.4 证明：无限循环群的任意 $\neq \{e\}$ 的子群都是无限循环群.

3.5 证明：$\mathbb{F}_q$ 的每个元素都是 $\mathbb{F}_q$ 的某个元素的 k 次幂当且仅当 $(k, q-1) = 1$.

3.6 证明：有限域的所有元素的和等于 0, 但 $\mathbb{F}_2$ 要除外.

3.7 证明：对于任意正整数 m,

$$\sum_{a\in\mathbb{F}_q} a^m = \begin{cases} -1, & \text{如果 } (q-1)|m, \\ 0, & \text{其他情形}. \end{cases}$$

3.8 证明：对于任意域 F, 它的乘法群 F^* 的每个有限子群都是循环群.

3.9 证明：如果一个域 F 的乘法群 F^* 是循环群，那么 F 是个有限域.

3.10 对于每个有限域 $\mathbb{F}_{p^n}$(其中 p 是一个素数， n 是正整数), 证明： $\mathbb{F}_{p^n}$ 的每个元素都恰有一个 p 次根，即对于任意 $\alpha \in \mathbb{F}_{p^n}$, 恰好存在一个元素 $\beta \in \mathbb{F}_{p^n}$, 使得 $\beta^p = \alpha$.

3.11 设 p 是一个奇素数，n 是一个正整数. 证明：元素 $a \in \mathbb{F}_{p^n}^*$ 是 $\mathbb{F}_{p^n}^*$ 的平方元当且仅当 $a^{(p^n-1)/2} = 1$.

3.12 确定 $\mathbb{F}_{2^5}$ 的所有本原元，并且求出这些本原元所适合的不可约多项式.

3.13 求出 $\mathbb{F}_{p^n}$ 的所有自同构.

3.14 设 F 是一个域, 而 $\phi: F \to F$ 是由

$$\phi(a)=\begin{cases} a^{-1}, & \text{如果 } a \neq 0, \\ 0, & \text{如果 } a=0 \end{cases}$$

所确定的映射. 证明: ϕ 是 F 的一个自同构当且仅当 F 至多有 4 个元素.

3.15 证明: 对于任意 $f(x) \in \mathbb{F}_q[x]$, 有 $f(x)^q = f(x^q)$.

3.16 设 a, b 是 $\mathbb{F}_{2^n}$ 的元素, 这里 n 是一个奇数. 证明: $a^2+ab+b^2=0$ 意味着 $a=b=0$.

3.17 找出 $\mathbb{F}_{2^{24}}$ 和 $\mathbb{F}_{3^{30}}$ 的所有子域.

3.18 设 α 是 $\mathbb{F}_{p^n}$ 的一个元素, 其中 p 是一个素数. 又设 $f(x)=x^m+b_{m-1}x^{m-1}+\cdots+b_1x+b_0$ 是 α 在 $\mathbb{F}_p$ 上的极小多项式. 证明:

$$\mathrm{Tr}(\alpha)=-(n/m)b_{m-1}$$

和

$$\mathrm{N}(\alpha)=(-1)^n b_0^{n/m}.$$

第四章 交 换 环

为了概括更多的代数结构，譬如整数环 $\mathbb{Z}$, 整数模 m 的环 $\mathbb{Z}_m$(m 是一个复合数) 和域 F 上的多项式环：$F[x]$, $F[x_1, x_2, \cdots, x_n]$ 等等，我们引进交换环的概念. 然后我们介绍理想和同余类环；并且利用它们重新构造了例 1.4 中具有 p 个元素的域，这里 p 是一个素数，以及例 1.10 中的域 $F[x]_{f(x)}$, 其中 F 是一个域，而 $f(x)$ 是 F 上的不可约多项式. 在 4.3 节，介绍中国剩余定理，并且给出它和环的直和分解的关系. 在最后一节，讨论了主理想整环.

4.1 交换环和理想

在 1.1 节里我们引进了域的概念. 我们也看到了域的概念概括了常见的有理数域 $\mathbb{Q}$, 实数域 $\mathbb{R}$, 复数域 $\mathbb{C}$ 和具有 p^n 个元素的有限域 $\mathbb{F}_{p^n}$, 其中 p 是一个素数. 但是域的概念不能概括另一些常见的代数结构，如全体整数所成的集合 $\mathbb{Z}$, 域 F 上一个未定元 x 的多项式所成的集合 $F[x]$ 等等，也不能概括 $\mathbb{Z}_m$(m 是复合数), 因为当 m 是一个复合数时，$\mathbb{Z}_m$ 关于模 m 的加法和乘法不是域. 我们看到，在 $\mathbb{Z}, F[x]$ 和 $\mathbb{Z}_m$(m 是一个复数) 这样的一些代数结构里，对于各自所定义的加法和乘法是封闭的，并且它们的加法和乘法满足域的公理 I, II.1, II.2, II.3 和 III. 但是 II.4 并不成立. 为了能概括 $\mathbb{Z}$, $F[x]$ 和 $\mathbb{Z}_m$ 这些代数结构以及另一些代数结构，我们引进交换环的概念.

定义 4.1 设 R 是一个非空集合. 假定在 R 中规定了加法和乘法两种运算，并假定 R 对这两种运算是封闭的，我们说 R 对于所规定的加法和乘法运算是一个交换环, 如果以下的运算规则成立：

I R 对于加法运算是一个交换群.

II.1 对于任意 $a, b \in R$, 有

$$ab = ba.$$

II.2 对于任意 $a, b, c \in R$, 有

$$(ab)c = a(bc).$$

III 对于任意 $a, b, c \in R$, 有

$$a(b + c) = ab + ac.$$

显然，任意域是交换环. 根据以前的讨论，我们知道 $\mathbb{Z}$, $F[x]$, $F[x_1, x_2, \cdots, x_n]$ 和 $\mathbb{Z}_m$ 都是交换环，它们分别叫做整数环，域 F 上一个未定元 x 的多项式环，域 F 上 n 个未定元 $x_1, x_2, \cdots, x_n$ 的多项式环和整数模 m 的环. 我们再举一个交换环的例子.

例4.1 设 F 是一个域，$f(x)$ 是 $F[x]$ 中的一个 n 次多项式，它不一定是不可约的，令

$$F[x]_{f(x)} = \{a_0 + a_1x + \cdots + a_{n-1}x^{n-1} : a_i \in F\}.$$

在 $F[x]_{f(x)}$ 中引进如下的加法和乘法：对于任意 $a(x), b(x) \in F[x]_{f(x)}$, 规定

$$\begin{aligned} a(x) \oplus b(x) &= a(x) + b(x), \\ a(x) \odot b(x) &= (a(x)b(x))_{f(x)}, \end{aligned}$$

并把它们分别叫做模 $f(x)$ 的加法和模 $f(x)$ 的乘法. 那么可以验证 $F[x]_{f(x)}$ 对于如上规定的加法运算和乘法运算是一个交换环，叫做域 F 上一个未定元 x 的多项式模 $f(x)$ 的环. □

环是代数的基本概念之一. 在定义 4.1 中把运算规则 II.1 取消，而在 III 中加上 $(b+c)a = ba + ca$, 就得到环的定义. 但本书中我们只讨论交换环.

定义4.2 设 R 是一个交换环. 我们知道 R 对于加法运算是一个交换群，叫做 R 的 *加法群*. R 的加法群的单位元素叫做 R 的 *零元素*, 记作 0. R 中任一元素 a 在 R 的加法群中的逆元素叫做 a 的 *负元素*, 记作 $-a$. 如果 R 中有唯一的一个不等于 0 的元素 e, 使得对于任意 $a \in R$ 有 $ae = a$, 那么 e 就叫做 R 的 *单位元素* (简称 *单位元*), 而 R 叫做 *有单位元素的交换环*.

完全和定理 1.3 中 iii) 一样，可以证明，如果交换环 R 中有一个 $\neq 0$ 的元素 e, 使得对任意 $a \in R$ 有 $ae = e$, 那么 e 是唯一确定的，因而它是 R 的单位元.

显然，$\mathbb{Z}$, $F[x]$, $F[x_1, x_2, \cdots, x_n]$, $\mathbb{Z}_m$ 和 $F[x]_{f(x)}$ 都是有单位元的交换环.

从现在起，我们把有单位元的交换环的单位元记成 1. 特别，域的单位元也记成 1.

仔细检查一下定理 1.4 中 i) 和 iii) 的证明，就会发现并没有用域的公理 II.3 和 II.4. 因此我们有

定理4.1 *设 R 是交换环，那么 R 中加法运算和乘法运算满足下面的运算规则：*

i) (*加法消去律*) *设 a, b, c 是 R 中任意三个元素，如果 $a + c = b + c$, 那么 $a = b$.*

ii) $a \cdot 0 = 0$, *对任意 $a \in R$.*

但在一个交换环中，乘法的消去律却不一定成立. 譬如，当 m 是复合数时，$\mathbb{Z}_m$ 中就是如此. 设 $m = m_1m_2$, $1 \leqslant m_1, m_2 < m$, 那么 m_1, $m_2 \in \mathbb{Z}_m$. 但是

$$m_1 \odot m_2 = (m_1m_2)_m = (m)_m = 0,$$

显然

$$m_1 \odot 0 = 0,$$

因此

$$m_1 \odot m_2 = m_1 \odot 0,$$

而

$$m_1 \neq 0, m_2 \neq 0.$$

定义 4.3 设 R 是交换环. 如果在 R 中乘法消去律成立, 即对任意 $a, b, c \in R$ 而 $c \neq 0$, 从 $ac = bc$ 推出 $a = b$, 我们就说 R 是个 交换整环.

容易证明, $\mathbb{Z}$, $F[x]$, $F[x_1, x_2, \cdots, x_n]$ 都是交换整环. 但当 m 是复合数时, $\mathbb{Z}_m$ 不是交换整环. 同理可证, 当 $f(x)$ 是 $F[x]$ 中的可约多项式时, $F[x]_{f(x)}$ 也不是交换整环.

定义 4.4 设 R 是一个交换环, 而 a, b 是 R 中的两个非零元素. 如果 $ab = 0$, 我们就说 a, b 是 R 的 零因子. 如果 R 没有零因子, R 就叫做无零因子的交换环.

定理 4.2 设 R 是个交换环, 那么 R 是交换整环, 当且仅当 R 没有零因子.

证明 先假定 R 是交换整环. 设 $a, b \in R$ 而 $ab = 0$. 如果 $a \neq 0$, 根据定理 4.1 中的 ii) 有 $a0 = 0$. 那么根据乘法消去律, 从 $ab = a0$ 推出 $b = 0$. 因此 R 不可能有零因子.

反过来, 假设 R 是无零因子的交换环. 设 $a, b, c \in R$, $c \neq 0$ 而 $ac = bc$, 那么 $(a - b)c = ac - bc = 0$. 因为 R 没有零因子, 所以 $a - b = 0$, 于是 $a = b$. 这证明了 R 中乘法消去律成立. 因此 R 是交换整环. □

自然我们也可以利用交换环 R 中的负元素来定义 R 中的减法, 即如果 $a, b \in R$, 定义

$$a - b = a + (-b).$$

也可以证明 R 中的加法、减法和乘法满足 29 页顶上所列举的某些运算规则, 我们就不在这里讨论了.

平行域的子域和群的子群, 我们可以定义交换环的子环这个概念.

定义 4.5 设 R 是一个交换环, 而 R_0 是 R 的一个非空子集. 如果 R_0 对于 R 中的加法和乘法运算也是一个交换环, 我们就说 R_0 是 R 的 子环.

显然, 当需要验证交换环 R 的一个非空子集是子环时, 除了要验 R_0 对于 R 中的加法和乘法运算是自封以外, 只需验证 R_0 是 R 的加法群的子群即可. 因为这里 II.1, II.2 和 III 在 R_0 中自然成立.

下面给出子环的一个例子.

例 4.2 设 m 是一个整数, 用 $m\mathbb{Z}$ 表示 $\mathbb{Z}$ 中 m 的所有倍数所成的集合, 即

$$m\mathbb{Z} = \{mn : n \in \mathbb{Z}\}.$$

因为

$$mn_1 + mn_2 = m(n_1 + n_2),$$
$$(mn_1)(mn_2) = m(mn_1n_2),$$

所以 $m\mathbb{Z}$ 对于 $\mathbb{Z}$ 中的加法和乘法运算都是封闭的. 又因 $0=m0\in m\mathbb{Z}$, 而 $m\mathbb{Z}$ 中任一元素 mn 的负元素 $-mn=m(-n)\in m\mathbb{Z}$, 所以 $m\mathbb{Z}$ 是 $\mathbb{Z}$ 的加法群的子群, 这就证明了 $m\mathbb{Z}$ 是 $\mathbb{Z}$ 的子环.

我们注意, 当 $m\neq\pm1$ 时, $m\mathbb{Z}$ 是没有单位元素的环.

我们再注意, 如 $mn\in m\mathbb{Z}$, 而 k 是 $\mathbb{Z}$ 中的任意元素, 那么

$$k(mn)=m(kn)\in m\mathbb{Z}.$$

这建议我们给出以下定义. □

定义 4.6 设 R 是一个交换环, 而 R_0 是 R 的一个子环. 如果 R_0 具有性质: 对任意 $a\in R_0$ 和 $r\in R$, 都有 $ra\in R_0$, 那么就把 R_0 叫做 R 的一个*理想*. 显然, R 和 $\{0\}$ 都是 R 的理想. 如果 R_0 是 R 的理想, 而且 $R_0\neq R$ 和 $R_0\neq\{0\}$. 那么 R_0 叫做 R 的*真理想*.

根据这个定义和上面的讨论. 我们可以说, 对于任意整数 m, $m\mathbb{Z}$ 是 $\mathbb{Z}$ 的理想. 一般地, 我们有

定理 4.3 *设 R 是一个交换环, 而 a 是 R 中的任意元素, 那么*

$$(a)=\{ra:r\in R\}$$

就是 R 的一个理想.

为了证明这个定理, 我们先给出交换环的一个非空子集是它的一个理想的一个充分必要条件. 这个条件使我们验证交换环的一个非空子集是理想时比较简单.

定理 4.4 *设 R 是一个交换环, R 的一个非空子集 I 是 R 的一个理想, 当且仅当以下两个条件成立:*

i) 对任意 $a,b\in I$, 都有 $a-b\in I$,

ii) 对任意 $a\in I$, $r\in R$, 都有 $ra\in I$.

证明 先设 I 是 R 的一个理想, 那么对任意 $a,b\in I$, 由于 I 是 R 的加法群的子群, 所以 $a-b=a+(-b)\in I$, 这证明了 i) 成立. 根据定义 4.6, ii) 当然成立.

其次设 I 是 R 的非空子集, 而 i) 和 ii) 成立. 根据定理 2.9, 由 i) 推出 I 是 R 的加法子群. 再由 ii) 推出 I 是 R 的子环, 并且 I 也是 R 的理想. □

定理 4.3 的证明 设 R 是一个交换环, 而 $a\in R$. 对于 (a) 中任意两个元素 $r'a$, $r''a\,(r', r''\in R)$, 我们有

$$r'a-r''a=(r'-r'')a.$$

因为 R 是交换环, 所以 $r'-r''\in R$, 因而 $(r'-r'')a\in(a)$. 这证明了定理 4.4 中的条件 i) 成立. 再设 r 是 R 中任意元素, 那么

$$r(r'a)=(rr')a.$$

因为 R 是交换环, 所以 $rr'\in R$, 因此 $(rr')a\in(a)$. 这证明了定理 4.4 中的条件 ii) 成立. 根据定理 4.4, (a) 是 R 的理想. □

基于定理 4.3, 我们给出下面这个定义.

定义 4.7 设 R 是交换环, 而 a 是 R 的任意一个元素, 那么 (a) 叫做由 a 生成的理想.

特别, 对于任意整数 m, $m\mathbb{Z}$ 就是由 m 生成的理想 (m). 反过来, 我们有

定理 4.5 $\mathbb{Z}$ 的任一理想都是由某一整数 m 生成的理想 $m\mathbb{Z}$, 此外, $\mathbb{Z}$ 的任一理想都是它所含的最小非负整数所生成的理想. 更进一步, $m\mathbb{Z} = m'\mathbb{Z}$, 当且仅当 $m = \pm m'$.

证明 设 I 是 $\mathbb{Z}$ 的一个理想, 用 (0) 表示仅由 0 这唯一的一个数所组成的理想. 如果 $I = (0)$, 那么 $I = 0\mathbb{Z}$. 如果 $I \neq (0)$, 那么 I 中就有一个 $\neq 0$ 的整数 a. 如果 $a > 0$, 那么 I 就包含一个正整数. 如果 $a < 0$, 那么 $-a = 0 - a \in I$, 而 $-a > 0$. 因此 I 也包含一个正整数. 设 m 是 I 所含的最小正整数, 那么根据定义 4.6, 显然有 $m\mathbb{Z} \subset I$. 更进一步, 设 n 是 I 中任一元素. 根据带余除法, 可以写

$$n = qm + (n)_m, \ 0 \leqslant (n)_m < m,$$

显然 $qm \in I$, 于是

$$(n)_m = n - qm \in I.$$

因为 m 是 I 所含的最小正整数, 所以 $(n)_m = 0$. 于是 $n = qm \in m\mathbb{Z}$, 因此 $I \subset m\mathbb{Z}$. 这证明了 $I = m\mathbb{Z}$.

显然 $m\mathbb{Z} = (-m)\mathbb{Z}$. 反之假设 $m\mathbb{Z} = m'\mathbb{Z}$, 那么 m 是 m' 的倍数, 而 m' 也是 m 的倍数, 因此 $m = \pm m'$. □

定理 4.5 有下面这个应用.

推论 4.6 设 $m_1, m_2, \cdots, m_r$ 是 r 个 $\neq 0$ 的整数, 并设 d 是它们的最大公因数, 那么一定可以找到 r 个整数 $c_1, c_2, \cdots, c_r$, 使得

$$d = c_1 m_1 + c_2 m_2 + \cdots + c_r m_r.$$

证明 设

$$I = \{a_1 m_1 + a_2 m_2 + \cdots + a_r m_r : a_i \in \mathbb{Z}\}.$$

容易验证 I 是 $\mathbb{Z}$ 的理想. 根据定理 4.5, I 就是由它所包含的最小正整数 m 所生成的理想 $m\mathbb{Z}$. 因 $m_1, m_2, \cdots, m_r \in I$, 所以

$$m|m_1, \ m|m_2, \ \cdots, \ m|m_r,$$

即 m 是 $m_1, m_2, \cdots, m_r$ 的公因数, 因此 $m \leqslant d$. 另一方面, $m \in I$, 因此有 $c_i \in \mathbb{Z}$, 使得

$$m = c_1 m_1 + c_2 m_2 + \cdots + c_r m_r.$$

那么从

$$d|m_1, \ d|m_2, \ \cdots, \ d|m_r$$

推出 $d|m$. 因而 $d \leqslant m$. 所以 $d = m$, 而

$$d = c_1m_1 + c_2m_2 + \cdots + c_rm_r. \qquad \square$$

完全平行定理 4.5 和推论 4.6, 我们有

定理4.7 设 F 是一个域, 而 $f(x)$ 是 $F[x]$ 中任一多项式. 用 $(f(x))$ 表 $f(x)$ 的所有倍式所组成的集合, 即

$$(f(x)) = \{k(x)f(x) : k(x) \in F[x]\},$$

那么 $(f(x))$ 是 $F[x]$ 的理想. 反过来, $F[x]$ 的任一理想的形状都是 $(f(x))$. 此外, 当这个理想不是仅由 0 组成的理想 (0) 时, 可以取 $f(x)$ 为这个理想中一个 $\neq 0$ 的次数最低的首一的多项式. 更进一步, $(f(x)) = (f_1(x))$, 当且仅当 $f(x) = cf_1(x)$, 而 $c \in F^*$.

推论4.8 设 F 是一个域, 而 $f_1(x), f_2(x), \cdots, f_r(x)$ 是 $F[x]$ 中 r 个 $\neq 0$ 的多项式, 再用 $d(x)$ 表示它们的最高公因式, 那么一定可以找到 r 个多项式 $c_1(x), c_2(x), \cdots, c_r(x)$, 使得

$$d(x) = c_1(x)f_1(x) + c_2(x)f_2(x) + \cdots + c_r(x)f_r(x).$$

我们还要证明定理 4.7 的一个推广.

定理4.9 设 F 是域, 而 $f(x)$ 是 $F[x]$ 中的一个 n 次多项式, 并且 I 是交换环 $F[x]_{f(x)}$ 中的一个 $\neq 0$ 的理想, 那么 I 有唯一的一个 $\neq 0$ 的次数最低的首一多项式 $g(x)$,

$$I = \{k(x)g(x) : \deg k(x) \leqslant n - 1 - \deg g(x)\},$$

而且 $g(x)$ 是 $f(x)$ 的因式. 反之, 设 $g(x)$ 是 $f(x)$ 的一个首项系数为 1 的因式, 那么

$$I_1 = \{k(x)g(x) : \deg k(x) \leqslant n - 1 - \deg g(x)\}$$

就是 $F[x]_{f(x)}$ 的一个理想, 并且是由 $g(x)$ 生成的理想 $(g(x))$, 而 $g(x)$ 是这个理想中一个次数最低的多项式. 更进一步, 设 $g_1(x)$ 是 $f(x)$ 的另一个因式, 那么 $(g(x)) = (g_1(x))$, 当且仅当 $g(x) = cg_1(x)$, 其中 $c \in F^*$.

证明 设 I 是 $F[x]_{f(x)}$ 的一个理想, 并假定 $I \neq (0)$. 令 $g(x)$ 是 I 中 $\neq 0$ 的一个次数最低的首一多项式. 如果 $g_1(x)$ 也是这样的一个多项式, 那么 $g(x) - g_1(x) \in I$, 而

$$\deg\,(g(x) - g_1(x)) \leqslant \deg g(x) - 1.$$

如果 $g(x) - g_1(x) \neq 0$, 将 $g(x) - g_1(x)$ 的首项系数的逆元素乘上 $g(x) - g_1(x)$, 就得 I 中一个 $\neq 0$ 的次数 $< \deg g(x)$ 的首一多项式. 这与 $g(x)$ 的选择相矛盾. 因此 $g(x) - g_1(x) = 0$, 即 $g(x) = g_1(x)$. 这证明了 $g(x)$ 是 I 中唯一的 $\neq 0$ 的次数最低的首一多项式.

因为 I 是 $F[x]_{f(x)}$ 的理想，所以对任意 $k(x) \in F[x]_{f(x)}$，而 $\deg k(x) \leqslant n-1-\deg g(x)$，总有

$$k(x)g(x) = k(x) \odot g(x) \in I.$$

设 $h(x)$ 是 I 中任一元素，不妨设 $\deg h(x) < \deg f(x)$. 根据带余除法，有

$$h(x) = q(x)g(x) + r(x), \deg r(x) < \deg g(x).$$

因为 $\deg h(x) < \deg f(x)$，所以

$$\deg (q(x)g(x)) = \deg h(x) < \deg f(x).$$

于是

$$h(x) = q(x) \odot g(x) \oplus r(x),$$

从而

$$r(x) = h(x) - q(x) \odot g(x) \in I.$$

但 $g(x)$ 是 I 中唯一的 $\neq 0$ 的次数最低的首一多项式，并且 $\deg r(x) < \deg g(x)$. 如果 $r(x) \neq 0$，用它的首项系数的逆元素去乘 $r(x)$，我们得到 I 中 $\neq 0$ 的首一多项式，而这个多项式的次数 $< \deg g(x)$，于是 $r(x) = 0$. 因此

$$h(x) = q(x) \odot g(x) = q(x)g(x).$$

显然

$$\deg g(x) = \deg h(x) - \deg g(x) \leqslant n-1-\deg g(x).$$

这证明了

$$I = \{k(x)g(x) : \deg k(x) \leqslant n-1-\deg g(x)\}.$$

其次，我们来证明 $g(x)$ 是 $f(x)$ 的因式. 根据带余除法，

$$f(x) = q_1(x)g(x) + r_1(x), \ \deg r_1(x) < \deg g(x).$$

所以

$$r_1(x) = (-q_1(x)g(x))_{f(x)} = -q_1(x) \odot g(x) \in I.$$

再由 $g(x)$ 是 I 中唯一的 $\neq 0$ 的次数最低的首一多项式，所以一定有 $r_1(x) = 0$. 因此

$$f(x) = q_1(x)g(x).$$

于是 $g(x)$ 是 $f(x)$ 的因式. 这就证明了定理 4.9 的第一部分.

反过来，设 $g(x)$ 是 $f(x)$ 的一个首项系数为 1 的因式，并设 $f(x) = g(x)h(x)$. 令

$$I_1 = \{k(x)g(x) : \deg k(x) \leqslant n-1-\deg g(x)\}.$$

我们来证明 I_1 是 $F[x]_{f(x)}$ 的一个理想. 设 $a(x)$ 是 $F[x]_{f(x)}$ 中的一个元素，根据带余除法，可以写

$$a(x)=q_2(x)h(x)+r_2(x),\ \deg r_2(x)<\deg h(x),$$

那么

$$\begin{aligned}a(x)\odot g(x)&=(q_2(x)h(x)+r_2(x))\odot g(x)\\&=(q_2(x)h(x))\odot g(x)+r_2(x)\odot g(x)\\&=(q_2(x)h(x)g(x))_{f(x)}+(r_2(x)g(x))_{f(x)}.\end{aligned}$$

因为 $f(x)=g(x)h(x)$, 所以

$$(q_2(x)h(x)g(x))_{f(x)}=0.$$

但是

$$\begin{aligned}\deg\ (r_2(x)g(x))&=\deg r_2(x)+\deg g(x)\\&<\deg h(x)+\deg g(x)=\deg f(x)=n.\end{aligned}$$

所以

$$(r_2(x)g(x))_{f(x)}=r_2(x)g(x).$$

这证明了

$$a(x)\odot g(x)=r_2(x)g(x)\in I_1.$$

于是

$$(g(x))\subset I_1,$$

这里 $(g(x))$ 是由 $g(x)$ 生成的理想. 显然又有

$$I_1\subset(g(x)),$$

因此

$$I_1=(g(x)).$$

这证明了 I_1 是由 $g(x)$ 生成的理想. 显然 $g(x)$ 是 I_1 中次数最低的首一多项式.

定理 4.9 最后一个结论是显然的. □

为了后文的需要，我们给出下面这个定义.

定义 4.8 设 R 是交换环， I 是 R 的理想，并且 $I\neq R$. 如果对于 R 的任一理想 I', 从 $R\supset I'\supset I$ 可推出 $I'=R$ 或 $I'=I$, I 就叫 R 的 **极大理想**.

例如，设 p 是素数， (p) 就是 $\mathbb{Z}$ 的极大理想. 这是因为，如果 I' 是 $\mathbb{Z}$ 的理想， $I'\supset(p)$, 而 $I'\neq(p)$, 根据定理 4.5, $I'=(m)$, 于是 $p=km$. 因 p 是素数，而 $I'\neq(p)$, 所以 $m=\pm1$, 因此 $I'=\mathbb{Z}$.

同理，设 F 是域，$f(x)$ 是 $F[x]$ 中的不可约多项式，则 $(f(x))$ 是 $F[x]$ 的极大理想.

定理4.10 设 R 是有单位元的交换环，则 R 有极大理想.

证明 这个定理的证明要用 Zorn 引理 (见 Jacobson(1985)). 考察理想的集合

$$\mathcal{S}=\{I: I \text{ 是 } R \text{ 的理想，而 } I\neq R\}.$$

因 $(0)\in\mathcal{S}$，所以 $\mathcal{S}$ 非空. $\mathcal{S}$ 中的理想有包含关系. 设 J 是 S 中某些理想的一个足码集，假定

$$\mathcal{S}_0=\{I_\alpha: I_\alpha\in\mathcal{S}\quad \forall\alpha\in J\}.$$

并假定对任意 $\alpha,\beta\in J$, $I_\alpha\supset I_\beta$ 或 $I_\beta\supset I_\alpha$ 中必有一个成立. 令

$$I=\bigcup_{\alpha\in J} I_\alpha.$$

我们去证明 I 是 R 的理想，设 $a,b\in I$，那么有 $\alpha,\beta\in J$ 使 $a\in I_\alpha$, $b\in I_\beta$. 如果 $I_\alpha\supset I_\beta$，那么 $a,b\in I_\alpha$，于是 $a-b\in I_\alpha\subset I$. 如果 $I_\beta\supset I_\alpha$，那么 $a,b\in I_\beta$，于是 $a-b\in I_\beta\subset I$. 再设 $a\in I, r\in R$，那么有 $\alpha\in J$ 使 $a\in I_\alpha$，于是 $ra\in I_\alpha\subset I$. 根据定理 4.4, I 是 R 的理想. 又因为 $I_\alpha\in\mathcal{S}\ \forall\alpha\in J$, $I_\alpha\neq R$，于是 $1\notin I_\alpha$，因此 $1\notin I$, $I\neq R$. 所以 $I\in\mathcal{S}$. 这就是说 $\mathcal{S}$ 对于理想的包含关系来说是归纳集.

根据 Zorn 引理，$\mathcal{S}$ 有极大元，$\mathcal{S}$ 的一个极大元就是 R 的一个极大理想. □

同在定义 1.6 中我们定义过域的同构一样，我们也可以定义环的同构.

定义4.9 设 R 和 R' 是两个交换环，我们说 R 和 R'同构，记作 $R\simeq R'$. 如果有一个从 R 到 R' 的双射

$$\sigma: a\longmapsto\sigma(a)\ (a\in R, \sigma(a)\in R'),$$

使得

$$\begin{aligned}\sigma(a+b)&=\sigma(a)+\sigma(b),\\ \sigma(ab)&=\sigma(a)\sigma(b).\end{aligned}$$

双射 σ 叫从 R 到 R' 的一个 同构映射，或简称 同构.

定理4.11 设 R 和 R' 是两个同构的交换环，而

$$\sigma: R\longrightarrow R'$$

是从 R 到 R' 的一个同构映射，那么

i) R 的零元素 0 在 σ 之下的像 $\sigma(0)$ 是 R' 的零元 $0'$.

ii) 对于 R 中的任意元素 $a,\sigma(-a)=-\sigma(a)$.

iii) 如果 R 有单位元素 e，那么 e 在 σ 之下的像 $\sigma(e)$ 是 R' 的单位元 e'.

iv) 如果 R 没有零因子，那么 R' 也没有零因子.

v) 如果 R 是域，那么 R' 也是域.

证明 i), ii) 和 iii) 的证明与定理 1.14 的证明完全一样，我们就不重复了.

现在来证明 iv). 设 $a', b' \in R'$, 而 $a'b' = 0$. 因 σ 是从 R 到 R' 的双射，所以有 $a, b \in R$, 使得

$$\sigma(a) = a',\ \sigma(b) = b'.$$

那么由 σ 是同构映射，有

$$\sigma(ab) = \sigma(a)\sigma(b) = a'b' = 0'.$$

由 σ 是双射，所以一定有

$$ab = 0.$$

因为 R 没有零因子，所以 $a = 0$ 或 $b = 0$, 于是

$$a' = \sigma(a) = \sigma(0) = 0'.$$

或

$$b' = \sigma(b) = \sigma(0) = 0'.$$

因此 R' 没有零因子.

最后来证 v). 设 R 是域，而 e 是它的单位元素，那么根据 iii), $e' = \sigma(e)$ 就是 R' 的单位元. 对于任意 $a' \in R'$ 而 $a' \neq 0$, 因为 σ 是双射，就有 $a \in R$, $a \neq 0$ 而 $\sigma(a) = a'$. 因为 R 是域，所以有 $a^{-1} \in R$, 使得 $aa^{-1} = e$. 又因 σ 是同构映射，所以 $\sigma(a)\sigma(a^{-1}) = \sigma(e) = e'$. 这就是说 $\sigma(a^{-1})$ 是 $\sigma(a) = a'$ 的逆元素. 这就证明了 R' 是域. □

4.2 同余类环

我们首先回顾交换群的商群. 设 G 是一个交换群，它的运算符号记作 "+", 它的单位元素记作 0, 并且 G 里任意元素 a 的逆元记作 $-a$. 再设 H 是 G 的一个子群, a 是 G 中的任一元素，我们规定

$$a + H = \{a + h : h \in H\}$$

为 a 对于 H 的陪集, 而 a 叫做这个陪集的一个代表元. 特别， $0 + H$ 也是一个陪集，我们把它记作 H. 在定理 2.17 中，已经证明了 G 可以表成对于 H 的两两没有公共元素的陪集的并. 设

$$G = \bigcup_{\alpha \in J} (a_\alpha + H)$$

是这样的一个分拆，其中 J 是一个足码的集合，那么记

$$G/H=\{a_\alpha+H:\alpha\in J\}.$$

对于 H 的两个陪集 $a_\alpha+H$ 和 $a_\beta+H$, 定义

$$(a_\alpha+H)+(a_\beta+H)=(a_\alpha+a_\beta)+H. \tag{4.1}$$

在定理 2.27 和推论 2.28 中已经证明这个定义是与陪集的代表元选取无关，并且 G/H 对于按 (4.1) 定义的运算是一个交换群. 我们把 G/H 叫做 G 对于 H 的*商群*.

例 4.3 设 m 是个正整数，那么 $m\mathbb{Z}$ 是 $\mathbb{Z}$ 的一个理想. 因此 $m\mathbb{Z}$ 是 $\mathbb{Z}$ 的加法群的子群. 容易看出商群 $\mathbb{Z}/m\mathbb{Z}$ 由下面的元素组成：

$$0+m\mathbb{Z}, 1+m\mathbb{Z}, 2+m\mathbb{Z}, \cdots, (m-1)+m\mathbb{Z}.$$ □

例 4.4 设 F 是一个域， $f(x)$ 是 $F[x]$ 中一个 n 次多项式. 我们知道 $(f(x))$ 是 $F[x]$ 的一个理想. 因此 $(f(x))$ 是 $F[x]$ 的加法群的一个子群. 于是有商群 $F[x]/(f(x))$. 我们再来证明，对于 $(f(x))$ 的每一个陪集中都含有唯一的一个次数小于 $\deg f(x)$ 的多项式. 设 $g(x)+(f(x))$ 是任一陪集，根据带余除法，我们有

$$g(x)=q(x)f(x)+r(x), \deg r(x)<\deg f(x),$$

那么

$$r(x)=g(x)+(-q(x))f(x)\in g(x)+(f(x)).$$

又设有 $r_1(x)\in g(x)+(f(x))$ 而 $\deg r_1(x)<\deg f(x)$, 那么

$$r_1(x)+(f(x))=g(x)+(f(x))=r(x)+(f(x)).$$

于是

$$r_1(x)=r(x)+k(x)f(x),$$

从而得到

$$r_1(x)-r(x)=k(x)f(x).$$

因此 $f(x)|(r_1(x)-r(x))$. 但

$$\deg\ (r_1(x)-r(x))\leqslant\max(\deg r(x),\deg r_1(x))<\deg f(x).$$

因此 $r_1(x)=r(x)$. 这证明了对于 $(f(x))$ 的每一个陪集中都含有唯一的一个次数小于 $\deg f(x)$ 的多项式. 我们可以选取这个次数小于 $\deg f(x)$ 的多项式作为陪集的代表元，那么我们有

$$F[x]/(f(x))=\{a_0+a_1x+a_2x^2+\cdots+a_{n-1}x^{n-1}+(f(x)):a_i\in F\}.$$ □

定义4.10 设 G 是一个交换群，而 H 是 G 的一个子群，再设 $a, b \in G$. 如果 a 和 b 属于对于 H 的同一陪集，即 $a+H=b+H$, 也即 $a-b \in H$, 那么就写

$$a \equiv b \pmod{H},$$

读作 a 同余 b 模 H, 并把它叫做 模 H 的同余式, 简称 同余式.

特别，在例 4.3 中，

$$a \equiv b \pmod{m\mathbb{Z}},$$

简记作

$$a \equiv b \pmod{m}.$$

显然， $a \equiv b \pmod{m}$, 当且仅当 $m|(a-b)$. 在例 4.4 中，我们把

$$g(x) \equiv h(x) \pmod{(f(x))}$$

简写作

$$g(x) \equiv h(x) \pmod{f(x)}.$$

显然， $g(x) \equiv h(x) \pmod{f(x)}$, 当且仅当 $f(x)|(g(x)-h(x))$.

定理4.12 设 G 是一个交换群, 而 H 是 G 的一个子群, 再设 $a_\alpha, a_\beta, b_\alpha, b_\beta \in G$. 如果

$$a_\alpha \equiv b_\alpha \pmod{H},\ a_\beta \equiv b_\beta \pmod{H},$$

那么

$$a_\alpha + a_\beta \equiv b_\alpha + b_\beta \pmod{H}.$$

证明 我们知道, $a_\alpha \equiv b_\alpha \pmod{H}$, 当且仅当 $a_\alpha + H = b_\alpha + H$, $a_\beta \equiv b_\beta \pmod{H}$, 当且仅当 $a_\beta + H = b_\beta + H$, 而 $a_\alpha + a_\beta \equiv b_\alpha + b_\beta \pmod{H}$, 当且仅当 $(a_\alpha + a_\beta) + H = (b_\alpha + b_\beta) + H$. 因此本定理只不过是定理 2.27 中所证明的在 G/H 中所定义的运算 (4.1) 不依赖陪集代表元的选择这一结果的一个等价说法而已. □

现在设 R 是一个交换环，而 I 是 R 的一个理想. 我们知道 I 是 R 的加法群的子群，所以将 R 表成对于 I 的一些两两没有共同元素的陪集 $a_\alpha + I$ 的并

$$R = \bigcup_{\alpha \in J} (a_\alpha + I),$$

其中 J 是一个足码集合. 我们把对于 I 的陪集叫做 I 的 同余类, 并记

$$R/I = \{a_\alpha + I : \alpha \in J\}.$$

定理4.13 设 R 是一个交换环，而 I 是它的一个理想，对于 R/I 中的任意两个元素 $a_\alpha + I$ 和 $a_\beta + I$, 我们定义

$$(a_\alpha + I) + (a_\beta + I) = (a_\alpha + a_\beta) + I, \tag{4.2}$$

$$(a_\alpha + I)(a_\beta + I) = (a_\alpha a_\beta) + I, \tag{4.3}$$

那么这两个定义都不依赖于陪集代表元的选择，因而可以看作R/I中的加法运算和乘法运算，更进一步，R/I 对于按 (4.2) 和 (4.3) 所规定的加法运算和乘法运算是一个交换环.

证明 R/I 中加法的定义 (4.2) 不依赖于陪集代表元的选择已在定理 2.27 中证明. 现在来证 R/I 中乘法的定义 (4.3) 亦如此. 设 $a_\alpha+I = b_\alpha+I$, $a_\beta+I = b_\beta+I$, 那么 $a_\alpha = b_\alpha + h_1$, $a_\beta = b_\beta + h_2$, 其中 h_1, $h_2 \in I$. 于是

$$\begin{aligned} a_\alpha b_\alpha + I &= (b_\alpha + h_1)(b_\beta + h_2) + I \\ &= (b_\alpha b_\beta + b_\alpha h_2 + b_\beta h_1 + h_1 h_2) + I \end{aligned}$$

因为 I 是 R 的理想，所以 $b_\alpha h_2 + b_\beta h_1 + h_1 h_2 \in I$, 因而

$$a_\alpha b_\alpha + I = b_\alpha b_\beta + I.$$

显然 R/I 对于按 (4.2), (4.3) 规定的加法运算和乘法运算是自封的. 根据定理 2.27 可知 R/I 对于加法来说是一个交换群. 还要证明 R/I 是交换环，我们需证明在 R/I 中 II.1, II.2 和 III 成立. 举 II.1 为例，其余两个的证明方法完全一样. 设 $a_\alpha + I$, $a_\beta + I \in R/I$. 根据 (4.3) 和 R 中乘法交换律成立，我们有

$$\begin{aligned} (a_\alpha + I)(a_\beta + I) &= a_\alpha a_\beta + I = a_\beta a_\alpha + I \\ &= (a_\beta + I)(a_\alpha + I). \end{aligned}$$

因此 II.1 在 R/I 中成立. □

定义4.11 设 R 是一个交换环，而 I 是 R 的一个理想. 我们把分别按 (4.2) 和 (4.3) 定义的加法运算和乘法运算所组成的交换环 R/I 叫做 R 模 I 的 同余类环, 或简称 同余类环.

推论4.14 设 R 是一个交换环，I 是 R 的一个理想，再设 $a_\alpha, a_\beta, b_\alpha, b_\beta \in R$. 如果

$$a_\alpha \equiv b_\alpha \pmod I,\ a_\beta \equiv b_\beta \pmod I,$$

那么

$$a_\alpha a_\beta \equiv b_\alpha b_\beta \pmod I.$$

证明 本推论只是定理 4.13 中元素乘法运算的定义 (4.3) 不依赖于同余类的代表元选择这一结果的一个等价叙述. □

例4.5(例 4.3 的续) 根据定理 4.13, 我们知道 $\mathbb{Z}/m\mathbb{Z}$ 是一个交换环，叫做整数环 $\mathbb{Z}$ 模 m 的同余类环. 这个交换环实质上就是以前所讨论的交换环 $\mathbb{Z}_m$. □

定理4.15 设 m 是任一个正整数，那么从 $\mathbb{Z}_m$ 到 $\mathbb{Z}/m\mathbb{Z}$ 的映射

$$k \mapsto k + (m),\ 0 \leqslant k \leqslant m-1$$

是同构映射.

证明 这是因为

$$\begin{aligned} k+l &\equiv (k+l)_m \pmod m, \\ kl &\equiv (kl)_m \pmod m). \end{aligned}$$

□

从这个定理可以知道，我们为什么要在例 4.5 的 $\mathbb{Z}_m$ 中如下规定加法和乘法

$$k \oplus l = (k+l)_m,\ k \odot l = (kl)_m.$$

推论4.16 设 p 是一个素数，那么 $\mathbb{Z}/p\mathbb{Z}$ 是 p 个元素的域.

证明 这是定理 4.15 和 4.11 v) 的推论. □

例4.6(例 4.4 续) 根据定理 4.13, 域 F 上不定元 x 的多项式环 $F[x]$ 模 $(f(x))$ 的同余类环 $F[x]/(f(x))$ 是个交换环. □

平行于定理 4.15 和它的推论，我们有

定理4.17 设 F 是一个域， $f(x)$ 是 $F[x]$ 中的一个 $\neq 0$ 的多项式，那么从 $F[x]_{f(x)}$ 到 $F[x]/(f(x))$ 的双射

$$g(x) \mapsto g(x) + (f(x)), \deg g(x) < \deg f(x)$$

是同构映射.

推论4.18 设 F 是一个域，而 $p(x)$ 是 $F[x]$ 中的一个不可约多项式，那么 $F[x]/(p(x))$ 是一个域.

平行于从一个群到另一个群的同态，我们有如下的定义.

定义4.12 设 R 和 R' 是两个交换环. 如果存在 R 到 R' 的一个映射

$$\sigma : R \to R',$$

它保持环的运算，即

$$\left.\begin{aligned} \sigma(a+b) &= \sigma(a) + \sigma(b) \\ \sigma(ab) &= \sigma(a)\sigma(b) \end{aligned}\right\} \quad \text{对所有的 } a, b \in R,$$

那么就说 σ 是一个 同态映射, 或 R 到 R' 的 同态. 此外，如果 σ 是满射，就说 R' 是 R 的 同态像.

显然，从一个交换环 R 到另一个交换 R' 的同构是 R 到 R' 的一个同态. 平行于定理 2.29, 我们有

定理4.19 设 R 是一个交换环，而 I 是 R 的理想. 那么同余类环 R/I 是 R 的同态像. 更准确地说，映射

$$\begin{aligned} \sigma :\ & R \longrightarrow R/I \\ & a \longmapsto a+I \end{aligned}$$

是 R 到 R/I 的满同态.

证明 根据 R/I 中的加法和乘法的定义,

$$\begin{aligned}\sigma(a+b) &= (a+b)+I \\ &= (a+I)+(b+I) \\ &= \sigma(a)+\sigma(b). \\ \sigma(ab) &= ab+I \\ &= (a+I)(b+I) \\ &= \sigma(a)\sigma(b).\end{aligned}$$

这证明了 σ 是一个同态. □

类似于交换环同构的定理 4.11, 我们有

定理 4.20 设 R 和 R' 是两个交换环, 而 σ 是 R 到 R' 的一个同态. 那么

i) R 的零元素 0 在 σ 之下的像 $\sigma(0)$ 是 R' 的零元素 $0'$.

ii) R 中任一元素 a 的负元素 $-a$ 在 σ 之下的像 $\sigma(-a)=-\sigma(a)$.

iii) 如果 σ 是一个满射, 并且 R 有单位元素, 那么 σ 把 R 的单位元素映到 R' 的单位元素.

但是, 我们应注意, 如果 R 是一个交换整环, 那么它的同态像不一定是交换整环. 例如, $\mathbb{Z}$ 是个交换整环, 而 $\mathbb{Z}_6$ 是在同态映射

$$\begin{aligned}\mathbb{Z} &\longrightarrow \mathbb{Z}_6 \\ n &\longmapsto (n)_6\end{aligned}$$

下的像. $\mathbb{Z}_6$ 是有零因子的环. 实际上, 在 $\mathbb{Z}_6$ 中, $2\neq 0, 3\neq 0$, 但

$$2\odot 3=(6)_6=0.$$

平行于定义 2.15, 我们有

定义 4.13 设 R 和 R' 是两个交换环, 而 σ 是 R 到 R' 的同态, 规定

$$\operatorname{Im}\sigma=\{\sigma(a):a\in R\}$$

为 σ 的像, 而

$$\operatorname{Ker}\sigma=\{a\in R:\sigma(a)=0\}$$

为 σ 的核.

我们有交换环的同态基本定理.

定理 4.21 设 R 和 R' 是两个交换环, 而 σ 是 R 到 R' 的同态, 那么

i) $\operatorname{Im}\sigma$ 是 R' 的子环.

ii) $\operatorname{Ker}\sigma$ 是 R 的理想.

iii) 同余类环 $R/\operatorname{Ker}\sigma$ 同构于子环 $\operatorname{Im}\sigma$. 更准确地说, 映射

$$\begin{aligned}\overline{\sigma}:R/\operatorname{Ker}\sigma &\longrightarrow \operatorname{Im}\sigma \\ a+\operatorname{Ker}\sigma &\longmapsto \sigma(a)\end{aligned}$$

是交换环 $R/\mathrm{Ker}\,\sigma$ 到交换环 $\mathrm{Im}\,\sigma$ 的一个同构.

该定理的证明类似于定理 2.31 的证明，其证明留给读者作为练习.

推论4.22 设 R 和 R' 是两个交换环，而 σ 是 R 到 R' 的一个同态. 那么

i) σ 是满射，当且仅当 $\mathrm{Im}\,\sigma = R'$.

ii) σ 是单射，当且仅当 $\mathrm{Ker}\,\sigma = (0)$.

我们可以用同余类环来刻划极大理想.

定理4.23 设 R 是有单位元的交换环，M 是 R 的理想. 那么 M 是 R 的极大理想当且仅当同余类环 R/M 是域.

证明 设 M 是 R 的极大理想. 对于任意 $a+M \in R/M$, 而 $a+M \neq M$. 有 $a \notin M$. 易证 $I = \{\alpha a + m : \alpha \in R, m \in M\}$ 是 R 的理想，但 $I \neq M$, 而 M 极大，所以 $I = R$. 于是 $1 \in R$ 可表成 $1 = xa + m$, 这里 $x \in R$, $m \in M$. 于是 $1 + M = (x+M)(a+M)$, 即 $a+M$ 在 R/M 中有逆 $x+M$. 故 R/M 是域.

反之，设 R/M 是域，I 是 R 的理想，$I \supset M, I \neq M$. 那么有 $a \in I, a \notin M$. 于是有 $x \in R$ 使得 $(x+M)(a+M) = 1+M$. 那么 $1 - xa \in M \subset I$. 因为 $a \in I$, 所以 $1 \in I, I = R$. 因此 M 是极大理想. □

4.3 孙子定理和环的直和分解

设 m 是一个大于 1 的整数，并假定

$$m = m_1 m_2 \cdots m_r,$$

其中 $m_1, m_2, \cdots, m_r$ 是两两互素而且大于 1 的整数. 对于任意 $n \in \mathbb{Z}_m$, 我们有

$$(n)_{m_i} \in \mathbb{Z}_{m_i}, \text{ 对 } i = 1, 2, \cdots, r.$$

问题是，反过来，任给 $n_i \in \mathbb{Z}_{m_i}, i = 1, 2, \cdots, r$, 是否有 $n \in \mathbb{Z}_m$, 使得

$$(n)_{m_i} = n_i, \text{ 对 } \quad i = 1, 2, \cdots, r.$$

即是否有 $n \in \mathbb{Z}_m$, 使得同余式

$$n \equiv n_i \pmod{m_i}, \quad i = 1, 2, \cdots, r$$

同时成立. 这个问题的答案是肯定的，这就是

定理4.24(孙子定理) 设 $m_1, m_2, \cdots, m_r$ 是 r 个两两互素的大于 1 的整数，令

$$m = m_1 m_2 \cdots m_r.$$

那么任给 $n_i \in \mathbb{Z}_{m_i}, i = 1, 2, \cdots, r$, 有唯一的一个 $n \in \mathbb{Z}_m$, 使得下面 r 个同余式

$$n \equiv n_i \pmod{m_i}, \qquad i = 1, 2, \cdots, r. \tag{4.4}$$

同时成立.

证明 令

$$\hat{m}_i = \frac{m}{m_i}, \qquad i = 1, 2, \cdots, r.$$

那么 $\hat{m}_1, \hat{m}_2, \cdots, \hat{m}_r$ 的最大公因数是1. 根据推论 4.6, 存在 r 个整数 $c_1, c_2, \cdots, c_r$, 使得

$$1 = c_1\hat{m}_1 + c_2\hat{m}_2 + \cdots + c_r\hat{m}_r.$$

显然有

$$c_i\hat{m}_i \equiv 1 \pmod{m_i}, \quad i = 1, 2, \cdots, r,$$
$$c_i\hat{m}_i \equiv 0 \pmod{m_j}, \quad 对 j \neq i.$$

如果令

$$n = (c_1\hat{m}_1 n_1 + c_2\hat{m}_2 n_2 + \cdots + c_r\hat{m}_r n_r)_m,$$

那么 $n \in \mathbb{Z}_m$, 而

$$n \equiv n_i \pmod{m_i}, \qquad i = 1, 2, \cdots, r.$$

更进一步, 假设还有 $n' \in \mathbb{Z}_m$, 而 n' 也适合

$$n' = n_i \pmod{m_i}, \qquad i = 1, 2, \cdots, r.$$

那么

$$n - n' \equiv 0 \pmod{m_i}, \quad i = 1, 2, \cdots, r.$$

这就是说

$$m_i | (n - n'), \qquad i = 1, 2, \cdots, r.$$

因为 $m_1, m_2, \cdots, m_r$ 是两两互素的, 所以

$$m | (n - n').$$

但 $n, n' \in \mathbb{Z}_m$, 所以 $0 \leqslant |n - n'| < m$. 因此一定有 $n - n' = 0$, 即 $n = n'$. 这证明了 $\mathbb{Z}_m$ 中同时适合同余式组 (4.4) 的元素 n 是唯一确定的. □

例4.7 "今有物不知其数, 三三数之剩二, 五五数之剩三, 七七数之剩二, 问物几何? (见孙子算经, "物不知其数" 一问).

用现代的话来说, 这个问题是要求一个正整数 n 适合下面三个同余式

$$n \equiv 2 \pmod 3,$$
$$n \equiv 3 \pmod 5,$$
$$n \equiv 2 \pmod 7.$$

孙子算经中给出了解这个问题的一个算法:

"术曰: 三三数之剩二, 置一百四十, 五五数之剩三, 置六十三; 七七数之剩二, 置三十; 并之得二百三十三; 以二百一十减之即得. 凡三三数之剩一, 则置七十; 五五数之剩一, 则置二十一; 七七数之剩一, 则置十五; 一百六以上, 以一百五减之即得."

孙子算经 (3~5 世纪).

后来, 程大位将这一算法编成一个歌诀:

"三人同行七十稀,
五树梅花廿一枝,
七子团圆正月半,
除百零五便得知."

程大位, 算法统宗 (1593).

这个歌诀的意思是说：用 70 去乘用 3 去除 n 所得的余数 2, 用 21 去乘用 5 去除 n 所得的余数 3, 再用 15 去乘用 7 去除 n 所得的余数 2, 将所得的三个数 $70\times 2, 21\times 3, 15\times 2$ 相加，然后再将所得的和 $70\times 2+21\times 3+15\times 2$ 用 105 去除，所得的余数就是 n. 即

$$n=(70\times 2+21\times 3+15\times 2)_{105}=23.$$

我们知道 $105=3\times 5\times 7$, 但 70, 21, 15 这三个数怎样来的呢？ □

显然 $5\times 7=35, 3\times 7=21, 3\times 5=15$ 这三个数的最大公因数是 1, 因此有三个整数 c_1, c_2, c_3 使得

$$c_1\cdot 35+c_2\cdot 21+c_3\cdot 15=1. \tag{4.5}$$

令

$$e_1=c_1\cdot 35,\quad e_2=c_2\cdot 21,\quad e_3=c_3\cdot 15, \tag{4.6}$$

那么由 (4.5) 式和 (4.6) 式可得

$$\left.\begin{array}{lll} e_1\equiv 1\ (\bmod 3), & e_1\equiv 0\ (\bmod 5), & e_1\equiv 0\ (\bmod 7),\\ e_2\equiv 0\ (\bmod 3), & e_2\equiv 1\ (\bmod 5), & e_2\equiv 0\ (\bmod 7),\\ e_3\equiv 0\ (\bmod 3), & e_3\equiv 0\ (\bmod 5), & e_3\equiv 1\ (\bmod 7). \end{array}\right\} \tag{4.7}$$

于是

$$n=(e_1\cdot 2+e_2\cdot 3+e_3\cdot 2)_{105}.$$

当然可以用辗转相除法求出适合 (4.6) 式的 c_1, c_2, c_3, 再由 c_1, c_2, c_3 算出 e_1, e_2, e_3. 但也可以直接求适合条件 (4.7) 的 e_1, e_2, e_3. 从 (4.7) 中第一行的三个同余式可知，e_1 需要是 5 和 7 的倍数中被 3 除余 1 的一个，而 70 就是这样的一个数. 从 (4.7) 中第二行的三个同余式可知，e_2 需要是 3 和 7 的倍数中被 5 除余 1 的一个，而 21 就是这样的一个数. 从 (4.7) 第三行的三个同余式可知，e_3 需要是 3 和 5 的倍数中被 7 除余 1 的一个，而 15 就是这样一个数. 这说明 70, 21,15 这三个数的由来. □

基于上面例题的解法，我们可以给定理 4.24 的证明加一注记. 当然在定理 4.24 的证明中，可以用辗转相除法求出 $c_1, c_2, \cdots, c_n$, 使得

$$c_1\hat{m}_1+c_2\hat{m}_2+\cdots+c_n\hat{m}_n=1,$$

再令

$$e_i=(c_i\hat{m}_i)_m,\quad i=1, 2, \cdots, r,$$

就求出了 $e_1, e_2, \cdots, e_n$. 但也可以直接求解它们所适合的同余式组：

$$\left.\begin{array}{l} e_i\equiv 1\ (\bmod m_i),\\ e_i\equiv 0\ (\bmod m_j),\quad 如\ j\neq i, \end{array}\right\}\ i=1, 2, \cdots, r.$$

因为 m_i 和 $\hat{m}_i$ 互素，故用辗转相除法可求得 a_i 和 b_i, 使得

$$a_i\hat{m}_i+b_im_i=1,\quad i=1, 2, \cdots, r.$$

那么取

$$e_i = (a_i \hat{m}_i)_m, \quad i = 1, 2, \cdots, r$$

即可.

因此我们可以给出定理 4.24 中 n 的存在性的另一证明：

证明 令

$$\hat{m}_i = \frac{m}{m_i}, \quad i = 1, 2, \cdots, r,$$

那么 $\hat{m}_i$ 和 m_i 互素 ($i = 1, 2, \cdots, r$). 于是存在整数 a_i 和 b_i ($i = 1, 2, \cdots, r$), 使得

$$a_i \hat{m}_i + b_i m_i = 1, \quad i = 1, 2, \cdots, r.$$

令

$$e_i = (a_i \hat{m}_i)_m,$$

那么 $e_i \in \mathbb{Z}_m$ 而

$$\left.\begin{array}{ll} e_i \equiv 1 \pmod{m_i}, & \\ e_i \equiv 0\ (\mathrm{mod}, m_j), & \text{如果 } j \neq i, \end{array}\right\} i = 1, 2, \cdots, r. \tag{4.8}$$

因此，如果令

$$n = (e_1 n_1 + e_2 n_2 + \cdots + e_r n_r)_m,$$

则 $n \in \mathbb{Z}_m$ 而

$$n \equiv n_i \pmod{m_i}, \quad i = 1, 2, \cdots, r. \qquad \square$$

推论4.25 设 $m_1, m_2, \cdots, m_r$ 是两两互素的大于 1 的 r 个整数，令

$$m = m_1 m_2 \cdots m_r,$$

那么对任意 $n \in \mathbb{Z}_m^*$, 我们有 $(n)_{m_i} \in \mathbb{Z}_{m_i}^*$. 反过来，任给 $n_i \in \mathbb{Z}_{m_i}^*$, $i = 1, 2, \cdots, r$, 那么有唯一的一个 $n \in \mathbb{Z}_m$ 使 (4.4) 中 r 个同余式同时成立.

证明 设 $n \in \mathbb{Z}_m^*$, 那么 $\gcd(n, m) = 1$. 因此 $\gcd((n)_{m_i}, m_i) = 1$, 即 $(n)_{m_i} \in \mathbb{Z}_{m_i}^*$.

反之，任给 $n_i \in \mathbb{Z}_{m_i}^*$, $i = 1, 2, \cdots, r$, 根据孙子定理，有唯一的一个 $n \in \mathbb{Z}_m$, 使得下面 r 个同余式

$$n \equiv n_i \pmod{m_i}, \quad i = 1, 2, \cdots, r$$

同时成立. 因为 $n_i \in \mathbb{Z}_{m_i}^*$, 所以 $\gcd(n_i, m_i) = 1$. 因而由上式推出 $\gcd(n, m_i) = 1$, $i = 1, 2, \cdots, r$. 因为 $m = m_1 m_2 \cdots m_r$, 所以 $\gcd(n, m) = 1$. 即 $n \in \mathbb{Z}_m^*$. $\square$

推论4.26 设 $m_1, m_2, \cdots, m_r$ 是两两互素的大于 1 的 r 个整数，令

$$m = m_1 m_2 \cdots m_r,$$

那么

$$\phi(m) = \phi(m_1)\phi(m_2) \cdots \phi(m_r),$$

这里 $\phi(m)$ 是群 $\mathbb{Z}_m^*$ 的阶，即小于 m 的正整数中与 m 互素的个数. 特别，如果

$$m = p_1^{e_1} p_2^{e_2} \cdots p_r^{e_r},$$

10.5 确定不可约多项式和本原多项式的问题

在 3.2 节中我们曾经指出，要具体构造 p^n 个元素的有限域 $\mathbb{F}_{p^n}$ (这里 p 是一个素数，而 n 是个正整数), 需要求出 $\mathbb{F}_p$ 上一个 n 次不可约多项式. 为了得到 $\mathbb{F}_{p^n}$ 的一个本原元素，也需要求出 $\mathbb{F}_p$ 上一个 n 次本原多项式. 因此求 $\mathbb{F}_p$ 上 n 次不可约多项式和本原多项式是有意义的.

因为 $\mathbb{F}_q$ 上的 n 次本原多项式是周期等于 q^n-1 的 n 次不可约多项式，所以要确定 n 次本原多项式可以先确定 n 次不可约多项式，然后再计算一下它的周期是否等于 q^n-1. 关于后一个问题，即计算不可约多项式周期，可以利用 10.2 节介绍的方法来计算，但困难之处是当 n 和 q 较大时， q^n-1 的素因数分解问题.

怎样确定 $\mathbb{F}_q$ 上的不可约多项式呢？我们知道不可约多项式在多项式中的地位相当于素数在整数中的地位. 在 0.2 节我们介绍了求素数的筛法. 当然也可以用筛法来求不可约多项式. 譬如将次数 $\geqslant 1$ 而 $\leqslant n$ 的多项式按次数排列成表，次数小的排在前面，次数大的排在后面，次数相等的多项式按某种规则排列前后. 那么排在最前面的多项式是不可约的，把它圈出来，再把它的倍式从表中划去. 剩下的没有圈和没有划的多项式中排在最前面多项式又是不可约的，把它圈出来，再把它的倍式从表中划去；等等. 但这种做法，只要 n 适当大，工作量就太大. 因此通常并不采用这种办法.

为了确定有限域上的不可约多项式，人们探讨了判定一个多项式是否可约一些方法. 利用这些方法去判定一个多项式是否可约. 这样就可以从次数 $\leqslant n$ 的不可约多项式的表中删去这些可约的多项式. 于是就得到了所有次数 $\leqslant n$ 的不可约多项式. 10.3 节介绍的方法就可以用来判定一个多相式是否可约. 但这个方法毕竟比较复杂. 因此人们先用一些简单的容易判定一个多项式是可约多项式的方法删去一些可约多项式，然后再对剩下的多项式采用 10.3 节介绍的方法来判定它究竟可约还是不可约. 有时如果能够比较容易地找到 $\mathbb{F}_q[x]_{f(x)}$ 中一个 $\neq 1$ 的非零幂等元，那么根据定理 4.36 也可以判定 $f(x)$ 是否可约.

常用的判定 $\mathbb{F}_2$ 上的一个 $n(\geqslant 1)$ 次多项式是可约多项式的方法有：

1) 如果 $f(x)$ 的常数项等于零，除非 $f(x)=x$, 否则 $f(x)$ 一定可约.

2) 如果 $f(x)$ 中系数等于 1 的项的个数是偶数，那么 $f(x)$ 一定可约.

3) 如果 $f(x)$ 中系数等于 1 的项的 x 的幂次都是 2 的倍数，那么 $f(x)$ 一定可约.

4) 如果 $\gcd(f(x), f'(x)) \neq 1$, 那么 $f(x)$ 一定可约.

5) 如果 $f(x+1)$ 可约，那么 $f(x)$ 也可约.

6) 如果 $x^n f(\frac{1}{x})$ 可约，那么 $f(x)$ 可约，等等.

对于 $\mathbb{F}_2$ 上的三项式 $f_{n,k}(x)=x^n+x^k+1\,(n,\,k$ 不同时是偶数), 还有

仍把 $\mathbb{Z}_m$ 中的加法运算符号和乘法运算符号分别记作 $\oplus$ 和 $\odot$, 那么

i) $e_1, e_2, \cdots, e_r$ 都是 $\mathbb{Z}_m$ 中不等于 0 的元素，而且

$$e_i^2 = e_i \odot e_i = e_i, \quad i = 1, 2, \cdots, r, \tag{4.10}$$

$$e_i \odot e_j = 0, \text{ 如果 } i \neq j, \tag{4.11}$$

$$1 = e_1 \oplus e_2 \oplus \cdots \oplus e_r. \tag{4.12}$$

ii) 令

$$\mathbb{Z}'_{m_i} = e_i\mathbb{Z}_m = \{e_i \odot n : n \in \mathbb{Z}_m\}, \ i = 1, 2, \cdots, r,$$

那么 $\mathbb{Z}'_{m_i}$ 是 $\mathbb{Z}_m$ 的理想， e_i 是它的单位元素，而映射

$$\sigma_i : k \mapsto e_i \odot k, \quad 0 \leqslant k < m_i$$

是从 $\mathbb{Z}_{m_i}$ 到 $\mathbb{Z}'_{m_i}$ 的同构映射.

iii) $\mathbb{Z}_m$ 中任一元素 n 都可以唯一地表示 $\mathbb{Z}'_{m_1}$ 中一个元素， $\mathbb{Z}'_{m_2}$ 中一个元素, $\cdots$, 和 $\mathbb{Z}'_{m_r}$ 中一个元素的和，更准确地说,

$$n = e_1 \odot n \oplus e_2 \odot n \oplus \cdots \oplus e_r \odot n$$

证明 先证 i). 显然有 (4.8)

$$\left.\begin{array}{l} e_i \equiv 1 \ (\operatorname{mod} m_i), \\ e_i \equiv 0 \ (\operatorname{mod} m_j), \text{ 如果 } i \neq j \end{array}\right\} i = 1, 2, \cdots, r.$$

因此 $e_i \neq 0\,(i = 1, 2, \cdots, r)$. 根据推论 4.14, 我们有

$$\begin{array}{l} e_i^2 \equiv 1 \ (\operatorname{mod} m_i), \\ e_i^2 \equiv 0 \ (\operatorname{mod} m_j), \text{ 如果 } i \neq j. \end{array}$$

根据孙子定理的唯一性部分，我们有

$$(e_i^2)_m = e_i, \quad i = 1, 2, \cdots, r,$$

由此可知 (4.10) 成立.

当 $i \neq j$ 时，根据推论 4.14, 从 (4.8) 推出

$$e_ie_j \equiv 0 \ (\operatorname{mod}\ m_k), \quad k = 1, 2, \cdots, r.$$

仍根据孙子定理的唯一性部分有

$$(e_ie_j)_m = 0, \text{ 如果 } i \neq j.$$

由此可知 (4.11) 成立.

显然也有

$$e_1 + e_2 + \cdots + e_r \equiv 1\,(\operatorname{mod} m_i), \quad i = 1, 2, \cdots, r.$$

再根据孙子定理的唯一性部分，我们有

$$(e_1+e_2+\cdots+e_r)_m=1.$$

由此可知 (4.12) 成立.

这就证明了 i).

再证明 ii). 显然 $\mathbb{Z}'_{m_i}$ 是 $\mathbb{Z}_m$ 的由 e_i 生成的理想，并且 $\mathbb{Z}'_{m_i}$ 中的任一元素可表成 $e_i\odot n, n\in\mathbb{Z}_m$. 因此

$$e_i\odot(e_i\odot n)=(e_i\odot e_i)\odot n=e_i\odot n.$$

这就是说， e_i 是 $\mathbb{Z}'_{m_i}$ 的单位元素. 我们再证明 σ_i 是一个同构映射，假定

$$e_i\odot k=e_i\odot l,\quad 0\leqslant k,\, l\leqslant m_i,$$

那么

$$(a_i\hat{m}_ik)_m=(a_i\hat{m}_il)_m,$$

于是

$$m|a_i\hat{m}_i(k-l),$$

因此

$$m_i|a_i(k-l).$$

但由 (4.9) 式知 $\gcd(a_i,m_i)=1$, 所以

$$m_i|(k-l).$$

因为 $0\leqslant k, l<m_i$, 所以一定有 $k=l$. 这证明了 σ_i 是单射. 再证明 σ_i 是满射. 设 $e_i\odot n$ 是 $\mathbb{Z}'_{m_i}$ 中的任意元素，其中 $n\in\mathbb{Z}_m$. 根据带余除法,

$$n=qm_i+r,\quad 0\leqslant r<m_i.$$

因为 $m=m_i\hat{m}_i$, 所以

$$\begin{aligned}e_i\odot n &=(a_i\hat{m}_in)_m=(a_i\hat{m}_i(qm_i+r))_m\\ &=(a_i\hat{m}_ir)_m=e_i\odot r.\end{aligned}$$

这证明了 $e_i\odot n$ 是 $r\in\mathbb{Z}'_{m_i}$ 在 σ_i 之下的像，因此 σ_i 是一个双射.

将 $\mathbb{Z}_{m_i}$ 中的加法运算符号和乘法运算符号分别记成 $\oplus_i$ 和 $\odot_i$. 根据上段的证明，对于任意 $n\in\mathbb{Z}$, 有

$$e_i\odot(n)_m=e_i\odot(n)_{m_i},$$

所以对于任意 $k, l\in\mathbb{Z}_{m_i}$, 有

$$\begin{aligned}\sigma_i(k\oplus_i l) &=e_i\odot(k\oplus_i l)=e_i\odot(k+l)_{m_i}=e_i\odot(k+l)_m\\ &=(a_i\hat{m}_i(k+l))_m=(a_i\hat{m}_ik+a_i\hat{m}_il)_m\\ &=(a_i\hat{m}_ik)_m\oplus(a_i\hat{m}_il)_m=e_i\odot k\oplus e_i\odot l\\ &=\sigma_i(k)\oplus\sigma_i(l),\end{aligned}$$

$$\begin{aligned}\sigma_i(k \odot_i l) &= e_i \odot (k \odot_i l) = e_i \odot (kl)_{m_i} \\ &= e_i \odot (kl)_m = e_i \odot e_i \odot (kl)_m \\ &= (a_i\hat{m}_i a_i\hat{m}_i kl)_m = ((a_i\hat{m}_i k)(a_i\hat{m}_i l))_m \\ &= (a_i\hat{m}_i k)_m \odot (a_i\hat{m}_i l)_m = (e_i \odot k) \odot (e_i \odot l) \\ &= \sigma_i(k) \odot \sigma_i(l).\end{aligned}$$

这证明了 σ_i 是同构映射.

最后来证明 iii). 对任一 $n \in \mathbb{Z}_m$, 将 n 乘 (4.12) 式双方，得

$$n = e_1 \odot n \oplus e_2 \odot n \oplus \cdots \oplus e_r \odot n,\ e_i \odot n \in \mathbb{Z}'_m.$$

如果 n 还有另一种表法:

$$n = e_1 \odot n_1 \oplus e_2 \odot n_2 \oplus \cdots + e_r \odot n_r,\ n_i \in \mathbb{Z}_m,$$

将上式双方都乘以 e_i, 得到

$$e_i \odot n = e_i \odot n_i.$$

上式对 $i = 1, 2, \cdots, r$ 都成立. 这证明了表法的唯一性. □

我们给出下面两个定义.

定义 4.14 设 R 是一个交换环, e 是 R 的一个元素. 如果 $e^2 = e$, 那么 e 就叫做 R 的*幂等元*. 显然 R 的零元素是幂等元. R 中除了 0 以外的幂等元叫做*非零幂等元*. 再设 e_1 和 e_2 是 R 的两个非零幂等元. 如果 $e_1e_2 = 0$, 我们就说 e_1 和 e_2 *正交*.

定义 4.15 设 R 是一个交换环，而 $R_1, R_2, \cdots, R_r$ 是 R 的 r 个理想. 如果 R 的每一个元素 a 都可以地表成

$$a = a_1 + a_2 + \cdots + a_r,\ a_i \in R_i. \tag{4.13}$$

我们就说 R 分成了它的理想 $R_1, R_2, \cdots, R_r$ 的*和*, 并记

$$R = R_1 + R_2 + \cdots + R_r.$$

如果对任意 $a \in R$ 表法 (4.13) 唯一，就说 R 分成了它的理想 $R_1, R_2, \cdots, R_r$ 的*直和*, 记作

$$R = R_1 \dot{+} R_2 \dot{+} \cdots \dot{+} R_r.$$

易证， R 是它的理想 $R_1, R_2, \cdots, R_r$ 的直和当且仅当

i) R 的每个元素 x 可以表成 $x = x_1 + x_2 + \cdots + x_r$, $x_r \in R$,

ii) 对于任意 $x_1 \in R_1$, $x_2 \in R_2$, $\cdots$, $x_r \in R_r$, 从

$$x_1 + x_2 + \cdots + x_r = 0$$

推出 $x_1 = 0 = x_2 = \cdots = x_r = 0$.

基于上述两个定义，定理 4.27 的 i) 和 iii) 可以重新叙述成.

i) $e_1, e_2, \cdots, e_r$ 是 $\mathbb{Z}_m$ 的 r 个两两正交的非零幂等元，而 $\mathbb{Z}_m$ 的单位元素 1 分解成它们的和

$$1 = e_1 \oplus e_2 \oplus \cdots \oplus e_r.$$

iii) $\mathbb{Z}_m$ 分解成了它的理想 $\mathbb{Z}'_{m_1}, \mathbb{Z}'_{m_2}, \cdots, \mathbb{Z}'_{m_r}$ 的直和，即

$$\mathbb{Z}_m = \mathbb{Z}'_{m_1} \dot{\oplus} \mathbb{Z}'_{m_2} \dot{\oplus} \cdots \dot{\oplus} \mathbb{Z}'_{m_r}.$$

设 F 是域,$F[x]$ 是 F 上 x 的多项式环. 那么对于 $F[x]$, 有下面一系列平行的结果.

定理4.28(孙子定理) 设 F 是任意一域，而 $f_1(x), f_2(x), \cdots, f_r(x)$ 是 $F[x]$ 中 r 个两两互素的次数 $\geqslant 1$ 的多项式. 令

$$f(x) = f_1(x) f_2(x) \cdots f_r(x),$$

那么对任一 $g(x) \in F[x]_{f(x)}$, 都有 $(g(x))_{f_i(x)} \in F[x]_{f_i(x)}$, 而

$$g(x) \equiv (g(x))_{f_i(x)} \pmod{f_i(x)}.$$

反之，任给 $g_i(x) \in F[x]_{f_i(x)}$, $i = 1, 2, \cdots, r$, 都有唯一的一个 $g(x) \in F[x]_{f(x)}$, 使得下面这 r 个同余式

$$g(x) \equiv g_i(x) \pmod{f_i(x)}, \quad i = 1, 2, \cdots, r \tag{4.14}$$

同时成立.

推论4.29 在定理 4.28 的前提下, 对任一 $g(x) \in F[x]^*_{f(x)}$, 我们都有 $(g(x))_{f_i(x)} \in F^*[x]_{f(x)}$, 反之，任给 $g_i(x) \in F[x]^*_{f(x)}$, $i = 1, 2, \cdots, r$, 那么有唯一的一个 $g(x) \in F[x]^*_{f(x)}$, 使得定理 4.26 中的 r 个同余式同时成立.

设 $f(x)$ 是 $F_q[x]$ 中次数 $\geqslant 1$ 的一个多项式，我们把群 $F_q[x]^*_{f(x)}$ 的阶记作 $\Phi(f)$. 那么我们有

推论4.30 设 $f_1(x), f_2(x), \cdots, f_r(x)$ 是 $F_q[x]$ 中 r 个两两互素的次数 $\geqslant 1$ 的多项式. 令

$$f(x) = f_1(x) f_2(x) \cdots f_r(x),$$

那么

$$\Phi(f) = \Phi(f_1) \Phi(f_2) \cdots \Phi(f_r).$$

特别，如果每个 $f_i(x)$ 是一个不可约多项式 $p_i(x)$ 的幂，譬如 $f_i(x) = p_i(x)^{e_i}$, 其中 $\deg p_i(x) = n_i$ $(1 \leqslant i \leqslant r)$, 那么 $n = \sum_{i=1}^{r} n_i e_i$, 而

$$\Phi(f) = \prod_{i=1}^{r} q^{n_i(e_i-1)}(q^{n_i} - 1) = q^n \prod_{i=1}^{r} \left(1 - \frac{1}{q^{n_i}}\right).$$

定理4.31 在定理 4.28 的前提下，令

$$\hat{f}_i(x) = f(x)/f_i(x),$$

那么对任一 $i = 1, 2, \cdots, r$, $\hat{f}_i(x)$ 和 $f_i(x)$ 都互素，因而有 r 对多项式 $a_i(x)$ 和 $b_i(x)$ $(i = 1, 2, \cdots, r)$ 存在，使得

$$1 = a_i(x) \hat{f}_i(x) + b_i(x) f_i(x), \quad i = 1, 2, \cdots, r.$$

再令

$$e_i = (a_i(x)\hat{f}_i(x))_{f(x)}, \quad i = 1, 2, \cdots, r.$$

仍把 $F[x]_{f(x)}$ 中的加法符号和乘法符号分别记作 $\oplus$ 和 $\odot$, 那么

i) 上面所定义的 $e_1, e_2, \cdots, e_r$ 是 $F[x]_{f(x)}$ 中 r 个互相正交的非零的幂等元, 而且

$$1 = e_1 \oplus e_2 \oplus \cdots \oplus e_r.$$

ii) 令

$$F[x]'_{f_i(x)} = \{e_i \odot g(x) : g(x) \in F[x]_{f(x)}\}, \quad i = 1, 2, \cdots, r,$$

那么 $F[x]'_{f_i(x)}$ 是 $F[x]_{f(x)}$ 的理想, e_i 是它的单位元, 而映射

$$\sigma_i : k(x) \mapsto e_i \odot k(x), \ k(x) \in F[x]_{f_i(x)}$$

是 $F[x]_{f_i(x)}$ 到 $F[x]'_{f_i(x)}$ 的一个同构映射.

iii) $F[x]_{f(x)}$ 分解成它的理想 $F'[x]_{f_1(x)}, F'[x]_{f_2(x)}, \cdots, F'[x]_{f_r(x)}$ 的直和

$$F[x]_{f(x)} = F'[x]_{f_1(x)} \dot{\oplus} F'[x]_{f_2(x)} \dot{\oplus} \cdots \dot{\oplus} F'[x]_{f_r(x)}.$$

由于这些定理的证明和前面 $\mathbb{Z}$ 中相应的定理的证明完全一样, 在这里我们就不重复了.

关于一般的有单位元 1 的交换环的直和分解, 我们有

定理4.32 设 R 是有单位元 1 的交换环, 并假定 R 分解成 r 个非零理想 $R_1, R_2, \cdots, R_r$ 的直和

$$R = R_1 \dot{+} R_2 \dot{+} \cdots \dot{+} R_r. \tag{4.15}$$

再设 R 的单位元 1 在 R 的这个直和分解中表成

$$1 = e_1 + e_2 + \cdots + e_r, \ e_i \in R_i, \tag{4.16}$$

那么 $e_1, e_2, \cdots, e_r$ 是 r 个两两正交的非零幂等元, 并且 e_i 是 R_i 的单位元素. 反过来, 如果 1 分解成两两正交的非零幂等元 $e_1, e_2, \cdots, e_r$ 的和 (4.16), 令 $R_i = e_i R$, 那么 R_i 是 R 的非零理想, 而 R 是 $R_1, R_2, \cdots, R_r$ 的直和.

证明 先设 R 分解成它的 r 个非零理想 $R_1, R_2, \cdots, R_r$ 的直和 (4.15), 而 R 的单位元 1 在这个直和分解中分解成 $e_1, e_2, \cdots, e_r$ 的和, $e_i \in R_i$, 即 (4.16) 成立. 将 (4.16) 双方乘以 e_i, 那么

$$e_i = e_i e_1 + e_i e_2 + \cdots + e_i e_i + \cdots + e_i e_r.$$

因为 R_j 是 R 的理想, 而 $e_j \in R_j$, 所以 $e_i e_j \in R_j \, (j = 1, 2, \cdots, r)$. 因此上式就是 e_i 按 R 的直和分解 (4.15) 表成 R_1 中的元素 $e_i e_1$, R_2 中的元素 $e_i e_2 \cdots$, 和 R_r 中元素 $e_i e_r$ 的和的分解. 但 e_i 在直和分解 (4.15) 中显然可表成

$$e_i = 0 + 0 + \cdots + 0 + \underbrace{e_i}_{\text{第 } i \text{ 项}} + 0 + \cdots + 0.$$

根据表示的唯一性推出

$$e_ie_i = e_i$$
$$e_ie_j = 0, \text{ 如果 } i \neq j.$$

这证明了 $e_1, e_2, \cdots, e_r$ 是两两正交的幂等元. 更进一步, 设 a_i 是 R_i 中任一元素, 将 (4.16) 式双方乘以 a_i, 得

$$a_i = e_1a_i + e_2a_i + \cdots + e_ia_i + \cdots + e_ra_i.$$

仍因 R_j 是 R 的理想, 而 $e_j \in R_j$, 所以 $e_ja \in R_j\,(j = 1, 2, \cdots, r)$. 因此上式就是 a_i 按 R 的直和分解 (4.15) 的表示, 但 a_i 显然又可表成

$$a_i = 0 + 0 + \cdots + \underbrace{a_i}_{\text{第 } i \text{ 项}} + 0 + \cdots + 0.$$

仍根据表示法的唯一性, 推出

$$e_ia_i = a_i, \text{ 对任意 } a_i \in R_i.$$

这证明了 e_i 是 R_i 的单位元素. 因 $R_i \neq (0)$, 所以 $e_i \neq 0\,(i = 1, 2, \cdots, r)$.

反过来, 设 (4.16) 成立, 即

$$1 = e_1 + e_2 + \cdots + e_r,$$

其中 $e_1, e_2, \cdots, e_r$ 是两两正交的非零幂等元. 令

$$R_i = e_iR,$$

那么 R_i 是 R 中由 e_i 生成的理想, 而 e_i 是它的单位元素. 显然 $R_i \neq (0)$. 设 a 是 R 中任意元素, 将 (4.16) 双方乘以 a, 得

$$a = e_1a + e_2a + \cdots + e_ra, \quad e_ia \in R_i.$$

设 a 有另一种方法表示成 R_1 的一个元素 a_1, R_2 的一个元素 $a_2, \cdots$, 和 R_r 的一个元素 a_r 的和.

$$a = a_1 + a_2 + \cdots + a_r, \quad a_i \in R_i.$$

将上式双方乘以 e_i, 得

$$e_ia = e_ia_1 + e_ia_2 + \cdots + e_ia_r.$$

因为 e_j 是 R_j 的单位元素, 所以

$$e_ia_j = e_i(e_ja_j) = (e_ie_j)a_j = 0, \text{ 如果 } i \neq j.$$

因此

$$e_ia = e_ia_i = a_i.$$

这证明了 a 可以唯一地表成 R_1 的一个元素, R_2 的一个元素, $\cdots$, 和 R_r 的一个元素的和, 这就是说 R 是 $R_1, R_2, \cdots, R_r$ 的直和. □

定义 4.16 设 R 是一个交换环, e 是 R 的一个非零幂等元. 如果 e 不能分解成两个互相正交的非零幂等元的和, e 就叫做*本原幂等元*.

引理4.33 设 R 是一个交换环, e 是 R 的一个本原幂等元, 那么 e 生成的理想

$$eR = \{ea : a \in R\}$$

以 e 为单位元素, 而 eR 中除了 e 以外不再有其他的非零幂等元.

证明 显然, eR 是以 e 为单位元素. 如 e' 是 eR 中的一个非零幂等元, 那么

$$e = e' + (e - e'),$$

而

$$(e - e')^2 = e - e',\ e'(e - e') = 0.$$

因此 e 就分解成两个互相正交的幂等元 e' 和 $e - e'$ 的和. 因 e 是本原幂等元, 而 $e' \neq 0$. 所以 $e = e'$. □

定理4.34 设 R 是一个有单位元 1 的交换环. 如果 1 可表成有限个两两正交的本原幂等元的和, 那么 R 只有这有限个本原幂等元, 因此 1 分解成有限个两两正交的本原幂等元和的分解法, 除本原幂等元的排列次序以外是唯一确定的.

证明 设 1 分解成 r 个两两正交本原幂等元 $e_1, e_2, \cdots, e_r$ 的和

$$1 = e_1 + e_2 + \cdots + e_r.$$

再设 e 是 R 的任意一个本原幂等元. 将上式两边乘以 e, 得

$$e = e_1e + e_2e + \cdots + e_re.$$

因为 $e \neq 0$, 所以至少有一个 i, 使得 $e_ie \neq 0$. 那么

$$e = e_ie + (1 - e_i)e.$$

显然

$$\begin{aligned}(e_ie)^2 &= e_i^2e^2 = e_ie\\ ((1-e_i)e)^2 &= (1-e_i)^2e^2 = (1-e_i)e,\\ (e_ie)(1-e_i)e &= e_i(1-e_i)e^2 = 0.\end{aligned}$$

即 e_ie 和 $(1-e_i)e$ 是两个互相正交的幂等元. 因为 e 是一个本原幂等元, 而 $e_ie \neq 0$, 所以

$$e = e_ie,\ \ (1 - e_i)e = 0.$$

但是 $e = e_ie \in e_iR$. 根据引理 4.33, e_iR 只有唯一的一个非零幂等元 e_i, 所以 $e = e_i$. 这证明了 R 的本原幂等元必为 $e_1, e_2, \cdots, e_r$ 中的一个. 由此立刻推出, 如不计本原幂等元的先后顺序, 那么 1 分解成有限个两两正交的本原幂等元的和的分解是唯一的. □

推论4.35 在定理 4.34 的前提下, R 中任一非零幂等元 e 一定是某几个 e_i 的和, 而且如不计本原幂等元的先后顺序, 那么 e 分解成本原幂等元和的分解法是唯一的.

证明 假设我们有 (4.16)

$$1 = e_1 + e_2 + \cdots + e_r,$$

其中 $e_1, e_2, \cdots, e_r$ 是 r 个两两正交的本原幂等元. 根据定理 4.32, R 就分解成 r 个理想 $R_i = e_iR\,(i = 1, 2, \cdots, r)$ 的直和，即我们有 (4.15)

$$R = R_1\dot{+}R_2\dot{+}\cdots\dot{+}R_r.$$

设 e 是 R 的任一非零幂等元，将 (4.16) 的双方乘以 e, 得

$$e = e_1e + e_2e + \cdots + e_re,$$

那么 $e_ie \in R_i$ 而 $e_1e, e_2e, \cdots, e_re$ 是两两正交的幂等元. 根据引理 4.33, $R_i = e_iR$ 中只有一个非零幂等元 e_i, 所以

$$e_ie = e_i \text{ 或 } 0.$$

这证明了 e 是某几个 e_i 的和. 因 R 的本原幂等元只有 $e_1, e_2, \cdots, e_r$, 而 (4.15) 是直和分解，所以 e 分解成本原幂等元的和的表示法是唯一的. □

下面的定理可以看作是定理 4.31 i) 的逆定理.

定理4.36 设 F 是一个域，$f(x)$ 是 $F[x]$ 中一个次数 $\geqslant 1$ 的首一多项式. 假定 $F[x]_{f(x)}$ 中单位元素分解成 r 个两两正交的非零幂等元 $e_1, e_2, \cdots, e_r$ 的和：

$$1 = e_1 \oplus e_2 \oplus \cdots \oplus e_r. \tag{4.17}$$

令

$$f_i(x) = \gcd(f(x), 1 - e_i), \quad i = 1, 2, \cdots, r, \tag{4.18}$$

那么 $f_1(x), f_2(x), \cdots, f_r(x)$ 是 r 个两两互素的次数 $\geqslant 1$ 的多项式，使得

$$f(x) = f_1(x)f_2(x)\cdots f_r(x).$$

证明 先证明 $\deg f_i(x) \geqslant 1$, 对 $i = 1, 2, \cdots, r$. 由 (4.18) 有

$$f_i(x) = a_i(x)(1 - e_i) + b_i(x)f(x), \quad i = 1, 2, \cdots, r,$$

其中 $a_i(x), b_i(x) \in F[x]$. 那么在 $F[x]_{f(x)}$ 中

$$f_i(x) = (a_i(x))_{f(x)} \odot (1 - e_i). \tag{4.19}$$

如果 $\deg f_i(x) = 0$, 那么 $f_i(x) = 1$. 于是

$$1 = (a_i(x))_{f(x)} \odot (1 - e_i).$$

将上式双方乘以 e_i 就有

$$e_i = (a_i(x))_{f(x)} \odot (1 - e_i) \odot e_i = (a_i(x))_{f(x)} \odot 0 = 0.$$

但 e_i 是非零幂等元，所以这不可能. 因此一定有

$$\deg f_i(x) \geqslant 1, \text{ 对 } i = 1, 2, \cdots, r.$$

其次证明：当 $i \neq j$ 时，$f_i(x)$ 和 $f_j(x)$ 互素. 设

$$d_{ij}(x) = \gcd(f_i(x), f_j(x)),\ \ i \neq j.$$

显然,

$$d_{ij}(x)|f(x), d_{ij}(x)|(1-e_i),\ \ d_{ij}|(1-e_j).$$

因为

$$e_i - e_j = (1-e_j) - (1-e_i),$$

所以

$$d_{ij}(x)|(e_i - e_j).$$

又因为

$$e_i \odot (e_i - e_j) = e_i,$$

所以

$$e_i = (e_i(e_i - e_j))_{f(x)}.$$

因此

$$d_{ij}(x)|e_i.$$

从 $d_{ij}(x)|(1-e_i)$ 和 $d_{ij}(x)|e_i$ 推出 $d_{ij}(x)|1$. 于是 $d_{ij}(x) = 1$, 即

$$\gcd(f_i(x),\ f_j(x)) = 1, \text{如果 } i \neq j.$$

从

$$f_i(x)|f(x), \quad i = 1, 2, \cdots, r,$$

以及 $f_1(x), f_2(x), \cdots, f_r(x)$ 两两互素，推出

$$f_1(x)f_2(x)\cdots f_r(x)|f(x). \tag{4.20}$$

另一方面，从 (4.19) 推出

$$\begin{aligned} f_1(x) \odot f_2(x) \odot \cdots \odot f_r(x) = &(a_1(x))_{f(x)} \odot (a_2(x))_{f(x)} \odot \cdots \odot (a_r(x))_{f(x)} \\ &\odot(1-e_1) \odot (1-e_2) \odot \cdots \odot (1-e_r). \end{aligned}$$

但

$$\begin{aligned} &(1-e_1) \odot (1-e_2) \odot \cdots \odot (1-e_r) \\ = &\ 1 - (e_1 \oplus e_2 \oplus \cdots \oplus e_r) = 0, \end{aligned}$$

所以

$$f_1(x) \odot f_2(x) \odot \cdots \odot f_r(x) = 0,$$

即

$$f(x)|f_1(x)f_2(x)\cdots f_r(x). \tag{4.21}$$

由 (4.20) 和 (4.21) 两式就推出

$$f(x) = f_1(x)f_2(x)\cdots f_r(x).$$

□

定理4.37 设 F 是任意一个域， $f(x)$ 是 $F[x]$ 中一个次数 $\geqslant 1$ 的首一多项式，那么 $f(x)$ 分解成 $F[x]$ 中 r 个两两不同的不可约多项式的幂的乘积，当且仅当 $F[x]_{f(x)}$ 的单位元素 1 分解成 r 个两两正交的本原幂等元的和

证明 设

$$f(x) = p_1(x)^{b_1}p_2(x)^{b_2}\cdots p_r(x)^{b_r},$$

其中 $p_1(x), p_2(x), \cdots, p_r(x)$ 是 $F[x]$ 中 r 个两两不同的不可约多项式, 而 $b_1, b_2, \cdots, b_r$ 是 r 个正整数. 根据定理 4.31, $F[x]_{f(x)}$ 的单位元素 1 分解成两两正交的非零幂等元 $e_1, e_2, \cdots, e_r$ 的和

$$1 = e_1 + e_2 + \cdots + e_r.$$

我们需要证明 $e_1, e_2, \cdots, e_r$ 都是本原幂等元. 假定 e_1 不是本原幂等元, 那么 e_1 可以分解成两个互相正交的非零幂等元 e_{11} 和 e_{12} 的和

$$e_1 = e_{11} + e_{12}.$$

将上式两边乘以 e_{11}, 得

$$e_1 e_{11} = e_{11}.$$

同理有

$$e_1 e_{12} = e_{12}.$$

这就可以看出 e_{11}, e_{12} 与 $e_2, e_3, \cdots, e_r$ 都正交. 因此 1 就分解成 $r+1$ 个互相正交的非零幂等元的和

$$1 = e_{11} + e_{12} + e_2 + \cdots + e_r.$$

再由定理 4.36, $f(x)$ 分解成 $r+1$ 个两两互素的次数 $\geqslant 1$ 的多项式的乘积. 但 $f(x)$ 只有 r 个两两不同的不可约因式 $p_1(x), p_2(x), \cdots, p_r(x)$. 这是一个矛盾. 因此 e_1 一定是本原幂等元, 同理可证 $e_2, e_3, \cdots, e_r$ 也都是本原幂等元.

反过来, 如果 $F[x]_{f(x)}$ 的单位元素 1 分解成 r 个两两正交的本原幂等元的和, 那么根据定理 4.34, $F[x]_{f(x)}$ 只有这 r 个本原幂等元, 而根据定理 4.36, $f(x)$ 就分解成 r 个两两互素的次数 $\geqslant 1$ 的多项式 $f_1(x), f_2(x), \cdots, f_r(x)$ 的乘积

$$f(x) = f_1(x) f_2(x) \cdots f_r(x).$$

我们来证明每个 $f_i(x)$ 都是 $F[x]$ 中的不可约多项式的幂. 假定 $f_1(x)$ 不是不可约多项式的幂, 那么 $f_1(x)$ 就可以分解成两个互素的次数 $\geqslant 1$ 的多项式 $f_{11}(x)$ 和 $f_{12}(x)$ 的乘积

$$f_1(x) = f_{11}(x) f_{12}(x).$$

这样 $f(x)$ 就分解成 $r+1$ 个两两互素的多项式 $f_{11}(x), f_{12}(x), f_2(x), f_3(x), \cdots, f_r(x)$ 的乘积:

$$f(x) = f_{11}(x) f_{12}(x) f_2(x) f_3(x) \cdots f_r(x).$$

根据定理 4.31, $F[x]_{f(x)}$ 的单位元素 1 分解成 $r+1$ 个两两正交的非零幂等元的和. 根据推论 4.35, 每个非零幂等元都是 $F[x]_{f(x)}$ 的 r 个本原幂等元中某几个的和. 因此必有一个本原幂等元在两个互相正交的非零幂等元表成本原幂等元的和式中同时出现, 这是不可能的. 因此 $f_1(x)$ 一定是一个不可约多项式的幂. 同理可证 $f_2(x), \cdots, f_r(x)$ 也都是不可约多项式的幂. □

对于任意大于 1 的整数 n, 我们也可以在整数环 $\mathbb{Z}$ 中叙述并证明平行于定理 4.36 和定理 4.37 的两条定理, 但由于今后并不用它们, 所以我们就不在这里给出了.

4.4 主理想整环

定理 4.5 告诉我们．整数环 $\mathbb{Z}$ 的任一理想都由一个整数生成．定理 4.7 又告诉我们，域 F 上的一元多项式环 $F[x]$ 的任一理想也都由一个多项式生成．这建议了下面这个定义．

定义 4.17 设 R 是有单位元的交换环，如果 R 的任意一个理想都由一个元素生成，即设 I 是 R 的任一理想，那么总有一个元素 $a \in I$ 使得 $I=(a)$，就说 R 是*交换主理想环*．特别，如果有单位元的交换整环 R 还是主理想环，就说 R 是*有单位元的交换主理想整环*．

下面我们着重讨论有单位元的交换主理想整环，并把它简称为*主理想整环*．

例 4.8 所有以下形状的复数

$$a+bi, \quad a, b \in \mathbb{Z}$$

组成的集合，记作 $\mathbb{Z}[i]$．容易证明：对于复数的加法和乘法 $\mathbb{Z}[i]$ 作成交换环，1 是它的单位元．因为 $\mathbb{Z}[i]$ 是 $\mathbb{C}$ 的子环，而 $\mathbb{C}$ 是域，所以 $\mathbb{Z}[i]$ 是有单位元的整环．通常把 $\mathbb{Z}[i]$ 称为高斯 (Gauss) *整环*，它的元素叫高斯 (Gauss) *整数*． □

下面来证 $\mathbb{Z}[i]$ 是主理想整环．

复数 $\alpha=a+bi\,(a, b \in \mathbb{R})$ 的*模* $N(\alpha)$ 定义为

$$N(\alpha)=\alpha \bar{\alpha}=a^{2}+b^{2}.$$

易见

i) 只有当 $\alpha=0$ 时， $N(\alpha)=0$，否则 $N(\alpha)>0$．

ii) 对于 $\alpha, \beta \in \mathbb{C}$，有 $N(\alpha \beta)=N(\alpha) N(\beta)$．

iii) 当 $\alpha=a+bi \in \mathbb{Z}[i]$ 时， $N(\alpha) \in \mathbb{Z}$．

为了证明 $\mathbb{Z}[i]$ 是主理想整环，先证明 $\mathbb{Z}[i]$ 中也有"带余除法"．

定理 4.38 *设 $\alpha, \beta \in \mathbb{Z}[i]$，而 $\beta \neq 0$．那么存在两个高斯整数 λ 和 γ，使得*

$$\alpha=\lambda \beta+\gamma \text{ 并且 } N(\gamma)<N(\beta).$$

证明 设 $\beta=a+bi,\ a, b \in \mathbb{Z}$．那么 $N(\beta)=a^{2}+b^{2} \in \mathbb{Z}$．因为 $\beta \neq 0$，所以 $N(\beta) \neq 0$．不难验证

$$\beta^{-1}=\frac{a}{N(\beta)}-\frac{b}{N(\beta)} i.$$

显然， $\dfrac{a}{N(\beta)}, \dfrac{b}{N(\beta)} \in \mathbb{Q}$．令 $\lambda^{\prime}=\alpha \beta^{-1}=c^{\prime}+d^{\prime} i$，则 $c^{\prime}, d^{\prime} \in \mathbb{Q}$．设 c, d 分别是与 $c^{\prime}, d^{\prime}$ 最近的整数，即 $c, d \in \mathbb{Z}$ 而 $|c^{\prime}-c| \leqslant \dfrac{1}{2}$，$|d^{\prime}-d| \leqslant \dfrac{1}{2}$．再令 $\lambda=c+di$，$\gamma=(\lambda^{\prime}-\lambda) \beta$，那么 $\lambda, \gamma \in \mathbb{Z}[i]$，而

$$\alpha=\lambda^{\prime} \beta=\lambda \beta+(\lambda^{\prime}-\lambda) \beta=\lambda \beta+\gamma.$$

我们再证明 $N(\gamma)<N(\beta)$．我们有

$$N(\gamma) = N((\lambda' - \lambda)\beta) = N(\lambda' - \lambda)N(\beta),$$
$$N(\lambda' - \lambda) = (c' - c)^2 + (d - d')^2 < 1.$$

因此 $N(\gamma) < N(\beta)$. □

定理4.39 $\mathbb{Z}[i]$ 是主理想整环.

证明 设 I 是 $\mathbb{Z}[i]$ 的一个理想. 如果 I 是零理想, 那么 $I = (0)$. 下面假定 I 是非零理想, 那么 I 中非零元素的模组成的集合 M 是自然数集 $\mathbb{N}$ 的子集合. 因而 I 中有一个元素 γ, 使 $N(\gamma)$ 是 M 中的最小元. 任取 $\alpha \in I$, 由带余除法有 $\alpha = \delta_1\gamma + \gamma_1$, δ_1, $\gamma_1 \in \mathbb{Z}[i]$, 并且 $N(\gamma_1) < N(\gamma)$. 因为 I 是 $\mathbb{Z}[i]$ 的理想, 所以

$$\gamma_1 = \alpha - \delta_1\gamma \in I.$$

由于 $N(\gamma)$ 是 M 中的最小数, 那么一定有 $N(\gamma_1) = 0$, 因此 $\gamma_1 = 0$, $\alpha = \delta_1\gamma$. 于是 $I = (\gamma)$. □

下面的例子说明并不是每个有单位元的交换整环都是主理想整环.

例4.9 设 F 是域 $F[x, y]$ 是 F 上两个未定元 x, y 的多项式环. 设

$$I = \{f(x,y)x + g(x,y)y : f(x,y),\ g(x,y) \in F[x,y]\}.$$

易证 I 是环 $F[x, y]$ 的理想, 而 x, $y \in I$,$1 \notin I$. 再证明 I 不可能由一个多项式生成. 用反证法. 假定 I 由一个多项式 $h(x, y)$ 生成. 因为 $1 \notin I$, 所以 $h(x, y) \neq a$, $a \in F$. 因此 $x = h(x, y)g(x, y)$ 和 $y = h(x, y)k(x, y)$ 不能同时成立. 所以 I 不可能由一个多项式生成. □

在 $\mathbb{Z}$ 中算术基本定理 (即唯一因子分解定理) 成立, 在 $F[x]$ 中唯一因子分解定理成立. 唯一因子分解定理也可以推广到主理想整环上来. 我们先定义

定义4.18 设 R 是主理想整环, 而 $a, b, c \in R$, 如果 $a = bc$, 就说 b (和 c) 是 a 的因子, a 是 b(和 c) 的倍元, 也说 b(和 c) 整除 a, 记作 $b|a$, (和 $c|a$). R 的单位元 1 的因子叫做 可逆元. 如果 $a|b$ 同时 $b|a$, 即 $a = bu$ 而 u 是可逆元, 就说 a 和 b 相伴. 设 $a \in R$, $a \neq 0$, 并且 a 不是可逆元, 如果能整除 a 的元素只有 R 中的可逆元和与 a 相伴的元素, 就说 a 是 R 的 不可约元.

例4.10 $\mathbb{Z}$ 的可逆元只有 1 和 -1. 设 $a \in \mathbb{Z}$ 而 $a \neq 0$, 和 a 相伴的数只有 a 和 $-a$. $\mathbb{Z}$ 的不可约元就是素数和它的相反数. □

例 4.11 $F[x]$ 中的可逆元就是 F 中的非零元. 设 $f(x) \in F[x]$ 而 $f(x) \neq 0$, 则 $f(x)$ 的相伴的元素就是 $cf(x)$, 这里 $c \in F$ 而 $c \neq 0$. $F[x]$ 中的不约元就是 $F[x]$ 中的不可约多项式. □

定理4.40(唯一因子分解定理) 设 R 是主理想整环, a 是 R 中的一个非零元, 并假定 a 不是可逆元, 那么

i) a 可以分解成 R 中有限个不可约元的乘积.

ii) 设 $a = p_1p_2\cdots p_r = q_1q_2\cdots q_s$, 这里 $p_i\,(1 \leqslant i \leqslant r)$, $q_j(1 \leqslant j \leqslant s)$ 都是不可约元, 那么 $r = s$, 而且重排 $q_1, q_2, \cdots, q_r$ 的次序之后, p_i 和 q_i 相伴 $(i = 1, 2, \cdots, r)$.

我们先证明下面这个引理.

引理 4.41 设 R 是主理想整环, $a_1, a_2, \cdots \in R$, 假定 $a_i|a_{i-1}$ 对任意 $i=2, 3, \cdots$. 那么总存在一个 $n>0$, 使 a_n 与 a_{n+1} 相伴.

证明 令

$$I=\{x\in R: x=x_1a_1+x_2a_2+\cdots+x_ra_r, \text{对某个 } r>0, \text{而 } x_1, x_2, \cdots, x_r\in R\}.$$

易证 I 是 R 的理想. 因为 R 是主理想整环, 一定存在一个元素 $a\in R$, 使得 $I=(a)$. 因而可设 $a=c_1a_1+c_2a_2+\cdots+c_na_n$, 对某个 $n>0$ 而 $c_1, c_2, \cdots, c_n\in R$. 由 $a_i|a_{i-1}$ 对 $i=2, 3, \cdots$, 就推出 $a_n|a$. 因为 $a_n\in I$, 所以 $a|a_n$. 因此 a 与 a_n 相伴. 又 $a_{n+1}\in I$, 所以 $a|a_{n+1}$. 因此 $a_n|a_{n+1}$. 根据假设 $a_{n+1}|a_n$, 所以 a_n 与 a_{sn+1} 相伴. □

定理 4.40 i)的证明 设 $a\in R$, $a\neq 0$, 并且 a 不是可逆元. 如果 a 是不可约元, 那么 $a=a$ 就是将 a 分解成不可约元的乘积的分解式. 因此 i) 成立. 如果 a 不是不可约元, 那么 a 有一个因子 a_1, a_1 既不是可逆元也不与 a 相伴. 如果 a_1 不是不可约元, 那么 a_1 有一个因子 a_2, a_2 既不是可逆元, 也不与 a_1 相伴. 如此下去, 我们有一个元素序列 $a_1, a_2, \cdots$, 其中 $a_i|a_{i-1}$, 并且 a_{i-1} 与 a_i 不相伴, $i=2, 3, \cdots$. 这与引理 4.41 相矛盾. 因此, a 总有一个因子, 它是不可约元.

设 $a=a_1b_1$, 而 a_1 是不可约元. 如果 b_1 是不可约元, 那么 $a=a_1b_1$ 就是将 a 表成不可约元的乘积的分解式. 因此 i) 成立. 如果 b_1 不是不可约元, 根据上一段的讨论, b_1 有一个因子 a_2, 而 a_2 是不可约元. 设 $b_1=a_2b_2$, 那么 $a=a_1a_2b_2$. 如此继续下去, 我们得到一个不可约元素序列 $a_1, a_2, \cdots$, 和元素序列 $b_1, b_2, \cdots$, 使得 b_i 有一个因子 a_{i+1}, 而 a_{i+1} 是不可约元, 而且 $b_i=a_{i+1}b_{i+1}$. 于是对于 $i=2, 3, \cdots$ 来说, 有 $b_i|b_{i-1}$. 根据引理 4.41, 存在一个整数 $n\geqslant 1$, 使得 b_n 与 b_{n+1} 相伴, 于是 a_{n+1} 是可逆元, 这是一个矛盾. 因此 b_n 是不可约元, 而 $a=a_1a_2\cdots a_nb_n$ 就是将 a 分解成不可约元的乘积的分解式. 这就证明了 i).

在证明定理 4.40 ii) 之前, 先证明

引理 4.42 设 R 是主理想整环, p 是 R 的不可约元, $a, b\in R$. 假定 $p|ab$ 而 $p\nmid a$, 那么 $p|b$.

证明 令

$$I=\{xp+ya: x, y\in R\}.$$

易证 I 是 R 的理想. 因为 R 是主理想整环, 所以存在 $m\in R$, 使得 $I=(m)$. 于是 $m=cp+da$, 这里 $c, d\in R$. 因为 $p\nmid a$, 所以 $p\nmid m$. 将 $m=cp+da$ 双方都乘上 b, 得到 $mb=cpb+dab$. 因 $p|ab$, 所以 $p|mb$. 又有 $p\in I$, 所以 $p=zm$, 这里 $z\in R$. 于是 $m|p$. 因 p 是不可约元, 所以或者 m 与 p 相伴或者 m 是可逆元.

先设 m 与 p 相伴, 那么 $m=pu$, 这里 u 是 R 中可逆元. 于是 $I=(p)$. 因为 $a\in I$, 所以 $a=pv$, 这里 $v\in R$, 那么 $p|a$, 这是一个矛盾.

再设 m 是可逆元，那么 $1=mn$，这里 $n\in R$. 从 $p|mb$ 推出 $pn|b$. 因此 $p|b$. □

从引理 4.42 可以仿照算术基本定理 (定理 0.1) 中唯一性的证明证出定理 4.20 ii) 来.

定义 4.19 设 R 是主理想整环，$a_1, a_2, \ldots, a_n$ 是 R 中不全为 0 的元素，而 $d\in R$. 如果 $d|a_i, i=1,2,\cdots,n$，就说 d 是 $a_1, a_2, \ldots, a_n$ 的公因子. 设 d 是 $a_1, a_2, \ldots, a_n$ 的公因子，如果对于 $a_1, a_2, \ldots, a_n$ 的任意公因子 d'，都有 $d'|d$，d 就叫做 $a_1, a_2, \ldots, a_n$ 的*最大公因子*. $a_1, a_2, \ldots, a_n$ 的任意两个最大公因子都相伴. 如果 $a_1, a_2, \cdots, a_n$ 有最大公因子，就用 $\gcd(a_1, a_2, \ldots, a_n)$ 来表 $a_1, a_2, \ldots, a_n$ 的任一最大公因子.

定理 4.43 *主理想整环 R 中任意 n 个不全为 0 的元素的最大公因子一定存在，而且至多相差 R 中的一个可逆元，还是唯一性的. 进一步，设 $d\in R$ 是 R 中 n 个不全为 0 的元素 $a_1, a_2, \cdots, a_n$ 的一个最大公因子，那么存在 $c_1, c_2, \cdots, c_n\in R$ 使得 $d=c_1a_1+c_2a_2+\cdots+c_na_n$.*

这个定理的证明留给读者作为习题.

定义 4.20 设 R 是主理想整环，$a_1, a_2, \cdots, a_n$ 都是 R 中的非零元素，而 $m\in R$. 如果 $a_i|m, i=1,2,\cdots,n$，就说 m 是 $a_1, a_2, \cdots, a_n$ 的*公倍元*. 设 m 是 $a_1, a_2, \cdots, a_n$ 的公倍元. 如果对于 $a_1, a_2, \cdots, a_n$ 的任意公倍元 m'，都有 $m|m', m$ 就叫做 $a_1, a_2, \cdots, a_n$ 的最小公倍元. $a_1, a_2, \cdots, a_n$ 的任意两个最小公倍元都相伴. 如果 $a_1, a_2, \cdots, a_n$ 有最小公倍元. 就用 $\mathrm{lcm}[a_1, a_2, \cdots, a_n]$ 来表 $a_1, a_2, \cdots, a_n$ 的任一最小公倍元.

设 $a_1, a_2, \cdots, a_n$ 都是主理想整环 R 中的非零元素. 将它们表示成

$$\begin{aligned} a_1 &= u_1 p_1^{e_{11}} p_2^{e_{12}} \cdots p_m^{e_{1m}}, \\ a_2 &= u_2 p_1^{e_{21}} p_2^{e_{22}} \cdots p_m^{e_{2m}}, \\ &\cdots\cdots \\ a_n &= u_n p_1^{e_{n1}} p_2^{e_{n2}} \cdots p_m^{e_{nm}}, \end{aligned}$$

其中 $u_1, u_2, \cdots, u_n$ 是 R 中的可逆元，$p_1, p_2, \cdots, p_m$ 是 R 中两两不相伴的不可约元，而 $e_{ij}(1\leqslant i\leqslant n; 1\leqslant j\leqslant m)$ 都是非负整数. 那么

$$\begin{aligned} \gcd(a_1, a_2, \cdots, a_n) &= p_1^{\min\{e_{11}, e_{21}, \cdots, e_{n1}\}} p_2^{\min\{e_{12}, e_{22}, \cdots, e_{n2}\}} \cdots p_m^{\min\{e_{1m}, e_{2m}, \cdots, e_{nm}\}}, \\ \mathrm{lcm}[a_1, a_2, \cdots, a_n] &= p_1^{\max\{e_{11}, e_{21}, \cdots, e_{n1}\}} p_2^{\max\{e_{12}, e_{22}, \cdots, e_{n2}\}} \cdots p_m^{\max\{e_{1m}, e_{2m}, \cdots, e_{nm}\}}. \end{aligned}$$

对于 R 中的任意两个非零元 a 和 b，还有

$$\gcd(a,b)\mathrm{lcm}[a,b]=ab$$

(确切地说，等式双方相伴).

最后我们来介绍一种特殊的主理想整环.

定义 4.21 设 R 是有单位元的交换整环，R^* 是 R 中全体非 0 元的集合，$\mathbb{N}$ 是全体正整数的集合. 假定存在一个映射

$$\delta : R^* \longrightarrow \mathbb{N},$$
$$c \longmapsto \delta(c)$$

具有性质：如果 $a, b \in R$ 而 $b \neq 0$, 那么存在 $q, r \in R$, 使得

$$a = qb + r,$$

并且 $r = 0$ 或 $\delta(r) < \delta(b)$. 我们就把 R 叫 *欧几里得环*, 简称 *欧氏环*.

例如，在环 $\mathbb{Z}$ 中，若对于 $a \in \mathbb{Z}$ 而 $a \neq 0$, 取 $\delta(a) = |a|$, 则易知 $\mathbb{Z}$ 是欧氏环. 又如，高斯整环 $\mathbb{Z}[i]$ 和域 F 上的一元多项式环 $F[x]$ 都是欧氏环 (习题 4.24).

定理4.44　*设 R 是欧几里得环，那么 R 是主理想整环.*

证明　设 I 是欧氏环 R 的一个理想. 若 $I = 0$, 则 $I = (0)$. 下面假设 $I \neq 0$. 令 b 是 I 中的一个非零元，而 $\delta(b)$ 为 I 的非零元中 δ 取的最小数. 设 a 是 I 中的任意元，那么 $a = bq + r$, 其中 $q, r \in R$ 而 $r = 0$ 或 $\delta(r) < \delta(b)$. 因为 $r = a - bq \in I$, 再考虑到 b 在 I 中的选取，所以一定有 $r = 0$. 因此 $a = bq$, 于是 $I = (b)$. □

习　题　四

4.1　确定具有 2 个元素和 3 个元素的所有环.

4.2　确定具有 4 个元素的所有环，其中的加法群是阶为 4 的循环群.

4.3　设 F 是任一个域，而 $f(x)$ 是 F 上的任一个 n 次多项式，证明: $F[x]_{f(x)}$ 是一个交换环.

4.4　证明推论 4.8.

4.5　求 $\mathbb{Z}_3, \mathbb{Z}_4$ 和 $\mathbb{Z}_{15}$ 中的所有理想，并确定所对应的同余类环.

4.6　证明定理 4.20.

4.7　证明定理 4.21.

4.8　给出一个交换环 R 到另一个交换 R' 的满同态的例子，使得 R 有零因子，但 R' 是一个域.

4.9　求 $\mathbb{Z}$ 和 $5\mathbb{Z}$ 中分别包含 15 和 20 的极小理想.

4.10　设 R 是一个交换环，R 的一个理想 I 叫做 *素理想*, 如果从 $ab \in I$ 推出 $a \in I$ 或 $b \in I$. 证明：同余类环 R/I 没有零因子，当且仅当 I 是素理想.

4.11　假定 R 是有单位元 1 的交换环. 证明： R 的极大理想是素理想. 再证明同余类环 R/I 是域，当且仅当 I 是极大理想.

4.12　证明: $\mathbb{Z}$ 中由一个正整数 p 生成的理想 (p) 是极大理想，当且仅当 p 是一个素数，而且又推出同余类环 $R/(p)$ 是域，当且仅当 p 是素数. 对于 $F[x]$, 其中 F 是一个域，叙述和证明同样的结论.

4.13　素理想的交是素理想吗？

4.14　设 R 是有单位元 1 的交换环而 I 是 R 的一个真理想. 证明 R 有包含 I 的极大理想.

4.15　设 σ 是交换环 R 到交换环 R' 的满同态，而 K 是 σ 的同态核，证明:

i) 如果 S 是 R 的子环，那么 $\sigma(S)$ 是 R' 的子环. 此外，如 S 是 R 的理想，那么 $\sigma(S)$ 是 R' 的理想.

ii) 如 S' 是 R' 的子环, 那么 $S=\sigma^{-1}(S')$ 是 R 的包含 K 的子环. 如果 S' 是 R' 的理想, 那么 $\sigma^{-1}(S')$ 是 R 的理想.

iii) 从包含 K 的 R 的子环的集合到 R' 的子环集合存在一个双射, 使得包含 K 的 R 的理想映到 R' 的理想.

iv) 如果 I 是 R 的一个包含 K 的理想, 那么

$$R/I \simeq R'/\sigma(I).$$

4.16 设 R 是一个环, S 是 R 的子环, 而 I 是 R 的理想. 那么

$$S+I=\{a+b : a\in S, b\in I\}$$

是 R 的包含 I 的子环, $S\cap I$ 是 S 的一个理想, 并且映射

$$a+I \mapsto a+(S\cap I)\,(a\in S)$$

是 $(S+I)/I$ 到 $S/(S\cap I)$ 的一个同构.

4.17 解下面联立同余式组

$$n \equiv 1 \pmod 7,$$
$$n \equiv 2 \pmod 8,$$
$$n \equiv 3 \pmod 9.$$

4.18 分解同余类环 $\mathbb{Z}/504\mathbb{Z}$ 为分别同构于 $\mathbb{Z}/7\mathbb{Z}$, $\mathbb{Z}/8\mathbb{Z}$ 和 $\mathbb{Z}/9\mathbb{Z}$ 的三个理想的直和.

4.19 设 $f_1(x) = x^2+x+1$, $f_2(x) = x^3+x+1$, $f_3(x) = x^4+x+1$. 证明 $f_1(x), f_2(x), f_3(x)$ 是 $\mathbb{F}_2$ 上不可约多项式. 把同余类环 $\mathbb{F}_2[x]/(f_1(x)f_2(x)f_3(x))$ 分解为分别同构于 $\mathbb{F}_2[x]/(f_1(x))$, $\mathbb{F}_2[x]/(f_2(x))$ 和 $F_2[x]/(f_3(x))$ 的三个理想的直和.

4.20 设 $(a_1, b_1), (a_2, b_2), \cdots, (a_r, b_r)$ 是实欧几里得平面上 r 个不同的点. 用孙子定理求一个多项式 $f(x)\in\mathbb{R}[x]$, 使得

$$f(a_i)=b_i,\quad i=1, 2, \cdots, r.$$

(提示: 根据余元定理 (定理 1.30), $f(a_i)=b_i$ 实际上等价于用 $x-a$ 去除 $f(x)$, 其余数是 b_i.)

4.21 证明推论 4.30.

4.22 设 R 是主理想整环, $p\in R, p\neq 0$, 而且 p 不是可逆元. 假定对任意 $a, b\in R$, 从 $p|ab$ 均可推出 $p|a$ 或 $p|b$, p 就叫做 R 的素元. 证明: 如果 p 是素元, 那么 p 一定是不可约元. (注. 引理 4.42 证明了, 如果 p 是不可约元, 那么 p 一定是素元.)

4.23 证明主理想整环 R 中任意 n 个不都 $=0$ 的元素的最高公因子一定存在, 而且至多相差 R 中的一个可逆元, 还是唯一性的.

4.24 证明 $F[x]$ 和 $\mathbb{Z}[i]$ 都是欧几里得环.

4.25 设 $\mathbb{Z}[\sqrt{2}]=\{a+b\sqrt{2} : a, b\in\mathbb{Z}\}$, 判定 $\mathbb{Z}[\sqrt{2}]$ 是不是一个欧几里得环.

4.26 设

$$R=\{a+b\sqrt{-3} : a\text{与 } b \text{ 皆为整数或皆为奇数的 } 1/2\},$$

则对于数的加法和乘法, 以及映射 $\delta(a+b\sqrt{-3})=a^2+3b^2$ 来说, R 作成一个欧几里得环.

4.27 设 $\mathbb{Z}[x]$ 是整数环上未定元 x 的多项式环. 证明: $\mathbb{Z}[x]$ 不是主理想整环. (提示: $I=\{2p_1(x)+xp_2(x) : p_1(x), p_2(x)\in\mathbb{Z}[x]\}$, 而 I 不能由 I 中的一个多项式生成.)

第 5 章　线性代数初步

线性代数一般被认为是向量空间和线性变换的理论，有着丰富的内容和许多重要的应用．在这一章里只介绍线性代数的一些初步知识，这主要是向量空间，矩阵和它的秩，线性变换，线性方程组，行列式．我们特别强调了用初等行变换把一个矩阵化成阶梯形矩阵这一方法；用这一方法去求矩阵的秩，用这一方法去解线性方程组，并用这一方法去算行列式．这就是熟知的消元法．线性代数更进一步的内容，譬如多项式矩阵，矩阵在相似变换下的标准形，二次型及埃尔米特型，酉空间和酉变换将在后面第七，八，九章里介绍．

5.1　向 量 空 间

众所周知，在三维欧几里得 (Euclid) 空间中，向量 $\boldsymbol{v}$ 由它的三个分量，即在三个坐标轴上的投影 v_1, v_2, v_3 所唯一确定．因此我们记 $\boldsymbol{v}=(v_1, v_2, v_3)$．反过来，任给三个实数 v_1, v_2, v_3，也确定唯一的向量 $\boldsymbol{v}$，它在三个坐标轴上的投影分别是 v_1, v_2, v_3．因此三维欧几里得空间中的向量 $\boldsymbol{v}$ 与三个实数组成的有序组 (v_1, v_2, v_3) 一一对应．对于三维欧几里得空间中的向量定义了向量的加法以及用实数乘向量的纯量乘法：设 $\boldsymbol{v}=(v_1,v_2,v_3)$ 和 $\boldsymbol{w}=(w_1,w_2,w_3)$ 是两个向量，那么它们的和是

$$\boldsymbol{v}+\boldsymbol{w}=(v_1+w_1,\, v_2+w_2,\, v_3+w_3).$$

而实数 c 与向量 $\boldsymbol{v}$ 的乘积是

$$c\boldsymbol{v}=(cv_1,\, cv_2,\, cv_3).$$

我们还知道三维欧几里得空间中向量的加法满足下面这些运算规则：

I.1　对于任意两个向量 $\boldsymbol{v}$ 和 $\boldsymbol{w}$，有

$$\boldsymbol{v}+\boldsymbol{w}=\boldsymbol{w}+\boldsymbol{v}.$$

I.2　对于任意三个向量 $\boldsymbol{v},\boldsymbol{w},\boldsymbol{u}$，有

$$(\boldsymbol{v}+\boldsymbol{w})+\boldsymbol{u}=\boldsymbol{v}+(\boldsymbol{w}+\boldsymbol{u}).$$

I.3　有一个向量 $(0, 0, 0)$，记作 $\mathbf{0}$，使得

$$\boldsymbol{v}+\mathbf{0}=\boldsymbol{v}，对任意向量\ \boldsymbol{v}.$$

I.4　对于任一向量 $\boldsymbol{v}=(v_1, v_2, v_3)$，都有一个向量 $(-v_1, -v_2, -v_3)$，记作 $-\boldsymbol{v}$，使得

$$\boldsymbol{v}+(-\boldsymbol{v})=\mathbf{0}.$$

这就是说，三维欧几里得空间中全体向量组成的集合对于向量的加法来说，是一个交换群．我们还知道实数与向量的纯量乘法满足下面这些运算规则：

II.1 对于任意实数 c 和向量 $\boldsymbol{v}, \boldsymbol{w}$, 有

$$c(\boldsymbol{v}+\boldsymbol{w})=c\boldsymbol{v}+c\boldsymbol{w}.$$

II.2 对于任意实数 c, d 和向量 $\boldsymbol{v}$, 有

$$(c+d)\boldsymbol{v}=c\boldsymbol{v}+d\boldsymbol{v}.$$

II.3 对于任意实数 c, d 和向量 $\boldsymbol{v}$, 有

$$c(d\boldsymbol{v})=(cd)\boldsymbol{v}.$$

II.4 $1\boldsymbol{v}=\boldsymbol{v}$, 对任意向量 $\boldsymbol{v}$.

进一步，我们还知道,

III 三维欧几里得空间中有三个向量

$$\boldsymbol{e}_1=(1, 0, 0),\ \boldsymbol{e}_2=(0, 1, 0),\ \boldsymbol{e}_3=(0, 0, 1),$$

使得任一向量 $\boldsymbol{v}=(v_1, v_2, v_3)$ 都可以表示成它们的线性组合:

$$\boldsymbol{v}=v_1\boldsymbol{e}_1+v_2\boldsymbol{e}_2+v_3\boldsymbol{e}_3,$$

而且表法是唯一的.

三维欧几里得空间中的向量显然可以作如下的推广. 设 F 是任意一个域, 而 n 是任意一个正整数. 考察 F 上 n 个元素的有序组

$$(a_1, a_2, \cdots, a_n),\ a_i \in F$$

的全体所组成的集合 F^n, 即

$$F^n=\{(a_1, a_2, \cdots, a_n): a_i \in F, i=1, 2, \cdots, n\}.$$

我们把 F^n 中的元素叫做 向量, 并把 a_i 叫做向量 $(a_1, a_2, \cdots, a_n)$ 的第 i 个 分量. 在 F^n 中引进向量的加法和 F 中的元素与向量的纯量乘法如下:

$$(a_1, a_2, \cdots, a_n)+(b_1, b_2, \cdots, b_n)=(a_1+b_1, a_2+b_2, \cdots, a_n+b_n), \tag{5.1}$$

$$c(a_1, a_2, \cdots, a_n)=(ca_1, ca_2, \cdots, ca_n),\ c \in F. \tag{5.2}$$

显然 F^n 对于向量的加法来说是一个交换群, 即满足运算规则 I; 在 F^n 中, F 的元素与向量的纯量乘法满足运算规则 II; 而且 F^n 中有 n 个向量

$$\boldsymbol{e}_i=(0,0,\cdots,0,\underset{(i)}{1},0,\cdots,0), \tag{5.3}$$

其中 (i) 表示第 i 个分量, 使得 F^n 中任一向量 $(a_1, a_2, \cdots, a_n)$ 都可表示成它们的线性组合:

$$(a_1, a_2, \cdots, a_n)=a_1\boldsymbol{e}_1+a_2\boldsymbol{e}_2+\cdots+a_n\boldsymbol{e}_n,$$

而且表法是唯一的.

从这些例子及一些别的例子, 我们归纳出向量空间的概念.

定义 5.1 设 F 是一个域， V 是一个非空集合. 假定在 V 中规定了一个加法运算，即对于 V 中任意两个元素 $\boldsymbol{v}$和 $\boldsymbol{w}$, 规定了它们的和 $\boldsymbol{v}+\boldsymbol{w}$, 并假定 $\boldsymbol{v}+\boldsymbol{w}$ 仍是 V 中的元素. 再假定规定了一个 F 中的元素与 V 中元素的纯量乘法，即对于 $c\in F$ 和 $\boldsymbol{v}\in V$, 规定了它们的乘积 $c\boldsymbol{v}$, 并假定 $c\boldsymbol{v}$ 仍是 V 中的元素. 我们说 V 是 F 上的一个向量空间，如果 V 中的加法运算和 F 中的元素与 V 中元素的纯量乘法运算满足以下运算规则：

I V 对于加法运算来说是一个交换群 (这个交换群叫做 V 的加法群).

II.1 对于任意 $c\in F$ 和 $\boldsymbol{v},\boldsymbol{w}\in V$, 有

$$c(\boldsymbol{v}+\boldsymbol{w})=c\boldsymbol{v}+c\boldsymbol{w}.$$

II.2 对于任意 $c,d\in F$ 和 $\boldsymbol{v}\in V$, 有

$$(c+d)\boldsymbol{v}=c\boldsymbol{v}+d\boldsymbol{v}.$$

II.3 对于任意 $c,d\in F$ 和 $\boldsymbol{v}\in V$, 有

$$c(d\boldsymbol{v})=(cd)\boldsymbol{v}.$$

II.4 对于任意 $\boldsymbol{v}\in V$, 有

$$1\boldsymbol{v}=\boldsymbol{v},$$

其中 1 是 F 的单位元素.

这时我们就把 V 中的元素叫做向量，并把 V 的加法群的零元素叫做零向量，记作 $\mathbf{0}$, F 中的元素叫做纯量.

进一步，如果以下条件成立：

III V 中有 n 个向量 $\boldsymbol{e}_1,\boldsymbol{e}_2,\cdots,\boldsymbol{e}_n$, 使得 V 中任意一个向量 $\boldsymbol{v}$都可以唯一地表示成它们的线性组合：

$$\boldsymbol{v}=c_1\boldsymbol{e}_1+c_2\boldsymbol{e}_2+\cdots+c_n\boldsymbol{e}_n,$$

其中系数 $c_1,c_2,\cdots,c_n$ 都属于 F, 叫做 $\boldsymbol{v}$关于 $\boldsymbol{e}_1,\boldsymbol{e}_2,\cdots,\boldsymbol{e}_n$ 的坐标，我们就说 V 是 F 上的有限维向量空间，而 $\{\boldsymbol{e}_1,\boldsymbol{e}_2,\cdots,\boldsymbol{e}_n\}$ 叫做 V 的一组基.

例 5.1 设 F 是任意一个域，令

$$F^n=\{(a_1,a_2,\cdots,a_n):a_i\in F,\ i=1,2,\cdots,n\}.$$

那么 F^n 对于按照 (5.1) 式所规定的加法运算和按照 (5.2) 式所规定的用 F 中的元素去乘 F^n 的元素的纯量乘法运算来说是 F 上的一个有限维向量空间，而按 (5.3) 式规定的 $\boldsymbol{e}_i\,(i=1,2,\cdots,n)$ 组成 F^n 的一组基 $\{\boldsymbol{e}_1,\boldsymbol{e}_2,\cdots,\boldsymbol{e}_n\}$. □

例 5.2 设 F 是一个域， $F[x]$ 是 F 上一个未定元 x 的多项式环. 我们知道 $F\subset F[x]$. 因此用 F 的元素去乘 $F[x]$ 中的元素是有意义的. $F[x]$ 对于其中规定的多项式的加法运算和用 F 的元素去乘 $F[x]$ 中的元素的乘法运算是 F 上的一个向量空间. 显然这个向量空间不满足 III. □

例 5.3 仍设 F 是一个域， $F[x]$ 是 F 上一个未定元 x 的多项式环， $f(x)\in F[x]$, 并且假定 $\deg f(x)=n\geqslant 1$. 我们也知道 $F[x]_{f(x)}$ 是一个环，而 $F\subset F[x]_{f(x)}$.

因此用 F 的元素去乘 $F[x]_{f(x)}$ 的元素的乘法是有意义的. 这样, $F[x]_{f(x)}$ 对于其中规定的加法运算和用 F 的元素去乘 $F[x]_{f(x)}$ 的元素的乘法运算来说是一个向量空间. 又因 $F[x]_{f(x)}$ 中有 n 个元素, 即 $1, x, x^2, \cdots, x^{n-1}$, 使得 $F[x]_{f(x)}$ 中任一元素都可唯一地表示成它们的线性组合, 而且系数属于 F, 所以 $F[x]_{f(x)}$ 是 F 上的一个有限维向量空间, $\{1, x, x^2, \cdots, x^{n-1}\}$ 是它的一组基. □

例 5.4 设 q 是一个素数 p 的幂: $q = p^n$. 那么 $\mathbb{F}_q$ 包含子域 $\mathbb{F}_p$. 因此用 $\mathbb{F}_p$ 的元素去乘 $\mathbb{F}_q$ 的元素是有意义的. 这时 $\mathbb{F}_q$ 对于其中的加法运算和用 $\mathbb{F}_p$ 的元素去乘 $\mathbb{F}_q$ 的元素的乘法运算来说是 $\mathbb{F}_p$ 上的一个向量空间. 如果 ξ 是 $\mathbb{F}_q$ 的一个本原元, 那么根据定理 3.23, ξ 适合的 $\mathbb{F}_p$ 上的极小多项式是一个 n 次不可约多项式. 这时 $\mathbb{F}_q$ 的每一个元素 α 都可以唯一地表示成

$$\alpha = a_0 + a_1\xi + a_2\xi^2 + \cdots + a_{n-1}\xi^{n-1},$$

其中系数 $a_0, a_1, a_2, \cdots, a_{n-1}$ 都属于 $\mathbb{F}_p$. 因此 $\mathbb{F}_q$ 是 $\mathbb{F}_p$ 上的有限维向量空间, 而且 $\{1, \xi, \cdots, \xi^{n-1}\}$ 是它的一组基. □

一般地, 设 $\mathbb{F}_q$ 是有限域 F 的子域, 那么根据定理 3.10, 有正整数 m, 使得 $|F| = q^m$. F 可看作 $\mathbb{F}_q$ 上的有限维向量空间, 而且定理 3.10 的证明实际上就是找 F 的一组基.

例 5.5 设 V 是域 F 上的一个向量空间, S 是 V 的一个非空子集. 用 $\langle S\rangle$ 表示由 S 中任意有限个向量 $\boldsymbol{v}_{i_1}, \boldsymbol{v}_{i_2}, \cdots, \boldsymbol{v}_{i_r}$ 的线性组合 $c_1\boldsymbol{v}_{i_1} + c_2\boldsymbol{v}_{i_2} + \cdots + c_r\boldsymbol{v}_{i_r}$, $c_i \in F$ 的全体所组成的集合, 即

$$\langle S\rangle = \{c_1\boldsymbol{v}_{i_1} + c_2\boldsymbol{v}_{i_2} + \cdots + c_r\boldsymbol{v}_{i_r} : \boldsymbol{v}_{i_1}, \boldsymbol{v}_{i_2}, \cdots, \boldsymbol{v}_{i_r} \in S,\ c_1, c_2, \cdots, c_r \in F\},$$

那么 $\langle S\rangle$ 是 V 的子集. 设 $\boldsymbol{v}, \boldsymbol{w} \in \langle S\rangle$, 作为 V 的元素, 它们的和 $\boldsymbol{v}+\boldsymbol{w}$ 是有意义的, 而且显然 $\boldsymbol{v}+\boldsymbol{w} \in \langle S\rangle$. 我们把 $\boldsymbol{v}$ 和 $\boldsymbol{w}$ 按 V 中的加法运算所得之和 $\boldsymbol{v}+\boldsymbol{w}$ 看作是它们作为 $\langle S\rangle$ 中元素的和. 同样, 对 $c \in F$ 和 $\boldsymbol{v} \in \langle S\rangle$, 将 $\boldsymbol{v}$ 看作 V 的元素规定了纯量乘积 $c\boldsymbol{v}$. 显然 $c\boldsymbol{v} \in \langle S\rangle$. 我们把 $\boldsymbol{v}$ 看作 V 中的元素规定的乘积 $c\boldsymbol{v}$ 作为是把 $\boldsymbol{v}$ 看作 $\langle S\rangle$ 中的元素的乘积 $c\boldsymbol{v}$. 那么容易证明, $\langle S\rangle$ 对于这样规定的运算也是 F 上的一个向量空间, 叫做*由S生成的向量空间*.

当 S 是 V 的一个有限子集时, 譬如 $S = \{\boldsymbol{v}_1, \boldsymbol{v}_2, \cdots, \boldsymbol{v}_r\}$, 我们就记 $\langle S\rangle = \langle \boldsymbol{v}_1, \boldsymbol{v}_2, \cdots, \boldsymbol{v}_r\rangle$.

例如, 在 F^4 中, 如果取 $S = \{(1, -1, 0, 0), (1, 0, 0, 0), (0, 1, 0, 0)\}$, 那么

$$\langle S\rangle = \{(a_1, a_2, 0, 0) : a_1, a_2 \in F\};$$

如果取 $S = \{(1, -1, 0, 0), (0, 0, 1, -1)\}$, 那么

$$\langle S\rangle = \{(a, -a, b, -b) : a, b \in F\}.$$

设 V 是域 F 上的一个有限维向量空间, $\{\boldsymbol{e}_1, \boldsymbol{e}_2, \cdots, \boldsymbol{e}_n\}$ 是 V 的一组基. 那么从 $\boldsymbol{e}_1, \boldsymbol{e}_2, \cdots, \boldsymbol{e}_n$ 中任取 $r(\leqslant n)$ 个 $\boldsymbol{e}_{i_1}, \boldsymbol{e}_{i_2}, \cdots, \boldsymbol{e}_{i_r}$ $(1 \leqslant i_1 < i_2 < \cdots < i_r \leqslant n)$, 它们生成一个向量空间

$$\langle \boldsymbol{e}_{i_1}, \boldsymbol{e}_{i_2}, \cdots, \boldsymbol{e}_{i_r}\rangle = \{c_1\boldsymbol{e}_{i_1} + c_2\boldsymbol{e}_{i_2} + \cdots + c_r\boldsymbol{e}_{i_r} : c_1, c_2, \cdots, c_r \in F\}.$$

而 $\{\boldsymbol{e}_{i_1}, \boldsymbol{e}_{i_2}, \cdots, \boldsymbol{e}_{i_r}\}$ 就是 $\langle \boldsymbol{e}_{i_1}, \boldsymbol{e}_{i_2}, \cdots, \boldsymbol{e}_{i_r}\rangle$ 的一组基. □

定理5.1 设 V 是域 F 上的一个向量空间，那么以下运算规则成立：

i) $0\boldsymbol{v} = \boldsymbol{0}$, 对任意 $\boldsymbol{v} \in V$.

ii) $c\boldsymbol{0} = \boldsymbol{0}$, 对任意 $c \in F$.

iii) $(-1)\boldsymbol{v} = -\boldsymbol{v}$, 对任意 $\boldsymbol{v} \in V$.

iv) 如果 $c\boldsymbol{v} = \boldsymbol{0}$, 那么 $c = 0$ 或 $\boldsymbol{v} = \boldsymbol{0}$.

证明 显然，

$$0\boldsymbol{v} = (0+0)\boldsymbol{v} = 0\boldsymbol{v} + 0\boldsymbol{v}.$$

因为 V 对于向量加法是交换群，根据消去律就有

$$0\boldsymbol{v} = \boldsymbol{0},$$

这证明了 i) 成立. 同理可证 ii) 成立. 我们又有

$$\boldsymbol{v} + (-\boldsymbol{v}) = \boldsymbol{0} = 0\boldsymbol{v} = (1 + (-1))\boldsymbol{v} = \boldsymbol{v} + (-1)\boldsymbol{v},$$

仍根据消去律，得

$$(-1)\boldsymbol{v} = -\boldsymbol{v},$$

这证明了 iii) 成立. 最后，设

$$c\boldsymbol{v} = 0.$$

如果 $c \neq 0$, 将上式双方乘以 c^{-1} 就有

$$\boldsymbol{0} = c^{-1}\boldsymbol{0} = c^{-1}(c\boldsymbol{v}) = (c^{-1}c)\boldsymbol{v} = 1\boldsymbol{v} = \boldsymbol{v}.$$

因此 iv) 也成立. □

一个自然产生的问题是，向量空间中不同的两组基所含向量的个数是否相等？这个问题的答案是肯定的. 为了解决这个问题，需要引进向量的线性相关这一重要概念，这个概念可看作三维欧几里得空间中向量的共线或共面概念的推广.

定义 5.2 设 V 是域 F 上的一个向量空间，而 $\boldsymbol{v}_1, \boldsymbol{v}_2, \cdots, \boldsymbol{v}_r$ 是 V 中的 r 个向量. 我们说 $\boldsymbol{v}_1, \boldsymbol{v}_2, \cdots, \boldsymbol{v}_r$*线性相关*, 如果存在 F 中 r 个不全等于零的元素 $c_1, c_2, \cdots, c_r$, 使

$$c_1\boldsymbol{v}_1 + c_2\boldsymbol{v}_2 + \cdots + c_r\boldsymbol{v}_r = \boldsymbol{0}. \tag{5.4}$$

这时 (5.4) 式叫做 $\boldsymbol{v}_1, \boldsymbol{v}_2, \cdots, \boldsymbol{v}_r$ 的一个*非零线性关系*. 如果 $\boldsymbol{v}_1, \boldsymbol{v}_2, \cdots, \boldsymbol{v}_r$ 不线性相关，即如果 F 中的 r 个元素 $c_1, c_2, \cdots, c_r$ 一旦使 (5.4) 式成立，那么一定有 $c_1 = c_2 = \cdots = c_r = 0$, 我们就说 $\boldsymbol{v}_1, \boldsymbol{v}_2, \cdots, \boldsymbol{v}_r$*线性无关*.

例5.6 在 F^3 中，向量 (1, −1, 0) 和 (0, 1, −1) 线性无关. 事实上，由

$$a(1, -1, 0) + b(0, 1, -1) = \boldsymbol{0}$$

得到 $(a, -a+b, -b)=\mathbf{0}$, 因此 $a=b=0$; 向量 $(1, -1, 0), (0, 1, -1)$ 和 $(-1, 0, 1)$ 是线性相关的，因为

$$1(1, -1, 0)+1(0, 1, -1)+1(-1, 0, 1)=\mathbf{0};$$

向量 (a_1, a_2, a_3) 和 (aa_1, aa_2, aa_3) 是线性相关的，因为

$$a(a_1, a_2, a_3)+(-1)(aa_1, aa_2, aa_3)=\mathbf{0};$$

但向量 $(1, 0, 0)$, $(0, 1, 0)$ 和 $(0, 0, 1)$ 是线性无关的. □

一般地，从定义 5.2 立刻推出下面的

定理 5.2 设 V 是域 F 上的一个有限维向量空间，那么 V 的任意一组基中的向量都线性无关.

证明 设 $\{\boldsymbol{e}_1, \boldsymbol{e}_2, \cdots, \boldsymbol{e}_n\}$ 是 V 的一组基. 如果 $\boldsymbol{e}_1, \boldsymbol{e}_2, \cdots, \boldsymbol{e}_n$ 线性相关，即有 F 中 n 个不全为 0 的元素 $c_1, c_2, \cdots, c_n$, 使

$$c_1\boldsymbol{e}_1+c_2\boldsymbol{e}_2+\cdots+c_n\boldsymbol{e}_n=\mathbf{0}.$$

那么，$\mathbf{0}$ 就有两种方法表示成 $\boldsymbol{e}_1, \boldsymbol{e}_2, \cdots, \boldsymbol{e}_n$ 的线性组合：

$$\begin{aligned}\mathbf{0}&=0\boldsymbol{e}_1+0\boldsymbol{e}_2+\cdots+0\boldsymbol{e}_n\\&=c_1\boldsymbol{e}_1+c_2\boldsymbol{e}_2+\cdots+c_n\boldsymbol{e}_n.\end{aligned}$$

这与 $\{\boldsymbol{e}_1, \boldsymbol{e}_2, \cdots, \boldsymbol{e}_n\}$ 是 V 的一组基的假设相矛盾. □

以下如无特别声明，所给的向量都是任意域 F 上的向量空间 V 中的向量.

我们再证明下面几个引理.

引理 5.3 如果向量 $\boldsymbol{v}_1, \boldsymbol{v}_2, \cdots, \boldsymbol{v}_r$ 线性相关，那么对于任意 $\boldsymbol{v}_{r+1}\in V$, $\boldsymbol{v}_1, \boldsymbol{v}_2, \cdots, \boldsymbol{v}_r, \boldsymbol{v}_{r+1}$ 也线性相关.

证明 设 $\boldsymbol{v}_1, \boldsymbol{v}_2, \cdots, \boldsymbol{v}_r$ 线性相关，即有 F 中不全等于 0 的 r 个元素 $c_1, c_2, \cdots, c_r$, 使得

$$c_1\boldsymbol{v}_1+c_2\boldsymbol{v}_2+\cdots+c_r\boldsymbol{v}_r=\mathbf{0}.$$

那么

$$c_1\boldsymbol{v}_1+c_2\boldsymbol{v}_2+\cdots+c_r\boldsymbol{v}_r+0\boldsymbol{v}_{r+1}=\mathbf{0}.$$

当然 $c_1, c_2, \cdots, c_r, 0$ 不全等于 0, 因此 $\boldsymbol{v}_1, \boldsymbol{v}_2, \cdots, \boldsymbol{v}_r, \boldsymbol{v}_{r+1}$ 线性相关. □

引理 5.4 如果向量 $\boldsymbol{v}_{r+1}$ 可以表示成向量 $\boldsymbol{v}_1, \boldsymbol{v}_2, \cdots, \boldsymbol{v}_r$ 的线性组合，那么 $\boldsymbol{v}_1, \boldsymbol{v}_2, \cdots, \boldsymbol{v}_r, \boldsymbol{v}_{r+1}$ 线性相关.

证明 设

$$\boldsymbol{v}_{r+1}=c_1\boldsymbol{v}_1+c_2\boldsymbol{v}_2+\cdots+c_r\boldsymbol{v}_r,\ c_i\in F.$$

那么

$$c_1\boldsymbol{v}_1+c_2\boldsymbol{v}_2+\cdots+c_r\boldsymbol{v}_r+(-1)\boldsymbol{v}_{r+1}=\mathbf{0}$$

就是 $\boldsymbol{v}_1, \boldsymbol{v}_2, \cdots, \boldsymbol{v}_r, \boldsymbol{v}_{r+1}$ 的一个非零线性关系. □

引理 5.5 如果向量 $\boldsymbol{v}_1, \boldsymbol{v}_2, \cdots, \boldsymbol{v}_r$ 线性无关，而 $\boldsymbol{v}_1, \boldsymbol{v}_2, \cdots, \boldsymbol{v}_r, \boldsymbol{v}_{r+1}$ 线性相关，那么 $\boldsymbol{v}_{r+1}$ 可以唯一地表示成 $\boldsymbol{v}_1, \boldsymbol{v}_2, \cdots, \boldsymbol{v}_r$ 的线性组合，即

$$\boldsymbol{v}_{r+1}=c_1\boldsymbol{v}_1+c_2\boldsymbol{v}_2+\cdots+c_r\boldsymbol{v}_r,\ c_i\in F,$$

其中 $c_1, c_2, \cdots, c_r$ 由 $\boldsymbol{v}_{r+1}$ 所唯一确定.

证明 因为 $\boldsymbol{v}_1, \boldsymbol{v}_2, \cdots, \boldsymbol{v}_r, \boldsymbol{v}_{r+1}$ 线性相关，所以有 F 中 $r+1$ 个不全等于 0 的元素 $a_1, a_2, \cdots, a_r, a_{r+1}$, 使

$$a_1\boldsymbol{v}_1+a_2\boldsymbol{v}_2+\cdots+a_r\boldsymbol{v}_r+a_{r+1}\boldsymbol{v}_{r+1}=\boldsymbol{0}. \tag{5.5}$$

由于 $\boldsymbol{v}_1, \boldsymbol{v}_2, \cdots, \boldsymbol{v}_r$ 线性无关，所以 $a_{r+1}\neq 0$. 否则，如果 $a_{r+1}=0$, 那么 $a_1, a_2, \cdots, a_r$ 就不全等于 0, 这样 $\boldsymbol{v}_1, \boldsymbol{v}_2, \cdots, \boldsymbol{v}_r$ 就有一个非零线性关系 $a_1\boldsymbol{v}_1+a_2\boldsymbol{v}_2+\cdots+a_r\boldsymbol{v}_r=\boldsymbol{0}$, 这与 $\boldsymbol{v}_1, \boldsymbol{v}_2, \cdots, \boldsymbol{v}_r$ 线性无关相矛盾. 既然 $a_{r+1}\neq 0$, 由 (5.5) 式得到

$$\boldsymbol{v}_{r+1}=(-a_{r+1}^{-1}a_1)\boldsymbol{v}_1+(-a_{r+1}^{-1}a_2)\boldsymbol{v}_2+\cdots+(-a_{r+1}^{-1}a_r)\boldsymbol{v}_r,$$

而 $-a_{r+1}^{-1}a_i\in F,\ i=1, 2, \cdots, r$.

进一步，如果有两种方法把 $\boldsymbol{v}_{r+1}$ 表示成 $\boldsymbol{v}_1, \boldsymbol{v}_2, \cdots, \boldsymbol{v}_r$ 的线性组合:

$$\boldsymbol{v}_{r+1}=c_1\boldsymbol{v}_1+c_2\boldsymbol{v}_2+\cdots+c_r\boldsymbol{v}_r,\ c_i\in F,$$
$$\boldsymbol{v}_{r+1}=d_1\boldsymbol{v}_1+d_2\boldsymbol{v}_2+\cdots+d_r\boldsymbol{v}_r,\ d_i\in F.$$

将上面两个式子相减就得到

$$\boldsymbol{0}=(c_1-d_1)\boldsymbol{v}_1+(c_2-d_2)\boldsymbol{v}_2+\cdots+(c_r-d_r)\boldsymbol{v}_r.$$

因 $\boldsymbol{v}_1, \boldsymbol{v}_2, \cdots, \boldsymbol{v}_r$ 线性无关，所以一定有

$$c_1-d_1=c_2-d_2=\cdots=c_r-d_r=0,$$

于是

$$c_i=d_i,\ i=1, 2, \cdots, r.$$

这就证明了表示法的唯一性. □

引理5.6 如果 $\boldsymbol{v}_1, \boldsymbol{v}_2, \cdots, \boldsymbol{v}_r$ 中有一个向量是 $\boldsymbol{0}$, 那么它们一定线性相关.

证明 不妨设 $\boldsymbol{v}_1=\boldsymbol{0}$, 那么

$$1\boldsymbol{v}_1+0\boldsymbol{v}_2+\cdots+0\boldsymbol{v}_r=\boldsymbol{0}$$

就是 $\boldsymbol{v}_1, \boldsymbol{v}_2, \cdots, \boldsymbol{v}_r$ 的一个非零线性关系，因此它们线性相关. □

引理5.7 设 $\boldsymbol{v}_1, \boldsymbol{v}_2, \cdots, \boldsymbol{v}_r$ 是 r 个向量， $r>1$. 令

$$\boldsymbol{v}_i'=\boldsymbol{v}_i+a_i\boldsymbol{v}_1,\ a_i\in F,\ i=2, 3, \cdots, r.$$

那么 $\boldsymbol{v}_1, \boldsymbol{v}_2, \cdots, \boldsymbol{v}_r$ 线性无关当且仅当 $\boldsymbol{v}_1, \boldsymbol{v}_2', \cdots, \boldsymbol{v}_r'$ 线性无关.

证明 设 $\boldsymbol{v}_1, \boldsymbol{v}_2, \cdots, \boldsymbol{v}_r$ 线性无关. 假定有 $c_1, c_2, \cdots, c_r\in F$, 使

$$c_1\boldsymbol{v}_1+c_2\boldsymbol{v}_2'+\cdots+c_r\boldsymbol{v}_r'=\boldsymbol{0}.$$

将 $\boldsymbol{v}_i'=\boldsymbol{v}_i+a_i\boldsymbol{v}_1\,(i=2, 3, \cdots, r)$ 代入上式，得

$$(c_1+c_2a_2+c_3a_3+\cdots+c_ra_r)\boldsymbol{v}_1+c_2\boldsymbol{v}_2+c_3\boldsymbol{v}_3+\cdots+c_r\boldsymbol{v}_r=\boldsymbol{0}.$$

因 $\boldsymbol{v}_1, \boldsymbol{v}_2, \cdots, \boldsymbol{v}_r$ 线性无关，所以

$$c_1 + c_2a_2 + c_3a_3 + \cdots + c_ra_r = 0,$$
$$c_2 = c_3 = \cdots = c_r = 0.$$

因此也有 $c_1 = 0$. 这就证明了 $\boldsymbol{v}_1, \boldsymbol{v}_2', \cdots, \boldsymbol{v}_r'$ 线性无关. 反过来，注意到 $\boldsymbol{v}_i = \boldsymbol{v}_i' + (-a_i)\boldsymbol{v}_1 (i > 1)$, 所以从 $\boldsymbol{v}_1, \boldsymbol{v}_2', \cdots, \boldsymbol{v}_r'$ 线性无关也可以推出 $\boldsymbol{v}_1, \boldsymbol{v}_2, \cdots, \boldsymbol{v}_r$ 线性无关. □

从上述引理，我们得到

定理5.8　设 V 是域 F 上的一个有限维向量空间，它有一组基由 n 个向量组成. 如果 $m > n$, 那么 V 中任意 m 个向量都线性相关.

证明　根据引理 5.3, 只要证明 V 中任意 $n+1$ 个向量都线性相关即可. 我们对 n 作数学归纳法来证明这一点.

设 $n = 1, \{\boldsymbol{e}_1\}$ 是 V 的一组基. 再设 $\boldsymbol{v}_1$ 和 $\boldsymbol{v}_2$ 是 V 中任意两个向量，那么 $\boldsymbol{v}_1 = a_1\boldsymbol{e}_1, \boldsymbol{v}_2 = a_2\boldsymbol{e}_1$. 如果 $\boldsymbol{v}_1 = 0$, 根据引理 5.6, $\boldsymbol{v}_1$ 和 $\boldsymbol{v}_2$ 线性相关. 如果 $\boldsymbol{v}_1 \neq \mathbf{0}$, 根据定理 5.1, $a_1 \neq 0$, 那么

$$(-a_2)\boldsymbol{v}_1 + a_1\boldsymbol{v}_2 = \mathbf{0}$$

就是 $\boldsymbol{v}_1, \boldsymbol{v}_2$ 的一个非零线性关系.

假定任一有限维向量空间如有一组基由 $n-1$ 个向量组成，其中任意 n 个向量都线性相关. 现在，设 V 是一个有限维向量空间，而$\{\boldsymbol{e}_1, \boldsymbol{e}_2, \cdots, \boldsymbol{e}_n\}$是 V 的一组基. 再设 $\boldsymbol{v}_1, \boldsymbol{v}_2, \cdots, \boldsymbol{v}_n, \boldsymbol{v}_{n+1}$ 是 V 中的任意 $n+1$ 个向量，那么有

$$\boldsymbol{v}_1 = a_{11}\boldsymbol{e}_1 + a_{12}\boldsymbol{e}_2 + \cdots + a_{1n}\boldsymbol{e}_n,$$
$$\boldsymbol{v}_2 = a_{21}\boldsymbol{e}_1 + a_{22}\boldsymbol{e}_2 + \cdots + a_{2n}\boldsymbol{e}_n,$$
$$\cdots\cdots\cdots\cdots$$
$$\boldsymbol{v}_{n+1} = a_{n+1,1}\boldsymbol{e}_1 + a_{n+1,2}\boldsymbol{e}_2 + \cdots + a_{n+1,n}\boldsymbol{e}_n,$$

其中 $a_{ij} \in F,\ i=1, 2, \cdots, n+1,\ j=1, 2, \cdots, n$. 根据引理 5.6, 如果 $\boldsymbol{v}_1, \boldsymbol{v}_2, \cdots, \boldsymbol{v}_{n+1}$ 中有一个是 $\mathbf{0}$, 那么它们一定线性相关；现在考虑 $\boldsymbol{v}_1, \boldsymbol{v}_2, \cdots, \boldsymbol{v}_{n+1}$ 都不等于 $\mathbf{0}$ 的情形. 不妨设 $\boldsymbol{v}_1 \neq \mathbf{0}$, 那么一定有某个 $a_{1j} \neq 0 (1 \leqslant j \leqslant n)$. 再不妨假定 $a_{11} \neq 0$. 令

$$\boldsymbol{v}_i' = \boldsymbol{v}_i - a_{i1}a_{11}^{-1}\boldsymbol{v}_1,\ i = 2, 3, \cdots, n+1.$$

根据引理 5.7, 要证明 $\boldsymbol{v}_1, \boldsymbol{v}_2, \cdots, \boldsymbol{v}_{n+1}$ 线性相关，只要证 $\boldsymbol{v}_1, \boldsymbol{v}_2', \cdots, \boldsymbol{v}_{n+1}'$ 线性相关就行了. 因为

$$\boldsymbol{v}_i' = (a_{i2} - a_{i1}a_{11}^{-1}a_{12})\boldsymbol{e}_2 + \cdots + (a_{in} - a_{i1}a_{11}^{-1}a_{1n})\boldsymbol{e}_n, \quad i = 2, 3, \cdots, n+1,$$

所以 $\boldsymbol{v}_2', \boldsymbol{v}_3', \cdots, \boldsymbol{v}_{n+1}'$ 是向量空间 $\langle \boldsymbol{e}_2, \boldsymbol{e}_3, \cdots, \boldsymbol{e}_n \rangle$ 中的 n 个向量. 显然 $\langle \boldsymbol{e}_2, \boldsymbol{e}_3, \cdots, \boldsymbol{e}_n \rangle$ 是 F 上的一个有限维向量空间，并且 $\{\boldsymbol{e}_2, \boldsymbol{e}_3, \cdots, \boldsymbol{e}_n\}$ 是 $\langle \boldsymbol{e}_2, \boldsymbol{e}_3, \cdots, \boldsymbol{e}_n \rangle$ 的一组基. 根据归纳法假设，$\boldsymbol{v}_2', \boldsymbol{v}_3', \cdots, \boldsymbol{v}_{n+1}'$ 线性相关. 再根据引理 5.3, $\boldsymbol{v}_1, \boldsymbol{v}_2', \boldsymbol{v}_3', \cdots, \boldsymbol{v}_{n+1}'$ 线性相关. □

现在我们就可得到下面的重要结论.

定理5.9 设 V 是域 F 上的一个有限维向量空间，那么它的任意两组基都含有相同个数的向量.

证明 设 $\{e_1, e_2, \cdots, e_n\}$ 和 $\{e'_1, e'_2, \cdots, e'_m\}$ 是 V 的两组基. 根据定理 5.8, 一方面有 $m \leqslant n$, 另一方面有 $n \leqslant m$, 所以 $m = n$. □

基于定理 5.9, 我们给出下面的定义.

定义 5.3 设 V 是域 F 上的一个有限维向量空间. 如果 V 有一组由 n 个向量组成的基，V 就叫做 F 上的 n 维向量空间, 记作 $\dim V = n$. 如果 V 仅由零向量组成，我们就说 V 是 0 维的，记作 $\dim V = 0$.

定理5.10 设 V 是域 F 上的一个 n 维向量空间，那么 V 中任意 n 个线性无关的向量都组成 V 的一组基.

证明 设 $\boldsymbol{v}_1, \boldsymbol{v}_2, \cdots, \boldsymbol{v}_n$ 是 V 中 n 个线性无关的向量. 再设 $\boldsymbol{v}$是 V 中任意一个向量. 根据定理 5.8, $\boldsymbol{v}_1, \boldsymbol{v}_2, \cdots, \boldsymbol{v}_n, \boldsymbol{v}$ 一定线性相关. 再根据引理 5.5, $\boldsymbol{v}$ 可以唯一地表示成 $\boldsymbol{v}_1, \boldsymbol{v}_2, \cdots, \boldsymbol{v}_n$ 的线性组合.因此 $\{\boldsymbol{v}_1, \boldsymbol{v}_2, \cdots, \boldsymbol{v}_n\}$ 是 V 的一组基. □

从上面的引理我们还可以得到如下的替换定理.

定理5.11 (替换定理) 设 V 是域 F 上的一个 n 维向量空间，$\boldsymbol{v}_1, \boldsymbol{v}_2, \cdots, \boldsymbol{v}_r$ 是 V 中 r 个线性无关的向量，$r \leqslant n$. 那么可以从 V 的任意一组基 $\{e_1, e_2, \cdots, e_n\}$ 中选取 $n-r$ 个向量，它们与 $\boldsymbol{v}_1, \boldsymbol{v}_2, \cdots, \boldsymbol{v}_r$ 一起构成 V 的一组基.

证明 先考察向量集合 $\{\boldsymbol{v}_1, \boldsymbol{v}_2, \cdots, \boldsymbol{v}_r, e_1, e_2, \cdots, e_n\}$. 从其中选一个包有 $\boldsymbol{v}_1, \boldsymbol{v}_2, \cdots, \boldsymbol{v}_r$ 的极大线性无关向量子集 $\{\boldsymbol{v}_1, \boldsymbol{v}_2, \cdots, \boldsymbol{v}_r, e_{k_{r+1}}, e_{k_{r+2}}, \cdots, e_{k_m}\}$. 这就是说 $\boldsymbol{v}_1, \boldsymbol{v}_2, \cdots, \boldsymbol{v}_r, e_{k_{r+1}}, e_{k_{r+2}}, \cdots, e_{k_m}$ 是线性无关的，而 $\boldsymbol{v}_1, \boldsymbol{v}_2, \cdots, \boldsymbol{v}_r, e_{k_{r+1}}, e_{k_{r+2}}, \cdots, e_{k_m}, e_j\,(1 \leqslant j \leqslant n$ 而 $j \neq k_{r+1}, k_{r+2}, \cdots, k_m)$ 是线性相关的. 那么根据引理 5.4, $e_j\,(1 \leqslant j \leqslant n$ 而 $j \neq k_{r+1}, k_{r+2}, \cdots, k_m)$ 就可以表示成 $\boldsymbol{v}_1, \boldsymbol{v}_2, \cdots, \boldsymbol{v}_r, \boldsymbol{v}_{k_{r+1}}, \boldsymbol{v}_{k_{r+2}}, \cdots, \boldsymbol{v}_{k_m}$ 的线性组合. 显然，$e_{k_{r+1}}, e_{k_{r+2}}, \cdots, e_{k_m}$ 也都可以表示成它们的线性组合，这就证明了 $e_1, e_2, \cdots, e_n$ 都可表示成 $\boldsymbol{v}_1, \boldsymbol{v}_2, \cdots, \boldsymbol{v}_r, e_{k_{r+1}}, e_{k_{r+2}}, \cdots, e_{k_m}$ 的线性组合.

设 $\boldsymbol{v}$ 是 V 中的任一向量. 因为 $\{e_1, e_2, \cdots, e_n\}$ 是 V 的一组基，所以 $\boldsymbol{v}$ 可表示成 $e_1, e_2, \cdots, e_n$ 的线性组合：

$$\boldsymbol{v} = c_1 e_1 + c_2 e_2 + \cdots + c_n e_n,\ c_i \in F.$$

刚才已证明了每个 $e_i\,(1 \leqslant i \leqslant n)$ 可以表示成 $\boldsymbol{v}_1, \boldsymbol{v}_2, \cdots, \boldsymbol{v}_r, e_{k_{r+1}}, e_{k_{r+2}}, \cdots, e_{k_m}$ 的线性组合，那么 $\boldsymbol{v}$ 也可以表示成它们的线性组合. 根据引理 5.5, 这种表示法是唯一的. 于是 $\{\boldsymbol{v}_1, \boldsymbol{v}_2, \cdots, \boldsymbol{v}_r, e_{k_{r+1}}, e_{k_{r+2}}, \cdots, e_{k_m}\}$ 是 V 的一组基. 根据定理 5.9, $m = n$. □

例5.7 由例 5.6 我们知道，在 F^3 中，向量 $\boldsymbol{v}_1 = (1, -1, 0)$ 和 $\boldsymbol{v}_2 = (0, 1, -1)$ 是线性无关的. 我们又知道 $e_1 = (1, 0, 0), e_2 = (0, 1, 0), e_3 = (0,0,1)$ 是 F^3 的一

组基. 容易验证 $\{\boldsymbol{v}_1, \boldsymbol{v}_2, \boldsymbol{e}_1\}$ 是 F^3 的一组基, 而且 $\{\boldsymbol{v}_1, \boldsymbol{v}_2, \boldsymbol{e}_2\}$ 和 $\{\boldsymbol{v}_1, \boldsymbol{v}_2, \boldsymbol{e}_3\}$ 也是 F^3 的基.

在 F^3 中, 向量 $\boldsymbol{v}_1 = \boldsymbol{e}_1 = (1, 0, 0)$ 和 $\boldsymbol{v}_2 = (1, 1, 0)$ 是线性无关的, 而 $\{\boldsymbol{e}_1, \boldsymbol{e}_2, \boldsymbol{e}_3\}$ 是一组基. 容易验证 $\{\boldsymbol{v}_1, \boldsymbol{v}_2, \boldsymbol{e}_3\}$ 也是 F^3 的一组基. 但 $\{\boldsymbol{v}_1, \boldsymbol{v}_2, \boldsymbol{e}_1\}$ 和 $\{\boldsymbol{v}_1, \boldsymbol{v}_2, \boldsymbol{e}_2\}$ 都不是 F^3 的基. □

5.2 子空间和商空间

设 V 是域 F 上的一个向量空间, S 是 V 的一个非空子集. 在例 5.5 中已经指出, S 生成的向量空间 $\langle S\rangle$ 中的运算实际上就是 V 的运算. 这启发我们给出下面的定义.

定义 5.4 设 V 是域 F 上的一个向量空间, W 是 V 的一个非空子集. 如果 W 对于 V 中规定的加法运算和用 F 的元素去乘 V 的元素的纯量乘法运算来说, 也是 F 上的一个向量空间, 那么 W 就叫做 V 的一个*子空间*. 特别地, 当 S 是 V 的一个非空子集时, $\langle S\rangle$ 就叫做*由 S 生成的子空间*.

例 5.8 在 F^n 中, 向量的集合

$$W = \{(a_1, a_2, \cdots, a_n) \in F^n : a_1 + a_2 + \cdots + a_n = 0\}$$

是 F^n 的一个子空间, 并且对于任意 $r, 1 \leqslant r \leqslant n$, 向量的集合

$$W_r = \{(a_1, a_2, \cdots, a_n) \in F^n : a_1 + a_2 + \cdots + a_r = 0\}$$

也是 F^n 的一个子空间. □

为了验证向量空间 V 的一个非空子集是否为子空间, 应用下面的定理中给出的条件是很方便的.

定理 5.12 *设 V 是域 F 上的一个向量空间, W 是 V 的一个非空子集. 那么 W 是 V 的子空间当且仅当以下两个条件成立:*

i) 对任意 $\boldsymbol{w}_1, \boldsymbol{w}_2 \in W$, 都有 $\boldsymbol{w}_1 + \boldsymbol{w}_2 \in W$.

ii) 对任意 $c \in F$, $\boldsymbol{w} \in W$, 都有 $c\boldsymbol{w} \in W$.

证明 当 W 是 V 的子空间时, i), ii) 显然成立.

反之, 设 W 是 V 的一个非空子集, 并且条件 i), ii) 成立. 那么对任意 $\boldsymbol{w} \in W$, 根据 ii), $-\boldsymbol{w} = (-1)\boldsymbol{w} \in W$. 根据定理 2.9, W 对于 V 的加法运算来说是 V 的一个子群, 因而在 W 中 I 成立. 显然, 在 W 中 II 也成立. 因此 W 是 V 的一个子空间. □

定理 5.13 *设 V 是域 F 上的一个 n 维向量空间, W 是 V 的一个子空间. 那么 $\dim W \leqslant \dim V$, 并且等号成立当且仅当 $W = V$.*

证明 根据定理 5.8, W 中任意 $n+1$ 个向量都线性相关. 因此 W 有一个极大线性无关向量子集 $\{\boldsymbol{w}_1, \boldsymbol{w}_2, \cdots, \boldsymbol{w}_m\}$, 即 $\boldsymbol{w}_1, \boldsymbol{w}_2, \cdots, \boldsymbol{w}_m$ 线性无关, 而如

果 $\boldsymbol{w}$ 是 W 中任一向量，则 $\boldsymbol{w}_1,\boldsymbol{w}_2,\cdots,\boldsymbol{w}_m,\boldsymbol{w}$ 就线性相关．于是 $m\leqslant n$．根据引理 5.5, W 中任一向量都可唯一地表示成 $\boldsymbol{w}_1,\boldsymbol{w}_2,\cdots,\boldsymbol{w}_m$ 的线性组合．因此 $\boldsymbol{w}_1,\boldsymbol{w}_2,\cdots,\boldsymbol{w}_m$ 就是 W 的一组基，从而 $\dim W=m\leqslant n=\dim V$．其次，如果 $m=n$, 那么由定理 5.10, $\boldsymbol{w}_1,\boldsymbol{w}_2,\cdots,\boldsymbol{w}_m$ 也是 V 的一组基，因而 V 中任一向量都可以表示成 $\boldsymbol{w}_1,\boldsymbol{w}_2,\cdots,\boldsymbol{w}_m$ 的线性组合，于是 $V\subset W$．因此 $W=V$． □

例5.9 设 W 是例 5.8 中定义的 F^n 的子空间．那么 $\boldsymbol{v}_1=(1,0,\cdots,0,-1)$, $\boldsymbol{v}_2=(0,1,0,\cdots,0,-1),\cdots,\boldsymbol{v}_{n-1}=(0,\cdots,0,1,-1)$ 是 W 的一组基．事实上，容易验证 $\boldsymbol{v}_1,\boldsymbol{v}_2,\cdots,\boldsymbol{v}_{n-1}$ 线性无关，并且对于任意 $(a_1,a_2,\cdots,a_n)\in W$, 因为 $a_1+a_2+\cdots+a_n=0$, 所以有

$$(a_1,a_2,\cdots,a_n)=a_1\boldsymbol{v}_1+a_2\boldsymbol{v}_2+\cdots+a_{n-1}\boldsymbol{v}_{n-1}.$$

因此 $\dim W=n-1$.

同理可以证明 $\dim W_r=n-1$. □

平行于一个群对于其正规子群的商群，我们来介绍向量空间对于其子空间的商空间．设 V 是域 F 上的一个向量空间，W 是 V 的一个子空间．那么 W 是 V 的加法群的一个子群，于是 V 就分拆成对于 W 的一些两两没有公共元素的陪集 $\boldsymbol{v}_\alpha+W$ 的并

$$V=\bigcup_{\alpha\in J}(\boldsymbol{v}_\alpha+W),$$

其中 J 是足码集．记

$$V/W=\{\boldsymbol{v}_\alpha+W:\alpha\in J\}.$$

我们有

定理 5.14 *设 V 是域 F 上的一个向量空间，W 是 V 的一个子空间．对于 V/W 的任意两个元素 $\boldsymbol{v}_\alpha+W$ 和 $\boldsymbol{v}_\beta+W$, 规定*

$$(\boldsymbol{v}_\alpha+W)+(\boldsymbol{v}_\beta+W)=(\boldsymbol{v}_\alpha+\boldsymbol{v}_\beta)+W, \tag{5.6}$$

并且对于任意 $c\in F$ 和 $\boldsymbol{v}+W\in V/W$, 规定

$$c(\boldsymbol{v}+W)=c\boldsymbol{v}+W. \tag{5.7}$$

那么 V/W 也是 F 上的一个向量空间.

证明 根据推论 2.28, V/W 是个加法群．我们来证按 (5.7) 规定的用 F 的元素去乘 V/W 的元素的乘法运算与陪集的代表的选取无关．设 $\boldsymbol{v}'\in\boldsymbol{v}+W$, 那么有 $\boldsymbol{w}\in W$ 使 $\boldsymbol{v}'=\boldsymbol{v}+\boldsymbol{w}$. 因此

$$\begin{aligned}c(\boldsymbol{v}'+W)&=c\boldsymbol{v}'+W=c(\boldsymbol{v}+\boldsymbol{w})+W=c\boldsymbol{v}+c\boldsymbol{w}+W\\&=c\boldsymbol{v}+W=c(\boldsymbol{v}+W).\end{aligned}$$

根据在 V 中 II 成立，容易推导出在 V/W 中 II 也成立．譬如，让我们来证明在 V/W 中 II.1 成立：

$$\begin{aligned} c[(\boldsymbol{v}_\alpha+W)+(\boldsymbol{v}_\beta+W)] &= c[(\boldsymbol{v}_\alpha+\boldsymbol{v}_\beta)+W] \\ &= c(\boldsymbol{v}_\alpha+\boldsymbol{v}_\beta)+W \\ &= c\boldsymbol{v}_\alpha+c\boldsymbol{v}_\beta+W \\ &= (c\boldsymbol{v}_\alpha+W)+(c\boldsymbol{v}_\beta+W) \\ &= c(\boldsymbol{v}_\alpha+W)+c(\boldsymbol{v}_\beta+W). \end{aligned}$$

因此 V/W 是 F 上的一个向量空间. □

基于定理 5.14, 我们可给出如下的定义.

定义 5.5 设 V 是域 F 上的一个向量空间, W 是 V 的一个子空间. 向量空间 V/W 叫做 V 对于 W 的 *商空间*.

例 5.10 设 W 是例 5.8 中定义的 F^n 的子空间. 那么

$$(a,\,0,\,\cdots,\,0)+W,\ a\in F$$

是 $(a,\,0,\,\cdots,\,0)$ 所在的陪集. 对于 F 中不同的 a 和 b, 陪集

$$(a,\,0,\,\cdots,\,0)+W \text{ 和 } (b,\,0,\,\cdots,\,0)+W$$

是不同的. 此外, 对于任意 $(a_1,\,a_2,\,\cdots,\,a_n)\in F^n$,

$$(a_1,\,a_2,\,\cdots,\,a_n)+W=\left(\sum_{i=1}^n a_i,\,0,\,\cdots,\,0\right)+W.$$

所以

$$F^n=\bigcup_{a\in F}((a,\,0,\,\cdots,\,0)+W)$$

是 F^n 对于 W 的不同陪集的一个分解. 在商空间

$$F^n/W=\{(a,\,0,\,\cdots,\,0)+W:a\in F\}$$

中, 加法与纯量乘法如下:

$$\begin{aligned} &((a,\,0,\,\cdots,\,0)+W)+((b,\,0,\,\cdots,\,0)+W)=(a+b,\,0,\,\cdots,\,0)+W, \\ &c((a,\,0,\,\cdots,\,0)+W)=(ca,\,0,\,\cdots,\,0)+W. \end{aligned}$$

□

下面我们引进向量空间的直和分解.

定义 5.6 设 V 是域 F 上的一个向量空间, 而 $V_1,\,V_2,\,\cdots,\,V_r$ 都是 V 的子空间. 如果 V 中任一向量 $\boldsymbol{v}$ 都可以表示成 V_1 中的一个元素 $\boldsymbol{v}_1$, V_2 中的一个元素 $\boldsymbol{v}_2,\cdots$ 和 V_r 中一个元素 $\boldsymbol{v}_r$ 的和 $\boldsymbol{v}=\boldsymbol{v}_1+\boldsymbol{v}_2+\cdots+\boldsymbol{v}_r$, 我们就说 V 可分解成 $V_1,\,V_2,\,\cdots,\,V_r$ 的 *和*, 记作 $V=V_1+V_2+\cdots+V_r$; 如果 V 中任一向量 $\boldsymbol{v}$ 的这种表示都唯一, 我们就说 V 可分解成 $V_1,\,V_2,\,\cdots,\,V_r$ 的 *直和*, 记作

$$V=V_1\dot{+}V_2\dot{+}\cdots\dot{+}V_r.$$

可以证明, V 是子空间 $V_1,\,V_2,\,\cdots,\,V_r$ 的直和, 当且仅当 i) $V=V_1+V_2+\cdots+V_r$, 而且 ii) 如果 $\boldsymbol{v}_1+\boldsymbol{v}_2+\cdots+\boldsymbol{v}_r=0$, 其中 $\boldsymbol{v}_i\in V_i$, 那么 $\boldsymbol{v}_1=\boldsymbol{v}_2=\cdots=\boldsymbol{v}_r=0$ (习题 5.11).

例5.11 设 V 是域 F 上的一个 n 维向量空间，而$\{\boldsymbol{e}_1,\boldsymbol{e}_2,\cdots,\boldsymbol{e}_n\}$ 是它的一个基，那么 V 就可分解成其子空间 $\langle\boldsymbol{e}_1\rangle,\langle\boldsymbol{e}_2\rangle,\cdots,\langle\boldsymbol{e}_n\rangle$ 的直和：

$$V=\langle\boldsymbol{e}_1\rangle\dot{+}\langle\boldsymbol{e}_2\rangle\dot{+}\cdots\dot{+}\langle\boldsymbol{e}_n\rangle.$$ □

例5.12 设 $f(x)$ 是 $F[x]$ 中的一个次数 $\geqslant 1$ 的多项式，而

$$f(x)=f_1(x)f_2(x)\cdots f_r(x),$$

其中 $f_1(x),f_2(x),\cdots,f_r(x)$ 是 $F[x]$ 中 r 个两两互素的多项式．根据定理 4.31, 我们有交换环 $F[x]_{f(x)}$ 的直和分解：

$$F[x]_{f(x)}=F[x]'_{f_1(x)}\dot{\oplus}F[x]'_{f_2(x)}\dot{\oplus}\cdots\dot{\oplus}F[x]'_{f_r(x)},\tag{5.8}$$

其中 $F[x]'_{f_i(x)}(1\leqslant i\leqslant r)$ 是 $F[x]_{f(x)}$ 的理想．因 $F[x]_{f(x)}$ 是 F 上的向量空间，而 $F[x]'_{f_i(x)}(1\leqslant i\leqslant r)$ 是 $F[x]_{f(x)}$ 的子空间，所以 (5.8) 也是向量空间 $F[x]_{f(x)}$ 的一个直和分解． □

和群的同构与同态一样，我们也可以引进向量空间的同构与同态的概念．

定义5.7 设 V 和 V' 是域 F 上的两个向量空间．从 V 到 V' 的一个映射

$$\sigma:V\longrightarrow V'$$

叫做从 V 到 V' 的 *同态映射* 或 *同态*, 如果 σ 满足以下两个条件：

i) 对于 V 的任意两个向量 $\boldsymbol{v}_1,\boldsymbol{v}_2$, 有

$$\sigma(\boldsymbol{v}_1+\boldsymbol{v}_2)=\sigma(\boldsymbol{v}_1)+\sigma(\boldsymbol{v}_2).$$

ii) 对于 V 中任一向量 $\boldsymbol{v}$和 F 中任一元素 c, 都有

$$\sigma(c\boldsymbol{v})=c\sigma(\boldsymbol{v}).$$

进一步，如果 σ 是一个满射，那么我们就说 V' 是 V 的一个 *同态像*. 如果 σ 是一个双射，我们就说它是一个 *同构映射*, 或者说它是从 V 到 V' 的一个 *同构*, 并且说 V 和 V'*同构*, 记作 $V\simeq V'$.

例5.13 设 W 是例 5.8 中定义的 F^n 的子空间．商空间 F^n/W 已由例 5.10 给出，显然，映射

$$\begin{aligned}F^n&\longrightarrow F^n/W,\\(a_1,a_2,\cdots,a_n)&\longmapsto\left(\sum_{i=1}^n a_i,0,\cdots,0\right)+W\end{aligned}$$

是一个满同态． □

平行于定理 2.29 和定理 2.30, 我们有

定理5.15 *设 V 是域 F 上的一个向量空间，而 W 是 V 的一个子空间．那么商空间 V/W 是 V 的一个同态像．确切地说，映射*

$$\begin{aligned}\sigma: V &\longrightarrow V/W,\\ \boldsymbol{v} &\longmapsto \boldsymbol{v}+W\end{aligned}$$

是从 V 到 V/W 的一个满同态.

定理5.16 设 V 和 V' 是同一个域 F 上的两个向量空间, 而 σ 是 V 到 V' 的一个同态. 那么

i) σ 把 V 的零向量映成 V' 的零向量.

ii) σ 把 V 中向量 $\boldsymbol{v}$ 的负向量 $-\boldsymbol{v}$ 映成 $\sigma(\boldsymbol{v})$ 的负向量 $-\sigma(\boldsymbol{v})$.

进一步, 我们还有

定理5.17 同一个域 F 上的两个同构的有限维向量空间有相同的维数. 反之, 域 F 上的两个维数相同的有限维向量空间是同构的.

证明 设 V 和 V' 是域 F 上的两个同构的有限维向量空间, 并假定

$$\sigma: V \longrightarrow V'$$

是 V 到 V' 的一个同构. 再设 $\dim V = n$, $\dim V' = m$. 那么 V 有一组基, 它由 n 个向量 $\boldsymbol{e}_1, \boldsymbol{e}_2, \cdots, \boldsymbol{e}_n$ 组成. 我们要证明 $\sigma(\boldsymbol{e}_1), \sigma(\boldsymbol{e}_2), \cdots, \sigma(\boldsymbol{e}_n)$ 线性无关. 设有线性关系

$$c_1\sigma(\boldsymbol{e}_1) + c_2\sigma(\boldsymbol{e}_2) + \cdots + c_n\sigma(\boldsymbol{e}_n) = \boldsymbol{0}', \quad c_i \in F,$$

这里 $\boldsymbol{0}'$ 是 V' 的零向量. 因为 σ 是同构, 所以

$$\sigma(c_1\boldsymbol{e}_1 + c_2\boldsymbol{e}_2 + \cdots + c_n\boldsymbol{e}_n) = c_1\sigma(\boldsymbol{e}_1) + c_2\sigma(\boldsymbol{e}_2) + \cdots + c_n\sigma(\boldsymbol{e}_n) = \boldsymbol{0}'.$$

因为 σ 是一个双射, 所以由定理 5.16, 我们有

$$c_1\boldsymbol{e}_1 + c_2\boldsymbol{e}_2 + \cdots + c_n\boldsymbol{e}_n = \boldsymbol{0}.$$

因为 $\boldsymbol{e}_1, \boldsymbol{e}_2, \cdots, \boldsymbol{e}_n$ 是 V 的一组基, 所以

$$c_1 = c_2 = \cdots = c_n = 0.$$

这证明了 $\sigma(\boldsymbol{e}_1), \sigma(\boldsymbol{e}_2), \cdots, \sigma(\boldsymbol{e}_n)$ 线性无关. 根据定理 5.8, $n \leqslant m$. 同理可证 $m \leqslant n$. 所以 $m = n$.

反之, 设 V 和 V' 是域 F 上的两个 n 维向量空间, 并且 $\{\boldsymbol{e}_1, \boldsymbol{e}_2, \cdots, \boldsymbol{e}_n\}$ 和 $\{\boldsymbol{e}'_1, \boldsymbol{e}'_2, \cdots, \boldsymbol{e}'_n\}$ 分别是它们的基. 容易验证, 映射

$$\begin{aligned}V &\longrightarrow V',\\ c_1\boldsymbol{e}_1 + c_2\boldsymbol{e}_2 + \cdots c_n\boldsymbol{e}_n &\longmapsto c_1\boldsymbol{e}'_1 + c_2\boldsymbol{e}'_2 + \cdots + c_n\boldsymbol{e}'_n\end{aligned}$$

是 V 到 V' 的一个同构. □

推论5.18 设 V 是域 F 上的一个 n 维向量空间, 那么 V 一定和 F^n 同构.

根据推论 5.18 可以说, 对于有限维向量空间来说, 只讨论 F^n 并不失一般性.

我们也有向量空间的同态基本定理, 其证明方法可仿照定理 2.31 的证明.

定理5.19 设 V 和 V' 都是同一个域 F 上的向量空间，σ 是 V 到 V' 的一个同态. 那么

i) $\operatorname{Im}\sigma = \{\sigma(\boldsymbol{v}) : \boldsymbol{v} \in V\}$ 是 V' 的一个子空间.

ii) $\operatorname{Ker}\sigma = \{\boldsymbol{v} \in \boldsymbol{V} : \sigma(\boldsymbol{v}) = \boldsymbol{0}'\}$ 是 V 的一个子空间.

iii) 向量空间 $V/\operatorname{Ker}\sigma$ 和 $\operatorname{Im}\sigma$ 同构. 确切地说，映射

$$\begin{aligned}\overline{\sigma} : V/\operatorname{Ker}\sigma &\longrightarrow \operatorname{Im}\sigma,\\ \boldsymbol{v} + \operatorname{Ker}\sigma &\longmapsto \sigma(\boldsymbol{v})\end{aligned}$$

是 $V/\operatorname{Ker}\sigma$ 到 $\operatorname{Im}\sigma$ 的一个同构.

5.3 矩阵和它的秩

设 V 是域 F 上的一个向量空间，S 是 V 的一个有限子集，而 $\langle S\rangle$ 是由 S 生成的 V 的子空间. 设

$$S = \{\boldsymbol{v}_1, \boldsymbol{v}_2, \cdots, \boldsymbol{v}_m\}.$$

S 的一个子集

$$S_0 = \{\boldsymbol{v}_{i_1}, \boldsymbol{v}_{i_2}, \cdots, \boldsymbol{v}_{i_r} : 1 \leqslant i_1 < i_2 < \cdots < i_r \leqslant m\}$$

叫做 S 的一个**极大线性无关子集**, 如果 $\boldsymbol{v}_{i_1}, \boldsymbol{v}_{i_2}, \cdots, \boldsymbol{v}_{i_r}$ 线性无关，而且 S 中任一向量都可以表示成 $\boldsymbol{v}_{i_1}, \boldsymbol{v}_{i_2}, \cdots, \boldsymbol{v}_{i_r}$ 的线性组合.

定理 5.20 设 V 是域 F 上的一个向量空间，S 是 V 的一个有限子集，而 S_0 是 S 的一个极大线性无关子集. 用 $|S_0|$ 来表示 S_0 中元素的个数，那么 $\dim\langle S\rangle = |S_0|$.

证明 设 $S = \{\boldsymbol{v}_1, \boldsymbol{v}_2, \cdots, \boldsymbol{v}_m\}$, 而 $S_0 = \{\boldsymbol{v}_{i_1}, \boldsymbol{v}_{i_2}, \cdots, \boldsymbol{v}_{i_r}\}$ $(1 \leqslant i_1 < i_2 < \cdots < i_r \leqslant m)$. 因 $\langle S\rangle$ 中任一向量都是 $\boldsymbol{v}_1, \boldsymbol{v}_2, \cdots, \boldsymbol{v}_m$ 的线性组合, 而每个 $\boldsymbol{v}_i$ $(1 \leqslant i \leqslant m)$ 都可以表示成 $\boldsymbol{v}_{i_1}, \boldsymbol{v}_{i_2}, \cdots, \boldsymbol{v}_{i_r}$ 的线性组合，所以 $\langle S\rangle$ 中的任一向量都可以表示成 $\boldsymbol{v}_{i_1}, \boldsymbol{v}_{i_2}, \cdots, \boldsymbol{v}_{i_r}$ 的线性组合. 又因 $\boldsymbol{v}_{i_1}, \boldsymbol{v}_{i_2}, \cdots, \boldsymbol{v}_{i_r}$ 线性无关，所以 $\langle S\rangle$ 中任一向量都可唯一地表成 $\boldsymbol{v}_{i_1}, \boldsymbol{v}_{i_2}, \cdots, \boldsymbol{v}_{i_r}$ 的线性组合. 这就是说 $\boldsymbol{v}_{i_1}, \boldsymbol{v}_{i_2}, \cdots, \boldsymbol{v}_{i_r}$ 是 $\langle S\rangle$ 的一组基. 因此 $\dim\langle S\rangle = |S_0|$. □

推论5.21 设 V 是域 F 上的一个向量空间，S 是 V 的一个有限子集. 那么 S 的任意两个极大线性无关子集都含有相同个数的元素.

基于这个推论，我们又可给出下面的定义.

定义5.8 设 V 是域 F 上的一个向量空间，S 是 V 的一个有限子集. 那么 S 的任意一个极大线性无关子集中元素的个数叫做 S 的**秩**, 记作 $\operatorname{rank} S$.

推论5.22 设 V 是域 F 上的一个向量空间，$\boldsymbol{v}_1, \boldsymbol{v}_2, \cdots, \boldsymbol{v}_m$ 是 V 中的 m 个向量. 那么

i) 对任意 $i\ (1\leqslant i\leqslant m)$ 和 F 中任意非零元素 c, 都有

$$\begin{aligned}&\operatorname{rank}\{\boldsymbol{v}_1, \boldsymbol{v}_2, \cdots, \boldsymbol{v}_m\}\\ =\ &\operatorname{rank}\{\boldsymbol{v}_1, \boldsymbol{v}_2, \cdots, \boldsymbol{v}_{i-1}, c\boldsymbol{v}_i, \boldsymbol{v}_{i+1}, \cdots, \boldsymbol{v}_m\}.\end{aligned}$$

ii) 对于任意数对 (i, j), $1\leqslant i<j\leqslant m$, 都有

$$\begin{aligned}&\operatorname{rank}\{\boldsymbol{v}_1, \boldsymbol{v}_2, \cdots, \boldsymbol{v}_m\}\\ =\ &\operatorname{rank}\{\boldsymbol{v}_1, \boldsymbol{v}_2, \cdots, \boldsymbol{v}_{i-1}, \boldsymbol{v}_j, \boldsymbol{v}_{i+1}, \cdots, \boldsymbol{v}_{j-1}, \boldsymbol{v}_i, \boldsymbol{v}_{j+1}, \cdots, \boldsymbol{v}_m\}.\end{aligned}$$

iii) 对于任意数对 (i, j), $1\leqslant i, j\leqslant m$, $i\neq j$ 和任意 $d\in F$, 都有

$$\begin{aligned}&\operatorname{rank}\{\boldsymbol{v}_1, \boldsymbol{v}_2, \cdots, \boldsymbol{v}_m\}\\ =\ &\operatorname{rank}\{\boldsymbol{v}_1, \cdots, \boldsymbol{v}_{j-1}, \boldsymbol{v}_j+d\boldsymbol{v}_i, \boldsymbol{v}_{j+1}, \cdots, \boldsymbol{v}_m\}.\end{aligned}$$

证明 这是因为

$$\begin{aligned}&\langle\boldsymbol{v}_1, \boldsymbol{v}_2, \cdots, \boldsymbol{v}_m\rangle=\langle\boldsymbol{v}_1, \boldsymbol{v}_2, \cdots, \boldsymbol{v}_{i-1}, c\boldsymbol{v}_i, \boldsymbol{v}_{i+1}, \cdots, \boldsymbol{v}_m\rangle\\ =\ &\langle\boldsymbol{v}_1, \boldsymbol{v}_2, \cdots, \boldsymbol{v}_{i-1}, \boldsymbol{v}_j, \boldsymbol{v}_{i+1}, \cdots, \boldsymbol{v}_{j-1}, \boldsymbol{v}_i, \boldsymbol{v}_{j+1}, \cdots, \boldsymbol{v}_m\rangle\\ =\ &\langle\boldsymbol{v}_1, \boldsymbol{v}_2, \cdots, \boldsymbol{v}_{j-1}, \boldsymbol{v}_j+d\boldsymbol{v}_i, \boldsymbol{v}_{j+1}, \cdots, \boldsymbol{v}_m\rangle.\end{aligned}$$

□

定义 5.9 设 V 是域 F 上的一个向量空间, $\boldsymbol{v}_1, \boldsymbol{v}_2, \cdots, \boldsymbol{v}_m$ 是 V 中的 m 个向量. 将向量集合 $S=\{\boldsymbol{v}_1, \boldsymbol{v}_2, \cdots, \boldsymbol{v}_m\}$ 变成下列向量集合之一的变换分别叫做对向量集合 S 进行了第一种、第二种和第三种*初等变换*:

i) $\{\boldsymbol{v}_1, \boldsymbol{v}_2, \cdots, \boldsymbol{v}_{i-1}, c\boldsymbol{v}_i, \boldsymbol{v}_{i+1}, \cdots, \boldsymbol{v}_m\}$, 其中 c 是 F 中任一非零元素;

ii) $\{\boldsymbol{v}_1, \boldsymbol{v}_2, \cdots, \boldsymbol{v}_{i-1}, \boldsymbol{v}_j, \boldsymbol{v}_{i+1}, \cdots, \boldsymbol{v}_{j-1}, \boldsymbol{v}_i, \boldsymbol{v}_{j+1}, \cdots, \boldsymbol{v}_m\}$, 其中 $i<j$;

iii) $\{\boldsymbol{v}_1, \boldsymbol{v}_2, \cdots, \boldsymbol{v}_{j-1}, \boldsymbol{v}_j+d\boldsymbol{v}_i, \boldsymbol{v}_{j+1}, \cdots, \boldsymbol{v}_m\}$, 其中 $i\neq j$, $d\in F$.

实际上, 第一种初等变换是将 S 中的 $\boldsymbol{v}_i$ 乘以 F 中一个非零元素 c 的变换, 第二种初等变换是将 S 中两个向量 $\boldsymbol{v}_i$, $\boldsymbol{v}_j$ 对调位置的变换, 而第三种初等变换是将 $\boldsymbol{v}_i$ 乘以 F 中的元素 d 加到 $\boldsymbol{v}_j$ 上去的变换.

这样, 推论 5.22 可以改述成

定理 5.23 *设 V 是域 F 上的一个向量空间, S 是 V 的一个有限子集. 那么 S 经过初等变换并不改变它的秩.*

以下设 V 是域 F 上的一个 n 维向量空间, 而 $\{\boldsymbol{e}_1, \boldsymbol{e}_2, \cdots, \boldsymbol{e}_n\}$ 是 V 的一组基. 仍设 $S=\{\boldsymbol{v}_1, \boldsymbol{v}_2, \cdots, \boldsymbol{v}_m\}$ 是 V 的一个有限子集. 那么每个 $\boldsymbol{v}_i$ 都可以表示成 $\boldsymbol{e}_1, \boldsymbol{e}_2, \cdots, \boldsymbol{e}_n$ 的线性组合:

$$\boldsymbol{v}_i=\sum_{j=1}^{n}a_{ij}\boldsymbol{e}_j,\ a_{ij}\in F,\quad i=1, 2, \cdots, m. \tag{5.9}$$

我们可以把 F 中的 mn 个元素 $a_{ij}(i=1, 2, \cdots, m;\ j=1, 2, \cdots, n)$ 排成一个长方形

$$\begin{pmatrix} a_{11} & a_{12} & \cdots & a_{1n} \\ a_{21} & a_{22} & \cdots & a_{2n} \\ \vdots & \vdots & & \vdots \\ a_{m1} & a_{m2} & \cdots & a_{mn} \end{pmatrix}, \tag{5.10}$$

把它叫做域 F 上的 m 行 n 列的矩阵，或 $m \times n$ 矩阵. 我们往往用大写英文字母来表示矩阵. 现在我们把上面的矩阵用 A 来表示，有时也把 A 简记作

$$A = (a_{ij})_{1 \leqslant i \leqslant m,\, 1 \leqslant j \leqslant n}.$$

当 $m = n$ 时，也说 A 是方阵. 矩阵 A 一共有 m 行：

$$(a_{11}, a_{12}, \cdots, a_{1n}), (a_{21}, a_{22}, \cdots, a_{2n}), \cdots, (a_{m1}, a_{m2}, \cdots, a_{mn});$$

我们把它们叫做 A 的 m 个行向量，并依次叫做 A 的第一个行向量，第二个行向量，$\cdots$，第 m 个行向量；显然，它们都是 F^n 中的向量. 因此 F^n 又叫做 F 上的 n 维行向量空间. 矩阵 A 一共有 n 列：

$$\begin{pmatrix} a_{11} \\ a_{21} \\ \vdots \\ a_{m1} \end{pmatrix}, \begin{pmatrix} a_{12} \\ a_{22} \\ \vdots \\ a_{m2} \end{pmatrix}, \cdots, \begin{pmatrix} a_{1n} \\ a_{2n} \\ \vdots \\ a_{mn} \end{pmatrix};$$

我们把它们叫做 A 的 n 个列向量，并依次叫做 A 的第一个列向量，第二个列向量，$\cdots$，第 n 个列向量. 我们还把 a_{ij} 叫做 A 的第 i 行第 j 行的元素，或叫做 A 的 (i, j) 位置的元素.

引理 5.24 设 V 是域 F 上的一个 n 维向量空间，$\{\boldsymbol{e}_1, \boldsymbol{e}_2, \cdots, \boldsymbol{e}_n\}$ 是 V 的一组基. 令 $\boldsymbol{v}_1, \boldsymbol{v}_2, \cdots, \boldsymbol{v}_m$ 是 V 中的 m 个向量，它们由 (5.9) 表示，并且 $c_1, c_2, \cdots, c_m$ 是 F 的 m 个元素. 那么

$$c_1\boldsymbol{v}_1 + c_2\boldsymbol{v}_2 + \cdots + c_m\boldsymbol{v}_m = \boldsymbol{0}$$

当且仅当

$$\begin{aligned} & c_1(a_{11}\, a_{12}, \cdots, a_{1n}) + c_2(a_{21}, a_{22}, \cdots, a_{2n}) \\ & \quad + \cdots + c_m(a_{m1}, a_{m2}, \cdots, a_{mn}) = \underbrace{(0, 0, \cdots, 0)}_{n\text{ 个}} . \end{aligned} \tag{5.11}$$

证明 设

$$\sum_{i=1}^{m} c_i\boldsymbol{v}_i = 0. \tag{5.12}$$

将 (5.9) 代入上式，得

$$0 = \sum_{i=1}^{m} c_i \sum_{j=1}^{n} a_{ij}\boldsymbol{e}_j = \sum_{j=1}^{n} \left(\sum_{i=1}^{m} c_i a_{ij} \right) \boldsymbol{e}_j.$$

因为 $\{\boldsymbol{e}_1, \boldsymbol{e}_2, \cdots, \boldsymbol{e}_n\}$ 是 V 的一组基，所以

$$\sum_{i=1}^{m} c_i a_{ij} = 0, \quad j = 1, 2, \cdots, n. \tag{5.13}$$

而 (5.13) 中 n 个式子的左边就是 (5.11) 式左边的 n 维行向量的 n 个分量，因此 (5.11) 成立.

反过来，如果 (5.11) 成立，那么 (5.13) 成立. 将 (5.13) 的两边乘以 $\boldsymbol{e}_j$, 再对 $j(= 1, 2, \cdots, m)$ 求和，然后利用 (5.9) 就推出 (5.12) 成立. □

从引理 5.24 立刻推出下面的

定理5.25 设 V 是域 F 上的一个 n 维向量空间，$\{\boldsymbol{e}_1, \boldsymbol{e}_2, \cdots, \boldsymbol{e}_n\}$ 是它的一组基. 再设 $S = \{\boldsymbol{v}_1, \boldsymbol{v}_2, \cdots, \boldsymbol{v}_m\}$ 是 V 的一个有限子集. 将每个 $\boldsymbol{v}_i$ 都表示成 $\boldsymbol{e}_1, \boldsymbol{e}_2, \cdots, \boldsymbol{e}_n$ 的线性组合：

$$\boldsymbol{v}_i = \sum_{j=1}^{n} a_{ij} \boldsymbol{e}_j,\ a_{ij} \in F, \quad i = 1, 2, \cdots, m.$$

令

$$A = (a_{ij})_{1 \leqslant i \leqslant m,\, 1 \leqslant j \leqslant n}.$$

那么 S 的秩就等于 A 的 m 个行向量组成的集合 (看成 F^n 的一个子集) 的秩.

证明 从引理 5.24 显然可推出：如果 $\{\boldsymbol{v}_{i_1}, \boldsymbol{v}_{i_2}, \cdots, \boldsymbol{v}_{i_r}\}(1 \leqslant i_1 < i_2 < \cdots < i_r \leqslant m)$ 是 S 的一个线性无关的向量组，那么 A 的第 i_1 行，第 i_2 行，$\cdots$, 第 i_r 行就是 A 的 m 个行向量中的一个线性无关的向量组，而且反过来也对. 因此 S 的秩就等于 A 的 m 个行向量组成的集合的秩. □

因此，研究一个 $m \times n$ 矩阵的 m 个行向量组成的集合的秩是有意义的.

定义 5.10 设 A 是域 F 上的一个 $m \times n$ 矩阵. 我们把 A 的 m 个行向量组成的集合的秩叫做*矩阵 A 的秩*. 换句话说，矩阵 A 的秩就是它的行向量组的极大线性无关子集所含向量的个数. 我们把 A 的秩记作 $\operatorname{rank} A$.

设 A 是域 F 上的一个 $m \times n$ 矩阵，那么 A 一共有 m 个行向量，因此 A 的行向量组的极大线性无关子集所含向量的个数一定 $\leqslant m$. 这就是说，

$$\operatorname{rank} A \leqslant m.$$

但是，A 的行向量都是 F^n 中的向量，而 $\dim F^n = n$, 所以又有

$$\operatorname{rank} A \leqslant n.$$

因此

$$\operatorname{rank} A \leqslant \min\{m, n\}.$$

为了研究矩阵的秩，我们可以对它的行向量组成的集合进行初等变换.

定义 5.11 设 A 是域 F 上的一个 $m \times n$ 矩阵. 下面的三种变换叫做矩阵 A 的*初等行变换*:

i) 把 A 的任一行乘以 F 中的一个非零元素，而不改变 A 的其余 $m-1$ 行;

ii) 把 A 的任意两行对调，而不改变 A 的其余 $m-2$ 行；

iii) 在 A 的某一行加上另外一行乘以 F 中任一元素的乘积，而不改变其余 $m-1$ 行.

以上的三种初等变换分别叫做矩阵 A 的*第一种*、*第二种*和*第三种初等行变换*.

从定理 5.23 和定义 5.11 立刻推出

定理5.26 *设 A 是域 F 上的一个 $m\times n$ 矩阵. 对 A 施行初等行变换不改变 A 的秩.*

因此，为了计算 A 的秩，可以对 A 进行有限次初等行变换，将 A 化成尽可能简单的形状.

定义5.12 设 A 是域 F 上的一个 $m\times n$ 矩阵，如果对 A 连续进行有限次初等行变换后化成 B, 我们就说矩阵 A 与 B *行等价*.

注意，作用在一个矩阵上的初等行变换是可逆的. 这就是说，将 A 的第 i 行乘以 F 中一个非零元素 c 把 A 变成 A_1, 那么将 A_1 的第 i 行乘以 c^{-1} 就把 A_1 变成 A; 如果将 A 的第 i 行和第 j 行 $(i\neq j)$ 对调得到 A_1, 那么将 A_1 的第 i 行和第 j 行对调就得到 A; 将 A 的第 j 行加上第 i 行 $(i\neq j)$ 乘以 F 中的元素 d 的乘积把 A 变成 A_1, 那么将 A_1 的第 j 行加上第 i 行乘以 $-d$ 的乘积就把 A_1 变成 A. 因此，如果 A 与 B 行等价，那么 B 也与 A 行等价. 根据定理 5.26, 我们知道行等价的矩阵有相同的秩. 进一步，我们有下面这个重要结论.

定理5.27 *设 A 是域 F 上的一个 $m\times n$ 矩阵，那么 A 一定行等价于以下形状的一个矩阵：*

$$A_0=\begin{pmatrix}0&\cdots&0&1&*&\cdots&*&0&*&\cdots&*&0&*&\cdots&*&\cdots&0&*&\cdots&*\\0&\cdots&0&0&0&\cdots&0&1&*&\cdots&*&0&*&\cdots&*&\cdots&0&*&\cdots&*\\0&\cdots&0&0&0&\cdots&0&0&0&\cdots&0&1&*&\cdots&*&\cdots&0&*&\cdots&*\\&\vdots&&\vdots&&\vdots&&\vdots&&\vdots&&\vdots&&\vdots&&\vdots&\vdots&&\vdots&\\0&\cdots&0&0&0&\cdots&0&0&0&\cdots&0&0&0&\cdots&0&\cdots&1&*&\cdots&*\\0&\cdots&0&0&0&\cdots&0&0&0&\cdots&0&0&0&\cdots&0&\cdots&0&0&\cdots&0\\&\vdots&&\vdots&&\vdots&&\vdots&&\vdots&&\vdots&&\vdots&&\vdots&\vdots&&\vdots&\\0&\cdots&0&0&0&\cdots&0&0&0&\cdots&0&0&0&\cdots&0&\cdots&0&0&\cdots&0\end{pmatrix},\tag{5.14}$$

其中 $*$ 表示 F 中的某个元素. 进一步，设 $\operatorname{rank}A=r$, 那么 A_0 的第 r 行下面的元素都是 0, A_0 的前 r 行中从左往右数第一个非零元素是 1, 这 r 个 1 分属于 r 个不同的列，这每一个 1 的同行左侧的元素都是 0, 同列的其他元素也都是 0, 它左下方的元素也都是 0. 因此，如果 A_0 的第 i 行 $(1\leqslant i\leqslant r)$ 的第一个不等于 0 的元素 1 位于第 k_i 列，那么 $1\leqslant k_1<k_2<\cdots<k_r\leqslant n$.

我们把形如 (5.14) 的矩阵叫做*阶梯形矩阵*.

证明 记

$$A = (a_{ij})_{1\leqslant i\leqslant m,\, 1\leqslant j\leqslant n}.$$

先考察 A 的第 1 列. 分两种情形.

1) 如果 A 的第 1 列的元素全为 0, 那么就不对 A 的第 1 列进行任何变动.

2) 设 A 的第 1 列中有不等 0 的元素，那么依次进行以下步骤:

2.1) 如果 $a_{i1}\neq 0$, 而 $i>1$, 就将 A 的第 1 行与第 i 行对调. 将所得的矩阵仍记作 A. 如果 $i=1$, 就不做这一步.

2.2) 用 a_{11}^{-1} 去乘 A 的第 1 行，所得的矩阵仍记作 A, 那么 $a_{11}=1$. 如果原来就有 $a_{11}=1$, 譬如 $F=\mathbb{F}_2$ 时，就不做这一步.

2.3) 将 A 的第 1 行乘以 $-a_{21}$ 加到第 2 行上去，乘以 $-a_{31}$ 加到第 3 行上去，$\cdots$, 乘以 $-a_{m1}$ 加到第 m 行上去. 把这样所得的矩阵仍记作 A. 那么 A 的第 1 列除了 (1,1) 位置的元素是 1 外，其余的元素都是 0.

其次，我们考察 A 的第 2 列. 这又分成下面三种情况:

1) 如果 A 的第 1 列的元素全为 0, 那么就像上面考察并处理 A 的第 1 列一样来考察并处理 A 的第 2 列，将所得的矩阵仍记作 A.

2) 如果 A 的第 1 列的元素除 $a_{11}=1$ 以外其余元素都是 0, 而 A 的第 2 列中除 a_{12} 可以是 F 中任意元素外，其余元素全为 0, 就对第 2 列不再进行变动.

3) 设 A 的第 1 列的元素除 $a_{11}=1$ 以外其余元素全为 0, 而 A 的第 2 列中有 $(i,2)$ 位置的元素 a_{i2} 不等于 0 $(2\leqslant i\leqslant m)$. 那么依次进行以下步骤:

3.1) 如果 $a_{i2}\neq 0$, 而 $i>2$, 就将 A 的第 2 行与第 i 行对调，将所得的矩阵仍记作 A. 如果 $i=2$, 就不做这一步.

3.2) 用 a_{22}^{-1} 去乘 A 的第 2 行，将所得的矩阵仍记作 A. 如果原来有 $a_{22}=1$, 就不做这一步.

3.3) 将 A 的第 2 行乘以 $-a_{12}$ 加到第 1 行上去，乘以 $-a_{32}$ 加到第 3 行上去，$\cdots$, 乘以 $-a_{m2}$ 加到第 m 行上去，把这样得到的矩阵仍记作 A. 那么 A 的前 2 列中除了 $a_{11}=a_{22}=1$ 以外，其余元素全都等于 0.

然后去考察 A 的第 3 列. 分成下面四种情况:

1) 如果 A 的第 1 列和第 2 列的元素都是 0, 就像上面考察并处理 A 的第 1 列一样去考察并处理 A 的第 3 列，并把所得的矩阵仍记作 A.

2) 如果 A 的第 1 列的元素都是 0, 而第 2 列的元素除 $a_{12}=1$ 以外其余元素都是 0, 或者如果 A 的第 1 列的元素除了 $a_{11}=1$ 以外其余元素都是 0, 而第 2 列中 $a_{22}=a_{32}=\cdots=a_{m2}=0$. 那么就像前面考察并处理 A 的第 2 列的情形 2) 或 3) 一样去考察并处理 A 的第 3 列，再把所得的矩阵记作 A.

3) 如果 A 的第 1 列和第 2 列中除了 $a_{11}=a_{22}=1$ 以外其余元素都是 0, 而第 3 列中 $(3,3), (4,3), \cdots, (m,3)$ 位置的元素也都是 0, 那么就不对 A 的第 3 列进行变动.

4) 设 A 的第 1 列和第 2 列中除了 $a_{11}=a_{22}=1$ 以外其余元素都是 0, 而 A 的

第 3 列中元素 $a_{33}, a_{43}, \cdots, a_{m3}$ 中有不等于 0 的，那么依次进行以下步骤：

4.1) 如果 $a_{i3} \neq 0$ 而 $i > 3$, 就将 A 的第 3 行和第 i 行对调，将所得的矩阵仍记作 A. 如果 $i = 3$, 就不做这一步.

4.2) 将 A 的第 3 行乘以 a_{33}^{-1}, 把所得的矩阵仍记作 A, 那么 $a_{33} = 1$. 如果原来就有 $a_{33} = 1$, 就不做这一步.

4.3) 将 A 的第 3 行乘以 $-a_{13}$ 加到第 1 行上去，乘以 $-a_{23}$ 加到第 2 行上去，乘以 $-a_{43}$ 加到第 4 行上去，$\cdots$, 乘以 $-a_{m3}$ 加到第 m 行上去，把这样得到的矩阵仍记作 A,那么 A 的第 3 列中除 (3,3) 位置元素是 1 外，其余元素都是 0.

如此继续下去，就可以将 A 经有限次初等行变换化成 A_0. 显然，如果仅在 A_0 的前 r 行的每一行有不等于 0 的元素，那么 A_0 的前 r 行的第 1 个非零元素全都是 1, 并且这些 1 属于 A 的 r 个不同的列. 因此 A_0 的前 r 行线性无关，于是 A_0 的秩是 r. □

要计算一个矩阵的秩，对它的行进行有限次初等行变换，将它化成阶梯形矩阵后，它的秩立刻就看出来了. 定理 5.27 的证明方法实际上给出了将一个矩阵化成阶梯形矩阵的方法，而这个方法实际上是将在 5.6 节中介绍的解线性方程的*消元法*. 下面给出一个例子来阐明这个算法.

例5.14 将 $\mathbb{F}_2$ 上 8×8 矩阵

$$B = \begin{pmatrix} 0 & 0 & 0 & 0 & 1 & 0 & 1 & 1 \\ 0 & 1 & 0 & 0 & 1 & 0 & 1 & 0 \\ 0 & 1 & 1 & 0 & 1 & 1 & 1 & 1 \\ 0 & 0 & 0 & 1 & 1 & 1 & 1 & 1 \\ 0 & 0 & 1 & 0 & 0 & 1 & 0 & 1 \\ 0 & 0 & 0 & 0 & 0 & 0 & 1 & 0 \\ 0 & 0 & 0 & 1 & 0 & 1 & 0 & 0 \\ 0 & 0 & 0 & 0 & 0 & 0 & 1 & 0 \end{pmatrix}$$

化成阶梯形矩阵，并计算 $\operatorname{rank} B$.

我们用符号 “ $B \longrightarrow B_1$ ” 表示用初等行变换将 B 化成 B_1. 这样，我们有

$$\begin{pmatrix} 0 & 0 & 0 & 0 & 1 & 0 & 1 & 1 \\ 0 & 1 & 0 & 0 & 1 & 0 & 1 & 0 \\ 0 & 1 & 1 & 0 & 1 & 1 & 1 & 1 \\ 0 & 0 & 0 & 1 & 1 & 1 & 1 & 1 \\ 0 & 0 & 1 & 0 & 0 & 1 & 0 & 1 \\ 0 & 0 & 0 & 0 & 0 & 0 & 1 & 0 \\ 0 & 0 & 0 & 1 & 0 & 1 & 0 & 0 \\ 0 & 0 & 0 & 0 & 0 & 0 & 1 & 0 \end{pmatrix} \rightarrow \begin{pmatrix} 0 & 1 & 0 & 0 & 1 & 0 & 1 & 0 \\ 0 & 0 & 0 & 0 & 1 & 0 & 1 & 1 \\ 0 & 1 & 1 & 0 & 1 & 1 & 1 & 1 \\ 0 & 0 & 0 & 1 & 1 & 1 & 1 & 1 \\ 0 & 0 & 1 & 0 & 0 & 1 & 0 & 1 \\ 0 & 0 & 0 & 0 & 0 & 0 & 1 & 0 \\ 0 & 0 & 0 & 1 & 0 & 1 & 0 & 0 \\ 0 & 0 & 0 & 0 & 0 & 0 & 1 & 0 \end{pmatrix}$$

$$\to\begin{pmatrix}0&1&0&0&1&0&1&0\\0&0&0&0&1&0&1&1\\0&0&1&0&0&1&0&1\\0&0&0&1&1&1&1&1\\0&0&1&0&0&1&0&1\\0&0&0&0&0&0&1&0\\0&0&0&1&0&1&0&0\\0&0&0&0&0&0&1&0\end{pmatrix}\to\begin{pmatrix}0&1&0&0&1&0&1&0\\0&0&1&0&0&1&0&1\\0&0&0&0&1&0&1&1\\0&0&0&1&1&1&1&1\\0&0&1&0&0&1&0&1\\0&0&0&0&0&0&1&0\\0&0&0&1&0&1&0&0\\0&0&0&0&0&0&1&0\end{pmatrix}$$

$$\to\begin{pmatrix}0&1&0&0&1&0&1&0\\0&0&1&0&0&1&0&1\\0&0&0&0&1&0&1&1\\0&0&0&1&1&1&1&1\\0&0&0&0&0&0&0&0\\0&0&0&0&0&0&1&0\\0&0&0&1&0&1&0&0\\0&0&0&0&0&0&1&0\end{pmatrix}\to\begin{pmatrix}0&1&0&0&1&0&1&0\\0&0&1&0&0&1&0&1\\0&0&0&1&1&1&1&1\\0&0&0&0&1&0&1&1\\0&0&0&0&0&0&0&0\\0&0&0&0&0&0&1&0\\0&0&0&1&0&1&0&0\\0&0&0&0&0&0&1&0\end{pmatrix}$$

$$\to\begin{pmatrix}0&1&0&0&1&0&1&0\\0&0&1&0&0&1&0&1\\0&0&0&1&1&1&1&1\\0&0&0&0&1&0&1&1\\0&0&0&0&0&0&0&0\\0&0&0&0&0&0&1&0\\0&0&0&0&1&0&1&1\\0&0&0&0&0&0&1&0\end{pmatrix}\to\begin{pmatrix}0&1&0&0&0&0&0&1\\0&0&1&0&0&1&0&1\\0&0&0&1&0&1&0&0\\0&0&0&0&1&0&1&1\\0&0&0&0&0&0&0&0\\0&0&0&0&0&0&1&0\\0&0&0&0&0&0&0&0\\0&0&0&0&0&0&1&0\end{pmatrix}$$

$$\to\begin{pmatrix}0&1&0&0&0&0&0&1\\0&0&1&0&0&1&0&1\\0&0&0&1&0&1&0&0\\0&0&0&0&1&0&1&1\\0&0&0&0&0&0&1&0\\0&0&0&0&0&0&0&0\\0&0&0&0&0&0&0&0\\0&0&0&0&0&0&1&0\end{pmatrix}\to\begin{pmatrix}0&1&0&0&0&0&0&1\\0&0&1&0&0&1&0&1\\0&0&0&1&0&1&0&0\\0&0&0&0&1&0&0&1\\0&0&0&0&0&0&1&0\\0&0&0&0&0&0&0&0\\0&0&0&0&0&0&0&0\\0&0&0&0&0&0&0&0\end{pmatrix}.$$

因此 $\operatorname{rank} B=5$. □

在定义 5.10 里，我们定义的矩阵的秩是对于矩阵的行来说的．现在考察域 F 上的 m 维列向量

$$\begin{pmatrix} v_1 \\ v_2 \\ \vdots \\ v_m \end{pmatrix},\ v_i \in F$$

的全体组成的 F 上 m 维列向量空间，并把 F 上的 $m \times n$ 矩阵 A 的 n 个列看作 F 上 m 维列向量空间中的向量．我们有

定义 5.13 设 A 是域 F 上的一个 $m \times n$ 矩阵．我们把 A 的 n 个列向量组成的集合的秩叫做*矩阵 A 的列秩*．换句话说，矩阵 A 的列秩就是 A 的 n 个列向量的一个极大线性无关子集所含向量的个数．

我们也可以平行于定义 5.11 来定义矩阵的初等列变换，并且平行于定理 5.26 去证明初等列变换不改变矩阵 A 的列秩．更重要的是，我们还有

定理 5.28 *设 A 是域 F 上的一个 $m \times n$ 矩阵，那么矩阵 A 的初等行变换不改变它的列秩．*

证明 先设将 A 的第 i 行乘以 F 中一个非零元素 c, 得到矩阵 A_1, 我们来证明 A 的列秩等于 A_1 的列秩．写

$$A = \begin{pmatrix} a_{11} & a_{12} & \cdots & a_{1n} \\ \vdots & \vdots & & \vdots \\ a_{i1} & a_{i2} & \cdots & a_{in} \\ \vdots & \vdots & & \vdots \\ a_{m1} & a_{m2} & \cdots & a_{mn} \end{pmatrix},$$

那么

$$A_1 = \begin{pmatrix} a_{11} & a_{12} & \cdots & a_{1n} \\ \vdots & \vdots & & \vdots \\ ca_{i1} & ca_{i2} & \cdots & ca_{in} \\ \vdots & \vdots & & \vdots \\ a_{m1} & a_{m2} & \cdots & a_{mn} \end{pmatrix}.$$

设 A 的列秩等于 r, 并假定 A 的第 $j_1, j_2, \cdots, j_r$ 列组成 A 的列向量一个极大线性无关子集．我们来证明 A_1 的第 $j_1, j_2, \cdots, j_r$ 列线性无关．设有线性关系

$$c_1 \begin{pmatrix} a_{1j_1} \\ \vdots \\ ca_{ij_1} \\ \vdots \\ a_{mj_1} \end{pmatrix} + c_2 \begin{pmatrix} a_{1j_2} \\ \vdots \\ ca_{ij_2} \\ \vdots \\ a_{mj_2} \end{pmatrix} + \cdots + c_r \begin{pmatrix} a_{1j_r} \\ \vdots \\ ca_{ij_r} \\ \vdots \\ a_{mj_r} \end{pmatrix} = \begin{pmatrix} 0 \\ \vdots \\ 0 \\ \vdots \\ 0 \end{pmatrix},$$

其中 $c_1, c_2, \cdots, c_r \in F$. 那么

$$\left.\begin{array}{c} c_1a_{1j_1}+c_2a_{1j_2}+\cdots+c_ra_{1j_r}=0 \\ \cdots\cdots \\ c_1ca_{ij_1}+c_2ca_{ij_2}+\cdots+c_rca_{ij_r}=0 \\ \cdots\cdots \\ c_1a_{mj_1}+c_2a_{mj_2}+\cdots+c_ra_{mj_r}=0 \end{array}\right\}.$$

由于 $c\neq 0$, 将上面的 m 个式子中的第 i 个乘以 c^{-1} 就得到

$$c_1a_{ij_1}+c_2a_{ij_2}+\cdots+c_ra_{ij_r}=0.$$

因此

$$c_1\begin{pmatrix} a_{1j_1} \\ \vdots \\ a_{ij_1} \\ \vdots \\ a_{mj_1} \end{pmatrix}+c_2\begin{pmatrix} a_{1j_2} \\ \vdots \\ a_{ij_2} \\ \vdots \\ a_{mj_2} \end{pmatrix}+\cdots+c_r\begin{pmatrix} a_{1j_r} \\ \vdots \\ a_{ij_r} \\ \vdots \\ a_{mj_r} \end{pmatrix}=\begin{pmatrix} 0 \\ \vdots \\ 0 \\ \vdots \\ 0 \end{pmatrix}.$$

因为 A 的第 $j_1, j_2, \cdots, j_r$ 列线性无关，所以 $c_1=c_2=\cdots=c_r=0$. 这就证明了 A_1 的第 $j_1, j_2, \cdots, j_r$ 列线性无关. 由此推出 A_1 的列秩大于或等于 A 的列秩. 反过来，将 A_1 的第 i 行乘以 c^{-1} 就得到 A. 因此，同理可证 A 的列秩 r 大于或等于 A_1 的列秩. 所以 A_1 的列秩等于 A 的列秩.

显然，A 的第二种初等行变换不改变 A 的列秩. 我们就不把证明写出来了.

现在假设将 A 的第 j 行加上 A 的第 i 行乘以 F 中任一元素 d 的乘积之后得到 A_1, 那么

$$A_1=\begin{pmatrix} a_{11} & a_{12} & \cdots & a_{1n} \\ \vdots & \vdots & & \vdots \\ a_{i1} & a_{i2} & \cdots & a_{in} \\ \vdots & \vdots & & \vdots \\ a_{j1}+da_{i1} & a_{j2}+da_{i2} & \cdots & a_{jn}+da_{in} \\ \vdots & \vdots & & \vdots \\ a_{m1} & a_{m2} & \cdots & a_{mn} \end{pmatrix}.$$

仍设 A 的列秩等于 r, 并假定 A 的第 $j_1, j_2, \cdots, j_r$ 列组成 A 的列向量的一个极大线性无关子集，我们来证明 A_1 的第 $j_1, j_2, \cdots, j_r$ 列也线性无关. 设有线性关

系

$$c_1\begin{pmatrix}a_{1j_1}\\ \vdots \\ a_{ij_1}\\ \vdots \\ a_{jj_1}+da_{ij_1}\\ \vdots \\ a_{mj_1}\end{pmatrix}+c_2\begin{pmatrix}a_{1j_2}\\ \vdots \\ a_{ij_2}\\ \vdots \\ a_{jj_2}+da_{ij_2}\\ \vdots \\ a_{mj_2}\end{pmatrix}+\cdots+c_r\begin{pmatrix}a_{1j_r}\\ \vdots \\ a_{ij_r}\\ \vdots \\ a_{jj_r}+da_{ij_r}\\ \vdots \\ a_{mj_r}\end{pmatrix}=\begin{pmatrix}0\\ \vdots \\ 0\\ \vdots \\ 0\\ \vdots \\ 0\end{pmatrix},$$

其中 $c_1, c_2, \cdots, c_r \in F$. 那么

$$\left.\begin{array}{ll}c_1a_{1j_1}+c_2a_{1j_2}+\cdots+c_ra_{1j_r} & =0\\ \cdots\cdots & \\ c_1a_{ij_1}+c_2a_{ij_2}+\cdots+c_ra_{ij_r} & =0\\ \cdots\cdots & \\ c_1(a_{jj_1}+da_{ij_1})+c_2(a_{jj_2}+da_{ij_2})+\cdots+c_r(a_{jj_r}+da_{ij_r}) & =0\\ \cdots\cdots & \\ c_1a_{mj_1}+c_2a_{mj_2}+\cdots+c_ra_{mj_r} & =0\end{array}\right\}.$$

在上面的式子中，第 j 个式子减去第 i 个式子乘以 $-d$, 得

$$c_1a_{jj_1}+c_2a_{jj_2}+\cdots+c_ra_{jj_r}=0.$$

因此

$$c_1\begin{pmatrix}a_{1j_1}\\ \vdots \\ a_{ij_1}\\ \vdots \\ a_{jj_1}\\ \vdots \\ a_{mj_1}\end{pmatrix}+c_2\begin{pmatrix}a_{1j_2}\\ \vdots \\ a_{ij_2}\\ \vdots \\ a_{jj_2}\\ \vdots \\ a_{mj_2}\end{pmatrix}+\cdots+c_r\begin{pmatrix}a_{1j_r}\\ \vdots \\ a_{ij_r}\\ \vdots \\ a_{jj_r}\\ \vdots \\ a_{mj_r}\end{pmatrix}=\begin{pmatrix}0\\ \vdots \\ 0\\ \vdots \\ 0\\ \vdots \\ 0\end{pmatrix}.$$

因为 A 的第 $j_1, j_2, \cdots, j_r$ 列线性无关，所以 $c_1=c_2=\cdots=c_r=0$. 这就证明了 A_1 的第 $j_1, j_2, \cdots, j_r$ 列线性无关. 由此推出 A_1 的列秩大于或等于 A 的列秩. 反过来，将 A_1 的第 j 列加上其第 i 列乘以 $-d$ 的乘积就得到 A. 因此同理可证 A 的列秩大于或等于 A_1 的列秩. 所以 A_1 的列秩等于 A 的列秩. □

从定理 5.27 和定理 5.28 可以推出

定理5.29 设 A 是域 F 上的一个 $m\times n$ 矩阵，那么 A 的秩一定等于 A 的列秩.

证明 设 A 的秩是 r. 根据定理 5.27, 对 A 进行有限次初等行变换，可将 A 化成阶梯形矩阵 (5.14), 即定理 5.27 中的 A_0, 而 A_0 的第 r 行后面的元素都是 0, A_0 的第 $i=1, 2, \cdots, r$ 行中从左往右数第一个非零元素都是 1, 它们分别位于 A_0 的第 $k_1, k_2, \cdots, k_r$ 列，$1\leqslant k_1<k_2<\cdots<k_r\leqslant n$. 显然 A_0 的第 $k_1, k_2, \cdots, k_r$ 列构成 A_0 的列向量的一个极大线性无关子集. 因此 A_0 的列秩等于 r. 根据定理 5.28, A 的列秩等于 A_0 的列秩，所以 A 的列秩也等于 r. □

基于定理 5.29, 我们把域 F 上矩阵 A 的列秩也叫做它的*秩*, 这并不会引起混淆.

5.4 矩阵的运算

我们首先引进矩阵的加法. 设

$$A=(a_{ij})_{1\leqslant i\leqslant m,\,1\leqslant j\leqslant n},\ B=(b_{ij})_{1\leqslant i\leqslant m,\,1\leqslant j\leqslant n}$$

是域 F 上的两个 $m\times n$ 矩阵. 定义一个 $m\times n$ 矩阵

$$C=(c_{ij})_{1\leqslant i\leqslant m,\,1\leqslant j\leqslant n},$$

其中

$$c_{ij}=a_{ij}+b_{ij},\ i=1, 2, \cdots, m,\ j=1, 2, \cdots, n.$$

我们把 C 叫做 A 与 B 的*和*, 记作

$$C=A+B.$$

注意，当且仅当两个矩阵有相同的行数和列数时，才可以相加 (即求它们的和).

容易验证，域 F 上所有 $m\times n$ 矩阵的集合对于上面规定的矩阵加法来说是一个交换群. 特别地，我们有

$$A+B=B+A,$$
$$(A+B)+C=A+(B+C).$$

这个交换群的单位元素是所有位置的元素都等于零的矩阵，我们把它叫做*零矩阵*，记作 $0^{(m,n)}$ 或简记作 0. 矩阵 $A=(a_{ij})_{1\leqslant i\leqslant m,1\leqslant j\leqslant n}$ 的负元素是 $-A=(-a_{ij})_{1\leqslant i\leqslant m,\,1\leqslant j\leqslant n}$. 当然也可以引进矩阵的减法：

$$A-B=A+(-B),$$

其中 A 和 B 都是 $m\times n$ 矩阵.

现在引进矩阵的乘法. 设 A 是 F 上的一个 $m\times n$ 矩阵，B 是一个 $n\times l$ 矩阵. 写

$$A=(a_{ij})_{1\leqslant i\leqslant m,\,1\leqslant j\leqslant n},\ B=(b_{ij})_{1\leqslant i\leqslant n,\,1\leqslant j\leqslant l}.$$

定义一个 $m\times l$ 矩阵

$$C=(c_{ij})_{1\leqslant i\leqslant m,1\leqslant j\leqslant l},$$

其中

$$c_{ij}=\sum_{k=1}^{n}a_{ik}b_{kj},\ i=1,2,\cdots,m,\ j=1,2,\cdots,l.$$

我们把 C 叫做 A 和 B 的 *积*, 记作

$$C=AB.$$

注意，仅当前一个矩阵的列数等于后一个矩阵的行数时，这两个矩阵才能相乘，即求它们的积. 两个矩阵相乘可按照“行乘列”的规则进行，即将前一个矩阵第 i 行的元素分别和后一矩阵第 j 列的相应位置的元素相乘，然后将所得的 n 个积相加，这样就得到乘积中 (i,j) 位置的元素.

例 5.15 $\mathbb{F}_2$ 上的矩阵

$$A=\begin{pmatrix}1&0&0&1\\1&1&0&1\end{pmatrix} \text{ 和 } B=\begin{pmatrix}1&0&1\\0&1&0\\1&0&0\\0&1&1\end{pmatrix}$$

的乘积是

$$AB=\begin{pmatrix}1+0+0+0&0+0+0+1&1+0+0+1\\1+0+0+0&0+1+0+1&1+0+0+1\end{pmatrix}=\begin{pmatrix}1&1&0\\1&0&0\end{pmatrix}.$$ □

容易验证，矩阵的乘法满足结合律，而且乘法对于加法满足分配律，即

$$\begin{aligned}(AB)C&=A(BC),\\A(B+C)&=AB+AC,\\(A+B)C&=AC+BC,\end{aligned}$$

只要上面这些式子里出现的矩阵相乘和相加都有意义.

注意：矩阵的乘法不满足交换律. 即使当 A 和 B 都是 $n\times n$ 矩阵时，也可能有 $AB\neq BA$. 例如，考察 $\mathbb{F}_2$ 上的矩阵

$$A=\begin{pmatrix}0&1\\0&0\end{pmatrix},\quad B=\begin{pmatrix}0&0\\1&0\end{pmatrix}.$$

我们有

$$AB=\begin{pmatrix}1&0\\0&0\end{pmatrix},\quad BA=\begin{pmatrix}0&0\\0&1\end{pmatrix}.$$

设 A 是一个 $n\times n$ 矩阵，我们把 A 的 $(1,1),(2,2),\cdots,(n,n)$ 位置的集合叫做 A 的 *主对角线*. 如果 A 的主对角线以外的元素都等于 0, A 就叫做 *对角矩阵*. 如

果 A 的主对角线以下位置的元素都等于 0, A 就叫做 上三角形矩阵. 如果 A 的主对角线以上位置的元素都等于 0, A 就叫做 下三角形矩阵. 我们用 $I^{(n)}$ 来表示主对角线上元素都等于 1 的 $n\times n$ 对角矩阵, 并把它叫做 $n\times n$ 单位矩阵. 有时我们也把 $I^{(n)}$ 简记作 I. 显然, 对任意 $m\times n$ 矩阵 A, 我们有

$$AI^{(n)}=A,\ I^{(m)}A=A.$$

设 A 是域 F 上的一个 $n\times n$ 矩阵. 如果域 F 上有一个 $n\times n$ 矩阵 B 适合条件

$$AB=BA=I,$$

A 就叫做 可逆矩阵, 而 B 叫做 A 的一个 逆矩阵. 如果 B_1 也是 A 的一个逆矩阵, 即

$$AB_1=B_1A=I,$$

那么

$$B=BI=B(AB_1)=(BA)B_1=IB_1=B_1.$$

因此可逆矩阵的逆矩阵是唯一确定的. 我们把可逆矩阵 A 的逆矩阵记作 A^{-1}. 显然 A^{-1} 也是可逆矩阵, 而且

$$(A^{-1})^{-1}=A.$$

又如果 A 和 B 都是 F 上的 $n\times n$ 可逆矩阵, 那么 AB 也是可逆矩阵, 并且

$$(AB)^{-1}=B^{-1}A^{-1}.$$

容易验证, 域 F 上所有 $n\times n$ 可逆矩阵所组成的集合对于矩阵的乘法构成一个群. 我们把这个群叫做 F 上的 n 级一般线性群, 记作 $GL_n(F)$. $GL_n(F)$ 的单位元素是单位矩阵, 而 A 的逆元素就是 A^{-1}. 当 $n\geqslant 2$ 时, $GL_n(F)$ 不是交换群.

例5.16 $\mathbb{F}_2$ 上一共有 6 个 $n\times n$ 可逆矩阵

$$\begin{pmatrix}1&0\\0&1\end{pmatrix},\begin{pmatrix}0&1\\1&0\end{pmatrix},\begin{pmatrix}1&1\\0&1\end{pmatrix},$$
$$\begin{pmatrix}1&0\\1&1\end{pmatrix},\begin{pmatrix}1&1\\1&0\end{pmatrix},\begin{pmatrix}0&1\\1&1\end{pmatrix}.$$

它们构成的群 $GL_2(\mathbb{F}_2)$ 的阶是 6. 因为

$$\begin{pmatrix}0&1\\1&0\end{pmatrix}\begin{pmatrix}1&1\\0&1\end{pmatrix}=\begin{pmatrix}0&1\\1&1\end{pmatrix},$$
$$\begin{pmatrix}1&1\\0&1\end{pmatrix}\begin{pmatrix}0&1\\1&0\end{pmatrix}=\begin{pmatrix}1&1\\1&0\end{pmatrix},$$

所以 $GL_2(\mathbb{F}_2)$ 不是交换群. □

现在我们给出可逆矩阵的几何意义.

定理 5.30 设 V 是域 F 上的一个 n 维向量空间, $\{\boldsymbol{e}_1, \boldsymbol{e}_2, \cdots, \boldsymbol{e}_n\}$ 是它的一组基. 设 $\boldsymbol{v}_1, \boldsymbol{v}_2, \cdots, \boldsymbol{v}_n$ 是 V 中 n 个向量, 将每个 $\boldsymbol{v}_i\,(1 \leqslant i \leqslant n)$ 表示成 $\boldsymbol{e}_1, \boldsymbol{e}_2, \cdots, \boldsymbol{e}_n$ 的线性组合:

$$\boldsymbol{v}_j = \sum_{i=1}^{n} a_{ij}\boldsymbol{e}_i, a_{ij} \in F, \quad j = 1, 2, \cdots, n. \tag{5.15}$$

令

$$A = (a_{ij})_{1 \leqslant i,\, j \leqslant n}.$$

那么 A 是一个可逆矩阵当且仅当 $\{\boldsymbol{v}_1, \boldsymbol{v}_2, \cdots, \boldsymbol{v}_n\}$ 也是 V 的一组基.

证明 设 A 是可逆矩阵, 而 B 是它的逆矩阵, 那么

$$AB = BA = I.$$

将 B 写作

$$B = (b_{ij})_{1 \leqslant i,\, j \leqslant n},$$

那么

$$\sum_{i=1}^{n} a_{ki}b_{ij} = \begin{cases} 1, & \text{如果 } k = j, \\ 0, & \text{如果 } k \neq j. \end{cases} \tag{5.16}$$

将 (5.15) 中的 j 改作 i, i 改作 k, 就有

$$\boldsymbol{v}_i = \sum_{k=1}^{n} a_{ki}\boldsymbol{e}_k.$$

将上式两边乘以 b_{ij}, 再对于 i 求和, 然后利用 (5.16), 就得到

$$\begin{aligned} \sum_{i=1}^{n} b_{ij}\boldsymbol{v}_i &= \sum_{i=1}^{n} b_{ij} \sum_{k=1}^{n} a_{ki}\boldsymbol{e}_k \\ &= \sum_{k=1}^{n} \left(\sum_{i=1}^{n} a_{ki}b_{ij} \right) \boldsymbol{e}_k = \boldsymbol{e}_j. \end{aligned}$$

这就是说 $\boldsymbol{e}_j\,(1 \leqslant j \leqslant n)$ 可表示成 $\boldsymbol{v}_1, \boldsymbol{v}_2, \cdots, \boldsymbol{v}_n$ 的线性组合. 因为 $\{\boldsymbol{e}_1, \boldsymbol{e}_2, \cdots, \boldsymbol{e}_n\}$ 是 V 的一组基, 所以 V 的任一向量都可以表示成 $\boldsymbol{v}_1, \boldsymbol{v}_2, \cdots, \boldsymbol{v}_n$ 的线性组合, 于是 $\{\boldsymbol{v}_1, \boldsymbol{v}_2, \cdots, \boldsymbol{v}_n\}$ 的一个极大线性无关子集就是 V 的一组基. 因为 $\dim V = n$, V 的任意一组基所含向量的个数都是 n, 所以 $\{\boldsymbol{v}_1, \boldsymbol{v}_2, \cdots, \boldsymbol{v}_n\}$ 就是 V 的一组基.

反过来, 设 $\{\boldsymbol{v}_1, \boldsymbol{v}_2, \cdots, \boldsymbol{v}_n\}$ 是 V 的一组基, 那么有

$$\boldsymbol{e}_j = \sum_{i=1}^{n} b_{ij}\boldsymbol{v}_i,\ b_{ij} \in F, \quad j = 1, 2, \cdots, n. \tag{5.17}$$

将 (5.17) 式中的 j 改成 i, i 改成 k, 再代入 (5.15), 就得到

$$\boldsymbol{v}_j = \sum_{i=1}^{n} a_{ij} \sum_{k=1}^{n} b_{ki}\boldsymbol{v}_k = \sum_{k=1}^{n} \left(\sum_{i=1}^{n} b_{ki}a_{ij} \right) \boldsymbol{v}_k.$$

因为 $\{\boldsymbol{v}_1, \boldsymbol{v}_2, \cdots, \boldsymbol{v}_n\}$ 是 V 的一组基, 所以

$$\sum_{i=1}^{n} b_{ki}a_{ij} = \begin{cases} 1, & \text{如果 } k = j, \\ 0, & \text{如果 } k \neq j. \end{cases} \tag{5.18}$$

令

$$B = (b_{ij})_{1 \leqslant i,\, j \leqslant n}.$$

那么由 (5.18) 推出

$$BA = I. \tag{5.19}$$

另一方面，将 (5.15) 中的 j 改成 i, i 改成 k, 再代入 (5.17), 就得到

$$\boldsymbol{e}_j = \sum_{i=1}^{n} b_{ij} \sum_{k=1}^{n} a_{ki}\boldsymbol{e}_k = \sum_{k=1}^{n} \left(\sum_{i=1}^{n} a_{ki}b_{ij} \right) \boldsymbol{e}_k.$$

因为 $\{\boldsymbol{e}_1, \boldsymbol{e}_2, \cdots, \boldsymbol{e}_n\}$ 是 V 的一组基，所以

$$\sum_{j=1}^{n} a_{ki}b_{ij} = \begin{cases} 1, & \text{如果 } k = j, \\ 0, & \text{如果 } k \neq j. \end{cases}$$

这就是说

$$AB = I. \tag{5.20}$$

由 (5.19) 和 (5.20) 两式可知 A 是可逆矩阵. □

仍设 A 是域 F 上的一个 $n \times n$ 矩阵，m 是 $\geqslant 1$ 的整数. 规定

$$A^m = \underbrace{AA \cdots A}_{m \text{ 个}}.$$

容易验证，当 $m, n \geqslant 1$ 时，有

$$A^m A^n = A^{m+n}, \tag{5.21}$$

$$(A^m)^n = A^{mn}. \tag{5.22}$$

当 A 是可逆矩阵时，还可以定义

$$A^0 = I,$$
$$A^{-m} = (A^{-1})^m,\ m \geqslant 1.$$

这时, (5.21) 和 (5.22) 两式对任意整数 m 和 n 都成立.

现在来定义用域 F 中一个元素去乘 F 上一个矩阵的纯量乘法. 设 A 是域 F 上的一个 $m \times n$ 矩阵，记

$$A = (a_{ij})_{1 \leqslant i \leqslant m,\, 1 \leqslant j \leqslant n},$$

并且设 $c \in F$. 定义一个矩阵

$$C = (c_{ij})_{1 \leqslant i \leqslant m,\, 1 \leqslant j \leqslant n},$$

其中

$$c_{ij} = ca_{ij}, \quad i = 1, 2, \cdots, m, \quad j = 1, 2, \cdots, n.$$

我们把 C 叫做用 F 中的元素 c 去乘 A 所得的**积**，记作

$$C = cA.$$

还可以验证下面的运算规则成立：

$$c(AB) = (cA)B = A(cB).$$

容易验证，F 上所有 $m \times n$ 矩阵组成的集合对于矩阵的加法和用 F 中元素去乘矩阵的纯量乘法来说，是一个向量空间．特别地，我们有

$$\begin{aligned} c(A+B) &= cA + cB, \\ (c+d)A &= cA + dA, \\ (cd)A &= c(dA), \\ 1A &= A. \end{aligned}$$

用 E_{ij} 表示仅在 (i, j) 位置上的元素是 1，而其余位置上的元素都是 0 的 $m \times n$ 矩阵，那么任一 $m \times n$ 矩阵

$$A = (a_{ij})_{1 \leqslant i \leqslant m,\, 1 \leqslant j \leqslant n}$$

都可唯一地表示成

$$A = \sum_{i=1}^{m} \sum_{j=1}^{n} a_{ij} E_{ij}.$$

因此 $\{E_{ij} : i = 1, 2, \cdots, m;\ j = 1, 2, \cdots, n\}$ 是这个向量空间的一组基．

把一个矩阵 A 的行列互换，所得的矩阵叫做 A 的**转置矩阵**，记作 ${}^tA$．设 A 是一个 $m \times n$ 矩阵：

$$A = \begin{pmatrix} a_{11} & a_{12} & \cdots & a_{1n} \\ a_{21} & a_{22} & \cdots & a_{2n} \\ \vdots & \vdots & & \vdots \\ a_{m1} & a_{m2} & \cdots & a_{mn} \end{pmatrix},$$

那么 ${}^tA$ 是 $n \times m$ 矩阵

$${}^tA = \begin{pmatrix} a_{11} & a_{21} & \cdots & a_{m1} \\ a_{12} & a_{22} & \cdots & a_{m2} \\ \vdots & \vdots & & \vdots \\ a_{1n} & a_{2n} & \cdots & a_{mn} \end{pmatrix}.$$

容易验证

$$\begin{aligned} &{}^t({}^tA) = A, \\ &{}^t(A+B) = {}^tA + {}^tB, \\ &{}^t(AB) = {}^tB\,{}^tA, \\ &{}^t(cA) = c\,{}^tA. \end{aligned}$$

下面我们利用矩阵的乘法运算来研究矩阵的初等行变换．我们把下面三种形状的 $m \times m$ 矩阵叫做 $m \times m$ 初等矩阵．

i) $$D_i(c)=\begin{pmatrix}1&&&&&&&\\&1&&&&&&\\&&\ddots&&&&&\\&&&1&&&&\\&&&&c&&&\\&&&&&1&&\\&&&&&&\ddots&\\&&&&&&&1\end{pmatrix}\begin{matrix}\\\\\\\\i\\\\\\\\\end{matrix}.$$
$$\hphantom{D_i(c)=\begin{pmatrix}1&&&\end{pmatrix}}i$$

这是一个对角矩阵，主对角线上除 (i,i) 位置的元素是 c 以外，其余元素都是 1，而 $c\neq0$(我们永远约定，矩阵中未写出元素的空白处都是一些 0).

ii) $$P_{ij}=\begin{pmatrix}1&&&&&&&&&&\\&\ddots&&&&&&&&&\\&&1&&&&&&&&\\&&&0&&&&1&&&\\&&&&1&&&&&&\\&&&&&\ddots&&&&&\\&&&&&&1&&&&\\&&&1&&&&0&&&\\&&&&&&&&1&&\\&&&&&&&&&\ddots&\\&&&&&&&&&&1\end{pmatrix}\begin{matrix}\\\\\\i\\\\\\\\j\\\\\\\\\end{matrix}.$$
$$\begin{matrix}i&&&&&&&j\end{matrix}$$

iii) $$T_{ij}(d)=\begin{pmatrix}1&&&&&&&\\&1&&&&&&\\&&\ddots&&&&&\\&&&1&&d&&\\&&&&\ddots&&&\\&&&&&1&&\\&&&&&&\ddots&\\&&&&&&&1\end{pmatrix}\begin{matrix}\\\\\\i\\\\j\\\\\\\end{matrix}.$$
$$\begin{matrix}i&&j\end{matrix}$$

不难看出，在一个 $m\times n$ 矩阵 A 的左边乘以 $D_i(c)$ 相当于对 A 施行第 i 行乘以 c 而其余 $m-1$ 行都不变的第一种初等行变换. 在 A 的左边乘以 P_{ij} 相当于对 A 施行第 i,j 两行对调而不改变其余 $m-2$ 行的第二种初等行变换. 在 A 的左边乘以 $T_{ij}(d)$ 相当于在 A 的第 i 行加上第 j 行乘以 d 的乘积而不改变其余 $m-1$ 行的第三种初等行变换. 因此我们把 $D_i(c), P_{ij}, T_{ij}(d)$ 分别称为**第一种、第二种、第三种初等矩阵**.

同样，用 $n\times n$ 矩阵 $D_i(c)$, P_{ij} 和 $T_{ij}(d)$ 从右边乘以 $m\times n$ 矩阵 A 分别相当于对 A 进行第一、第二和第三种初等列变换.

显然，初等矩阵是可逆矩阵，而且它们的逆矩阵仍是初等矩阵. 事实上，

$$\begin{aligned}D_i(c)^{-1} &= D_i(c^{-1}),\\ P_{ij}^{-1} &= P_{ij},\\ T_{ij}(d)^{-1} &= T_{ij}(-d).\end{aligned}$$

引进了初等矩阵以后，定理 5.27 可以改述成

定理 5.31 设 A 是域 F 上的一个 $m\times n$ 矩阵，那么可以在 A 的左边依次乘上有限个初等矩阵以后化成一个阶梯形矩阵.

我们可以利用矩阵的秩来判断一个 $n\times n$ 矩阵是否可逆. 这就是下面的定理.

定理 5.32 设 A 是域 F 上的一个 $n\times n$ 矩阵. 那么 A 是可逆矩阵当且仅当 $\operatorname{rank} A=n$.

证明 设 A 是可逆矩阵，那么存在 $n\times n$ 矩阵 B, 使得

$$BA=I. \tag{5.23}$$

令

$$B=(b_{ij})_{1\leqslant i,j\leqslant n}.$$

比较 (5.23) 式两边的第 i 行 $(1\leqslant i\leqslant n)$ 就得到

$$(b_{i1}b_{i2}\cdots b_{in})A=\boldsymbol{e}_i,\quad i=1,2,\cdots,n, \tag{5.24}$$

其中 $\boldsymbol{e}_i$ 是第 i 个分量是 1 而其余分量是 0 的 n 维行向量. 将 A 的第 j 行 $(1\leqslant j\leqslant n)$ 的行向量记作 $\boldsymbol{a}_j$, 那么 (5.24) 式可写作

$$\sum_{j=1}^{n} b_{ij}\boldsymbol{a}_j=\boldsymbol{e}_i,\quad i=1,2,\cdots,n.$$

这就是说, $\boldsymbol{e}_1,\boldsymbol{e}_2,\cdots,\boldsymbol{e}_n$ 都可以表示成 $\boldsymbol{a}_1,\boldsymbol{a}_2,\cdots,\boldsymbol{a}_n$ 的线性组合. 因为 $\{\boldsymbol{e}_1,\boldsymbol{e}_2,\cdots,\boldsymbol{e}_n\}$ 是 F^n 的一组基，所以 F^n 中任一向量都可以表示成 $\boldsymbol{a}_1,\boldsymbol{a}_2,\cdots,\boldsymbol{a}_n$ 的线性组合. 这样 $\{\boldsymbol{a}_1,\boldsymbol{a}_2,\cdots,\boldsymbol{a}_n\}$ 的一个极大线性无关子集就是 F^n 的一组基. 但 $\dim F^n=n$, 并且 F^n 的任意一组基都由 n 个向量组成，所以 $\boldsymbol{a}_1,\boldsymbol{a}_2,\cdots,\boldsymbol{a}_n$ 线性无关，因此 $\operatorname{rank} A=n$.

反过来，设 $\operatorname{rank} A=n$. 那么根据定理 5.31, 存在有限个初等矩阵 $E_1,E_2,\cdots,E_s$, 将它们依次从左边乘以 A 以后，得到的矩阵

$$A_0=E_sE_{s-1}\cdots E_2E_1A$$

是一个阶梯形矩阵. 因 $\operatorname{rank} A=n$, 所以 A_0 不能有元素全都是 0 的行，而且 A_0 的 n 个行中从左往右数第一个非零元素都是 1, 这 n 个 1 分属于 n 个不同的列，与它们同列的其他元素都是 0. 因此 $A_0=I$, 即

$$E_sE_{s-1}\cdots E_2E_1A=I. \tag{5.25}$$

因为初等矩阵都是可逆矩阵，所以将上式两边依次左乘 $E_s^{-1}, E_{s-1}^{-1}, \cdots, E_2^{-1}, E_1^{-1}$，得

$$A=E_1^{-1}E_2^{-1}\cdots E_s^{-1}. \tag{5.26}$$

再将上式两边依次右乘 $E_s, E_{s-1}, \cdots, E_2, E_1$，得

$$AE_sE_{s-1}\cdots E_2E_1=I. \tag{5.27}$$

(5.25) 和 (5.27) 表明 A 是可逆矩阵. □

在证明定理 5.32 的过程中我们实际上还证明了

推论 5.33 *如果 A 是域 F 上的一个 $n\times n$ 可逆矩阵，那么 A 可以表示成有限个初等矩阵的乘积. 此外，如果用一系列初等行变换把 A 化为 I，那么用相应的一系列同样的初等行变换就把 I 化为 A^{-1}.*

证明 注意到在定理 5.32 的证明中我们得到了 (5.26) 式. 因为初等矩阵的逆矩阵仍是初等矩阵，所以 A 是有限个初等矩阵的乘积. 其第二个结论是 (5.27) 的推论. □

从推论 5.33 可知，欲求域 F 上一个 $n\times n$ 可逆矩阵 A 的逆矩阵，我们可对 $n\times 2n$ 矩阵

$$(A\ I)$$

进行一系列的初等行变换，当通过这些初等行变换把 A 化为 I 时，我们就在 I 的位置得到 A^{-1}.

例 5.17 求域 $\mathbb{Q}$ 上矩阵 A 的逆矩阵，这里

$$A=\begin{pmatrix}1&0&3\\2&4&9\\1&5&7\end{pmatrix}.$$

我们按照如下的程序进行初等行变换:

$$\begin{pmatrix}1&0&3&1&0&0\\2&4&9&0&1&0\\1&5&7&0&0&1\end{pmatrix}\to\begin{pmatrix}1&0&3&1&0&0\\0&4&3&-2&1&0\\0&5&4&-1&0&1\end{pmatrix}\to\begin{pmatrix}1&0&3&1&0&0\\0&4&3&-2&1&0\\0&1&1&1&-1&1\end{pmatrix}$$

$$\to\begin{pmatrix}1&0&3&1&0&0\\0&1&1&1&-1&1\\0&4&3&-2&1&0\end{pmatrix}\to\begin{pmatrix}1&0&3&1&0&0\\0&1&1&1&-1&1\\0&0&-1&-6&5&-4\end{pmatrix}$$

$$\to\begin{pmatrix}1&0&3&1&0&0\\0&1&1&1&-1&1\\0&0&1&6&-5&4\end{pmatrix}\to\begin{pmatrix}1&0&0&-17&15&-12\\0&1&0&-5&4&-3\\0&0&1&6&-5&4\end{pmatrix}.$$

因此

$$A^{-1}=\begin{pmatrix}-17 & 15 & -12\\ -5 & 4 & -3\\ 6 & -5 & 4\end{pmatrix}.$$

□

我们还有以下推论

推论5.34 设 A 和 B 是域 F 上的两个 $m\times n$ 矩阵，那么 A 和 B 行等价当且仅当有 $m\times m$ 可逆矩阵 P, 使得 $PA=B$.

证明 设 A 和 B 行等价，那么存在有限个 $m\times m$ 初等矩阵 $E_1, E_2, \cdots, E_s$, 使得

$$E_sE_{s-1}\cdots E_2E_1A=B.$$

令

$$P=E_sE_{s-1}\cdots E_2E_1,$$

就有

$$PA=B.$$

反过来，设 $PA=B$, 而 P 是一个 $m\times m$ 可逆矩阵. 根据推论 5.33, P 可以表示成

$$P=E_sE_{s-1}\cdots E_2E_1,$$

其中 $E_1, E_2, \cdots, E_s$ 都是初等矩阵. 所以

$$E_sE_{s-1}\cdots E_2E_1A=B.$$

这表明 A 和 B 行等价. □

下面我们介绍一下矩阵的分块，这是一种比较灵活的书写和处理矩阵的方法. 我们先看一个例子.

例5.18 考察 $\mathbb{F}_2$ 上的 4×4 矩阵

$$A=\begin{pmatrix}1 & 0 & 0 & 0\\ 0 & 1 & 0 & 0\\ 1 & 0 & 1 & 1\\ 1 & 1 & 1 & 0\end{pmatrix}.$$

如果令

$$A_{11}=\begin{pmatrix}1 & 0\\ 0 & 1\end{pmatrix},\quad A_{12}=\begin{pmatrix}0 & 0\\ 0 & 0\end{pmatrix},$$

$$A_{21}=\begin{pmatrix}1 & 0\\ 1 & 1\end{pmatrix},\quad A_{22}=\begin{pmatrix}1 & 1\\ 1 & 0\end{pmatrix},$$

那么 A 可写成

$$A=\begin{pmatrix}A_{11} & A_{12}\\ A_{21} & A_{22}\end{pmatrix},$$

这里 A 中的 $A_{11}, A_{12}, A_{21}, A_{22}$ 都是 2×2 矩阵. □

一般地, 设 A 是域 F 上的一个 $m\times n$ 矩阵, 假定 m 可以分解成 s 个正整数 $m_1, m_2, \cdots, m_s$ 的和, 而 n 又可以分解成 t 个正整数 $n_1, n_2, \cdots, n_t$ 的和:

$$m=m_1+m_2+\cdots+m_s,\ n=n_1+n_2+\cdots+n_t.$$

用 $A_{ij}(1\leqslant i\leqslant s, 1\leqslant j\leqslant t)$ 表示将 A 中除了第

$$\begin{aligned}&m_1+m_2+\cdots+m_{i-1}+1,\ m_1+m_2+\cdots+m_{i-1}+2,\cdots,\\&m_1+m_2+\cdots+m_{i-1}+m_i\end{aligned}$$

行以外其余的行都划去, 同时将 A 中除了第

$$\begin{aligned}&n_1+n_2+\cdots+n_{j-1}+1,\ n_1+n_2+\cdots+n_{j-1}+2,\cdots,\\&n_1+n_2+\cdots+n_{j-1}+n_j\end{aligned}$$

列以外其余的列都划去, 剩下的 m_in_j 个元素组成的 $m_i\times n_j$ 矩阵. 更确切地说, 令 $m_i'=m_1+m_2+\cdots+m_{i-1}$, 而 $n_j'=n_1+n_2+\cdots+n_{j-1}$, 那么

$$A_{ij}=\begin{pmatrix}a_{m_i'+1,n_j'+1} & a_{m_i'+1,n_j'+2} & \cdots & a_{m_i'+1,n_j'+n_j}\\ a_{m_i'+2,n_j'+1} & a_{m_i'+2,n_j'+2} & \cdots & a_{m_i'+2,n_j'+n_j}\\ \vdots & \vdots & & \vdots\\ a_{m_i'+m_i,n_j'+1} & a_{m_i'+m_i,n_j'+2} & \cdots & a_{m_i'+m_i,n_j'+n_j}\end{pmatrix}.$$

于是 A 可以写成如下的 分块矩阵

$$A=\begin{pmatrix}A_{11} & A_{12} & \cdots & A_{1t}\\ A_{21} & A_{22} & \cdots & A_{2t}\\ \vdots & \vdots & & \vdots\\ A_{s1} & A_{s2} & \cdots & A_{st}\end{pmatrix}.$$

再设 B 是 F 上的一个 $n\times l$ 矩阵, 并假定 l 分解成了 r 个正整数 $l_1, l_2, \cdots, l_r$ 的和:

$$l=l_1+l_2+\cdots+l_r.$$

用 $B_{jk}(1\leqslant j\leqslant t, 1\leqslant k\leqslant r)$ 表示将 B 中除了第

$$\begin{aligned}&n_1+n_2+\cdots+n_{j-1}+1,\ n_1+n_2+\cdots+n_{j-1}+2,\cdots,\\&n_1+n_2+\cdots+n_{j-1}+n_j\end{aligned}$$

行以外其余的行都划去, 同时将 B 中除了第

$$\begin{aligned}&l_1+l_2+\cdots+l_{k-1}+1,\ l_1+l_2+\cdots+l_{k-1}+2,\cdots,\\&l_1+l_2+\cdots+l_{k-1}+l_k\end{aligned}$$

列以外其余的列都划去, 剩下的 n_jl_k 个元素组成的 $n_j\times l_k$ 矩阵, 那么可以将 B 写作

$$B=\begin{pmatrix} B_{11} & B_{12} & \cdots & B_{1r} \\ B_{21} & B_{22} & \cdots & B_{2r} \\ \vdots & \vdots & & \vdots \\ B_{t1} & B_{t2} & \cdots & B_{tr} \end{pmatrix}.$$

于是有分块矩阵的乘法公式

$$AB=(C_{ik})_{1\leqslant i\leqslant m,1\leqslant k\leqslant r},$$

其中

$$C_{ik}=\sum_{j=1}^{t}A_{ij}B_{jk},$$

而上式中的乘法和加法分别是矩阵的乘法和加法.

分块矩阵同样也有加法公式, 但比乘法公式简单的多, 我们就不写出来了.

5.5 线性映射和线性变换

设 V 和 V' 是同一个域 F 上的向量空间. 在定义 5.7 中我们给出了 V 到 V' 的同态的概念. 我们把 V 到 V' 的同态也叫做 V 到 V' 的 线性映射. 利用线性映射的概念, 可给出矩阵的几何解释. 首先我们注意, 给定域 F 上的一个 $m\times n$ 矩阵

$$A=(a_{ij})_{1\leqslant i\leqslant m,1\leqslant j\leqslant n},$$

那么从行向量空间 F^m 到行向量空间 F^n 的映射

$$(a_1, a_2, \cdots, a_m)\longmapsto (a_1, a_2, \cdots, a_m)A, a_i\in F$$

是一个线性映射. 同理, 从列向量空间 F^n 到列向量空间 F^m 的映射

$$\begin{pmatrix} a_1 \\ a_2 \\ \vdots \\ a_n \end{pmatrix}\longmapsto A\begin{pmatrix} a_1 \\ a_2 \\ \vdots \\ a_n \end{pmatrix}, a_i\in F$$

也是一个线性映射.

设 V 是域 F 上的一个 n 维向量空间, 而 W 是同一个域 F 上的 m 维向量空间. 选定 V 的一组基 $\{\boldsymbol{e}_1, \boldsymbol{e}_2, \cdots, \boldsymbol{e}_n\}$ 和 W 的一组基 $\{\boldsymbol{f}_1, \boldsymbol{f}_2, \cdots, \boldsymbol{f}_m\}$. 再设 σ 是 V 到 W 的一个线性映射. 因为 V 中任一向量 $\boldsymbol{v}$都可以唯一地表示成 $\boldsymbol{e}_1, \boldsymbol{e}_2, \cdots, \boldsymbol{e}_n$ 的线性组合, 譬如

$$\boldsymbol{v}=a_1\boldsymbol{e}_1+a_2\boldsymbol{e}_2+\cdots+a_n\boldsymbol{e}_n, a_i\in F,$$

而 σ 是线性映射, 所以

$$\sigma(\boldsymbol{v})=a_1\sigma(\boldsymbol{e}_1)+a_2\sigma(\boldsymbol{e}_2)+\cdots+a_n\sigma(\boldsymbol{e}_n). \tag{5.28}$$

因此 σ 由 $\sigma(\boldsymbol{e}_1), \sigma(\boldsymbol{e}_2), \cdots, \sigma(\boldsymbol{e}_n)$ 完全确定. 因 $\sigma(\boldsymbol{e}_i)(1\leqslant i\leqslant n)$ 都是 W 中的向量, 所以可将它们唯一地表示成 $\boldsymbol{f}_1, \boldsymbol{f}_2, \cdots, \boldsymbol{f}_m$ 的线性组合:

$$\sigma(\boldsymbol{e}_j)=\sum_{i=1}^{m}a_{ij}\boldsymbol{f}_i, a_{ij}\in F,\quad j=1,2,\cdots,n. \tag{5.29}$$

这样 σ 就确定了一个 $m\times n$ 矩阵

$$A=(a_{ij})_{1\leqslant i\leqslant m,1\leqslant j\leqslant n}. \tag{5.30}$$

我们把 A 叫做 **线性映射 σ 的矩阵**. 反过来，我们说 σ 由矩阵 A 唯一确定. 事实上，给了一个 $m\times n$ 矩阵 (5.30), 由 (5.28) 和 (5.29) 式就唯一地确定了线性映射 σ. 因此我们看到，矩阵是研究线性映射的一个重要工具. 把 (5.29) 式代入 (5.28) 式，我们得到

$$\sigma(\boldsymbol{v})=\sum_{j=1}^{n}\sum_{i=1}^{m}a_ja_{ij}\boldsymbol{f}_i=\sum_{i=1}^{m}\sum_{j=1}^{n}a_{ij}a_j\boldsymbol{f}_i.$$

如果我们把 $\boldsymbol{v}$关于基 $\{\boldsymbol{e}_1,\boldsymbol{e}_2,\cdots,\boldsymbol{e}_n\}$ 的坐标 $a_1,a_2,\cdots,a_n$ 写作 n 维列向量

$$\begin{pmatrix}a_1\\a_2\\\vdots\\a_n\end{pmatrix},$$

并且对于 W 的基 $\{\boldsymbol{f}_1,\boldsymbol{f}_2,\cdots,\boldsymbol{f}_m\}$, 我们把 $\sigma(\boldsymbol{v})$ 的坐标写作 m 维列向量

$$\begin{pmatrix}\sum_{j=1}^{n}a_{1j}a_j\\\sum_{j=1}^{n}a_{2j}a_j\\\vdots\\\sum_{j=1}^{n}a_{mj}a_j\end{pmatrix}.$$

那么 σ 可看作同构于 V 的列向量空间 F^n 到同构于 W 的列向量空间 F^m 的线性映射，即

$$\begin{array}{cccc}\sigma: & F^n & \longrightarrow & F^m\\ & \begin{pmatrix}a_1\\a_2\\\vdots\\a_n\end{pmatrix} & \longmapsto & A\begin{pmatrix}a_1\\a_2\\\vdots\\a_n\end{pmatrix}.\end{array}$$

由 V 到 W 的线性映射 σ 所确定的矩阵 (5.30) 显然依赖于 V 的基 $\{\boldsymbol{e}_1,\boldsymbol{e}_2,\cdots,\boldsymbol{e}_n\}$ 和 W 的基 $\{\boldsymbol{f}_1,\boldsymbol{f}_2,\cdots,\boldsymbol{f}_m\}$ 的选取. 现在另选取 V 的一组基 $\{\boldsymbol{e}_1',\boldsymbol{e}_2',\cdots,\boldsymbol{e}_n'\}$ 和 W 的一组基 $\{\boldsymbol{f}_1',\boldsymbol{f}_2',\cdots,\boldsymbol{f}_m'\}$. 设

$$\sigma(\boldsymbol{e}_j')=\sum_{i=1}^{m}b_{ij}\boldsymbol{f}_i', b_{ij}\in F,\quad j=1,2,\cdots,n. \tag{5.31}$$

那么对于 V 的基 $\{\boldsymbol{e}_1',\boldsymbol{e}_2',\cdots,\boldsymbol{e}_n'\}$ 和 W 的基 $\{\boldsymbol{f}_1',\boldsymbol{f}_2',\cdots,\boldsymbol{f}_m'\}$, σ 又确定了另一个 $m\times n$ 矩阵

$$B = (b_{ij})_{1\leqslant i\leqslant m,\, 1\leqslant j\leqslant n}.$$

下面我们来研究 A 和 B 之间的关系. 我们把 $\boldsymbol{e}'_j$ 和 $\boldsymbol{f}_l$ 表示为

$$\boldsymbol{e}'_j = \sum_{k=1}^{n} p_{kj}\boldsymbol{e}_k,\ j=1,2,\cdots,n;\ \boldsymbol{f}_l = \sum_{i=1}^{m} q_{il}\boldsymbol{f}'_i,\ l=1,2,\cdots,m.$$

根据定理 5.30,

$$P = (p_{kj})_{1\leqslant k,j\leqslant n}, Q = (q_{il})_{1\leqslant i,l\leqslant m}$$

分别是 F 上的 $n\times n$ 和 $m\times m$ 可逆矩阵. 我们有

$$\begin{aligned}\sigma(\boldsymbol{e}'_j) &= \sum_{k=1}^{n} p_{kj}\sigma(\boldsymbol{e}_k) = \sum_{k=1}^{n} p_{kj}\sum_{l=1}^{m} a_{lk}\boldsymbol{f}_l \\ &= \sum_{k=1}^{n} p_{kj}\sum_{l=1}^{m} a_{lk}\sum_{i=1}^{m} q_{il}\boldsymbol{f}'_i = \sum_{i=1}^{m}\left(\sum_{l=1}^{m}\sum_{k=1}^{n} q_{il}a_{lk}p_{kj}\right)\boldsymbol{f}'_i.\end{aligned} \tag{5.32}$$

比较 (5.31) 和 (5.32), 得

$$b_{ij} = \sum_{l=1}^{m}\sum_{k=1}^{n} q_{il}a_{lk}p_{kj},\quad i=1,2,\cdots,m, j=1,2,\cdots,n. \tag{5.33}$$

根据矩阵乘法的定义, (5.33) 等价于

$$B = QAP. \tag{5.34}$$

这样, 我们自然地引入如下的

定义 5.14 设 A 和 B 是域 F 上的两个 $m\times n$ 矩阵. 如果有 F 上的 $m\times m$ 可逆矩阵 Q 和 $n\times n$ 可逆矩阵 P, 使得 (5.34) 成立, 那么就说 A 和 B*等价*.

根据上面的讨论, 我们有

定理 5.35 设 V 和 W 是同一个域 F 上的两个有限维向量空间, 那么 V 到 W 的一个线性映射对于 V 和 W 的不同基所确定的矩阵是等价的.

定理 5.36 设 A 是域 F 上的一个 $m\times n$ 矩阵, A 的秩是 r. 那么 A 一定等价于如下的矩阵

$$\begin{pmatrix} I^{(r)} & 0 \\ 0 & 0^{(m-r,n-r)} \end{pmatrix}. \tag{5.35}$$

证明 根据定理 5.27 和推论 5.34, 存在一个 $m\times m$ 可逆矩阵 Q, 使得 QA 是阶梯形矩阵 (5.14)

$$A_0 = \begin{pmatrix} 0 & \cdots & 0 & 1 & * & \cdots & * & 0 & * & \cdots & * & 0 & * & \cdots & * & \cdots & 0 & * & \cdots & * \\ 0 & \cdots & 0 & 0 & 0 & \cdots & 0 & 1 & * & \cdots & * & 0 & * & \cdots & * & \cdots & 0 & * & \cdots & * \\ 0 & \cdots & 0 & 0 & 0 & \cdots & 0 & 0 & 0 & \cdots & 0 & 1 & * & \cdots & * & \cdots & 0 & * & \cdots & * \\ & \vdots & & \vdots & & \vdots & & \vdots & & \vdots & & \vdots & & \vdots & & \vdots & \vdots & & \vdots & \\ 0 & \cdots & 0 & 0 & 0 & \cdots & 0 & 0 & 0 & \cdots & 0 & 0 & 0 & \cdots & 0 & \cdots & 1 & * & \cdots & * \\ 0 & \cdots & 0 & 0 & 0 & \cdots & 0 & 0 & 0 & \cdots & 0 & 0 & 0 & \cdots & 0 & \cdots & 0 & 0 & \cdots & 0 \\ & \vdots & & \vdots & & \vdots & & \vdots & & \vdots & & \vdots & & \vdots & & \vdots & \vdots & & \vdots & \\ 0 & \cdots & 0 & 0 & 0 & \cdots & 0 & 0 & 0 & \cdots & 0 & 0 & 0 & \cdots & 0 & \cdots & 0 & 0 & \cdots & 0 \end{pmatrix}.$$

假设 A_0 第 i 行 $(1 \leqslant i \leqslant r)$ 的第 1 个非零元 1 是在第 k_i 列，那么 $1 \leqslant k_1 < k_2 < \cdots < k_r \leqslant n$. 我们把 A_0 的 (i,k) 位置的元素记成 a_{ik}, 那么用第二种 $n \times n$ 初等矩阵 P_{1k_1} 从右边去乘 A_0, 然后用第三种 $n \times n$ 初等矩阵的积

$$\prod_{i_1=k_1+1}^{k_2-1} T_{1i_1}(-a_{1i_1}) \prod_{i_2=k_2+1}^{k_3-1} T_{1i_2}(-a_{1i_2}) \cdots \prod_{i_r=k_r+1}^{n} T_{1i_r}(-a_{1i_r})$$

(注意，当某个 $a_{1i_s} = 0$ 时， $T_{1i_s}(-a_{1i_s}) = I$) 从右边去乘 $A_0P_{1k_1}$, 那么我们就把 A_0 的第 1 行变成

$$(1\ \underbrace{0\ \cdots\ 0}_{n-1\text{ 个 }0})$$

而不改变 A_0 的其他行. 我们把如此所得的矩阵记作 A_1. 再用第二种 $n \times n$ 初等矩阵 P_{2k_2} 从右边去乘 A_1 后，接着用第三种 $n \times n$ 初等矩阵的积

$$\prod_{i_2=k_2+1}^{k_3-1} T_{2i_2}(-a_{2i_2}) \cdots \prod_{i_r=k_r+1}^{n} T_{2i_r}(-a_{2i_r})$$

从右边去乘 $A_1P_{2k_2}$, 那么就把 A_1 的第 2 行变成

$$(0\ \ 1\ \ \underbrace{0\ 0\ \cdots\ 0}_{n-2\text{ 个 }0})$$

而不改变 A_1 的其他行 (包含第 1 行). 如此依次继续往下进行，可知在用若干个 $n \times n$ 初等矩阵的乘积从右边去乘 A_0 后，可将 A_0 化成矩阵 (5.35). 因为初等矩阵的乘积是可逆矩阵，所以可以说有 $n \times n$ 可逆矩阵 P, 使得 $QAP = A_0P$ 是矩阵 (5.35). □

推论 5.37　*F 上的两个 $m \times n$ 矩阵 A 和 B 等价当且仅当它们有相同的秩.*

我们把矩阵 (5.35) 叫做在等价变换下秩为 r 的 $m \times n$ 矩阵的 *标准形*.

向量空间 V 到它自身的线性映射叫做 V 的 *线性变换*.

现在设 σ 是 F 上 n 维向量空间 V 的一个线性变换. 选取 V 的一组基 $\{\boldsymbol{e}_1, \boldsymbol{e}_2, \cdots, \boldsymbol{e}_n\}$. 因为 $\sigma(\boldsymbol{e}_1), \sigma(\boldsymbol{e}_2), \cdots, \sigma(\boldsymbol{e}_n)$ 都是 V 中的向量，所以它们中每一个都可以表示成 $\boldsymbol{e}_1, \boldsymbol{e}_2, \cdots, \boldsymbol{e}_n$ 的线性组合：

$$\sigma(\boldsymbol{e}_j) = \sum_{i=1}^{n} a_{ij}\boldsymbol{e}_i,\ a_{ij} \in F, \quad i = 1, 2, \cdots, n. \tag{5.36}$$

于是对于基 $\{\boldsymbol{e}_1, \boldsymbol{e}_2, \cdots, \boldsymbol{e}_n\}$, σ 就确定了一个 $n \times n$ 矩阵

$$A = (a_{ij})_{1 \leqslant i,j \leqslant n}.$$

我们把 A 叫做 *线性变换 σ 对于基 $\{\boldsymbol{e}_1, \boldsymbol{e}_2, \cdots, \boldsymbol{e}_n\}$ 的矩阵*. 反过来，σ 也由矩阵 A 所唯一确定.

再设 $\{\boldsymbol{e}'_1, \boldsymbol{e}'_2, \cdots, \boldsymbol{e}'_n\}$ 也是 V 的一组基，并且设

$$\sigma(\boldsymbol{e}'_j) = \sum_{i=1}^{n} b_{ij}\boldsymbol{e}'_i,\ b_{ij} \in F, \quad i = 1, 2, \cdots, n. \tag{5.37}$$

那么对于基 $\{e_1', e_2', \cdots, e_n'\}$, σ 又确定了一个 $n\times n$ 矩阵

$$B=(b_{ij})_{1\leqslant i,j\leqslant n}.$$

现在我们来研究 A 和 B 之间的关系. 根据定理 5.30 和它的证明, 我们可以假定

$$e_j'=\sum_{i=1}^n p_{ij}e_i,\quad e_j=\sum_{i=1}^n q_{ij}e_i',\quad i=1,2,\cdots,n,$$

并且

$$P=(p_{ij})_{1\leqslant i,j\leqslant n},\ Q=(q_{ij})_{1\leqslant i,j\leqslant n}$$

是两个可逆矩阵, 使得

$$PQ=QP=I^{(n)}.$$

因而我们有

$$\begin{aligned}\sigma(e_j')&=\sum_{i=1}^n p_{ij}\sigma(e_i)=\sum_{i=1}^n p_{ij}\sum_{k=1}^n a_{ki}e_i\\&=\sum_{i=1}^n p_{ij}\sum_{k=1}^n a_{ki}\sum_{l=1}^n q_{lk}e_l'=\sum_{l=1}^n\left(\sum_{k=1}^n\sum_{i=1}^n q_{lk}a_{ki}p_{ij}\right)e_l'.\end{aligned}\tag{5.38}$$

比较 (5.37) 和 (5.38), 就有

$$b_{lj}=\sum_{k=1}^n\sum_{i=1}^n q_{lk}a_{ki}p_{ij},\ l,j=1,2,\cdots,n,$$

即

$$B=QAP=P^{-1}AP.$$

定义 5.15 域 F 上的两个 $n\times n$ 矩阵 A 和 B 说是相似的, 如果有 F 上 $n\times n$ 可逆矩阵 P, 使得 $B=P^{-1}AP$.

根据上面的讨论, 我们有

定理 5.38 有限维向量空间 V 的一个线性变换 σ 对于 V 的不同基的矩阵是相似的.

关于矩阵在相似变换下的标准形, 我们将在第 7 章讨论.

5.6 线性方程组

设 F 是任意一个域, $a_{ij}\ (i=1,2,\cdots,m,\ j=1,2,\cdots,n)$ 和 $b_i\ (i=1,2,\cdots,m)$ 都是 F 中的元素, 而 $x_1,x_2,\cdots,x_n$ 是 F 上的 n 个未定元. 那么

$$\left.\begin{array}{ccccccccc}a_{11}x_1&+&a_{12}x_2&+&\cdots&+&a_{1n}x_n&=&b_1\\a_{21}x_1&+&a_{22}x_2&+&\cdots&+&a_{2n}x_n&=&b_2\\\cdots&&\cdots&&\cdots&&\cdots&&\cdots\\a_{m1}x_1&+&a_{m2}x_2&+&\cdots&+&a_{mn}x_n&=&b_m\end{array}\right\}\tag{5.39}$$

叫做 n 个未定元 $x_1, x_2, \cdots, x_n$ 的 m 个线性方程的 线性方程组.

采用矩阵的记号，令

$$A = (a_{ij})_{1\leqslant i\leqslant m,\, 1\leqslant j\leqslant n},$$

$$\boldsymbol{x} = (x_1, x_2, \cdots, x_n),$$

$$\boldsymbol{b} = (b_1, b_2, \cdots, b_m),$$

那么 (5.39) 可以写成下面的简式

$$A\,{}^t\boldsymbol{x} = {}^t\boldsymbol{b}. \tag{5.40}$$

注意：这里 ${}^t\boldsymbol{x}$ 表示将 $\boldsymbol{x}$ 看作 $1\times n$ 矩阵的转置矩阵，而 ${}^t\boldsymbol{b}$ 表示将 $\boldsymbol{b}$ 看作 $1\times m$ 矩阵的转置矩阵. 所谓求线性方程组 (5.39) 的解，就是在 F 中求出 n 个元素 $c_1, c_2, \cdots, c_n$, 将它们代入 (5.39) 中的 m 个方程后，结果得到 m 个恒等式. 换句话说，令

$$\boldsymbol{c} = (c_1, c_2, \cdots, c_n),$$

如果

$$A^t\boldsymbol{c} = {}^t\boldsymbol{b},$$

我们就说 $c_1, c_2, \cdots, c_n$ 是 (5.39)(或 (5.40)) 的 一组解, 也说 $\boldsymbol{c}$ 是 (5.39)(或 (5.40)) 的一个 解向量.

当 $b_1 = b_2 = \cdots = b_m = 0$ 时， (5.39) 和 (5.40) 又叫 齐次线性方程组, 否则就叫做 非齐次线性方程组.

我们先讨论齐次线性方程组的解. 用 $\mathbf{0}$ 表示分量都等于 0 的 m 维行向量:

$$\mathbf{0} = (\underbrace{0, 0, \cdots, 0}_{m\text{ 个}0}),$$

那么 n 个未定元 m 个方程的齐次线性方程组可以写成

$$A\,{}^t\boldsymbol{x} = {}^t\mathbf{0}, \tag{5.41}$$

其中 A 是 F 上的一个 $m\times n$ 矩阵.

定理5.39 设 F 是一个域， $A = (a_{ij})_{1\leqslant i\leqslant m,\, 1\leqslant j\leqslant n}$ 是 F 上的一个 $m\times n$ 矩阵. 那么齐次线性方程组 (5.41)

$$A\,{}^t\boldsymbol{x} = {}^t\mathbf{0}$$

的所有的解向量组成的集合构成 F^n 的一个子空间. 此外，如果 $\operatorname{rank} A = r$, 这个子空间就是 $n-r$ 维的 (这个子空间叫做齐次线性方程组 (5.41) 的解空间).

证明 设

$$\boldsymbol{c} = (c_1, c_2, \cdots, c_n),\ \boldsymbol{d} = (d_1, d_2, \cdots, d_n)$$

是 (5.41) 的两个解向量，即

$$A\,{}^t\boldsymbol{c} = {}^t\mathbf{0},\ A\,{}^t\boldsymbol{d} = {}^t\mathbf{0},$$

那么

$$A\,{}^t(\boldsymbol{c}+\boldsymbol{d}) = A\,({}^t\boldsymbol{c}+{}^t\boldsymbol{d}) = A\,{}^tc + A\,{}^td = {}^t\boldsymbol{0} + {}^t\boldsymbol{0} = {}^t\boldsymbol{0}.$$

因此 $\boldsymbol{c}+\boldsymbol{d}$ 是 (5.41) 的解向量. 又如果 $\boldsymbol{c}$ 是 (5.41) 的解向量, 而 $a \in F$, 那么

$$A\,{}^t(a\boldsymbol{c}) = A(a\,{}^t\boldsymbol{c}) = a(A\,{}^t\boldsymbol{c}) = a\,{}^t\boldsymbol{0} = {}^t\boldsymbol{0}.$$

因此, $a\boldsymbol{c}$ 也是 (5.41) 的解向量. 于是根据定理 5.12 知, (5.41) 的全体解向量组成的集合构成 F^n 的一个子空间.

我们再证明, 如果 P 是 F 上的一个 $m\times m$ 可逆矩阵, 那么齐次线性方程组 (5.41) 的解空间与

$$(PA)\,{}^t\boldsymbol{x} = {}^t\boldsymbol{0}$$

的解空间一致. 事实上, 设 $A\,{}^t\boldsymbol{c} = {}^t\boldsymbol{0}$, 那么显然有

$$(PA)\,{}^t\boldsymbol{c} = P(A\,{}^t\boldsymbol{c}) = P\,{}^t\boldsymbol{0} = {}^t\boldsymbol{0}.$$

反过来, 设 $(PA)\,{}^t\boldsymbol{c} = {}^t\boldsymbol{0}$, 并设 P^{-1} 是 P 的逆矩阵, 那么

$$\begin{aligned} A\,{}^t\boldsymbol{c} &= (IA)\,{}^t\boldsymbol{c} = ((P^{-1}P)A)\,{}^t\boldsymbol{c} = (P^{-1}(PA))\,{}^t\boldsymbol{c} \\ &= P^{-1}((PA)\,{}^t\boldsymbol{c}) = P^{-1}\,{}^t\boldsymbol{0} = {}^t\boldsymbol{0}. \end{aligned}$$

设 $\operatorname{rank} A = r$, 那么根据定理 5.31, 存在 $m\times m$ 可逆矩阵 P, 使得 $PA = A_0$ 是阶梯形矩阵 (5.14):

$$A_0 = \begin{pmatrix} 0 & \cdots & 0 & 1 & * & \cdots & * & 0 & * & \cdots & * & 0 & * & \cdots & * & \cdots & 0 & * & \cdots & * \\ 0 & \cdots & 0 & 0 & 0 & \cdots & 0 & 1 & * & \cdots & * & 0 & * & \cdots & * & \cdots & 0 & * & \cdots & * \\ 0 & \cdots & 0 & 0 & 0 & \cdots & 0 & 0 & 0 & \cdots & 0 & 1 & * & \cdots & * & \cdots & 0 & * & \cdots & * \\ \vdots & & \vdots & \vdots & \vdots & & \vdots & \vdots & \vdots & & \vdots & \vdots & \vdots & & \vdots & & \vdots & \vdots & & \vdots \\ 0 & \cdots & 0 & 0 & 0 & \cdots & 0 & 0 & 0 & \cdots & 0 & 0 & 0 & \cdots & 0 & \cdots & 1 & * & \cdots & * \\ 0 & \cdots & 0 & 0 & 0 & \cdots & 0 & 0 & 0 & \cdots & 0 & 0 & 0 & \cdots & 0 & \cdots & 0 & 0 & \cdots & 0 \\ \vdots & & \vdots & \vdots & \vdots & & \vdots & \vdots & \vdots & & \vdots & \vdots & \vdots & & \vdots & & \vdots & \vdots & & \vdots \\ 0 & \cdots & 0 & 0 & 0 & \cdots & 0 & 0 & 0 & \cdots & 0 & 0 & 0 & \cdots & 0 & \cdots & 0 & 0 & \cdots & 0 \end{pmatrix}.$$

那么 (5.41) 的解空间与

$$A_0\,{}^t\boldsymbol{x} = {}^t\boldsymbol{0} \tag{5.42}$$

的解空间一致. 因此要证明 (5.41) 的解空间是 $n-r$ 维的, 只要证明 (5.42) 的解空间是 $n-r$ 维的就行了.

设 A_0 的第 i 行 $(1 \leqslant i \leqslant r)$ 中从左往右数第一个等于 1 的元素在第 k_i 列, 那么

$$1 \leqslant k_1 < k_2 < \cdots < k_r \leqslant n.$$

从 A_0 的形状可以看出, 当任意选定 F^n 中一个向量 $\boldsymbol{c}$ 的第

$$\begin{gathered} 1,\, 2,\, \cdots,\, k_1-1,\, k_1+1,\, k_1+2,\, \cdots,\, k_2-1,\, k_2+1, \\ k_2+2,\, \cdots,\, k_3-1,\, \cdots,\, k_r-1,\, k_r+1,\, k_r+2,\, \cdots,\, n \end{gathered}$$

个分量

$$c_1,\ c_2,\ \cdots,\ c_{k_1-1},\ c_{k_1+1},\ c_{k_1+2},\ \cdots,\ c_{k_2-1},\ c_{k_2+1},$$
$$c_{k_2+2},\ \cdots,\ c_{k_3-1},\ \cdots,\ c_{k_r-1},\ c_{k_r+1},\ c_{k_r+2},\ \cdots,\ c_n$$

后, 从条件 $A_0\,{}^t\boldsymbol{c} = {}^t\boldsymbol{0}$ 可唯一地算出 $\boldsymbol{c}$ 的第 $k_1, k_2, \cdots, k_r$ 个分量 $c_{k_1}, c_{k_2}, \cdots, c_{k_r}$. 事实上, 设 (5.42) 的第 i $(1 \leqslant i \leqslant r)$ 个方程是

$$\begin{aligned} x_{k_i} \ &+ a^{(0)}_{ik_i+1}x_{k_i+1} + \cdots + a^{(0)}_{ik_{i+1}-1}x_{k_{i+1}-1} + a^{(0)}_{ik_{i+1}+1}x_{k_{i+1}+1} \\ &+ \cdots + a^{(0)}_{ik_{i+2}-1}x_{k_{i+2}-1} + a^{(0)}_{ik_{i+2}+1}x_{k_{i+2}+1} \\ &+ \cdots + a^{(0)}_{ik_r-1}x_{k_r-1} + a^{(0)}_{ik_r+1}x_{k_r+1} + \cdots + a^{(0)}_{in}x_n = 0, \end{aligned}$$

这里 $a^{(0)}_{ij}$ 表示 A_0 在 (i,j) 位置的元素. 那么

$$\begin{aligned} c_{k_i} = \ &-(a^{(0)}_{ik_i+1}c_{k_i+1} + \cdots + a^{(0)}_{ik_{i+1}-1}c_{k_{i+1}-1} + a^{(0)}_{ik_{i+1}+1}c_{k_{i+1}+1} \\ &+ \cdots + a^{(0)}_{ik_{i+2}-1}c_{k_{i+2}-1} + a^{(0)}_{ik_{i+2}+1}c_{k_{i+2}+1} \\ &+ \cdots + a^{(0)}_{ik_r-1}c_{k_r-1} + a^{(0)}_{ik_r+1}c_{k_r+1} + \cdots + a^{(0)}_{in}c_n). \end{aligned}$$

由此立刻推出 (5.42) 解空间的维数是 $n-r$. □

值得注意的是, 定理 5.39 的证明实际上给出了求齐次线性方程组 (5.41) 的解空间的一个方法. 这个方法的核心是把 A 化成阶梯形矩阵.

例 5.19 在 $\mathbb{F}_2$ 上, 解齐次线性方程组

$$\left.\begin{array}{llllll} x_1 & +x_2 & & +x_4 & +x_5 & =0 \\ x_1 & & +x_3 & & & =0 \\ & x_2 & +x_3 & & & =0 \\ & & & x_4 & +x_5 & =0 \end{array}\right\}. \tag{5.43}$$

这个齐次线性方程组的系数矩阵是

$$A = \begin{pmatrix} 1 & 1 & 0 & 1 & 1 \\ 1 & 0 & 1 & 0 & 0 \\ 0 & 1 & 1 & 0 & 0 \\ 0 & 0 & 0 & 1 & 1 \end{pmatrix}.$$

我们通过如下的初等行变换把 A 化成阶梯形矩阵

$$\begin{pmatrix}1&1&0&1&1\\1&0&1&0&0\\0&1&1&0&0\\0&0&0&1&1\end{pmatrix}\to\begin{pmatrix}1&1&0&1&1\\0&1&1&1&1\\0&1&1&0&0\\0&0&0&1&1\end{pmatrix}$$

$$\to\begin{pmatrix}1&0&1&0&0\\0&1&1&1&1\\0&0&0&1&1\\0&0&0&1&1\end{pmatrix}\to\begin{pmatrix}1&0&1&0&0\\0&1&1&0&0\\0&0&0&1&1\\0&0&0&0&0\end{pmatrix}.$$

于是 (5.43) 的解空间与

$$\left.\begin{aligned}x_1\quad +x_3\qquad\qquad &=0\\ x_2\ +x_3\qquad\qquad &=0\\ x_4\ +x_5 &=0\end{aligned}\right\}\tag{5.44}$$

的解空间相同. 根据定理 5.39 的证明方法, 选取 (5.44) 的在第 3 和第 5 个分量分别是 $\mathbb{F}_2$ 中的任意常量 c_3 和 c_5 的解向量, 那么其余的分量可以由 c_3 和 c_5 唯一地确定. 事实上, 解向量的形状是

$$(c_3,\ c_3,\ c_3,\ c_5,\ c_5).$$

于是 (5.43) 的解空间的维数是 2. □

下面我们给出定理 5.39 的一个应用.

定理 5.40 设 W 是行向量空间 F^n 的一个子空间. 令

$$W^*=\{\boldsymbol{v}:\boldsymbol{v}\in F^n \text{ 且 } \boldsymbol{v}\,{}^t\boldsymbol{w}=0,\ \text{对一切 } \boldsymbol{w}\in W\}.$$

那么 W^* 是 F^n 的一个子空间. 进一步, 如果 $\dim W=r$, 那么 $\dim W^*=n-r$. 此外, $((W)^*)^*=W$(我们把 W^* 叫做 W 的对偶子空间).

证明 W^* 是 F^n 的子空间的证明, 完全同定理 5.39 中的解向量的全体是一个子空间的证明一样, 因而略去.

设 $\dim W=r$ 并设 $\boldsymbol{w}_1,\boldsymbol{w}_2,\cdots,\boldsymbol{w}_r$ 是 W 的一组基. 令

$$A=\begin{pmatrix}\boldsymbol{w}_1\\\boldsymbol{w}_2\\\vdots\\\boldsymbol{w}_r\end{pmatrix},$$

那么 A 是一个 $r\times n$ 矩阵, 并且 $\operatorname{rank}A=r$. 如果 $\boldsymbol{v}\in W^*$, 那么显然有

$$\boldsymbol{v}\,{}^t\boldsymbol{w}_i=0,\ i=1,2,\cdots,r.\tag{5.45}$$

将上式求转置, 得

$$\boldsymbol{w}_i{}^t\boldsymbol{v} = 0,\ i = 1, 2, \cdots, r. \tag{5.46}$$

于是

$$A\,{}^t\boldsymbol{v} = {}^t\boldsymbol{0}. \tag{5.47}$$

这就是说, $\boldsymbol{v}$ 属于齐次线性方程组

$$A\,{}^t\boldsymbol{x} = {}^t\boldsymbol{0} \tag{5.48}$$

的解空间. 反过来, 如果 $\boldsymbol{v}$ 属于 (5.48) 的解空间, 即 (5.47) 成立, 那么 (5.46) 也成立, 因而 (5.45) 成立. 由于 $\{\boldsymbol{w}_1, \boldsymbol{w}_2, \cdots, \boldsymbol{w}_r\}$ 是 W 的一组基, 所以 W 中任一向量 $\boldsymbol{w}$ 都可以表示成它们的线性组合

$$\boldsymbol{w} = c_1\boldsymbol{w}_1 + c_2\boldsymbol{w}_2 + \cdots + c_r\boldsymbol{w}_r,\ c_i \in F,$$

那么由 (5.45), 得

$$\begin{aligned}
\boldsymbol{v}\,{}^t\boldsymbol{w} &= \boldsymbol{v}\,{}^t(c_1\boldsymbol{w}_1 + c_2\boldsymbol{w}_2 + \cdots + c_r\boldsymbol{w}_r)\\
&= \boldsymbol{v}(c_1\,{}^t\boldsymbol{w}_1) + v(c_2\,{}^t\boldsymbol{w}_2) + \cdots + v(c_r\,{}^t\boldsymbol{w}_r)\\
&= c_1(\boldsymbol{v}\,{}^t\boldsymbol{w}_1) + c_2(\boldsymbol{v}\,{}^t\boldsymbol{w}_2) + \cdots + c_r(\boldsymbol{v}\,{}^t\boldsymbol{w}_r)\\
&= c_1\,0 + c_2\,0 + \cdots + c_r\,0\\
&= 0.
\end{aligned}$$

因此 $\boldsymbol{v} \in W^*$. 这证明了 W^* 与 (5.48) 的解空间一致. 根据 5.39, (5.48) 的解空间是 $n-r$ 维的, 所以 $\dim W^* = n - r$.

显然有 $W \subset (W^*)^*$. 设 $\dim W = r$, 那么 $\dim W^* = n - r$, 于是 $\dim(W^*)^* = n - (n - r) = r$. 因此根据定理 5.13, $(W^*)^* = W$. □

下面来讨论非齐次线性方程组的解. 我们先证明

定理 5.41 设 F 是一个域, $A = (a_{ij})_{1\leqslant i\leqslant m,\,1\leqslant j\leqslant n}$ 是 F 上的一个 $m \times n$ 矩阵, $\boldsymbol{b} = (b_1, b_2, \cdots, b_m)$ 是 F^m 中的一个向量. 用 W 表示齐次线性方程组 (5.41)

$$A\,{}^t\boldsymbol{x} = {}^t\boldsymbol{0}$$

的解空间. 如果 $\boldsymbol{d} = (d_1, d_2, \cdots, d_n)$ 是非齐次线性方程组 (5.40)

$$A\,{}^t\boldsymbol{x} = {}^t\boldsymbol{b}$$

的一组解, 那么

$$\boldsymbol{d} + W = \{\boldsymbol{d} + \boldsymbol{c} : \boldsymbol{c} \in W\}$$

就是 (5.40) 的全部解的集合.

证明 设 $\boldsymbol{c} \in W$, 即 $A\,{}^t\boldsymbol{c} = {}^t\boldsymbol{0}$. 那么

$$\begin{aligned}
A\,{}^t(\boldsymbol{d} + \boldsymbol{c}) &= A({}^t\boldsymbol{d} + {}^t\boldsymbol{c}) = A\,{}^t\boldsymbol{d} + A\,{}^t\boldsymbol{c}\\
&= {}^t\boldsymbol{b} + {}^t\boldsymbol{0} = {}^t\boldsymbol{b}.
\end{aligned}$$

这证明了 $\boldsymbol{d}+W$ 中的向量都是 (5.40) 的解向量.

反过来，设 $\boldsymbol{d}_1$ 是 (5.40) 的一个解向量，即 $A\,{}^t\boldsymbol{d}_1={}^t\boldsymbol{b}$. 那么

$$\begin{aligned}A\,{}^t(\boldsymbol{d}_1-\boldsymbol{d})&=A({}^t\boldsymbol{d}_1-{}^t\boldsymbol{d})=A\,{}^t\boldsymbol{d}_1-A\,{}^t\boldsymbol{d}\\&={}^t\boldsymbol{b}-{}^t\boldsymbol{b}={}^t\boldsymbol{0}.\end{aligned}$$

这就是说 $\boldsymbol{d}_1-\boldsymbol{d}\in W$. 设 $\boldsymbol{d}_1-\boldsymbol{d}=\boldsymbol{c}\in W$, 那么

$$\boldsymbol{d}_1=\boldsymbol{d}+\boldsymbol{c}\in\boldsymbol{d}+W.$$

□

我们附带提一下，如果采用陪集的语言，定理 5.41 可以说成：如果非齐次线性方程组 (5.40) 有解，那么它的全体解的集合就是 F^n 的对于齐次线性方程组 (5.41) 的解空间的一个陪集.

问题是非齐次线性方程组 (5.40) 是否一定有解. 对此，我们有下面的定理.

定理5.42 设 F 是一个域， $A=(a_{ij})_{1\leqslant i\leqslant m,\,1\leqslant j\leqslant n}$ 是 F 上的一个 $m\times n$ 矩阵，$\boldsymbol{b}=(b_1,b_2,\cdots,b_m)\in F^m$. 令

$$B=(A\,{}^t\boldsymbol{b}).$$

那么非齐次线性方程组 (5.40)

$$A\,{}^t\boldsymbol{x}={}^t\boldsymbol{b}$$

有解当且仅当 $\operatorname{rank}A=\operatorname{rank}B$.

证明 设 P 是一个 $m\times m$ 可逆矩阵. 那么仿照定理 5.39 的证明，可证得 (5.40) 有解当且仅当

$$(PA)\,{}^t\boldsymbol{x}=P\,{}^t\boldsymbol{b}$$

有解. 根据定理 5.31, 存在可逆矩阵 P, 使得 $PB=B_0$ 是一个阶梯形矩阵. 写

$$B_0=(A_0\,{}^t\boldsymbol{b}_0),$$

其中 $A_0=PA$, ${}^t\boldsymbol{b}_0=P{}^t\boldsymbol{b}$. 显然， $\operatorname{rank}A=\operatorname{rank}A_0$, $\operatorname{rank}B=\operatorname{rank}B_0$. 要看 (5.40) 是否有解，只需看

$$A_0\,{}^t\boldsymbol{x}={}^t\boldsymbol{b}_0 \tag{5.49}$$

是否有解.

设 $\operatorname{rank}A=r$, 并设 A_0 的形状是 (5.14). 至于 ${}^t\boldsymbol{b}_0$, 可能有两种情形:

1) 当 $\operatorname{rank}B_0=\operatorname{rank}A_0$ 时,

$${}^t\boldsymbol{b}_0=\begin{pmatrix}*\\\vdots\\ *\\0\\\vdots\\0\end{pmatrix}\begin{matrix}\left.\begin{matrix}\\ \\ \\\end{matrix}\right\} r\text{ 个}\\\left.\begin{matrix}\\ \\ \\\end{matrix}\right\} m-r\text{ 个}\end{matrix}.$$

和定理 5.39 的证明完全一样，任意选定 F^n 中一个向量 $\boldsymbol{c}$ 的第

$$1,\ 2,\ \cdots,\ k_1-1,\ k_1+1,\ k_1+2,\ \cdots,\ k_2-1,\ k_2+1,$$

$$k_2+2,\ \cdots,\ k_3-1,\ \cdots,\ k_r-1,\ k_r+1,\ k_r+2,\ \cdots,\ n$$

位置的分量

$$c_1,\ c_2,\ \cdots,\ c_{k_1-1},\ c_{k_1+1},\ c_{k_1+2},\ \cdots,\ c_{k_2-1},\ c_{k_2+1},$$

$$c_{k_2+2},\ \cdots,\ c_{k_3-1},\ \cdots,\ c_{k_r-1},\ c_{k_r+1},\ c_{k_r+2},\ \cdots,\ c_n$$

后，从条件 $A_0\,{}^t\boldsymbol{c}={}^t\boldsymbol{b}_0$ 可唯一地确定出 $\boldsymbol{c}$ 的第 $k_1, k_2, \cdots, k_r$ 位置的分量 $c_{k_1}, c_{k_2}, \cdots, c_{k_r}$. 因此这时 (5.49) 有解.

2) 当 $\operatorname{rank} B_0 = r+1 > \operatorname{rank} A_0$ 时,

$${}^t\boldsymbol{b}_0 = \begin{pmatrix} 0 \\ \vdots \\ 0 \\ 1 \\ 0 \\ \vdots \\ 0 \end{pmatrix} \begin{matrix} \left.\vphantom{\begin{matrix}0\\ \vdots\\ 0\end{matrix}}\right\} r \\ \\ \left.\vphantom{\begin{matrix}0\\ \vdots\\ 0\end{matrix}}\right\} m-r-1 \end{matrix}.$$

于是 $\operatorname{rank} B > \operatorname{rank} A$. 并且 (5.49) 的第 $r+1$ 个方程是

$$0x_1 + 0x_2 + \cdots + 0x_n = 1.$$

显然，F^n 中任一向量均不满足上述方程，因此这时 (5.49) 无解. □

值得指出的是，定理 5.42 的证明实际上给出了求非齐次线性方程组 (5.40) 的解向量的一个方法，这个方法的核心是把 $B = (A\ {}^t\boldsymbol{b})$ 化成阶梯形矩阵.

例5.20 在 $\mathbb{F}_2$ 上，解线性方程组

$$\left.\begin{array}{llllll} x_1 & +x_2 & & +x_4 & +x_5 & =1 \\ x_1 & & +x_3 & & & =0 \\ & x_2 & +x_3 & & & =1 \\ & & & x_4 & +x_5 & =1 \end{array}\right\}. \tag{5.50}$$

作矩阵

$$B = \begin{pmatrix} 1 & 1 & 0 & 1 & 1 & 1 \\ 1 & 0 & 1 & 0 & 0 & 0 \\ 0 & 1 & 1 & 0 & 0 & 1 \\ 0 & 0 & 0 & 1 & 1 & 1 \end{pmatrix}.$$

把 B 化为阶梯形矩阵:

$$\begin{pmatrix}1&1&0&1&1&1\\1&0&1&0&0&0\\0&1&1&0&0&1\\0&0&0&1&1&1\end{pmatrix}\to\begin{pmatrix}1&1&0&1&1&1\\0&1&1&1&1&1\\0&1&1&0&0&1\\0&0&0&1&1&1\end{pmatrix}$$

$$\to\begin{pmatrix}1&0&1&0&0&0\\0&1&1&1&1&1\\0&0&0&1&1&0\\0&0&0&1&1&1\end{pmatrix}\to\begin{pmatrix}1&0&1&0&0&0\\0&1&1&0&0&1\\0&0&0&1&1&0\\0&0&0&0&0&1\end{pmatrix}.$$

根据定理 5.42, 线性方程组 (5.50) 有解当且仅当以下线性方程组

$$\left.\begin{array}{rrrrr} x_1 & & +x_3 & & & =0\\ & x_2 & +x_3 & & & =1\\ & & & x_4 & +x_5 & =0\\ & & & & 0 & =1 \end{array}\right\}\tag{5.51}$$

有解. 显然 (5.51) 无解, 因而 (5.50) 无解. □

例 5.21 在 $\mathbb{F}_2$ 上, 解线性方程组

$$\left.\begin{array}{rrrrrr} x_1 & +x_2 & & +x_4 & +x_5 & =1\\ x_1 & & +x_3 & & & =0\\ & x_2 & +x_3 & & & =1\\ & & & x_4 & +x_5 & =0 \end{array}\right\}.\tag{5.52}$$

作矩阵

$$B=\begin{pmatrix}1&1&0&1&1&1\\1&0&1&0&0&0\\0&1&1&0&0&1\\0&0&0&1&1&0\end{pmatrix}.$$

把 B 化为阶梯形矩阵:

$$\begin{pmatrix}1&1&0&1&1&1\\1&0&1&0&0&0\\0&1&1&0&0&1\\0&0&0&1&1&0\end{pmatrix}\to\begin{pmatrix}1&1&0&1&1&1\\0&1&1&1&1&1\\0&1&1&0&0&1\\0&0&0&1&1&0\end{pmatrix}$$

$$\begin{pmatrix}1&0&1&0&0&0\\0&1&1&1&1&1\\0&0&0&1&1&0\\0&0&0&1&1&0\end{pmatrix}\to\begin{pmatrix}1&0&1&0&0&0\\0&1&1&0&0&1\\0&0&0&1&1&0\\0&0&0&0&0&0\end{pmatrix}.$$

根据定理 5.42, (5.52) 有解，并且它的解集合与以下线性方程组的解集合相同：

$$\left.\begin{array}{lllll}x_1 & & +x_3 & & =0\\ & x_2 & +x_3 & & =1\\ & & & x_4\ +x_5 & =0\end{array}\right\}. \tag{5.53}$$

根据定理 5.42 的证明方法，选取 (5.53) 的第 3 和第 5 个分量分别是 $\mathbb{F}_2$ 中的任意常量 c_3 和 c_5 的解向量，那么其他分量便可由 (5.53) 所唯一地确定．于是 (5.52) 的解向量可以写成以下形状

$$(c_3,\ c_3+1,\ c_3,\ c_5,\ c_5).$$ □

最后，我们有

定理5.43 设 F 是一个域，A 是 F 上的一个 $n\times n$ 矩阵，而 $\boldsymbol{b}\in F^n$. 那么非齐次线性方程组

$$A\,{}^t\boldsymbol{x}={}^t\boldsymbol{b} \tag{5.54}$$

有唯一解当且仅当 $\operatorname{rank}A=n$.

证明 设 (5.54) 有唯一解．根据定理 5.41, 这时 $A\,{}^t\boldsymbol{x}={}^t\boldsymbol{0}$ 的解空间仅由 F^n 中的零向量 $\boldsymbol{0}=(0,0,\cdots,0)$ 组成，即 $A\,{}^t\boldsymbol{x}={}^t\boldsymbol{0}$ 的解空间是 0 维的．再根据定理 5.39, 就有 $\operatorname{rank}A=n$.

反过来，设 $\operatorname{rank}A=n$. 根据定理 5.29, A 的列秩也等于 n. 显然，$B=(A\ {}^t\boldsymbol{b})$ 的列秩大于或等于 A 的列秩．因此仍根据定理 5.29, 又有

$$\operatorname{rank}B\geqslant n.$$

因为 $B=(A\,{}^t\boldsymbol{b})$ 仅有 n 行，所以

$$\operatorname{rank}B=n=\operatorname{rank}A.$$

再根据定理 5.42, 可知 (5.54) 一定有解．因为 $\operatorname{rank}A=n$, 所以根据定理 5.39 知 $A\,{}^t\boldsymbol{x}={}^t\boldsymbol{0}$ 的解空间是 0 维的．于是根据定理 5.41 知 (5.54) 有唯一解． □

5.7 行 列 式

实数域和复数域上行列式是许多读者都熟悉的．在这一节里我们要介绍任意域上的行列式．我们先把它的定义和重要性质列举出来，然后在下一节里再介绍行列式的几个重要应用．

定义 5.16 设

$$\pi = \begin{pmatrix} 1 & 2 & \cdots & n \\ i_1 & i_2 & \cdots & i_n \end{pmatrix}$$

是 $1, 2, \cdots, n$ 这 n 个数的一个置换. 如果 π 是奇置换, 令 $\mathrm{sg}(\pi) = -1$; 如果 π 是偶置换, 令 $\mathrm{sg}(\pi) = 1$. $\mathrm{sg}(\pi)$ 称为置换 π 的符号.

例如,

$$\mathrm{sg}\begin{pmatrix} 1\,2\,3 \\ 3\,2\,1 \end{pmatrix} = -1, \quad \mathrm{sg}\begin{pmatrix} 1\,2\,3\,4 \\ 3\,2\,4\,1 \end{pmatrix} = 1,$$

设 π_1 和 π_2 是两个置换. 由习题 2.13 i) 推出

$$\mathrm{sg}(\pi_1\pi_2) = \mathrm{sg}(\pi_1)\mathrm{sg}(\pi_2).$$

定义 5.17 设 F 是一个域, 而

$$A = (a_{ij})_{1 \leqslant i, j \leqslant n} \tag{5.55}$$

是 F 上的一个 $n \times n$ 矩阵. 那么 A 的行列式

$$|A| = \begin{vmatrix} a_{11} & a_{12} & \cdots & a_{1n} \\ a_{21} & a_{22} & \cdots & a_{2n} \\ \vdots & \vdots & & \vdots \\ a_{n1} & A_{n2} & \cdots & a_{nn} \end{vmatrix}$$

定义为下面的和式

$$\sum_{\pi \in S_n} \mathrm{sg}(\pi) a_{1,\pi(1)} a_{2,\pi(2)} \cdots a_{n,\pi(n)}, \tag{5.56}$$

其中的求和号表示对 $1, 2, \cdots, n$ 这 n 个数的所有 $n!$ 个置换求和.

显然, 上述的和共有 $n!$ 项, 并且 A 的行列式是 F 中的一个元素.

例 5.22 当 $n = 2$ 时,

$$\begin{vmatrix} a_{11} & a_{12} \\ a_{21} & a_{22} \end{vmatrix} = \mathrm{sg}\begin{pmatrix} 1\,2 \\ 1\,2 \end{pmatrix} a_{11}a_{22} + \mathrm{sg}\begin{pmatrix} 1\,2 \\ 2\,1 \end{pmatrix} a_{12}a_{21}.$$

显然

$$\mathrm{sg}\begin{pmatrix} 1\,2 \\ 1\,2 \end{pmatrix} = 1, \quad \mathrm{sg}\begin{pmatrix} 1\,2 \\ 2\,1 \end{pmatrix} = -1.$$

因此

$$\begin{vmatrix} a_{11} & a_{12} \\ a_{21} & a_{22} \end{vmatrix} = a_{11}a_{22} - a_{12}a_{21}$$

这个规则可以用下图表示

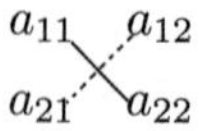

图中有两条对角线：实线的走向是从左上到右下，虚线的走向是从右上到左下；实线给出 1 个正项，虚线给出 1 个负项. □

例 5.23 当 $n=3$ 时，

$$\begin{vmatrix} a_{11} & a_{12} & a_{13} \\ a_{21} & a_{22} & a_{23} \\ a_{31} & a_{32} & a_{33} \end{vmatrix} = \mathrm{sg}\begin{pmatrix}1\ 2\ 3\\1\ 2\ 3\end{pmatrix}a_{11}a_{22}a_{33}+\mathrm{sg}\begin{pmatrix}1\ 2\ 3\\2\ 3\ 1\end{pmatrix}a_{12}a_{23}a_{31}$$

$$+\mathrm{sgn}\begin{pmatrix}1\ 2\ 3\\3\ 1\ 2\end{pmatrix}a_{13}a_{21}a_{32}+\mathrm{sgn}\begin{pmatrix}1\ 2\ 3\\3\ 2\ 1\end{pmatrix}a_{13}a_{22}a_{31}$$

$$+\mathrm{sgn}\begin{pmatrix}1\ 2\ 3\\1\ 3\ 2\end{pmatrix}a_{11}a_{23}a_{32}+\mathrm{sgn}\begin{pmatrix}1\ 2\ 3\\2\ 1\ 3\end{pmatrix}a_{12}a_{21}a_{33}.$$

易见

$$\mathrm{sg}\begin{pmatrix}1\ 2\ 3\\1\ 2\ 3\end{pmatrix}=\mathrm{sg}\begin{pmatrix}1\ 2\ 3\\2\ 3\ 1\end{pmatrix}=\mathrm{sg}\begin{pmatrix}1\ 2\ 3\\3\ 1\ 2\end{pmatrix}=1,$$

$$\mathrm{sg}\begin{pmatrix}1\ 2\ 3\\1\ 3\ 2\end{pmatrix}=\mathrm{sg}\begin{pmatrix}1\ 2\ 3\\3\ 2\ 1\end{pmatrix}=\mathrm{sg}\begin{pmatrix}1\ 2\ 3\\2\ 1\ 3\end{pmatrix}=-1.$$

因此

$$\begin{vmatrix} a_{11} & a_{12} & a_{13} \\ a_{21} & a_{22} & a_{23} \\ a_{31} & a_{32} & a_{33} \end{vmatrix} = a_{11}a_{22}a_{33}+a_{12}a_{23}a_{31}+a_{13}a_{21}a_{32}$$

$$-a_{13}a_{22}a_{31}-a_{11}a_{23}a_{32}-a_{12}a_{21}a_{33}.$$

可以用下图来表示这个定义

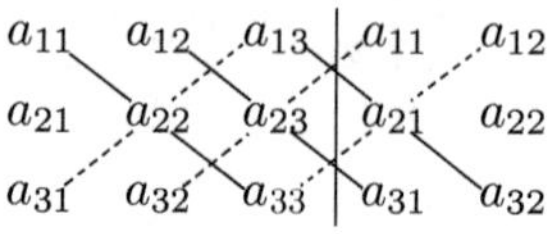

图中有 3 条实线和 3 条虚线，实线的走向是从左上到右下，虚线的走向是从右上到左下. 3 条实线给出 3 个正项，而 3 条虚线给出 3 个负项. 这样就得到 3 阶行列式的 $3!=6$ 项.

但要注意这个图给出的规则对于 4 阶及 4 阶以上的行列式并不成立. 以 $n=4$ 为例，下图给出 4 条实线和 4 条虚线，这样得到 4 阶行列式的 8 项，但 4 阶行列式一共有 $4!=24$ 项.

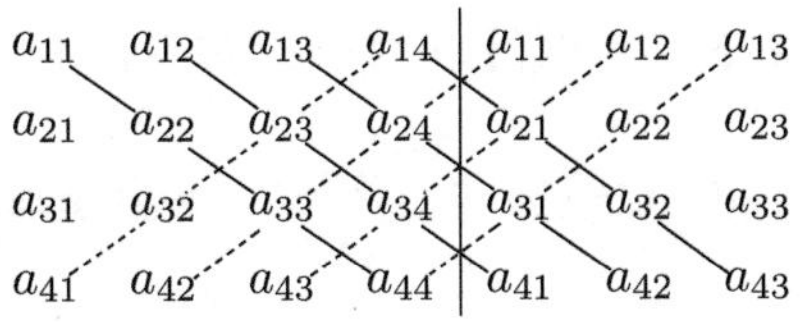

□

行列式的下列性质在行列式的计算中非常有用. 以下总设 A 是域 F 上的一个 $n\times n$ 矩阵 (5.55).

性质 1 $|A| = |{}^tA|$, 即

$$\begin{vmatrix} a_{11} & a_{12} & \cdots & a_{1n} \\ a_{21} & a_{22} & \cdots & a_{2n} \\ \vdots & \vdots & & \vdots \\ a_{n1} & a_{n2} & \cdots & a_{nn} \end{vmatrix} = \begin{vmatrix} a_{11} & a_{21} & \cdots & a_{n1} \\ a_{12} & a_{22} & \cdots & a_{n2} \\ \vdots & \vdots & & \vdots \\ a_{1n} & a_{2n} & \cdots & a_{nn} \end{vmatrix}.$$

证明 将上式左方的行列式记作 D, 右方的行列式记作 D'. 令 $a'_{ij} = a_{ji}(1\leqslant i,j\leqslant n)$, 那么

$$D' = \begin{vmatrix} a'_{11} & a'_{12} & \cdots & a'_{1n} \\ a'_{21} & a'_{22} & \cdots & a'_{2n} \\ \vdots & \vdots & & \vdots \\ a'_{n1} & a'_{n2} & \cdots & a'_{nn} \end{vmatrix}.$$

按照行列式的定义

$$D' = \sum_{\pi\in S_n} \mathrm{sg}(\pi) a'_{1,\pi(1)} a'_{2,\pi(2)} \cdots a'_{n,\pi(n)}.$$

将 $a'_{ij} = a_{ji}(1\leqslant i,j\leqslant n)$ 代入上式右方,

$$D' = \sum_{\pi\in S_n} \mathrm{sg}(\pi) a_{\pi(1),1} a_{\pi(2),2,} \cdots a_{\pi(n),n}.$$

$a_{\pi(1),1}a_{\pi(2),2}\cdots a_{\pi(n),n}$ 是 n 个元素 $a_{\pi(1),1}, a_{\pi(2),2}, \cdots, a_{\pi(n),n}$ 的乘积. 将这 n 个元素按第一个足码的大小次序排列再求积, 就有

$$a_{\pi(1),1}a_{\pi(2),2}\cdots a_{\pi(n),n} = a_{1,\pi^{-1}(1)}a_{2,\pi^{-1}(2)}\cdots a_{n,\pi^{-1}(n)}.$$

注意 π 和 π^{-1} 同时为奇置换或同时为偶置换 (见习题 2.13 ii)), 因此 $\mathrm{sg}(\pi) = \mathrm{sg}(\pi^{-1})$. 于是

$$\begin{aligned} D' &= \sum_{\pi\in S_n} \mathrm{sg}(\pi^{-1}) a_{1,\pi^{-1}(1)} a_{2,\pi^{-1}(2)} \cdots a_{n,\pi^{-1}(n)} \\ &= \sum_{\pi\in S_n} \mathrm{sg}(\pi) a_{1,\pi(1)}\, a_{2,\pi(2)} \cdots a_{n,\pi(n)} = D. \end{aligned}$$

□

性质 2 如果 A 的某一行可以写成两个行向量的和，譬如

$$(a_{i1}, a_{i2}, \cdots, a_{in}) = (b_{i1}, b_{i2}, \cdots, b_{in}) + (c_{i1}, c_{i2}, \cdots, c_{in}),$$

那么

$$\begin{vmatrix} a_{11} & a_{12} & \cdots & a_{1n} \\ \vdots & \vdots & & \vdots \\ a_{i1} & a_{i2} & \cdots & a_{in} \\ \vdots & \vdots & & \vdots \\ a_{n1} & a_{n2} & \cdots & a_{nn} \end{vmatrix} = \begin{vmatrix} a_{11} & a_{12} & \cdots & a_{1n} \\ \vdots & \vdots & & \vdots \\ b_{i1} & b_{i2} & \cdots & b_{in} \\ \vdots & \vdots & & \vdots \\ b_{n1} & b_{n2} & \cdots & b_{nn} \end{vmatrix} + \begin{vmatrix} a_{11} & a_{12} & \cdots & a_{1n} \\ \vdots & \vdots & & \vdots \\ c_{i1} & c_{i2} & \cdots & c_{in} \\ \vdots & \vdots & & \vdots \\ a_{n1} & a_{n2} & \cdots & a_{nn} \end{vmatrix}.$$

证明 将上式左方的行列式记作 D, 右方的第一个行列式记作 D_1, 而右方的第二个行列式记作 D_2. 根据行列式的定义

$$\begin{aligned} D &= \sum_{\pi \in S_n} \mathrm{sg}(\pi) a_{1,\pi(1)} \cdots a_{i,\pi(i)} \cdots a_{n,\pi(n)} \\ &= \sum_{\pi \in S_n} \mathrm{sg}(\pi) a_{1,\pi(1)} \cdots (b_{i,\pi(i)} + c_{i,\pi(i)}) \cdots a_{n,\pi(n)} \\ &= \sum_{\pi \in S_n} \mathrm{sg}(\pi) a_{1,\pi(1)} \cdots b_{i,\pi(i)} \cdots a_{n,\pi(n)} + \sum_{\mathrm{sg}(\pi)} \mathrm{sg}(\pi) a_{1,\pi(1)} \cdots c_{i,\pi(i)} \cdots a_{n,\pi(n)} \\ &= D_1 + D_2. \end{aligned}$$

□

显然，性质 2 可以推广到 $(a_{i1}, a_{i2}, \cdots, a_{in})$ 是 $m(\geqslant 2)$ 个行向量之和的情形.

性质 3 将 A 的某一行乘以 F 中任一元素 c, 所得矩阵的行列式等于 $c|A|$, 即

$$\begin{vmatrix} a_{11} & a_{12} & \cdots & a_{1n} \\ \vdots & \vdots & & \vdots \\ ca_{i1} & ca_{i2} & \cdots & ca_{in} \\ \vdots & \vdots & & \vdots \\ a_{n1} & a_{n2} & \cdots & a_{nn} \end{vmatrix} = c \begin{vmatrix} a_{11} & a_{12} & \cdots & a_{1n} \\ \vdots & \vdots & & \vdots \\ a_{i1} & a_{i2} & \cdots & a_{in} \\ \vdots & \vdots & & \vdots \\ a_{n1} & a_{n2} & \cdots & a_{nn} \end{vmatrix}.$$

性质 3 的证明可以从行列式的定义立即得出，请读者自己证一下.

如果行列式看作它的每个行向量的函数，那么性质 2 和性质 3 合在一起是说，行列式是它的每一行的线性函数.

性质 4 将 A 的某两行对调，所得矩阵的行列式等于 $-|A|$, 即

$$\begin{vmatrix} a_{11} & a_{12} & \cdots & a_{1n} \\ \vdots & \vdots & & \vdots \\ a_{i1} & a_{i2} & \cdots & a_{in} \\ \vdots & \vdots & & \vdots \\ a_{j1} & a_{j2} & \cdots & a_{jn} \\ \vdots & \vdots & & \vdots \\ a_{n1} & a_{n2} & \cdots & a_{nn} \end{vmatrix} = - \begin{vmatrix} a_{11} & a_{12} & \cdots & a_{1n} \\ \vdots & \vdots & & \vdots \\ a_{j1} & a_{j2} & \cdots & a_{jn} \\ \vdots & \vdots & & \vdots \\ a_{i1} & a_{i2} & \cdots & a_{in} \\ \vdots & \vdots & & \vdots \\ a_{n1} & a_{n2} & \cdots & a_{nn} \end{vmatrix}.$$

特别地，当 F 的特征是 2 时，将 A 的任意两行对调，行列式不变.

证明 将上面式子里左方的行列式记作 D, 右方的行列式记作 D', 令

$$\begin{aligned} a'_{kl} &= a_{kl}, \quad \text{如果} k \neq i, j \\ a'_{il} &= a_{jl}, \\ a'_{jl} &= a_{il}. \end{aligned}$$

那么

$$D' = \begin{vmatrix} a'_{11} & a'_{12} & \cdots & a'_{1n} \\ \vdots & \vdots & & \vdots \\ a'_{i1} & a'_{i2} & \cdots & a'_{in} \\ \vdots & \vdots & & \vdots \\ a'_{j1} & a'_{j2} & \cdots & a'_{jn} \\ \vdots & \vdots & & \vdots \\ a'_{n1} & a'_{n_2} & \cdots & a'_{nn} \end{vmatrix} = \sum_{\pi \in S_n} \mathrm{sg}(\pi) a'_{1,\pi(1)} \cdots a'_{i,\pi(i)} \cdots a'_{j,\pi(j)} \cdots a'_{n,\pi(n)}.$$

根据上面给出的 $a'_{kl}(1 \leqslant k, l \leqslant n)$ 的定义,

$$\begin{aligned} \mathrm{sg}(\pi) a'_{1,\pi(1)} \cdots a'_{i,\pi(i)} \cdots a'_{j,\pi(j)} \cdots a'_{n,\pi(n)} &= \mathrm{sg}(\pi) a_{1,\pi(1)} \cdots a_{j,\pi(i)} \cdots a_{i,\pi(j)} \cdots a_{n,\pi(n)} \\ &= -\mathrm{sg}(\pi') a_{1,\pi'(1)} \cdots a_{i,\pi'(i)} \cdots a_{j,\pi'(j)} \cdots a_{n,\pi'(n)} \end{aligned}$$

其中 $\pi' = (\pi(i)\ \pi(j))\pi$ 而 $\mathrm{sg}(\pi') = -\mathrm{sg}(\pi)$. 因此

$$D' = -\sum_{\pi' \in S_n} \mathrm{sg}(\pi') a_{1,\pi'(1)} \cdots a_{i,\pi'(i)} \cdots a_{j,\pi'(j)} \cdots a_{n,\pi'(n)} = -D. \qquad \square$$

性质5 将 A 的某一行加上另一行乘以 F 中的任一元素 d, 行列式不变，即

$$\begin{vmatrix} a_{11} & a_{12} & \cdots & a_{1n} \\ \vdots & \vdots & & \vdots \\ a_{i1} & a_{i2} & \cdots & a_{in} \\ \vdots & \vdots & & \vdots \\ a_{j1} & a_{j2} & \cdots & a_{jn} \\ \vdots & \vdots & & \vdots \\ a_{n1} & a_{n2} & \cdots & a_{nn} \end{vmatrix} = \begin{vmatrix} a_{11} & a_{12} & \cdots & a_{1n} \\ \vdots & \vdots & & \vdots \\ a_{i1} & a_{i2} & \cdots & a_{in} \\ \vdots & \vdots & & \vdots \\ a_{j1}+da_{i1} & a_{j2}+da_{i2} & \cdots & a_{jn}+da_{in} \\ \vdots & \vdots & & \vdots \\ a_{n1} & a_{n2} & \cdots & a_{nn} \end{vmatrix}.$$

证明 从性质 2 、性质 3 和下面的性质 6 立刻可以推出性质 5 来. □

性质6 如果 A 有一行等于它的另一行乘以 F 中的任一元素, 那么 $|A|=0$, 即

$$\begin{vmatrix} a_{11} & a_{12} & \cdots & a_{1n} \\ \vdots & \vdots & & \vdots \\ a_{i1} & a_{i2} & \cdots & a_{in} \\ \vdots & \vdots & & \vdots \\ ca_{i1} & ca_{i2} & \cdots & ca_{in} \\ \vdots & \vdots & & \vdots \\ a_{n1} & a_{n2} & \cdots & a_{nn} \end{vmatrix} = 0.$$

特别地, 如果 A 有两行相同, 或 A 的某一行的元素全为 0, 则 $|A|=0$.

证明 根据性质 3, 只要证明: 如果 A 有两行相等, 则 $|A|=0$. 当 F 的特征 $\neq 2$ 时, 这是性质 4 的推论. 下面我们给出的证明, 对于特征是 2 的情形和特征不是 2 的情形都适用.

首先, 根据性质 1, 只要证明: A 有两列相等, 则 $|A|=0$. 设

$$A = \begin{vmatrix} a_{11} & \cdots & a_{1i} & \cdots & a_{1j} & \cdots & a_{1n} \\ \vdots & & \vdots & & \vdots & & \vdots \\ a_{k1} & \cdots & a_{ki} & \cdots & a_{kj} & \cdots & a_{kn} \\ \vdots & & \vdots & & \vdots & & \vdots \\ a_{n1} & \cdots & a_{ni} & \cdots & a_{nj} & \cdots & a_{nn} \end{vmatrix}$$

并假定 $a_{ki}=a_{kj}$ 对 $k=1,2,\cdots,n$ 都成立. 显然 $\{(1),(i\ j)\}$ 是 S_n 的一个 2 阶子群, 将它记作 H. 令 C 表示 S_n 对于 H 的一个左陪集代表的完备系, 那么

$$S_n = \bigcup_{\pi' \in C} \pi' H = \bigcup_{\pi' \in C} \pi'\{(1), (i\ j)\}.$$

按行列式的定义

$$\begin{aligned}
|A| &= \sum_{\pi \in S_n} \mathrm{sg}(\pi) a_{1,\pi(1)} \cdots a_{i,\pi(i)} \cdots a_{j,\pi(j)} \cdots a_{n,\pi(n)} \\
&= \sum_{\pi' \in C} (\mathrm{sg}(\pi') a_{1,\pi'(1)} \cdots a_{i,\pi'(i)} \cdots a_{j,\pi'(j)} \cdots a_{n,\pi'(n)} \\
&\quad + \mathrm{sg}(\pi'(i\ j)) a_{1,\pi'(1)} \cdots a_{i,\pi'(j)} \cdots a_{j,\pi'(i)} \cdots a_{n,\pi'(n)}) \\
&= \sum_{\pi' \in C} \mathrm{sg}(\pi')(a_{1,\pi'(1)} \cdots a_{i,\pi'(i)} \cdots a_{j,\pi'(j)} \cdots a_{n,\pi'(n)} \\
&\quad - a_{1,\pi'(1)} \cdots a_{i,\pi'(j)} \cdots a_{j,\pi'(i)} \cdots a_{n,\pi'(n)}).
\end{aligned}$$

因为 $a_{ki} = a_{kj}$ 对 $k = 1, 2, \cdots, n$ 都成立，所以

$$\begin{aligned}
&a_{1,\pi'(1)} \cdots a_{i,\pi'(i)} \cdots a_{j,\pi'(j)} \cdots a_{n,\pi'(n)} - a_{1,\pi'(1)} \cdots a_{i,\pi'(j)} \cdots a_{j,\pi'(i)} \cdots a_{n,\pi'(n)} \\
&= a_{\pi'^{-1}(1),1} \cdots a_{\pi'^{-1}(i),i} \cdots a_{\pi'^{-1}(j),j} \cdots a_{\pi'^{-1}(n),n} \\
&\quad - a_{\pi'^{-1}(1),1} \cdots a_{\pi'^{-1}(i),j} \cdots a_{\pi'^{-1}(j),i} \cdots a_{\pi'^{-1}(n),n} = 0.
\end{aligned}$$

于是 $|A| = 0$. □

性质 3, 4 和 5 实际上说的是作用在矩阵 A 的初等行变换对 A 的行列式的影响.

计算矩阵 A 的行列式的一个方法是应用初等行变换把 A 化简为一个阶梯形矩阵，而这个阶梯形矩阵的行列式等于它的主对角线上诸元素的乘积. 有时，当我们对矩阵 A 进行初等行变换时，不必等到把矩阵 A 化为阶梯形矩阵，而应用性质 6 就可确定 A 的行列式是否等于 0.

例5.24 计算 $\mathbb{Q}$ 上的行列式

$$D = \begin{vmatrix} 0 & 1 & 2 \\ 3 & 4 & 5 \\ 3 & 5 & 7 \end{vmatrix}.$$

将这个行列式 D 的第 3 行加上第 2 行乘以 -1, 得

$$D = \begin{vmatrix} 0 & 1 & 2 \\ 3 & 4 & 5 \\ 3 & 5 & 7 \end{vmatrix} = \begin{vmatrix} 0 & 1 & 2 \\ 3 & 4 & 5 \\ 0 & 1 & 2 \end{vmatrix} = 0,$$

上式中第 3 个等号是利用了性质 6.

定义 5.18 设 A 是 F 上的一个 $n\times n$ 矩阵，记

$$A=(a_{ij})_{1\leqslant i,j\leqslant n}.$$

将 A 的第 i 行和第 j 列的元素划去以后，得到一个 $(n-1)\times(n-1)$ 矩阵，这个矩阵的行列式记作 M_{ij}. 令

$$A_{ij}=(-1)^{i+j}M_{ij}.$$

那么 A_{ij} 叫做 A 中 (i,j) 位置元素 a_{ij} 的代数余子式，即

$$A_{ij}=(-1)^{i+j}\begin{vmatrix} a_{11} & \cdots & a_{1,j-1} & a_{1,j+1} & \cdots & a_{1n} \\ \vdots & & \vdots & \vdots & & \vdots \\ a_{i-1,1} & \cdots & a_{i-1,j-1} & a_{i-1,j+1} & \cdots & a_{i-1,n} \\ a_{i+1,1} & \cdots & a_{i+1,j-1} & a_{i+1,j+1} & \cdots & a_{i+1,n} \\ \vdots & & \vdots & \vdots & & \vdots \\ a_{n1} & \cdots & a_{n,j-1} & a_{n,j+1} & \cdots & a_{nn} \end{vmatrix}.$$

性质 7 对于 $i=1,2,\cdots,n$，有

$$a_{i1}A_{i1}+a_{i2}A_{i2}+\cdots+a_{in}A_{in}=|A|, \tag{5.57}$$

而当 $i\neq k$ 时，有

$$a_{i1}A_{k1}+a_{i2}A_{k2}+\cdots+a_{in}A_{kn}=0. \tag{5.58}$$

(5.57) 式通常说成是将 A 的行列式按它的第 i 行展开.

证明 为书写简单起见只对 $i=1$ 的情形来证明 (5.57) 式，即证明

$$|A|=a_{11}A_{11}+a_{12}A_{12}+\cdots+a_{1n}A_{1n}.$$

将 A 的第一行写成 n 个行的和.

$$(a_{11},a_{12},\cdots,a_{1n})=(a_{11},0,\cdots,0)+(0,a_{12},0,\cdots,0)+\cdots+(0,\cdots,0,a_{1n}).$$

根据性质 2,

$$|A|=\begin{vmatrix} a_{11} & 0 & \cdots & 0 \\ a_{21} & a_{22} & \cdots & a_{2n} \\ \vdots & \vdots & & \vdots \\ a_{n1} & a_{n2} & \cdots & a_{nn} \end{vmatrix}+\begin{vmatrix} 0 & a_{12} & 0 & \cdots & 0 \\ a_{21} & a_{22} & a_{23} & \cdots & a_{2n} \\ \vdots & \vdots & \vdots & & \vdots \\ a_{n1} & a_{n2} & a_{n3} & \cdots & a_{nn} \end{vmatrix}+\cdots$$

$$+\begin{vmatrix} 0 & \cdots & 0 & a_{1n} \\ a_{21} & \cdots & a_{2n-1} & a_{2n} \\ \vdots & & \vdots & \vdots \\ a_{n1} & \cdots & a_{n2} & a_{nn} \end{vmatrix}. \tag{5.59}$$

把上式右方中 n 个行列式从左到右依序记作 $D_1, D_2, \cdots, D_n$. 我们来计算 $D_i(i=1,2,\cdots,n)$.

先计算 D_1. 令

$$a'_{11}=a_{11},\quad a'_{12}=a'_{13}=\cdots=a'_{1n}=0,\quad a'_{ij}=a_{ij}(i>1),$$

那么

$$D_1=\begin{vmatrix} a'_{11} & a'_{12} & \cdots & a'_{1n} \\ a'_{21} & a'_{22} & \cdots & a'_{2n} \\ \vdots & \vdots & & \vdots \\ a'_{n1} & a'_{n2} & \cdots & a'_{nn} \end{vmatrix}=\sum_{\pi\in S_n}\mathrm{sg}(\pi)a'_{1,\pi(1)}a'_{2,\pi(2)}\cdots a'_{n,\pi(n)}.$$

当 $\pi(1)\neq 1$ 时, $a'_{1,\pi(1)}=0$, 于是 $a'_{1,\pi(1)}a'_{2,\pi(2)}\cdots a'_{n,\pi(n)}=0$. 因此

$$D_1=\sum_{\substack{\pi\in S_n\\ \pi(1)=1}}\mathrm{sg}(\pi)a'_{1,\pi(1)}a'_{2,\pi(2)}\cdots a'_{n,\pi(n)}=\sum_{\substack{\pi\in S_n\\ \pi(1)=1}}\mathrm{sg}(\pi)a_{11}a_{2,\pi(2)}\cdots a_{n,\pi(n)}.$$

用 S_{n-1} 表 $n-1$ 个文字 $2,3,\cdots,n$ 上的对称群. 那么

$$\begin{aligned} D_1&=\sum_{\pi'\in S_{n-1}}\mathrm{sg}(\pi')a_{11}a_{2,\pi'(2)}\cdots a_{n,\pi'(n)} \\ &=a_{11}\sum_{\pi'\in S_{n-1}}\mathrm{sg}(\pi')a_{2,\pi'(2)}\cdots a_{n,\pi'(n)}=a_{11}A_{11}. \end{aligned}$$

再计算 $D_i(i=2,3,\cdots,n)$.

$$D_i=\begin{vmatrix} 0 & \cdots & 0 & a_{1i} & 0 & \cdots & 0 \\ a_{21} & \cdots & a_{2,i-1} & a_{2i} & a_{2,i+1} & \cdots & a_{2n} \\ \vdots & & \vdots & \vdots & \vdots & & \vdots \\ a_{n1} & \cdots & a_{n,i-1} & a_{ni} & a_{n,i+1} & \cdots & a_{nn} \end{vmatrix}=\begin{vmatrix} 0 & a_{21} & \cdots & a_{n1} \\ \vdots & \vdots & & \vdots \\ 0 & a_{2,i-1} & \cdots & a_{n,i-1} \\ a_{1i} & a_{2i} & \cdots & a_{ni} \\ 0 & a_{2,i+1} & \cdots & a_{n,i+1} \\ \vdots & \vdots & & \vdots \\ 0 & a_{2n} & \cdots & a_{nn} \end{vmatrix}$$

(根据性质1)

$$=(-1)^{i-1}\begin{vmatrix} a_{1i} & a_{2i} & \cdots & a_{ni} \\ 0 & a_{21} & \cdots & a_{n1} \\ \vdots & \vdots & & \vdots \\ 0 & a_{2,i-1} & \cdots & a_{n,i-1} \\ 0 & a_{2,i+1} & \cdots & a_{n,i+1} \\ \vdots & \vdots & & \vdots \\ 0 & a_{2,n} & \cdots & a_{nn} \end{vmatrix} \quad \text{(根据性质4)}$$

$$=(-1)^{i-1}\begin{vmatrix} a_{1i} & 0 & \cdots & 0 & 0 & \cdots & 0 \\ a_{2i} & a_{21} & \cdots & a_{2,i-1} & a_{2,i+1} & \cdots & a_{2n} \\ \vdots & \vdots & & \vdots & \vdots & & \vdots \\ a_{ni} & a_{n1} & \cdots & a_{n,i-1} & a_{n,i+1} & \cdots & a_{nn} \end{vmatrix} \quad \text{(根据性质 1)}$$

$$= a_{1i}A_{1i} \quad \text{(根据}D_1\text{的计算)}$$

将 D_1 和 $D_i(i=2,3,\cdots,n)$ 的公式代入 (5.59), 就得到 (5.57).

再来证明 (5.58) 式. 设 $i<k$. 根据 (5.57) 式,

$$a_{i1}A_{k1}+a_{i2}A_{k2}+\cdots+a_{in}A_{kn}=\begin{vmatrix} a_{11} & a_{12} & \cdots & a_{1n} \\ \vdots & \vdots & & \\ a_{i1} & a_{i2} & \cdots & a_{in} \\ \vdots & \vdots & & \vdots \\ a_{i1} & a_{i2} & \cdots & a_{in} \\ \vdots & \vdots & & \vdots \\ a_{n1} & a_{n2} & \cdots & a_{nn} \end{vmatrix}\begin{matrix} \\ \\ (i) \\ \\ (k) \\ \\ \\ \end{matrix}$$

$$= 0 \quad \text{(根据性质 6)}$$

□

引进 Kronecker delta

$$\delta_{ik}=\begin{cases} 1, & \text{如果}i=k, \\ 0, & \text{如果}i\neq k. \end{cases}$$

那么 (5.57) 式和 (5.58) 式可写作

$$a_{i1}A_{k1}+a_{i2}A_{k2}+\cdots+a_{in}A_{kn}=\delta_{ik}, \quad (1\leqslant i,k\leqslant n). \tag{5.60}$$

上述行列式的性质 2 ∼ 性质 7 是对矩阵 A 的行来说的. 但因为有行列式的性质 1, 所以对于 A 的列来说也有同样的性质 2 ∼ 性质 7, 我们把它们分别叫做性质 2′ ∼ 性质 7′. 下面我们只举出性质 7′, 其他的就不一一列举了.

性质 7′　对于 $j=1,2,\cdots,n$, 有

$$a_{1j}A_{1j}+a_{2j}A_{2j}+\cdots+a_{nj}A_{nj}=|A|, \tag{5.61}$$

而当 $j\neq k$ 时, 有

$$a_{1j}A_{1k}+a_{2j}A_{2k}+\cdots+a_{nj}A_{nk}=0. \tag{5.62}$$

(5.61) 式通常说成是将 A 的行列式按它的第 j 列展开.

(5.61) 式和 (5.62) 式也可以合并写作

$$a_{1j}A_{1k}+a_{2j}A_{2k}+\cdots+a_{nj}A_{nk}=\delta_{jk}\quad(1\leqslant j,k\leqslant n) \tag{5.63}$$

例 5.25　求域 $\mathbb{Q}$ 上矩阵 A 的行列式, 这里

$$A=\begin{pmatrix}1&0&3\\2&4&9\\1&5&7\end{pmatrix}.$$

$$\begin{aligned}|A|&=\begin{vmatrix}1&0&3\\2&4&9\\1&5&7\end{vmatrix}=\begin{vmatrix}1&0&0\\2&4&3\\1&5&4\end{vmatrix} && \text{(根据性质 5}'\text{)}\\&=\begin{vmatrix}4&3\\5&4\end{vmatrix} && \text{(按行列式的第 1 行展开)}\\&=16-15 && \text{(根据行列式的定义)}\\&=1.\end{aligned}$$

□

例 5.26　在 $\mathbb{F}_2$ 上计算矩阵

$$\begin{pmatrix}0&0&0&1&1\\1&0&0&1&1\\1&1&0&1&1\\0&0&1&1&1\\1&0&0&1&0\end{pmatrix}$$

的行列式.

$$\begin{vmatrix}0&0&0&1&1\\1&0&0&1&1\\1&1&0&1&1\\0&0&1&1&1\\1&0&0&1&0\end{vmatrix}=\begin{vmatrix}0&0&1&1\\1&0&1&1\\1&1&1&1\\1&0&1&0\end{vmatrix}\qquad\text{(按行列式的第 3 列展开)}$$

$$=\begin{vmatrix} 0 & 1 & 1 \\ 1 & 1 & 1 \\ 1 & 1 & 0 \end{vmatrix} \qquad \text{(按行列式的第 2 列展开)}$$

$$=\begin{vmatrix} 0 & 1 & 1 \\ 1 & 1 & 1 \\ 0 & 0 & 1 \end{vmatrix} \qquad \text{(根据性质 5)}$$

$$=\begin{vmatrix} 1 & 1 \\ 0 & 1 \end{vmatrix} \qquad \text{(按行列式的第 1 列展开)}$$

$$= 1.$$ □

例 5.27　计算 $\mathbb{Q}$ 上 v 阶行列式

$$D=\begin{vmatrix} r & \lambda & \lambda & \cdots & \lambda \\ \lambda & r & \lambda & \cdots & \lambda \\ \lambda & \lambda & r & \cdots & \lambda \\ \vdots & \vdots & \vdots & & \vdots \\ \lambda & \lambda & \lambda & \cdots & r \end{vmatrix}.$$

将 D 的第 2 行，第 3 行，$\cdots$, 第 v 行加到第 1 行上，得

$$D=\begin{vmatrix} r+\lambda(v-1) & r+\lambda(v-1) & r+\lambda(v-1) & \cdots & r+\lambda(v-1) \\ \lambda & r & \lambda & \cdots & \lambda \\ \lambda & \lambda & r & \cdots & \lambda \\ \vdots & \vdots & \vdots & & \vdots \\ \lambda & \lambda & \lambda & \cdots & r \end{vmatrix}$$

$$=(r+\lambda(v-1))\begin{vmatrix} 1 & 1 & 1 & \cdots & 1 \\ \lambda & r & \lambda & \cdots & \lambda \\ \lambda & \lambda & r & \cdots & \lambda \\ \vdots & \vdots & \vdots & & \vdots \\ \lambda & \lambda & \lambda & \cdots & r \end{vmatrix} \qquad \text{(根据性质 3)}$$

$$
= (r+\lambda(v-1)) \begin{vmatrix} 1 & 0 & 0 & \cdots & 0 \\ \lambda & r-\lambda & 0 & \cdots & 0 \\ \lambda & 0 & r-\lambda & \cdots & 0 \\ \vdots & \vdots & \vdots & & \vdots \\ \lambda & 0 & 0 & \cdots & r-\lambda \end{vmatrix} \qquad \text{(根据性质 5)}
$$

$$
= (r+\lambda(v-1))(r-\lambda)^{v-1}.
$$

□

例5.28 设 $A=(a_{ij})$ 是 $2n\times 2n$ 矩阵. 将 A 写成分块矩阵

$$
A = \begin{pmatrix} A_{11} & 0 \\ A_{21} & A_{22} \end{pmatrix}
$$

其中 A_{11}, A_{12}, A_{22} 都是 $n\times n$ 矩阵. 那么

$$
|A| = |A_{11}||A_{22}|.
$$

按行列式的定义,

$$
|A| = \sum_{\pi\in S_{2n}} \mathrm{sg}(\pi) a_{1,\pi(1)}\cdots a_{n,\pi(n)} a_{n+1,\pi(n+1)}\cdots a_{2n,\pi(2n)}.
$$

设 $1\leqslant i\leqslant n$. 如果 $\pi(i)>n$, 那么 $a_{i,\pi(i)}=0$, 于是

$$
a_{1,\pi(1)}\cdots a_{i,\pi(i)}\cdots a_{n,\pi(n)} a_{n+1,\pi(n+1)}\cdots a_{2n,\pi(2n)} = 0
$$

因此只有 π 在 $\{1,2,\cdots,n\}$ 上的作用是 $1,2,\cdots,n$ 上的一个置换时，才有可能 $a_{1,\pi(1)}\cdots a_{n,\pi(n)} a_{n+1,\pi(n+1)}\cdots a_{2n,\pi(2n)}\neq 0$. 这时 π 在 $\{n+1,n+2,\cdots,2n\}$ 上的作用也是一个置换. 令

$$
\pi|_{\{1,2,\cdots,n\}} = \pi_1, \pi|_{\{n+1,n+2,\cdots,2n\}} = \pi_2.
$$

将 $n+1,n+2,\cdots,2n$ 这 n 个文字上的对称群记作 S'_n. 那么

$$
\begin{aligned}
|A| &= \sum_{\pi_1\in S_n,\pi_2\in S'_n} \mathrm{sg}(\pi_1\pi_2) a_{1,\pi_1(1)}\cdots a_{n,\pi_1(n)} a_{n+1,\pi_2(n+1)}\cdots a_{2n,\pi_2(2n)} \\
&= \sum_{\pi_1\in S_n} \mathrm{sg}(\pi_1) a_{1,\pi_1(1)}\cdots a_{n,\pi_1(n)} \sum_{\pi_2\in S'_n} \mathrm{sg}(\pi_2) a_{n+1,\pi_2(n+1)}\cdots a_{2n,\pi_2(2n)} \\
&= |A_{11}||A_{22}|.
\end{aligned}
$$

再利用行列式的性质 1,

$$\begin{vmatrix} A_{11} & A_{12} \\ 0 & A_{22} \end{vmatrix} = |A_{11}||A_{22}|. \qquad \square$$

性质8 设 A, B 都是域 F 上的 $n \times n$ 矩阵. 那么

$$|AB| = |A||B|.$$

性质 8 通常称为行列式的乘法定理.

证明 设

$$A = (a_{ij})_{1 \leqslant i,j \leqslant n}, \quad B = (b_{ij})_{1 \leqslant i,j \leqslant n}.$$

令

$$D = \begin{vmatrix} A & 0 \\ -I & B \end{vmatrix},$$

即

$$D = \begin{vmatrix} a_{11} & \cdots & a_{1n} & 0 & \cdots & 0 \\ \vdots & & \vdots & \vdots & & \vdots \\ a_{n1} & \cdots & a_{nn} & 0 & \cdots & 0 \\ -1 & & & b_{11} & \cdots & b_{1n} \\ & \ddots & & \vdots & & \vdots \\ & & -1 & b_{n1} & \cdots & b_{nn} \end{vmatrix}$$

对 $i = 1, 2, \cdots, n$, 将 D 中第 $n+1$ 行乘以 a_{i1}, 第 $n+2$ 行乘以 $a_{i2}, \cdots$, 第 $2n$ 行乘以 a_{in}, 再把它们都加到第 i 行, 得

$$D = \begin{vmatrix} 0 & \cdots & 0 & c_{11} & \cdots & c_{1n} \\ \vdots & & \vdots & \vdots & & \vdots \\ 0 & \cdots & 0 & c_{n1} & \cdots & c_{nn} \\ -1 & & & b_{11} & \cdots & b_{1n} \\ & \ddots & & \vdots & & \vdots \\ & & -1 & b_{n1} & \cdots & b_{nn} \end{vmatrix},$$

其中

$$c_{ij} = a_{i1}b_{1j} + a_{i2}b_{2j} + \cdots + a_{in}b_{nj} \quad (i, j = 1, 2, \cdots, n).$$

将上式右方的行列式按第 1 列展开，得

$$D=(-1)^{(n+1)+1}(-1)\begin{vmatrix} 0 & \cdots & 0 & c_{11} & \cdots & c_{1n} \\ \vdots & & \vdots & \vdots & & \vdots \\ 0 & \cdots & 0 & c_{n1} & \cdots & c_{nn} \\ -1 & & & b_{21} & \cdots & b_{2n} \\ & \ddots & & \vdots & & \vdots \\ & & -1 & b_{n1} & \cdots & b_{nn} \end{vmatrix}$$

再将上式右方的行列式按第 1 列展开，得

$$D=(-1)^{n+3}(-1)^{n+3}\begin{vmatrix} 0 & \cdots & 0 & c_{11} & \cdots & c_{1n} \\ \vdots & & \vdots & \vdots & & \vdots \\ 0 & \cdots & 0 & c_{n1} & \cdots & c_{nn} \\ -1 & & & b_{31} & \cdots & b_{3n} \\ & \ddots & & \vdots & & \vdots \\ & & -1 & b_{n1} & \cdots & b_{nn} \end{vmatrix}$$

如此继续下去，最后得到

$$D=(-1)^{n(n+3)}\begin{vmatrix} c_{11} & \cdots & c_{1n} \\ \vdots & & \vdots \\ c_{n1} & \cdots & c_{nn} \end{vmatrix}$$

因为 $n(n+3)$ 总是一个偶数，所以

$$D=\begin{vmatrix} c_{11} & \cdots & c_{1n} \\ \vdots & & \vdots \\ c_{n1} & \cdots & c_{nn} \end{vmatrix}=|AB|$$

根据例 5.28 又有

$$D=|A||B|.$$

因此

$$|AB|=|A||B|.$$

□

5.8 行列式的应用

首先，我们利用行列式给出方阵可逆的一个必要充分条件.

定义 5.19 设 A 是域 F 上的一个 $n\times n$ 矩阵. 如果 $|A|=0$, A 就叫做 奇异矩阵. 如果 $|A|\neq 0$, A 就叫做 非奇异矩阵.

我们再引进一个 $n\times n$ 矩阵的 伴随矩阵.

定义 5.20 设 A 是域 F 上的一个 $n\times n$ 矩阵. 矩阵

$$\begin{pmatrix} A_{11} & A_{21} & \cdots & A_{n1} \\ A_{12} & A_{22} & \cdots & A_{n2} \\ \vdots & \vdots & & \vdots \\ A_{1n} & A_{2n} & \cdots & A_{nn} \end{pmatrix}$$

叫做 A 的 伴随矩阵, 记作 $\operatorname{adj} A$.

定理 5.44 设 A 是域 F 上的一个 $n\times n$ 矩阵. 那么

$$A\operatorname{adj} A=\operatorname{adj} A\ A=|A|I^{(n)}.$$

证明 这实际上是性质 7(对于行) 以及性质 7′(对于列) 的另一种说法而已. □

从这个定理立刻推出

定理 5.45 设 A 是域 F 上的一个 $n\times n$ 矩阵. 那么 A 是非奇异矩阵当且仅当 A 是可逆矩阵. 此外, 如果 A 是可逆矩阵, 那么

$$|A^{-1}|=|A|^{-1}.$$

证明 设 A 是一个非奇异矩阵, 即 $|A|\neq 0$. 令

$$B=|A|^{-1}\operatorname{adj} A.$$

那么根据定理 5.44, 有

$$AB=BA=I^{(n)}.$$

这表明 A 是一个可逆矩阵, B 是 A 的逆矩阵.

反过来, 设 A 是一个可逆矩阵, 即有 $n\times n$ 矩阵 B, 使得

$$AB=BA=I^{(n)}.$$

显然 $|I^{(n)}|=1$. 于是根据性质 8, 我们有

$$|A||B|=|AB|=|I^{(n)}|=1.$$

所以 $|A|\neq 0$, 即 A 是一个非奇异矩阵, 并且 $|A^{-1}|=|B|=|A|^{-1}$. □

利用行列式还可以给出系数矩阵非奇异时，线性方程组的解的一个简明表达式.

定理 5.46 (克莱姆 (Cramer) 法则) 设 A 是域 F 上的一个 $n\times n$ 非奇异矩阵，$\boldsymbol{b}=(b_1, b_2, \cdots, b_n)\in F^n$，而 A_j 表示将 A 的第 j 列用 ${}^t\boldsymbol{b}$代替后得到的矩阵. 那么线性方程组 (5.54)

$$A^t\boldsymbol{x}={}^t\boldsymbol{b}$$

有唯一解，并且这个解可表示为

$$x_j=\frac{|A_j|}{|A|},\ j=1,2,\cdots,n. \tag{5.64}$$

证明 根据定理 5.43, 当 A 是非奇异矩阵时，(5.54) 有唯一解. 因此只需证明 (5.64) 确实是 (5.54) 的一组解就行了. 将 $|A_j|$ 按第 j 列展开就有

$$|A_j|=b_1A_{1j}+b_2A_{2j}+\cdots+b_nA_{nj}=\sum_{k=1}^{n}b_kA_{kj}.$$

再由性质 7, 就有

$$\begin{aligned}\sum_{j=1}^{n}a_{ij}\frac{|A_j|}{|A|}&=\frac{1}{|A|}\sum_{j=1}^{n}a_{ij}\sum_{k=1}^{n}b_kA_{kj}\\&=\frac{1}{|A|}\sum_{k=1}^{n}b_k\left(\sum_{j=1}^{n}a_{ij}A_{kj}\right)\\&=b_i,\ i=1,2,\cdots,n.\end{aligned}$$

这就是

$$A^t\left(\frac{|A_1|}{|A|},\frac{|A_2|}{|A|},\cdots,\frac{|A_n|}{|A|}\right)={}^t\boldsymbol{b}.$$

这就证明了 (5.64) 确实是 (5.54) 的一组解. □

应该着重指出的是，克莱姆 (Cramer) 法则只是给出了线性方程组 (5.54) 的解的一种表达方法. 当 n 较大时，用它来求 (5.54) 的解，计算量很大，因此很不方便. 一般来说，要计算 (5.54) 的解，用消元法最为方便.

我们再给出域 F 中 n 个元素 $\alpha_1,\alpha_2,\cdots,\alpha_n$ 的差积

$$\prod_{1\leqslant j<i\leqslant n}(\alpha_i-\alpha_j)$$

的行列式表达式.

定理 5.47 设 F 是一个域，$\alpha_1,\alpha_2,\cdots,\alpha_n$ 是 F 中的 n 个元素. 那么行

列式

$$\begin{vmatrix} 1 & 1 & \cdots & 1 \\ \alpha_1 & \alpha_2 & \cdots & \alpha_n \\ \alpha_1^2 & \alpha_2^2 & \cdots & \alpha_n^2 \\ \vdots & \vdots & & \vdots \\ \alpha_1^{n-1} & \alpha_2^{n-1} & \cdots & \alpha_n^{n-1} \end{vmatrix} = \prod_{1\leqslant j<i\leqslant n} (\alpha_i - \alpha_j), \tag{5.65}$$

其中右边的连乘积是对一切数对 (i,j) $(1\leqslant j<i\leqslant n)$ 求积. ((5.65) 左边的行列式叫做 n 阶范德蒙 (Vandermonde) 行列式.) 特别地，范德蒙行列式不等于 0 当且仅当 $\alpha_1, \alpha_2, \cdots, \alpha_n$ 是 F 中 n 个两两不同的元素.

证明 我们对 n 用归纳法来证明这个定理.

当 $n=2$ 时,

$$\begin{vmatrix} 1 & 1 \\ \alpha_1 & \alpha_2 \end{vmatrix} = \alpha_2 - \alpha_1,$$

因此定理成立.

设对 $n-1$ 定理成立，现在来证定理对 n 也成立.

将范德蒙行列式的第 n 行减去第 $n-1$ 行乘以 α_1, 再将第 $n-1$ 行减去第 $n-2$ 行乘以 $\alpha_1, \cdots$, 最后将第 2 行减去第 1 行乘以 α_1, 得

$$\begin{vmatrix} 1 & 1 & \cdots & 1 \\ \alpha_1 & \alpha_2 & \cdots & \alpha_n \\ \alpha_1^2 & \alpha_2^2 & \cdots & \alpha_n^2 \\ \vdots & \vdots & & \vdots \\ \alpha_1^{n-1} & \alpha_2^{n-1} & \cdots & \alpha_n^{n-1} \end{vmatrix}$$

$$= \begin{vmatrix} 1 & 1 & 1 & \cdots & 1 \\ 0 & \alpha_2 - \alpha_1 & \alpha_3 - \alpha_1 & \cdots & \alpha_n - \alpha_1 \\ 0 & \alpha_2^2 - \alpha_1\alpha_2 & \alpha_3^2 - \alpha_1\alpha_3 & \cdots & \alpha_n^2 - \alpha_1\alpha_n \\ \vdots & \vdots & \vdots & & \vdots \\ 0 & \alpha_2^{n-1} - \alpha_1\alpha_2^{n-2} & \alpha_3^{n-1} - \alpha_1\alpha_3^{n-2} & \cdots & \alpha_n^{n-1} - \alpha_1\alpha_n^{n-2} \end{vmatrix}$$

$$
= \begin{vmatrix} \alpha_2 - \alpha_1 & \alpha_3 - \alpha_1 & \cdots & \alpha_n - \alpha_1 \\ \alpha_2^2 - \alpha_1\alpha_2 & \alpha_3^2 - \alpha_1\alpha_3 & \cdots & \alpha_n^2 - \alpha_1\alpha_n \\ \vdots & \vdots & & \vdots \\ \alpha_2^{n-1} - \alpha_1\alpha_2^{n-2} & \alpha_3^{n-1} - \alpha_1\alpha_3^{n-2} & \cdots & \alpha_n^{n-1} - \alpha_1\alpha_n^{n-2} \end{vmatrix}
$$

$$
= (\alpha_2-\alpha_1)(\alpha_3-\alpha_1)\cdots(\alpha_n-\alpha_1)\begin{vmatrix} 1 & 1 & \cdots & 1 \\ \alpha_2 & \alpha_3 & \cdots & \alpha_n \\ \alpha_2^2 & \alpha_3^2 & \cdots & \alpha_n^2 \\ \vdots & \vdots & & \vdots \\ \alpha_2^{n-2} & \alpha_3^{n-2} & \cdots & \alpha_n^{n-2} \end{vmatrix}. \tag{5.66}
$$

根据归纳假设,

$$
\begin{vmatrix} 1 & 1 & \cdots & 1 \\ \alpha_2 & \alpha_3 & \cdots & \alpha_n \\ \alpha_2^2 & \alpha_3^2 & \cdots & \alpha_n^2 \\ \vdots & \vdots & & \vdots \\ \alpha_2^{n-2} & \alpha_3^{n-2} & \cdots & \alpha_n^{n-2} \end{vmatrix} = \prod_{2\leqslant j<i\leqslant n} (\alpha_i - \alpha_j). \tag{5.67}
$$

将 (5.67) 式代入 (5.66) 式就得 (5.65) 式. □

我们再用行列式来讨论矩阵秩. 为此先介绍矩阵的子式.

定义 5.21 设

$$
A = \begin{pmatrix} a_{11} & a_{12} & \cdots & a_{1n} \\ a_{21} & a_{22} & \cdots & a_{2n} \\ \vdots & \vdots & & \vdots \\ a_{m1} & a_{m2} & \cdots & a_{mn} \end{pmatrix}
$$

是 F 上一个 $m \times n$ 矩阵, 再设 $1 \leqslant p \leqslant \min\{m, n\}$, 而

$$
1 \leqslant i_1 < i_2 < \cdots < i_p \leqslant m,
$$

$$
1 \leqslant j_1 < j_2 < \cdots < j_p \leqslant n.
$$

我们把位于 A 的第 $i_1,i_2,\cdots,i_p$ 行和第 $j_1,j_2,\cdots,j_p$ 列的 p^2 个元素按原来的相对次序组成的 $p\times p$ 矩阵的行列式

$$\begin{vmatrix} a_{i_1j_1} & a_{i_1j_2} & \cdots & a_{i_1j_p} \\ a_{i_2j_1} & a_{i_2j_2} & \cdots & a_{i_2j_p} \\ \vdots & \vdots & & \vdots \\ a_{i_pj_1} & a_{i_pj_2} & \cdots & a_{i_pj_p} \end{vmatrix}$$

叫做 A 的一个 p 阶子式, 或者更确切地叫做 A 的关于第 $i_1,i_2,\cdots,i_p$ 行和第 $j_1,j_2,\cdots,j_p$ 列的 p 阶子式.

定义 5.22 设 A 是 F 上的一个 $m\times n$ 矩阵. 如果 A 有一个 r 阶子式不等于 0, 而 A 的阶数 $>r$ 的子式都等于 0, 那么就把 r 叫做 A 的*行列式秩*.

如果矩阵 A 没有不等于 0 的子式，就约定 A 的行列式秩是 0.

如果 $m\times n$ 矩阵 A 的行列式秩等于 r, 那么显然有 $0\leqslant r\leqslant \min\{m,n\}$. 又如果 A 的所有 s 阶子式都等于 0, 那么根据性质 6, A 的所有阶数为 $s+1$ 的子式也都等于 0; 再由性质 6, A 的所有阶数为 $s+2$ 的子式都等于 0; 按照这个步骤进行，就推出 A 的阶数 $>s$ 的子式都等于 0. 因此， A 的行列式秩等于 $r(>0)$ 当且仅当 A 有不等于 0 的 r 阶子式，并且 A 的所有 $r+1$ 阶子式都等于 0.

由行列式的性质 3, 4, 5 可知，对矩阵 A 进行三种初等行变换都不改变 A 的行列式秩. 同样，由行列式的性质 $3',4',5'$ 可知，对矩阵 A 进行三种初等列变换也不改变 A 的行列式秩. 其次，设 A 的秩是 r. 根据定理 5.27, A 一定行等价于形如 (5.14) 的矩阵 A_0, 它的后 $n-r$ 行的元素全为 0, 而其前 r 行中，每行的元素从左往右数第 1 个不为 0 的元素是 1, 并且这 r 个 1 位于不同的列，设它们分别位于第 $k_1,k_2,\cdots,k_r$ 列. 显然 A_0 关于第 $1,2,\cdots,r$ 行和第 $k_1,k_2,\cdots,k_r$ 列的 r 阶子式等于 1, 而 A_0 的所有 $r+1$ 阶子式都等于 0. 因此 A_0 的行列式秩等于 r. 于是有

定理 5.48 *设 A 是域 F 上的一个矩阵，那么 A 的秩等于它的行列式秩.*

用行列式还可以得到两个多项式有非常数公因式的一个必要且充分的条件.

设

$$\begin{aligned} f(x) &= a_0+a_1x+\cdots+a_nx^n, \\ g(x) &= b_0+b_1x+\cdots+b_mx^m \end{aligned}$$

是 $F[x]$ 中两个多项式. 我们不把 $a_n=0$ 或 $b_m=0$ 这种可能性除外，从而实际上 $f(x)$ 的次数可能小于 n 或 $g(x)$ 的次数可能小于 m. 当多项式 $f(x)$ 被写成上面的形式而 a_n 可能为 0 时，就说 n 是 $f(x)$ 这个多项式的*形式次数*, 而 a_n 是 $f(x)$ 的

形式首项系数. 我们假定, 两个首项系数 a_n, b_m 中至少有一个不为 0. 在这个假定下我们先证明:

引理 5.49 $f(x)$ 与 $g(x)$ 有一个非常数公因式, 当且仅当有一个形如

$$h(x)f(x) = k(x)g(x) \tag{5.68}$$

的方程成立, 这里 $h(x)$ 最高是 $m-1$ 次, $k(x)$ 最高是 $n-1$ 次, 并且 $h(x), k(x)$ 这两个多项式不同时恒等于 0.

证明 假定 (5.68) 成立. 我们把 (5.68) 的双方都分解成素因式的乘积, 那么左右两方所出现的素因式必定相同. 先假定 $a_n \neq 0$. $f(x)$ 的任一素因式必定在 (5.68) 式右方出现, 而且至少同在 $f(x)$ 中出现一样多次, 然而不能全部出现在 $k(x)$ 内, 因为 $k(x)$ 最高是 $n-1$ 次的. 因此 $f(x)$ 必有一个素因子也在 $g(x)$ 中出现. 如果 $a_n = 0$, 那么根据假定就有 $b_m \neq 0$, 同上一样可以得出 $g(x)$ 必有一个素因子也在 $f(x)$ 中出现.

反过来, 设 $\phi(x)$ 是 $f(x)$ 和 $g(x)$ 的一个非常数公因式, 那么可以令

$$\begin{aligned} f(x) =& \phi(x)k(x), \\ g(x) =& \phi(x)h(x), \end{aligned}$$

于是方程 (5.68) 被满足. □

为了进一步研究方程 (5.68), 令

$$\begin{aligned} h(x) =& c_0 + c_1x + \cdots + c_{m-1}x^{m-1}, \\ k(x) =& d_0 + d_1x + \cdots + d_{n-1}x^{n-1}. \end{aligned}$$

把 $f(x), g(x), h(x), k(x)$ 的表达式代入 (5.68) 并比较左右双方的幂 $x^{n+m-1}, x^{n+m-2}, \cdots, x, 1$ 的系数, 得到下面关于系数 c_i 与 d_j 的线性方程组

$$\begin{cases} c_{m-1}a_n = d_{n-1}b_m, \\ c_{m-1}a_{n-1} + c_{m-2}a_n = d_{n-1}b_{m-1} + d_{n-2}b_m, \\ c_{m-1}a_{n-2} + c_{m-2}a_{n-1} + c_{m-3}a_n = d_{n-1}b_{m-2} + d_{n-2}b_{m-1} + d_{n-3}b_m, \\ \cdots \\ c_1a_0 + c_0a_1 = d_1b_0 + d_0b_1, \\ c_0a_0 = d_0b_0. \end{cases}$$

这是关于 $n+m$ 个系数 c_i, d_j 的 $n+m$ 个方程的线性方程组. 这些系数不全为 0 的条件就是行列式等于 0. 我们也可以把 c_i 和 $-d_j$ 看作未定元. 交换行列式的

行与列，这个行列式就有以下形式.

$$R(f,g)=\begin{vmatrix} a_n & a_{n-1} & \cdots & a_0 & & & \\ & a_n & a_{n-1} & \cdots & a_0 & & \\ & & \cdots\cdots & & & & \\ & & & a_n & a_{n-1} & \cdots & a_0 \\ b_m & b_{m-1} & \cdots & b_0 & & & \\ & b_m & b_{m-1} & \cdots & b_0 & & \\ & & \cdots\cdots & & & & \\ & & & b_m & b_{m-1} & \cdots & b_0 \end{vmatrix} \begin{matrix} \left.\begin{matrix} \\ \\ \\ \\ \end{matrix}\right\} m\text{行} \\ \left.\begin{matrix} \\ \\ \\ \\ \end{matrix}\right\} n\text{行} \end{matrix} \qquad (5.67)$$

上面这个行列式叫做多项式 $f(x)$ 和 $g(x)$ 的 **结式**, 记作 $R(f,g)$. 它关于 a_i 是 m 次齐次多项式，关于 b_j 是 n 次齐次多项式. 它有主项 $a_n^m b_m^n$(即位于对角线的元素之积). 它不仅当 $f(x)$ 和 $g(x)$ 有非常数公因式时等于 0, 而且当 $a_n = b_m = 0$ 时也等于 0.

我们证明了

定理 5.50　如果 F 上的两个多项式 $f(x)$ 和 $g(x)$ 的结式 $R(f,g)$ 等于 0, 那么 $f(x)$ 和 $g(x)$ 或者有一非常数公因式，或者它们的首项系数都是 0. 反过来也成立.

习　题　五

5.1　确定下面向量的集合是否线性相关:

i) $\{(1,1,1),(0,1,1),(0,0,1)\}\subset\mathbb{R}^3$.

ii) $\{(1,0,0,0),(1,1,0,0),(0,1,1,0),(0,0,1,1)\}\subset\mathbb{F}_2^4$.

iii) $\{(1,1,1,0,0),(0,0,1,1,1),(1,0,1,0,1),(0,1,1,1,0)\}\subset\mathbb{F}_2^5$.

iv) $\{(1,0,-1,0,1),(0,-1,-1,1,0),(0,0,-1,-1,-1)\}\subset\mathbb{F}_3^5$.

5.2　证明：在例 1.11 中，$\mathbb{Z}_2[x]_{x^2+x+1}$ 可以看作 $\mathbb{Z}_2$ 上的一个有限维向量空间，并求出这个向量空间的一组基.

5.3　证明：在例 1.12 中，$\mathbb{Z}_3[x]_{x^2+1}$ 可以看作 $\mathbb{Z}_3$ 上的一个有限维向量空间，并求出这个向量空间的一组基.

5.4　设 q 是一个素数的幂，而 n 是一个正整数. 证明：$\mathbb{F}_{q^n}$ 可以看作 $\mathbb{F}_q$ 上的 n 维向量空间.

5.5　证明：$\mathbb{F}_2^5$ 中以下向量的集合

$$\{(1,1,0,0,0),(0,1,1,0,0,),(0,0,0,1,1)\}$$

是线性无关的，并且对它补充 $\{\boldsymbol{e}_1,\boldsymbol{e}_2,\boldsymbol{e}_3,\boldsymbol{e}_4,\boldsymbol{e}_5\}$ 中的一些向量组成 $\mathbb{R}_2^5$ 的一组基，其中 $\boldsymbol{e}_i$ 表示 $\mathbb{F}_2^5$ 中除了第 i 个分量为 1 外其余的分量都是 0 的向量.

5.6 F^2 的下列子集合是子空间吗？

i) $\{(a_1,a_2):a_1+a_2=1\}$.

ii) $\{(a_1,a_2):a_1+a_2=0\}$.

5.7 设 V 是域 F 上的一个有限维向量空间，而 W 是 V 的一个子空间. 证明

$$\dim V-\dim W=\dim V/W.$$

5.8 证明：域 F 上一个向量空间的两个子空间的交仍是这个向量空间的子空间.

5.9 设 V 是一个向量空间， U 和 W 是 V 的两个子空间. 规定

$$U+W=\{\boldsymbol{u}+\boldsymbol{w}:\boldsymbol{u}\in U,\ \boldsymbol{w}\in W\},$$

并且称它为 U 和 W 的 *和*. 证明 $U+W$ 也是 V 的子空间.

5.10 设 V 是域上的一个有限维向量空间， U 和 W 是 V 的两个子空间. 证明维数公式

$$\dim(U\cap W)+\dim(U+W)=\dim U+\dim W.$$

5.11 设 V 是域 F 上的向量空间而 $V_1,V_2,\cdots,V_r$ 是 V 的子空间. 证明： V 是 $V_1,V_2,\cdots,V_r$ 的直和当且仅当 (i)$V=V_1+V_2+\cdots+V_r$ 而且 (ii) 如果 $\boldsymbol{v}_1+\boldsymbol{v}_2+\cdots+\boldsymbol{v}_r=0$, 其中 $\boldsymbol{v}_i\in V_i$, 那么 $\boldsymbol{v}_1=\boldsymbol{v}_2=\cdots=\boldsymbol{v}_r=0$.

5.12 证明定理 5.15, 5.16 和 5.19.

5.13 证明：如果 $V=V_1\dot{+}V_2$, 那么 $V_1\simeq V/V_2$, $V_2\simeq V/V_1$.

5.14 对于下面向量的集合 S, 确定 $\langle S\rangle$ 的一组基：

i) $\{(1,\ 1,\ 1,\ 0,\ 0),\ (0,\ 0,\ 1,\ 1,\ 1,),\ (1,\ 0,\ 1,\ 0,\ 1),\ (0,1,\ 1,1,\ 0)\}\subset\mathbb{F}_2^5$.

ii) $\{(1,\ 0,\ -1),\ (2,\ -3,\ 1),\ (6,\ -6,\ 0),\ (1,\ -3,\ 2)\}\subset\mathbb{Q}^3$.

iii) $\{(6,\ 2,\ 3,\ 0),\ (2,\ 3,\ -4,\ 1),\ (3,\ -3,\ -1,\ -2),\ (1,\ -2,3,\ -5)\}\subset\mathbb{Q}^5$.

5.15 用初等行变换把下面的矩阵化为阶梯形矩阵，并且计算它们的秩.

i)
$$\begin{pmatrix}0&0&1&0\\0&1&0&1\\1&1&1&0\\1&0&1&1\\1&0&0&1\end{pmatrix}\quad 在\ \mathbb{F}_2\ 上.$$

ii)
$$\begin{pmatrix}1&-1&0&1\\1&0&1&0\\1&1&1&0\end{pmatrix}\quad 在\ \mathbb{F}_3\ 上.$$

iii)

$$\begin{pmatrix} 2 & 0 & 3 & 2 & 4 \\ 3 & 0 & 2 & 3 & 3 \\ 1 & 2 & 0 & 4 & 3 \\ 2 & 3 & 0 & 3 & 2 \\ 2 & 3 & 3 & 0 & 4 \\ 4 & 2 & 1 & 2 & 0 \end{pmatrix} \quad \text{在 } \mathbb{Q} \text{ 上}.$$

5.16 计算

i)

$$\begin{pmatrix} 1 & 0 & 0 & 1 \\ 1 & 1 & 0 & 1 \\ 1 & 0 & 1 & 0 \end{pmatrix} + \begin{pmatrix} 1 & 0 & 0 & 1 \\ 0 & 1 & 0 & 1 \\ 1 & 0 & 1 & 1 \end{pmatrix} \quad \text{在 } \mathbb{F}_2 \text{ 中}.$$

ii)

$$\begin{pmatrix} 1 & 0 & 0 & 1 \\ 1 & -1 & 0 & 1 \end{pmatrix} \begin{pmatrix} -1 & 0 & 1 \\ 0 & -1 & 0 \\ 1 & 0 & 0 \\ 0 & -1 & -1 \end{pmatrix} \quad \text{在 } \mathbb{F}_3 \text{ 中}.$$

iii)

$$\begin{pmatrix} 6 & 2 & 3 & 0 \\ 2 & 3 & -4 & 1 \\ 3 & -3 & -1 & -2 \end{pmatrix} \begin{pmatrix} 1 & 2 & -1 \\ 2 & 0 & 1 \\ -1 & 1 & 3 \\ -2 & 3 & -2 \end{pmatrix} \quad \text{在 } \mathbb{Q} \text{ 中}.$$

iv)

$$(1\ 2\ 3)\,{}^t(1\ 2\ 3) \quad \text{在 } \mathbb{Q} \text{ 中}.$$

v)

$${}^t(1\ 2\ 3)(1\ 2\ 3) \quad \text{在 } \mathbb{Q} \text{ 中}.$$

5.17 证明：域 F 上全体 $n \times n$ 可逆矩阵的集合对于矩阵的乘法作成一个群.

5.18 证明：群 $GL_2(\mathbb{F}_2)$ 和 S_3 同构.

5.19 证明： ${}^t(AB) = {}^tB\,{}^tA$.

5.20 证明：对于域 F 上的 $n \times n$ 可逆矩阵 A, 有

$${}^t(A^{-1}) = ({}^tA)^{-1}.$$

5.21 证明下面的矩阵是可逆矩阵, 并把它们表示成初等矩阵的乘积, 再求出它们的逆矩阵.

i)

$$\begin{pmatrix} 0 & 0 & 0 & 1 & 1 \\ 1 & 0 & 0 & 1 & 1 \\ 1 & 1 & 0 & 1 & 1 \\ 0 & 0 & 1 & 1 & 1 \\ 1 & 0 & 0 & 1 & 0 \end{pmatrix} \quad \text{在 } \mathbb{F}_2 \text{ 上}.$$

ii)

$$\begin{pmatrix} 1 & 0 & 0 & 0 \\ 0 & -1 & 0 & 0 \\ 1 & 0 & -1 & 1 \\ -1 & 1 & 1 & 0 \end{pmatrix} \quad \text{在 } \mathbb{F}_3 \text{ 上}.$$

iii)
$$\begin{pmatrix} 1 & 2 & 4 \\ 1 & 4 & 16 \\ 1 & 8 & 64 \end{pmatrix} \quad \text{在 } \mathbb{Q} \text{ 上}.$$

5.22 设 A 是域 F 上秩为 1 的一个 $m \times n$ 矩阵. 证明: A 可以表示成一个 m 维列向量与一个 n 维行向量的乘积.

5.23 解以下线性方程组:

i)
$$\left.\begin{aligned} 2x_1 + 7x_2 - 6x_3 &= 0 \\ 3x_1 + 5x_2 - 2x_3 &= 0 \\ 4x_1 - 2x_2 - 7x_3 &= 0 \end{aligned}\right\} \quad \text{在 } \mathbb{Q} \text{ 上}.$$

ii)
$$\left.\begin{aligned} x_2 + x_4 &= 0 \\ x_1 + x_4 &= 0 \\ x_1 + x_2 + x_3 + x_4 &= 0 \end{aligned}\right\} \quad \text{在 } \mathbb{F}_2 \text{ 上}.$$

iii)
$$\left.\begin{aligned} 2x_1 + 3x_2 - x_3 &= 0 \\ 3x_1 + 2x_2 - 3x_3 &= 0 \\ 3x_1 + x_2 - x_3 &= 0 \\ 3x_1 - x_2 + 2x_3 &= 0 \end{aligned}\right\} \quad \text{在 } \mathbb{F}_5 \text{ 上}.$$

iv)
$$\left.\begin{aligned} x_1 - x_2 + 2x_3 &= -2 \\ 3x_1 - 2x_2 + 4x_3 &= -5 \\ 2x_2 - 3x_3 &= 2 \end{aligned}\right\} \quad \text{在 } \mathbb{Q} \text{ 上}.$$

v)
$$\left.\begin{aligned} x_1 + x_3 + x_4 &= 0 \\ x_2 + x_4 &= 1 \\ x_1 + x_3 &= 1 \\ x_2 + x_3 &= 0 \end{aligned}\right\} \quad \text{在 } \mathbb{F}_2 \text{ 上}.$$

vi)
$$\left.\begin{aligned} x_1 + x_2 + x_3 + x_4 + x_5 &= 0 \\ 3x_1 + 2x_2 + x_3 + x_4 + 2x_5 &= 0 \\ x_2 + 2x_3 + 2x_4 + x_5 &= 0 \\ 4x_2 + 3x_3 + 3x_4 + 4x_5 &= 0 \end{aligned}\right\} \quad \text{在 } \mathbb{F}_5 \text{ 上}.$$

5.24 设 $A = (a_{ij})_{1\leqslant i,\, j\leqslant n}$ 是域 F 上的一个 $n \times n$ 矩阵. A 的迹, 记作 $\mathrm{Tr}(A)$, 定义为 $\mathrm{Tr}(A) = \sum_{i=1}^{n} a_{ii}$. 证明:

i) $\mathrm{Tr}(A+B) = \mathrm{Tr}(A)+\mathrm{Tr}(B)$.

ii) $\mathrm{Tr}(\lambda A) = \lambda\mathrm{Tr}(A)$, 其中 $\lambda \in F$.

iii) $\mathrm{Tr}({}^tA) = \mathrm{Tr}(A)$.

iv) $\mathrm{Tr}(AB) = \mathrm{Tr}(BA)$.

v) $\mathrm{Tr}(BAB^{-1}) = \mathrm{Tr}(A)$, 如果 B 是可逆矩阵.

5.25 设 $\alpha \in \mathbb{F}_{p^n}$, 并且 α 的极小多项式的次数是 n. 我们把 $\mathbb{F}_{p^n}$ 看作 $\mathbb{F}_p$ 上的向量空间, 并且规定一个线性变换

$$\begin{aligned} \mathbb{F}_{p^n} &\to \mathbb{F}_{p^n}, \\ \xi &\mapsto \alpha\xi. \end{aligned}$$

对于 $\mathbb{F}_p$ 上 $\mathbb{F}_{p^n}$ 的一个基, 设 A 是由这个线性变换所确定的矩阵, 证明 $\mathrm{Tr}(\alpha) = \mathrm{Tr}(A)$.

5.26 设 F 是域; $f(x) = a_0 + a_1x + a_2x^2, g(x) = b_0 + b_1x + b_2x^2 \in F[x]$. 证明

$$R(f,g) = (2a_2b_0 - a_1b_1 + 2a_0b_2)^2 - (4a_0a_2 - a_1^2)(4b_0b_2 - b_1^2).$$

5.27 设 $f(x) = a_0+a_1x+\cdots+a_nx^n, g(x) = b_0+b_1x+\cdots+b_mx^m$, 并假定 $a_\mu (0 \leqslant \mu \leqslant n)$ 和 $b_\nu (0 \leqslant \nu \leqslant m)$ 都是未定元. 证明存在未定元 a_μ, b_ν, x 的整数系数多项式 A 和 B 使

$$Af + Bg = R(f,g).$$

5.28 设 F 是域; $f(x), g(x) \in F[x]$. 给出一个关于 $f(x)$ 和 $g(x)$ 有一个至少 k 次的公因式的行列式判定标准.

第 6 章　模

6.1　模的概念　子模　商模

设 V 是域 F 上的向量空间，σ 是 V 上的一个线性变换. 设 $f(x) \in F[x]$, 可以形式地定义 $f(\sigma)$. 譬如，设 $f(x) = 1 + x^2 + 3x^3$, 那么 $f(\sigma) = 1 + 2\sigma^2 + 3\sigma^3$, 这里 σ^2 理解为线性变换 σ 与 σ 的合成，$\sigma^3 = \sigma \circ \sigma^2$, 等等. 如果 σ 和 τ 都是 V 上的线性变换，我们定义

$$(\sigma + \tau)(\boldsymbol{v}) = \sigma(\boldsymbol{v}) + \tau(\boldsymbol{v}), \quad 对任意\ \boldsymbol{v} \in V, \tag{6.1}$$

$$(\sigma \circ \tau)(\boldsymbol{v}) = \sigma(\tau(\boldsymbol{v})), \quad 对任意\ \boldsymbol{v} \in V. \tag{6.2}$$

不难证明 $\sigma + \tau$ 和 $\sigma \circ \tau$ 都是 V 上的线性变换，通常我们把 $\sigma \circ \tau$ 简记作 $\sigma\tau$. 再设 $c \in F$, 定义

$$(c\sigma)(\boldsymbol{v}) = c\sigma(\boldsymbol{v}), \quad 对任意\ \boldsymbol{v} \in V. \tag{6.3}$$

那么也可以证明 $c\sigma$ 是 V 上的线性变换. 这样一来，对任意 $f(x) \in F[x]$, $f(\sigma)$ 就是 V 上的线性变换. 于是我们可以按下式定义一个用 $f(x) \in F[x]$ 来乘向量 $\boldsymbol{v} \in V$ 的运算：

$$f(x)\boldsymbol{v} = f(\sigma)\boldsymbol{v}. \tag{6.4}$$

自然这个定义依赖于 σ 的选取. 容易验证这个运算满足以下诸关系：

$$\begin{aligned}
f(x)(\boldsymbol{u} + \boldsymbol{v}) &= f(x)\boldsymbol{u} + f(x)\boldsymbol{v}, \quad 对任意\ f(x) \in F[x],\ \boldsymbol{u}, \boldsymbol{v} \in V,\\
(f(x) + g(x))\boldsymbol{v} &= f(x)\boldsymbol{v} + g(x)\boldsymbol{v}, \quad 对任意\ f(x), g(x) \in F[x],\ \boldsymbol{v} \in V,\\
(f(x)g(x))\boldsymbol{v} &= f(x)(g(x)\boldsymbol{v}), \quad 对任意\ f(x), g(x) \in F[x],\ \boldsymbol{v} \in V,\\
1\boldsymbol{v} &= \boldsymbol{v}, \quad 对任意\ \boldsymbol{v} \in V.
\end{aligned}$$

这样一来，V 就成了一个有两种代数运算的代数结构. 其一是 V 的加法，其二是用多项式环 $F[x]$ 中的元素乘 V 中向量的*纯量乘法*. 这种观点对于讨论向量空间 V 上的线性变换很有益处，这也启发我们给出下面的定义.

定义 6.1　设 R 是个有单位元 1 的交换环，而 M 是个非空集合. 假定在 M 中定义了两种运算，一种是 M 中的加法运算，即对 M 中任意两个元素 u 和 v 都有 M 中唯一的一个元素，记作 $u + v$ 与它们相应；其二是 M 中以 R 中元素为纯量的纯量乘法，即对于 R 中任意元素 r 和 M 中任一元素 v 都有 M 中唯一的一个元素，记作 rv 与它们相应. 我们说 M 是个 R 模, 如果 M 中的加法运算和纯量乘法运算满足以下运算规则.

I　M 对于加法运算是一个交换群 (叫做 M 的加法群).

II.1 对任意 $r \in R$, u 和 $v \in M$, 都有

$$r(u+v) = ru + rv.$$

II.2 对任意 $r, s \in R$, $v \in M$, 都有

$$(r+s)(v) = rv + sv.$$

II.3 对任意 $r, s \in R$, $v \in M$, 都有

$$(rs)(v) = r(sv).$$

II.4 对任意 $v \in M$, 都有

$$1v = v.$$

注意, 在上述定义中我们要求 R 是个有单位元的交换环. 当然, 如果 R 是有单位元的非交换环, 甚至 R 是没有单位元的非交换环, 也可以定义 R 模, 更确切地说, 左 R 模和右 R 模. 但本书只讨论 R 是有单位元的交换环这一情形. 下面我们将会看到, 即使 R 是有单位元的交换环, R 模仍和域 F 上的向量空间的性质很不一样.

显而易见, 当 R 是域 F 时, R 模就是 F 上的向量空间.

例6.1 设 V 是域 F 上的向量空间, σ 是 V 上的线性变换, 对任意 $f(x) \in F[x]$, 定义

$$f(x)\boldsymbol{v} = f(\sigma)\boldsymbol{v}, \quad \text{对任意 } \boldsymbol{v} \in V,$$

那么 V 就成了一个 $F[x]$ 模. □

例6.2 设 R 是有单位元的交换环, 令

$$R^n = \{(a_1, a_2, \cdots, a_n) : a_i \in R,\ i = 1, 2, \cdots, n\}.$$

对于任意 $(a_1, a_2, \cdots, a_n)$, $(b_1, b_2, \cdots, b_n) \in R^n$, $r \in R$, 定义

$$(a_1, a_2, \cdots, a_n) + (b_1, b_2, \cdots, b_n) = (a_1 + b_1, a_2 + b_2, \cdots, a_n + b_n),$$

$$r(a_1, a_2, \cdots, a_n) = (ra_1, ra_2, \cdots, ra_n).$$

不难证明 R^n 是个 R 模. □

特别地, $\mathbb{Z}^n$ 是由 $\mathbb{Z}$ 上 n 元组组成的 $\mathbb{Z}$ 模. 像 R^n 这种 R 模有许多性质与域 F 上的有限维向量空间很相似.

例6.3 把 M 取作环 R, 那么可以把 R 看成一个 R 模. 这时, R 模 R 的加法是环 R 的加法, 而 R 模 R 的纯量乘法就是环 R 的乘法. □

例6.4 设 G 是交换群. 对任意 $g \in G$ 和 $n \in \mathbb{Z}$, 定义

$$ng = \begin{cases} \underbrace{g + g + \cdots + g}_{n \text{ 个 } g}, & \text{如果 } n > 0, \\ 0, & \text{如果 } n = 0, \\ -((-n)g), & \text{如果 } n < 0. \end{cases}$$

那么 G 就是一个 $\mathbb{Z}$ 模. □

我们总用 0 表 R 模 M 作为加法群的零元素.

定理6.1 设 R 是有单位元的交换环, 而 M 是 R 模. 那么以下诸运算规则在 M 中成立.

i) $0v=0$, 对任意 $v\in M$.

ii) $r0=0$, 对任意 $r\in R$.

iii) $(-1)v=-v$, 对任意 $v\in M$.

定理 6.1 可仿照定理 5.1 的证明来证明, 不重复.

下面的例子指出, 定理 5.1 的 iv) 在 R 模中不一定成立.

例6.5 考察

$$\mathbb{Z}_4^2=\{(a_1,a_2):a_1,a_2\in\mathbb{Z}_4\},$$

我们有 $2(2,2)=(0,0)$. 但是 $2\neq 0$, $(2,2)\neq(0,0)$. □

平行于向量空间的子空间. 我们可以定义子模.

定义6.2 设 R 是有单位元的交换环, 而 M 是 R 模. 再设 N 是 M 的一个非空子集, 如果 N 对于 M 中的加法运算和纯量乘法运算来说也是一个 R 模, 就说 N 是 M 的 子 R 模, 简称 子模.

定理6.2 设 R 是有单位元的交换环, 而 M 是 R 模. 再设 N 是 M 的一个非空子集, 那么 N 是 M 的子模, 当且仅当以下条件成立:

(i) 对任意 $v_1,v_2\in N$, $v_1+v_2\in N$.

(ii) 对任意 $r\in R$ 和 $v\in N$, $rv\in N$.

这个定理可仿照定理 5.12 的证明证之.

在例 6.3 中我们已经说了可以把有单位元的交换环 R 看作 R 模. 这样一来, 子 R 模就是 R 中的理想.

直和的概念也可以推广到 R 模上来.

定义6.3 设 R 是有单位元的交换环, M 是 R 模, 而 $M_1,M_2,\cdots,M_n$ 是 n 个子 R 模. 如果 M 中任一元素 v 可以表成 M_1 中一个元素, M_2 中一个元素, $\cdots$, 和 M_n 中一个元素的和, 就说 M 是 $M_1,M_2,\cdots,M_n$ 的 和, 记作 $M=M_1+M_2+\cdots+M_n$. 如果 M 中的任一元素 v 可以唯一地表成 M_1 中一个元素, M_2 中一个元素, $\cdots$, M_n 中一个元素的和, 就说 M 分解成 $M_1,M_2,\cdots,M_n$ 的 直和, 记作

$$M=M_1\dot{+}M_2\dot{+}\cdots\dot{+}M_n.$$

显然, $M=M_1\dot{+}M_2\dot{+}\cdots\dot{+}M_n$ 当且仅当

i) $M=M_1+M_2+\cdots+M_n$,

ii) 设 $x_i\in M_i, i=1,2,\cdots,n$, 那么从 $x_1+x_2+\cdots+x_n=0$ 可推出 $x_1=x_2=\cdots=x_n=0$.

例6.6 设 R 是有单位元的交换环，在 R^n 中令

$$M_i = \{(0, \cdots, 0, \underset{(i)}{r}, 0, \cdots, 0) : r \in R\}.$$

易证 M_i 是子 R 模，而

$$R^n = M_1 \dotplus M_2 \dotplus \cdots \dotplus M_n. \qquad \square$$

平行于向量空间对于它的子空间的商空间，我们也可以定义 R 模对于它的子模的商模. 设 R 是有单位元的交换环，M 是个 R 模，N 是 M 的一个子模. 那么 N 是 M 的加法群的子群，于是 M 分拆成对 N 的一些两两没有公共元素的陪集 $v_\alpha + N$ 的并：

$$M = \bigcup_{\alpha \in J} (v_\alpha + N),$$

其中 J 是足码集. 记

$$M/N = \{v_\alpha + N : \alpha \in J\}.$$

我们有

定理6.3 设 R 是有单位元的交换环，M 是 R 模，而 N 是 M 的子模. 对于 M/N 的任意两个元素 $v_\alpha + N$ 和 $v_\beta + N$, 定义

$$(v_\alpha + N) + (v_\beta + N) = (v_\alpha + v_\beta) + N,$$

而对于 $c \in R$, $v_\alpha + N \in M/N$, 定义

$$c(v_\alpha + N) = cv_\alpha + N,$$

那么 M/N 是一个 R 模.

证明 类似于定理 5.14 的证明. □

定义6.4 设 R 是有单位元的交换环，M 是 R 模，而 N 是 M 的子模. 那么 M/N 叫做 M 对于 N 的 *商模*.

我们也可以把向量空间中的同态定理推广到 R 模上来. 这里只给出同态的定义和同态定理，其证明留给读者作为练习.

定义6.5 设 R 是有单位元的交换环，M 和 M' 是 R 模，M 到 M' 的映射

$$\sigma : M \longrightarrow M'$$

叫做 M 到 M' 的 *同态映射*, 或者 M 到 M' 的 *同态*, 如果 σ 满足下列两个条件：

i) 对于任意 $x_1, x_2 \in M$, 有

$$\sigma(x_1 + x_2) = \sigma(x_1) + \sigma(x_2);$$

ii) 对于任意 $x \in M$, $c \in R$, 有

$$\sigma(cx) = c\sigma(x).$$

此外，如果 σ 是满射，我们就说 M' 是 M 的 *同态像*; 如果 σ 是双射，就说 σ 是 *同构映射*, 或者 M 到 M' 的同构, 也说 M 和 M' 同构, 记作 $M \simeq M'$.

定理6.4 设 R 是有单位元的交换环，M 是 R 模，而 N 是 M 的子模. 那么商模 M/N 是 M 的同态像. 准确地说，映射

$$\begin{aligned}\sigma: M &\longrightarrow M/N,\\ x &\longmapsto x+N\end{aligned}$$

是 M 到 M/N 的一个满同态.

定理6.5 设 R 是有单位元的交换环，M 和 M' 是两个 R 模，而 σ 是 M 到 M' 的一个同态. 那么

i) σ 把 M 的零元素 0 映到 M' 的零元素 $0'$,

ii) σ 把 M 中的元素 x 的负元素 $-x$ 映到 M' 中 $\sigma(x)$ 负元素 $-\sigma(x)$.

定理6.6 设 R 是有单位元的交换环，M 和 M' 是两个 R 模，而 σ 是 M 到 M' 的一个同态，那么

i) $\operatorname{Im}\sigma=\{\sigma(x): x\in M\}$是 M' 的子模,

ii) $\operatorname{Ker}\sigma=\{x:\sigma(x)=0'\}$是 M 的子模,

iii) 商模 $M/\operatorname{Ker}\sigma$ 与 $\operatorname{Im}\sigma$ 同构. 准确地说，映射

$$\begin{aligned}\overline{\sigma}: M/\operatorname{Ker}\sigma &\longrightarrow \operatorname{Im}\sigma,\\ v+\operatorname{Ker}\sigma &\longmapsto \sigma(v)\end{aligned}$$

是 $M/\operatorname{Ker}\sigma$ 到 $\operatorname{Im}\sigma$ 的一个同构映射.

6.2 模的生成元集 自由模

定义6.6 设 R 是有单位元的交换环, M 是 R 模. 再设 S 是 M 的非空子集. 我们说 S 是 M 的一个生成元集, 如果任意 $v\in M$ 均可表成如下形状:

$$v=r_1v_1+r_2v_2+\cdots+r_nv_n, \tag{6.5}$$

这里 n 是依赖于 v 的一个正整数，而 $r_1, r_2, \cdots, r_n\in R$ 和 $v_1, v_2, \cdots, v_n\in S$. (注意，这里我们并不要求表法 (6.5) 唯一.)

进一步，如果 M 有一个有限生成元集，M 就叫有限生成的 R 模.

例6.7 在 R^n 中取

$$e_i=(0,\cdots,0,\underset{(i)}{1},0,\cdots,0),$$

并令 $S=\{e_1,e_2,\cdots,e_n\}$, 那么 S 就是 R^n 的一个有限生成元集. □

定义6.7 设 R 是有单位元的交换环，而 M 是 R 模. 再设 $v\in M$. 我们把子 R 模 $\{rv: r\in R\}$ 叫做 M 的循环子 R 模. 特别，如果 $M=\{rv: r\in R\}$, M 就叫循环 R 模.

交换群 G 可以看成 $\mathbb{Z}$ 模 (见例 6.4), 那么 G 的循环子群就是循环子 $\mathbb{Z}$ 模.

定义 6.8 设 R 是有单位元的交换环, M 是 R 模. 如果 M 有一个生成元集 S 使得任一 $v \in M$ 都可以唯一地表成以下形状

$$v = r_1v_1 + r_2v_2 + \cdots + r_nv_n,$$

其中 $r_1, r_2, \cdots, r_n \in R$ 和 $v_1, v_2, \cdots, v_n \in S$, 而 n 依赖于 v, 我们就说 M 是自由 R 模, 而 S 称为 M 的一组自由基.

显然, 当 M 的生成元集 $S=\{v_1, v_2, \cdots, v_n\}$ 时, 如果

$$a_1v_1 + a_2v_2 + \cdots + a_nv_n = 0, a_i \in R, \qquad i = 1, 2, \cdots, n,$$

就一定有 $a_1 = a_2 = \cdots = a_n = 0$, 那么 S 就是 R 模 M 的一组自由基.

设 V 是域 F 上的向量空间. V 的一组基就是 V 作为 F 模时的一组自由基.

自由 $\mathbb{Z}$ 模也叫自由交换群或自由 Abel 群.

例 6.8 R^n 是自由 R 模, 而 $\{e_1, e_2, \cdots, e_n\}$ 是 R^n 的一组自由基. □

定理 6.7 设 R 是有单位元的交换环, M 是自由 R 模, 并且它有一组由有限个元素 (譬如 n 个元素) 组成的自由基 S, 那么 M 与 R^n 同构.

证明 设 $S = \{v_1, v_2, \cdots, v_n\}$. 定义一个 R^n 到 M 的映射

$$\begin{aligned}\sigma : R^n &\longrightarrow M,\\ (r_1, r_2, \cdots, r_n) &\longmapsto r_1v_1 + r_2v_2 + \cdots + r_nv_n.\end{aligned}$$

易证 σ 是个同构映射. □

更一般地有

定理 6.8 设 R 是有单位元的交换环, M 是 R 模, 并假定 M 有由有限个 (譬如 n 个) 元素组成的生成元集 S. 那么 M 是 R^n 一个同态像.

证明 设 $S = \{v_1, v_2, \cdots, v_n\}$. 定义一个从 R^n 到 M 的映射

$$\begin{aligned}\sigma : R^n &\longrightarrow M,\\ (r_1, r_2, \cdots, r_n) &\longmapsto r_1v_1 + r_2v_2 + \cdots + r_nv_n,\end{aligned}$$

易证 σ 是 R^n 到 M 的同态. □

进一步有

定理 6.9 设 R 是有单位元的交换环, M 是自由 R 模, 并假定 M 有一组由有限个元素组成的自由基. 那么 M 的任意两组自由基所含的元素个数相等.

为要证明定理 6.9, 先证明下面的两条引理.

引理 6.10 设 R 是有单位元的交换环, I 是 R 的理想, R/I 是 R 模 I 的同余类环; 再设 M 是 R 模, N 是 M 的子模, M/N 是 M 对于 N 的商模. 假定对于任意 $x \in M$ 和 $s \in I$ 都有 $sx \in N$. 对于任意 $x + N \in M/N, r + I \in R/I$, 定义

$$(r + I)(x + N) = rx + N, \tag{6.6}$$

那么这个定义是合理的，M/N 对于如上定义的纯量乘法是一个 R/I 模.

证明 设 $x' \in x+N, r' \in r+I$, 那么 $x'=x+v, r'=r+s$, 这里 $v \in N, s \in I$. 于是

$$r'x'=(r+s)(x+v)=rx+sx+(r+s)v.$$

因为 N 是子 R 模，$(r+s)v \in N$. 根据假设，$sx \in N$. 所以 $r'x' \in rx+N$. 因此

$$(r'+I)(x'+N)=r'x'+N=rx+N.$$

这证明了定义 (6.6) 是合理的. 不难验证 M/N 对于按 (6.6) 定义的纯量乘法是 R/I 模. □

引理6.11 设 R 是有单位元的交换环，I 是 R 的理想，再设 M 是自由 R 模，$x_1, x_2, \cdots, x_r$ 是它的一组自由基. 令 $N=Ix_1+Ix_2+\cdots+Ix_r$, 那么 N 是 M 的子模，M/N 是自由 R/I 模，$x_1+N, x_2+N_2, \cdots, x_r+N$ 是它的一组自由基.

证明 N 是 M 的子模是显然的. 设 $x \in M$. 因为 $x_1, x_2, \cdots, x_r$ 是 M 的一组自由基，所以 x 可以表成

$$x=a_1x_1+a_2x_2+\cdots+a_rx_r,\ a_i \in R.$$

对于任意 $s \in I$, 有 $sa_i \in I, i=1,2,\cdots,r$. 因此

$$sx=(sa_1)x_1+(sa_2)x_2+\cdots+(sa_r)x_r \in N.$$

根据引理 6.10, M/N 是 R/I 模，而它的纯量乘法按 (6.6) 来定义. 显然，$x_1+N, x_2+N_2, \cdots, x_r+N$ 是 R/I 模 M/N 的一组生成元. 设

$$(a_1+I)(x_1+N)+(a_2+I)(x_2+N)+\cdots+(a_r+I)(x_r+N)=N, a_i \in R.$$

注意 N 是 M/N 的零元素. 根据 M/N 中以 R/I 中元素为纯量的纯量乘法的定义，有

$$a_1x_1+a_2x_2+\cdots+a_rx_r+N=N.$$

于是 $a_1x_1+a_2x_2+\cdots+a_rx_r \in N$. 设

$$a_1x_1+a_2x_2+\cdots+a_rx_r=b_1x_1+b_2x_2+\cdots+b_rx_r \in N, b_i \in I.$$

因为 $x_1, x_2, \cdots, x_r$ 是 R 模 M 的一组自由基，所以 $a_i=b_i \in I$. 因此 $a_i+I=I, i=1, 2, \cdots, r$, 而 I 是 R/I 的零元素. 这证明了 $x_1+N, x_2+N_2, \cdots, x_r+N$ 是 R/I 模 M/N 的一组自由基. □

定理 6.9 的证明 设 $x_1, x_2 \cdots, x_r$ 和 $y_1, y_2, \cdots, y_s$ 是 M 的两组自由基. 由于 R 有单位元而且交换. 由定理 4.10, R 有极大理想. 设 I 是 R 的一个极大理想，容易验证 $N=\{\sum_{i=1}^r a_ix_i : a_i \in I\}$ 和 $N'=\{\sum_{j=1}^s b_jy_j : b_j \in I\}$ 都是 M 的子模. 我们断言 $N=N'$. 事实上，对于任意 $y \in N'$, 设

$$y=\sum_{j=1}^s b_jy_j,\ b_j \in I, \qquad j=1, 2, \cdots, s.$$

再设

$$y_j = \sum_{i=1}^{r} c_{ji} x_i,\ c_{ji} \in R, \qquad j = 1, 2, \cdots, s,\ i = 1, 2, \cdots, r.$$

因为 $b_j \in I$ 和 $c_{ji} \in R$, 所以 $b_j c_{ji} \in I$ 和 $\sum_{j=1}^{s} b_j c_{ji} \in I$. 于是

$$\begin{aligned} y = \sum_{j=1}^{s} b_j y_j &= \sum_{j=1}^{s} b_j \sum_{i=1}^{r} c_{ji} x_i \\ &= \sum_{i=1}^{r} \left(\sum_{j=1}^{s} b_j c_{ji} \right) x_i \in N. \end{aligned}$$

从而 $N' \subset N$. 同理 $N \subset N'$, 所以 $N = N'$.

根据引理 6.11, 商模 M/N 是自由 R/I 模, 而 $x_1 + N, \cdots, x_r + N$ 和 $y_1 + N, \cdots, y_s + N$ 是它的两组自由基. 由于 I 为 R 的极大理想, 所以 R/I 是一个域, 因而 M/N 为域 R/I 上的向量空间. 它的维数等于任一组基所含元素的个数, 所以 $r = s$. □

定义 6.9 设 R 是有单位元的交换环, M 是自由 R 模. 并假定 M 有一组由有限个元素组成的自由基. 我们把 M 的自由基中元素的个数叫做 M 的*秩*, 记作 $\mathrm{rank} M$. 当 M 是仅由零元素组成的 R 模 $\{0\}$ 时, 就说 $\mathrm{rank} M = 0$, 即把 $\{0\}$ 当作是秩等于 0 自由模.

6.3 主理想整环上的矩阵

为了讨论主理想整环上的模, 我们先讨论主理想整环上的矩阵.

下面设 R 是主理想整环. 把 R 中的 mn 个元素 $a_{ij}\,(i = 1, 2, \cdots, m,\ j = 1, 2, \cdots, n)$ 排列成一个长方形

$$\begin{pmatrix} a_{11} & a_{12} & \cdots & a_{1n} \\ a_{21} & a_{22} & \cdots & a_{2n} \\ \vdots & \vdots & & \vdots \\ a_{m1} & a_{m2} & \cdots & a_{mn} \end{pmatrix},$$

就叫做 R 上的一个 $m \times n$*矩阵*. 和域上的矩阵一样, 对于主理想整环上的矩阵可以定义矩阵的加法, 纯量乘法和乘法等运算, 这里我们就不一一重复了.

我们用 $I^{(n)}$ 表示 $n \times n$ 单位矩阵, 即主对角线上的元素都是 1 而主对角线以外的元素都是 0 的 $n \times n$ 矩阵. 那么对任意 $m \times n$ 矩阵 A, 有 $AI^{(n)} = A$ 和 $I^{(m)} A = A$. 设 A 是 R 上的 $n \times n$ 矩阵, 如果有 R 上 $n \times n$ 矩阵 B, 使得

$$AB = BA = I^{(n)},$$

就说 A 是*可逆矩阵*, 而 B 叫做 A 的*逆矩阵*. 如果 B_1 也是 A 的逆矩阵, 即 $AB_1 = B_1 A = I^{(n)}$ 成立, 那么如同在域中一样, 可以证明 $B_1 = B$. 这就是说, 矩

阵 A 的逆矩阵是唯一确定的，我们把它记作 A^{-1}. 显然，当 A 是可逆矩阵时，A^{-1} 也是可逆矩阵，并且 $(A^{-1})^{-1}=A$. 如果 A, B 都是 $n\times n$ 可逆矩阵，那么 AB 也可逆. 而且

$$(AB)^{-1}=B^{-1}A^{-1}.$$

定理6.12 设 M 是 R 模，而 $e_1, e_2, \cdots, e_n$ 是 M 的一个生成元集，再设

$$A=(a_{ij})_{1\leqslant i,j\leqslant n}$$

是 R 上的 $n\times n$ 可逆矩阵. 令

$$f_i=\sum_{j=1}^{n}a_{ij}e_j,\ i=1, 2, \cdots, n,$$

则 $f_1, f_2, \cdots, f_n$ 也是 M 的一个生成元集. 如果 M 是有限秩的自由 R 模，而 $e_1, e_2, \cdots, e_n$ 是 M 的一组自由基，那么 $f_1, f_2, \cdots, f_n$ 也是 M 的一组自由基.

证明 先设 $e_1, e_2, \cdots, e_n$ 是 M 的一个生成元集. 设 B 是 A 的逆矩阵，并设

$$B=(b_{ij})_{1\leqslant i,j\leqslant n}.$$

那么

$$\begin{aligned}\sum_{l=1}^{n}b_{il}f_l&=\sum_{l=1}^{n}b_{il}\sum_{j=1}^{n}a_{lj}e_j\\&=\sum_{j=1}^{n}\left(\sum_{l=1}^{n}b_{il}a_{lj}\right)e_j=\sum_{j=1}^{n}\delta_{ij}e_j=e_i,\end{aligned}$$

其中 $\delta_{ij}=1$ 如果 $i=j$, 而 $\delta_{ij}=0$ 如果 $i\neq j$. 这说明 $e_1, e_2, \cdots, e_n$ 都可以表成 $f_1, f_2, \cdots, f_n$ 的系数为 R 中元素的线性组合，因此 $f_1, f_2, \cdots, f_n$ 也是 M 的生成元集.

再设 M 是秩 n 的自由 R 模，而 $e_1, e_2, \cdots, e_n$ 是 M 的一组自由基. 如果 $\sum_{i=1}^{n}c_if_i=0$, $c_i\in R$, 那么

$$0=\sum_{i=1}^{n}c_i\sum_{j=1}^{n}a_{ij}e_j=\sum_{j=1}^{n}\left(\sum_{i=1}^{n}c_ia_{ij}\right)e_j.$$

因为 $e_1, e_2, \cdots, e_n$ 是 M 的一组自由基，所以

$$\sum_{i=1}^{n}c_ia_{ij}=0,\ j=1, 2, \cdots, n.$$

于是

$$0=\sum_{j=1}^{n}\left(\sum_{i=1}^{n}c_ia_{ij}\right)b_{jk}=\sum_{i=1}^{n}c_i\left(\sum_{j=1}^{n}a_{ij}b_{jk}\right)=\sum_{i=1}^{n}c_i\delta_{ik}=c_k,$$

$$k=1, 2, \cdots, n.$$

因此 $f_1, f_2, \cdots, f_n$ 也是 M 的自由基. □

定义 6.10 设 A, B 都是主理想整环 R 上的 $m\times n$ 矩阵. 如果有 R 上 $m\times m$ 可逆矩阵 P 和 $n\times n$ 可逆矩阵 Q, 使得 $B=PAQ$, 就说 A 和 B *等价*, 并说变换 $A\longmapsto PAQ$ 是 *等价变换*.

显然, R 上 $m\times n$ 矩阵在等价之下分成一些等价类. 我们要研究 R 上 $m\times n$ 矩阵在等价变换下的标准形.

首先我们引进初等矩阵的概念.

1) 设 u 是 R 的可逆元, 令

$$D_i(u)=\begin{pmatrix}1&&&&&&&\\&1&&&&&&\\&&\ddots&&&&&\\&&&1&&&&\\&&&&u&&&\\&&&&&1&&\\&&&&&&\ddots&\\&&&&&&&1\end{pmatrix}\begin{matrix}\\ \\ \\ \\ i\\ \\ \\ \\ \end{matrix},$$
$$\hphantom{D_i(u)=}\qquad i$$

这是一个对角阵, 主对角线上除 (i,i) 位置上的元素是 u 其余元素都是 1, 即 $D(u)=I+(u-1)E_{ii}$, 其中 E_{ii} 是 (i,i) 位置是 1, 而其余位置都是 0 的 $n\times n$ 矩阵.

2) 设 $i\neq j$, 令

$$P_{ij}=\begin{pmatrix}1&&&&&&&&&\\&\ddots&&&&&&&&\\&&1&&&&&&&\\&&&0&&&1&&&\\&&&&1&&&&&\\&&&&&\ddots&&&&\\&&&&&&1&&&\\&&&1&&&0&&&\\&&&&&&&1&&\\&&&&&&&&\ddots&\\&&&&&&&&&1\end{pmatrix}\begin{matrix}\\ \\ \\ i\\ \\ \\ \\ j\\ \\ \\ \\ \end{matrix},$$
$$\qquad\qquad i\qquad\qquad j$$

即 $P_{ij}=I-E_{ii}-E_{jj}+E_{ij}+E_{ji}$, 其中 E_{ij} 是 (i,j) 位置是 1, 而其余位置是 0 的 $n\times n$ 矩阵.

3) 设 $i\neq j$, $b\in R$. 令

$$T_{ij}(b)=\begin{pmatrix}1&&&&&&&&\\&1&&&&&&&\\&&\ddots&&&&&&\\&&&1&&b&&&\\&&&&\ddots&&&&\\&&&&&1&&&\\&&&&&&\ddots&&\\&&&&&&&1\end{pmatrix}\begin{matrix}\\ \\ \\ i\\ \\ j\\ \\ \\ \end{matrix},$$
$$\qquad\qquad\qquad i\qquad\qquad j$$

即 $T_{ij}(b)=I+bE_{ij}$

显然，初等矩阵都是可逆矩阵，并且它们的逆矩阵也是初等矩阵. 事实上,

$$D_i(u)^{-1}=D_i(u^{-1}),\ P_{ij}^{-1}=P_{ij},\ T_{ij}(b)^{-1}=T_{ij}(-b).$$

我们把 $D_i(u)$, P_{ij} 和 $T_{ij}(b)$ 分别叫做 *第一种、第二种和第三种初等矩阵*.

对主理想整环 R 上矩阵 A 的初等行 (列) 变换的定义如同在域中一样 (见 5.3 节), 只是对于第一种行（列）初等变换只允许用 R 中的可逆元去乘 A 中同一行（列）的元素. 所以, 对 R 上 $m\times n$ 矩阵 A 左 (右) 乘以 $m\times m$ $(n\times n)$ 矩阵 $D_i(u)$, P_{ij}, 或 $T_{ij}(b)$ 就分别相当于对 A 进行第一种, 第二种或第三种初等行 (列) 变换.

现在我们可以叙述

定理 6.13 *设 A 为 R 上的 $m\times n$ 矩阵, 那么 A 等价于以下形状的一个 "对角" $m\times n$ 矩阵* ①

$$\begin{pmatrix}d_1&&&&\\&d_2&&&\\&&\ddots&&0\\&&&d_r&\\&0&&&0\end{pmatrix},\tag{6.7}$$

记作 $\mathrm{diag}\{d_1,\cdots,d_r,0,\cdots,0\}$, 其中 $d_i\neq 0$ 而且如果 $i\leqslant j$, 则 $d_i|d_j$.

证明 首先, 我们给出 R 是欧氏环这一特殊情形的证明. 设 δ 是定义 4.21 中从 R^* 到 $\mathbb{N}$ 的映射. 如果 $A=0$, 结论自然成立. 下面假定 $A=(a_{ij})\neq 0$. 设 a_{ij} 是 A 的非零元素中 $\delta(a_{ij})$ 最小的一个元素. 对 A 进行初等行、列变换, 可将 a_{ij} 变到 A 的 (1,1) 位置. 因而不妨设 a_{11} 是非零的 $a_{ij}(1\leqslant i\leqslant m, 1\leqslant j\leqslant n)$ 中, $\delta(a_{11})$ 最小的一个元素. 设 $k>1$, 因 R 是欧氏环而 $a_{11}\neq 0$, 可设存在 $b_k, b_{1k}\in R$, 使得 $a_{1k}=a_{11}b_k+b_{1k}$, 其中 $b_{1k}=0$ 或 $\delta(b_{1k})<\delta(a_{11})$. 我们从 A 的第 k 列减去其第 1 列的 b_k 倍, 那么得一个与 A 等价的矩阵. 如果 $b_{1k}\neq 0$, 那么所得的矩阵中的非零元素的 δ(即在 δ 下的像) 最小值要小于 $\delta(a_{11})$. 再对所得的矩阵进行上面的变换.

① (6.7) 是 $m\times n$ 矩阵, 而 m 并不一定等于 n, 因此 (6.7) 并不一定是对角矩阵.

同样地，如果 $a_{k1}=a_{11}b_k+b_{k1}$, 其中 $b_{k1}\neq 0$, 而 $\delta(b_{k1})<\delta(a_{11})$, 那么对矩阵进行第三种初等行变换，得到与它等价的新矩阵，其非零元的 δ 的最小值要小于 $\delta(a_{11})$. 因为 δ 取的值是非负整数. 所以上述步骤进行有限步后就得到与 A 等价的矩阵 $B=(b_{ij})$, 且对所有的 k 有 $b_{11}|b_{1k}$ 和 $b_{11}|b_{k1}$. 再对 B 进行第三种初等行、列变换就得到与 B 等价的矩阵

$$\begin{pmatrix} b_{11} & 0 & \cdots & 0 \\ 0 & c_{22} & \cdots & c_{2n} \\ \vdots & \vdots & & \vdots \\ 0 & c_{m2} & \cdots & c_{mn} \end{pmatrix}. \tag{6.8}$$

我们还可以使 $b_{11}|c_{kl}$ 对所有 $k,l,2\leqslant k\leqslant m,2\leqslant l\leqslant n$. 事实上，如果 $b_{11}\nmid c_{kl}$, 那么我们就将上面矩阵的第 k 行加到第一行，得到新的矩阵的第一行为 $(b_{11},c_{k2},\cdots,c_{kn})$. 重复上面第一步的变换，用一个非零元素来代换非零元素 c_{kl}, 而这个元素的 δ 要小于 b_{11} 的 δ. 这样经过有限步后，就给出与 A 等价的矩阵 (6.8), 其中 $b_{11}\neq 0$, 而 $b_{11}|c_{kl}$.

现在对子矩阵 (c_{ij}) 重复上面的步骤. 就得到与 A 等价的矩阵

$$\begin{pmatrix} b_{11} & 0 & 0 & \cdots & 0 \\ 0 & c_{22} & 0 & \cdots & 0 \\ 0 & 0 & d_{33} & \cdots & d_{3n} \\ \vdots & \vdots & \vdots & & \vdots \\ 0 & 0 & d_{m3} & \cdots & d_{mn} \end{pmatrix}, \tag{6.9}$$

其中 $c_{22}|d_{pq}$, 对所有的 p, q, $3\leqslant p\leqslant m$, $3\leqslant q\leqslant n$. 此外，对 (c_{ij}) 进行初等行、列变换，并不影响 b_{11} 对这个矩阵中元素的整除条件. 因此 $b_{11}|c_{22}$, $b_{11}|d_{pq}$. 继续运用上述的步骤，就得到与 A 等价的 "对角矩阵"(6.7), 其中 $d_i\neq 0$, $(d_1=b_{11},d_2=c_{22}$, 等等), 而且如果 $i\leqslant j$, 则 $d_i|d_j$.

类似于上面的讨论，我们来讨论一般情形，即 R 是主理想整环的情况. 这时使用 R 中非零元素 a 的 长 来代替 $\delta(a)$. 设 $a\neq 0$. 当 a 是 R 中的可逆元时，就约定 $l(a)=0$. 当 a 不是可逆元时，设 $a=p_1p_2\cdots p_r$, 其中 $p_l(1\leqslant l\leqslant r)$ 是不可约因子，我们定义 a 的长为 r, 记作 $l(a)$, 即 $l(a)$ 为 a 的因子分解中不可约因子的个数. 显然，如果 $a|b,b\neq 0$ 而 a,b 不相伴，那么 $l(a)<l(b)$. 同时还需要，添上用 R 上的如下 $n\times n$ 矩阵 (或 $m\times m$ 矩阵)

$$\begin{pmatrix} x & s & & & \\ y & t & & 0 & \\ & & 1 & & \\ & 0 & & \ddots & \\ & & & & 1 \end{pmatrix}, \tag{6.10}$$

其中 $\begin{pmatrix} x & s \\ y & t \end{pmatrix}$ 可逆, 去右乘 (或左乘)$m\times n$ 矩阵的变换. (注意, 我们把 $n\times n$ 矩阵 (或 $m\times m$ 矩阵)(6.10) 也叫做初等矩阵, 并把用 $m\times m$ ($n\times n$) 矩阵 (6.10) 左 (右) 乘 $m\times n$ 矩阵 A 的变换也叫做初等行 (列) 变换.) 如同前面的情形一样, 我们可假定 $a_{11}\neq 0$, 并且对于每个非零的 a_{ij}, 有 $l(a_{11})<l(a_{ij})$. 假设 $a_{11}\nmid a_{1k}$, 交换第二列和第 k 列. 因而可假定 $a_{11}\nmid a_{12}$. 记 $a=a_{11}, b=a_{12}$, 并且设 $d=\gcd(a, b)$, 那么 $l(d)<l(a)$, 并且根据定理 4.43 存在 $x, y\in R$, 使得 $ax+by=d$. 因为 $d=\gcd(a, b)$, 所以存在 $s,t\in R$ 使得 $a=-td, b=sd$, 于是 $-tdx+sdy=d$. 因为 R 没有零因子, 所以 $-tx+sy=1$, 那么有矩阵等式

$$\begin{pmatrix} -t & s \\ y & -x \end{pmatrix}\begin{pmatrix} x & s \\ y & t \end{pmatrix}=\begin{pmatrix} x & s \\ y & t \end{pmatrix}\begin{pmatrix} -t & s \\ y & -x \end{pmatrix}=\begin{pmatrix} 1 & 0 \\ 0 & 1 \end{pmatrix},$$

由此就推出 $\begin{pmatrix} x & s \\ y & t \end{pmatrix}$ 是可逆的. 于是矩阵 (6.10) 可逆. 用矩阵 (6.10) 从右边去乘矩阵 A, 就得到第 1 行为 $(d, 0, a_{13}, \ldots, a_{1n})$ 的矩阵, 而 $l(d)<l(a_{11})$. 同样地, 对于某个 k, 如果 $a_{11}\nmid a_{k1}$, 我们用适当的初等矩阵与形如 (6.10) 矩阵左乘 A, 得到一个与 A 等价的矩阵, 其 (1, 1) 位置元素的长小于 $l(a_{11})$. 上述步骤进行有限步就得到与 A 等价的矩阵 $B=(b_{ij})$, 使得对于所有的 k, 有 $b_{11}|b_{1k}$ 和 $b_{11}|b_{k1}$. 再进行初等变换, 就可得到形如 (6.8) 的矩阵. 剩下步骤就按欧氏环的相应步骤进行. 其所不同的是我们要连续地用元素的长代替映射 δ. □

例6.9 $\mathbb{F}_2[x]$ 是欧氏环, 因此是主理想整环. 用矩阵等价变换把以下 $\mathbb{F}_2[x]$ 上的矩阵 (记作 A) 变成形状 (6.7) 的矩阵.

$$\begin{pmatrix} x & 1+x+x^2 & 1 & 1+x \\ x+x^2 & x^2+x^3 & 0 & x+x^2 \\ x+x^2+x^3+x^6 & x+x^3+x^4+x^5+x^6+x^7 & 1+x^5 & 1+x+x^2+x^3+x^5+x^6 \end{pmatrix}. \quad (6.11)$$

我们用符号 “$A\xrightarrow{r}A_1$” 和 “$A\xrightarrow{c}A_1$” 分别表示经过初等行和列变换把 A 变成 A_1, 那么

$$A\xrightarrow{c}\begin{pmatrix} 1 & 1+x+x^2 & x & 1+x \\ 0 & x^2+x^3 & x+x^2 & x+x^2 \\ 1+x^5 & x+x^3+x^4+x^5+x^6+x^7 & x+x^2+x^3+x^6 & 1+x+x^2+x^3+x^5+x^6 \end{pmatrix}$$

$$\xrightarrow{r}\begin{pmatrix} 1 & 1+x+x^2 & x & 1+x \\ 0 & x^2+x^3 & x+x^2 & x+x^2 \\ 0 & 1+x^2+x^3+x^4 & x^2+x^3 & x^2+x^3 \end{pmatrix}$$

$$\xrightarrow{c}\begin{pmatrix} 1 & 0 & 0 & 0 \\ 0 & x^2+x^3 & x+x^2 & x+x^2 \\ 0 & 1+x^2+x^3+x^4 & x^2+x^3 & x^2+x^3 \end{pmatrix}$$

$$\xrightarrow{c}\begin{pmatrix}1&0&0&0\\0&x^2+x^3&x+x^2&0\\0&1+x^2+x^3+x^4&x^2+x^3&0\end{pmatrix}$$

$$\xrightarrow{c}\begin{pmatrix}1&0&0&0\\0&x+x^2&x^2+x^3&0\\0&x^2+x^3&1+x^2+x^3+x^4&0\end{pmatrix}$$

$$\xrightarrow{r}\begin{pmatrix}1&0&0&0\\0&x+x^2&x^2+x^3&0\\0&0&1+x^2&0\end{pmatrix}\xrightarrow{c}\begin{pmatrix}1&0&0&0\\0&x+x^2&0&0\\0&0&1+x^2&0\end{pmatrix}$$

$$\xrightarrow{r}\begin{pmatrix}1&0&0&0\\0&x+x^2&1+x^2&0\\0&0&1+x^2&0\end{pmatrix}\xrightarrow{c}\begin{pmatrix}1&0&0&0\\0&1+x&1+x^2&0\\0&1+x^2&1+x^2&0\end{pmatrix}$$

$$\xrightarrow{c}\begin{pmatrix}1&0&0&0\\0&1+x&0&0\\0&1+x^2&x+x^3&0\end{pmatrix}\xrightarrow{r}\begin{pmatrix}1&0&0&0\\0&1+x&0&0\\0&0&x(1+x)^2&0\end{pmatrix},$$

而

$$\begin{pmatrix}1&0&0&0\\0&1+x&0&0\\0&0&x(1+x)^2&0\end{pmatrix}\tag{6.12}$$

是形状 (6.7) 的矩阵. □

推论6.14 设 A 是 R 上的一个 $n\times n$ 可逆矩阵, 那么 A 可表示成有限个初等矩阵的乘积.

证明 由定理 6.13 的证明, 存在有限个初等矩阵 $E_1, E_2, \cdots, E_r$ 和 $E_{r+1}, \cdots, E_{r+s}$, 使得

$$E_1E_2\cdots E_rAE_{r+1}\cdots E_{r+s}=\mathrm{diag}\{d_1, d_2, \ldots, d_n\}.$$

如果 A 是可逆矩阵, 那么 $\mathrm{diag}\{d_1, d_2, \ldots, d_n\}$ 也是可逆矩阵, 于是 $d_1, d_2, \ldots, d_n$ 都是 R 中的可逆元. 因为

$$\mathrm{diag}\{d_1, d_2, \ldots, d_n\}=D_1(d_1)D_2(d_2)\cdots D_n(d_n),$$

而 $D_i(d_i), i=1, 2, \cdots, n$, 都是初等矩阵, 所以

$$A=E_r^{-1}\cdots E_1^{-1}D_1(d_1)\cdots D_n(d_n)E_{r+s}^{-1}\cdots E_{r+1}^{-1},$$

即 A 表示成有限个初等矩阵的乘积. □

下面我们要证明矩阵 (6.7) 中非零的 $d_1, d_2, \cdots, d_r$, 至多相差 R 中的可逆元, 由 A 完全确定, 即是 A 在矩阵等价变换之下的不变量. 我们需要做一些准备工作.

对于主理想整环 R 上的一个 $n\times n$ 矩阵 A, 我们也可以按照定义 5.16 来定义它的行列式, 也把它记作 $|A|$. 在 5.7 节中给出的域上矩阵的行列式的性质 $1\sim 7$ 和性质 $2'\sim 6'$, 对于 R 上矩阵的行列式也成立. 对 R 上的矩阵来说, 定理 5.44 也成立, 但定理 5.45 应修改为:

定理6.15 设 A 是 R 上的一个 $n\times n$ 矩阵, 那么 A 是可逆矩阵当且仅当 $|A|$ 是 R 的一个可逆元. □

这个定理的证明和定理 5.45 的证明相同, 我们把它略去.

例6.10 设

$$A=\begin{pmatrix}1 & x\\ x & 1+x^2\end{pmatrix},\quad B=\begin{pmatrix}1+x^2 & x\\ x & 1\end{pmatrix}$$

是 $\mathbb{F}_2[x]$ 上的两个 2×2 矩阵. 我们有

$$|A|=|B|=1,$$

所以由定理 6.15, A 和 B 都是可逆矩阵. 容易证明

$$AB=BA=I^{(2)}.$$

因此 B 是 A 的逆矩阵, 而 A 也是 B 的逆矩阵. □

例6.11 设

$$A_1=\begin{pmatrix}1+x & x & 1\\ 1+x^2+x^3 & 1+x+x^2+x^3 & 0\\ x+x^2 & 1+x+x^2 & 0\end{pmatrix}$$

和

$$B_1=\begin{pmatrix}0 & 1+x+x^2 & 1+x+x^2+x^3\\ 0 & x+x^2 & 1+x^2+x^3\\ 1 & 1+x^2 & 1+x+x^3\end{pmatrix}$$

是 $\mathbb{F}_2[x]$ 上的两个 3×3 矩阵. 我们有

$$|A_1|=|B_1|=1,$$

所以由定理 6.15, A_1 和 B_1 都是可逆矩阵. 按照矩阵的乘法规则直接计算, 可以证明

$$A_1B_1=B_1A_1=I^{(3)}.$$

所以 A_1 和 B_1 中的一个是另一个的逆矩阵. □

我们来定义主理想整环 R 上矩阵的行列式因子, 不变因子和初等因子, 并且研究它们.

平行于定义 5.21 和 5.22, 我们可以定义 R 上 $m\times n$ 矩阵 A 的 p 阶子式 和 A 的行列式秩. A 的行列式秩记作 rank A. 我们先来定义 A 的行列式因子.

定义6.11 设 A 是 R 上的一个 $m\times n$ 矩阵. 假定 $1\leqslant k\leqslant \min\{m,n\}$. 如果 A 有 k 阶非零子式, 就把 A 的所有 k 阶子式的最大公因子记作 $D_k(A)$(注意, 按照定理 4.43, 至多相差 R 中的一个可逆元, $D_k(A)$ 由 A 唯一确定). 如果 A 的所有 k 阶子式都等于 0, 就规定 $D_k(A)=0$. 我们把 $D_k(A)$ 叫做 A 的 k 阶 行列式因子, 并且把 $\{D_1(A), D_2(A),\cdots,D_{\min\{m,n\}}(A)\}$ 叫做 A 的 行列式因子集.

由行列式的性质 2,3,4 以及 $2',3',4'$ 可推出: 如果 R 上的矩阵 A 经初等行(或列) 变换化成矩阵 B, 那么 A 的任一子式和 B 的对应子式至多相差 R 中的一个可逆元. 由此可得以下定理:

定理6.16 等价的矩阵有相同的秩. 进一步, 至多相差 R 中的可逆元, 等价的矩阵有相同的行列式因子集, 即如果 $m\times n$ 矩阵 A 和 B 等价, 那么

$$D_i(A)=u_iD_i(B),\ 1\leqslant i\leqslant \min\{m,n\},$$

其中 u_i 是 R 中的可逆元.

这样, 矩阵 A 的行列式因子是矩阵等价变换下的不变量.

另一方面, 由行列式的性质 6 可得到以下定理:

定理6.17 对于 R 上的任意 $m\times n$ 矩阵 A, 都有

$$D_i(A)|D_{i+1}(A), 1\leqslant i\leqslant \min\{m,n\}-1.$$

我们再定义不变因子.

定义6.12 设 A 是 R 上 $m\times n$ 矩阵, 而 $\mathrm{rank}\ A=r$. 令

$$d_1(A)=D_1(A),\quad d_2(A)=\frac{D_2(A)}{D_1(A)},\quad \cdots,\quad d_r(A)=\frac{D_r(A)}{D_{r-1}(A)}.$$

由定理 6.17 推出, $d_i(A)\in R, i=1,2,\cdots,r$; 由定理 6.16 推出, 至多相差 R 中的可逆元, $d_1(A)$,$d_2(A)$, $\cdots$, $d_r(A)$ 由 A 完全确定. $d_1(A)$,$d_2(A)$, $\cdots$, $d_r(A)$ 叫做 A 的 不变因子, 而 $\{d_1(A), d_2(A), \cdots, d_r(A)\}$ 叫做 A 的 不变因子集.

定理6.18 至多相差 R 中的可逆元, 等价的矩阵有相同的不变因子集, 即如果 $m\times n$ 矩阵 A 和 B 等价, 而 $\mathrm{rank}\ A=\mathrm{rank}\ B=r$, 那么

$$d_i(A)=u_id_i(B),\ 1\leqslant i\leqslant r,$$

其中 u_i 是 R 中的可逆元.

这个定理可从定理 6.16 和定义 6.12 直接推得.

这样矩阵 A 的不变因子是矩阵等价变换下的不变量.

从定理 6.13 推出

定理6.19 设 A 是 R 上 $m\times n$ 矩阵, 而 $\mathrm{rank}\ A=r$. 设 A 等价于 R 上 $m\times n$ 矩阵 (6.7). 则

$$d_1=u_1d_1(A),\quad d_2=u_2d_2(A),\cdots,d_r=u_rd_r(A), \tag{6.13}$$

其中 u_i 是 R 中的可逆元.

证明 把矩阵 (6.7) 记作 A_0. 计算 A_0 的行列式因子，我们有

$$D_1(A_0)=d_1,\ D_2(A_0)=d_1d_2,\cdots,$$
$$D_r(A_0)=d_1d_2\cdots d_r,$$
$$D_{r+1}(A_0)=0,\cdots,D_{\min\{m,n\}}(A_0)=0.$$

于是

$$d_1=D_1(A_0),\ d_2=\frac{D_2(A_0)}{D_1(A_0)},\ \cdots,\ d_r=\frac{D_r(A_0)}{D_{r-1}(A_0)}.$$

由于 A 和 A_0 是等价，由定理 6.16, 有 $D_j(A_0)=u_jD_j(A)$, $j=i,2,\cdots,r$. 所以 (6.13) 成立. □

定理6.20 设 A 是 R 上 $m\times n$ 矩阵，而 $\operatorname{rank} A=r$. 设 A 等价于 R 上 $m\times n$ 矩阵 (6.7). 那么至多相差 R 中的可逆元，矩阵 (6.7) 中的 $d_1, d_2, \cdots, d_r$ 是 A 在矩阵等价变换下的不变量.

因为 "对角阵"(6.7) 中的 $d_1, d_2, \cdots, d_r$ 是 A 的不变量，即它们至多相差 R 中的可逆元，由 A 唯一确定，这样 (6.7) 就由 A "唯一" 确定. 我们把 (6.7) 叫矩阵 A 在矩阵等价变换下的标准形.

例6.12 根据例 6.9 中的计算, (6.11) 中的矩阵 A 在矩阵等价变换下的标准形是 (6.12)

$$\begin{pmatrix}1&0&0&0\\0&1+x&0&0\\0&0&x(1+x)^2&0\end{pmatrix}.$$

因此

$$1,\ 1+x,\ x(1+x)^2$$

是 A 的不变因子. □

推论6.21 R 上具有相同不变因子集的两个 $m\times n$ 矩阵一定等价.

我们再定义初等因子.

定义6.13 设 A 是 R 上的一个 $m\times n$ 矩阵，并且 $\operatorname{rank} A=r$. 把 A 的 r 个不变因子 $d_1(A), d_2(A), \cdots, d_r(A)$ 分解成 R 中不可约元的乘积:

$$d_1(A)=u_1p_1^{e_{11}}p_2^{e_{21}}\cdots p_s^{e_{s1}},$$
$$d_2(A)=u_2p_1^{e_{12}}p_2^{e_{22}}\cdots p_s^{e_{s2}},$$
$$\cdots\cdots$$
$$d_r(A)=u_rp_1^{e_{1r}}p_2^{e_{2r}}\cdots p_s^{e_{sr}},$$

其中 $u_1, u_2, \cdots, u_r$ 是 R 中的可逆元, $p_1, p_2, \cdots, p_s$ 是 R 中 s 个两两不相伴的不可约元， $e_{1r}>0, e_{2r}>0, \cdots, e_{sr}>0$, 并且

$$0 \leqslant e_{11} \leqslant e_{12} \leqslant \cdots \leqslant e_{1r},$$

$$0 \leqslant e_{21} \leqslant e_{22} \leqslant \cdots \leqslant e_{2r},$$

$$\cdots\cdots$$

$$0 \leqslant e_{s1} \leqslant e_{s2} \leqslant \cdots \leqslant e_{sr}.$$

我们把出现在 $d_1(A), d_2(A), \cdots, d_r(A)$ 的上述分解式中的 p_i 的非零次幂 $p_i^{e_{ij}}$ 叫做 A 的*初等因子*, 而

$$\{p_i^{e_{ij}} : 1 \leqslant i \leqslant s,\ 1 \leqslant j \leqslant r, \text{并且 } e_{ij} > 0\}$$

叫做 A 的*初等因子集*.

例6.13 例 6.9 中矩阵 A 的初等因子集很容易从它的不变因子集 (见例 6.12) 得到，它们是

$$1 + x, \quad (1 + x)^2, \quad x.$$ □

定理6.22 *R 上的两个 $m \times n$ 矩阵等价当且仅当它们有相同的行列式秩和它们的初等因子两两相伴.*

证明 根据定理 6.16, 等价的矩阵有相同的行列式秩. 再根据定理 6.19, 至多相差 R 中的可逆元，它们有相同的不变因子集. 又根据初等因子的定义，矩阵的初等因子由不变因子唯一确定，于是定理的“必要性”就得到了证明. 反之，如果知道了矩阵 A 的行列式秩和初等因子集，那么也可以确定 A 的不变因子集. 事实上，如果已知 $m \times n$ 矩阵 A 的行列式秩是 r, 并且它的初等因子集是

$$p_1^{e_{11}},\ p_1^{e_{12}},\cdots,\ p_1^{e_{1r_1}},$$

$$p_2^{e_{21}},\ p_2^{e_{22}},\cdots,\ p_2^{e_{2r_2}},$$

$$\cdots\cdots$$

$$p_s^{e_{s1}},\ p_s^{e_{s2}},\cdots,\ p_s^{e_{sr_s}},$$

其中

$$e_{i1} \geqslant e_{i2} \geqslant \cdots \geqslant e_{ir_i} > 0, i = 1, 2, \cdots, s.$$

显然 $\max\{r_1, r_2, \cdots, r_s\} \leqslant r$. 如果对于 $r_i < j \leqslant r$, 令 $e_{ij} = 0$, 那么 A 的不变因子一定是

$$d_r(A) = p_1^{e_{11}}\ p_2^{e_{21}}\ \cdots\ p_s^{e_{s1}},$$

$$d_{r-1}(A) = p_1^{e_{12}}\ p_2^{e_{22}}\ \cdots\ p_s^{e_{s2}},$$

$$\cdots\cdots$$

$$d_1(A) = p_1^{e_{1r}}\ p_2^{e_{2r}}\ \cdots\ p_s^{e_{sr}},$$

因此，从推论 6.21 就得到定理“充分性”的证明. □

6.4 主理想整环上的模

在本节中总假定 R 是主理想整环. 首先我们证明

定理6.23 设 M 是有限秩的自由 R 模, 那么 M 的任一子 R 模也是有限秩的自由 R 模.

证明 设 $\operatorname{rank} M = n$. 我们对 n 作归纳法来证明本定理.

当 $n=0$ 时, $M=\{0\}, M$ 只有一个子 R 模 $\{0\}$, 而我们把 $\{0\}$ 当作是秩等于 0 的自由模, 所以本定理成立.

当 $n=1$ 时, 设 $M=Rx$, x 是它的自由基, 并且 N 是 M 的子 R 模. 那么 N 中的元具有形式 $rx, r\in R$. 令

$$I=\{r\in R: rx\in N\}.$$

由 N 是 R 的子模, 可知 I 是 R 的理想. 因为 R 是主理想整环, 所以有 $a\in R$, 使得 $I=(a)$. 如果 $a=0$, 则 $N=\{0\}$, 因此 $\operatorname{rank} N=0$, 本定理成立. 如果 $a\neq 0$, 则 ax 为 N 的生成元. 设 $r\in R$, 使得 $r(ax)=0$, 那么 $(ra)x=0$. 因为 M 为自由 R 模, 所以 $ra=0$. 又因 R 为整环, 而 $a\neq 0$, 所以 $r=0$. 因此 N 是秩 1 的自由 R 模.

现在设 $n>1$, 并假定秩 $<n$ 的自由 R 模的任一子 R 模都是有限秩的自由 R 模. 设 M 是秩为 n 的自由 R 模, 而 $x_1, x_2, \cdots, x_n$ 是 M 的一组自由基, 那么任一 $m\in M$ 可唯一地表成 $m=r_1x_1+r_2x_2+\cdots+r_nx_n$. 设 N 是 M 的任一子 R 模. 令 $M_0=Rx_2+\cdots+Rx_n$, 那么 M_0 是秩为 $n-1$ 的自由 R 模. 再令 $N_0=N\cap M_0$, 那么 N_0 是 M_0 的子模. 根据归纳法假设, N_0 是自由 R 模. 令

$$I=\{r\in R: N\text{中有形如 } rx_1+r_2x_2+\cdots+r_nx_n \text{ 的元素}, r_2,\cdots,r_n\in R\}.$$

显然 I 是 R 的理想, 因此存在 $a\in R$ 使得 $I=(a)$. 当 $a=0$ 时, $N\subset M_0$, 而 M_0 是秩为 $n-1$ 的自由模. 由归纳假设, N 是自由 R 模. 现在设 $a\neq 0$. 根据 I 的定义, N 中有一个形如 $ax_1+a_2x_2+\cdots+a_nx_n$ 的元素, 这里 $a_2,\cdots,a_n\in R$. 令 $n_1=ax_1+a_2x_2+\cdots+a_nx_n$. 对 N 中的任意元 $m_1=rx_1+r_2x_2+\cdots+r_nx_n$, 有 $r\in I$, 因此总有 $b\in R$, 使得 $r=ba$. 那么

$$m_1-bn_1=(r_2-ba_2)x_2+\cdots+(r_n-ba_n)x_n\in M_0\cap N=N_0.$$

设 $f_1, f_2, \cdots, f_m$ 是 N_0 的一组自由基. 那么 $m_1-bn_1=\sum_{i=1}^m c_if_i, c_i\in R$. 于是 $m_1=bn_1+c_1f_1+\cdots+c_mf_m$, 即 $n_1, f_1, \cdots, f_m$ 是 N 的一组生成元. 下面来证明 N 的元 m_1 由 $n_1, f_1, \cdots, f_m$ 的表示是唯一的. 假设 m_1 有两种表示 $m_1=bn_1+c_1f_1+\cdots+c_mf_m$ 和 $m_1=b'n_1+c_1'f_1+\cdots+c_m'f_m$, 并且令 $d=b-b'$, $d_i=c_i-c_i'$, $i=1,\cdots,m$, 那么

$$dn_1+d_1f_1+d_2f_2+\cdots+d_mf_m=0. \tag{6.14}$$

因而只需证明 $d=d_1=\cdots=d_m=0$. 因为 $f_i\in N_0\subset M_0$, $i=1,\cdots,m$, 所以

$$f_i=\sum_{j=2}^{n}b_{ij}x_j,\ b_{ij}\in R. \tag{6.15}$$

把 (6.15) 和 $n_1=ax_1+a_2x_2+\cdots+a_nx_n$ 代入 (6.14), 得

$$dax_1+\left(da_2+\sum_{i=1}^{n}d_ib_{i2}\right)x_2+\cdots+\left(da_n+\sum_{i=1}^{n}d_ib_{in}\right)x_n=0.$$

因为 $x_1, x_2, \cdots, x_n$ 是 M 的自由基, 所以 $da=0$. 再由 R 是主理想整环和 $a\neq 0$, 可知 $d=0$. 因而 (6.14) 变成

$$d_1f_1+d_2f_2+\cdots+d_mf_m=0.$$

因为 $f_1, \cdots, f_m$ 是 N_0 的一组自由基, 所以 $d_1=\cdots=d_m=0$. 因此 $n_1, f_1, \cdots, f_m$ 是 N 的一组自由基, 从而 N 是自由 R 模. □

设 M 是 R 模, 规定

$$\operatorname{ann}M=\{a\in R: ax=0,\text{对所有}x\in M\}.$$

对于任意 $z\in M$, 再规定

$$\operatorname{ann}z=\{a\in R: az=0\}.$$

我们把 $\operatorname{ann}M$ 叫做 M 的*零化子*, $\operatorname{ann}z$ 叫做 z 的*零化子*. 显然 $\operatorname{ann}M$ 和 $\operatorname{ann}z$, 对于任意 $z\in M$, 都是 R 的理想, 并且

$$\operatorname{ann}M=\bigcap_{z\in M}\operatorname{ann}z,$$

对于任意 $z\in M$, z 的*零化子*也是循环子 R 模 Rz 的零化子, 即 $\operatorname{ann}z=\operatorname{ann}Rz$. $\operatorname{ann}Rz$ 也叫 Rz 的*阶理想*或简称 z 的*阶理想*.

这一节的主要目的是要证明主理想整环上有限生成模的结构定理, 即

定理6.24 *设 M 是主理想整环 R 上的有限生成的模, $M\neq\{0\}$. 那么*

i) M 可以表成有限个循环子 R 模的直和

$$M=Rz_1\dotplus Rz_2\dotplus\cdots\dotplus Rz_s, \tag{6.16}$$

并且

$$\operatorname{ann}z_1\supset\operatorname{ann}z_2\supset\cdots\supset\operatorname{ann}z_s, \tag{6.17}$$

而

$$\operatorname{ann}z_k\neq R,\ \text{对}\ k=1, 2, \cdots, s.$$

ii) 设 $M=Rz_1\dotplus Rz_2\dotplus\cdots\dotplus Rz_s=Rw_1\dotplus Rw_2\dotplus\cdots\dotplus Rw_t$ 是 M 分解成循环子 R 模的两种直和分解, 假定在两个直和分解中没有一个直和项是 0, 并且

$$\operatorname{ann}z_1\supset\operatorname{ann}z_2\supset\cdots\supset\operatorname{ann}z_s,\quad \operatorname{ann}w_1\supset\operatorname{ann}w_2\supset\cdots\supset\operatorname{ann}w_t.$$

那么 $s=t$, 并且 $\operatorname{ann} z_i=\operatorname{ann} w_i$, $i=1, 2, \cdots, s$.

证明 先来证明 i). 设 $x_1, x_2, \cdots, x_n$ 是 M 的一组生成元，而 R^n 中的

$$e_i=(0, \cdots, 0, \underset{(i)}{1}, 0, \cdots, 0), \quad i=1, \cdots, n$$

是 R^n 的一组自由基. 根据定理 6.8 映射

$$\begin{aligned}\phi: R^n &\longrightarrow M,\\ r_1e_1+r_2e_2+\cdots+r_ne_n &\longmapsto r_1x_1+r_2x_2+\cdots+r_nx_n\end{aligned}$$

是 R^n 到 M 的同态映射. 设 $\operatorname{Ker}\phi=N$, 那么根据定理 6.6, $R^n/N\simeq M$. 再由定理 6.23, N 是有限秩的自由模. 设 $f_1, f_2, \cdots, f_m$ 是 N 一组生成元，可以设

$$f_i=\sum_{j=1}^n a_{ij}e_j,\ i=1,\cdots,m, a_{ij}\in R. \tag{6.18}$$

令

$$A=(a_{ij})_{1\leqslant i\leqslant m,\, 1\leqslant j\leqslant n},$$

那么 A 是 R 上的 $m\times n$ 矩阵，叫做 N 的生成元集 $f_1, f_2, \cdots, f_m$ 关于 R^n 的自由基 $e_1, e_2, \cdots, e_n$ 的矩阵. 设 $P=(p_{ij})$ 是 R 上的 $n\times n$ 可逆矩阵，那么由定理 6.12,

$$e_i'=\sum_{j=1}^n p_{ij}e_j,\ i=1, 2, \cdots, n$$

也是 R^n 的一组自由基. 我们记 $P^{-1}=(p_{ij}^*)$, 那么

$$e_i=\sum_{j=1}^n p_{ij}^*e_j',\ i=1, 2, \cdots, n. \tag{6.19}$$

设 $Q=(q_{kl})$ 是 R 上的 $m\times m$ 可逆矩阵，那么由定理 6.12,

$$f_k'=\sum_{l=1}^m q_{kl}f_l,\ k=1, 2, \cdots, m \tag{6.20}$$

也是 N 的一组生成元集. 由 (6.20),(6.18) 和 (6.19), 得

$$f_k'=\sum_{i=1}^m\sum_{j=1}^n\sum_{l=1}^n q_{ki}a_{ij}p_{jl}^*e_l',\ k=1, \cdots, m. \tag{6.21}$$

设 N 的生成元集 $f_1', f_2', \cdots, f_m'$ 关于 R^n 的自由基 $e_1', e_2', \cdots, e_n'$ 的矩阵是 R 上的 $m\times n$ 矩阵 $A'=(a_{ij}')$, 那么

$$f_k'=\sum_{l=1}^n a_{kl}'e_l',\ k=1, \cdots, m. \tag{6.22}$$

由 (6.21) 和 (6.22), 得

$$A' = QAP^{-1}.$$

由定理 6.13, 可取 R 上的 $m \times m$ 可逆矩阵 Q 和 $n \times n$ 可逆矩阵 P, 使得

$$QAP^{-1} = \mathrm{diag}\{d_1, d_2, \cdots, d_r, 0, \cdots, 0\},$$

其中 $d_k \neq 0$, $1 \leqslant k \leqslant r$, 并且 $d_i | d_j$, $1 \leqslant i \leqslant j \leqslant r$. 于是 N 的自由基 $\{f_k'\}$ 关于 R^n 的生成元集 $\{e_j'\}$ 的关系式是

$$f_1' = d_1 e_1',\ f_2' = d_2 e_2',\ \cdots,\ f_r' = d_r e_r',\ f_{r+1}' = \cdots = f_m' = 0.$$

现在取 $y_i = \sum_{j=1}^n p_{ij} x_j$, $1 \leqslant i \leqslant n$, 那么根据定理 6.12, $y_1, y_2, \cdots, y_n$ 是 M 的另一组生成元. 显然 y_i 是 e_i' 在 ϕ 下的像, $i = 1, 2, \cdots, n$. 因为 $d_i e_i' = f_i' \in N$, $1 \leqslant i \leqslant r$, 所以 $d_i y_i = 0$. 现在假设 $\sum_{i=1}^n b_i y_i = 0$, $b_i \in R$, 那么 $\sum_{i=1}^n b_i e_i' \in N$. 可设 $\sum_{i=1}^n b_i e_i' = \sum_{i=1}^m c_i f_i'$, 其中 $c_i \in R$, $i = 1, 2, \cdots, m$. 于是 $\sum_{i=1}^n b_i e_i' = \sum_{i=1}^n c_i d_i e_i'$, 其中当 $i > r$ 时, 令 $d_i = 0$. 因为 $e_1', e_2', \cdots, e_n'$ 是 R^n 的一组自由基, 所以 $b_i = c_i d_i$, $1 \leqslant i \leqslant n$. 因而 $b_i y_i = c_i d_i y_i = 0$. 这样就得到：如果 $\sum_{i=1}^n b_i y_i = 0$, 那么每个 $b_i y_i = 0$. 因此，我们有

$$M = Ry_1 \dot{+} Ry_2 \dot{+} \cdots \dot{+} Ry_n.$$

再来研究 $\mathrm{ann}\, y_i$, $i = 1, 2, \cdots, n$. 设 $b \in \mathrm{ann}\, y_i$, 即 $b \in R$ 而 $by_i = 0$. 那么 $\phi(be_i') = b\phi(e_i') = by_i = 0$, 于是 $be_i' \in N$. 因为 $f_1', f_2', \cdots, f_m'$ 是 N 的一组生成元, 可设 $be_i' = c_1 f_1' + c_2 f_2' + \cdots + c_m f_m'$, 其中 $c_i \in R$. 于是 $be_i' = c_1 d_1 e_1' + c_2 d_2 e_2' + \cdots + c_r d_r e_r'$. 注意 $e_1', e_2', \cdots, e_n'$ 是 R^n 的一组自由基. 如果 $i > r$, 就有 $b = 0$, 因此 $\mathrm{ann}\, y_i = (0)$, 但当 $i > r$ 时, $d_i = 0$, 所以 $\mathrm{ann}\, y_i = (d_i)$. 如果 $i \leqslant r$, 则 $b = c_i d_i \in (d_i)$, 但 $d_i y_i = 0$, 所以也有 $\mathrm{ann}\, y_i = (d_i)$. 由 d_i 的可除条件，就有

$$(d_1) \supset (d_2) \supset \cdots \supset (d_n).$$

显然，如果 d_i 是 R 的可逆元，那么由 $d_i y_i = 0$ 推出 $y_i = 0$. 因此可从生成元集合 $\{y_1, y_2, \cdots, y_n\}$ 去掉这些 y_i. 假设 $d_1, \cdots, d_t$ 是可逆元，而 $d_{t+1}, d_{t+2}, \cdots$ 不是可逆元，并且令 $z_1 = y_{t+1}, z_2 = y_{t+2}, \cdots, z_s = y_n$, 其中 $s = n - t$, 那么有 $M = Rz_1 \dot{+} Rz_2 \dot{+} \cdots \dot{+} Rz_s$, 这里 $Rz_j \neq \{0\}$. 于是 $1 \notin \mathrm{ann}\, z_j$, $\mathrm{ann}\, z_j \neq R$. 因此 (6.16) 和 (6.17) 成立.

为要证明定理 6.24 的 ii), 需要做一些准备工作.

设 M 是 R 模，定义

$$\mathrm{tor}\, M = \{y \in M : 有\ \ a \in R, a \neq 0\ 使得\ ay = 0\}.$$

显然，$y \in \mathrm{tor}\, M$, 当且仅当 $\mathrm{ann}\, y \neq (0)$.

定理6.25 tor M 是 M 的子模.

证明 设 $y_1, y_2 \in \operatorname{tor} M$, 即有 $a_i \in R$, $a_i \neq 0$, 使得 $a_i y_i = 0$, $i = 1,2$, 那么 $a = a_1 a_2 \neq 0$, 并且 $a(y_1 + y_2) = a_1 a_2 y_1 + a_1 a_2 y_2 = 0$. 因此 $y_1 + y_2 \in \operatorname{tor} M$. 设 $y \in \operatorname{tor} M$, 即有 $a \in R$, $a \neq 0$, 使得 $ay = 0$, 那么对于任意 $b \in R$, $a(by) = b(ay) = 0$. 因此 $by \in \operatorname{tor} M$. 这证明了 tor M 是 M 的子模. □

定义6.14 设 M 是 R 模, 我们把 tor M 叫做 M 的扭子模. 如果 $M = \operatorname{tor} M$, 就说 M 是扭 R 模, 简称扭模.

定理6.26 设 M 有限生成的模, 而 $M = Rz_1 \dot{+} Rz_2 \dot{+} \cdots \dot{+} Rz_s$, 其中 $\operatorname{ann} z_1 \supset \operatorname{ann} z_2 \supset \cdots \supset \operatorname{ann} z_s$, 再设 $\operatorname{ann} z_i \neq (0)$ 对于 $i \leqslant r$; 而 $\operatorname{ann} z_i = (0)$ 对于 $r < i \leqslant s$. 那么

$$\operatorname{tor} M = Rz_1 \dot{+} \cdots \dot{+} Rz_r, \tag{6.23}$$

而 $Rz_{r+1} \dot{+} \cdots \dot{+} Rz_s$ 是 M 的自由子模, 并且 $M = \operatorname{tor} M \dot{+} (Rz_{r+1} \dot{+} \cdots \dot{+} Rz_s)$.

证明 对于 $i \leqslant r$, $\operatorname{ann} z_i \neq (0)$, 所以 $z_i \in \operatorname{tor} M$. 于是 $Rz_1 \dot{+} Rz_2 \dot{+} \cdots \dot{+} Rz_r \subset \operatorname{tor} M$. 另一方面, 假定 $y = b_1 z_1 + \cdots + b_s z_s \in \operatorname{tor} M$, 那么有 $a \in R$, $a \neq 0$, 使得 $0 = ay = ab_1 z_1 + \cdots + ab_s z_s = 0$. 于是 $ab_i z_i = 0$. 设 $i > r$. 因为 $\operatorname{ann} z_i = (0)$, 所以 $ab_i = 0$. 因为 $a \neq 0$, 所以 $b_i = 0$. 于是 $y = \sum_{j=1}^{r} b_j z_j \in Rz_1 \dot{+} \cdots \dot{+} Rz_r$. 因此 (6.23) 成立.

显然, $Rz_{r+1} \dot{+} \cdots \dot{+} Rz_s$ 是 M 的自由子模, 并且 $M = \operatorname{tor} M \dot{+} (Rz_{r+1} \dot{+} \cdots \dot{+} Rz_s)$. □

定理 6.26 可以简述成: R上的有限生成的模是它的扭子模与它的一个自由子模的直和.

现在设

$$M = Rz_1 \dot{+} Rz_2 \dot{+} \cdots \dot{+} Rz_s = Rw_1 \dot{+} Rw_2 \dot{+} \cdots \dot{+} Rz_t \tag{6.24}$$

是有限生成 R 模分解成循环子 R 模的两种直和分解, 在这两个直和分解中没有一个直和项为零, 并且

$$\operatorname{ann} z_1 \supset \operatorname{ann} z_2 \supset \cdots \supset \operatorname{ann} z_s, \quad \operatorname{ann} w_1 \supset \operatorname{ann} w_2 \supset \cdots \supset \operatorname{ann} w_s,$$

再假定 $\operatorname{ann} z_i \neq (0)$ 对于 $i \leqslant r$, 而 $\operatorname{ann} z_i = (0)$ 对于 $i > r$; $\operatorname{ann} w_j \neq (0)$ 对于 $j \leqslant r'$, 而 $\operatorname{ann} w_j = (0)$ 对于 $j > r'$. 由定理 6.26,

$$\begin{aligned}\operatorname{tor} M &= Rz_1 \dot{+} Rz_2 \dot{+} \cdots \dot{+} Rz_r \\ &= Rw_1 \dot{+} Rw_2 \dot{+} \cdots \dot{+} Rw_{r'},\end{aligned} \tag{6.25}$$

而 $Rz_{r+1} \dot{+} \cdots \dot{+} Rz_s$ 和 $Rw_{r'+1} \dot{+} \cdots \dot{+} Rw_t$ 都是 M 的自由 R 子模. 由 (6.24) 和 (6.25) 推出

$$\begin{aligned}M/\operatorname{tor} M &\simeq Rz_{r+1} \dot{+} \cdots \dot{+} Rz_s \\ &\simeq Rw_{r'+1} \dot{+} \cdots \dot{+} Rw_t.\end{aligned}$$

根据定理 6.9, $s-r=t-r'$. 显然有

$$\operatorname{ann} z_{r+1}=\operatorname{ann} w_{r'+1}=0, \operatorname{ann} z_{r+2}=\operatorname{ann} w_{r'+2}=0, \cdots, \operatorname{ann} z_s=\operatorname{ann} w_t=0.$$

因此要证明定理 6.24 ii), 只要对于 tor M 来证明就行了, 即只要对有限生成的扭模来证明就行了.

设 M 是 R 模. 再设 p 是 R 的不可约元, 我们把 M 的子集合

$$M_p=\{y \in M: \text{有 } k \in \mathbb{N}, \text{使得 } p^k y=0\}$$

叫做 M 的 p 分量. 易知, $M_p \subset \operatorname{tor} M$, 并且 M_p 是 M 的子模. 如果 p 和 p' 是 R 中两个相伴的不可约元, 那么显然有 $M_p=M_{p'}$.

引理 6.27 设 M 是 R 模. 如果 $p_1, p_2, \cdots, p_n$ 是 R 中两两不相伴的不可约元, 那么

$$M_{p_1}+M_{p_2}+\cdots+M_{p_n}=M_{p_1} \dot{+} M_{p_2} \dot{+} \cdots \dot{+} M_{p_n} \tag{6.26}$$

是直和.

证明 设有 $y_1+y_2+\cdots+y_n=0$, 其中 $y_i \in M_{p_i}$. 对于每个 $i=1,2, \cdots, n$, 有 $k_i \in \mathbb{N}$, 使得 $p_i^{k_i} y_i=0$. 于是 $p_2^{k_2} \cdots p_n^{k_n} y_1=p_2^{k_2} \cdots p_n^{k_n}(-y_2-\cdots-y_n)=0$. 显然 $\operatorname{gcd}(p_1^{k_1}, p_2^{k_2}, \cdots, p_n^{k_n})=1$, 根据定理 4.43 有 $c, d \in \mathbb{Z}$, 使得 $c p_1^{k_1}+d p_2^{k_2} \cdots p_n^{k_n}=1$. 于是

$$\begin{aligned} y_1 &= 1 y_1=(c p_1^{k_1}+d p_2^{k_2} \cdots p_n^{k_n}) y_1 \\ &= c p_1^{k_1} y_1+d p_2^{k_2} \cdots p_n^{k_n} y_1=0 . \end{aligned}$$

同理可证 $y_2=\cdots=y_n=0$. 因此 (6.26) 是直和. □

我们还要证明有限生成的扭模 M 只有有限个 p 分量 $\neq 0$, 并且 M 是所有非零的 p 分量的直和. 先证明

引理 6.28 i) 设 $M=Rx$, $\operatorname{ann} x=(d)$, $d=gh$, 且 $\operatorname{gcd}(g, h)=1$. 那么有 $y, z \in M$, $\operatorname{ann} y=(g)$, $\operatorname{ann} z=(h)$, 而且 $M=Ry \dot{+} Rz$.

ii) 设 $M=Ry \dot{+} Rz$, $\operatorname{ann} y=(g)$, $\operatorname{ann} z=(h)$, 而且 $\operatorname{gcd}(g, h)=1$. 那么有 $x \in M$ 使得 $M=Rx$, 而且 $\operatorname{ann} x=(gh)$.

证明 i) 令 $y=hx$, $z=gx$. 因为 $\operatorname{gcd}(g, h)=1$, 根据定理 4.43 有 $a, b \in R$, 使得 $ah+bg=1$. 因此 $x=(ah+bg)x=a(hx)+b(gx)=ay+bz$. 由 $M=Rx$, 可知 $M=Ry+Rz$. 设 $k, l \in R$, 则 $ky \in Ry$, $lz \in Rz$. 假定 $ky+lz=0$, 那么 $(kh+lg)x=0$, 于是 $kh^2 x=0$, $gh \mid kh^2$, $g \mid kh$. 因为 $\operatorname{gcd}(g, h)=1$, 所以 $g \nmid h$. 根据引理 4.42 $g \mid k$. 设 $k=k_1 g$, 那么 $ky=k_1 ghx=k_1 dx=0$. 同理可证 $lz=0$. 因此 $M=Ry \dot{+} Rz$. 显然也有 $\operatorname{ann} y=(g)$ 和 $\operatorname{ann} z=(h)$.

ii) 设 $M=Ry \dot{+} Rz$, $\operatorname{ann} y=(g)$, $\operatorname{ann} z=(h)$, 而且 $\operatorname{gcd}(g, h)=1$. 令 $x=y+z$. 因 $\operatorname{gcd}(g, h)=1$, 有 $a, b \in R$, 使得 $ah+bg=1$. 所以 $y=ahy=ah(y+z)=ahx$, 从而 $y \in Rx$, $z=x-y \in Rx$. 于是 $M=Rx$.

设 $cx=0$, 那么 $cy+cz=0$. 因为 $M=Ry\dot{+}Rz$, 所以 $cy=cz=0$, 因此 $g|c$ 和 $h|c$, 因而 c 是 g 和 h 的公倍元. 因为 g 和 h 的最小公倍元是 gh, 而 $(gh)(y+z)=0$, 所以 $\operatorname{ann}x=(gh)$. □

根据引理 6.28 i) 并运用归纳法可证

定理6.29 如果 $M=Rx$ 是循环模, 并且还是扭模, 再设 $\operatorname{ann}x=(d)$, 而 $d=up_1^{e_1}p_2^{e_2}\cdots\ p_t^{e_t}$, 其中 $p_i, 1\leqslant i\leqslant t$, 是 R 中两两不相伴的不可约元而 u 是 R 中可逆元, 那么 $M=Rx_1\dot{+}Rx_2\dot{+}\ \cdots\dot{+}Rx_t$, 其中 Rx_i 是 M 的 p_i 分量, 而且 $\operatorname{ann}x_i=(p_i^{e_i})$.

对于 R 中的不可约元 p, 我们把阶理想是 (p^e) 的循环模叫做准素循环模. 因此, 定理 6.29 可简述成:

定理6.30 任一循环扭模是准素循环模的直和.

由定理 6.24 i) 和定理 6.30, 可推出

定理6.31 R 上任一个有限生成扭模是准素循环模的直和.

现在我们可以证明

定理6.32 设 M 是 R 上有限生成的扭模, 那么 M 只有有限个 p 分量 $\neq 0$ 并且 M 是它们的直和.

证明 由定理 6.24 i) 可设 $x_1, x_2, \cdots, x_r$ 是 M 的一组生成元, 而 $M=Rx_1\dot{+}Rx_2\dot{+}\cdots\dot{+}Rx_r$. 再设 $\operatorname{ann}x_i=(d_i)$, $i=1, 2, \cdots, r$, 而 $d_i=u_ip_1^{e_{i1}}p_2^{e_{i2}}\cdots p_h^{e_{ih}}$, $p_1, p_2, \cdots, p_h$ 是 $d_1, d_2, \cdots, d_r$ 的所有两两不相伴的不可约因子, u_i 是 R 中的可逆元. 根据定理 6.29, 对任一 $i=1, 2, \cdots, r, Rx_i=Rx_{i1}\dot{+}Rx_{i2}\dot{+}\cdots\dot{+}Rx_{ih}$, 而 $\operatorname{ann}x_{ij}=(p_j^{e_{ij}})$. 注意, 当 p_j 不在 d_i 中出现时 (即当 $p_j\nmid d_i$ 时), $x_{ij}=0$. 显然, $Rx_{ij}\subset M_{p_j}$. 因此 $M=M_{p_1}+M_{p_2}+\cdots+M_{p_h}$. 再根据引理 6.27, 这个和是直和, 即 $M=M_{p_1}\dot{+}\cdots\dot{+}M_{p_h}$.

设 p 是与所有 p_i, $1\leqslant i\leqslant h$, 都不相伴的不可约元. 设 $x\in M_p$, 那么有 $k\in\mathbb{N}$, 使得 $p^kx=0$. 因为 $M_p\subset M$, 所以有 $k_1, \cdots, k_h\in\mathbb{N}$, 使得 $p_1^{k_1}\cdots p_h^{k_h}x=0$. 因为 $\gcd(p^k, p_1^{k_1}\cdots p_h^{k_h})=1$, 所以有 $a, b\in\mathbb{Z}$ 使得 $ap^k+bp_1^{k_1}\cdots p_h^{k_h}=1$. 那么 $x=(ap^k+bp_1^{k_1}\cdots p_h^{k_h})x=0$. 因此 $M_p=0$. □

有了以上这些准备, 我们可以对有限生成的扭模来证明定理 6.24 ii). 设 M 是有限生成扭模. 根据定理 6.24 i), 可设 $M=Rz_1\dot{+}\cdots\dot{+}Rz_r$, $\operatorname{ann}z_i\neq R$, 并且 $\operatorname{ann}z_1\supset\operatorname{ann}z_2\supset\cdots\supset\operatorname{ann}z_r$. 设 $\operatorname{ann}z_i=(d_i)$, 那么 $d_i|d_{i+1}$, $i=1, 2, \cdots, r-1$. 再假定 $d_i=u_ip_1^{e_{i1}}\cdots p_h^{e_{ih}}, p_1, \cdots, p_h$ 是 d_r 的所有两两不相伴的不可约因子, u_i 是 R 的可逆元, 并且 $e_{1j}\leqslant e_{2j}\leqslant\cdots\leqslant e_{rj}, 1\leqslant j\leqslant h$. 那么 M 可写成阶理想为 $(p_j^{e_{ij}})$ 的准素循环模的直和.

我们还要指出, 给定不可约元幂 $p_j^{e_{ij}}$, 就可重新建立 d_l, $1\leqslant l\leqslant r$. 所建的 d_l 的最后一个 d_s 是给定不可约元幂 $p_j^{e_{ij}}$ 的最小公倍元, 从所给的 $p_j^{e_{ij}}$ 中删去出现在 d_s 中的因子, d_{s-1} 是剩下的不可约元幂的最小公倍元, 如此继续进行.

例如 $R=\mathbb{Z}$, d_i 的不可约因子幂是 3^2, 3^3, 3^4, 5^2, 5^4, 7, 7^3. 那么 $d_s=3^4 5^4 7^3$, $d_{s-1}=3^3 5^2 7$ 和 $d_{s-2}=d_1=3^2$.

我们再指出, 由引理 6.28 ii), 通过组合相应的准素循环模, 取它的直和, 就得到循环模的直和. 在上面所举的例子中, 设 $x_1, x_2,\cdots, x_7$ 是 M 的准素循环模直和的一组生成元, 而 $x_1,x_2,\cdots,x_7$ 的阶理想依次为 $(3^2),(3^3),(3^4),(5^2),(5^4),(7),(7^3)$, 那么取 $Rx_3\dotplus Rx_5\dotplus Rx_7=Rz_3$, $Rx_2\dotplus Rx_4\dotplus Rx_6=Rz_2$, $Rx_1=Rz_1$, 而 $\operatorname{ann} z_3=(d_3)=(3^4 5^4 7^2)$, $\operatorname{ann} z_2=(d_2)=(3^2 5^2 7)$, $\operatorname{ann} z_1=(d_1)=(3^2)$ 满足 $\operatorname{ann} z_1\supset \operatorname{ann} z_2\supset\operatorname{ann} z_3$. 这就是说, 如果有限生成扭 R 模 M 能分解成准素循环模的直和, 那么它就能分解成循环模的直和, 它的直和项的零化子满足 (6.17). 因此要证明定理 6.24 ii), 我们需要证明有限生成扭 R 模 M 唯一地分解成准素循环模的直和.

根据定理 6.32, M 只有有限个 p 分量 $\neq 0$, 而 M 是它的非零 p 分量的直和. 设 $M=M_{p_1}\dotplus\cdots\dotplus M_{p_h}$, M_{p_i} $(1\leqslant i\leqslant h)$ 是它的非零 p_i 分量, $p_1,p_2,\cdots,p_h$ 是两两不相伴的不可约元. 显见除 $p_1, p_2, \cdots, p_h$ 的次序之外, M 的这种分成 p 分量的直和的分解是唯一的. 因此只要对 M 的 p 分量 M_p 来证明定理 6.23 ii) 就行了.

现在假定 $M=M_p$, 而 $M=Rz_1\dotplus\cdots\dotplus Rz_s=Rw_1\dotplus\cdots\dotplus Rw_t$, $\operatorname{ann} z_1\supset\operatorname{ann} z_2\supset\cdots\supset\operatorname{ann} z_s$ 和 $\operatorname{ann} w_1\supset\operatorname{ann} w_2\supset\cdots\supset\operatorname{ann} w_t$. 再设 $\operatorname{ann} z_i=(p^{e_i}),\operatorname{ann} w_i=(p^{f_i})$, 那么 $e_1\leqslant e_2\leqslant\cdots\leqslant e_s$ 和 $f_1\leqslant f_2\leqslant\cdots f_t$. 对于任意 $k\in\mathbb{N}$, $p^kM=\{p^kx: x\in M\}$ 是 M 的子模, 并且 $M\supset pM\supset p^2M\supset\cdots$. 设 $M^{(k)}=p^kM/p^{k+1}M$, 那么在这个 R 模中任一陪集具有形式 $p^kx+p^{k+1}M$, $x\in M$, 并且满足 $p(p^kx+p^{k+1}M)=p^{k+1}M=0$. 于是 (p) 是 $M^{(k)}$ 的零化子, 由引理 6.10, $M^{(k)}$ 是 $R/(p)$ 模. 因为 p 是 R 中不可约元, 由定理 4.10, $R/(p)$ 是域. 因此 $M^{(k)}$ 是域 $R/(p)$ 上的向量空间. 如果 $k\geqslant e_s$, 那么 $p^kM=0$. 我们取 e_{q+1} 是 $e_i>k$ 中的第 1 个 e_i, 那么 $p^kM=Rp^kz_{q+1}+Rp^kz_{q+2}+\cdots+Rp^kz_s$. 于是陪集 $p^kz_{q+1}+p^{k+1}M$, $\cdots$, $p^kz_s+p^{k+1}M$ 作成域 $R/(p)$ 上向量空间 $M^{(k)}$ 的一组基. 因此, 在这个空间中, $e_i>k$ 的 e_i 的个数与空间的维数相同, 同样地, $f_j>k$ 的 f_j 的个数也与空间的维数相同, 因此对于任意 $k\in\mathbb{N}, e_i>k$ 的 e_i 个数与 $f_j>k$ 的 f_j 的个数相同. 于是得 $s=t$, $e_i=f_i$, $1\leqslant i\leqslant s$. 这就完成了定理 6.24 的证明. □

我们把定理 6.24 中唯一确定的阶理想 $\operatorname{ann} z_1$, $\operatorname{ann} z_2$, $\cdots$, $\operatorname{ann} z_r$ 称为模 M 的*不变因子理想*, 它们之中等于 0 的个数是 $M/\operatorname{tor} M$ 的秩, 因而是 M 的不变量, 叫做 M 的 Betti数. $\operatorname{tor} M$ 分解成准素循环子模直和的分解中, 其直和项的阶理想也由 M 唯一确定, 称为 M 的*初等因子理想*. 因此主理想整环上两个有限生成的模同构, 当且仅当它们有相同的不变因子理想, 也当且仅当它们有相同的 Betti 数和初等因子理想.

推论 6.33(有限生成 Abel 群的基本定理) 设 G 是有限生成的 Abel 群, 那

么 G 可表成

$$G \simeq \mathbb{Z}_{d_1} \dot{+} \mathbb{Z}_{d_2} \dot{+} \cdots \dot{+} \mathbb{Z}_{d_l} \dot{+} \underbrace{\mathbb{Z} \dot{+} \mathbb{Z} \dot{+} \cdots \dot{+} \mathbb{Z}}_{r\text{ 个}},$$

其中 $\mathbb{Z}_{d_i}$ 表示 d_i 阶的循环群， $i=1,2,\cdots,l$, 而且 $d_i|d_{i+1}$, $i=1,2,\cdots,l-1$, $\mathbb{Z}$ 是整数加法群. 进一步， $d_1,d_2,\cdots,d_l$ 和 r 由 G 唯一确定.

习　题　六

6.1 设 σ 和 τ 都是域 F 上的向量空间 V 上的线性变换. 证明按 (6.1) 式和 (6.2) 式分别定义的 $\sigma+\tau$ 和 $\sigma\circ\tau$ 都是 V 上的线性变换. 再设 $c\in F$, 证明按 (6.3) 式定义的 $c\sigma$ 也是 V 上的线性变换.

6.2 设 M 是 R 模, $N_i(i=1,2,\cdots)$ 是 M 的子模, 而 $N_1\subset N_2\subset\cdots$. 令 $N=\bigcup_{i=1}^{\infty}N_i$. 证明 N 也是 M 的子模.

6.3 设 η 是 R 模 M 到 R 模 M' 的一个模同态， H 为 M 的任一个含 $N=\mathrm{Ker}\,\eta$ 的子模. 对任一 $x\in M$, 定义

$$\bar{\eta}(x+H)=\eta(x)+\eta(H).$$

证明

$$\bar{\eta}: M/H\to\eta(M)/\eta(H)$$

是模同构. 若将 $\eta(M)$ 与 M/N 等同，即令 $\eta(x)=x+N$, 则

$$M/H\simeq(M/N)/(H/N).$$

6.4 设 H,N 为 R 模的两个子模，则

$$(H+N)/N\simeq H/H\cap N.$$

而且映射 $x+N\longmapsto x+(H\cap N)$ 是一个模同构.

6.5 设 M 是一个自由 R 模， $u_1,\cdots,u_n$ 是它的一组自由基. 再设 M' 为任一 R 模， $v_1,\cdots,v_n$ 是 M' 的任一子集，于是映射 $u_i\longmapsto v_i$ 恒可唯一地扩充成 M 到 M' 的 R 同态.

6.6 设 M 是 R 模而 S 是子 R 模. 证明：

(i) 如果 M 是有限生成的 R 模，那么商模 M/S 也是;

(ii) 设 S 和 M/S 都是有限生成的，那么 M 也是.

6.7 设 n 是个正整数. 证明将 $\mathbb{Z}_n$ 看作 $\mathbb{Z}$ 模，它不是自由模；但将 $\mathbb{Z}_n$ 看作 $\mathbb{Z}_n$ 模，它却是自由模.

6.8 设 $R=F[x,y]$ 是域 F 上的两个未定元的多项式环， M 是 R 中常数项等于 0 的多项式的集合. 证明 M 是 R 模，但不是自由 R 模.

6.9 证明： $\mathbb{Z}^{(3)}$ 中由 $f_1=(1,0,-1)$, $f_2=(2,-3,1)$, $f_3=(0,3,1)$, $f_4=(3,1,3)$ 生成的模是自由模，并求它的一组自由基.

6.10 求整数矩阵

$$\begin{pmatrix} 6 & 2 & 3 & 0 \\ 2 & 3 & -4 & 1 \\ -3 & 3 & 1 & 2 \\ -1 & 2 & -3 & 5 \end{pmatrix}$$

的等价标准形.

6.11 求 $\mathbb{F}_2[x]$ 上矩阵

$$\begin{pmatrix} x+1 & x^2+x+1 & x \\ x & x^2+1 & 1 \\ 1 & x & x-1 \end{pmatrix}$$

的等价标准形.

6.12 证明：如果 F 是一个域，F 上任一个行列式等于 1 的 $n \times n$ 矩阵可以表成 III 型初等矩阵的积.

6.13 设 R 是欧氏环，A 是 R 上的 $n \times n$ 矩阵，而 $\det A \neq 0$. 证明：存在一个 $n \times n$ 可逆矩阵 P, 使得 PA 是上三角形矩阵

$$\begin{pmatrix} d_1 & b_{12} & \cdots & \cdots & b_{1n} \\ & d_2 & b_{23} & \cdots & b_{2n} \\ & & \ddots & \ddots & \vdots \\ & 0 & & \ddots & b_{n-1,n} \\ & & & & d_n \end{pmatrix}$$

其中 $d_i \neq 0$, 而对于任意 i, $\delta(b_{ji}) < \delta(d_i)$.

6.14 设 K 是由 $f_1 = (2, 1, -3)$, $f_2 = (1, -1, 2)$ 生成的 $\mathbb{Z}^{(3)}$ 的子模，确定 $\mathbb{Z}^{(3)}/K$ 的结构.

6.15 设 R 是有单位元的交换环，M 是一个 R 模，而 $B = \text{ann}M$. 证明 B 是 R 的一个理想. 再证明：如果 C 是包含在 B 中的任一理想，定义 $(a+C)x = ax$, 对于任意 $a \in R$, $x \in M$, 那么 M 是 R/C 模.

6.16 设 $R = \mathbb{R}[x]$, 而 M 是循环模的直和，其直和项的阶理想分别由多项式 $(\lambda-1)^2$, $(\lambda^2+1)^2$, $(\lambda-1)(\lambda^2+1)^4$, $(\lambda+2)(\lambda^2+1)^2$ 生成，确定 M 的初等因子理想和不变因子理想.

6.17 证明：对于任意 R 模 M, 商模 $M/\text{tor}\, M$ 的扭子模是仅由零元素组成的模.

6.18 设 R 是主理想整环，M 是 R 模，$z \in M$. 再设 $\text{ann}\, M = (\mu)$, $\text{ann}\, z = (\nu)$. 证明 $\nu | \mu$.

6.19 试确定所有两两不同构的 27 阶的 Abel 群.

6.20 试从定理 6.24 推出定理 6.20.

第 7 章　矩阵的相似

本章主要讨论矩阵在相似变换下的标准形，我们用两种方法来推导．第一种方法用到多项式矩阵，第二种方法用到 R 模，第六章的 6.3 节和 6.4 节分别是它们的基础．实际上，它们是一种方法的两个方面．

7.1　多项式矩阵

所谓*多项式矩阵*是指域 F 上一个未定元 x 的多项式环 $F[x]$ 上的矩阵．例如

$$\begin{pmatrix} x^4+x & x^2 & 1 \\ x^3+x+1 & x+1 & -x+2 \end{pmatrix}$$

和

$$\begin{pmatrix} x^5 & x^4 & x+1 \\ x^2+1 & x^3+2 & x^2+5 \\ 2x+1 & 2x^3+5 & 7x^2-x \end{pmatrix}$$

都是多项式矩阵．多项式矩阵也叫做多项式环 $F[x]$ 上的矩阵．多项式环 $F[x]$ 是主理想整环，我们可以把 6.3 节中主理想整环上的矩阵的结果用到多项式矩阵上．现简述如下．

首先，我们有多项式矩阵的加法、乘法和纯量乘法，但现在的纯量是 $F[x]$ 中的多项式．

我们可以定义 $F[x]$ 上的*可逆矩阵*, 和可逆矩阵的*逆矩阵*．可逆矩阵的逆矩阵是唯一的．我们把可逆矩阵 A 的逆矩阵记作 A^{-1}．

对于 $F[x]$ 上的一个 $n\times n$ 矩阵 A, 我们也可以定义它的行列式，也把它记作 $|A|$. 在 5.7 节中给出的域上矩阵的行列式的性质 1~7 和性质 $2'\sim 6'$, 对于 $F[x]$ 上矩阵的行列式也成立．对 $F[x]$ 上的矩阵来说，定理 5.44 也成立，但定理 5.45 应修改为

定理 7.1　*设 A 是 $F[x]$ 上的一个 $n\times n$ 矩阵，那么 A 是可逆矩阵当且仅当 $|A|$ 是 F 的一个非零元素．*

现在我们引进域 F 上 $n\times n$ 矩阵的特征多项式和极小多项式．

定义 7.1　设 A 是域 F 上的一个 $n\times n$ 矩阵，而 x 是一个未定元，那么行列式

$$|xI-A|$$

是 $F[x]$ 中的 n 次首一多项式，我们把它叫做 A 的*特征多项式*．

定义 7.2　设 A 是域 F 上的一个 $n\times n$ 矩阵．我们说 A *适合* $F[x]$ 中的多项式

$$c_0+c_1x+c_2x^2+\cdots+c_mx^m,\ c_i\in F,$$

如果

$$c_0I+c_1A+c_2A^2+\cdots+c_mA^m=0.$$

A 所适合的 $F[x]$ 中非零的次数最低的首一多项式叫做 A 的 极小多项式.

例7.1 设

$$A=\begin{pmatrix}0&1&0\\-1&2&0\\-1&1&1\end{pmatrix}$$

是 $\mathbb{Q}$ 上的一个 3×3 矩阵，那么它的特征多项式是

$$|xI^{(3)}-A|=\begin{vmatrix}x&-1&0\\1&x-2&0\\1&-1&x-1\end{vmatrix}=x^3-3x^2+3x-1=(x-1)^3.$$

经计算，

$$A^2=\begin{pmatrix}-1&2&0\\-2&3&0\\-2&2&1\end{pmatrix},\ A^3=\begin{pmatrix}-2&3&0\\-3&4&0\\-3&3&1\end{pmatrix}$$

和

$$A^3-3A^2+3A-I=0.$$

这就是说， A 适合它的特征多项式. 此外，我们又有

$$A^2-2A+I=0,$$

即 A 也适合多项式

$$x^2-2x+1=(x-1)^2.$$

但

$$A-I\neq 0,$$

即 A 不适合多项式 $x-1$. □

例7.2 设

$$A_1=\begin{pmatrix}0&1&0&0\\1&0&0&0\\0&1&1&1\\1&1&0&1\end{pmatrix}$$

是 $\mathbb{F}_2$ 上的一个 4×4 矩阵，它的特征多项式是

$$|xI^{(4)}-A_1|=x^4+1.$$

我们有

$$A_1^4+I=0,$$

即 A_1 适合它的特征多项式. 另外，我们有

$$A_1^2+I=0,$$

即 A_1 也适合 x^2+1. □

一般地，我们有

定理 7.2(凯莱 – 哈密尔顿 Cayley-Hamilton) 域 F 上的每个 $n\times n$ 矩阵 A 都适合它的特征多项式，即如果将 $|xI-A|$ 写成

$$|xI-A|=x^n+a_{n-1}x^{n-1}+a_{n-2}x^{n-2}+\cdots+a_1x+a_0, a_i\in F,$$

那么

$$A^n+a_{n-1}A^{n-1}+a_{n-2}A^{n-2}+\cdots+a_1A+a_0I=0.$$

证明 对于矩阵 $xI-A$ 来说定理 5.44 成立，即

$$(xI-A)\operatorname{adj}(xI-A)=\operatorname{adj}(xI-A)\,(xI-A)=|xI-A|I. \tag{7.1}$$

令

$$\operatorname{adj}(xI-A)=(b_{ij})_{1\leqslant i,\,j\leqslant n}.$$

那么 $\operatorname{adj}(xI-A)$ 的每个元素 $b_{ij}(1\leqslant i,\,j\leqslant n)$ 都是 x 的次数 $\leqslant n-1$ 的多项式.

设

$$b_{ij}=b_{ij}^{(0)}+b_{ij}^{(1)}x+b_{ij}^{(2)}x^2+\cdots+b_{ij}^{(n-1)}x^{n-1},\ b_{ij}^{(k)}\in F,$$

令

$$A_k=(b_{ij}^{(k)})_{1\leqslant i,\,j\leqslant n},\ k=0,1,2,\cdots,n-1,$$

那么 $A_k(0\leqslant k\leqslant n-1)$ 都是 F 上的 $n\times n$ 矩阵，并且

$$\operatorname{adj}(xI-A)=A_0+A_1x+A_2x^2+\cdots+A_{n-1}x^{n-1}.$$

于是

$$\begin{aligned}(xI-A)\operatorname{adj}(xI-A)=&-AA_0+(A_0-AA_1)x+(A_1-AA_2)x^2\\&+\cdots+(A_{n-2}-AA_{n-1})x^{n-1}+A_{n-1}x^n,\\ \operatorname{adj}(xI-A)\,(xI-A)=&-A_0A+(A_0-A_1A)x+(A_1-A_2A)x^2\\&+\cdots+(A_{n-2}-A_{n-1}A)x^{n-1}+A_{n-1}x^n.\end{aligned}$$

从 (7.1) 式推出

$$\begin{aligned}-AA_0&=-A_0A=a_0I,\\ A_{k-1}-AA_k&=A_{k-1}-A_kA=a_kI, k=1,2,\cdots,n-1,\\ A_{n-1}&=I.\end{aligned}$$

于是

$$AA_k=A_kA,\ k=0,\ 1,\ 2,\ \cdots,\ n-1.$$

因此，

$$\begin{aligned}&a_0I+a_1A+a_2A^2+\cdots+a_{n-1}A^{n-1}+A^n\\ =&-AA_0+(A_0-AA_1)A+(A_1-AA_2)A^2+\cdots\\ &+(A_{n-2}-AA_{n-1})A^{n-1}+A^n\\ =&\ 0.\end{aligned}$$

□

推论 7.3 域 F 上任一 $n\times n$ 矩阵 A 都有极小多项式.

此外，我们还有

定理 7.4 设 A 是域 F 上的一个 $n\times n$ 矩阵. 那么 A 的极小多项式是唯一确定的，而且 A 所适合的 $F[x]$ 中的任一多项式都是 A 的极小多项式的倍式. 特别地，A 的特征多项式是 A 的极小多项式的倍式.

证明 设 $f(x)$ 和 $g(x)$ 都是 A 适合的 $F[x]$ 中非零的次数最低的首一多项式. 那么 $\deg f(x)=\deg g(x)$. 显然，A 也适合 $f(x)-g(x)$, 而 $\deg(f(x)-g(x))<\deg f(x)$, 因此一定有 $f(x)-g(x)=0$, 即 $f(x)=g(x)$. 所以 A 的极小多项式是唯一确定的.

设 $m(x)$ 是 A 的极小多项式，而 A 也适合 $f(x)$. 在 $F[x]$ 中，用 $m(x)$ 去除 $f(x)$, 得

$$f(x)=q(x)m(x)+r(x),\quad \deg r(x)<\deg m(x).$$

将 $x=A$ 代入上式，因 $f(A)=0$ 和 $m(A)=0$, 所以有

$$r(A)=0,$$

即 A 也适合 $r(x)$. 因 $\deg r(x)<\deg m(x)$, 而 $m(x)$ 是 A 的极小多项式，所以一定有 $r(x)=0$. 因此

$$f(x)=q(x)m(x),$$

即 $f(x)$ 是 $m(x)$ 的倍式. □

例 7.3 在例 7.1 中，A 的特征多项式是 $(x-1)^3$, A 也适合 $(x-1)^2$, 但它不适合 $x-1$. 于是 A 的极小多项式是 $(x-1)^2$. □

例 7.4 类似地，在例 7.2 中，A_1 的极小多项式是 x^2+1. □

定理 7.5 同一个域上相似矩阵的特征多项式相等，而且它们的极小多项式也相等.

证明 设 A 和 B 是同一个域 F 上两个相似的 $n\times n$ 矩阵，即存在 F 上的一个 $n\times n$ 可逆矩阵 P, 使得 $B=P^{-1}AP$. 那么

$$\begin{aligned}|xI-B|&=|xI-P^{-1}AP|=|P^{-1}(xI-A)P|\\&=|P^{-1}||xI-A||P|=|P|^{-1}|xI-A||P|\\&=|xI-A|,\end{aligned}$$

即 A 和 B 的特征多项式相等.

现在，设

$$m(x)=x^r+b_1x^{r-1}+\cdots+b_{r-1}x+b_r, b_i\in F\quad(i=1,2,\cdots,r)$$

是 A 适合的 F 上的首一多项式，即

$$m(A)=A^r+b_1A^{r-1}+\cdots+b_{r-1}A+b_rI=0.$$

那么

$$
\begin{aligned}
m(B) &= m(P^{-1}AP) \\
&= (P^{-1}AP)^r + b_1(P^{-1}AP)^{r-1} + \cdots + b_{r-1}P^{-1}AP + b_rI \\
&= P^{-1}A^rP + b_1P^{-1}A^{r-1}P + \cdots + b_{r-1}P^{-1}AP + b_rP^{-1}IP \\
&= P^{-1}(A^r + b_1A^{r-1} + \cdots + b_{r-1}A + b_rI)P \\
&= P^{-1}0P = 0.
\end{aligned}
$$

因此 B 也适合 $m(x)$. 类似地，可以证明 A 也适合 B 所适合的 F 上的首一多项式. 因此从定义 7.2 可知 A 和 B 的极小多项式相等. □

定义7.3 设 A 是域 F 上的一个 $n\times n$ 矩阵. A 的特征多项式的根叫做 A 的特征值(或特征根). 设 λ 是 A 的特征值, λ 作为 A 的特征多项式的根的重数叫做特征值 λ 的重数.

定理7.6 设 A 是域 F 上的一个 $n\times n$ 矩阵, 而 λ 是 A 在 F 中的一个特征值. 那么列向量的集合

$$V_\lambda = \{\boldsymbol{x}\in F^n\colon A\boldsymbol{x} = \lambda\boldsymbol{x}\}$$

是 F^n 的一个 $n-\operatorname{rank}(\lambda I - A)$ 维非零子空间, 叫做 A 关于特征值 λ 的特征空间.

证明 因为 λ 是 A 的一个特征值, 所以 $|\lambda I - A| = 0$, 并且 $\operatorname{rank}(\lambda I - A) < n$. 于是从定理 5.40 就可推得本定理. □

定义7.4 设 λ 是域 F 上 $n\times n$ 矩阵 A 的一个特征值, 适合

$$A\boldsymbol{x} = \lambda\boldsymbol{x}$$

的任一非零向量 $\boldsymbol{x}\in F^n$ 都叫做 A 关于特征值 λ 的特征向量.

例7.5 例 7.1 中的矩阵 A 仅有一个 3 重特征值 1. 矩阵

$$I - A = \begin{pmatrix} 1 & -1 & 0 \\ 1 & -1 & 0 \\ 1 & -1 & 0 \end{pmatrix}$$

的秩是 1, 所以 A 关于 1 的特征空间 V_1 的维数是 2, 向量

$$\begin{pmatrix} 1 \\ 1 \\ 0 \end{pmatrix} \text{ 和 } \begin{pmatrix} 0 \\ 0 \\ 1 \end{pmatrix}$$

是 A 关于 1 的两个线性无关的特征向量. □

例7.6 例 7.2 中的矩阵 A_1 仅有一个 4 重特征值 1. 矩阵

$$I - A_1 = \begin{pmatrix} 1 & 1 & 0 & 0 \\ 1 & 1 & 0 & 0 \\ 0 & 1 & 0 & 1 \\ 1 & 1 & 0 & 0 \end{pmatrix}$$

的秩是 2, 因此 A_1 关于 1 的特征空间 V_1 的维数是 2, 向量

$$\begin{pmatrix}1\\1\\0\\1\end{pmatrix} \text{和} \begin{pmatrix}0\\0\\1\\0\end{pmatrix}$$

是 A 关于 1 的两个线性无关的特征向量. □

对于多项式矩阵, 定理 6.13 可以叙述成

定理 7.7 设 A 是 $F[x]$ 上的一个 $m\times n$ 矩阵, 并且 A 的行列式秩是 r. 那么 A 等价于如下形式的一个"对角"矩阵

$$\begin{pmatrix} d_1(A) & & & & \\ & d_2(A) & & & 0^{(r,n-r)} \\ & & \ddots & & \\ & & & d_r(A) & \\ & 0^{(m-r,r)} & & & 0^{(m-r,n-r)} \end{pmatrix}, \tag{7.2}$$

其中 $d_1(A), d_2(A), \cdots, d_r(A)$ 是 $\mathbb{F}[x]$ 中的首一多项式, 并且

$$d_k(A)|d_{k+1}(A),\ 1\leqslant k\leqslant r-1.$$

在 6.3 节中我们定义了主理想整环上矩阵的行列式因子、不变因子和初等因子. 矩阵 (7.2) 中的 $d_1(A), d_2(A), \cdots, d_r(A)$ 就是 A 的不变因子, 而 $\{d_1(A), d_2(A), \cdots, d_r(A)\}$ 就是 A 的不变因子集. 注意, 不变因子都是首一多项式.

定理 6.18 有以下特例.

定理 7.8 等价矩阵的不变因子集相等. 即矩阵的不变因子是在等价变换下的不变量.

推论 7.9 具有相同不变因子集的两个 $m\times n$ 多项式矩阵一定等价.

于是也有

定理 7.10 $F[x]$ 上的两个 $m\times n$ 矩阵等价当且仅当它们有相同的行列式秩和初等因子集.

我们还有

定理 7.11 设 A 是 $F[x]$ 上的一个 $m_1\times n_1$ 矩阵, B 是 $F[x]$ 上的一个 $m_2\times n_2$ 矩阵. 那么 A 的初等因子集与 B 的初等因子集合并在一起就构成矩阵

$$C=\begin{pmatrix}A & 0\\ 0 & B\end{pmatrix} \tag{7.3}$$

的初等因子集.

证明 设 $d_1(A), d_2(A), \cdots, d_r(A)$ 是 A 的不变因子, 而 $d_1(B), d_2(B), \cdots, d_t(B)$ 是 B 的不变因子. 把它们分解成不可约多项式的乘积:

$$d_1(A)=p_1(x)^{e_{11}}p_2(x)^{e_{21}}\cdots p_s(x)^{e_{s1}},$$
$$d_2(A)=p_1(x)^{e_{12}}p_2(x)^{e_{22}}\cdots p_s(x)^{e_{s2}},$$
$$\cdots\cdots$$
$$d_r(A)=p_1(x)^{e_{1r}}p_2(x)^{e_{2r}}\cdots p_s(x)^{e_{sr}},$$
$$d_1(B)=p_1(x)^{e'_{11}}p_2(x)^{e'_{21}}\cdots p_s(x)^{e'_{s1}},$$
$$d_2(B)=p_1(x)^{e'_{12}}p_2(x)^{e'_{22}}\cdots p_s(x)^{e'_{s2}},$$
$$\cdots\cdots$$
$$d_t(B)=p_1(x)^{e'_{1t}}p_2(x)^{e'_{2t}}\cdots p_s(x)^{e'_{st}},$$

其中 $p_1(x), p_2(x), \cdots, p_s(x)$ 是两两不同的首一不可约多项式，并且

$$0\leqslant e_{i1}\leqslant e_{i2}\leqslant\cdots\leqslant e_{ir},\quad i=1,2,\cdots,s;$$
$$0\leqslant e'_{j1}\leqslant e'_{j2}\leqslant\cdots\leqslant e'_{jt},\quad j=1,2,\cdots,s.$$

$p_i(x)^{e_{ij}}$ $(i=1,2,\cdots,s,\ j=1,2,\cdots,r)$ 中不等于 1 (即 $p_i(x)$ 的幂指数 e_{ij} 不等于 0) 的那些多项式就组成 A 的初等因子集，而不等于 1 的那些多项式 $p_i(x)^{e'_{ij}}$ $(i=1,2,\cdots,s,\ j=1,2,\cdots,t)$ 组成 B 的初等因子集.

按照大小次序把 $e_{11}, e_{12}, \cdots, e_{1r}$ 和 $e'_{11}, e'_{12}, \cdots, e'_{1t}$ 排列成

$$0\leqslant e''_{11}\leqslant e''_{12}\leqslant\cdots\leqslant e''_{1,r+t},$$

那么下面的与矩阵 (7.3) 等价的“对角”矩阵

$$\begin{pmatrix} d_1(A) &&&&&&& \\ & \ddots &&&&&& \\ && d_r(A) &&&&& \\ &&& 0^{(m_1-r,n_1-r)} &&&& \\ &&&& d_1(B) &&& \\ &&&&& \ddots && \\ &&&&&& d_t(B) & \\ &&&&&&& 0^{(m_2-t,n_2-t)} \end{pmatrix}$$

经过交换行和列后，可化成矩阵

$$\begin{pmatrix} p_1(x)^{e''_{11}}(*) &&&& \\ & p_1(x)^{e''_{12}}(*) &&& \\ && \ddots && \\ &&& p_1(x)^{e''_{1,r+t}}(*) & \\ &&&& 0 \end{pmatrix},$$

其中 $(*)$ 表示与 $p_1(x)$ 互素的多项式而且这些 $(*)$ 不一定相同. 由此可得 (7.3) 的行列式因子 $D_1(C), D_2(C), \cdots, D_{r+t}(C)$ 和不变因子 $d_1(C), d_2(C), \cdots, d_{r+t}(C)$ 的以下分解式:

$$\begin{aligned}
&D_1(C)=p_1(x)^{e''_{11}}(*), D_2(C)=p_1(x)^{e''_{11}+e''_{12}}(*), \cdots,\\
&D_{r+t}(C)=p_1(x)^{e''_{11}+e''_{12}+\cdots+e''_{1,r+t}}(*),\\
&d_1(C)=p_1(x)^{e''_{11}}(*), d_2(C)=p_1(x)^{e''_{12}}(*), \cdots,\\
&d_{r+t}(C)=p_1(x)^{e''_{1,r+t}}(*).
\end{aligned}$$

因此

$$p_1(x)^{e''_{11}},\ p_1(x)^{e''_{12}},\ \cdots,\ p_1(x)^{e''_{1,r+t}}$$

中不等于 1(即 $p_1(x)$ 的指数不等于 0) 的那些多项式都是 (7.3) 的初等因子.

用同样的方法, 我们又可以确定矩阵 (7.3) 的那些 $p_2(x), p_3(x), \cdots, p_s(x)$ 的幂的初等因子. 这就证明了定理 7.11. □

最后我们指出, $F[x]$ 上的矩阵可以写成系数是 F 上的矩阵的多项式. 例如

$$\begin{aligned}
\begin{pmatrix} x^4+x & x^2 \\ x^3-x+1 & x-1 \end{pmatrix} &= \begin{pmatrix} 1 & 0 \\ 0 & 0 \end{pmatrix} x^4 + \begin{pmatrix} 0 & 0 \\ 1 & 0 \end{pmatrix} x^3 \\
&\quad + \begin{pmatrix} 0 & 1 \\ 0 & 0 \end{pmatrix} x^2 + \begin{pmatrix} 1 & 0 \\ -1 & 1 \end{pmatrix} x + \begin{pmatrix} 0 & 0 \\ 1 & -1 \end{pmatrix}.
\end{aligned}$$

因此, 我们常用符号 $P(x)$ 表示 $F[x]$ 上的矩阵. 如果把 $P(x)$ 写成

$$P(x)=P_0x^n+P_1x^{n-1}+P_2x^{n-2}+\cdots+P_n,$$

其中 $P_0, P_1, P_2, \cdots, P_n$ 都是 F 上的矩阵, 而 $P_0 \neq 0$, 那么就说 P_0 是 $P(x)$ 的首项系数, 而 n 是 $P(x)$ 的次数, 记作 $\deg P(x)$.

平行于 $F[x]$ 中的带余除法, 对于 $F[x]$ 上的 $n\times n$ 矩阵, 我们也有带余除法.

定理 7.12(带余除法) 设 $A(x)$ 和 $B(x)$ 是 $F[x]$ 上的两个 $n\times n$ 矩阵, 并且 $B(x)$ 的首项系数是 F 上的 $n\times n$ 可逆矩阵. 那么存在 $F[x]$ 上唯一确定的一对 $n\times n$ 矩阵 $Q(x)$ 和 $R(x)$, 具有如下性质:

$$A(x)=Q(x)B(x)+R(x),\ \deg R(x)<\deg B(x). \tag{7.4}$$

也存在 $F[x]$ 上唯一确定的一对 $n\times n$ 矩阵 $Q_1(x)$ 和 $R_1(x)$, 具有如下性质:

$$A(x)=B(x)Q_1(x)+R_1(x),\ \deg R_1(x)<\deg B(x). \tag{7.5}$$

这个定理的证明和定理 1.22 的证明完全一样, 这里不再重复.

我们把适合 (7.4) 的 $Q(x)$ 和 $R(x)$ 分别叫做用 $B(x)$ 右除 $A(x)$ 所得的商和余式, 而把适合 (7.5) 的 $Q_1(x)$ 和 $R_1(x)$ 分别叫做用 $B(x)$ 左除 $A(x)$ 所得的商和余式.

7.2 矩阵的相似

下面的定理是把矩阵的相似这个问题的讨论归结为多项式矩阵等价的讨论，而后面这个问题在上一节已经得到解决.

定理7.13 设 A 和 B 是 F 上的两个 $n\times n$ 矩阵. 那么 A 和 B 相似当且仅当多项式矩阵

$$xI-A \text{ 和 } xI-B$$

等价.

证明 设 A 和 B 相似，即有 F 上的 $n\times n$ 可逆矩阵 P, 使得

$$A=P^{-1}BP.$$

那么

$$xI-A=P^{-1}(xI-B)P.$$

P 和 P^{-1} 自然是 $F[x]$ 上的可逆矩阵，所以 $xI-A$ 和 $xI-B$ 等价.

反之，假设 $xI-A$ 和 $xI-B$ 等价，即有 $F[x]$ 上的可逆矩阵 $P(x)$ 和 $Q(x)$, 使得

$$xI-A=P(x)(xI-B)Q(x).$$

设 $P(x)$ 的逆矩阵是 $M(x)$, 那么

$$M(x)(xI-A)=(xI-B)Q(x). \tag{7.6}$$

我们把 $M(x)$ 看作是 x 的多项式，其系数是 F 上的矩阵，再用 $xI-B$ 从左边去除 $M(x)$, 那么有

$$M(x)=(xI-B)N(x)+M, \tag{7.7}$$

其中 $N(x)$ 是 $F[x]$ 上的矩阵，而 M 是 F 上的矩阵. 把 $Q(x)$ 也看作 x 的多项式，其系数是 F 上的矩阵，再用 $xI-A$ 从右边去除 $Q(x)$, 我们有

$$Q(x)=L(x)(xI-A)+N, \tag{7.8}$$

其中 $L(x)$ 是 $F[x]$ 上的矩阵，而 N 是 F 上的矩阵. 把 (7.7) 和 (7.8) 代入 (7.6), 就有

$$\begin{aligned}&(xI-B)N(x)(xI-A)+M(xI-A)\\=\;&(xI-B)L(x)(xI-A)+(xI-B)N.\end{aligned}$$

于是

$$(xI-B)(N(x)-L(x))(xI-A)=(xI-B)N-M(xI-A).$$

比较上式两边的次数，我们得到 $N(x)=L(x)$. 所以

$$M(xI-A)=(xI-B)N.$$

因此

$$M=N \text{ 并且 } MA=BN.$$

现在我们来证 $|M| \neq 0$. 用 $xI - A$ 从左边去除 $P(x)$, 就有

$$P(x) = (xI - A)H(x) + P,$$

其中 $H(x)$ 是 $F[x]$ 上的矩阵，而 P 是 F 上的矩阵. 因此

$$\begin{aligned} I &= M(x)P(x) \\ &= M(x)(xI - A)H(x) + M(x)P \\ &= (xI - B)Q(x)H(x) + (xI - B)N(x)P + MP \\ &= (xI - B)[Q(x)H(x) + N(x)P] + MP. \end{aligned}$$

比较这个等式两边的次数，就有

$$Q(x)H(x) + N(x)P = 0.$$

所以

$$I = MP.$$

因此，$|M| \neq 0$. 于是

$$A = M^{-1}BM. \qquad \square$$

定义 7.5 设 A 是 F 上的一个 $n \times n$ 矩阵. 多项式矩阵 $xI - A$ 的行列式因子、不变因子和初等因子分别叫做 A 的 *行列式因子*、*不变因子* 和 *初等因子*.

推论 7.14 *F 上两个 $n \times n$ 矩阵 A 和 B 相似当且仅当它们有相同的不变因子集，也当且仅当它们有相同的初等因子集.*

证明 注意到矩阵 $xI - A$ 和 $xI - B$ 的秩都是 n, 所以这个推论是定理 7.8, 推论 7.9 和定理 7.10 的直接结果. $\square$

下面我们就用这个推论来求 F 上的 $n \times n$ 矩阵在相似变换下的标准形. 首先，我们来证明

定理 7.15 *F 上 $n \times n$ 矩阵*

$$\begin{pmatrix} 0 & & & & -c_n \\ 1 & 0 & & & \vdots \\ & 1 & \ddots & & \vdots \\ & & \ddots & 0 & -c_2 \\ & & & 1 & -c_1 \end{pmatrix} \tag{7.9}$$

的前 $n-1$ 个不变因子都等于 1, 而第 n 个不变因子是

$$f(x) = x^n + c_1x^{n-1} + c_2x^{n-2} + \cdots + c_n.$$

此外，(7.9) 的特征多项式和极小多项式都等于它的第 n 个不变因子. 特别地，当 $f(x)$ 是 $F[x]$ 上的首一不可约多项式的幂时，(7.9) 的初等因子集是 $\{f(x)\}$.

证明 我们把矩阵 (7.9) 记成 C. 不难算出 C 的行列式因子，它们是

$$D_1 = D_2 = \cdots = D_{n-1} = 1,\ D_n = f(x).$$

这样就推出定理的第 1 个结论.

通过计算行列式因子, 可得 C 的特征多项式就是 D_n, 而 D_n 等于 $f(x)$, 并且它又是 C 的第 n 个不变因子. 容易看出矩阵 $I, C, C^2, \cdots, C^{n-1}$ 的第 1 列分别是

$$\begin{pmatrix}1\\0\\0\\0\\\vdots\\0\end{pmatrix},\ \begin{pmatrix}0\\1\\0\\0\\\vdots\\0\end{pmatrix},\ \begin{pmatrix}0\\0\\1\\0\\\vdots\\0\end{pmatrix},\ \cdots,\ \begin{pmatrix}0\\0\\0\\\vdots\\0\\1\end{pmatrix},$$

并且它们线性无关, 因此矩阵 $I, C, C^2, \cdots, C^{n-1}$ 也线性无关. 由此可得 C 的极小多项式的次数 $\geqslant n$. 根据凯莱-哈密尔顿 (Cayley-Hamilton) 定理, C 所适合的特征多项式的次数是 n, 所以 C 的极小多项式等于它的特征多项式, 而且又等于它的第 n 个不变因子.

定理的最后一个结论可从第一个结论和初等因子的定义 (定义 6.13) 直接得到. □

基于推论 7.14 和定理 7.15, 我们有

定理7.16 设 F 上 $n\times n$ 矩阵 A 的不等于 1 的不变因子集是 $\{\phi_1(x), \phi_2(x), \cdots, \phi_k(x)\}$, 其中 $\deg\ \phi_i(x) = n_i (i=1, 2, \cdots, k)$, 并且

$$\phi_i(x)|\phi_{i+1}(x)\,(1 \leqslant i \leqslant k-1),$$

那么 $\sum_{i=1}^k n_i = n$, 并且 A 相似于矩阵

$$C = \begin{pmatrix} C_1 & & & \\ & C_2 & & \\ & & \ddots & \\ & & & C_k \end{pmatrix}, \tag{7.10}$$

其中 $C_i\,(i = 1, 2, \cdots, k)$ 是形如 (7.9) 的矩阵, 并且 $\phi_i(x)$ 是 C_i 仅有的不等于 1 的不变因子.

证明 显然 $n = \sum_{i=1}^k n_i$, 并且

$$xI^{(n)} - C = \begin{pmatrix} xI^{(n_1)} - C_1 & & & \\ & xI^{(n_2)} - C_2 & & \\ & & \ddots & \\ & & & xI^{(n_k)} - C_k \end{pmatrix}.$$

由假设, 它等价于对角矩阵

$$\begin{pmatrix} I^{(n_1-1)} & & & & & & \\ & \phi_1(x) & & & & & \\ & & I^{(n_2-1)} & & & & \\ & & & \phi_2(x) & & & \\ & & & & \ddots & & \\ & & & & & I^{(n_k-1)} & \\ & & & & & & \phi_k(x) \end{pmatrix},$$

而这个矩阵又等价于对角阵

$$\begin{pmatrix} I^{(n-k)} & & & & \\ & \phi_1(x) & & & \\ & & \phi_2(x) & & \\ & & & \ddots & \\ & & & & \phi_k(x) \end{pmatrix}.$$

因为 $\phi_i(x)|\phi_{i+1}(x)\,(1 \leqslant i \leqslant k-1)$，所以 $\{\phi_1(x), \phi_2(x), \cdots, \phi_k(x)\}$ 是 C 的不等于 1 的不变因子集. 根据推论 7.14, A 和 C 相似. □

矩阵 (7.10) 叫做 A 的有理标准形.

推论 7.17 设 F 上 $n \times n$ 矩阵 A 的不等 1 的不变因子集是 $\{\phi_1(x), \phi_2(x), \cdots, \phi_k(x)\}$，其中

$$\phi_i(x)|\phi_{i+1}(x)\ (1 \leqslant i \leqslant k-1).$$

那么 $\phi_k(x)$ 是 A 的极小多项式.

证明 这是定理 7.15 和定理 7.16 的推论. □

例 7.7 求 $\mathbb{F}_2$ 上矩阵 A_1 的有理标准形：

$$A_1 = \begin{pmatrix} 0 & 1 & 0 & 0 \\ 1 & 0 & 0 & 0 \\ 0 & 1 & 1 & 1 \\ 1 & 1 & 0 & 1 \end{pmatrix}.$$

先计算多项式矩阵

$$xI - A_1 = \begin{pmatrix} x & 1 & 0 & 0 \\ 1 & x & 0 & 0 \\ 0 & 1 & 1+x & 1 \\ 1 & 1 & 0 & 1+x \end{pmatrix}$$

在等价变换下的标准形. 我们有

$$\begin{pmatrix} x & 1 & 0 & 0 \\ 1 & x & 0 & 0 \\ 0 & 1 & 1+x & 1 \\ 1 & 1 & 0 & 1+x \end{pmatrix} \xrightarrow{c} \begin{pmatrix} 1 & x & 0 & 0 \\ x & 1 & 0 & 0 \\ 1 & 0 & 1+x & 1 \\ 1 & 1 & 0 & 1+x \end{pmatrix}$$

$$\xrightarrow{c}\begin{pmatrix}1&0&0&0\\x&1+x^2&0&0\\1&x&1+x&1\\1&1+x&0&1+x\end{pmatrix}\xrightarrow{r}\begin{pmatrix}1&0&0&0\\0&1+x^2&0&0\\0&x&1+x&1\\0&1+x&0&1+x\end{pmatrix}$$

$$\xrightarrow{r}\begin{pmatrix}1&0&0&0\\0&1&x+x^2&x\\0&x&1+x&1\\0&1+x&0&1+x\end{pmatrix}\xrightarrow{r}\begin{pmatrix}1&0&0&0\\0&1&x+x^2&x\\0&0&1+x+x^2+x^3&1+x^2\\0&0&x+x^3&1+x^2\end{pmatrix}$$

$$\xrightarrow{c}\begin{pmatrix}1&0&0&0\\0&1&0&0\\0&0&1+x+x^2+x^3&1+x^2\\0&0&x+x^3&1+x^2\end{pmatrix}\xrightarrow{r}\begin{pmatrix}1&0&0&0\\0&1&0&0\\0&0&1+x^2&0\\0&0&0&1+x^2\end{pmatrix}.$$

所以 A_1 的不变因子是

$$1,\ 1,\ 1+x^2,\ 1+x^2.$$

因此 A_1 的有理标准形是

$$\begin{pmatrix}0&1&&\\1&0&&\\&&0&1\\&&1&0\end{pmatrix}.$$

此外, 从推论 7.17 我们得到 A_1 的极小多项式是 $1+x^2$, 这实际上已经在例 7.4 中得到. □

基于定理 7.11, 推论 7.14 和定理 7.15, 我们又有

定理7.18 设 F 上 $n\times n$ 矩阵 A 的初等因子集是

$$\{p_i(x)^{e_{ij}},\ i=1,2,\cdots,s,\ j=1,2,\cdots,r_i\},$$

其中 $p_1(x), p_2(x), \cdots, p_s(x)$ 是 s 个两两不同的首一不可约多项式, 而 e_{ij} 是适合

$$e_{i1}\geqslant e_{i2}\geqslant\cdots\geqslant e_{ir_i}>0,\ i=1,2,\cdots,s$$

的正整数. 那么 $\sum_{i=1}^{s}\sum_{j=1}^{r_i}e_{ij}=n$, 并且 A 相似于 F 上的矩阵

$$\begin{pmatrix}M_{11}&&&&&&&&&\\&M_{12}&&&&&&&&\\&&\ddots&&&&&&&\\&&&M_{1r_1}&&&&&&\\&&&&M_{21}&&&&&\\&&&&&\ddots&&&&\\&&&&&&M_{2r_2}&&&\\&&&&&&&\ddots&&\\&&&&&&&&M_{s1}&\\&&&&&&&&&\ddots\\&&&&&&&&&&M_{sr_s}\end{pmatrix},$$

其中 $M_{ij}(i=1,2,\cdots,s,\ j=1,2,\cdots,r_i)$ 是形如 (7.9) 的矩阵，$p_i(x)^{e_{ij}}$ 是 M_{ij} 仅有的一个初等因子，换句话说，如果 $\deg p_i(x)^{e_{ij}}=n_{ij}$，并且记

$$p_i(x)^{e_{ij}}=x^{n_{ij}}+c_1^{(i,j)}x^{n_{ij}-1}+c_2^{(i,j)}x^{n_{ij}-2}+\cdots+c_{n_{ij}}^{(i,j)},\ c_k^{(i,j)}\in F,$$

那么 M_{ij} 是 $n_{ij}\times n_{ij}$ 矩阵

$$M_{ij}=\begin{pmatrix}0 & & & & -c_{n_{ij}}^{(i,j)}\\ 1 & 0 & & & \vdots\\ & 1 & \ddots & & \vdots\\ & & \ddots & 0 & -c_2^{(i,j)}\\ & & & 1 & -c_1^{(i,j)}\end{pmatrix}.$$

现在假定 F 是复数域 $\mathbb{C}$. 我们来研究 $\mathbb{C}$ 上 $n\times n$ 矩阵 A 在相似变换下的标准形. 我们知道，$\mathbb{C}$ 上的首一不可约多项式都是一次的，因而 A 的初等因子必定具有

$$(x-\lambda)^e$$

的形式，其中 $\lambda\in\mathbb{C}$, 而 e 是正整数. 如 $e=1$, 就把初等因子 $x-\lambda$ 称为单的. 平行于定理 7.15, 我们有:

定理 7.19 复数域 $\mathbb{C}$ 上的 $n\times n$ 矩阵

$$\begin{pmatrix}\lambda & 1 & & & \\ & \lambda & 1 & & \\ & & \lambda & \ddots & \\ & & & \ddots & 1\\ & & & & \lambda\end{pmatrix} \tag{7.11}$$

的初等因子只有 $(x-\lambda)^n$, 并且它的特征多项式和最小多项式都等于 $(x-\lambda)^n$.

证明 把矩阵 (7.11) 记作 J_λ. 容易计算出它的行列式因子，它们是

$$D_1=D_2=\cdots=D_{n-1}=1,\ D_n=(x-\lambda)^n.$$

特别地，J_λ 的特征多项式是 $(x-\lambda)^n$. 从 J_λ 的行列式因子集推出 J_λ 的不变因子集是

$$\{\underbrace{1,1,\cdots,1}_{n-1\text{ 个}},(x-\lambda)^n\}.$$

根据推论 7.17, J_λ 的极小多项式是 $(x-\lambda)^n$. 显然，J_λ 的初等因子集是

$$\{(x-\lambda)^n\}.$$

□

形如 (7.11) 的矩阵叫做约当块. 当 $n=1$ 时，它就是 1×1 矩阵

$$(1).$$

基于定理 7.11, 推论 7.14 和定理 7.19, 我们有

定理7.20 设 $\mathbb{C}$ 上 $n\times n$ 矩阵 A 的初等因子集是

$$\{(x-\lambda_i)^{e_i},\ i=1,2,\cdots,s\},$$

其中 $\lambda_1,\lambda_2,\cdots,\lambda_s$ 是 s 个复数 (不必两两不同). 那么 $\sum_{i=1}^{s}e_i=n$, 并且 A 相似于矩阵

$$\begin{pmatrix} J_1 & & & \\ & J_2 & & \\ & & \ddots & \\ & & & J_s \end{pmatrix}, \tag{7.12}$$

其中 J_i 是 $e_i\times e_i$ 约当块

$$J_i=\begin{pmatrix} \lambda_i & 1 & & \\ & \lambda_i & \ddots & \\ & & \ddots & 1 \\ & & & \lambda_i \end{pmatrix},\ i=1,2,\cdots,s.$$

进一步, 如果不计约当块 $J_1,J_2,\cdots,J_s$ 的排列次序, 矩阵 (7.12) 由 A 所唯一确定.

矩阵 (7.12) 称为矩阵 A 的约当标准形.

推论7.21 一个 $n\times n$ 复矩阵相似于一个对角矩阵当且仅当它的所有初等因子都是单的, 又当且仅当它的极小多项式没有重根.

例7.8 求 3×3 复矩阵

$$A=\begin{pmatrix} 0 & 1 & 0 \\ -1 & 2 & 0 \\ -1 & 1 & 1 \end{pmatrix}$$

的约当标准形.

我们先计算多项式矩阵

$$xI-A=\begin{pmatrix} x & -1 & 0 \\ 1 & x-2 & 0 \\ 1 & -1 & x-1 \end{pmatrix}$$

在等价变换下的标准形. 我们有

$$\begin{pmatrix} x & -1 & 0 \\ 1 & x-2 & 0 \\ 1 & -1 & x-1 \end{pmatrix} \xrightarrow{r} \begin{pmatrix} 1 & x-2 & 0 \\ x & -1 & 0 \\ 1 & -1 & x-1 \end{pmatrix}$$

$$\xrightarrow{c} \begin{pmatrix} 1 & 0 & 0 \\ x & -x^2+2x-1 & 0 \\ 1 & -x+1 & x-1 \end{pmatrix} \xrightarrow{r} \begin{pmatrix} 1 & 0 & 0 \\ 0 & -x^2+2x-1 & 0 \\ 0 & -x+1 & x-1 \end{pmatrix}$$

$$\xrightarrow{c}\begin{pmatrix}1&0&0\\0&-x^2+2x-1&0\\0&0&x-1\end{pmatrix}\xrightarrow{r}\begin{pmatrix}1&0&0\\0&(x-1)^2&0\\0&0&x-1\end{pmatrix}$$

$$\xrightarrow{r,c}\begin{pmatrix}1&0&0\\0&x-1&0\\0&0&(x-1)^2\end{pmatrix}.$$

于是 A 的不变因子是

$$1,\ x-1,\ (x-1)^2,$$

A 的初等因子是

$$x-1, (x-1)^2.$$

因此 A 的约当标准形是

$$\begin{pmatrix}1&&\\&1&1\\&0&1\end{pmatrix}.$$

进一步, 从推论 7.17 可知 A 的极小多项式是 $(x-1)^2$, 这个结论已在例 7.1 中得到证明. □

例7.9 求 3×3 复矩阵

$$A_2=\begin{pmatrix}1&-2&-2\\1&-1&-2\\0&0&-1\end{pmatrix}$$

的约当标准形.

我们先计算多项式矩阵

$$xI-A_2=\begin{pmatrix}x-1&2&2\\-1&x+1&2\\0&0&x+1\end{pmatrix}$$

在等价变换下的标准形. 我们有

$$\begin{pmatrix}x-1&2&2\\-1&x+1&2\\0&0&x+1\end{pmatrix}\xrightarrow{r}\begin{pmatrix}-1&x+1&2\\x-1&2&2\\0&0&x+1\end{pmatrix}$$

$$\xrightarrow{c}\begin{pmatrix}1&x+1&2\\-x+1&2&2\\0&0&x+1\end{pmatrix}\xrightarrow{r}\begin{pmatrix}1&x+1&2\\0&x^2+1&2x\\0&0&x+1\end{pmatrix}$$

$$\xrightarrow{c}\begin{pmatrix}1&0&0\\0&x^2+1&2x\\0&0&x+1\end{pmatrix}\xrightarrow{r}\begin{pmatrix}1&0&0\\0&x^2+1&-2\\0&0&x+1\end{pmatrix}$$

$$\xrightarrow{c}\begin{pmatrix}1&0&0\\0&-2&x^2+1\\0&x+1&0\end{pmatrix}\xrightarrow{r}\begin{pmatrix}1&0&0\\0&-2&x^2+1\\0&0&\frac{1}{2}(x+1)(x^2+1)\end{pmatrix}$$

$$\xrightarrow{c}\begin{pmatrix}1&0&0\\0&-2&0\\0&0&\frac{1}{2}(x+1)(x^2+1)\end{pmatrix}\xrightarrow{r}\begin{pmatrix}1&0&0\\0&1&0\\0&0&(x+1)(x^2+1)\end{pmatrix}.$$

所以 A_2 的不变因子是

$$1,\ 1,\ (x+1)(x^2+1),$$

A_2 的初等因子是

$$x+1,\ x-i,\ x+i\ (i^2=-1).$$

因此， A_2 的约当标准形是对角矩阵

$$\begin{pmatrix}-1&&\\&i&\\&&-i\end{pmatrix}.$$

按照推论 7.21, A_2 的极小多项式应该没有重根. 根据推论 7.17, A_2 的极小多项式是 $(x+1)(x^2+1)$, 它确实是一个没有重根的多项式. □

7.3 矩阵相似标准形的另一推导

设 F 是域. 设 V 是 F 上的 n 维向量空间， $\boldsymbol{e}_1,\boldsymbol{e}_2,\cdots,\boldsymbol{e}_n$ 是它的一组基. 再设 A 是 F 上的 $n\times n$ 矩阵，而

$$A=(a_{ij})_{1\leqslant ij\leqslant n}.$$

令

$$\sigma(\boldsymbol{e}_j)=\textstyle\sum_{i=1}^n a_{ij}\boldsymbol{e}_i,\ j=1,2,\cdots,n,$$

$$\sigma(\textstyle\sum_{i=1}^n a_i\boldsymbol{e}_i)=\sum_{i=1}^n a_i\sigma(\boldsymbol{e}_i),$$

对任意 $a_1,a_2,\cdots,a_n\in F$. 那么 σ 就是 V 上的一个线性变换. 对于任意 $f(x)\in F[x]$, 定义

$$f(x)\boldsymbol{v}=f(\sigma)\boldsymbol{v},$$

根据 6.1 节， V 对于向量加法和如上定义的 $F[x]$ 中多项式 $f(x)$ 乘 $\boldsymbol{v}\in V$ 的纯量乘法，就是一个 $F[x]$ 模. 因为 $\boldsymbol{e}_1,\boldsymbol{e}_2,\cdots,\boldsymbol{e}_n$ 是 V 的基，所以 V 是有限生成的 $F[x]$ 模. 根据定理 6.24, V 可以表成有限个循环子 $F[x]$ 模的直和

$$V=F[x]\boldsymbol{v}_1\dot{+}F[x]\boldsymbol{v}_2\dot{+}\cdots\dot{+}F[x]\boldsymbol{v}_k,\ \boldsymbol{v}_k\in V,$$

并且

$$\begin{aligned}&\operatorname{ann}\boldsymbol{v}_1\supset\operatorname{ann}\boldsymbol{v}_2\supset\cdots\supset\operatorname{ann}\boldsymbol{v}_k,\\&\operatorname{ann}\boldsymbol{v}_k\neq F[x],\ i=1,2,\cdots,k,\end{aligned}\tag{7.13}$$

而 $\operatorname{ann}\boldsymbol{v}_1, \operatorname{ann}\boldsymbol{v}_2, \cdots, \operatorname{ann}\boldsymbol{v}_k$ 由 $F[x]$ 模 V 唯一确定；换言之，由 A 唯一确定.

因为 $F[x]$ 是主理想整环，可以设 $\operatorname{ann}\boldsymbol{v}_i = (\phi_i(x)), \phi_i(x)$ 是 $F[x]$ 中首一多项式，$i=1,2,\cdots,k$. 由 (7.13) 推出 $\phi_i(x)|\phi_{i+1}(x), i=1,2,\cdots,k-1$. $(\phi_1(x)),(\phi_2(x)),\cdots,(\phi_k(x))$ 是 $F[x]$ 模 V 的不变因子理想，我们也把 $\phi_1(x), \phi_2(x), \cdots, \phi_k(x)$ 叫做 A 的 不变因子.

对每个 i, $F[x]\boldsymbol{v}_i$ 都是 V 的子空间，对任意 $f(x)\boldsymbol{v}_i \in F[x]\boldsymbol{v}_i$,

$$\sigma(f(x)\boldsymbol{v}_i) = \sigma(f(\sigma)\boldsymbol{v}_i) = (\sigma f(\sigma))\boldsymbol{v}_i = (xf(x))\boldsymbol{v}_i,$$

因此 $F[x]\boldsymbol{v}_i$ 是 σ 的不变子空间. 设

$$\phi_i(x) = x^{n_i} + c_{i1}x^{n_i-1} + \cdots + c_{in_i},\ c_{ij} \in F,\ i = 1, 2, \cdots, k.$$

从 $\operatorname{ann}\ \boldsymbol{v}_i = (\phi_1(x))$ 就推出

$$\boldsymbol{v}_i,\ x\boldsymbol{v}_i,\ x^2\boldsymbol{v}_i,\ \cdots,\ x^{n_i-1}\boldsymbol{v}_i.$$

是 $F[x]\boldsymbol{v}_i$ 的一组基，因此 $\dim F[x]\,\boldsymbol{v}_i = n_i$, 也推出 σ 对于 $F[x]\boldsymbol{v}_i$ 的上面这组基的矩阵是

$$C_i = \begin{pmatrix} 0 & & & & -c_{in_i} \\ 1 & 0 & & & -c_{i,n_i-1} \\ & 1 & \ddots & & \vdots \\ & & \ddots & 0 & -c_{i2} \\ & & & 1 & -c_{i1} \end{pmatrix}.$$

从 (7.13) 推出

$$n = \dim V = \dim F[x]\,\boldsymbol{v}_1 + \cdots + \dim F[x]\,\boldsymbol{v}_k = n_1 + \cdots + n_k.$$

令 P 为 $n \times n$ 矩阵，使得

$$(\boldsymbol{e}_1, \boldsymbol{e}_2, \cdots, \boldsymbol{e}_n) = (\boldsymbol{v}_1, x\boldsymbol{v}_1, \cdots, x^{n_1-1}\boldsymbol{v}_1, \cdots, \boldsymbol{v}_k, x\boldsymbol{v}_k, \cdots, x^{n_k-1}\boldsymbol{v}_k)P.$$

那么 σ 对于 V 的基 $\boldsymbol{e}_1, \boldsymbol{e}_2, \cdots, \boldsymbol{e}_n$ 的矩阵就是

$$P^{-1}\begin{pmatrix} C_1 & & & \\ & C_2 & & \\ & & \ddots & \\ & & & C_k \end{pmatrix}P.$$

这就给出了定理 7.16 的另一证明.

同样的方法也可用来推导定理 7.18. 留作练习.

习 题 七

7.1 证明 $\mathbb{F}_2[x]$ 上的以下矩阵是可逆矩阵.

$$\begin{pmatrix} x+1 & x^2+x+1 & x & 1 \\ x & x^2+1 & x & 1 \\ 1 & x & x+1 & 1 \\ x & x^2 & x^2 & x+1 \end{pmatrix}.$$

7.2 用初等变换求下列矩阵的不变因子:

i) $\mathbb{F}_2[x]$ 上的矩阵

$$\begin{pmatrix} x^2 & x & 1 & x+1 \\ x & x & 1 & x+1 \\ 1 & 1 & x & 0 \\ x^2+1 & x+1 & 0 & x+1 \end{pmatrix}.$$

ii) $\mathbb{Q}[x]$ 上的矩阵

$$\begin{pmatrix} 2x-1 & x & x-1 & 1 \\ x & 0 & 1 & 0 \\ 0 & 1 & x & x \\ -2x^2+x & 0 & -x+1 & x-2 \end{pmatrix}.$$

7.3 $\mathbb{F}_2[x]$ 上矩阵

$$\begin{pmatrix} x^2+x & 0 & 0 & 0 \\ 0 & (x+1)^2 & 0 & 0 \\ 0 & 0 & x^3+x^2+x & 0 \\ 0 & 0 & 0 & x^4+x^3 \end{pmatrix}$$

的不变因子是什么.

7.4 计算习题 7.2 中矩阵的初等因子.

7.5 计算习题 7.3 中矩阵的初等因子.

7.6 计算下列矩阵的不变因子:

i) $\mathbb{F}_2$ 上的矩阵

$$\begin{pmatrix} 1 & 1 & 0 & 0 & 0 \\ 0 & 1 & 1 & 0 & 0 \\ 0 & 0 & 1 & 0 & 0 \\ 0 & 0 & 0 & 1 & 1 \\ 0 & 0 & 0 & 0 & 1 \end{pmatrix}.$$

ii) $\mathbb{F}_3$ 上的矩阵

$$\begin{pmatrix} -1 & 1 & 0 \\ 1 & 1 & 1 \\ 0 & 1 & 0 \end{pmatrix}.$$

iii) $\mathbb{F}_2$ 上的矩阵

$$\begin{pmatrix} 0 & 1 & 1 \\ 1 & 0 & 1 \\ 1 & 1 & 0 \end{pmatrix}.$$

iv) $\mathbb{Q}$ 上的矩阵

$$\begin{pmatrix} 1 & 1 & -1 \\ 0 & 0 & 0 \\ 1 & 1 & -1 \end{pmatrix}.$$

7.7 计算习题 7.6 中矩阵的初等因子.

7.8 写出习题 7.6 中矩阵的有理标准形.

7.9 设 A 是域 F 上的 4×4 矩阵而 A 的极小多项式是 $(x^2+1)(x^2-2)$. 当 $\mathbb{F}=\mathbb{Q},\mathbb{R},\mathbb{C},\mathbb{F}_3$ 和 $\mathbb{F}_2$ 时分别求出 A 的有理标准形.

7.10 计算下列复矩阵的约当标准形：

i)

$$\begin{pmatrix} 1 & 0 & 0 \\ 0 & 1 & 0 \\ -2 & -2 & 0 \end{pmatrix}.$$

ii)

$$\begin{pmatrix} -1 & 0 & 0 & 0 \\ 0 & -1 & 0 & 0 \\ 2 & 2 & 0 & -1 \\ 2 & 0 & 1 & 2 \end{pmatrix}.$$

7.11 用 $F[x]$ 模的方法推出定理 7.18.

7.12 计算下列矩阵的特征多项式，特征值和特征向量：

$$\begin{pmatrix} 0 & 1 & 0 & 0 & 0 & 1 & 1 \\ 1 & 0 & 1 & 0 & 0 & 0 & 1 \\ 0 & 1 & 0 & 1 & 0 & 0 & 1 \\ 0 & 0 & 1 & 0 & 1 & 0 & 1 \\ 0 & 0 & 0 & 1 & 0 & 1 & 1 \\ 1 & 0 & 0 & 0 & 1 & 0 & 1 \\ 1 & 1 & 1 & 1 & 1 & 1 & 1 \end{pmatrix}.$$

第 8 章　二次型和埃尔米特型

8.1　特征 $\neq 2$ 的域上的二次型

设 F 是一个域. F 上 n 个未定元 $x_1, x_2, \cdots, x_n$ 的二次齐次多项式

$$Q(x_1, x_2, \cdots, x_n) = \sum_{1 \leqslant i \leqslant k \leqslant n} b_{ik} x_i x_k,\ b_{ik} \in F \tag{8.1}$$

叫做 F 上 $x_1, x_2, \cdots, x_n$ 的 *二次型*. 二次型 $Q(x_1, x_2, \cdots, x_n)$ 说成是 *定号的*, 如果对于 $a_1, a_2, \cdots, a_n \in F$, 由 $Q(a_1, a_2, \cdots, a_n) = 0$, 可推出 $a_1 = a_2 = \cdots = a_n = 0$.

首先我们来研究特征 $\neq 2$ 的域上的二次型. 现在假定 F 是一个特征 $\neq 2$ 的域. 如果记

$$a_{ik} = a_{ki} = \frac{1}{2} b_{ik},\ 1 \leqslant i < k \leqslant n$$

和

$$a_{ii} = b_{ii},\ 1 \leqslant i \leqslant n,$$

那么 (8.1) 就表示成

$$Q(x_1, x_2, \cdots, x_n) = \sum_{1 \leqslant i, k \leqslant n} a_{ik} x_i x_k, \tag{8.2}$$

其中

$$a_{ik} = a_{ki}, \quad 1 \leqslant i,\ k \leqslant n.$$

对于上述 $a_{ik} (1 \leqslant i, k \leqslant n)$, 我们引进 $n \times n$ 矩阵

$$S = \begin{pmatrix} a_{11} & a_{12} & \cdots & a_{1n} \\ a_{21} & a_{22} & \cdots & a_{2n} \\ \vdots & \vdots & & \vdots \\ a_{n1} & a_{n2} & \cdots & a_{nn} \end{pmatrix},$$

并且把 S 叫做二次型 (8.2) 的系数矩阵. 显然,

$${}^tS = S.$$

适合条件 ${}^tA = A$ 的 $n \times n$ 矩阵 A 叫做 *对称矩阵*. 我们总是假定二次型 (8.2) 的系数矩阵是一个对称矩阵. 这样 (8.2) 可以写成以下形式:

$$Q(x_1, x_2, \cdots, x_n) = (x_1, x_2, \cdots, x_n) S\, {}^t(x_1, x_2, \cdots, x_n). \tag{8.3}$$

我们把二次型 $Q(x_1, x_2, \cdots, x_n)$ 的 *秩* 定义为它的系数矩阵 S 的秩. 如果 $x_1, x_2, \cdots, x_n$ 在 F 中任意取定一组值, 那么 ${}^t(x_1, x_2, \cdots, x_n)$ 就是列向量空间 F^n 中的一个列向量. 考察 F^n 的非奇异线性变换

$$\begin{pmatrix} x_1 \\ x_2 \\ \vdots \\ x_n \end{pmatrix} \longmapsto A \begin{pmatrix} x_1 \\ x_2 \\ \vdots \\ x_n \end{pmatrix}, \tag{8.4}$$

其中 A 是 F 上的一个 $n\times n$ 非奇异矩阵. 在非奇异线性变换 (8.4) 下, 二次型 (8.3) 化为

$$(x_1, x_2, \cdots, x_n)\,{}^tASA\,{}^t(x_1, x_2, \cdots, x_n). \tag{8.5}$$

相应地, 在变换 (8.4) 之下, 系数矩阵 S 对应着变换

$$S \longmapsto {}^tASA. \tag{8.6}$$

当 A 是一个 $n\times n$ 非奇异矩阵时, 我们把 (8.3) 和 (8.5) 叫做*等价的二次型*, 并把形如 (8.6) 的 $n\times n$ 对称矩阵的变换叫做*合同变换*. 显然, 在合同变换下对称矩阵的秩保持不变. 假定对二次型 (8.3) 的系数矩阵 S 作合同变换 (8.6), 那么二次型 (8.3) 在非奇异线性变换 (8.4) 下变成二次型 (8.5). 因此, 研究二次型在非奇异线性变换下的变化情况, 就等价于研究对称矩阵在合同变换下的变化情况. 我们先讨论后一个问题. 首先我们有

定理8.1 *特征 $\neq 2$ 的域 F 上任一秩为 $r(0\leqslant r\leqslant n)$ 的 $n\times n$ 对称矩阵 S 一定合同于一个对角矩阵*

$$\begin{pmatrix} a_1 &&&&&& \\ & a_2 &&&&& \\ && \ddots &&&& \\ &&& a_r &&& \\ &&&& 0 && \\ &&&&& \ddots & \\ &&&&&& 0 \end{pmatrix}, \tag{8.7}$$

$$\underbrace{\qquad\qquad}_{r}\ \underbrace{\qquad\qquad}_{n-r}$$

其中 $a_1, a_2, \cdots, a_r$ 是 F 中的非零元素.

证明 如果 $S=0$, 定理自然成立. 现在假定 $S\neq 0$. 我们可设 S 的对角线上有非零元素. 事实上, 如果 S 的对角线上的元素全为零, 那么 S 的对角线以外一定有一个非零元素. 不失一般性, 设其 (1,2) 位置上的元素 $a_{12}\neq 0$. 于是 S 合同于

$${}^t\begin{pmatrix} 1 & 0 & \\ 1 & 1 & \\ && I \end{pmatrix}\begin{pmatrix} 0 & a_{12} & * \\ a_{12} & 0 & * \\ * & * & * \end{pmatrix}\begin{pmatrix} 1 & 0 & \\ 1 & 1 & \\ && I \end{pmatrix} = \begin{pmatrix} 2a_{12} & a_{12} & * \\ a_{12} & 0 & * \\ * & * & * \end{pmatrix}, \tag{8.8}$$

而这个矩阵 (1,1) 位置上是一个非零元素. 现在假设 S 的 (i,i) 位置上有一个非零元素, 那么矩阵

$$^tP_{1i}SP_{1i}$$

的 (1,1) 位置上是一个非零元素，其中 P_{1i} 是在 5.4 节中介绍的 $n\times n$ 初等矩阵. 因此我们总可以假定 S 的 (1,1) 位置上的元素 $a_{11}\neq 0$.

我们把 S 记成

$$S=\begin{pmatrix} a_{11} & b \\ {}^tb & S_1 \end{pmatrix},$$

其中 b 是一个 $n-1$ 维行向量， S_1 是 $(n-1)\times(n-1)$ 对称矩阵. 那么

$$^t\begin{pmatrix} 1 & -a_{11}^{-1}b \\ & I \end{pmatrix}\begin{pmatrix} a_{11} & b \\ {}^tb & S_1 \end{pmatrix}\begin{pmatrix} 1 & -a_{11}^{-1}b \\ & I \end{pmatrix}=\begin{pmatrix} a_{11} & 0 \\ 0 & S_1-a_{11}^{-1}\,{}^tbb \end{pmatrix},$$

其中 $S_1-a_{11}^{-1}\,{}^tbb$ 是秩为 $r-1$ 的 $(n-1)\times(n-1)$ 对称矩阵. 因此，由数学归纳法便可得到我们的定理. □

定理 8.1 的证明实际上给出了用合同变换把对称矩阵化为对角矩阵的方法.

例8.1 用合同变换把 4×4 复对称矩阵

$$S=\begin{pmatrix} 0 & 1 & 2 & 3 \\ 1 & 0 & 3 & 2 \\ 2 & 3 & 0 & 1 \\ 3 & 2 & 1 & 0 \end{pmatrix}$$

化为对角矩阵.

首先，我们有

$$^t\begin{pmatrix} 1 & 0 & & \\ 1 & 1 & & \\ & & 1 & \\ & & & 1 \end{pmatrix}\begin{pmatrix} 0 & 1 & 2 & 3 \\ 1 & 0 & 3 & 2 \\ 2 & 3 & 0 & 1 \\ 3 & 2 & 1 & 0 \end{pmatrix}\begin{pmatrix} 1 & 0 & & \\ 1 & 1 & & \\ & & 1 & \\ & & & 1 \end{pmatrix}=\begin{pmatrix} 2 & 1 & 5 & 5 \\ 1 & 0 & 3 & 2 \\ 5 & 3 & 0 & 1 \\ 5 & 2 & 1 & 0 \end{pmatrix}.$$

然后，又有

$$^t\begin{pmatrix} 1 & -\frac{1}{2} & -\frac{5}{2} & -\frac{5}{2} \\ & 1 & & \\ & & 1 & \\ & & & 1 \end{pmatrix}\begin{pmatrix} 2 & 1 & 5 & 5 \\ 1 & 0 & 3 & 2 \\ 5 & 3 & 0 & 1 \\ 5 & 2 & 1 & 0 \end{pmatrix}\begin{pmatrix} 1 & -\frac{1}{2} & -\frac{5}{2} & -\frac{5}{2} \\ & 0 & & \\ & & 0 & \\ & & & 0 \end{pmatrix}$$

$$=\begin{pmatrix} 2 & 0 & 0 & 0 \\ 0 & -\frac{1}{2} & \frac{1}{2} & -\frac{1}{2} \\ 0 & \frac{1}{2} & -\frac{25}{2} & -\frac{23}{2} \\ 0 & -\frac{1}{2} & -\frac{23}{2} & -\frac{25}{2} \end{pmatrix}.$$

而

$$
{}^t\begin{pmatrix}1&1&-1\\&1&\\&&1\end{pmatrix}\begin{pmatrix}-\frac{1}{2}&\frac{1}{2}&-\frac{1}{2}\\ \frac{1}{2}&-\frac{25}{2}&-\frac{23}{2}\\ -\frac{1}{2}&-\frac{23}{2}&-\frac{25}{2}\end{pmatrix}\begin{pmatrix}1&1&-1\\&1&\\&&1\end{pmatrix}=\begin{pmatrix}-\frac{1}{2}&0&0\\0&-12&-12\\0&-12&-12\end{pmatrix},
$$

$$
{}^t\begin{pmatrix}1&-1\\&1\end{pmatrix}\begin{pmatrix}-12&-12\\-12&-12\end{pmatrix}\begin{pmatrix}1&-1\\&1\end{pmatrix}=\begin{pmatrix}-12&0\\0&0\end{pmatrix}.
$$

因此 S 合同于

$$
\begin{pmatrix}2&&&\\&-\frac{1}{2}&&\\&&-12&\\&&&0\end{pmatrix}.
$$

进一步，S 还合同于

$$
{}^t\begin{pmatrix}2^{-\frac{1}{2}}&&&\\&2^{\frac{1}{2}}i&&\\&&12^{-\frac{1}{2}}i&\\&&&1\end{pmatrix}\begin{pmatrix}2&&&\\&-\frac{1}{2}&&\\&&-12&\\&&&0\end{pmatrix}\begin{pmatrix}2^{-\frac{1}{2}}&&&\\&2^{\frac{1}{2}}i&&\\&&12^{-\frac{1}{2}}i&\\&&&1\end{pmatrix}
$$

$$
=\begin{pmatrix}1&&&\\&1&&\\&&1&\\&&&0\end{pmatrix}.
$$

□

下面我们依次研究复数域、实数域和有限域上对称矩阵的合同.

如果限定域 F 为复数域 $\mathbb{C}$, 我们就得到

定理8.2 任意一个秩为 r 的 $n\times n$ 复对称矩阵都合同于

$$
\begin{pmatrix}I^{(r)}&\\&0^{(n-r)}\end{pmatrix}. \tag{8.9}
$$

证明 设 S 是一个秩为 r 的 $n\times n$ 复对称矩阵. 根据定理 8.1, S 合同于形如 (8.7) 的对角矩阵. 设 $a_i^{1/2}$ 是 a_i 的一个平方根，$i=1,2,\cdots,r$, 并且 $a_i^{-1/2}$ 是 $a_i^{1/2}$ 的逆元. 令

$$
A=\begin{pmatrix}a_1^{-\frac{1}{2}}&&&&\\&a_2^{-\frac{1}{2}}&&&\\&&\ddots&&\\&&&a_r^{-\frac{1}{2}}&\\&&&&I^{(n-r)}\end{pmatrix}.
$$

那么

$$
{}^tA\begin{pmatrix} a_1 & & & & \\ & a_2 & & & \\ & & \ddots & & \\ & & & a_r & \\ & & & & 0^{(n-r)} \end{pmatrix}A=\begin{pmatrix} I^{(r)} & \\ & 0^{(n-r)} \end{pmatrix}.
$$

□

矩阵 (8.9) 叫做秩为 r 的 $n\times n$ 复对称矩阵在合同变换下的 标准形.

为了研究实数域 $\mathbb{R}$ 上对称矩阵的合同，我们先介绍 维特 (Witt) 定理 的一个推广.

定理 8.3 设 S 是特征 $\neq 2$ 的域 F 上的一个 $m\times m$ 对称矩阵，而 S_1 和 S_2 是 F 上的两个 $n\times n$ 对称矩阵. 如果

$$
\begin{pmatrix} S & \\ & S_1 \end{pmatrix} \text{ 和 } \begin{pmatrix} S & \\ & S_2 \end{pmatrix}
$$

合同，那么 S_1 和 S_2 合同.

证明 根据定理 8.1, 我们可假定 S 是一个对角矩阵. 对 m 作归纳法, 来证明本定理. 于是只需对于 $m=1$ 的情形来证明这个定理. 从假设推出 $\operatorname{rank}S_1=\operatorname{rank}S_2$. 设 $\operatorname{rank}S_1=\operatorname{rank}S_2=r$, $0\leqslant r\leqslant n$. 区别以下三种情形.

i) $r=n$. 假定

$$
{}^t\begin{pmatrix} a & u \\ {}^tv & D \end{pmatrix}\begin{pmatrix} s & \\ & S_1 \end{pmatrix}\begin{pmatrix} a & u \\ {}^tv & D \end{pmatrix}=\begin{pmatrix} s & \\ & S_2 \end{pmatrix},
$$

其中 $s\in F^*, a\in F$, u 和 v 都是 n 维行向量. 那么

$$
\begin{aligned}
asa+vS_1\,{}^tv&=s,\\
asu+vS_1D&=0,\\
{}^tusu+{}^tDS_1D&=S_2.
\end{aligned}
$$

如果 $s=0$, 则有 ${}^tDS_1D=S_2$. 因 S_2 非奇异，D 也非奇异，因此 S_1 和 S_2 合同.

以下设 $s\neq 0$. 如果 $a\neq 1$, 那么

$$
{}^t({}^tv(1-a)^{-1}u+D)S_1({}^tv(1-a)^{-1}u+D)=S_2.
$$

如果 $a=1$, 那么

$$
{}^t\Big(-\frac{1}{2}\,{}^tvu+D\Big)S_1\Big(-\frac{1}{2}\,{}^tvu+D\Big)=S_2.
$$

因此，无论哪种情形，S_1 和 S_2 都合同.

ii) $r=0$. 这时 $S_1=S_2=0$. 自然 S_1 和 S_2 合同.

iii) $0<r<n$. 根据定理 8.1, 有 $n\times n$ 非奇异矩阵 T_1 和 T_2 使

$$
S_i={}^tT_i\begin{pmatrix} S_{i0} & \\ & 0^{(n-r)} \end{pmatrix}T_i,\quad i=1,2,
$$

其中 S_{10} 和 S_{20} 都是 $r\times r$ 非奇异对角矩阵. 那么

$$\begin{pmatrix} s & \\ & S_i \end{pmatrix} = {}^t\begin{pmatrix} 1 & \\ & T_i \end{pmatrix}\begin{pmatrix} s & & \\ & S_{i0} & \\ & & 0^{(n-r)} \end{pmatrix}\begin{pmatrix} 1 & \\ & T_i \end{pmatrix}, i=1,2.$$

于是

$$\begin{pmatrix} s & & \\ & S_{10} & \\ & & 0^{(n-r)} \end{pmatrix} \text{和} \begin{pmatrix} s & & \\ & S_{20} & \\ & & 0^{(n-r)} \end{pmatrix}$$

合同, 即有 $(n+1)\times(n+1)$ 非奇异矩阵 T 使

$${}^tT\begin{pmatrix} s & & \\ & S_{10} & \\ & & 0^{(n-r)} \end{pmatrix}T = \begin{pmatrix} s & & \\ & S_{20} & \\ & & 0^{(n-r)} \end{pmatrix}.$$

将 T 写成分块矩阵

$$T = \begin{pmatrix} A & B \\ C & D \end{pmatrix},$$

其中 A 是 $(r+1)\times(r+1)$ 矩阵, B 是 $(r+1)\times(n-r)$ 矩阵, 等等. 从前式推出

$${}^tA\begin{pmatrix} s & \\ & S_{10} \end{pmatrix}A = \begin{pmatrix} s & \\ & S_{20} \end{pmatrix}.$$

根据情形 i), S_{10} 和 S_{20} 合同. 因此 S_1 和 S_2 合同. □

从定理 8.3 推出西尔维斯特 (Sylvester) 惯性定律：

定理8.4 任意一个秩为 r 的 $n\times n$ 实对称矩阵 S 都合同于以下形式的对角矩阵

$$\begin{pmatrix} I^{(p)} & & \\ & -I^{(q)} & \\ & & 0^{(n-r)} \end{pmatrix}, \tag{8.10}$$

其中 $p+q=r$, 并且 p 和 q 由 S 唯一确定.

证明 根据定理 8.1, 我们可以假定 S 是秩为 r 的形如 (8.7) 的对角矩阵. 在重新排列 $a_1, a_2, \cdots, a_r$ 的次序后, 又可假定 $a_1, a_2, \cdots, a_p>0$, 而 $a_{p+1}, a_{p+2}, \cdots, a_{p+q}<0$, 其中 $p+q=r$. 令

$$A=\begin{pmatrix} a_1^{-\frac{1}{2}} & & & & & & \\ & \ddots & & & & & \\ & & a_p^{-\frac{1}{2}} & & & & \\ & & & (-a_{p+1})^{-\frac{1}{2}} & & & \\ & & & & \ddots & & \\ & & & & & (-a_{p+q})^{-\frac{1}{2}} & \\ & & & & & & I^{(n-p-q)} \end{pmatrix},$$

其中 $a_1^{-1/2}, \cdots, a_p^{-1/2}, (-a_{p+1})^{-1/2}, \cdots, (-a_{p+q})^{-1/2}$ 都是实数. 那么

$${}^tA\begin{pmatrix} a_1 & & & & \\ & a_2 & & & \\ & & \ddots & & \\ & & & a_r & \\ & & & & 0^{(n-r)} \end{pmatrix}A=\begin{pmatrix} I^{(p)} & & \\ & -I^{(q)} & \\ & & 0^{(n-r)} \end{pmatrix}.$$

现在设 S 同时合同于 (8.10) 和

$$\begin{pmatrix} I^{(p')} & & \\ & -I^{(q')} & \\ & & 0^{(n-r)} \end{pmatrix}, \tag{8.11}$$

其中 $p'+q'=r$. 那么 (8.10) 和 (8.11) 也合同. 不失一般性, 假定 $p \geqslant p'$. 根据定理 8.3,

$$\begin{pmatrix} I^{(p-p')} & & \\ & -I^{(q)} & \\ & & 0^{(n-r)} \end{pmatrix} \text{ 和 } \begin{pmatrix} -I^{(q')} & \\ & 0^{(n-r)} \end{pmatrix}$$

是合同的, 即

$$\begin{pmatrix} I^{(p-p')} & & \\ & -I^{(q)} & \\ & & 0^{(n-r)} \end{pmatrix} = {}^tP\begin{pmatrix} -I^{(q')} & \\ & 0^{(n-r)} \end{pmatrix}P,$$

其中 P 是一个 $(n-p') \times (n-p')$ 非奇异矩阵. 如果 $p > p'$, 那么

$$(1,0,\cdots,0)\begin{pmatrix} I^{(p-p')} & & \\ & -I^{(q)} & \\ & & 0^{(n-r)} \end{pmatrix}{}^t(1,0,\cdots,0)=1,$$

而

$$(1,0,\cdots,0){}^tP\begin{pmatrix} -I^{(q')} & \\ & 0^{(n-r)} \end{pmatrix}P\,{}^t(1,0,\cdots,0) \leqslant 0.$$

这是一个矛盾. 因此 $p=p'$, 从而又有 $q=q'$. □

矩阵 (8.10) 叫做秩为 r 的 $n \times n$ 实对称矩阵在合同变换下的*标准形*, 而 $p-q$ 称为合同于 (8.10) 的实对称矩阵的*符号差*.

从西尔维斯特惯性定律 可以推出实数域上维特定理的一个推广，设 S 是 $\mathbb{R}$ 上的 $m\times m$ 对称矩阵， S_1 和 S_2 是 R 上的 $n\times n$ 对称矩阵．假设

$$\begin{pmatrix} S & \\ & S_1 \end{pmatrix} \text{和} \begin{pmatrix} S & \\ & S_2 \end{pmatrix}$$

合同．根据定理 8.4 可设

$$S \text{ 与} \begin{pmatrix} I^{(p)} & & \\ & -I^{(q)} & \\ & & 0^{(m-p-q)} \end{pmatrix}$$

合同，

$$S_i \text{ 与} \begin{pmatrix} I^{(p_i)} & & \\ & -I^{(q_i)} & \\ & & 0^{(m-p_i-q_i)} \end{pmatrix} (i=1,2)$$

合同．那么由假设

$$\begin{pmatrix} I^{(p)} & & & & & \\ & -I^{(q)} & & & & \\ & & 0^{(m-p-q)} & & & \\ & & & I^{(p_1)} & & \\ & & & & -I^{(q_1)} & \\ & & & & & 0^{(n-p_1-q_1)} \end{pmatrix}$$

和

$$\begin{pmatrix} I^{(p)} & & & & & \\ & -I^{(q)} & & & & \\ & & 0^{(m-p-q)} & & & \\ & & & I^{(p_2)} & & \\ & & & & -I^{(q_2)} & \\ & & & & & 0^{(n-p_2-q_2)} \end{pmatrix}$$

合同. 根据定理 8.4

$$\begin{aligned} p+p_1 &= p+p_2, \\ q+q_1 &= q+q_2. \end{aligned}$$

因此 $p_1=p_2, q_1=q_2$. 于是 S_1 和 S_2 合同.

因此在实数域上, 西尔维斯特惯性定律 和维特定理的一个推广是等价的.

为了研究 $\mathbb{F}_q$ 上对称矩阵的合同, 我们先证明以下几个引理.

引理8.5 设 q 是一个奇素数的幂, 并且

$$\mathbb{F}_q^{*2}=\{a^2\colon a\in\mathbb{F}_q^*\}$$

是 $\mathbb{F}_q^*$ 的所有平方元组成的集合. 那么 $\mathbb{F}_q^{*2}$ 是 $\mathbb{F}_q^*$ 的指数为 2 的一个子群.

证明 根据定理 3.5, $\mathbb{F}_q^*$ 是阶为 $q-1$ 的循环群. 设 α 是 $\mathbb{F}_q$ 的一个本原元, 那么 $\mathbb{F}_q^*=\langle\alpha\rangle$. 于是 $\mathbb{F}_q^{*2}=\langle\alpha^2\rangle$, 并且

$$\mathbb{F}_q^*=\mathbb{F}_q^{*2}\cup\alpha\mathbb{F}_q^{*2},$$

即 $\mathbb{F}_q^{*2}$ 是 $\mathbb{F}_q^*$ 的指数为 2 的子群. □

引理8.6 设 z 是 $\mathbb{F}_q^*$ 的一个非平方元. 那么矩阵

$$\begin{pmatrix}1&0\\0&1\end{pmatrix} \text{ 和 } \begin{pmatrix}z&0\\0&z\end{pmatrix}$$

合同.

证明 我们分 $-1\notin\mathbb{F}_q^{*2}$ 和 $-1\in\mathbb{F}_q^{*2}$ 两种情形讨论.

首先考虑 $-1\notin\mathbb{F}_q^{*2}$ 的情形. 当 x 遍历 $\mathbb{F}_q$ 时, $1+x^2$ 就取 $\mathbb{F}_q^*$ 中 $\dfrac{1}{2}(q+1)$ 个不同的元素为值. 于是存在 $x\in\mathbb{F}_q$ 使得 $1+x^2$ 是 $\mathbb{F}_q^*$ 的一个非平方元素. 根据引理 8.5,

$$\mathbb{F}_q^*=\mathbb{F}_q^{*^2}\cup z\mathbb{F}_q^{*^2}.$$

因此 $1+x^2\in z\mathbb{F}_q^{*2}$, 并且存在一个元素 $y\in\mathbb{F}_q^*$, 使得 $(1+x^2)y^2=z$. 于是

$${}^t\begin{pmatrix}xy&-y\\y&xy\end{pmatrix}\begin{pmatrix}1&0\\0&1\end{pmatrix}\begin{pmatrix}xy&-y\\y&xy\end{pmatrix}=\begin{pmatrix}z&0\\0&z\end{pmatrix}.$$

其次考虑 $-1\in\mathbb{F}_q^{*2}$ 的情形. 令 $-1=w^2$, 这里 $w\in\mathbb{F}_q^*$. 那么

$${}^t\begin{pmatrix}\frac{1}{2}(1+z)&\frac{w}{2}(1-z)\\\frac{1}{2w}(1-z)&\frac{1}{2}(1+z)\end{pmatrix}\begin{pmatrix}1&0\\0&1\end{pmatrix}\begin{pmatrix}\frac{1}{2}(1+z)&\frac{w}{2}(1-z)\\\frac{1}{2w}(1-z)&\frac{1}{2}(1+z)\end{pmatrix}=\begin{pmatrix}z&0\\0&z\end{pmatrix}.$$

□

现在我们就可以着手讨论有限域上对称矩阵的合同了.

定理 8.7 (狄克森 (Dickson)) 设 q 是一个奇素数的幂. 那么 $\mathbb{F}_q$ 上任意一个秩为 r 的 $n\times n$ 对称矩阵都合同于

$$\begin{pmatrix} I^{(r)} & \\ & 0^{(n-r)} \end{pmatrix} \text{ 或 } \begin{pmatrix} I^{(r-1)} & & \\ & z & \\ & & 0^{(n-r)} \end{pmatrix}, \tag{8.12}$$

其中 z 是 $\mathbb{F}_q^*$ 中一个选定的非平方元. 此外, (8.12) 中的两个矩阵不合同.

证明 设 S 是 $\mathbb{F}_q$ 上一个秩为 r 的 $n\times n$ 对称矩阵. 根据定理 8.1, 我们可假定 S 是形如 (8.7) 的对角矩阵. 在重排 $a_1, a_2, \cdots, a_r$ 的次序后, 可假定 $a_1, a_2, \cdots, a_t \in \mathbb{F}_q^{*2}$, 而 $a_{t+1}, a_{t+2}, \cdots, a_r \notin \mathbb{F}_q^{*2}$. 根据引理 8.5, $\mathbb{F}_q^{*2}$ 是 $\mathbb{F}_q^*$ 的指数为 2 的子群. 设 z 是 $\mathbb{F}_q^*$ 中的一个选定的非平方元, 那么 $a_{t+1}, a_{t+2}, \cdots, a_r \in z\mathbb{F}_q^{*2}$. 所以 $z^{-1}a_{t+1}, z^{-1}a_{t+2}, \cdots, z^{-1}a_r \in \mathbb{F}_q^{*2}$. 对于任一元素 $s\in\mathbb{F}_q^{*2}$, 在 $\mathbb{F}_q^*$ 中至少有一个元素, 它的平方等于 s, 我们把这样的一个元素记为 $s^{\frac{1}{2}}$. 令

$$A=\begin{pmatrix} a_1^{-\frac{1}{2}} & & & & & & \\ & \ddots & & & & & \\ & & a_t^{-\frac{1}{2}} & & & & \\ & & & (z^{-1}a_{t+1})^{-\frac{1}{2}} & & & \\ & & & & \ddots & & \\ & & & & & (z^{-1}a_r)^{-\frac{1}{2}} & \\ & & & & & & I^{(n-r)} \end{pmatrix},$$

那么

$${}^tA\begin{pmatrix} a_1 & & & & \\ & a_2 & & & \\ & & \ddots & & \\ & & & a_r & \\ & & & & 0^{(n-r)} \end{pmatrix}A=\begin{pmatrix} I^{(t)} & & \\ & zI^{(r-t)} & \\ & & 0^{(n-r)} \end{pmatrix}.$$

因此, 由引理 8.6 便推出定理 8.7 的第一个结论.

再设

$$\begin{pmatrix} I^{(r)} & \\ & 0^{(n-r)} \end{pmatrix} \text{ 和 } \begin{pmatrix} I^{(r-1)} & & \\ & z & \\ & & 0^{(n-r)} \end{pmatrix}$$

合同, 那么存在 $\mathbb{F}_q$ 上的一个 $n\times n$ 非奇异矩阵

$$\begin{array}{c} \begin{pmatrix} A & B \\ C & D \end{pmatrix} \begin{matrix} r \\ n-r \end{matrix} \\ \begin{matrix} r & \quad n-r \end{matrix} \end{array}$$

使得

$$
{}^t\begin{pmatrix} A & B \\ C & D \end{pmatrix}\begin{pmatrix} I^{(r)} & \\ & 0^{(n-r)} \end{pmatrix}\begin{pmatrix} A & B \\ C & D \end{pmatrix}=\begin{pmatrix} I^{(r-1)} & & \\ & z & \\ & & 0^{(n-r)} \end{pmatrix}.
$$

由此推出

$$
{}^tAA=\begin{pmatrix} I^{(r-1)} & \\ & z \end{pmatrix}.
$$

因此 A 是非奇异的. 在上式两边取行列式, 得 $|A|^2=z$. 这与 z 是 $\mathbb{F}_q^*$ 中的非平方元这一假定相矛盾. □

(8.12) 中的两个矩阵叫做 $\mathbb{F}_q$ 上秩为 r 的对称矩阵在合同变换下的标准形.

现在, 我们把上面关于对称矩阵合同的定理翻译成如下的二次型语言.

定理8.8 特征 $\neq 2$ 的域 F 上任意一个秩为 r 的二次型都可经非奇异线性变换化为如下形式

$$
\sum_{i=1}^{r} a_i x_i^2,
$$

其中 $a_1, a_2, \cdots, a_r$ 是 F 的非零元.

定理8.9 $\mathbb{C}$ 上任一秩为 r 的二次型都可经非奇异线性变换化为

$$
\sum_{i=1}^{r} x_i^2.
$$

二次型 $\sum_{i=1}^{r} x_1^2$ 叫做 $\mathbb{C}$ 上秩为 r 的二次型在非奇异线性变换下的标准形.

定理8.10 设 $Q(x_1, x_2, \cdots, x_m)$ 是特征 $\neq 2$ 的域 F 上的一个二次型, 而 $Q_1(x_{m+1}, x_{m+2}, \cdots, x_{m+n})$ 和 $Q_2(x_{m+1}, x_{m+2}, \cdots, x_{m+n})$ 也是 F 上的两个二次型. 假如

$$
Q(x_1, x_2, \cdots, x_m)+Q_1(x_{m+1}, x_{m+2}, \cdots, x_{m+n})
$$

和

$$
Q(x_1, x_2, \cdots, x_m)+Q_2(x_{m+1}, x_{m+2}, \cdots, x_{m+n})
$$

等价, 那么

$$
Q_1(x_{m+1}, x_{m+2}, \cdots, x_{m+n})
$$

和

$$
Q_2(x_{m+1}, x_{m+2}, \cdots, x_{m+n})
$$

等价.

定理8.11 $\mathbb{R}$ 上任意一个秩为 r 的二次型都可经非奇异线性变换化为如下形式

$$
\sum_{i=1}^{p} x_i^2-\sum_{k=p+1}^{p+q} x_k^2, \tag{8.13}
$$

其中 $p+q=r$, 并且 p 和 q 由所给的二次型唯一确定.

二次型 (8.13) 叫做 $\mathbb{R}$ 上秩为 r 的二次型在非奇异线性变换下的 标准形.

定理8.12 设 q 是一个奇素数的幂. $\mathbb{F}_q$ 上任意一个秩为 r 的二次型都可经非奇异线性变换化为如下形式之一

$$\sum_{i=1}^{r} x_i^2 \quad 或 \quad \sum_{i=1}^{r-1} x_i^2 + zx_r^2.$$

此外, 这两个二次型不等价.

二次型 $\sum_{i=1}^{r} x_i^2$ 和 $\sum_{i=1}^{r-1} x_i + zx_r^2$ 叫做 $\mathbb{F}_q$ 上秩为 r 的二次型在非奇异线性变换下的 标准形.

平行于实对称矩阵的符号差, 我们可以定义实二次型的符号差. 如果一个实二次型等价于形如 (8.13) 的二次型, 那么 $p-q$ 就叫做这个实二次型的 符号差. 显然, 实二次型的符号差等于它的系数矩阵的符号差.

含有 n 个未定元的实二次型 $Q(x_1, x_2, \cdots, x_n)$ 叫做 半正定 的, 如果对所有的 $x_1, x_2, \cdots, x_n \in \mathbb{R}$, 都有 $Q(x_1, x_2, \cdots, x_n) \geqslant 0$; $Q(x, x_2, \cdots, x_n)$ 叫做 正定 的, 如果它既是定号的又是半正定的.

显然, 定理 8.11 有以下推论.

推论8.13 一个实二次型是半正定的当且仅当它的秩等于它的符号差.

推论8.14 n 个未定元的实二次型是正定的当且仅当它的符号差是 n.

显然, n 元正定实二次型的标准形是 $\sum_{i=1}^{n} x_i^2$.

8.2 特征是 2 的域上的二次型

下面我们要研究特征是 2 的域上的二次型. 从现在起, 我们假定域 F 的特征是 2. 我们引进二次型 (8.1) 的系数矩阵

$$G = \begin{pmatrix} b_{11} & b_{22} & \cdots & b_{1n} \\ 0 & b_{22} & \cdots & b_{2n} \\ \vdots & \ddots & \ddots & \vdots \\ 0 & \cdots & 0 & b_{nn} \end{pmatrix},$$

这是一个上三角矩阵. 那么二次型 (8.1) 可写成

$$Q(x_1, x_2, \cdots, x_n) = (x_1, x_2, \cdots, x_n) G\, {}^t(x_1, x_2, \cdots, x_n). \tag{8.14}$$

在非奇异线性变换 (8.4) 下, (8.14) 可化为

$$(x_1, x_2, \cdots, x_n)\, {}^tAGA\, {}^t(x_1, x_2, \cdots, x_n). \tag{8.15}$$

我们把 (8.14) 和 (8.15) 叫做 等价 的二次型. 显然系数矩阵 G 变换为 ${}^tAGA$. 然而, 一般说来 ${}^tAGA$ 不再是上三角矩阵. 于是我们遇到的第一个问题是寻求二次

型 (8.1) 的一个适当的矩阵表示. 引入交错矩阵这一概念对这个问题的讨论是很有益的.

在讨论交错矩阵时, 我们对域 F 的特征暂不作任何限制.

设 $K=(k_{ij})_{1\leqslant i,j\leqslant n}$ 是 F 上的一个 $n\times n$ 矩阵. 我们说 K 是一个交错矩阵, 如果对于所有 $i\neq j, 1\leqslant i,j\leqslant n$, 有 $k_{ij}=-k_{ji}$, 并且对所有的 $i=1,2,\cdots,n$ 有 $k_{ii}=0$. 如果 K 是一个交错矩阵, 那么容易看出对所有列向量 $\boldsymbol{x}\in F^n$ 都有 ${}^t\boldsymbol{x}K\boldsymbol{x}=0$. 反之, 假设对所有 $\boldsymbol{x}\in F^n$, 都有 ${}^t\boldsymbol{x}K\boldsymbol{x}=0$, 那么从 ${}^t\boldsymbol{e}_iK\boldsymbol{e}_i=0$ 推出 $k_{ii}=0\,(1\leqslant i\leqslant n)$, 并且对所有 $i\neq j$, 从 ${}^t(\boldsymbol{e}_i+\boldsymbol{e}_j)K(\boldsymbol{e}_i+\boldsymbol{e}_j)=0$ 推出 $k_{ij}=-k_{ij}$. 因此, K 是一个交错矩阵当且仅当对所有 $\boldsymbol{x}\in F^n$, ${}^t\boldsymbol{x}K\boldsymbol{x}=0$. 我们说两个 $n\times n$ 交错矩阵 K_1 和 K_2 是合同的, 如果存在 $n\times n$ 非奇异矩阵 A, 使得 ${}^tAK_1A=K_2$.

定理 8.15 设 F 是任意特征的域, K 是 F 上的一个交错矩阵, 那么 K 的秩一定是一个偶数. 进一步, 如果 K 的秩是 $2\nu\,(\leqslant n)$, 那么 K 合同于

$$\begin{pmatrix} \underbrace{\begin{matrix} 0 & 1 & & & & & \\ -1 & 0 & & & & & \\ & & 0 & 1 & & & \\ & & -1 & 0 & & & \\ & & & & \ddots & & \\ & & & & & 0 & 1 \\ & & & & & -1 & 0 \end{matrix}}_{2\nu} & \\ & \underbrace{\begin{matrix} 0 & & \\ & \ddots & \\ & & 0 \end{matrix}}_{n-2\nu} \end{pmatrix},$$

并且也合同于

$$\begin{pmatrix} 0 & I^{(\nu)} & \\ -I^{(\nu)} & 0 & \\ & & 0^{(n-2\nu)} \end{pmatrix}.$$

证明 我们对 n 作归纳法. 当 $n=1$ 时, $K=(0)$, 定理显然成立. 当 $n=2$ 时, K 具有形式

$$K=\begin{pmatrix} 0 & k_{12} \\ -k_{12} & 0 \end{pmatrix}.$$

如果 $k_{12}=0$, 定理显然成立. 如果 $k_{12}\neq 0$, 那么 K 合同于

$${}^t\begin{pmatrix} 1 & 0 \\ 0 & k_{12}^{-1} \end{pmatrix} K \begin{pmatrix} 1 & 0 \\ 0 & k_{12}^{-1} \end{pmatrix}=\begin{pmatrix} 0 & 1 \\ -1 & 0 \end{pmatrix}.$$

现在假设 $n>2$, 并且定理在 $m<n$ 时成立. 令

$$K=\begin{pmatrix}0 & k_{12} & k_{13} & \cdots & k_{1n}\\ -k_{12} & 0 & k_{23} & \cdots & k_{2n}\\ -k_{13} & -k_{23} & 0 & \cdots & k_{3n}\\ \vdots & \vdots & \vdots & \ddots & \vdots\\ -k_{1n} & -k_{2n} & -k_{3n} & \cdots & 0\end{pmatrix}.$$

如果 $K=0$, 那么定理成立. 假定 $K\neq 0$, 那么存在一个 $k_{ij}\neq 0, i<j$. 交换 K 的第 1 行和第 i 行, 同时交换 K 的第 1 列和第 i 列, 就得到一个合同于 K 的交错矩阵 K_1, 它的 $(1,j)$ 位置的元素不为零. 然后交换 K_1 的第 2 行和第 j 行, 同时交换 K_1 的第 2 列和第 j 列, 这又得到一个合同于 K_1, 从而合同于 K 的交错矩阵 K_2, 它的 $(1,2)$ 位置的元素不为零. 因此我们可假定 $k_{12}\neq 0$. 于是 K 又合同于

$${}^t\begin{pmatrix}1 & & \\ & k_{12}^{-1} & \\ & & I^{(n-2)}\end{pmatrix}K\begin{pmatrix}1 & & \\ & k_{12}^{-1} & \\ & & I^{(n-2)}\end{pmatrix},$$

它的 $(1,2)$ 位置的元素是 1. 把上面这个矩阵仍记作 K, 并把 K 写成分块矩阵的形式

$$K=\begin{pmatrix}\begin{pmatrix}0 & 1\\ -1 & 0\end{pmatrix} & B\\ -{}^tB & K_0\end{pmatrix},$$

其中 B 是一个 $2\times(n-2)$ 矩阵, K_0 是一个 $(n-2)\times(n-2)$ 交错矩阵. 那么 K 合同于

$$\begin{aligned}&{}^t\begin{pmatrix}I & \begin{pmatrix}0 & 1\\ -1 & 0\end{pmatrix}B\\ & I\end{pmatrix}\begin{pmatrix}\begin{pmatrix}0 & 1\\ -1 & 0\end{pmatrix} & B\\ -{}^tB & K_0\end{pmatrix}\begin{pmatrix}I & \begin{pmatrix}0 & 1\\ -1 & 0\end{pmatrix}B\\ & I\end{pmatrix}\\ &=\begin{pmatrix}\begin{pmatrix}0 & 1\\ -1 & 0\end{pmatrix} & \\ & K_1\end{pmatrix},\end{aligned}$$

其中 K_1 是一个 $(n-2)\times(n-2)$ 交错矩阵. 因此, 由归纳假设就得到我们的定理. □

现在我们再假定 F 的特征是 2. 令 $K=(k_{ij})_{1\leqslant i,j\leqslant n}$ 是 F 上的一个 $n\times n$ 交错矩阵. 显然

$$(x_1,x_2,\cdots,x_n)(G+K)^t(x_1,x_2,\cdots,x_n)=(x_1,x_2,\cdots,x_n)G\,{}^t(x_1,x_2,\cdots,x_n).$$

因此, 在研究 F 上的二次型时, 并没有必要辨别相差一个交错矩阵的方阵. 这使我们给出如下定义:

用 K_n 表示 F 上所有 $n\times n$ 交错矩阵组成的集合. F 上两个 $n\times n$ 矩阵 A 和 B 叫做 $\mathrm{mod}\,K_n$同余, 如果 $A+B\in K_n$, 通常记作

$$A\equiv B\,(\mathrm{mod}\ K_n),$$

或者简单地记作 $A\equiv B$.

F 上两个 $n\times n$ 矩阵 A 和 B 叫做*合同*的，如果存在 F 上的一个 $n\times n$ 非奇异矩阵 Q, 使得 ${}^tQAQ\equiv B$. 这样，F 上 $n\times n$ 矩阵的集合便可划分成互不相交的合同矩阵类. 显然，$\operatorname{mod} K_n$ 同余的两个 $n\times n$ 矩阵一定合同，因此它们一定属于同一个合同矩阵类. 容易证明，合同于交错矩阵的矩阵也是交错矩阵，合同于定号矩阵的矩阵也是定号的. 这里所说的矩阵 A 是*定号*的，是指对于 $\boldsymbol{x}\in F^n$, 由 ${}^t\boldsymbol{x}A\boldsymbol{x}=0$ 可推出 $\boldsymbol{x}=0$, 即与 A 相伴的二次型 ${}^t\boldsymbol{x}A\boldsymbol{x}$ 是定号的.

我们将研究合同变换下 $n\times n$ 矩阵的标准形. 首先我们给出下面这个一般的结果.

定理8.16 特征为 2 的域 F 上 $n\times n$ 矩阵 G 合同于形如

$$\begin{pmatrix} A & I^{(p)} & & \\ & B & & \\ & & C & \\ & & & 0 \end{pmatrix} \tag{8.16}$$

的矩阵，其中 A 和 B 都是 $p\times p$ 对角矩阵，C 是 $d\times d$ 定号对角矩阵. 此外，p 和 d 由矩阵 G 唯一确定.

证明 设 G 是 F 上的一个 $n\times n$ 矩阵，那么 $G+{}^tG\in K_n$. 根据定理 8.15, 可以假定 $\operatorname{rank}(G+{}^tG)=2p$ $\left(0\leqslant p\leqslant\left[\dfrac{n}{2}\right]\right)$, 并且存在一个 $n\times n$ 非奇异矩阵 Q, 使得

$${}^tQ(G+{}^tG)Q=\begin{pmatrix} 0 & I^{(p)} & \\ I^{(p)} & 0 & \\ & & 0 \end{pmatrix}. \tag{8.17}$$

如果把 ${}^tQGQ$ 写成分块矩阵的形式

$${}^tQGQ=\begin{pmatrix} A_1 & A_2 & A_3 \\ B_1 & B_2 & B_3 \\ C_1 & C_2 & C_3 \end{pmatrix}\begin{matrix} p \\ p \\ n-2p \end{matrix}, \quad \text{列宽依次为 } p,\ p,\ n-2p.$$

那么从 (8.17) 可推出 ${}^tA_1=A_1$, ${}^tB_2=B_2$, ${}^tC_3=C_3$, ${}^tB_1+A_2=I$, ${}^tC_1+A_3=0$, ${}^tC_2+B_3=0$. 于是我们有

$${}^tQGQ\equiv\begin{pmatrix} A & I & \\ & B & \\ & & C_4 \end{pmatrix}\begin{matrix} p \\ p \\ n-2p \end{matrix},$$

（列宽依次为 p, p, $n-2p$）

其中 A, B 和 C_4 都是对角矩阵. 设 C_4 对角线上的元素依次是 $\gamma_{2p+1},\gamma_{2p+2},\cdots,\gamma_n$. 如果有一个非零列向量 $\boldsymbol{x}={}^t(x_{2p+1},x_{2p+2},\cdots,x_n)$ 使 ${}^t\boldsymbol{x}C_4\boldsymbol{x}=\gamma_{2p+1}x_{2p+1}^2+$

$\gamma_{2p+2}x_{2p+2}^2+\cdots+\gamma_n x_n^2=0$, 不失一般性，假设 $x_n\neq 0$, 令

$$Q_1=\begin{pmatrix}1 & & & & x_{2p+1}\\ & 1 & & & x_{2p+2}\\ & & \ddots & & \vdots\\ & & & 1 & x_{n-1}\\ & & & & x_n\end{pmatrix},$$

那么

$${}^tQ_1C_4Q_1=[\gamma_{2p+1},\gamma_{2p+2},\cdots,\gamma_{n-1},0]$$

是一个对角线上的元素依次为 $\gamma_{2p+1},\gamma_{2p+2},\cdots,\gamma_{n-1},0$ 的对角矩阵. 按照这种方法继续讨论下去，最后可推得在合同变换下 G 合同于形如 (8.16) 的矩阵，其中 C 是 $d\times d$ 定号对角矩阵.

现在让我们来证明矩阵 (8.16) 中 p 和 d 的唯一性. 设

$$G=\begin{pmatrix}A & I^{(p)} & & \\ & B & & \\ & & C & \\ & & & 0\end{pmatrix},G_1=\begin{pmatrix}A_1 & I^{(p_1)} & & \\ & B_1 & & \\ & & C_1 & \\ & & & 0\end{pmatrix}$$

是形如 (8.16) 的两个 $n\times n$ 矩阵，并假定它们合同，即存在一个 $n\times n$ 非奇异矩阵 Q, 使得 ${}^tQGQ\equiv G_1$. 那么 ${}^tQ(G+{}^tG)Q=G_1+{}^tG_1$, 由此可推出 $p=\dfrac{1}{2}\text{rank}(G+{}^tG)=\dfrac{1}{2}\text{rank}(G_1+{}^tG_1)=p_1$. 令 $r=n-2p-d$, $r_1=n-2p-d_1$. 把 Q 写成分块矩阵的形式

$$Q=\begin{pmatrix}Q_{11} & Q_{12}\\ Q_{21} & Q_{22}\end{pmatrix}\begin{matrix}2p\\ n-2p\end{matrix},\quad \text{列: } 2p,\ n-2p$$

那么由 ${}^tQ(G+{}^tG)Q=G_1+{}^tG_1$, 我们得到 $Q_{12}=0$, 因此 Q_{22} 是非奇异的，并且

$${}^tQ_{22}\begin{pmatrix}C & \\ & 0\end{pmatrix}Q_{22}\equiv\begin{pmatrix}C_1 & \\ & 0\end{pmatrix}.\quad(\text{列: } d,\ r;\ d_1,\ r_1)$$

因为 Q_{22} 是非奇异的，而 C 和 C_1 都是定号的，所以 $d=d_1$. 因此 p 和 d 由 G 唯一确定. □

根据定理 8.16, p 和 d 由 G 唯一确定，因此 $2p+d$ 也由 G 唯一确定. 我们把数 $2p+d$ 叫做 G 的“秩”. 如果 $n\times n$ 矩阵 G 的“秩”等于 n, 即 $2p+d=n$, 那么 G 就叫做**正则的**. 我们把 $d=n-2p$ 叫做 G 的**亏数**. 如果 $d=0$, 就说 G 是**无亏数的**.

下面我们把域 F 取为 $\mathbb{F}_q$, 其中 q 是 2 的一个幂. 先证明以下引理.

引理 8.17 每一个元素 $x \in \mathbb{F}_q$ 在 $\mathbb{F}_q$ 中有唯一的平方根，即在 $\mathbb{F}_q$ 中有唯一的元素，记作 $x^{1/2}$, 使 $(x^{1/2})^2 = x$.

证明 根据推论 1.21, 映射

$$\begin{aligned} \mathbb{F}_q &\longrightarrow \mathbb{F}_q, \\ x &\longmapsto x^2 \end{aligned}$$

是 $\mathbb{F}_q$ 的一个自同构. 于是对任意 $x \in \mathbb{F}_q$, 在 $\mathbb{F}_q$ 中有唯一的元素，记作 $x^{1/2}$, 使 $(x^{1/2})^2 = x$. □

我们引入 $\mathbb{F}_q$ 的以下的子集合 N:

$$N = \{x^2 + x \colon x \in \mathbb{F}_q\}.$$

那么有

引理 8.18 N 是 $\mathbb{F}_q$ 的一个指数为 2 加法子群，并且 $N^2 = N$.

证明 从 $\mathbb{F}_q$ 的加法群到它自身的映射 $x \mapsto x^2 + x$ 是一个群同态，它的核是 $\{0,1\}$, 而它的像是 N. 因此 N 是 $\mathbb{F}_q$ 的加法群的指数为 2 的一个子群. 进一步，从 $\mathbb{F}_q^2 = \mathbb{F}_q$ 可推出 $N^2 = N$. □

从现在起，我们选定一个元素 $\alpha \in \mathbb{F}_q$ 但 $\alpha \notin N$.

引理 8.19 $\mathbb{F}_q$ 上的 2×2 矩阵

$$\begin{pmatrix} a & 1 \\ & b \end{pmatrix}$$

按照 $ab \in N$ 或 $ab \notin N$ 分别合同于

$$\begin{pmatrix} 0 & 1 \\ & 0 \end{pmatrix} \text{ 或 } \begin{pmatrix} \alpha & 1 \\ & \alpha \end{pmatrix}.$$

此外，上面两个矩阵中第一个不是定号的，第二个是定号的.

证明 如果 $a = b = 0$, 那么没什么可证明的. 如果 $a = 0$ 而 $b \neq 0$, 那么

$${}^t\begin{pmatrix} 1 & b \\ 0 & 1 \end{pmatrix} \begin{pmatrix} 0 & 1 \\ & b \end{pmatrix} \begin{pmatrix} 1 & b \\ 0 & 1 \end{pmatrix} \equiv \begin{pmatrix} 0 & 1 \\ & 0 \end{pmatrix}.$$

对于 $a \neq 0$ 而 $b = 0$ 的情形，可以类似地处理.

现在假设 $ab \neq 0$. 先考虑 $ab \in N$ 的情形. 这时存在一个元素 $x \in \mathbb{F}_q^*$, 使得 $ab = (ax)^2 + ax$. 因此

$${}^t\begin{pmatrix} x & 0 \\ 1 & x^{-1} \end{pmatrix} \begin{pmatrix} a & 1 \\ & b \end{pmatrix} \begin{pmatrix} x & 0 \\ 1 & x^{-1} \end{pmatrix} \equiv \begin{pmatrix} 0 & 1 \\ & x^{-2}b \end{pmatrix},$$

这就归结为我们前面所考虑过的情形之一. 其次考虑 $ab \notin N$ 的情形. 因为 $\mathbb{F}_q^2 = \mathbb{F}_q$, 所以有 $\delta \in \mathbb{F}_q^*$, 使得 $\delta^2 a = b\delta^{-2}$. 令 $\lambda = \delta^2 a$. 那么

$$^t\begin{pmatrix} \delta & \\ & \delta^{-1} \end{pmatrix}\begin{pmatrix} a & 1 \\ & b \end{pmatrix}\begin{pmatrix} \delta & \\ & \delta^{-1} \end{pmatrix} = \begin{pmatrix} \lambda & 1 \\ & \lambda \end{pmatrix},$$

而 $\lambda^2 = ab \notin N$. 根据引理 8.18, 由 $\alpha \notin N$ 可推出 $\alpha^2 \notin N$. 仍根据这个引理, 由 $\lambda^2 \notin N$ 和 $\alpha^2 \notin N$ 可得 $\alpha^2 + \lambda^2 \in N$, 即存在一个元素 $t \in \mathbb{F}_q$, 使得 $\alpha^2 + \lambda^2 = t^2 + t$. 因此

$$^t\begin{pmatrix} (a\lambda^{-1})^{\frac{1}{2}} & (\alpha\lambda)^{-\frac{1}{2}}t \\ 0 & (\alpha^{-1}\lambda)^{\frac{1}{2}} \end{pmatrix}\begin{pmatrix} \lambda & 1 \\ & \lambda \end{pmatrix}\begin{pmatrix} (a\lambda^{-1})^{\frac{1}{2}} & (a\lambda)^{-\frac{1}{2}}t \\ 0 & (\alpha^{-1}\lambda)^{\frac{1}{2}} \end{pmatrix} \equiv \begin{pmatrix} \alpha & 1 \\ & \alpha \end{pmatrix}.$$

显然 $\begin{pmatrix} 0 & 1 \\ & 0 \end{pmatrix}$ 不是定号的. 再证 $\begin{pmatrix} \alpha & 1 \\ & \alpha \end{pmatrix}$ 是定号的. 假设存在一个非零向量 (x, y), 使得 $\alpha x^2 + xy + \alpha y^2 = 0$. 不失一般性, 我们可以假设 $x \neq 0$, 那么 $\alpha^2 = (\alpha x^{-1}y)^2 + \alpha x^{-1}y \in N$, 因而 $\alpha \in N$. 这与 $\alpha \notin N$ 矛盾. □

引理8.20 $\mathbb{F}_q$ 上 4×4 矩阵

$$\begin{pmatrix} \alpha & & 1 & \\ & \alpha & & 1 \\ & & \alpha & \\ & & & \alpha \end{pmatrix}$$

合同于

$$\begin{pmatrix} 0 & & 1 & \\ & 0 & & 1 \\ & & 0 & \\ & & & 0 \end{pmatrix}.$$

证明 容易算出

$$^t\begin{pmatrix} 1 & 0 & \alpha & 0 \\ 1 & 0 & \alpha & 1 \\ 0 & 1 & 1 & \alpha \\ 0 & 1 & 0 & \alpha \end{pmatrix}\begin{pmatrix} \alpha & & 1 & \\ & \alpha & & 1 \\ & & \alpha & \\ & & & \alpha \end{pmatrix}\begin{pmatrix} 1 & 0 & \alpha & 0 \\ 1 & 0 & \alpha & 1 \\ 0 & 1 & 1 & \alpha \\ 0 & 1 & 0 & \alpha \end{pmatrix} \equiv \begin{pmatrix} 0 & & 1 & \\ & 0 & & 1 \\ & & 0 & \\ & & & 0 \end{pmatrix}.$$ □

引理8.21 $\mathbb{F}_q$ 上的 3×3 矩阵

$$\begin{pmatrix} \alpha & 1 & \\ & \alpha & \\ & & 1 \end{pmatrix}$$

合同于

$$\begin{pmatrix} 0 & 1 & \\ & 0 & \\ & & 1 \end{pmatrix}.$$

证明 经计算，我们有

$$^t\begin{pmatrix} 1 & 0 & 0 \\ 0 & 1 & 0 \\ \alpha^{\frac{1}{2}} & \alpha^{\frac{1}{2}} & 1 \end{pmatrix}\begin{pmatrix} \alpha & 1 & \\ & \alpha & \\ & & 1 \end{pmatrix}\begin{pmatrix} 1 & 0 & 0 \\ 0 & 1 & 0 \\ \alpha^{\frac{1}{2}} & \alpha^{\frac{1}{2}} & 1 \end{pmatrix} \equiv \begin{pmatrix} 0 & 1 & \\ & 0 & \\ & & 1 \end{pmatrix}. \qquad \square$$

由定理 8.16 和以上引理，我们有

定理8.22(狄克森 (Dickson)) 设 q 是 2 的一个幂. $\mathbb{F}_q$ 上任意一个 $n\times n$ 矩阵 G 都能且只能与下列矩阵中的一个合同

$$\begin{pmatrix} 0 & I^{(\nu)} & \\ & 0 & \\ & & 0 \end{pmatrix}, \quad \begin{pmatrix} 0 & I^{(\nu)} & & \\ & 0 & & \\ & & 1 & \\ & & & 0 \end{pmatrix}, \quad \begin{pmatrix} 0 & I^{(\nu)} & & & \\ & 0 & & & \\ & & \alpha & 1 & \\ & & & \alpha & \\ & & & & 0 \end{pmatrix}, \tag{8.18}$$

其中 α 是 $\mathbb{F}_q$ 中不属于 N 的一个固定元素.

证明 根据定理 8.16, G 合同于形如 (8.16) 的矩阵

$$\begin{pmatrix} A & I^{(p)} & & \\ & B & & \\ & & C & \\ & & & 0 \end{pmatrix},$$

其中 A 和 B 都是 $p\times p$ 对角矩阵，而 C 是一个 $d\times d$ 定号对角矩阵，并且 p 和 d 由 G 唯一确定. 我们来进一步证明 $d\leqslant 1$. 事实上，假设 $d\geqslant 2$, 并且 C 的对角线上的元素依次是 $\gamma_1, \gamma_2, \cdots, \gamma_d$, 那么

$$(\gamma_1^{-\frac{1}{2}}, \gamma_2^{-\frac{1}{2}}, 0, \cdots, 0)C\,{}^t(\gamma_1^{-\frac{1}{2}}, \gamma_2^{-\frac{1}{2}}, 0, \cdots, 0) = 0.$$

这与 C 是定号矩阵矛盾. 此外, 如果 $d=1$, 那么显然 $C=(\gamma)$ 合同于 $(\gamma^{-\frac{1}{2}})(\gamma)(\gamma^{-\frac{1}{2}}) = (1)$. 这就证明了 G 合同于形如 (8.16) 的矩阵，其中 A 和 B 都是 $p\times p$ 对角矩阵，而 C 或者不存在，或是 1×1 矩阵 (1). 然后由引理 8.19, 8.20 和 8.21, G 合同于 (8.18) 中的一个矩阵.

剩下要证明 (8.18) 中三种类型的矩阵彼此都不合同. 由于第二个矩阵的"秩"是奇数，而另外两个的"秩"是偶数，所以第二个矩阵不可能与另外两个

矩阵合同. 假如第一种类型的一个矩阵合同于第三种类型的一个矩阵, 那么它们必定有相同的"秩". 假定它们分别是

$$\begin{pmatrix} 0 & I^{(\nu)} & \\ & 0 & \\ & & 0 \end{pmatrix} \text{和} \begin{pmatrix} 0 & I^{(\nu-1)} & & & \\ & 0 & & & \\ & & \alpha & 1 & \\ & & & \alpha & \\ & & & & 0 \end{pmatrix}.$$

那么存在一个 $n \times n$ 矩阵

$$Q = \begin{pmatrix} Q_{11} & Q_{12} \\ Q_{21} & Q_{22} \end{pmatrix} \begin{matrix} 2\nu \\ n-2\nu \end{matrix}$$
$$\qquad \begin{matrix} 2\nu & n-2\nu \end{matrix}$$

使得

$${}^t\begin{pmatrix} Q_{11} & Q_{12} \\ Q_{21} & Q_{22} \end{pmatrix} \begin{pmatrix} 0 & I^{(\nu)} & \\ & 0 & \\ & & 0 \end{pmatrix} \begin{pmatrix} Q_{11} & Q_{12} \\ Q_{21} & Q_{22} \end{pmatrix} \equiv \begin{pmatrix} 0 & I^{(\nu-1)} & & & \\ & 0 & & & \\ & & \alpha & 1 & \\ & & & \alpha & \\ & & & & 0 \end{pmatrix}.$$

由此可得

$${}^tQ_{11} \begin{pmatrix} 0 & I^{(\nu)} \\ & 0 \end{pmatrix} Q_{11} \equiv \begin{pmatrix} 0 & I^{(\nu-1)} & & \\ & 0 & & \\ & & \alpha & 1 \\ & & & \alpha \end{pmatrix},$$

从而有

$${}^tQ_{11} \begin{pmatrix} 0 & I^{(\nu)} \\ I^{(\nu)} & 0 \end{pmatrix} Q_{11} = \begin{pmatrix} 0 & I^{(\nu-1)} & & \\ I^{(\nu-1)} & 0 & & \\ & & 0 & 1 \\ & & 1 & 0 \end{pmatrix}.$$

所以 Q_{11} 是非奇异的, 因此方程

$$(x_1, x_2, \cdots, x_{2\nu}) \begin{pmatrix} 0 & I^{(\nu)} \\ & 0 \end{pmatrix} {}^t(x_1, x_2, \cdots, x_{2\nu}) = 0$$

或方程

$$x_1 x_{\nu+1} + x_2 x_{\nu+2} + \cdots + x_\nu x_{2\nu} = 0 \tag{8.19}$$

的解的个数等于方程

$$(x_1, x_2, \cdots, x_{2\nu})\begin{pmatrix} 0 & I^{(\nu-1)} & & \\ & 0 & & \\ & & \alpha & 1 \\ & & & \alpha \end{pmatrix}{}^t(x_1, x_2, \cdots, x_{2\nu}) = 0$$

或方程

$$x_1x_\nu + x_2x_{\nu+1} + \cdots + x_{\nu-1}x_{2\nu-2} + \alpha x_{2\nu-1}^2 + x_{2\nu-1}x_{2\nu} + \alpha x_{2\nu}^2 = 0 \tag{8.20}$$

解的个数. 但方程 (8.19) 的解的个数是 $q^{2\nu-1} + q^\nu - q^{\nu-1}$, 而方程 (8.20) 的解的个数是 $q^{2\nu-1} - q^\nu + q^{\nu-1}$(习题 8.3); 而它们并不相等. 这就得出矛盾. □

现在, 我们把前面在特征为 2 的域上关于方阵合同的一些定理翻译成关于二次型的等价定理.

定理8.23 特征为 2 的域 F 上任意一个 n 个未定元 $x_1, x_2, \cdots, x_n$ 的二次型 $Q(x_1, x_2, \cdots, x_n)$ 都等价于形如

$$\sum_{i=1}^{p}(\alpha_i x_i^2 + x_i x_{p+i} + \beta_{p+i}x_{p+i}^2) + \sum_{k=2p+1}^{2p+d}\gamma_k x_k^2$$

的一个二次型, 其中 $\alpha_i, \beta_{p+i}, \gamma_k \in F$, $2p + d \leqslant n$, $\sum_{k=2p+1}^{2p+d}\gamma_k x_k^2$ 是定号的, 并且 p 和 d 由 Q 唯一确定.

定理8.24 设 q 是 2 的一个幂. $\mathbb{F}_q$ 上任意一个 n 个未定元 $x_1, x_2, \cdots, x_n$ 的二次型 $Q(x_1, x_2, \cdots, x_n)$ 都能且只能等价于如下形式的二次型之一:

$$\sum_{i=1}^{p} x_i x_{p+i},$$

$$\sum_{i=1}^{p} x_i x_{p+i} + x_{2p+1}^2,$$

$$\sum_{i=1}^{p} x_i x_{p+i} + \alpha x_{2p+1}^2 + x_{2p+1}x_{2p+2} + \alpha x_{2p+2}^2,$$

其中 α 是 $\mathbb{F}_q$ 中不属于 N 的一个固定元素.

以上定理中的三个二次型叫做 $\mathbb{F}_q$ 上二次型的标准形 .

8.3 埃尔米特型

下面我们来研究埃尔米特型. 为此我们先做一些准备. 设 F 是任意特征的域, 并且令

$$\begin{aligned} -: \quad & F \longrightarrow F, \\ & a \longmapsto \overline{a} \end{aligned}$$

是 F 的一个自同构. 我们说 F 的自同构 $-$ 是一个对合, 如果它的阶是 2, 即

$$\overline{\overline{a}} = a, \text{对所有} a \in F.$$

引理8.25 设 F 是一个具有对合 $-$ 的域, 并且令

$$F_0 = \{a \in F \colon \overline{a} = a\}.$$

那么 F_0 是 F 的一个子域, 称为这个对合的固定子域.

证明 对于 $a, b \in F_0$, 我们有 $\overline{a} = a, \overline{b} = b$. 于是

$$\overline{a+b} = \overline{a} + \overline{b} = a + b,$$
$$\overline{ab} = \overline{a}\overline{b} = ab,$$

即 F_0 关于 F 的加法和乘法封闭. 此外, 由 $0+0=0$, 得 $\overline{0}+\overline{0}=\overline{0}$, 因而 $\overline{0}=0$, 即 $0 \in F_0$. 对任意的 $a \in F_0$, 由 $a+(-a)=0$ 可得 $\overline{a}+\overline{(-a)}=\overline{0}=0$. 因而 $\overline{(-a)} = -\overline{a} = -a$, 即 $-a \in F_0$. 同样可以证明 $1 \in F_0$, 并且对任意的 $a \in F_0$, $a \neq 0$, 有 $a^{-1} \in F_0$. 因此 F_0 是 F 的一个子域. □

例8.2 复数域 $\mathbb{C}$ 的复共轭

$$\begin{aligned} -\colon \mathbb{C} &\longrightarrow \mathbb{C}, \\ \alpha + \beta i &\longmapsto \overline{\alpha + \beta} = \alpha - \beta i \ (\alpha, \beta \in \mathbb{R}) \end{aligned}$$

是 $\mathbb{C}$ 的一个对合, 它的固定子域是 $\mathbb{R}$. □

例8.3 设 $\mathbb{F}_{q^2}$ 是含有 q^2 个元素的有限域. 考虑映射

$$\begin{aligned} -\colon \quad \mathbb{F}_{q^2} &\longrightarrow \mathbb{F}_{q^2}, \\ a &\longmapsto \overline{a} = a^q. \end{aligned}$$

对任意的 $a, b \in \mathbb{F}_{q^2}$,

$$\overline{a+b} = (a+b)^q = a^q + b^q = \overline{a} + \overline{b},$$
$$\overline{ab} = (ab)^q = a^q b^q = \overline{a}\overline{b}.$$

因此, $-$ 是 $\mathbb{F}_{q^2}$ 的一个自同构. 进一步, 对任意的 $a \in \mathbb{F}_{q^2}$,

$$\overline{\overline{a}} = (a^q)^q = a^{q^2} = a.$$

所以 $-$ 是 $\mathbb{F}_{q^2}$ 的一个对合. 显然, 它的固定子域是 $\mathbb{F}_q$. □

设 F 是一个具有对合的域，并且 F_0 是它的固定子域．考虑迹映射

$$\begin{aligned} Tr\colon\quad F &\longrightarrow F_0, \\ a &\longmapsto a+\overline{a}. \end{aligned}$$

如果 Tr 是一个满射，我们就说 F 关于这个对合是迹值的．如果 F 的特征 $\neq 2$，那么任意 $\alpha \in F_0$ 可以表示为 $\dfrac{\alpha}{2}+\overline{\left(\dfrac{\alpha}{2}\right)}$，所以 F 是迹值的．由定理 3.31 得到，当 q 是 2 的一个幂时，$\mathbb{F}_{q^2}$ 关于对合 $a \to \overline{a} = a^q$ 也是迹值的．

从现在起，我们假定 F 是一个具有对合

$$\begin{aligned} -\colon\quad F &\longrightarrow F, \\ a &\longmapsto \overline{a} \end{aligned}$$

的域，其固定子域是 F_0，并且 F 关于这个对合是迹值的．

设 ${}^t(x_1, x_2, \cdots, x_n)$ 是列向量空间 F^n 中任意一个列向量．我们把表达式

$$H(x_1, x_2, \cdots, x_n) = \sum_{1 \leqslant i,\ k \leqslant n} h_{ik}\overline{x}_i x_k \tag{8.21}$$

叫做 F 上 $x_1, x_2, \cdots, x_n$ 的埃尔米特型，如果

$$\overline{h_{ik}} = h_{ki},\ 1 \leqslant i, k \leqslant n.$$

我们引进 $n \times n$ 矩阵

$$H = \begin{pmatrix} h_{11} & h_{12} & \cdots & h_{1n} \\ h_{21} & h_{22} & \cdots & h_{2n} \\ \vdots & \vdots & \ddots & \vdots \\ h_{n1} & h_{n2} & \cdots & h_{nn} \end{pmatrix},$$

并且把 H 叫做 (8.21) 的系数矩阵，那么有

$${}^t\overline{H} = H.$$

满足条件 ${}^t\overline{H} = H$ 的 $n \times n$ 矩阵 H 叫做埃尔米特矩阵．

利用埃尔米特矩阵 H，(8.21) 可表示成如下形式

$$H(x_1, x_2, \cdots, x_n) = \overline{(x_1, x_2, \cdots, x_n)}H\,{}^t(x_1, x_2, \cdots, x_n). \tag{8.22}$$

我们把埃尔米特型 $H(x_1, x_2, \cdots, x_n)$ 的秩定义为它的系数矩阵 H 的秩．

在 F^n 的非奇异线性变换

$$\begin{pmatrix} x_1 \\ x_2 \\ \vdots \\ x_n \end{pmatrix} \longmapsto A \begin{pmatrix} x_1 \\ x_2 \\ \vdots \\ x_n \end{pmatrix} \tag{8.23}$$

下 (其中 A 是一个 $n\times n$ 非奇异矩阵),(8.22) 变成

$$\overline{(x_1, x_2, \cdots, x_n)}^{\,t}\overline{A}HA\,{}^t(x_1, x_2, \cdots, x_n). \tag{8.24}$$

我们把 (8.22) 和 (8.24) 叫做等价埃尔米特型. 系数矩阵 H 所承受的变换

$$H \longrightarrow {}^t\overline{A}HA \tag{8.25}$$

叫做埃尔米特矩阵的合同变换. 显然, 合同变换保持埃尔米特矩阵的秩不变. 与二次型的讨论相平行, 研究一个埃尔米特型 (8.22) 在非奇异线性变换下如何变化等价于研究一个埃尔米特矩阵在合同变换下如何变化. 平行于定理 8.1, 我们有

定理8.26 设 F 一个是具有对合的域, 而这个对合的固定子域是 F_0, 并且假定 F 关于这个对合是迹值的. 那么任意一个秩为 $r(1\leqslant r\leqslant n)$ 的 $n\times n$ 埃尔米特矩阵一定合同于一个对角矩阵

$$\begin{pmatrix} a_1 & & & & \\ & a_2 & & & \\ & & \ddots & & \\ & & & a_r & \\ & & & & 0^{(n-r)} \end{pmatrix}, \tag{8.26}$$

其中 $a_1, a_2, \cdots, a_r$ 是 F_0 中的非零元素.

证明 这个定理的证明平行于定理 8.1 的证明, 其差别仅仅是把 (8.8) 换成

$${}^t\overline{\begin{pmatrix} 1 & & \\ \lambda & 1 & \\ & & I \end{pmatrix}}\begin{pmatrix} 0 & h_{12} & * \\ \overline{h}_{12} & 0 & * \\ * & * & I \end{pmatrix}\begin{pmatrix} 1 & & \\ \lambda & 1 & \\ & & I \end{pmatrix} = \begin{pmatrix} \lambda h_{12}+\overline{\lambda h_{12}} & h_{12} & * \\ \overline{h}_{12} & 0 & * \\ * & * & * \end{pmatrix}. \tag{8.27}$$

由假设, 存在一个元素 $x\in F$, 使得 $x+\overline{x}=1$. 令 $\lambda=xh_{12}^{-1}$, 那么以上矩阵 (1,1) 位置的元素就是 1. □

平行于定理 8.3, 8.4 和 8.7, 我们有

定理8.27 设 F 是一个具有对合的域, 并且 F 是迹值的. 又设 H 是 F 上的一个 $m\times m$ 埃尔米特矩阵, 而 H_1 和 H_2 是两个 $n\times n$ 埃尔米特矩阵, 如果

$$\begin{pmatrix} H & \\ & H_1 \end{pmatrix} \text{和} \begin{pmatrix} H & \\ & H_2 \end{pmatrix}$$

合同, 那么 H_1 和 H_2 合同.

定理8.28 $\mathbb{C}$ 上任意一个秩为 r 的 $n\times n$ 埃尔米特矩阵 H 都合同于形如

$$\begin{pmatrix} I^{(p)} & & \\ & -I^{(q)} & \\ & & 0^{(n-r)} \end{pmatrix} \tag{8.28}$$

的对角矩阵，其中 $p+q=r$, 并且 p 和 q 由 H 唯一确定.

矩阵 (8.28) 叫做 $\mathbb{C}$ 上秩为 r 而符号差为 $p-q$ 的 $n\times n$ 埃尔米特矩阵在合同变换下的标准形.

定理8.29 $\mathbb{F}_{q^2}$ 上任意一个秩为 r 的 $n\times n$ 埃尔米特矩阵 H 都合同于

$$\begin{pmatrix} I^{(r)} & \\ & 0^{(n-r)} \end{pmatrix}. \tag{8.29}$$

证明 根据定理 8.26, 我们可以假定 H 是对角矩阵 (8.26). 于是 $a_1,a_2,\cdots,a_r\in\mathbb{F}_q^*$. 根据定理 3.35, 对每个 a_i, 存在一个元素 $\alpha_i\in\mathbb{F}_{q^2}^*$, 使得 $a_i^{-1}=\alpha_i\overline{\alpha_i}$. 令

$$P=\begin{pmatrix} \alpha_1 & & & & \\ & \alpha_2 & & & \\ & & \ddots & & \\ & & & \alpha_r & \\ & & & & I^{(n-r)} \end{pmatrix},$$

那么

$${}^t\overline{P}\begin{pmatrix} a_1 & & & & \\ & a_2 & & & \\ & & \ddots & & \\ & & & a_r & \\ & & & & 0^{(n-r)} \end{pmatrix}P=\begin{pmatrix} I^{(r)} & \\ & 0^{(n-r)} \end{pmatrix}.$$ □

矩阵(8.29)叫做$\mathbb{F}_{q^2}$上秩为 r 的 $n\times n$ 埃尔米特矩阵在合同变换下的标准形.

我们也可以把上述关于埃尔米特矩阵合同的定理用埃尔米特型的语言翻译如下：

定理8.30 设 F 是一个具有对合的域，这个对合的固定子域是 F_0, 并且 F 关于这个对合是迹值的. 那么 F 上任意一个秩为 r 的埃尔米特型都可经非奇异线性变换化为形如

$$\sum_{i=1}^{r} a_i\overline{x}_i x_i$$

的一个埃尔米特型，其中 $a_1,a_2,\cdots,a_r$ 是 $\mathbb{F}_0$ 中的非零元素.

定理8.31 设 F是一个具有对合的域,并且 F 是迹值的. 又设$H(x_1,x_2,\cdots,x_m)$ 是一个埃尔米特型，$H_1(x_{m+1},x_{m+2},\cdots,x_{m+n})$ 和 $H_2(x_{m+1},x_{m+2},\cdots,x_{m+n})$ 也是两个埃尔米特型. 假如

$$H(x_1,x_2,\cdots,x_m)+H_1(x_{m+1},x_{m+2},\cdots,x_{m+n})$$

和

$$H(x_1,x_2,\cdots,x_m)+H_2(x_{m+1},x_{m+2},\cdots,x_{m+n})$$

等价，那么

$$H_1(x_{m+1},x_{m+2},\cdots,x_{m+n})$$

和

$$H_2(x_{m+1}, x_{m+2}, \cdots, x_{m+n})$$

也等价.

定理8.32 $\mathbb{C}$ 上任意一个秩为 r 的埃尔米特型都可经非奇异线性变换化为如下形式的一个埃尔米特型

$$\sum_{i=1}^{p} \overline{x}_i x_i - \sum_{k=1}^{q} \overline{x}_{p+k} x_{p+k}, \tag{8.30}$$

其中 $p+q=r$, 并且 p 和 q 由所给的埃尔米特型唯一确定.

埃尔米特型 (8.30) 叫做 $\mathbb{C}$ 上秩为 r 的埃米特型在非奇异线性变换下的标准形.

定理8.33 $\mathbb{F}_{q^2}$ 上任意一个秩为 r 的埃尔米特型都可经非奇异线性变换化为

$$\sum_{i=1}^{r} \overline{x}_i x_i. \tag{8.31}$$

(8.31) 叫做 $\mathbb{F}_q$ 上秩为 r 的埃尔米特型在非奇异线性变换下的标准形.

习 题 八

8.1 把下列二次型化为标准形:

i) $\mathbb{R}$ 上的二次型 $x_1x_2 + x_2x_3 + x_3x_4$.

ii) $\mathbb{F}_q$ 上的二次型 $x_1x_2 + x_3x_4 + x_5x_6$.

8.2 证明实二次型

$$\sum_{1 \leqslant i,k \leqslant n} a_{ik} x_i x_k \ (a_{ik} = a_{ki})$$

是正定二次型当且仅当

$$a_{11} > 0, \begin{vmatrix} a_{11} & a_{12} \\ a_{12} & a_{22} \end{vmatrix} > 0, \cdots, \begin{vmatrix} a_{11} & a_{12} & \cdots & a_{1n} \\ a_{12} & a_{22} & \cdots & a_{2n} \\ \vdots & \vdots & \ddots & \vdots \\ a_{1n} & a_{2n} & \cdots & a_{nn} \end{vmatrix} > 0.$$

8.3 证明方程 (8.19) 和 (8.20) 的解的个数分别是 $q^{2\nu-1}+q^{\nu}-q^{\nu-1}$ 和 $q^{2\nu-1}-q^{\nu}+q^{\nu-1}$.

8.4 设 F 是特征 $\neq 2$ 的域, S 是 F 上的 $n \times n$ 对称矩阵, 而

$$S = \begin{pmatrix} s_{11} & s_{12} & \cdots & s_{1n} \\ s_{12} & s_{22} & \cdots & s_{2n} \\ \vdots & \vdots & & \vdots \\ s_{1n} & s_{2n} & \cdots & s_{nn} \end{pmatrix}.$$

再设 $1 \leqslant i_1 < i_2 < \cdots < i_p \leqslant n$. 子式

$$\begin{pmatrix} s_{i_1i_1} & s_{i_1i_2} & \cdots & s_{i_1i_p} \\ s_{i_1i_2} & s_{i_2i_2} & \cdots & s_{i_2i_p} \\ \vdots & \vdots & & \vdots \\ s_{i_1i_p} & s_{i_2i_p} & \cdots & s_{i_pi_p} \end{pmatrix}$$

叫做 S 的一个 p 阶主子式. 证明：如果 S 的秩等于 $r(o \leqslant r \leqslant n)$, 那么 S 一定有一个非奇异的 r 阶主子式.

8.5 给出定理 8.27 和定理 8.28 的证明.

8.6 把以下埃尔米特型化为标准形：

i) $\mathbb{C}$ 上的 $i(\overline{x}_1x_2 + \overline{x}_3x_4) - i(x_1\overline{x}_2 + x_3\overline{x}_4)$.

ii) $\mathbb{F}_4$ 上的 $\overline{x}_1x_2 + x_1\overline{x}_2 + \overline{x}_3x_4 + x_3\overline{x}_4$.

第九章 酉空间和酉变换

9.1 正交空间和酉空间

设 $\boldsymbol{u}=(u_1,u_2,u_3)$ 和 $\boldsymbol{v}=(v_1,v_2,v_3)$ 是 3 维欧氏空间中的向量. 我们把 $u_1v_1+u_2v_2+u_3v_3$ 叫做它们的 内积, 并记作

$$\boldsymbol{u}\cdot\boldsymbol{v}=u_1v_1+u_2v_2+u_3v_3.$$

内积有下面一些性质:

(i) $\boldsymbol{u}\cdot\boldsymbol{v}=\boldsymbol{v}\cdot\boldsymbol{u}$, 对任意 $\boldsymbol{u},\boldsymbol{v}\in R^3$;

(ii) $(\boldsymbol{u}_1+\boldsymbol{u}_2)\cdot\boldsymbol{v}=\boldsymbol{u}_1\cdot\boldsymbol{v}+\boldsymbol{u}_2\cdot\boldsymbol{v}$, 对任意 $\boldsymbol{u}_1,\boldsymbol{u}_2,\boldsymbol{v}\in R^3$;

(iii) $(r\boldsymbol{u})\cdot\boldsymbol{v}=r(\boldsymbol{u}\cdot\boldsymbol{v})$, 对任意 $r\in R$, $\boldsymbol{u}$, $\boldsymbol{v}\in R^3$;

(iv) $\boldsymbol{v}\cdot\boldsymbol{v}$ 是 $\geqslant 0$ 的实数, 对任意 $\boldsymbol{v}\in R^3$, 并且只在 $\boldsymbol{v}=\boldsymbol{0}$ 时才有 $\boldsymbol{v}\cdot\boldsymbol{v}=0$.

这个例子可以推广如下:

定义 9.1 设 V 是实数域 $\mathbb{R}$ 上的向量空间. 再设

$$(\,,\,):\ V\times V\longrightarrow\mathbb{R}$$

是从 $V\times V$ 到 $\mathbb{R}$ 的映射, 并假定这个映射满足下列诸条件:

(1) $(\boldsymbol{u},\boldsymbol{v})=(\boldsymbol{v},\boldsymbol{u})$, 对任意 $\boldsymbol{u},\boldsymbol{v}\in V$;

(2) $(\boldsymbol{u}_1+\boldsymbol{u}_2,\boldsymbol{v})=(\boldsymbol{u}_1,\boldsymbol{v})+(\boldsymbol{u}_2,\boldsymbol{v})$, 对任意 $\boldsymbol{u}_1,\boldsymbol{u}_2,\boldsymbol{v}\in V$;

(3) $(r\boldsymbol{u},\boldsymbol{v})=r(\boldsymbol{u},\boldsymbol{v})$, 对任意 $r\in\mathbb{R}$, $\boldsymbol{u}$, $\boldsymbol{v}\in V$;

(4) 对任意 $\boldsymbol{v}\in V$, 都有 $(\boldsymbol{v},\boldsymbol{v})\geqslant 0$, 并且只有在 $\boldsymbol{v}=\boldsymbol{0}$ 时, 才有 $(\boldsymbol{v},\boldsymbol{v})=0$.

这时, 我们就说 V 是 正交空间, $(\boldsymbol{u},\boldsymbol{v})$ 叫做 $\boldsymbol{u},\boldsymbol{v}$ 的 内积. 如果 $(\boldsymbol{u},\boldsymbol{v})=0$, 就说 $\boldsymbol{u}$ 和 $\boldsymbol{v}$正交. 由 (1) 知, 如果 $\boldsymbol{u}$ 和 $\boldsymbol{v}$ 正交, 那么 $\boldsymbol{v}$ 也和 $\boldsymbol{u}$ 正交.

例 9.1 设 $\mathbb{R}^n$ 是 $\mathbb{R}$ 上的 n 维行向量空间, 定义

$$((x_1,x_2,\cdots,x_n),(y_1,y_2,\cdots,y_n))=x_1y_1+x_2y_2+\cdots+x_ny_n.\tag{9.1}$$

不难验证, $\mathbb{R}^n$ 对于上面定义的内积是正交空间. □

更一般地, 我们有

例 9.2 设 V 是 $\mathbb{R}$ 上的 n 维向量空间, $\boldsymbol{e}_1,\boldsymbol{e}_2,\cdots,\boldsymbol{e}_n$ 是 V 的一组基. 对 $\boldsymbol{u},\boldsymbol{v}\in V$, 设

$$\boldsymbol{u}=u_1\boldsymbol{e}_1+u_2\boldsymbol{e}_2+\cdots+u_n\boldsymbol{e}_n,\quad u_i\in\mathbb{R},$$

$$\boldsymbol{v}=v_1\boldsymbol{e}_1+v_2\boldsymbol{e}_2+\cdots+u_n\boldsymbol{e}_n,\quad v_i\in\mathbb{R}.$$

定义 $\boldsymbol{u}$ 和 $\boldsymbol{v}$ 的内积为

$$(\boldsymbol{u},\boldsymbol{v})=u_1v_1+u_2v_2+\cdots+u_nv_n.\tag{9.2}$$

不难验证 V 对于如上定义的内积是正交空间. 显然按 (9.2) 式定义的内积依赖于 V 中基的选取. □

从 (1) 和 (2) 推出

$$(\boldsymbol{u},\, \boldsymbol{v}_1+\boldsymbol{v}_2)=(\boldsymbol{u},\, \boldsymbol{v}_1)+(\boldsymbol{u},\, \boldsymbol{v}_2),\quad \text{对任意 } \boldsymbol{u},\boldsymbol{v}_1,\boldsymbol{v}_2\in V.$$

从 (1) 和 (3) 还推出

$$(\boldsymbol{u},\, r\boldsymbol{v})=r(\boldsymbol{u},\, \boldsymbol{v}),\quad \text{对任意 } r\in\mathbb{R},\ \boldsymbol{u},\boldsymbol{v}\in V.$$

定义 9.2 设 V_1 和 V_2 都是 $\mathbb{R}$ 上的正交空间, 而

$$\begin{aligned}\phi: V_1 &\longrightarrow V_2,\\ \boldsymbol{v} &\longmapsto \phi(\boldsymbol{v})\end{aligned}$$

是向量空间的同构. 如果

$$(\phi(\boldsymbol{u}),\, \phi(\boldsymbol{v}))=(\boldsymbol{u},\, \boldsymbol{v}),\quad \text{对任意 } \boldsymbol{u},\boldsymbol{v}\in V_1,$$

我们就说 V_1 和 V_2 是*同构的正交空间*.

例如, 例 9.1 中的正交空间 $\mathbb{R}^n$ 和例 9.2 中的正交空间 V 是同构的正交空间, 而同构映射是

$$\begin{aligned}\phi: \mathbb{R}^n &\longrightarrow V,\\ (x_1,x_2,\cdots,x_n) &\longmapsto x_1\boldsymbol{e}_1+x_2\boldsymbol{e}_2+\cdots+x_n\boldsymbol{e}_n.\end{aligned}$$

定理 9.1 *设 V 是正交空间, 那么*

$$(\boldsymbol{u},\, \boldsymbol{v})^2\leqslant(\boldsymbol{u},\, \boldsymbol{u})(\boldsymbol{v},\, \boldsymbol{v}),\quad \text{对任意 } \boldsymbol{u},\boldsymbol{v}\in V. \tag{9.3}$$

而等号成立当且仅当 $\boldsymbol{u}$ 和 $\boldsymbol{v}$ 线性相关.

证明 当 $\boldsymbol{u}$ 和 $\boldsymbol{v}$ 线性相关时, (9.3) 中等号显然成立. 以下设 $\boldsymbol{u}$ 和 $\boldsymbol{v}$ 线性无关, 我们去证明

$$(\boldsymbol{u},\, \boldsymbol{v})^2<(\boldsymbol{u},\, \boldsymbol{u})(\boldsymbol{v},\, \boldsymbol{v}),\quad \text{对任意 } \boldsymbol{u},\boldsymbol{v}\in V. \tag{9.4}$$

设 $x,y\in\mathbb{R}$. 考察向量 $x\boldsymbol{u}+y\boldsymbol{v}$. 根据正交空间的性质 (4), 有

$$(x\boldsymbol{u}+y\boldsymbol{v},\, x\boldsymbol{u}+y\boldsymbol{v})\geqslant 0,$$

而等号成立当且仅当 $x\boldsymbol{u}+y\boldsymbol{v}=0$, 因 $\boldsymbol{u}$ 和 $\boldsymbol{v}$ 线性无关, 也即当且仅当 $x=y=0$. 再根据正交空间的性质 (1), (2), (3),

$$(x\boldsymbol{u}+y\boldsymbol{v},\, x\boldsymbol{u}+y\boldsymbol{v})=(\boldsymbol{u},\, \boldsymbol{u})x^2+2(\boldsymbol{u},\, \boldsymbol{v})xy+(\boldsymbol{v},\, \boldsymbol{v})y^2.$$

因此

$$(\boldsymbol{u},\, \boldsymbol{u})x^2+2(\boldsymbol{u},\, \boldsymbol{v})xy+(\boldsymbol{v},\, \boldsymbol{v})y^2\geqslant 0,\quad \text{对任意 } x,y\in\mathbb{R},$$

而等号成立当且仅当 $x=y=0$. 另一方面, 我们有

$$(\boldsymbol{u},\, \boldsymbol{u})x^2+2(\boldsymbol{u},\, \boldsymbol{v})xy+(\boldsymbol{v},\, \boldsymbol{v})y^2$$

$$= (\boldsymbol{u}, \boldsymbol{u}) \left(x^2 + 2\frac{(\boldsymbol{u}, \boldsymbol{v})}{(\boldsymbol{u}, \boldsymbol{u})} xy + \frac{(\boldsymbol{v}, \boldsymbol{v})}{(\boldsymbol{u}, \boldsymbol{u})} y^2 \right)$$

$$= (\boldsymbol{u}, \boldsymbol{u}) \left(\left(x + \frac{(\boldsymbol{u}, \boldsymbol{v})}{(\boldsymbol{u}, \boldsymbol{u})} y \right)^2 + \frac{(\boldsymbol{u}, \boldsymbol{u})(\boldsymbol{v}, \boldsymbol{v}) - (\boldsymbol{u}, \boldsymbol{v})^2}{(\boldsymbol{u}, \boldsymbol{u})^2} y^2 \right).$$

因此 (9.4) 成立. □

定义 9.3 设 V 是 n 维正交空间, $\boldsymbol{e}_1, \boldsymbol{e}_2, \cdots, \boldsymbol{e}_n$ 是 V 的一组基. 如果 $(\boldsymbol{e}_i, \boldsymbol{e}_j) = \delta_{ij}$, 对所有 i, j, $1 \leqslant i, j \leqslant n$, $\boldsymbol{e}_1, \boldsymbol{e}_2, \cdots, \boldsymbol{e}_n$ 就叫做 V 的一组 标准正交基.

下述定理实属基本.

定理 9.2 有限维正交空间都存在标准正交基.

证明 设 V 是 n 维正交空间, 而 $\boldsymbol{v}_1, \boldsymbol{v}_2, \cdots, \boldsymbol{v}_n$ 是它的一组基. 因为 $\boldsymbol{v}_1 \neq \boldsymbol{0}$, 所以 $(\boldsymbol{v}_1, \boldsymbol{v}_1) > 0$. 令 $\boldsymbol{e}_1 = (\boldsymbol{v}_1, \boldsymbol{v}_1)^{-\frac{1}{2}} \boldsymbol{v}_1$, 那么 $(\boldsymbol{e}_1, \boldsymbol{e}_1) = 1$. $\boldsymbol{e}_1, \boldsymbol{v}_2, \cdots, \boldsymbol{v}_n$ 仍是 V 的一组基. 如果 $(\boldsymbol{e}_1, \boldsymbol{v}_2) = 0$, 因为 $(\boldsymbol{v}_2, \boldsymbol{v}_2) > 0$, 令 $\boldsymbol{e}_2 = (\boldsymbol{v}_2, \boldsymbol{v}_2)^{-\frac{1}{2}} \boldsymbol{v}_2$, 就有 $(\boldsymbol{e}_1, \boldsymbol{e}_2) = 0$, $(\boldsymbol{e}_2, \boldsymbol{e}_2) = 1$. 如果 $(\boldsymbol{e}_1, \boldsymbol{v}_2) \neq 0$, 令 $\boldsymbol{u}_2 = \boldsymbol{e}_1 - (\boldsymbol{e}_1, \boldsymbol{v}_2)^{-1} \boldsymbol{v}_2$, 那么 $\boldsymbol{e}_1, \boldsymbol{u}_2, \boldsymbol{v}_3, \cdots, \boldsymbol{v}_n$ 是 V 的一组基, 并且 $(\boldsymbol{e}_1, \boldsymbol{u}_2) = 0$. 自然 $\boldsymbol{u}_2 \neq 0$. 于是 $(\boldsymbol{u}_2, \boldsymbol{u}_2) > 0$. 再令 $\boldsymbol{e}_2 = (\boldsymbol{u}_2, \boldsymbol{u}_2)^{-\frac{1}{2}} \boldsymbol{u}_2$, 就有 $(\boldsymbol{e}_1, \boldsymbol{e}_2) = 0$, $(\boldsymbol{e}_2, \boldsymbol{e}_2) = 1$.

设 $1 \leqslant r < n$, 并假定 $\boldsymbol{e}_1, \boldsymbol{e}_2, \cdots, \boldsymbol{e}_r \in V$ 已经造出, 它们适合条件: i) 对任意 $i = 1, 2, \cdots, r$, $\boldsymbol{e}_i$ 是 $\boldsymbol{v}_1, \boldsymbol{v}_2, \cdots, \boldsymbol{v}_i$ 的线性组合和 ii) $(\boldsymbol{e}_i, \boldsymbol{e}_j) = \delta_{ij}$ 对 $1 \leqslant i, j \leqslant r$. 现在来造 $\boldsymbol{e}_{r+1}$. 区分以下二情形:

1) $(\boldsymbol{e}_i, \boldsymbol{v}_{r+1}) = 0$ 对 $i = 1, 2, \cdots, r$. 令 $\boldsymbol{e}_{r+1} = (\boldsymbol{v}_{r+1}, \boldsymbol{v}_{r+1})^{-\frac{1}{2}} \boldsymbol{v}_{r+1}$, 那么 $(\boldsymbol{e}_i, \boldsymbol{e}_{r+1}) = 0$ 对 $i = 1, 2, \cdots, r$, 而 $(\boldsymbol{e}_{r+1}, \boldsymbol{e}_{r+1}) = 1$.

2) $(\boldsymbol{e}_i, \boldsymbol{v}_{r+1}) \neq 0$ 对某个 i, $1 \leqslant i \leqslant r$. 令 $\boldsymbol{u}_{r+1} = \boldsymbol{e}_i - (\boldsymbol{e}_i, \boldsymbol{v}_{r+1})^{-1} \boldsymbol{v}_{r+1}$, 那么 $\boldsymbol{e}_1, \boldsymbol{e}_2, \cdots, \boldsymbol{e}_r, \boldsymbol{u}_{r+1}, \boldsymbol{v}_{r+2}, \cdots, \boldsymbol{v}_n$ 也是 V 的一组基, $(\boldsymbol{e}_i, \boldsymbol{u}_{r+1}) = 0$. 再区分以下二情形

2.1) $(\boldsymbol{e}_j, \boldsymbol{u}_{r+1}) = 0$ 对 $j = 1, 2, \cdots, r$. 令 $\boldsymbol{e}_{r+1} = (\boldsymbol{u}_{r+1}, \boldsymbol{u}_{r+1})^{-\frac{1}{2}} \boldsymbol{u}_{r+1}$, 那么 $(\boldsymbol{e}_j, \boldsymbol{e}_{r+1}) = 0$ 对 $j = 1, 2, \cdots, r$, 而 $(\boldsymbol{e}_{r+1}, \boldsymbol{e}_{r+1}) = 1$.

2.2) $(\boldsymbol{e}_j, \boldsymbol{u}_{r+1}) \neq 0$ 对某个 j, $1 \leqslant j \leqslant r$. 令 $\boldsymbol{w}_{r+1} = \boldsymbol{e}_j - (\boldsymbol{e}_j, \boldsymbol{u}_{r+1})^{-1} \boldsymbol{u}_{r+1}$, 那么 $\boldsymbol{e}_1, \boldsymbol{e}_2, \cdots, \boldsymbol{e}_r, \boldsymbol{w}_{r+1}, \boldsymbol{v}_{r+2}, \cdots, \boldsymbol{v}_n$ 也是 V 的一组基, $(\boldsymbol{e}_j, \boldsymbol{w}_{r+1}) = 0$, 而且如果 $(\boldsymbol{e}_i, \boldsymbol{u}_{r+1}) = 0$ 对某个 i, $1 \leqslant i \leqslant r$, 也有 $(\boldsymbol{e}_i, \boldsymbol{w}_{r+1}) = 0$. 这就是说, 与 $\boldsymbol{w}_{r+1}$ 正交的 $\boldsymbol{e}_i$ 的个数比与 $\boldsymbol{u}_{r+1}$ 正交的 $\boldsymbol{e}_i$ 的个数至少多一个.

如此继续下去, 可得一个 $\boldsymbol{f}_{r+1}$, 它是 $\boldsymbol{e}_1, \boldsymbol{e}_2, \cdots, \boldsymbol{e}_r, \boldsymbol{v}_{r+1}$ 的线性组合, 而且 $(\boldsymbol{e}_i, \boldsymbol{f}_{r+1}) = 0$ 对 $i = 1, 2, \cdots, r$. 令 $\boldsymbol{e}_{r+1} = (\boldsymbol{f}_{r+1}, \boldsymbol{f}_{r+1})^{-\frac{1}{2}} \boldsymbol{f}_{r+1}$, 那么 $(\boldsymbol{e}_i, \boldsymbol{e}_{r+1}) = 0$ 对 $i = 1, 2, \cdots, r$, 而 $(\boldsymbol{e}_{r+1}, \boldsymbol{e}_{r+1}) = 1$.

根据数学归纳法就造出 V 的一组标准正交基 $\boldsymbol{e}_1, \boldsymbol{e}_2, \cdots, \boldsymbol{e}_n$. □

定理 9.2 的证明中构作 $\boldsymbol{e}_1, \boldsymbol{e}_2, \cdots, \boldsymbol{e}_n$ 的方法叫 标准正交化方法, 它实际上还证明了

定理 9.3 设 V 是 n 维正交空间, 而 $\boldsymbol{v}_1, \boldsymbol{v}_2, \cdots, \boldsymbol{v}_n$ 是 V 的一组基. 那么存在一个上三角形矩阵

$$T=\begin{pmatrix} t_{11} & t_{12} & \cdots & t_{1n} \\ & t_{22} & \cdots & t_{2n} \\ & & \ddots & \vdots \\ & 0 & & t_{nn} \end{pmatrix},$$

其中 $t_{11}\neq 0, t_{22}\neq 0, \cdots, t_{nn}\neq 0$, 使得

$$(\boldsymbol{e}_1, \boldsymbol{e}_2, \cdots, \boldsymbol{e}_n)=(\boldsymbol{v}_1, \boldsymbol{v}_2, \cdots, \boldsymbol{v}_n)T$$

是 V 的一组标准正交基.

例 9.3 $\mathbb{R}^3$ 中的向量

$$\boldsymbol{v}_1=(0, 0, 1), \boldsymbol{v}_2=(0, 1, 1), \boldsymbol{v}_3=(1, 1, 1)$$

是一组基. 用标准正交化方法来求 $\mathbb{R}^3$ 的一组标准正交基.

显然, $\boldsymbol{v}_1\cdot\boldsymbol{v}_1=1$, 因此可令 $\boldsymbol{e}_1=\boldsymbol{v}_1=(0,0,1)$, $\boldsymbol{v}_1\cdot\boldsymbol{v}_2=1\neq 0$. 再令 $\boldsymbol{u}_2=\boldsymbol{e}_1-(\boldsymbol{e}_1\cdot\boldsymbol{v}_2)^{-1}\boldsymbol{v}_2=(0,-1,0)$, 则 $\boldsymbol{e}_1\cdot\boldsymbol{u}_2=0$. 由 $\boldsymbol{u}_2\cdot\boldsymbol{u}_2=1$, 可令 $\boldsymbol{e}_2=\boldsymbol{u}_2=(0,-1,0)$. 再由 $\boldsymbol{e}_1\cdot\boldsymbol{v}_3=1\neq 0$, 令 $\boldsymbol{u}_3=\boldsymbol{e}_1-(\boldsymbol{e}_1\cdot\boldsymbol{v}_3)^{-1}\boldsymbol{v}_3=(-1,-1,0)$. 于是 $\boldsymbol{e}_1\cdot\boldsymbol{u}_3=0$. 但 $\boldsymbol{e}_2\cdot\boldsymbol{u}_3=1\neq 0$. 令 $\boldsymbol{w}_3=\boldsymbol{e}_2-(\boldsymbol{e}_2, \boldsymbol{u}_3)^{-1}\boldsymbol{u}_3=(1,0,0)$, 则 $\boldsymbol{e}_1\cdot\boldsymbol{w}_3=\boldsymbol{e}_2\cdot\boldsymbol{w}_3=0$. 因为 $(\boldsymbol{w}_3, \boldsymbol{w}_3)=1$, 所以令 $\boldsymbol{e}_3=\boldsymbol{w}_3$. 于是

$$\boldsymbol{e}_1=(0, 0, 1), \boldsymbol{e}_2=(0, -1, 0), \boldsymbol{e}_3=(1, 0, 0)$$

是 $\mathbb{R}^3$ 的一组标准正交基,

$$(\boldsymbol{e}_1, \boldsymbol{e}_2, \boldsymbol{e}_3)=(\boldsymbol{v}_1, \boldsymbol{v}_2, \boldsymbol{v}_3)T,$$

而

$$T=\begin{pmatrix} 1 & 1 & 0 \\ 0 & -1 & -1 \\ 0 & 0 & 1 \end{pmatrix}. \qquad \square$$

设 V 是 n 维正交空间. 再设 $\boldsymbol{e}_1, \boldsymbol{e}_2, \cdots, \boldsymbol{e}_n$ 和 $\boldsymbol{f}_1, \boldsymbol{f}_2, \cdots, \boldsymbol{f}_n$ 是两组标准正交基. 令

$$\boldsymbol{f}_j=\sum_{i=1}^{n} a_{ij}\boldsymbol{e}_i,\ a_{ij}\in\mathbb{R}. \tag{9.5}$$

那么

$$\delta_{jk}=(\boldsymbol{f}_j, \boldsymbol{f}_k)=\left(\sum_{i=1}^{n} a_{ij}\boldsymbol{e}_i, \sum_{l=1}^{n} a_{lk}\boldsymbol{e}_l\right)=\sum_{i=1}^{n} a_{ij}a_{ik}. \tag{9.6}$$

令

$$A=(a_{ij})_{1\leqslant i,j\leqslant n}.$$

(9.6) 式是说

$${}^{t}AA=I^{(n)}. \tag{9.7}$$

反过来，设 $n\times n$ 矩阵 A 适合条件 (9.7)(即 (9.6)), $\boldsymbol{e}_1,\boldsymbol{e}_2,\cdots,\boldsymbol{e}_n$ 是 V 的一组标准正交基，按 (9.5) 式来定义 $\boldsymbol{f}_1,\boldsymbol{f}_2,\cdots,\boldsymbol{f}_n$, 那么 $\boldsymbol{f}_1,\boldsymbol{f}_2,\cdots,\boldsymbol{f}_n$ 也是 V 的一组标准正交基.

适合条件 (9.7) 的矩阵 A 叫正交矩阵. (9.7) 和

$$A\,{}^tA=I^{(n)}$$

等价. 因此我们也说 A 是正交矩阵当且仅当 ${}^tAA=A\,{}^tA=I^{(n)}$.

以上的讨论，实际上证明了

定理 9.4 设 V 是 n 维正交空间， $\boldsymbol{e}_1,\boldsymbol{e}_2,\cdots,\boldsymbol{e}_n$ 是 V 的一组标准正交基. 再设 $A=(a_{ij})$ 是 $\mathbb{R}$ 上 $n\times n$ 矩阵. 按 (9.5) 式定义 $\boldsymbol{f}_1,\boldsymbol{f}_2,\cdots,\boldsymbol{f}_n$, 那么 $\boldsymbol{f}_1,\boldsymbol{f}_2,\cdots,\boldsymbol{f}_n$ 是另一组标准正交基当且仅当 A 是正交矩阵.

这阐明了正交矩阵的几何意义.

现在，平行于正交空间我们来引进酉空间.

定义 9.4 设 V 是复数域 $\mathbb{C}$ 上的向量空间. 再设

$$(\ ,\ ):V\times V\longrightarrow\mathbb{C}$$

是从 $V\times V$ 到 $\mathbb{C}$ 的映射，并假定这个映射满足条件:

(1) $(\boldsymbol{u},\boldsymbol{v})=\overline{(\boldsymbol{v},\boldsymbol{u})}$, 对任意 $\boldsymbol{u},\boldsymbol{v}\in V$;

(2) $(\boldsymbol{u}_1+\boldsymbol{u}_2,\boldsymbol{v})=(\boldsymbol{u}_1,\boldsymbol{v})+(\boldsymbol{u}_2,\boldsymbol{v})$, 对任意 $\boldsymbol{u}_1,\boldsymbol{u}_2,\boldsymbol{v}\in V$;

(3) $(c\boldsymbol{u},\boldsymbol{v})=c(\boldsymbol{u},\boldsymbol{v})$, 对任意 $c\in\mathbb{C}$, $\boldsymbol{u},\boldsymbol{v}\in V$;

(4) 对于任意 $\boldsymbol{v}\in V,(\boldsymbol{v},\boldsymbol{v})$ 是 $\geqslant 0$ 的实数；并且在 $\boldsymbol{v}=\boldsymbol{0}$ 时，才有 $(\boldsymbol{v},\boldsymbol{v})=0$.

这时我们就说 V 是酉空间, $(\boldsymbol{u},\boldsymbol{v})$ 叫做 $\boldsymbol{u}$ 和 $\boldsymbol{v}$ 的内积. 如果 $(\boldsymbol{u},\boldsymbol{v})=0$, 就说 $\boldsymbol{u}$ 和 $\boldsymbol{v}$正交. 由 (1) 可知，如果 $\boldsymbol{u}$ 和 $\boldsymbol{v}$ 正交，那么 $\boldsymbol{v}$ 也和 $\boldsymbol{u}$ 正交.

例 9.4 设 V 是 $\mathbb{C}$ 上的 n 维向量空间， $\boldsymbol{e}_1,\boldsymbol{e}_2,\cdots,\boldsymbol{e}_n$ 是 V 的一组基. 对 $\boldsymbol{u},\boldsymbol{v}\in V$, 设

$$\boldsymbol{u}=u_1\boldsymbol{e}_1+u_2\boldsymbol{e}_2+\cdots+u_n\boldsymbol{e}_n,\ u_i\in\mathbb{C},$$

$$\boldsymbol{v}=v_1\boldsymbol{e}_1+v_2\boldsymbol{e}_2+\cdots+v_n\boldsymbol{e}_n,\ v_i\in\mathbb{C}.$$

定义 $\boldsymbol{u}$ 和 $\boldsymbol{v}$ 的内积为

$$(\boldsymbol{u},\boldsymbol{v})=u_1\overline{v}_1+u_2\overline{v}_2+\cdots+u_n\overline{v}_n,$$

不难验证 V 对于如上定义的内积是酉空间. □

从 (1) 和 (2) 推出

$$(\boldsymbol{u},\boldsymbol{v}_1+\boldsymbol{v}_2)=(\boldsymbol{u},\boldsymbol{v}_1)+(\boldsymbol{u},\boldsymbol{v}_2),\text{对任意 }\boldsymbol{u},\boldsymbol{v}_1,\boldsymbol{v}_2\in V.$$

从 (1) 和 (3) 推出

$$(\boldsymbol{u},c\boldsymbol{v})=\overline{c}(\boldsymbol{u},\boldsymbol{v}),\text{对任意 }c\in\mathbb{C},\ \boldsymbol{u},\boldsymbol{v}\in V.$$

和定义 9.2 一样，可以定义同构的酉空间, 我们就不重复了.

平行于定理 9.1 有

定理 9.5 设 V 是酉空间，那么

$$|(\boldsymbol{u},\, \boldsymbol{v})|^2 \leqslant (\boldsymbol{u},\, \boldsymbol{u})(\boldsymbol{v},\, \boldsymbol{v}),\ \text{对任意}\ \boldsymbol{u}, \boldsymbol{v} \in V.$$

而等号成立当且仅当 $\boldsymbol{u}$ 和 $\boldsymbol{v}$ 线性相关.

这个定理的证明和定理 9.1 的证明一样，但要注意这时有

$$|(\boldsymbol{u},\, \boldsymbol{v})|^2 = (\boldsymbol{u},\, \boldsymbol{v})\overline{(\boldsymbol{u},\, \boldsymbol{v})} = (\boldsymbol{u},\, \boldsymbol{v})(\boldsymbol{v},\, \boldsymbol{u}),$$

以及

$$(x\boldsymbol{u} + y\boldsymbol{v},\, x\boldsymbol{u} + y\boldsymbol{v}) = (\boldsymbol{u},\, \boldsymbol{u})x\overline{x} + (\boldsymbol{u},\, \boldsymbol{v})x\overline{y} + (\boldsymbol{v},\, \boldsymbol{u})\overline{x}y + (\boldsymbol{v},\, \boldsymbol{v})y\overline{y}.$$

平行于定义 9.3, 有

定义 9.5 设 V 是 n 维酉空间，$\boldsymbol{e}_1, \boldsymbol{e}_2, \cdots, \boldsymbol{e}_n$ 是 V 的一组基. 如果 $(\boldsymbol{e}_i,\, \boldsymbol{e}_j) = \delta_{ij}$ 对所有 $i, j,\ 1 \leqslant i, j \leqslant n$, $\boldsymbol{e}_1, \boldsymbol{e}_2, \cdots, \boldsymbol{e}_n$ 就叫 V 的一组标准正交基.

平行于定理 9.2 和定理 9.3, 有

定理 9.6 有限维酉空间都存在标准正交基.

定理 9.7 设 V 是 n 维酉空间，而 $\boldsymbol{v}_1, \boldsymbol{v}_2, \cdots, \boldsymbol{v}_n$ 是 V 的一组基，那么存在一个上三角形矩阵

$$T = \begin{pmatrix} t_{11} & t_{12} & \cdots & t_{1n} \\ & t_{22} & \cdots & t_{2n} \\ & & \ddots & \vdots \\ & 0 & & t_{nn} \end{pmatrix},$$

其中 $t_{11} \neq 0, t_{22} \neq 0, \cdots, t_{nn} \neq 0$, 使得

$$(\boldsymbol{e}_1,\, \boldsymbol{e}_2,\, \cdots,\, \boldsymbol{e}_n) = (\boldsymbol{v}_1,\, \boldsymbol{v}_2,\, \cdots,\, \boldsymbol{v}_n)T$$

是 V 的一组标准正交基.

适合条件

$$^{t}A\overline{A} = I^{(n)} \tag{9.8}$$

的 $n \times n$ 复矩阵 A 叫 酉矩阵. 条件 (9.8) 和条件

$$^{t}\overline{A}A = I^{(n)}$$

等价，也与条件 $A\,{}^{t}\overline{A} = I^{(n)}$ 等价. 我们也有

定理 9.8 设 V 是 n 维酉空间，$\boldsymbol{e}_1, \boldsymbol{e}_2, \cdots, \boldsymbol{e}_n$ 是 V 的一组标准正交基. 再设 $A = (a_{ij})$ 是 $\mathbb{C}$ 上的 $n \times n$ 矩阵. 令

$$\boldsymbol{f}_j = \sum_{i=1}^{n} a_{ij}\boldsymbol{e}_i,\ j = 1,\, 2,\, \cdots,\, n.$$

那么 $\boldsymbol{f}_1, \boldsymbol{f}_2, \cdots, \boldsymbol{f}_n$ 是标准正交基当且仅当 A 是酉矩阵.

值得注意的是，设 A 是 $\mathbb{R}$ 上的 $n \times n$ 矩阵，如果 A 是正交矩阵，那么 A 也是酉矩阵.

设 V 是正交空间 (或酉空间), 而 W 是 V 的子空间. 显然 W 相应地也是正交空间 (或酉空间). 定义

$$W^{\perp}=\{\boldsymbol{v}\in V:(\boldsymbol{v},\,\boldsymbol{w})=0,\text{对所有}\boldsymbol{w}\in W\}.$$

显然, $W^{\perp}$ 是 V 的子空间.

定理 9.9 设 V 是 n 维正交空间 (或酉空间), 而 W 是 V 的 m 维子空间, $0\leqslant m\leqslant n$. 那么 $W^{\perp}$ 是 V 的 $n-m$ 维子空间, $V=W\dot{+}W^{\perp}$, 而且 $(\boldsymbol{w},\boldsymbol{w}')=0$ 对任意 $\boldsymbol{w}\in W$, $w'\in W^{\perp}$.

证明 设 $\boldsymbol{e}_1,\boldsymbol{e}_2,\cdots,\boldsymbol{e}_m$ 是 W 的一组基, 根据定理 5.11(替换定理), 添加 V 中向量 $\boldsymbol{e}_{m+1},\boldsymbol{e}_{m+2},\cdots,\boldsymbol{e}_n$, 使得 $\boldsymbol{e}_1,\cdots,\boldsymbol{e}_m,\boldsymbol{e}_{m+1},\cdots,\boldsymbol{e}_n$ 是 V 的一组基. 根据定理 9.2(或定理 9.6), 可设 $\boldsymbol{e}_1,\cdots,\boldsymbol{e}_m,\boldsymbol{e}_{m+1},\cdots,\boldsymbol{e}_n$ 是 V 的一组标准正交基. 设 $\boldsymbol{w}'\in V$, 并设 $\boldsymbol{w}'=a_1\boldsymbol{e}_1+a_2\boldsymbol{e}_2+\cdots+a_n\boldsymbol{e}_n$, $a_i\in\mathbb{R}$(或 $\mathbb{C}$), 那么

$$\begin{aligned}\boldsymbol{w}'\in W^{\perp}&\iff(\boldsymbol{w}',\,\boldsymbol{e}_i)=0\,(i=1,2,\cdots,m)\\&\iff a_1=a_2=\cdots=a_m=0.\end{aligned}$$

因此 $W^{\perp}=\mathbb{R}\boldsymbol{e}_{m+1}\dot{+}\cdots\dot{+}\mathbb{R}\boldsymbol{e}_n$. 这就证明 $W^{\perp}$ 的 V 的 $n-m$ 维子空间. $V=W\dot{+}W^{\perp}$ 和 $(\boldsymbol{w},\,\boldsymbol{w}')=0$ 对任意 $\boldsymbol{w}\in W$, $\boldsymbol{w}'\in W'$ 都是显然的. □

基于定理 9.9, 我们把 $W^{\perp}$ 叫做 W 的正交补空间.

9.2 正交变换和酉变换

设 V 是正交空间 (或酉空间), 而 σ 是 V 的线性变换. 如果

$$(\sigma(\boldsymbol{u}),\,\sigma(\boldsymbol{v}))=(\boldsymbol{u},\,\boldsymbol{v}),\text{对任意 }\boldsymbol{u},\boldsymbol{v}\in V,$$

σ 就叫 V 的正交变换(或酉变换).

定理 9.10 设 V 是 n 维正交空间 (或酉空间), 而 $\boldsymbol{e}_1,\boldsymbol{e}_2,\cdots,\boldsymbol{e}_n$ 是 V 的一组标准正交基. 再设 σ 是 V 的线性变换, 并设

$$\sigma(\boldsymbol{e}_j)=\sum_{i=1}^{n}a_{ij}\boldsymbol{e}_i,\ j=1,\,2,\,\cdots,\,n,\tag{9.9}$$

其中 $a_{ij}\in\mathbb{R}$(或 $\mathbb{C}$). 那么 σ 是正交变换 (或酉变换) 当且仅当 (a_{ij}) 是正交矩阵 (或酉矩阵).

证明 我们只对正交空间来证明, 酉空间的情形完全类似.

设 σ 是正交变换, 那么

$$(\sigma(\boldsymbol{e}_j),\,\sigma(\boldsymbol{e}_l))=(\boldsymbol{e}_j,\,\boldsymbol{e}_l)=\delta_{jl}.\tag{9.10}$$

改变足码, 从 (9.9) 可得

$$\sigma(\boldsymbol{e}_l)=\sum_{k=1}^{n}a_{kl}\boldsymbol{e}_k. \tag{9.11}$$

将 (9.9) 和 (9.11) 代入 (9.10), 得

$$\sum_{i,k=1}^{n}a_{ij}a_{kl}(\boldsymbol{e}_i,\ \boldsymbol{e}_k)=\sum_{i,k=1}^{n}a_{ij}a_{kl}\delta_{ik}=\sum_{i=1}^{n}a_{ij}a_{il}=\delta_{jl}.$$

因此 (a_{ij}) 是正交矩阵.

注意, 上面的推导是可逆的, 因此如果 (a_{ij}) 是正交矩阵, 利用内积是线性的, 则可推出 (9.10). 即 σ 是正交变换. □

我们把正交变换 (或酉变换) σ 对于 V 的标准正交基 $\boldsymbol{e}_1, \boldsymbol{e}_2, \cdots, \boldsymbol{e}_n$ 的矩阵 (a_{ij}) 记作 A.

设 A 和 B 都是 $n\times n$ 正交矩阵 (或酉矩阵). 如果有 $n\times n$ 正交矩阵 (或酉矩阵) T 存在, 使

$$A=T^{-1}BT,$$

我们就说 A 和 B*正交相似*(或*酉相似*). 当 T 为正交矩阵 (或酉矩阵) 时, 变换

$$X\longmapsto T^{-1}XT,\ 对任意\ n\times n\ 矩阵\ X,$$

称为*正交相似变换*(或*酉相似变换*). 显然, 正交相似 (或酉相似) 矩阵一定相似.

定理 9.11 *设 σ 为 n 维正交空间 (或酉空间)V 的正交变换 (或酉变换), 而 A 和 B 分别是正交变换 (或酉变换)σ 对于 V 的两组标准正交基的矩阵, 那么 A 和 B 正交相似 (或酉相似).*

证明 设 $\boldsymbol{e}_1, \boldsymbol{e}_2, \cdots, \boldsymbol{e}_n$ 和 $\boldsymbol{f}_1, \boldsymbol{f}_2, \cdots, \boldsymbol{f}_n$ 是 V 的两组标准正交基. 假定

$$\sigma(\boldsymbol{e}_j)=\sum_{i=1}^{n}a_{ij}\boldsymbol{e}_i,\ j=1,\ 2,\ \cdots,\ n, \tag{9.12}$$

$$\sigma(\boldsymbol{f}_l)=\sum_{k=1}^{n}b_{kl}\boldsymbol{f}_k,\ l=1,\ 2,\ \cdots,\ n. \tag{9.13}$$

而 $A=(a_{ij})$, $B=(b_{kl})$. 再假定

$$\boldsymbol{e}_j=\sum_{l=1}^{n}t_{lj}\boldsymbol{f}_l,\ j=1,\ 2,\ \cdots,\ n. \tag{9.14}$$

根据定理 9.4(或 9.8), $T=(t_{lj})$ 是正交矩阵 (或酉矩阵). 再设

$$\boldsymbol{f}_k=\sum_{i=1}^{n}s_{ik}\boldsymbol{e}_i, \tag{9.15}$$

那么 $S=(s_{ik})=T^{-1}$.

将 (9.14) 和 (9.15) 先后代入 (9.12) 的左方, 得

$$\sigma(\boldsymbol{e}_j)=\sum_{l=1}^{n}t_{lj}\sigma(\boldsymbol{f}_l)=\sum_{k,l=1}^{n}t_{lj}b_{kl}\boldsymbol{f}_k$$
$$=\sum_{i,k,l=1}^{n}t_{lj}b_{kl}s_{ik}\boldsymbol{e}_i=\sum_{i=1}^{n}a_{ij}\boldsymbol{e}_i.$$

因 $\boldsymbol{e}_1, \boldsymbol{e}_2, \cdots, \boldsymbol{e}_n$ 是 V 的一组基,

$$a_{ij}=\sum_{k,l=1}^{n}t_{lj}b_{kl}s_{ik},$$

即

$$A=T^{-1}BT.$$

□

定理 9.12 有限维正交空间 (或酉空间) 的正交变换 (或酉变换) 一定是可逆线性变换.

证明 设 σ 是正交空间 (或酉空间)V 的正交变换 (或酉变换). 假定有 $\boldsymbol{v}\in V$, 使得 $\sigma(\boldsymbol{v})=\boldsymbol{0}$. 那么 $(\sigma(\boldsymbol{v}), \sigma(\boldsymbol{v}))=0$. 但是 $(\sigma(\boldsymbol{v}), \sigma(\boldsymbol{v}))=(\boldsymbol{v}, \boldsymbol{v})$, 所以 $(\boldsymbol{v}, \boldsymbol{v})=0$, 因此 $\boldsymbol{v}=\boldsymbol{0}$. 这证明 σ 是单射. 因 $\dim V$ 有限, 所以 σ 是可逆线性变换. □

设 V 是域 F 上的有限维向量空间, 特别是正交空间 (或酉空间), 而 σ 是 V 的线性变换. 再设 W 是 V 的子空间. 如果

$$\sigma(\boldsymbol{w})\in W, \text{对任意 } \boldsymbol{w}\in W,$$

就说 W 是 V 的 (对于 σ 来说的)不变子空间, 也说 W 是 σ 的不变子空间. 这时, σ 诱导出 W 上的一个线性变换 $\sigma|_W$, 它的定义是

$$\begin{aligned}\sigma|_W : W &\longrightarrow W,\\ \boldsymbol{w} &\longmapsto \sigma(\boldsymbol{w}).\end{aligned}$$

定理 9.13 设 V 是 n 维正交空间 (或酉空间), σ 是 V 的正交变换 (或酉变换), 而 W 是 V 的不变子空间. 那么 $\sigma|_W$ 是 W 的正交变换 (或酉变换), $W^{\perp}$ 也是 V 的不变子空间, 而且 $V=W\dot{+}W^{\perp}$.

证明 显然, $\sigma|_W$ 是 W 的正交变换. 我们再证明: 对任意 $\boldsymbol{w}'\in W^{\perp}$ 都有 $\sigma(w')\in W^{\perp}$. 因为 $\sigma|_W$ 是 W 的正交变换, 根据定理 9.12, $\sigma|_W$ 是 W 的可逆线性变换. 那么对任意 $\boldsymbol{w}\in W$, 都有 $\boldsymbol{w}_1\in W$ 使 $\sigma|_W(\boldsymbol{w}_1)=\boldsymbol{w}$, 即 $\sigma(\boldsymbol{w}_1)=\boldsymbol{w}$. 我们有

$$\begin{aligned}w'\in W^{\perp} &\iff (\boldsymbol{w}',\boldsymbol{w}_1)=0, \text{对任意 } \boldsymbol{w}_1\in W\\ &\iff (\sigma(\boldsymbol{w}'),\sigma(\boldsymbol{w}_1))=0, \text{ 对任意 } \boldsymbol{w}_1\in W\\ &\iff (\sigma(\boldsymbol{w}'),\boldsymbol{w})=0, \text{ 对任意 } \boldsymbol{w}\in W\\ &\iff \sigma(\boldsymbol{w}')\in W^{\perp}.\end{aligned}$$

这证明了 $W^{\perp}$ 是 σ 的不变子空间. 根据定理 9.9, $V=W\dot{+}W^{\perp}$. □

下面我们来讨论酉变换的标准形.

设 σ 是酉空间 (或正交空间)V 的线性变换. 再设有 $\boldsymbol{v} \in V$, $\boldsymbol{v} \neq \mathbf{0}$, 使得 $\sigma(\boldsymbol{v}) = \lambda \boldsymbol{v}$, 这里 $\lambda \in \mathbb{C}$, λ 就叫 σ 的一个 特征值, 而 $\boldsymbol{v}$ 就叫相应于 σ 的 特征值λ 的一个 特征向量. 令

$$V_\lambda = \{\boldsymbol{v} \in V : \sigma(\boldsymbol{v}) = \lambda \boldsymbol{v}\},$$

则 V_λ 是 V 的子空间. 显然, V_λ 是 σ 的不变子空间, 我们把 V_λ 叫做相应于 σ 的特征值 λ 的 特征子空间.

引理 9.14 有限维酉空间的酉变换一定有特征值, 而且它的特征值都是绝对值等于 1 的复数.

证明 设 V 是 n 维酉空间, $\boldsymbol{e}_1, \boldsymbol{e}_2, \cdots, \boldsymbol{e}_n$ 是它的一组标准正交基. 任意 $\boldsymbol{v} \in V$ 可以表作

$$\boldsymbol{v} = a_1\boldsymbol{e}_1 + a_2\boldsymbol{e}_2 + \cdots + a_n\boldsymbol{e}_n.$$

于是 $\sigma(\boldsymbol{v}) = \lambda \boldsymbol{v}$ 当且仅当

$$A\begin{pmatrix} a_1 \\ a_2 \\ \vdots \\ a_n \end{pmatrix} = \lambda \begin{pmatrix} a_1 \\ a_2 \\ \vdots \\ a_n \end{pmatrix},$$

这里 A 是线性变换 σ 相对于标准正交基 $\boldsymbol{e}_1, \boldsymbol{e}_2, \cdots, \boldsymbol{e}_n$ 的矩阵, 也即当且仅当

$$(A - \lambda I)\begin{pmatrix} a_1 \\ a_2 \\ \vdots \\ a_n \end{pmatrix} = 0. \tag{9.16}$$

设 λ 是矩阵 A 的一个特征值, 那么 $|A - \lambda I| = 0$. 方程组 (9.16) 有非零解 ${}^t(a_1, \cdots, a_n)$. 那么 $\boldsymbol{v} = a_1\boldsymbol{e}_1 + \cdots + a_n\boldsymbol{e}_n$ 就是酉变换 σ 的相应于特征值 λ 的特征向量.

设 λ 是 σ 的一个特征值, 而 $\boldsymbol{v}$ 是相应的特征向量. 因 σ 是酉变换,

$$(\boldsymbol{v}, \boldsymbol{v}) = (\sigma(\boldsymbol{v}), \sigma(\boldsymbol{v})) = (\lambda\boldsymbol{v}, \lambda\boldsymbol{v}) = \lambda\overline{\lambda}(\boldsymbol{v}, \boldsymbol{v}).$$

因为 $(\boldsymbol{v}, \boldsymbol{v}) \neq 0$, 所以 $\lambda\overline{\lambda} = 1$. □

定理 9.15 设 V 的 n 维酉空间, 而 σ 是 V 的酉变换, 那么 V 有一组标准正交基 $\boldsymbol{v}_1, \boldsymbol{v}_2, \cdots, \boldsymbol{v}_n$, 使得

$$\sigma(\boldsymbol{v}_i) = \lambda_i\boldsymbol{v}_i,\ i = 1, 2, \cdots, n.$$

而 $\lambda_i \in \mathbb{C}$, $|\lambda_i| = 1$, 更进一步, $\lambda_1, \lambda_2, \cdots, \lambda_n$ 除差一排列外, 由 σ 唯一确定.

证明 对 $\dim V$ 作归纳. 根据引理 9.14, σ 有一个特征值 λ_1, $|\lambda_1| = 1$ 和相应于特征值 λ_1 的特征向量 $\boldsymbol{v}$. 令 $\boldsymbol{v}_1 = (\boldsymbol{v}, \boldsymbol{v})^{1/2}\boldsymbol{v}$, 那么 $\sigma(\boldsymbol{v}_1) = \lambda_1\boldsymbol{v}_1$, $(\boldsymbol{v}_1\,\boldsymbol{v}_1) = 1$. 令 $W = \mathbb{C}\boldsymbol{v}_1$, 那么 W 是 σ 的不变子空间. 根据定理 9.13, $W^\perp$ 是 σ 的 $n-1$ 维不变子空间, 而 σ 在 $W^\perp$ 上的诱导是 $W^\perp$ 上的酉变换. 根据归纳法假设, $W^\perp$ 有一组标准正交基 $\boldsymbol{v}_2, \cdots, \boldsymbol{v}_n$, 使得

$$\sigma(\boldsymbol{v}_i) = \sigma|_{W^\perp}(\boldsymbol{v}_i) = \lambda_i \boldsymbol{v}_i,\ i = 2,\ \cdots,\ n,$$

这里 $\lambda_i \in \mathbb{C}$, $|\lambda_i| = 1$. 于是 $\boldsymbol{v}_1, \boldsymbol{v}_2, \cdots, \boldsymbol{v}_n$ 是 V 的一组标准正交基，而 $\sigma(\boldsymbol{v}_i) = \lambda \boldsymbol{v}_i$, $i = 1, 2, \cdots, n$.

再证明唯一性. 设 $\boldsymbol{f}_1, \boldsymbol{f}_2, \cdots, \boldsymbol{f}_n$ 是 V 的另一组标准正交基，使得

$$\sigma(\boldsymbol{f}_i) = \mu_i \boldsymbol{f}_i,\ i = 1,\ 2,\ \cdots,\ n.$$

而 $\mu_i \in \mathbb{C}$, $|\mu_i| = 1$. 那么 σ 对于基 $\boldsymbol{e}_1, \boldsymbol{e}_2, \cdots, \boldsymbol{e}_n$ 和基 $\boldsymbol{f}_1, \boldsymbol{f}_2, \cdots, \boldsymbol{f}_n$ 的矩阵分别是

$$\begin{pmatrix} \lambda_1 & & & \\ & \lambda_2 & & \\ & & \ddots & \\ & & & \lambda_n \end{pmatrix} \text{和} \begin{pmatrix} \mu_1 & & & \\ & \mu_2 & & \\ & & \ddots & \\ & & & \mu_n \end{pmatrix}.$$

根据定理 9.11, 它们酉相似. 因此根据约当标准形的唯一性， $\lambda_1, \lambda_2 \cdots, \lambda_n$ 和 $\mu_1, \mu_2, \cdots, \mu_n$ 只差一排列. □

定理 9.15 有以下等价的矩阵形式.

定理 9.16 *设 A 是 $n \times n$ 酉矩阵. 那么存在 $n \times n$ 酉矩阵 U, 使得*

$$ {}^t\overline{U} A U = \begin{pmatrix} \lambda_1 & & & \\ & \lambda_2 & & \\ & & \ddots & \\ & & & \lambda_n \end{pmatrix}, \tag{9.17}$$

其中 $\lambda_i \in \mathbb{C}$, $|\lambda_i| = 1$, $i = 1, 2, \cdots, n$. 更进一步， $\lambda_1, \lambda_2, \cdots, \lambda_n$ 除差一排列外，由 A 唯一确定.

证明 设 $\mathbb{C}^n$ 是 n 维列向量空间. 令 ${}^t(a_1, \cdots, a_n)$, ${}^t(b_1, \cdots, b_n) \in \mathbb{C}^n$, 定义

$$({}^t(a_1, \cdots, a_n),\ {}^t(b_1, \cdots, b_n)) = {}^t(a_1, \cdots, a_n)\overline{{}^t(b_1, \cdots, b_n)},$$

那么 $\mathbb{C}^n$ 就成为一个 n 维酉空间，它有一组标准正交基 $\boldsymbol{e}_1, \boldsymbol{e}_2, \cdots, \boldsymbol{e}_n$, 这里

$$\boldsymbol{e}_i = {}^t(0, \cdots, 0, \underset{(i)}{1}, 0 \cdots, 0),\ \ i = 1,\ 2,\ \cdots,\ n.$$

假设对于任意 ${}^t(a_1, \cdots, a_n) \in \mathbb{C}^n$, 定义一个线性变换

$${}^t(a_1, \cdots, a_n) \longrightarrow A\,{}^t(a_1, \cdots, a_n).$$

把这个线性变换记作 σ. 因为 A 是酉矩阵，所以 σ 是酉变换. 根据定理 9.15, $\mathbb{C}^n$ 有一组标准正交基 $\boldsymbol{v}_1, \boldsymbol{v}_2, \cdots, \boldsymbol{v}_n$, 使得

$$\sigma(\boldsymbol{v}_i) = \lambda_i \boldsymbol{v}_i,\ i = 1,\ 2,\ \cdots,\ n,$$

这里 $\lambda_i \in \mathbb{C}$, $|\lambda_i| = 1$. 设

$$\boldsymbol{e}_j = \sum_{i=1}^{n} a_{ij} \boldsymbol{v}_i,\ i = 1,\ \cdots,\ n.$$

根据定理 9.8, $U=(a_{ij})$ 是酉矩阵，而

$$U^{-1}AU=\begin{pmatrix}\lambda_1 & & \\ & \ddots & \\ & & \lambda_n\end{pmatrix}.$$

因 $U^{-1}={}^t\overline{U}$, 故 (9.17) 成立. □

(9.17) 右方的矩阵叫 酉矩阵的标准形.

从定理 9.15 立刻推出

定理 9.17 设 σ 是有限维酉空间 V 上的酉变换，$\lambda_1,\lambda_2,\cdots,\lambda_r$ 是 σ 的所有不同的特征值. 那么

$$V=V_{\lambda_1}\dot{+}V_{\lambda_2}\dot{+}\cdots\dot{+}V_{\lambda_r},$$

而且当 $i\neq j$ 时，对任意 $\boldsymbol{v}_i\in V_{\lambda_i}$, $\boldsymbol{v}_j\in V_{\lambda_j}$, 都有 $(\boldsymbol{v}_i,\boldsymbol{v}_j)=0$.

我们还有下面这个结果，它在求将酉矩阵化为标准形的酉相似变换时有用.

定理 9.18 设 σ 是有限维酉空间 V 的酉变换 (或酉矩阵), λ 和 μ 是 σ 的两个不同的特征值，而 $\boldsymbol{u}$ 和 $\boldsymbol{v}$ 是他们分别相应的特征向量，那么 $(\boldsymbol{u},\boldsymbol{v})=0$.

证明 我们有 $\sigma(\boldsymbol{u})=\lambda\boldsymbol{u}$, $\sigma(\boldsymbol{v})=\mu\boldsymbol{v}$. 于是

$$(\boldsymbol{u},\boldsymbol{v})=(\sigma(\boldsymbol{u}),\sigma(\boldsymbol{v}))=(\lambda\boldsymbol{u},\mu\boldsymbol{v})=\lambda\overline{\mu}(\boldsymbol{u},\boldsymbol{v}).$$

因为 $\lambda\neq\mu$, 所以 $\lambda\overline{\mu}\neq 1$. 因此 $(\boldsymbol{u},\boldsymbol{v})=0$. □

例 9.5 将 3×3 矩阵

$$P=\begin{pmatrix}0&1&0\\0&0&1\\1&0&0\end{pmatrix}$$

用酉相似变换化为对角形.

不难验证 ${}^t\overline{P}P=I$, 因此 P 是酉矩阵,

我们来求 P 的特征值. 因为 P 的特征多项式是

$$|xI-P|=\begin{vmatrix}x&-1&0\\0&x&-1\\-1&0&x\end{vmatrix}=x^3-1,$$

所以 P 的特征值是 $1,\omega,\omega^2$, 这里 $\omega=\frac{-1+\sqrt{3}i}{2}$. 于是 P 的酉相似标准形是

$$\begin{pmatrix}1&&\\&\omega&\\&&\omega^2\end{pmatrix}.$$

我们再来求将 P 经酉相似化为上述标准形的酉矩阵. 解线性齐次方程组

$$P\begin{pmatrix}x_1\\x_2\\x_3\end{pmatrix}=\begin{pmatrix}x_1\\x_2\\x_3\end{pmatrix}, \tag{9.18}$$

即

$$\begin{pmatrix} x_2 \\ x_3 \\ x_1 \end{pmatrix} = \begin{pmatrix} x_1 \\ x_2 \\ x_3 \end{pmatrix}.$$

$\left(\frac{1}{\sqrt{3}}, \frac{1}{\sqrt{3}}, \frac{1}{\sqrt{3}}\right)$ 是适合方程组 (9.18) 的而内积等于 1 的向量. 再解线性方程组

$$P\begin{pmatrix} x_1 \\ x_2 \\ x_3 \end{pmatrix} = \omega\begin{pmatrix} x_1 \\ x_2 \\ x_3 \end{pmatrix}, \tag{9.19}$$

即

$$\begin{aligned} x_2 &= \omega x_1, \\ x_3 &= \omega x_2, \\ x_1 &= \omega x_3. \end{aligned}$$

$\left(\frac{1}{\sqrt{3}}, \frac{1}{\sqrt{3}}\omega, \frac{1}{\sqrt{3}}\omega^2\right)$ 是适合方程组 (9.19) 而内积等于 1 的向量. 最后解线性方程组

$$P\begin{pmatrix} x_1 \\ x_2 \\ x_3 \end{pmatrix} = \omega^2\begin{pmatrix} x_1 \\ x_2 \\ x_3 \end{pmatrix}. \tag{9.20}$$

$\left(\frac{1}{\sqrt{3}}, \frac{1}{\sqrt{3}}\omega^2, \frac{1}{\sqrt{3}}\omega\right)$ 是适合方程组 (9.20) 而内积等于 1 的向量. 那么

$$U = \begin{pmatrix} \frac{1}{\sqrt{3}} & \frac{1}{\sqrt{3}} & \frac{1}{\sqrt{3}} \\ \frac{1}{\sqrt{3}} & \frac{1}{\sqrt{3}}\omega & \frac{1}{\sqrt{3}}\omega^2 \\ \frac{1}{\sqrt{3}} & \frac{1}{\sqrt{3}}\omega^2 & \frac{1}{\sqrt{3}}\omega \end{pmatrix}$$

是酉矩阵而

$$U^{-1}PU = \begin{pmatrix} 1 & & \\ & \omega & \\ & & \omega^2 \end{pmatrix}.$$ □

正交变换也有在正交相似变换下的标准形, 但却不像酉变换那么简单. 这是因为正交矩阵的特征值不一定是实数, 例如

$$\begin{pmatrix} \cos\theta & -\sin\theta \\ \sin\theta & \cos\theta \end{pmatrix}$$

是 2×2 正交矩阵, 它的特征值是 $\cos\theta \pm i\sin\theta$. 这样, 就不能用正交相似变换把这个正交矩阵化成对角形.

为了讨论正交变换的标准形, 我们要先做些准备.

引理 9.19 正交变换的实特征值只能是 ± 1.

证明 设 σ 是 n 维正交空间 V 的正交变换, 再设 λ 是 σ 的一个实特征值, 那么有 $\boldsymbol{v}\in V$ 而 $\boldsymbol{v}\neq\boldsymbol{0}$, 使得 $A\boldsymbol{v}=\lambda\boldsymbol{v}$. 于是

$$(\boldsymbol{v},\,\boldsymbol{v})=(\sigma(\boldsymbol{v}),\,\sigma(\boldsymbol{v}))=(\lambda\boldsymbol{v},\,\lambda\boldsymbol{v})=\lambda^2(\boldsymbol{v},\,\boldsymbol{v}).$$

因为 $\boldsymbol{v}\neq 0$, 所以 $(\boldsymbol{v},\,\boldsymbol{v})>0$. 于是从上式推出 $\lambda^2=1$.

设 σ 是 n 维正交空间 V 上的线性变换, $\boldsymbol{v}_1,\boldsymbol{v}_2,\cdots,\boldsymbol{v}_n$ 是 V 的一组基. 令 $V_{\mathbb{C}}=\mathbb{C}\boldsymbol{v}_1+\mathbb{C}\boldsymbol{v}_2+\cdots+\mathbb{C}\boldsymbol{v}_n$ 是以 $\boldsymbol{v}_1,\boldsymbol{v}_2,\cdots,\boldsymbol{v}_n$ 为基的 $\mathbb{C}$ 上的向量空间, 对任意 $\boldsymbol{v}=c_1\boldsymbol{v}_1+c_2\boldsymbol{v}_2+\cdots+c_n\boldsymbol{v}_n\in V_{\mathbb{C}}$, 其中 $c_i\in\mathbb{C}$, $i=1,2,\cdots,n$, 定义 $\sigma(\boldsymbol{v})=c_1\sigma(\boldsymbol{v}_1)+c_2\sigma(\boldsymbol{v}_2)+\cdots+c_n\sigma(\boldsymbol{v}_n)$, 则 σ 扩充成 $V_{\mathbb{C}}$ 上的线性变换. 设有 $\boldsymbol{v}\in V_{\mathbb{C}}$, $\boldsymbol{v}\neq\boldsymbol{0}$, 使得 $\sigma(\boldsymbol{v})=\lambda\boldsymbol{v}$, 这里 $\lambda\in\mathbb{C}$ 而 $\lambda\notin\mathbb{R}$, λ 就叫 σ 的一个复特征值. □

引理 9.20 正交变换的复特征值成共轭对出现, 而且它们的绝对值都等于 1.

证明 设 σ 是 n 维正交空间 V 的正交变换, A 是 σ 对于 V 的一组标准正交基 $\boldsymbol{v}_1,\cdots,\boldsymbol{v}_n$ 的矩阵. 那么 A 是 $n\times n$ 正交矩阵. 令 $V_{\mathbb{C}}=\mathbb{C}\boldsymbol{v}_1+\mathbb{C}\boldsymbol{v}_2+\cdots+\mathbb{C}\boldsymbol{v}_n$ 再设 λ 是 σ 的一个复特征值. 那么有 $\boldsymbol{v}\in V_{\mathbb{C}}$, 而 $\boldsymbol{v}\neq\boldsymbol{0}$, 使得 $\sigma(\boldsymbol{v})=\lambda\boldsymbol{v}$. 设 $\boldsymbol{v}=c_1\boldsymbol{v}_1+c_2\boldsymbol{v}_2+\cdots+c_n\boldsymbol{v}_n$. 令 $\boldsymbol{c}={}^t(c_1,\,c_2,\,\cdots,\,c_n)\in\mathbb{C}^n$, 那么 $\boldsymbol{c}\neq\boldsymbol{0}$, 而 $A\boldsymbol{c}=\lambda\boldsymbol{c}$. 取复共轭得到 $A\overline{\boldsymbol{c}}=\overline{\lambda}\overline{\boldsymbol{c}}$. 这说明 $\overline{\lambda}$ 也是 A 的特征值. 令 $\overline{\boldsymbol{v}}=\overline{c_1}\boldsymbol{v}_1+\overline{c_2}\boldsymbol{v}_2+\cdots+\overline{c_n}\boldsymbol{v}_n$. 那么 $\sigma(\overline{\boldsymbol{v}})=\overline{\lambda}\overline{\boldsymbol{v}}$. 于是 $\overline{\lambda}$ 也是 σ 的特征值.

又有

$$\begin{aligned}{}^t\overline{\boldsymbol{c}}\boldsymbol{c}=&\ {}^t\overline{\boldsymbol{c}}\,{}^tAA\boldsymbol{c}={}^t(A\overline{\boldsymbol{c}})(A\boldsymbol{c})\\=&\ {}^t(\overline{\lambda}\overline{\boldsymbol{c}})(\lambda\boldsymbol{c})=\lambda\overline{\lambda}\,{}^t\overline{\boldsymbol{c}}\boldsymbol{c}.\end{aligned}$$

因 $\boldsymbol{c}\neq\boldsymbol{0}$, 所以 ${}^t\overline{\boldsymbol{c}}\boldsymbol{c}>0$. 由上式推出 $\lambda\overline{\lambda}=1$. □

引理 9.21 设 σ 是 n 维正交空间 V 的正交变换, 而 A 是 σ 对于 V 的标准正交基 $\boldsymbol{e}_1,\cdots,\boldsymbol{e}_n$ 的矩阵, λ 是 A 的一个复特征值, $\lambda\notin\mathbb{R}$, 而 $\boldsymbol{c}$ 是相应的特征列向量, $\boldsymbol{c}\in\mathbb{C}^n$. 记 $\boldsymbol{c}=\boldsymbol{c}_1+i\boldsymbol{c}_2$, 这里 $\boldsymbol{c}_1,\,\boldsymbol{c}_2\in\mathbb{R}^n$. 再设 $\boldsymbol{c}_i={}^t(c_{i1},\,\ldots,\,c_{in})$, $i=1,2$, 并令 $\boldsymbol{v}_i=c_{i1}\boldsymbol{e}_1+\cdots+c_{in}\boldsymbol{e}_n$. 那么 $\langle\boldsymbol{v}_1,\,\boldsymbol{v}_2\rangle$ 是 V 的 2 维子空间, 而且是 σ 的不变子空间.

证明 我们有 $A\boldsymbol{c}=\lambda\boldsymbol{c}$. 记 $\boldsymbol{c}=\boldsymbol{c}_1+i\boldsymbol{c}_2$. 如果 $\boldsymbol{c}_2=0$, 那么 $A\boldsymbol{c}_1=\lambda\boldsymbol{c}_1$. 因为 A 和 $\boldsymbol{c}_1$ 都是实的, 所以 λ 也是实的, 矛盾. 同理, 如 $\boldsymbol{c}_1=0$, 也推出矛盾. 因此 $\boldsymbol{c}_1\neq 0$, $\boldsymbol{c}_2\neq 0$. 如果 $\boldsymbol{c}_1,\boldsymbol{c}_2$ 在 $\mathbb{R}$ 上线性相关, 那么 $\boldsymbol{c}_2=r\boldsymbol{c}_1$, $r\in\mathbb{R}^*$, 于是 $\boldsymbol{c}=(1+ir)\boldsymbol{c}_1$. 将 $\boldsymbol{c}=(1+ir)\boldsymbol{c}_1$ 代入 $A\boldsymbol{c}=\lambda\boldsymbol{c}$, 并且消去 $1+ir$, 得 $A\boldsymbol{c}_1=\lambda\boldsymbol{c}_1$, 那么 $\lambda\in\mathbb{R}$, 矛盾. 因此 $\langle\boldsymbol{c}_1,\,\boldsymbol{c}_2\rangle$ 是 $\mathbb{R}^n$ 的 2 维子空间. 于是 $\langle\boldsymbol{v}_1,\,\boldsymbol{v}_2\rangle$ 是 V 的 2 维子空间.

设 $\lambda=\lambda_1+i\lambda_2$, $\lambda_1,\lambda_2\in\mathbb{R}$. 将 $\lambda=\lambda_1+i\lambda_2$ 和 $\boldsymbol{c}=\boldsymbol{c}_1+i\boldsymbol{c}_2$ 代入 $A\boldsymbol{c}=\lambda\boldsymbol{c}$, 得

$$\begin{aligned}A(\boldsymbol{c}_1+i\boldsymbol{c}_2)=&\ (\lambda_1+i\lambda_2)(\boldsymbol{c}_1+i\boldsymbol{c}_2)\\=&\ (\lambda_1\boldsymbol{c}_1-\lambda_2\boldsymbol{c}_2)+i(\lambda_2\boldsymbol{c}_1+\lambda_1\boldsymbol{c}_2).\end{aligned}$$

于是

$$A\boldsymbol{c}_1 = \lambda_1\boldsymbol{c}_1 - \lambda_2\boldsymbol{c}_2,\ A\boldsymbol{c}_2 = \lambda_2\boldsymbol{c}_1 + \lambda_1\boldsymbol{c}_2.$$

从而

$$\sigma(\boldsymbol{v}_1) = \lambda_1\boldsymbol{v}_1 - \lambda_2\boldsymbol{v}_2,\ \sigma(\boldsymbol{v}_2) = \lambda_2\boldsymbol{v}_1 + \lambda_1\boldsymbol{v}_2.$$

这证明了 $\langle \boldsymbol{v}_1, \boldsymbol{v}_2\rangle$ 是 σ 的不变子空间. □

引理 9.22 设 A 是 2×2 正交矩阵, 而 A 没有实特征值. 那么有 $\theta, 0<\theta<2\pi$, $\theta\neq\pi$, 使得

$$A = \begin{pmatrix} \cos\theta & -\sin\theta \\ \sin\theta & \cos\theta \end{pmatrix}.$$

证明 设

$$A = \begin{pmatrix} a & b \\ c & d \end{pmatrix}.$$

由 ${}^tAA = I$, 推出

$$a^2+c^2=1,\ b^2+d^2=1,\ ab+cd=0.$$

根据引理 9.20, A 的两个复特征值互相共轭而且它们的积等于 1. 设 λ 和 $\overline{\lambda}$ 是 A 的两个特征值. 那么

$$|xI-A| = (x-\lambda)(x-\overline{\lambda})$$

于是

$$|A| = ad-bc = \lambda\overline{\lambda} = 1.$$

解方程, 得 $a=d, b=-c$.

因为 $a^2+c^2=1$, 所以有唯一的 θ, $0\leqslant\theta<2\pi$, 使得

$$a=\cos\theta,\ c=\sin\theta.$$

因此

$$A = \begin{pmatrix} \cos\theta & -\sin\theta \\ \sin\theta & \cos\theta \end{pmatrix}.$$

因为 ± 1 都不是 A 的特征值, 所以 $\theta\neq 0,\pi$. □

我们把 $A = \begin{pmatrix} \cos\theta & -\sin\theta \\ \sin\theta & \cos\theta \end{pmatrix}$ 记作 A_θ.

定理 9.23 设 σ 是 n 维正交空间 V 的正交变换, 那么 V 有一组标准正交基, 使得 σ 对于它的矩阵是

$$\begin{pmatrix} I^{(n_1)} & & & & \\ & -I^{(n_2)} & & & \\ & & A_{\theta_1} & & \\ & & & \ddots & \\ & & & & A_{\theta_r} \end{pmatrix}, \tag{9.21}$$

其中 $0<\theta_i<2\pi$ 而 $\theta_i\neq\pi$ 对 $i=1,2,\cdots,r$, $n_1+n_2+2r=n$. 更进一步, n_1, n_2 由 σ 唯一确定, 而且 $\theta_1,\theta_2,\cdots,\theta_r$ 除差一次序外也由 σ 唯一确定.

证明 对 $\dim V=n$ 来作归纳法. 当 $n=1$ 时, 本定理显然成立. 以下设 $n>1$.

假定 σ 有一个特征值 =1, 那么有 $\boldsymbol{e}_1 \in V$, 使得 $\sigma(\boldsymbol{e}_1) = \boldsymbol{e}_1$. 根据定理 9.13, $\langle \boldsymbol{e}_1 \rangle^\perp$ 是 $n-1$ 维子空间, 而且是 σ 的不变子空间. $\sigma|_{\langle \boldsymbol{e}_1 \rangle^\perp}$ 是 $\langle \boldsymbol{e}_1 \rangle^\perp$ 的正交变换, 并且 $V = \langle \boldsymbol{e}_1 \rangle \dot{+} \langle \boldsymbol{e}_1 \rangle^\perp$. 根据归纳法假设, $\langle \boldsymbol{e}_1 \rangle^\perp$ 有一组标准正交基 $\boldsymbol{e}_2, \boldsymbol{e}_3, \cdots, \boldsymbol{e}_n$, 使得 $\sigma|^{\perp}_{\langle \boldsymbol{e}_1 \rangle}$ 对于它的矩阵是

$$\begin{pmatrix} I^{(n_1-1)} & & & & \\ & -I^{(n_2)} & & & \\ & & A_{\theta_1} & & \\ & & & \ddots & \\ & & & & A_{\theta_r} \end{pmatrix}.$$

那么 σ 对于 V 的标准正交基 $\boldsymbol{e}_1, \boldsymbol{e}_2, \cdots, \boldsymbol{e}_n$ 的矩阵就是 (9.21).

假设 1 不是 σ 的特征值, 而 -1 是 σ 的特征值, 那么有 $\boldsymbol{e}_1 \in V$, 使得 $\sigma(\boldsymbol{e}_1) = -\boldsymbol{e}_1$. 和上一情形一样, 可证 $\langle \boldsymbol{e}_1 \rangle^\perp$ 有一组标准正交基 $\boldsymbol{e}_2, \boldsymbol{e}_3, \cdots, \boldsymbol{e}_n$, 使得 $\sigma|_{\langle \boldsymbol{e}_1 \rangle^\perp}$ 对于它的矩阵是

$$\begin{pmatrix} I^{(n_1)} & & & & \\ & -I^{(n_2-1)} & & & \\ & & A_{\theta_1} & & \\ & & & \ddots & \\ & & & & A_{\theta_r} \end{pmatrix}.$$

因为它的特征值也是 σ 的特征值, 所以 $n_1 = 0$. 于是 σ 对于 V 的标准正交基 $\boldsymbol{e}_1, \boldsymbol{e}_2, \cdots, \boldsymbol{e}_n$ 的矩阵就是 (9.21), 其中 $n_1 = 0$.

最后, 设 1 和 -1 都不是 σ 的特征值, 根据引理 9.21, V 有一个 2 维子空间 W, 它是 σ 的不变子空间, 而 $\sigma|_W$ 是 W 的正交变换. 那么根据引理 9.22, W 有一组标准正交基 $\boldsymbol{e}_1, \boldsymbol{e}_2$, 而 W 相对于它的矩阵是

$$\begin{pmatrix} \cos\theta_1 & -\sin\theta_1 \\ \sin\theta_1 & \cos\theta_1 \end{pmatrix},$$

其中 $0 < \theta_1 < 2\pi$, 而 $\theta_1 \neq \pi$. 根据引理 9.13,$W^\perp$ 是 $n-2$ 维子空间, 而且是 σ 的不变子空间, $\sigma|_{W^\perp}$ 是 $W^\perp$ 的正交变换, $V = W \dot{+} W^\perp$. 将归纳法假设用到 $W^\perp$ 上, 就得出 $W^\perp$ 有一组标准正交基 $\boldsymbol{e}_3, \cdots, \boldsymbol{e}_n$, 而 $\sigma|_{W^\perp}$ 对于它的矩阵是

$$\begin{pmatrix} I^{(n_1)} & & & & \\ & -I^{(n_2)} & & & \\ & & A_{\theta_2} & & \\ & & & \ddots & \\ & & & & A_{\theta_r} \end{pmatrix},$$

它的特征值必是 σ 的特征值, 所以 $n_1 = n_2 = 0$. 于是 σ 对于 V 的标准正交基 $\boldsymbol{e}_1, \boldsymbol{e}_2, \cdots, \boldsymbol{e}_n$ 的矩阵就是 (9.21), 其中 $n_1 = n_2 = 0$.

唯一性可从 σ 的特征值由 σ 唯一确定推出来. □

定理 9.23 有以下等价的矩阵形式

定理 9.24 设 A 是 $n\times n$ 正交矩阵. 那么存在 $n\times n$ 正交矩阵 T, 使得

$$T^{-1}AT=\begin{pmatrix} I^{(n_1)} & & & & \\ & -I^{(n_2)} & & & \\ & & A_{\theta_1} & & \\ & & & \ddots & \\ & & & & A_{\theta_r} \end{pmatrix}, \tag{9.22}$$

其中 $n_1+n_2+2r=n$, $0<\theta_i<2\pi$, 而 $\theta_i\neq\pi$, $i\neq 1, 2, \cdots, r$. 更进一步 n_1, n_2, r 和 $\theta_1, \theta_2, \cdots, \theta_r$ 由 A 唯一确定.

形如 (9.22) 的矩阵叫 正交矩阵的标准形.

9.3 埃尔米特变换和对称变换

设 V 是酉空间, τ 是 V 的线性变换, 如果

$$(\tau(\boldsymbol{u}), \boldsymbol{v})=(\boldsymbol{u}, \tau(\boldsymbol{v})), \text{ 对任意 } \boldsymbol{u}, \boldsymbol{v}\in V,$$

τ 就叫 埃尔米特变换.

定理 9.25 设 V 是 n 维酉空间, $\boldsymbol{e}_1, \boldsymbol{e}_2, \ldots, \boldsymbol{e}_n$ 是 V 的一组标准正交基, 而 τ 是 V 的线性变换. 令

$$\tau(\boldsymbol{e}_j)=\sum_{i=1}^{n}h_{ij}\boldsymbol{e}_i, \; j=1, 2, \cdots, n.$$

这里 $h_{ij}\in\mathbb{C}$. 那么 τ 是埃尔米特变换当且仅当 (h_{ij}) 是埃尔米特矩阵.

证明 先设 τ 是埃尔米特变换, 那么 $(\tau(\boldsymbol{e}_i), \boldsymbol{e}_j)=(\boldsymbol{e}_i, \tau(\boldsymbol{e}_j))$ 对任意 i, j, $1\leqslant i, j\leqslant n$. 将 $\tau(\boldsymbol{e}_i)=\sum_{k=1}^{n}h_{ki}\boldsymbol{e}_k$ 和 $\tau(\boldsymbol{e}_j)=\sum_{l=1}^{n}h_{lj}\boldsymbol{e}_l$ 代入, 得

$$\left(\sum_{k=1}^{n}h_{ki}\boldsymbol{e}_k, \boldsymbol{e}_j\right)=\left(\boldsymbol{e}_i, \sum_{l=1}^{n}h_{lj}\boldsymbol{e}_l\right).$$

但

$$\left(\sum_{k=1}^{n}h_{ki}\boldsymbol{e}_k, \boldsymbol{e}_j\right)=\sum_{k=1}^{n}h_{ki}\delta_{kj}=h_{ji}, \quad \left(\boldsymbol{e}_i, \sum_{l=1}^{n}h_{lj}\boldsymbol{e}_l\right)=\sum_{l=1}^{n}\overline{h}_{lj}\delta_{il}=\overline{h}_{ij}.$$

因此 $h_{ji}=\overline{h}_{ij}$, 对任意 i, j, $1\leqslant i, j\leqslant n$. 所以 (h_{ij}) 是埃尔米特阵.

以上步骤是可逆的. 所以从 (h_{ij}) 是埃尔米特阵也推出 $(\tau(\boldsymbol{e}_i), \boldsymbol{e}_j)=(\boldsymbol{e}_i, \tau(\boldsymbol{e}_j))$, 对任意 i, j, $1\leqslant i, j\leqslant n$. 于是 $(\tau(\boldsymbol{u}), \boldsymbol{v})=(\boldsymbol{u}, \tau(\boldsymbol{v}))$, 对任意 $u, v\in V$. 因此 τ 是埃尔米特变换. □

下面我们来研究埃尔米特变换的标准形.

定理 9.26 设 τ 是 n 维酉空间 V 的埃尔米特变换，那么 τ 的特征值都是实数，而且存在 V 的标准正交基 $\boldsymbol{v}_1, \boldsymbol{v}_2, \cdots, \boldsymbol{v}_n$, 使得

$$\tau(\boldsymbol{v}_i) = \lambda_i \boldsymbol{v}_i, i = 1, 2, \cdots, n,$$

其中 $\overline{\lambda_i} = \lambda_i$. 进一步， $\lambda_1, \lambda_2, \cdots, \lambda_n$ 由 τ 唯一确定.

证明 设 λ 是 τ 的一个特征值，而 $\boldsymbol{v}$ 是相应的特征向量，即 $\tau(\boldsymbol{v}) = \lambda\boldsymbol{v}$, 那么由 $(\tau(\boldsymbol{v}), \boldsymbol{v}) = (\boldsymbol{v}, \tau(\boldsymbol{v}))$, 有 $(\lambda\boldsymbol{v}, \boldsymbol{v}) = (\boldsymbol{v}, \lambda\boldsymbol{v})$, 因此 $\lambda(\boldsymbol{v}, \boldsymbol{v}) = \overline{\lambda}(\boldsymbol{v}, \boldsymbol{v})$. 因为 $(\boldsymbol{v}, \boldsymbol{v}) \neq 0$, 所以 $\lambda = \overline{\lambda}$. 这证明了本定理的第一个结论.

设 λ_1 是 τ 的一个特征值，而 $\boldsymbol{v}_1$ 是相应的特征向量. 不妨设 $(\boldsymbol{v}_1, \boldsymbol{v}_1) = 1$, 那么 $V = \langle \boldsymbol{v}_1 \rangle \dot{+} \langle \boldsymbol{v}_1 \rangle^{\perp}$. 易证 $\langle \boldsymbol{v}_1 \rangle^{\perp}$ 是 τ 的不变子空间，而 τ 在 $\langle v_1 \rangle^{\perp}$ 的诱导也是埃尔米特变换. 因为 $\dim \langle \boldsymbol{v}_1 \rangle^{\perp} = n-1$, 所以从归纳法假设即可推出本定理的第二个结论. 本定理的第三个结论留作习题. □

一个等价的定理是：

定理 9.27 设 H 是 $n \times n$ 埃尔米特矩阵. 那么存在 $n \times n$ 酉矩阵 U, 使得

$$U^{-1}HU = \begin{pmatrix} \lambda_1 & & & \\ & \lambda_2 & & \\ & & \ddots & \\ & & & \lambda_n \end{pmatrix},$$

其中 $\overline{\lambda_i} = \lambda_i, i = 1, 2, \cdots, n$. 进一步， $\lambda_1, \lambda_2, \cdots, \lambda_n$ 由 H 唯一确定.

我们还有

定理 9.28 设 τ 是 n 维酉空间 V 上的埃尔米特变换， λ, μ 是 τ 的两个特征值，而 $\lambda \neq \mu$. 再设 $\boldsymbol{u}$ 和 $\boldsymbol{v}$ 分别是相应于 λ 和 μ 的特征向量，那么 $(\boldsymbol{u}, \boldsymbol{v}) = 0$.

证明 依定义

$$(\tau(\boldsymbol{u}), \boldsymbol{v}) = (\boldsymbol{u}, \tau(\boldsymbol{v})),$$

但 $\tau(u) = \lambda\boldsymbol{u}, \tau(\boldsymbol{v}) = \mu\boldsymbol{v}$, 所以

$$\lambda(\boldsymbol{u}, \boldsymbol{v}) = \mu(\boldsymbol{u}, \boldsymbol{v}).$$

但 $\lambda \neq \mu$, 所以 $(\boldsymbol{u}, \boldsymbol{v}) = 0$. □

推论 9.29 设 τ 是 n 维酉空间 V 上的埃尔米特变换， $\lambda_1, \lambda_2, \cdots, \lambda_r$ 是所有两两不同的特征根. 那么

$$V = V_{\lambda_1} \dot{+} V_{\lambda_2} \dot{+} \cdots \dot{+} V_{\lambda_r},$$

$n = \dim V_{\lambda_1} + \dim V_{\lambda_2} + \cdots + \dim V_{\lambda_r}$, 而且对任意 $i \neq j, 1 \leqslant i, j \leqslant r$ 和任意 $\boldsymbol{v}_i \in V_{\lambda_i}, \boldsymbol{v}_j \in V_{\lambda_j}$, 都有 $(\boldsymbol{v}_i, \boldsymbol{v}_j) = 0$.

现在设 V 是正交空间. σ 是 V 上的线性变换. 如果

$$(\sigma(\boldsymbol{u}), \boldsymbol{v}) = (\boldsymbol{u}, \sigma(\boldsymbol{v})), \text{对任意 } \boldsymbol{u}, \boldsymbol{v} \in V,$$

σ 就叫 对称变换. 对于正交空间上的对称变换，可以进行平行的讨论. 首先有

定理 9.30 设 V 是 n 维正交空间，$e_1, e_2, \cdots, e_n$ 是 V 的一组标准正交基，而 σ 是 V 上的线性变换，令

$$\sigma(e_j) = \sum_{i=1}^{n} s_{ij} e_i,\ j = 1, \cdots, n.$$

这里 $s_{ij} \in \mathbb{R}$. 那么 σ 是对称变换当且仅当 (s_{ij}) 是对称矩阵.

其次，我们证明对称变换的特征值都是实数，也即证明

引理 9.31 $n \times n$实对称矩阵的特征值都是实数.

证明 设 S 是 $n\times n$ 实对称矩阵，λ 是 S 的一个特征值，而 $v = {}^t(v_1, \cdots, v_n)$ 是相应的特征向量，即 $Sv = \lambda v$. 作用复共轭，得到 $S\overline{v} = \overline{\lambda}\overline{v}$. 于是

$${}^t\overline{v}(Sv) = ({}^t\overline{v}S)v = {}^t(S\overline{v})v.$$

把 $Sv = \lambda v$ 和 $S\overline{v} = \overline{\lambda}\overline{v}$ 代入，就得到

$${}^t\overline{v}\lambda v = \overline{\lambda}\,{}^t\overline{v}v.$$

因为 ${}^t\overline{v}v > 0$, 所以 $\lambda = \overline{\lambda}$, 即 λ 是实数. □

利用引理 9.31, 采用定理 9.28 的归纳证明就得到

定理 9.32 设 σ 是 n 维正交空间 V 上的对称变换，那么 σ 的特征值都是实数，而且存在 V 的标准正交基 $v_1, v_2, \cdots, v_n$, 使得

$$\sigma(v_i) = \lambda_i v_i,$$

其中 $\lambda_i \in \mathbb{R}, i = 1, 2, \cdots, n$. 进一步，$\lambda_1, \lambda_2, \cdots, \lambda_n$ 由 σ 唯一确定.

定理 9.33 设 S 是 $n \times n$ 实对称矩阵，那么存在 $n \times n$ 正交矩阵 T, 使得

$$T^{-1}ST = \begin{pmatrix} \lambda_1 & & & \\ & \lambda_2 & & \\ & & \ddots & \\ & & & \lambda_n \end{pmatrix},$$

其中 $\lambda_i \in \mathbb{R}, i = 1, 2, \cdots, n$. 进一步，$\lambda_1, \lambda_2, \cdots, \lambda_n$ 由 S 唯一确定.

平行定理 9.28 和推论 9.29, 我们有

定理 9.34 设 σ 是有限维正交空间 V 上的对称变换，λ, μ 是 σ 的两个特征值，$\lambda \neq \mu$. 再设 u 和 v 分别是 σ 的相应于 λ 和 μ 的特征向量，那么 $(u, v) = 0$.

推论 9.35 设 σ 是 n 维正交空间 V 上的对称变换，$\lambda_1, \lambda_2, \cdots, \lambda_r$ 是 σ 的所有两两不同的特征值. 那么

$$V = V_{\lambda_1} \dot{+} V_{\lambda_2} \dot{+} \cdots \dot{+} V_{\lambda_r},$$

而且对任意 $i \neq j, 1 \leqslant i, j \leqslant r$ 和任意 $v_i \in V_{\lambda_i}, v_j \in V_{\lambda_j}$, 都有 $(v_i, v_j) = 0$.

例 9.6 将对称矩阵

$$S = \begin{pmatrix} 2 & 2 & -2 \\ 2 & 5 & -4 \\ -2 & -4 & 5 \end{pmatrix}$$

在正交相似变换下化为标准形.

先求 S 的特征值. S 的特征多项式是

$$|xI-S|=\begin{vmatrix} x-2 & -2 & 2 \\ -2 & x-5 & 4 \\ 2 & 4 & x-5 \end{vmatrix}=(x-10)(x-1)^2.$$

因此 S 的特征值是 $10,1,1$(重根重复计算). 于是 S 正交相似于

$$\begin{pmatrix} 10 & 0 & 0 \\ 0 & 1 & 0 \\ 0 & 0 & 1 \end{pmatrix}.$$

再求将 S 化为上述标准形的正交矩阵. 先求相应于特征值 10 的特征向量. 解方程

$$\begin{pmatrix} 2 & 2 & -2 \\ 2 & 5 & -4 \\ -2 & -4 & 5 \end{pmatrix}\begin{pmatrix} x_1 \\ x_2 \\ x_3 \end{pmatrix}=10\begin{pmatrix} x_1 \\ x_2 \\ x_3 \end{pmatrix},$$

即解方程组

$$\begin{cases} -2x_1+5x_2+4x_3=0, \\ 2x_1+4x_2+5x_3=0 \end{cases}$$

就可得到相应于特征值 10 而内积等于 1 的特征向量 $\boldsymbol{e}_1=\frac{1}{3}(-1,\ -2, 2)$. 再解方程

$$\begin{pmatrix} 2 & 2 & -2 \\ 2 & 5 & -4 \\ -2 & -4 & 5 \end{pmatrix}\begin{pmatrix} x_1 \\ x_2 \\ x_3 \end{pmatrix}=\begin{pmatrix} x_1 \\ x_2 \\ x_3 \end{pmatrix},$$

即解方程

$$x_1+2x_2-2x_3=0$$

就可得到相应于特征值 1 而线性无关的两个的特征向量得 $(-2,\ 1,\ 0)$ 和 $(2,\ 0,\ 1)$, 再用标准正交化的方法可求得 $\boldsymbol{e}_2=\frac{1}{\sqrt{5}}(-2,\ 1,\ 0)$, $\boldsymbol{e}_3=\frac{1}{3\sqrt{5}}(2,\ 4,\ 5)$. 因而得正交矩阵

$$Q=\begin{pmatrix} -\dfrac{1}{3} & -\dfrac{2}{\sqrt{5}} & \dfrac{2}{3\sqrt{5}} \\ -\dfrac{2}{3} & \dfrac{1}{\sqrt{5}} & \dfrac{4}{3\sqrt{5}} \\ \dfrac{2}{3} & 0 & \dfrac{5}{3\sqrt{5}} \end{pmatrix}.$$

因此

$$Q^{-1}SQ=\begin{pmatrix} 10 & 0 & 0 \\ 0 & 1 & 0 \\ 0 & 0 & 1 \end{pmatrix}.$$

□

9.4 推　　广

可以把前面的讨论加以推广. 我们只作一般的概述, 把证明作为习题留给读者.

设 F 是域, $^-$:$F \to F$ 是 F 的自同构. 如果 $\overline{\overline{a}} = a$ 对任意 $a \in F$, $^-$ 就叫 F 的*对合*. 令

$$F_0 = \{a \in F: \overline{a} = a\},$$

不难证明 F_0 是 F 的子域 (参看引理 8.25), 叫 F 的对合 $^-$ 的*固定子域*.

注意, 在 8.3 节中, 我们只把 F 的 2 阶自同构叫对合. 但现在我们把 F 的恒同映射也看作对合, 这时 $F_0 = F$.

现在设 F 是域, 而 $^-$:$F \to F$ 是 F 的对合. 再设 V 是 F 上的有限维向量空间.

$$\begin{aligned}(\,,\,)\colon V \times V &\longrightarrow F,\\ (\boldsymbol{u}, \boldsymbol{v}) &\longmapsto (\boldsymbol{u}, \boldsymbol{v})\end{aligned}$$

是从 $V \times V$ 到 F 的映射, 上式中左方的 $(\boldsymbol{u}, \boldsymbol{v})$ 表示 $V \times V$ 中的一个元素, 而右方的 $(\boldsymbol{u}, \boldsymbol{v})$ 是 F 中的一个元素. 假定映射 $(\,,\,)$ 满足以下诸条件:

(1) $(\boldsymbol{u}, \boldsymbol{v}) = \overline{(\boldsymbol{v}, \boldsymbol{u})}$, 对任意 $\boldsymbol{u}, \boldsymbol{v} \in V$;

(2) $(\boldsymbol{u}_1 + \boldsymbol{u}_2, \boldsymbol{v}) = (\boldsymbol{u}_1, \boldsymbol{v}) + (\boldsymbol{u}_2, \boldsymbol{v})$, 对任意 $\boldsymbol{u}_1, \boldsymbol{u}_2, \boldsymbol{v} \in V$;

(3) $(c\boldsymbol{u}, \boldsymbol{v}) = c(\boldsymbol{u}, \boldsymbol{v})$, 对任意 $c \in F$, $\boldsymbol{u}, \boldsymbol{v} \in V$;

(4) 如果 $\boldsymbol{u} \in V$, 使得 $(\boldsymbol{u}, \boldsymbol{v}) = 0$ 对任意 $\boldsymbol{v} \in V$, 则 $\boldsymbol{u} = \boldsymbol{0}$.

V 就叫 F 上的*内积空间*, 而 $(\boldsymbol{u}, \boldsymbol{v})$ 就叫 $\boldsymbol{u}$ 和 $\boldsymbol{v}$ 的*内积*. 如果 (4) 不成立, V 就叫*奇异内积空间*.

设 V 是 F 上的内积空间. 当 $^-$ 不是 F 的恒同映射时, V 就叫 F 上的*酉空间*. 设 $^-$ 是 F 的恒同映射; 当 $\operatorname{char} F \neq 2$ 时, V 就叫 F 上的*正交空间*; 当 $\operatorname{char} F = 2$ 时, V 就叫 F 上的*伪辛空间*. 同样, 我们可以定义*奇异酉空间*, *奇异正交空间*和*奇异伪辛空间*.

当 $^-$ 是 F 的恒同映射, 而映射 $(\,,)$ 更满足

(5) $(\boldsymbol{u}, \boldsymbol{u}) = 0$ 对任意 $\boldsymbol{u} \in V$, V 就叫 F 上的*辛空间*.

设 V 是 F 上的 n 维内积空间, $\boldsymbol{v}_1, \boldsymbol{v}_2, \cdots, \boldsymbol{v}_n$ 是 V 的一组基. 令 $H = (h_{ij})_{1 \leqslant i,j \leqslant n}$, 而 $h_{ij} = (\boldsymbol{v}_i, \boldsymbol{v}_j)$. 那么当 $^-$ 不是恒同映射时, H 是非奇异埃尔米特矩阵. 当 $^-$ 是恒同映射时, H 是非奇异对称矩阵.

如果 V 是 F 上的 n 维辛空间, $\boldsymbol{v}_1, \boldsymbol{v}_2, \cdots, \boldsymbol{v}_n$ 是 V 的的一组基, 令 $K = (k_{ij})_{1 \leqslant i,j \leqslant n}$, $k_{ij} = (\boldsymbol{u}_i, \boldsymbol{u}_j)$, 那么 K 是非退化的斜对称矩阵. 因此 $n = 2\nu$ 是偶数.

设 V 是 F 上的 n 维内积空间, $\boldsymbol{v}_1, \boldsymbol{v}_2, \cdots, \boldsymbol{v}_n$ 是 V 的一组基, A 是 V 的一个线性变换. 如果 $(A\boldsymbol{u}, A\boldsymbol{v}) = (\boldsymbol{u}, \boldsymbol{v})$ 对任意 $\boldsymbol{u}, \boldsymbol{v} \in V$, A 就叫 V 的一个*保内积变换*. 令

$$Av_j = \sum_{i=1}^{n} a_{ij} v_i,\ j = 1,\ 2,\ \cdots,\ n, \tag{9.23}$$

其中 $a_{ij} \in F$. 将矩阵 (a_{ij}) 也记作 A, 那么

$$^{t}AH\overline{A} = H.$$

因此 A 一定是可逆线性变换. V 的所有保内积的变换对于变换的合成组成一群, 叫 V 的保内积变换群, 记作 $G(V)$.

特别, 当 ¯ 不是恒同映射时, $G(V)$ 叫 n 级 *酉群*, 记作 $U_n(V)$. $U_n(V)$ 的元素叫 *酉变换*. 当 ¯ 是恒同映射而 $\operatorname{char} F \neq 2$ 时, $G(V)$ 叫 n 级 *正交群*, 记作 $O_n(V)$, 其中的元素叫 *正交变换*. 当 ¯ 是恒同映射而 $\operatorname{char} F = 2$ 时, $G(V)$ 叫 n 级 *伪辛群*, 记作 $Ps_n(V)$, 其中的元素叫 *伪辛变换*.

如果 V 是 F 上的 n 维辛空间, $n = 2\nu$, $v_1, v_2, \cdots, v_n$ 是 V 的一组基, 按 (9.23) 式来定义矩阵 A, 那么有

$$^{t}AKA = K.$$

因此 A 一定是可逆线性变换, 这时 $G(V)$ 叫 *辛群*, 记作 $Sp_{2\nu}(V)$, 其中的元素叫 *辛变换*.

酉空间, 正交空间, 伪辛空间和辛空间以及作用在它们上面的酉变换, 正交变换, 伪辛变换和辛变换, 还有它们组成的酉群, 正交群, 伪辛群和辛群是值得研究的对象. 有兴趣的读者可参阅 [11,15,21].

习 题 九

9.1 设 V 是酉空间, $\boldsymbol{u}, \boldsymbol{u}_1, \boldsymbol{u}_2, \boldsymbol{v}, \boldsymbol{v}_1, \boldsymbol{v}_2 \in V$, 而 $a_1, a_2 \in \mathbb{C}$. 证明

$$(a_1\boldsymbol{u}_1 + a_2\boldsymbol{u}_2,\ \boldsymbol{v}) = a_1(\boldsymbol{u}_1,\ \boldsymbol{v}) + a_2(\boldsymbol{u}_2,\ \boldsymbol{v}),$$

$$(\boldsymbol{u}, a_1\boldsymbol{v}_1 + a_2\boldsymbol{v}_2) = \overline{a}_1(\boldsymbol{u},\ \boldsymbol{v}_1) + \overline{a}_2(\boldsymbol{u},\ \boldsymbol{v}_2).$$

9.2 证明, 在例 9.1 中, 按 (9.1) 来定义内积, $\mathbb{R}^n$ 是正交空间.

9.3 证明, 在例 9.2 中, 按 (9.2) 来定义内积, V 是正交空间.

9.4 证明, 定理 9.4.

9.5 证明, 定理 9.6.

9.6 设 V 是 n 维酉空间, 而 $\boldsymbol{v}_1, \boldsymbol{v}_2, \cdots, \boldsymbol{v}_n$ 是 V 的一组基. 证明

$$((\boldsymbol{v}_i,\ \boldsymbol{v}_j))_{1\leqslant i,\, j\leqslant n}$$

是 $n \times n$ 埃尔米特矩阵.

9.7 设 V 是 n 维酉空间, 而 $\boldsymbol{v}_1, \boldsymbol{v}_2, \cdots, \boldsymbol{v}_n$ 是 V 的一组基. 令

$$H = ((\boldsymbol{v}_i,\ \boldsymbol{v}_j))_{1\leqslant i,\, j\leqslant n},$$

再设 A 为 V 的酉变换, 再假定

$$A\boldsymbol{v}_j = \sum a_{ij}\boldsymbol{v}_i,\ j = 1,\ 2,\ \cdots,\ n,$$

其中 $a_{ij}\in\mathbb{C}$. 令 $A=(a_{ij})_{1\leqslant i,j\leqslant n}$, 证明

$$ {}^tAH\overline{A}=H. $$

9.8 设

$$ A=\begin{pmatrix}1&2&3\\4&5&6\\7&8&9\end{pmatrix}. $$

试求一上三角形矩阵 T 使 AT 为正交矩阵.

9.9 i) 证明

$$ P_1=\begin{pmatrix}0&0&1\\0&1&0\\1&0&0\end{pmatrix} \text{ 和 } P_2=\begin{pmatrix}0&0&1\\1&0&0\\1&1&0\end{pmatrix} $$

都是正交矩阵, 也都是酉矩阵.

ii) 求它们在酉相似变换下的标准形, 并求酉矩阵 U_1 和 U_2 使 $U_1^{-1}P_1U_1$ 和 $U_2^{-1}P_2U_2$ 为标准形.

iii) 求正交矩阵 T_1 和 T_2 使 $T_1^{-1}P_1T_1$ 和 $T_2^{-1}P_2T_2$ 为标准形.

9.10 证明正交矩阵和酉矩阵都是非奇异矩阵.

9.11 设 V 是 n 维酉空间 (或正交空间). 证明: V 上的所有酉变换 (或正交变换), 以变换的合成作为乘法作成一群, 这个群叫 n 级 *酉群*(或 *正交群*), 并记作 $U_n(V)$(或 $O_n(V)$).

9.12 将对称矩阵

$$ \begin{pmatrix}1&1&0\\1&0&1\\0&1&0\end{pmatrix} $$

在正交相似下化为标准形.

9.13 将埃尔米特矩阵

$$ \begin{pmatrix}0&1+i\\1-i&0\end{pmatrix} $$

在酉相似下化为标准形.

9.14 证明定理 9.32.

9.15 设 V 是 n 维酉空间. A 和 B 是 V 的线性变换. 如果

$$ (A\boldsymbol{u},\,\boldsymbol{v})=(\boldsymbol{u},\,B\boldsymbol{v}),\ \text{对任意 } \boldsymbol{u},\boldsymbol{v}\in V, $$

就说 A 和 B 共轭, 我们常把与 A 共轭的线性变换记作 A^*. 如果 $A\circ A^*=A^*\circ A$, A 就叫 *正规变换*.

i) 证明酉变换和埃尔米特变换都是正规变换.

ii) 设 A 是正规变换, 证明 V 有一组标准正交基 $\boldsymbol{v}_1, \boldsymbol{v}_2, \cdots, \boldsymbol{v}_n$, 使得 $A\boldsymbol{v}_i=\lambda_i\boldsymbol{v}_i$, $\lambda_i\in\mathbb{C}$, $i=1, 2, \cdots, n$.

9.16 设 V 是 n 维酉空间, τ 是 V 的线性变换, 如果

$$ (\tau(\boldsymbol{u}),\,\boldsymbol{v})=-(\boldsymbol{u},\,\tau(\boldsymbol{v}))\ \text{对任意 } \boldsymbol{u},\boldsymbol{v}\in V, $$

τ 就叫斜埃尔米特变换. 证明: i) 斜埃尔米特变换是正规变换, ii) 在酉相似变换下斜埃尔米特变换可化为对角形.

9.17 将 §9.4 中略去的证明补出来.

第十章　有限域上的多项式

在这一章，我们讨论有限域上多项式的几个有实用意义的问题，即计算有限域上两个多项式的最高公因式，计算有限域上多项式的周期，有限域上多项式的因式分解，特别是 x^n-1 的因式分解，以及寻求有限域上次数不超过某一正整数 n 的所有不可约多项式和本原多项式的问题.

10.1　辗转相除法

设 $\mathbb{F}_q$ 是 q 个元素的有限域， q 是一个素数的幂. 在 1.3 节中我们介绍了用辗转相除法来求有限域 $\mathbb{F}_q$ 上两个不等于零的多项式 $a(x)$ 和 $b(x)$ 的最高公因式 $\gcd(a(x), b(x))$, 以及将 $\gcd(a(x), b(x))$ 表示成 $a(x), b(x)$ 的以 $\mathbb{F}_q[x]$ 中的元素为系数的线性组合这两个相关的问题. 我们知道，辗转相除法是一串带余除法的算式 (见 (1.12)), 其中每一个带余除法算式

$$r_{k-2}(x)=q_k(x)r_{k-1}(x)+r_k(x),\ \deg\, r_k(x)<\deg\, r_{k-1}(x)$$

的除式 $r_{k-1}(x)$ 是前一个带余除法算式的余式，而被除式 $r_{k-2}(x)$ 是更前一个带余除法算式的余式. 一旦某一个带余除法算式，譬如第 $n+1$ 个带余除法算式的余式等于 0:

$$r_{n-1}(x)=q_{n+1}(x)r_n(x),$$

那么这个带余除法算式的除式 $r_n(x)$ 乘以其首项系数的逆元，就是 $a(x)$ 和 $b(x)$ 的最高公因式 $\gcd(a(x), b(x))$. 因此利用辗转相除法求 $a(x)$ 和 $b(x)$ 的最高公因式 $\gcd(a(x), b(x))$, 在进行每一次带余除法时只需要记住前两次带余除法算式的余式. 用电子计算机来进行运算时，需要的储存量是不大的. 可是如果要将 $a(x)$ 和 $b(x)$ 的最高公因式 $\gcd(a(x), b(x))$ 表示成它们的以 $\mathbb{F}_q[x]$ 中元素为系数的线性组合，那么在 1.3 节中所提出的方法要求我们先将前几个带余除法算式的余式表示成被除式和除式的线性组合：

$$r_k(x)=r_{k-2}(x)-q_k(x)r_{k-1}(x),\ k=1, 2, \cdots, n.$$

再将如此所得的 $r_{n-1}(x)$ 的表达式代入 $r_n(x)$ 的表达式就把 $r_n(x)$ 表示成 $r_{n-3}(x)$ 和 $r_{n-2}(x)$ 的线性组合：

$$r_n(x)=(-q_n(x))r_{n-3}(x)+(1+q_{n-1}(x)q_n(x))r_{n-2}(x).$$

再将 $r_{n-2}(x)$ 的表达式代入上式就将 $r_n(x)$ 表示成 $r_{n-4}(x)$ 和 $r_{n-3}(x)$ 的线性组合；如此继续下去，就可以将 $r_n(x)$ 表示成 $a(x)$ 和 $b(x)$ 的线性组合. 这样每一个带余除法算式都必须记住，从而需要的储存量比较大. 事实上，只要将辗转相除法稍加修饰，每进行一步计算只需记住 6 个多项式，这样就可以求出 $a(x)$

和 $b(x)$ 的最高公因式 $\gcd(a(x), b(x))$, 并将 $\gcd(a(x), b(x))$ 表成 $a(x)$ 和 $b(x)$ 的以 $\mathbb{F}_q[x]$ 中元素为系数的线性组合. 下面我们就来介绍这个算法[①].

定理 10.1(修饰的辗转相除法) 设 $a(x)$ 和 $b(x)$ 是 $\mathbb{F}_q[x]$ 中两个不等于零的多项式. 记

$$r_{-1}(x) = a(x),\ r_0(x) = b(x).$$

定义

$$c_{-1}(x) = 1,\ c_0(x) = 0,\ d_{-1}(x) = 0,\ d_0(x) = 1.$$

然后按下面的规则递归地计算 $r_k(x), c_k(x), d_k(x), k = 1, 2, 3, \cdots$,

$$r_{k-2}(x) = q_k(x)r_{k-1}(x) + r_k(x), \deg r_k(x) < \deg r_{k-1}(x), \tag{10.1}$$

$$c_k(x) = q_k(x)c_{k-1}(x) + c_{k-2}(x), \tag{10.2}$$

$$d_k(x) = q_k(x)d_{k-1}(x) + d_{k-2}(x), \tag{10.3}$$

直到 $r_{n+1}(x) = 0$ 时停止. 设 c 是 $r_n(x)$ 的首项系数, 那么 $c^{-1}r_n(x)$ 是 $a(x)$ 和 $b(x)$ 的最高公因式 $\gcd(a(x), b(x))$; 而

$$r_n(x) = (-1)^{n-1}c_n(x)a(x) + (-1)^n d_n(x)b(x). \tag{10.4}$$

证明 在 1.3 节我们已经提到, 类似于 0.2 节中关于整数情形, 我们有

$$\gcd(a(x), b(x)) = c^{-1}r(x),$$

这里就不再重复了. 关键是证明 (10.4). 我们将证明更一般的

$$r_k(x) = (-1)^{k-1}c_k(x)r_{-1}(x) + (-1)^k d_k(x)r_0(x),\ k = 1, 2, \cdots, n, \tag{10.5}$$

然后在 (10.5) 中代换 $k = n$, 就得到 (10.4).

我们对 k 作数学归纳法来证明 (10.5).

当 $k = -1$ 时, 有

$$c_{-1}(x)r_{-1}(x) + (-1)d_{-1}(x)r_0(x) = r_{-1}(x),$$

而在 $k = 0$ 时, 有

$$(-1)c_0(x)r_{-1}(x) + d_0(x)r_0(x) = r_0(x).$$

因此, 当 $k = -1$ 和 0 时 (10.5) 成立.

现在假定 $k > 0$ 而且对于 $k-2$ 和 $k-1$ (10.5) 成立. 那么由归纳法假设和

① 这个算法实际上就是秦九韶在大衍求一术中对于整数的情形所采用的算法, 见秦九韶, 数书九章 (1274).

(10.1),

$$\begin{aligned}
r_k(x) &= r_{k-2}(x) - q_k(x)r_{k-1}(x) \\
&= (-1)^{k-3}c_{k-2}(x)r_{-1}(x) + (-1)^{k-2}d_{k-2}(x)r_0(x) \\
&\quad - q_k(x)[(-1)^{k-2}c_{k-1}(x)r_{-1}(x) + (-1)^{k-1}d_{k-1}(x)r_0(x)] \\
&= (-1)^{k-3}(c_{k-2}(x) + q_k(x)c_{k-1}(x))r_{-1}(x) \\
&\quad + (-1)^{k-2}(d_{k-2}(x) + q_k(x)d_{k-1}(x))r_0(x) \\
&= (-1)^{k-1}c_k(x)r_{-1}(x) + (-1)^k d_k(x)r_0(x).
\end{aligned}$$

于是 (10.5) 对 k 也成立. □

推论 10.2 *在定理 10.1 的假设下, 令* $\deg a(x) > 0$, $\deg b(x) > 0$, *而* $a(x) \neq db(x)$ *对于任一* $d \in \mathbb{F}_q$, *那么*

$$\deg c_n(x) < \deg b(x) - \deg \gcd(a(x), b(x)), \quad \deg d_n(x) < \deg a(x) - \deg \gcd(a(x), b(x)).$$

证明 显然有

$$\deg q_k(x) > 0, \ k = 1, 2, \cdots, n+1.$$

那么由数学归纳法, 从 (10.2) 得到

$$\deg c_{k-1}(x) < \deg c_k(x), \ k = 1, 2, \cdots, n+1,$$

特别地

$$\deg c_n(x) < \deg c_{n+1}(x). \tag{10.6}$$

我们再对 k 应用数学归纳法来证明

$$\begin{aligned} c_k(x)r_{k-1}(x)+c_{k-1}(x)r_k(x) = r_0(x), \\ k = 0, 1, 2, \cdots, n+1. \end{aligned} \tag{10.7}$$

对于 $k = 0$, 有

$$c_0(x)r_{-1}(x) + c_{-1}(x)r_0(x) = r_0(x).$$

因此, 对于 $k = 0$, (10.7) 成立. 现在假定 $k > 0$, 并且对于 $k - 1$ (10.7) 成立. 那么由 (10.1), (10.2) 和归纳假设,

$$\begin{aligned}
& c_k(x)r_{k-1}(x) + c_{k-1}(x)r_k(x) \\
= & (q_k(x)c_{k-1}(x) + c_{k-2}(x))r_{k-1}(x) + c_{k-1}(x)(r_{k-2}(x) - q_k(x)r_{k-1}(x)) \\
= & c_{k-2}(x)r_{k-1}(x) + c_{k-1}(x)r_{k-2}(x) \\
= & r_0(x).
\end{aligned}$$

因此 (10.7) 对于 k 也成立.

在 (10.7) 中取 $k = n + 1$, 得

$$c_{n+1}(x)r_n(x) + c_n(x)r_{n+1}(x) = r_0(x).$$

因为 $r_{n+1}(x)=0$, $c^{-1}r_n(x)=\gcd(a(x),b(x))$, 这里 c 是 $r_n(x)$ 的首项系数，而 $r_0(x)=b(x)$, 所以 $cc_{n+1}(x)\gcd(a(x),b(x))=b(x)$. 于是

$$\deg c_{n+1}(x)=\deg b(x)-\deg\ \gcd(a(x),b(x)), \tag{10.8}$$

由 (10.6) 和 (10.8), 得

$$\deg c_n(x)<\deg b(x)-\deg\ \gcd(a(x),b(x)).$$

类似地，有

$$\deg d_n(x)<\deg a(x)-\deg\ \gcd(a(x),b(x)).$$

□

例 10.1 设

$$a(x)=x^5+x^4+x^3+x^2+x+1,\quad b(x)=x^4+x^2+x+1$$

是 $\mathbb{F}_2$ 上的多项式. 现在用修饰的辗转除法求它们的最高公因式 $\gcd(a(x),b(x))$, 并将它表示成 $a(x)$ 和 $b(x)$ 的线性组合.

首先，令

$$\begin{aligned} r_{-1}(x)&=a(x)=x^5+x^4+x^3+x^2+x+1,\\ r_0(x)&=b(x)=x^4+x^2+x+1,\\ c_{-1}(x)&=1,\ c_0(x)=0,\ \ d_{-1}(x)=0,\ d_0(x)=1. \end{aligned}$$

第一步，用 $r_0(x)$ 去除 $r_{-1}(x)$, 我们有

$$r_{-1}(x)=q_1(x)r_0(x)+r_1(x),\quad q_1(x)=x+1,\ r_1(x)=x^2+x.$$

接着计算

$$c_1(x)=q_1(x)c_0(x)+c_{-1}(x)=1,\quad d_1(x)=q_1(x)d_0(x)+d_{-1}(x)=x+1.$$

第二步，用 $r_1(x)$ 去除 $r_0(x)$, 我们有

$$r_0(x)=q_2(x)r_1(x)+r_2(x),\quad q_2(x)=x^2+x,\quad r_2(x)=x+1.$$

接着计算

$$c_2(x)=q_2(x)c_1(x)+c_0(x)=x^2+x,\quad d_2(x)=q_2(x)d_1(x)+d_0(x)=x^3+x+1.$$

第三步，用 $r_2(x)$ 去除 $r_1(x)$, 我们有

$$r_1(x)=q_3(x)r_2(x),\ q_3(x)=x,\ r_3(x)=0.$$

因为 $r_3(x)=0$, 所以计算就此停止. 我们有

$$\gcd(a(x),b(x))=r_2(x)=x+1.$$

进而又有

$$\begin{aligned} \gcd(a(x),b(x))&=c_2(x)a(x)+d_2(x)b(x)\\ &=(x^2+x)(x^5+x^4+x^3+x^2+x+1)\\ &\quad+(x^3+x+1)(x^4+x^2+x+1). \end{aligned}$$

□

10.2 多项式的周期

我们先给出以下定义.

定义 10.1 设 $f(x)$ 是 $\mathbb{F}_q$ 上次数 $\geqslant 1$ 的多项式，并且它的常数项不等于零. 我们把 $f(x)$ 的周期定义为使 $f(x)|(x^l-1)$ 的最小正整数 l, 并且用 $p(f)$ 来表示 $f(x)$ 的周期.

值得注意的是，当 $f(x)$ 是 $\mathbb{F}_q$ 上的不可约多项式时，这个定义与定义 3.4 是一致的，在那里是把 $\mathbb{F}_q$ 上 n 次不可约多项式 $f(x)(f(x)\neq x)$ 的周期定义为 $f(x)$ 在 $\mathbb{F}_{q^n}$ 中的 n 个根的公共阶. 实际上，设 $f(x)$ 是 $\mathbb{F}_q$ 上一个 n 次不可约多项式， $f(x)\neq x$, l 是它的按照定义 10.1 规定的周期，而 l' 是它的按照定义 3.4 规定的周期. 那么 l 是使 $f(x)|(x^l-1)$ 的最小正整数，而 l' 是 $f(x)$ 的 n 个根 $\alpha_1,\alpha_2,\cdots,\alpha_n$ 的公共阶. 从 $f(x)|(x^l-1)$ 推出 $f(x)$ 的根 α_i 都是 x^l-1 的根，也即 $\alpha_i^l=1$, 因此 $l'|l$. 反过来，我们有 $\alpha_i^{l'}=1$, 即 $\alpha_1,\alpha_2,\cdots,\alpha_n$ 都是 $x^{l'}-1=0$ 的根. 于是 $(x-\alpha_i)|(x^{l'}-1)$. 因 $\alpha_1,\alpha_2,\cdots,\alpha_n$ 两两不同，所以

$$(x-\alpha_1)(x-\alpha_2)\cdots(x-\alpha_n)|(x^{l'}-1).$$

由于 $f(x)=a(x-\alpha_1)(x-\alpha_2)\cdots(x-\alpha_n)$, $a\in\mathbb{F}_q$ 而 $a\neq 0$, 所以 $f(x)|(x^{l'}-1)$. 由此推出 $l\leqslant l'$. 因此由 $l\leqslant l'$ 和 $l'|l$ 推出 $l=l'$.

我们回忆一下，在例 2.2 中，我们曾令

$$\mathbb{F}_q[x]^*_{f(x)}=\{a(x):a(x)\in\mathbb{F}_q[x],\deg a(x)<\deg f(x)\text{而且}\gcd(a(x),f(x))=1\},$$

并且在其中定义了乘法运算

$$a(x)\odot b(x)=(a(x)b(x))_{f(x)},\ \text{对于}\ a(x),b(x)\in\mathbb{F}_q[x]^*_{f(x)}.$$

我们知道 $\mathbb{F}_q[x]^*_{f(x)}$ 是一个乘法群.

我们可以给出定义 10.1 的一个等价定义:

定义 10.2 设 $f(x)$ 是 $\mathbb{F}_q$ 上次数 $n\geqslant 1$ 的常数项不为零的多项式. $f(x)$ 的周期就是交换群 $\mathbb{F}_q[x]^*_{f(x)}$ 中元素 x 的阶.

事实上，设 l 是 $f(x)$ 按定义 10.1 规定的周期，而 l' 是它按定义 10.2 规定的周期. 从 $f(x)|(x^l-1)$ 推出，在 $\mathbb{F}_q[x]^*_{f(x)}$ 中

$$\underbrace{x\odot x\odot\cdots\odot x}_{l\ \text{个}}-1=(x^l-1)_{f(x)}=0,$$

于是在 $\mathbb{F}_q[x]^*_{f(x)}$ 中

$$\underbrace{x\odot x\odot\cdots\odot x}_{l\ \text{个}}=1.$$

由定理 2.7, 我们有 $l'|l$. 另一方面，从

$$\underbrace{x\odot x\odot\cdots\odot x}_{l'\ \text{个}}=1$$

可推出

$$(x^{l'}-1)_{f(x)} = \underbrace{x \odot x \odot \cdots \odot x}_{l' \text{ 个}} - 1 = 0,$$

即

$$f(x)|(x^{l'}-1).$$

因此 $l \leqslant l'$. 于是从 $l'|l$ 和 $l \leqslant l'$ 就推出 $l = l'$. 这就证明了定义 10.1 和定义 10.2 是等价的.

从定义 10.2 可以得到

引理 10.3 设 $f(x)$ 是 $\mathbb{F}_q$ 上的一个次数 $\geqslant 1$ 的常数项不等于零的多项式, 并且 $f(x)|(x^l-1)$, 那么 $p(f)|\,l$.

证明 设 $f(x)|x^l-1$. 那么在 $\mathbb{F}_q[x]^*_{f(x)}$ 中,

$$\underbrace{x \odot x \odot \cdots \odot x}_{l \text{ 个}} = (x^l)_{f(x)} = (x^l-1)_{f(x)} + 1 = 1,$$

因此由定理 2.7, $p(f)|\,l$. □

我们还有

引理 10.4 设 $f(x)$ 是 $\mathbb{F}_q$ 上一个常数项不等于零的不可约多项式, 那么 $p(f)|(q^{\deg f(x)}-1)$, 而且 $\gcd(p(f), p) = 1$.

证明 设 $\deg f(x) = n$. 由引理 3.12, $f(x)|(x^{q^n}-x)$. 因为 $f(x)$ 的常数项不等于零, 所以 $\gcd(f(x), x) = 1$. 因而 $f(x)|(x^{q^n-1}\ -1)$. 由引理 10.3, $p(f)|(q^n-1)$, 即 $p(f)|(q^{\deg f(x)}-1)$. 因为 $\gcd(q^{\deg f}-1, p) = 1$, 所以 $\gcd(p(f), p) = 1$. □

下面介绍求 $\mathbb{F}_q[x]$ 中次数 $\geqslant 1$ 的常数项不等零的多项式 $f(x)$ 的周期 $p(f)$ 的一个方法. 我们还需要几条引理.

引理 10.5 设 $f(x)$ 是 $\mathbb{F}_q[x]$ 中次数 $\geqslant 1$ 的常数项不等于零的多项式, 并假定

$$f(x) = f_1(x)f_2(x),\ \deg f_1(x),\ \deg f_2(x) \geqslant 1,$$

而且

$$\gcd(f_1(x),\ f_2(x)) = 1,$$

那么

$$p(f) = \operatorname{lcm}[p(f_1),\, p(f_2)].$$

证明 我们有

$$f_1(x)|(x^{p(f_1)}-1),\ \ f_2(x)|(x^{p(f_2)}-1).$$

设 $l = \operatorname{lcm}[p(f_1), p(f_2)]$, 那么

$$(x^{p(f_1)}-1)|(x^l-1),\ \ (x^{p(f_2)}-1)|(x^l-1).$$

因此

$$f_1(x)|(x^l-1),\ \ f_2(x)|(x^l-1).$$

但是 $\gcd(f_1(x),\ f_2(x)) = 1$, 所以

$$f_1(x)f_2(x)|(x^l-1),$$

即

$$f(x)|(x^l-1).$$

因此由引理 10.3, 我们有 $p(f)|l$. 另一方面，从

$$f(x)|(x^{p(f)}-1)$$

推出

$$f_1(x)|(x^{p(f)}-1),\ f_2(x)|(x^{p(f)}-1).$$

仍由引理 10.3, 得

$$p(f_1)|p(f),\ p(f_2)|p(f).$$

于是 $p(f_1)$ 和 $p(f_2)$ 的最小公倍数 l 也是 $p(f)$ 的因数，即 $l\,|p(f)$. 那么从 $p(f)|\,l$ 和 $l\,|p(f)$ 便推出

$$p(f)=l=\mathrm{lcm}\,[p(f_1),\,p(f_2)].$$

□

引理 10.6 设 $\gcd(j,\,p)=1$, 那么 $\mathbb{F}_q[x]$ 中的多项式 x^j-1 没有重因式.

证明 令

$$f(x)=x^j-1.$$

那么

$$f'(x)=jx^{j-1}.$$

因为 $\gcd(j,\,p)=1$ 而 p 是 $\mathbb{F}_q$ 的特征，所以 $f'(x)\neq 0$. $f'(x)$ 的不可约因式只有 x, 而 $x\nmid(x^j-1)$, 因此

$$\gcd(f(x),\,f'(x))=1.$$

于是根据定理 1.29, 可知 $f(x)=x^j-1$ 没有重因式. □

引理 10.7 设 $f(x)$ 是 $\mathbb{F}_q$ 上的一个不可约多项式，$f(0)\neq 0$, 再设 e 是一个 $\geqslant 0$ 的整数. 那么

$$p(f^e)=p(f)\min\{p^i:p^i\geqslant e\},$$

其中 $\min\{p^i|p^i\geqslant e\}$ 表示 $\geqslant e$ 的 p 的最小幂.

证明 设

$$\min\{p^i:p^i\geqslant e\}=p^m,$$

即

$$p^m\geqslant e \text{ 而 } p^{m-1}<e.$$

从

$$f(x)|x^{p(f)}-1$$

我们推出

$$f(x)^e|(x^{p(f)}-1)^e.$$

但是

$$(x^{p(f)}-1)^e|(x^{p(f)}-1)^{p^m},$$

所以

$$f(x)^e|(x^{p(f)}-1)^{p^m}.$$

因为 $\mathbb{F}_q$ 的特征是 p, 所以

$$(x^{p(f)}-1)^{p^m}=x^{p(f)p^m}-1.$$

于是

$$p(f^e)|p(f)p^m. \tag{10.9}$$

另一方面，设 $p(f^e)=p^ij$, 其中 $\gcd(j,p)=1$. 那么

$$f(x)^e|(x^{p^ij}-1)=(x^j-1)^{p^i}.$$

根据引理 10.6, x^j-1 没有重因式. 又因为 $f(x)$ 是一个不可约多项式，所以根据唯一因式分解定理 (定理 1.26), 我们推出

$$f(x)|(x^j-1), \text{ 而且 } e\leqslant p^i.$$

再根据引理 10.3,

$$p(f)|j.$$

从 $e\leqslant p^i$ 推出 $p^i\geqslant p^m$. 所以

$$p(f^e)=p^ij\geqslant p^mp(f). \tag{10.10}$$

从 (10.9) 和 (10.10) 可推出

$$p(f^e)=p(f)p^m=p(f)\min\{p^i:p^i\geqslant e\}.$$ □

从上述引理立刻可以推出

定理 10.8 设 $f(x)$ 是 $\mathbb{F}_q[x]$ 中常数项不等于零的一个多项式，并假定

$$f(x)=f_1(x)^{e_1}f_2(x)^{e_2}\cdots f_r(x)^{e_r},$$

其中 $f_1(x), f_2(x), \cdots, f_r(x)$ 是 $\mathbb{F}_q[x]$ 中两两不同的不可约多项式，而 $e_1, e_2, \cdots, e_r$ 是 r 个正整数，那么

$$p(f)=\mathrm{lcm}\,[p(f_1),p(f_2),\cdots,p(f_r)]\min\{p^t:p^t\geqslant e_1,e_2,\cdots,e_r\}.$$

证明 根据引理 10.5, 对 r 作数学归纳法，可得

$$\begin{aligned}p(f)&=\mathrm{lcm}\,[p(f_1^{e_1}),\ p(f_2^{e_2}\cdots f_r^{e_r})]\\&=\mathrm{lcm}\,[p(f_1^{e_1}),\ [p(f_2^{e_2}),\ \cdots,\ p(f_r^{e_r})]]\\&=\mathrm{lcm}\,[p(f_1^{e_1}),\ p(f_2^{e_2}),\ \cdots,\ p(f_r^{e_r})].\end{aligned}$$

再根据引理 10.7, 有

$$p(f_i^{e_i})=p(f_i)\min\{p^t:p^t\geqslant e_i\},\ i=1,\ 2,\ \cdots,\ r,$$

又由引理 10.4, 有 $(p(f_i),\ p)=1$, 所以

$$p(f)=\mathrm{lcm}[p(f_1),p(f_2),\cdots,p(f_r)]\min\{p^t:p^t\geqslant e_1,e_2,\cdots,e_r\}.$$ □

根据定理 10.8, 要确定 $\mathbb{F}_q[x]$ 中一个次数 $\geqslant 1$ 的常数项不等于零的多项式 $f(x)$ 的周期，可以分两步走. 第一步是把 $f(x)$ 表示成 $\mathbb{F}_q[x]$ 中有限个两两不同的不可约多项式的幂的乘积. 关于这个问题，下一节将介绍一个一般的因式分解的方法. 第二步是确定 $f(x)$ 的不可约因式的周期. 关于第二步我们有

定理 10.9 设 $f(x)$ 是 $\mathbb{F}_q$ 上常数项不等于零的一个 n 次不可约多项式，并假定

$$q^n - 1 = p_1^{e_1} p_2^{e_2} \cdots p_r^{e_r},$$

其中 $p_1, p_2, \cdots, p_r$ 是两两不同的素数， $e_1, e_2, \cdots, e_r$ 是 r 个正整数. 我们约定

$$(x^{(q^n-1)/p_i^{e_i+1}})_{f(x)} \neq 1. \tag{10.11}$$

于是对于每个 $i = 1, 2, \cdots, r$, 都存在一个非负整数 $f_i \leqslant e_i$, 使得

$$(x^{(q^n-1)/p_i^{f_i}})_{f(x)} = 1,\ (x^{(q^n-1)/p_i^{f_i+1}})_{f(x)} \neq 1. \tag{10.12}$$

那么

$$p(f) = p_1^{e_1-f_1} p_2^{e_2-f_2} \cdots p_r^{e_r-f_r}. \tag{10.13}$$

证明 根据引理 10.4, $p(f)|q^n - 1$, 即

$$(x^{q^n-1})_{f(x)} = 1. \tag{10.14}$$

从 (10.11) 和 (10.14) 推出，存在非负整数 $f_i \leqslant e_i$, 使得 (10.12) 成立. 根据引理 10.3,

$$p(f)|((q^n-1)/p_i^{f_i}),\ p(f)\nmid((q^n-1)/p_i^{f_i+1}).$$

于是对每个 $i = 1, 2, \cdots, r$,

$$p_i^{e_i-f_i}|p(f),\ p^{e_i-f_i+1}\nmid p(f).$$

因为 $p_1, p_2, \cdots, p_r$ 是互不相同的素数，所以立刻推出 (10.13). □

因此，为了确定 $\mathbb{F}_q$ 上常数项不等于零的 n 次不可约多项式 $f(x)$ 的周期，我们可按照如下的步骤进行.

1) 将 $q^n - 1$ 分解成素数的乘积. 假设

$$q^n - 1 = p_1^{e_1} p_2^{e_2} \cdots p_r^{e_r},$$

其中 $p_1, p_2, \cdots, p_r$ 是 r 个两两不同的素数，而 $e_1, e_2, \cdots, e_r$ 是 r 个正整数.

2) 对每个 $i = 1, 2, \cdots, r$, 计算

$$(x^{(q^n-1)/p_i})_{f(x)},\ (x^{(q^n-1)/p_i^2})_{f(x)},\ (x^{(q^n-1)/p_i^3})_{f(x)}, \cdots$$

直到求得一个非负整数 $f_i \leqslant e_i$, 使得

$$(x^{(q^n-1)/p_i^{f_i}})_{f(x)} = 1,\ (x^{(q^n-1)/p_i^{f_i+1}})_{f(x)} \neq 1,$$

那么

$$p(f) = p_1^{e_1-f_1} p_2^{e_2-f_2} \cdots p_r^{e_r-f_r}.$$

在计算

$$(x^{(q^n-1)/p_i^s})_{f(x)},\ s = 1, 2, \cdots,\ i = 1, 2, \cdots, r$$

时，可按以下步骤进行.

2.1) 计算

$$(x^0)_{f(x)}, (x^q)_{f(x)}, (x^{2q})_{f(x)}, \cdots, (x^{(n-1)q})_{f(x)}.$$

假设

$$(x^{jq})_{f(x)} = \sum_{t=0}^{n-1} a_{ij} x^i,\ j = 0,\ 1,\ 2,\ \cdots,\ n-1.$$

令

$$A = \begin{pmatrix} a_{00} & a_{01} & a_{02} & \cdots & a_{0,n-1} \\ a_{10} & a_{11} & a_{12} & \cdots & a_{1,n-1} \\ a_{20} & a_{21} & a_{22} & \cdots & a_{2,n-1} \\ \vdots & \vdots & \vdots & \ddots & \vdots \\ a_{n-1,0} & a_{n-1,1} & a_{n-1,2} & \cdots & a_{n-1,n-1} \end{pmatrix},$$

这是 $\mathbb{F}_q$ 上的一个 $n \times n$ 矩阵.

2.2) 计算

$$(x)_{f(x)},\ (x^q)_{f(x)},\ (x^{q^2})_{f(x)},\ \cdots,\ (x^{q^{n-1}})_{f(x)}.$$

注意，当 $q^i \leqslant (n-1)q$ 时，$(x^{q^i})_{f(x)}$ 在 2.1) 步中已算出.

又，如果 $(x^{q^i})_{f(x)}$ 已算出，设

$$(x^{q^i})_{f(x)} = \sum_{j=0}^{n-1} b_j x^j,$$

那么

$$\begin{aligned}(x^{q^{i+1}})_{f(x)} &= (\underbrace{x^{q^i} x^{q^i} \cdots x^{q^i}}_{q\ 个})_{f(x)} \\ &= (\underbrace{(x^{q^i})_{f(x)} (x^{q^i})_{f(x)} \cdots (x^{q^i})_{f(x)}}_{q\ 个})_{f(x)} \\ &= \left(\left(\sum_{j=0}^{n-1} b_j x^j\right)^q\right)_{f(x)} = \left(\sum_{j=0}^{n-1} b_j x^{jq}\right)_{f(x)} \\ &= \sum_{j=0}^{n-1} b_j (x^{jq})_{f(x)} = \sum_{j=0}^{n-1} b_j \sum_{j=0}^{n-1} a_{ij} x^i \\ &= \sum_{i=0}^{n-1} \left(\sum_{j=0}^{n-1} a_{ij} b_j\right) x^i.\end{aligned}$$

这就是说，如果令

$$(x^{q^{i+1}})_{f(x)} = \sum_{j=0}^{n-1} b'_j x^j,$$

那么

$$\begin{pmatrix} b'_0 \\ b'_1 \\ b'_2 \\ \vdots \\ b'_{n-1} \end{pmatrix} = A \begin{pmatrix} b_0 \\ b_1 \\ b_2 \\ \vdots \\ b_{n-1} \end{pmatrix}.$$

2.3) 将 $(q^n-1)/p_i^s$ 表示成 q 进位数. 设

$$(q^n-1)/p_i^s = a_0 + a_1 q + \cdots + a_{n-1}q^{n-1},$$
$$0 \leqslant a_i \leqslant q-1.$$

2.4) 计算

$$(x^{(q^n-1)/p_i^s})_{f(x)} = ((x^{a_0})_{f(x)}((x^q)^{a_1}_{f(x)})_{f(x)} \cdots ((x^{q^{n-1}})^{a_{n-1}}_{f(x)})_{f(x)})_{f(x)}.$$

我们着重指出, 上面的算法, 除了第一步中将 q^n-1 分解成素数的乘积以外, 其余各步都不复杂, 而且都可以编成程序在电子计算机上进行计算. 但是将 q^n-1 分解成素数乘积这一问题, 当 q 和 n 较大时, 却是相当困难的问题. 即使 $q=2$, 2^n-1 的素数分解的问题, 当 n 适当大时, 也相当困难. 书后附有 $n \leqslant 100$ 时, 2^n-1 的素因数分解表.

例 10.2 求 $\mathbb{F}_2$ 上不可约多项式

$$f(x) = x^9 + x + 1$$

的周期.

多项式 x^9+x+1 在 $\mathbb{F}_2$ 上的不可约性将在下一节里证明. 现在先把它看作不可约多项式来求它的周期.

首先, 我们有

$$2^9 - 1 = 511 = 7 \cdot 73.$$

其次, 我们求出矩阵 A.

$$A = \begin{pmatrix} 1&0&0&0&0&0&0&0&0\\ 0&0&0&0&0&1&0&0&0\\ 0&1&0&0&0&1&0&0&0\\ 0&0&0&0&0&0&1&0&0\\ 0&0&1&0&0&0&1&0&0\\ 0&0&0&0&0&0&0&1&0\\ 0&0&0&1&0&0&0&1&0\\ 0&0&0&0&0&0&0&0&1\\ 0&0&0&0&1&0&0&0&1 \end{pmatrix}.$$

利用矩阵 A 我们可写出

$$\begin{aligned}
(x^1)_{f(x)} &= x,\\
(x^2)_{f(x)} &= x^2,\\
(x^{2^2})_{f(x)} &= x^4,\\
(x^{2^3})_{f(x)} &= x^8,\\
(x^{2^4})_{f(x)} &= x^7 + x^8,
\end{aligned}$$

并算出

$$\begin{aligned}(x^{2^5})_{f(x)} &= x^5+x^6+x^7+x^8,\\(x^{2^6})_{f(x)} &= x+x^2+x^3+x^4+x^5+x^6+x^7+x^8,\end{aligned}$$

等等.

然后我们计算

$$\begin{aligned}(x^{511/7})_{f(x)} =&(x^{73})_{f(x)} = (xx^{2^3}x^{2^6})_{f(x)}\\=&((x^9)_{f(x)}(x^{2^6})_{f(x)})_{f(x)}\\=&((x+1)(x+x^2+x^3+x^4+x^5+x^6+x^7+x^8))_{f(x)}\\=&(x+x^9)_{f(x)}=1,\end{aligned}$$

并且

$$(x^{511/73})_{f(x)} = x^7 \neq 1.$$

因此得到 $p(f)|73$ 而 $p(f)\nmid 7$. 所以 $p(f)=73$. □

例 10.3 求 $\mathbb{F}_2$ 上多项式

$$f(x)=(x+1)^3(x^2+x+1)(x^3+x+1)$$

的周期.

容易证明

$$f_1(x)=x+1,\ f_2(x)=x^2+x+1,\ f_3(x)=x^3+x+1$$

都是 $\mathbb{F}_2$ 上的不可约多项式. 显然 $p(f_1)=1$. 因为 $2^2-1=3$ 和 $2^3-1=7$ 都是素数. 所以 x^2+x+1 和 x^3+x+1 都是本原多项式. 于是 $p(f_2)=3$, $p(f_3)=7$. 于是根据定理 10.8, 就有

$$p(f)=\operatorname{lcm}[p(f_1),p(f_2),p(f_3)]2^2=3\cdot 7\cdot 2^2=84.$$ □

10.3 多项式的因式分解

在 10.2 节中我们介绍了计算有限域 $\mathbb{F}_q$ 上一个常数项不等于零的多项式 $f(x)$ 的周期的一个方法; 根据这个方法, 需要先将 $f(x)$ 分解成 $\mathbb{F}_q$ 上不可约多项式的乘积.

设 $\mathbb{F}_q$ 是 q 个元素的有限域, q 是一个素数的幂. 设 $f(x)$ 是 $\mathbb{F}_q$ 上的一个多项式. 如果 $f(0)=0$, 那么 $x|f(x)$; 设 $x^k|f(x)$ 而 $x^{k+1}\nmid f(x)$, 那么可以写 $f(x)=x^kf_0(x)$ 而 $f_0(0)\neq 0$. 于是要分解 $f(x)$, 只需分解 $f_0(x)$. 因此不妨设 $f(0)\neq 0$. 再设 $\deg f(x)=n$. 我们知道, 如果 $f(x)$ 可约, $f(x)$ 一定有一个次数 $\leqslant n/2$ 的不可约多项式 $g(x)$. 如果 $\deg g(x)=m$, 那么根据引理 3.12, 一定有 $g(x)|(x^{q^m}-x)$. 又因为 $f(0)\neq 0$, 所以 $g(0)\neq 0$, 因此

$$g(x)|(x^{q^m-1}-1).$$

这样一来，为了将 $f(x)$ 分解成不可约多项式的乘积，可先计算下面这些最高公因式

$$\gcd(f(x),\, x^{q^i-1}-1),\ i=1,2,\cdots,[n/2],$$

其中 $[n/2]$ 表示不大于 $n/2$ 的最大整数. 如果这些最高公因式都等于 1, 那么 $f(x)$ 在 $\mathbb{F}_q$ 上一定不可约. 否则，求上面这些最高公因式的过程就有可能得到 $f(x)$ 的一个真因式 $f_1(x)$. 于是可以写 $f(x)=f_1(x)f_2(x)$. 再将上述方法施行到 $f_1(x)$ 和 $f_2(x)$ 上去，如此继续下去，就有可能将 $f(x)$ 分解成不可约多项式的乘积. 当然如果 $f(x)$, 或者中间过程中得到的某一个因式，是一些两两相异的同次数的不可约多项式的乘积，这个方法就失效. 为此，我们下面再介绍 Berlekamp 的一个方法①，利用它总可以将 $f(x)$ 分解成两两不同的不可约多项式的幂的乘积.

首先，我们证明如下的定理，它给出了 $\mathbb{F}_q$ 上次数 $\geqslant 1$ 的多项式 $f(x)$ 的分解式中不可约多项式的个数.

定理 10.10 *设 $f(x)$ 是 $\mathbb{F}_q$ 上次数 $\geqslant 1$ 的一个多项式. 那么 x^q-x 在 $\mathbb{F}_q[x]_{f(x)}$ 中解的个数一定是 q 的一个幂. 更进一步，$f(x)$ 分解成 $\mathbb{F}_q[x]$ 中 r 个两两不同的不可约多项式的幂的乘积当且仅当多项式 x^q-x 在 $\mathbb{F}_q[x]_{f(x)}$ 中解的个数是 q^r.*

证明 首先考虑 $f(x)$ 是 $\mathbb{F}_q$ 上不可约多项式的情形. 这时 $\mathbb{F}_q[x]_{f(x)}$ 是一个域，并且 $\mathbb{F}_q[x]$ 中的多项式

$$x^q-x \tag{10.15}$$

在 $\mathbb{F}_q[x]_{f(x)}$ 中只有 q 个根. 根据引理 3.1, 它们是 $\mathbb{F}_q$ 的 q 个元素.

其次，考虑 $f(x)$ 是一个不可约多项式 $p(x)$ 的幂的情形，即

$$f(x)=p(x)^e,\ e>0.$$

这时 $\mathbb{F}_q[x]_{f(x)}$ 不是域. 设 $g(x)\in\mathbb{F}_q[x]_{f(x)}$ 是 (10.15) 的一个根，即

$$g(x)^q-g(x)\equiv 0\,(\mathrm{mod}\, f(x)).$$

根据引理 3.11, 我们有

$$x^q-x=\prod_{s\in\mathbb{F}_q}(x-s). \tag{10.16}$$

将 $g(x)$ 代入 (10.16) 就有

$$\prod_{s\in\mathbb{F}_q}(g(x)-s)\equiv 0\,(\mathrm{mod}\, f(x)),$$

亦即

$$f(x)|\prod_{s\in\mathbb{F}_q}(g(x)-s).$$

为了完成这个定理的证明，我们需要以下引理.

---

① 见 [12], 第六章第 1 节.

引理 10.11 设 $g(x)$ 是 $\mathbb{F}_q$ 上的任一多项式，而 s_1 和 s_2 是 $\mathbb{F}_q$ 中两个不同的元素，那么

$$\gcd(g(x)-s_1,\, g(x)-s_2)=1.$$

证明 事实上，

$$\frac{-1}{s_1-s_2}(g(x)-s_1)+\frac{1}{s_1-s_2}(g(x)-s_2)=1.$$

因此 $g(x)-s_1$ 与 $g(x)-s_2$ 互素. □

现在回来继续证明定理 10.10. 因为 $f(x)$ 是一个不可约多项式 $p(x)$ 的幂，所以根据引理 10.11, 我们有

$$f(x)|(g(x)-s),\ 对于某一个\ s\in\mathbb{F}_q.$$

但 $g(x)\in\mathbb{F}_q[x]_{f(x)}$, 即 $\deg g(x)<\deg f(x)$, 所以

$$g(x)=s\in\mathbb{F}_q.$$

这就证明了，当 $f(x)$ 是一个不可约多项式的幂时，x^q-x 在 $\mathbb{F}_q[x]_{f(x)}$ 中仍只有 q 个根，即为 $\mathbb{F}_q$ 中的 q 个元素.

现在我们考虑一般情形. 设

$$f(x)=cp_1(x)^{e_1}p_2(x)^{e_2}\cdots p_r(x)^{e_r},$$

其中 $c\in\mathbb{F}_q^*$, $p_1(x), p_2(x), \cdots, p_r(x)$ 是 $\mathbb{F}_q[x]$ 中 r 个两两不同的不可约多项式，而 $e_1, e_2, \cdots, e_r$ 是 r 个正整数. 根据定理 4.31, 我们有直和分解.

$$\mathbb{F}_q[x]_{f(x)}=\mathbb{F}_q[x]'_{p_1(x)^{e_1}}\dot{\oplus}\mathbb{F}_q[x]'_{p_2(x)^{e_2}}\dot{\oplus}\cdots\dot{\oplus}\mathbb{F}_q[x]'_{p_r(x)^{e_r}}, \tag{10.17}$$

其中 $\mathbb{F}_q[x]'_{p_i(x)^{e_i}}$ $(i=1, 2, \cdots, r)$ 都是 $\mathbb{F}_q[x]_{f(x)}$ 的理想, 而 $\mathbb{F}_q[x]'_{p_i(x)^{e_i}}$ 与 $\mathbb{F}_q[x]_{p_i(x)^{e_i}}$ 同构.

设 $g(x)\in\mathbb{F}_q[x]_{f(x)}$ 是多项式 (10.15) 的一个解，即在 $\mathbb{F}_q[x]_{f(x)}$ 中,

$$g(x)^q-g(x)=0.$$

我们知道

$$\begin{aligned} g(x)^q &= \underbrace{g(x)\odot g(x)\odot\cdots\odot g(x)}_{q\ 个} \\ &= \underbrace{(g(x)g(x)\cdots g(x))}_{q\ 个}{}_{f(x)}. \end{aligned}$$

根据环 $\mathbb{F}_q[x]_{f(x)}$ 的直和分解式，可以将 $g(x)$ 唯一地表示成

$$g(x)=g_1(x)\oplus g_2(x)\oplus\cdots\oplus g_r(x),\ g_i(x)\in\mathbb{F}_q[x]'_{p_i(x)^{e_i}}.$$

于是

$$g(x)^q=g_1(x)^q\oplus g_2(x)^q\oplus\cdots\oplus g_r(x)^q.$$

那么

$$\begin{aligned}0 &= g(x)^q - g(x)\\&= (g_1(x)^q - g_1(x)) \oplus (g_2(x)^q - g_2(x)) \oplus \cdots \oplus (g_r(x)^q - g_r(x)),\end{aligned}$$

而且

$$g_i(x)^q - g_i(x) \in \mathbb{F}_q[x]'_{p_i(x)^{e_i}},\ i = 1, 2, \cdots, r.$$

因为 (10.17) 是直和分解，所以在 $\mathbb{F}_q[x]_{f(x)}$ 中

$$g_i(x)^q - g_i(x) = 0,\ i = 1, 2, \cdots, r,$$

即 $g_1(x), g_2(x), \cdots, g_r(x)$ 都是多项式 (10.15) 的解.

反之，如果 $g_1(x), g_2(x), \cdots, g_r(x)$ 分别属于 $\mathbb{F}_q[x]'_{f_1(x)^{e_1}}$，$\mathbb{F}_q[x]'_{f_2(x)^{e_2}}$，$\cdots$，$\mathbb{F}_q[x]'_{f_r(x)^{e_r}}$，并且它们都是多项式 (10.15) 的解，那么显然

$$g(x) = g_1(x) \oplus g_2(x) \oplus \cdots \oplus g_r(x)$$

也是多项式 (10.15) 的解.

这证明了 $\mathbb{F}_q[x]_{f(x)}$ 中多项式 (10.15) 解的个数等于各个

$$\mathbb{F}_q[x]'_{f_i(x)^{e_i}}\ (i = 1, 2, \cdots, r)$$

中多项式 (10.15) 的解的个数之积. 但是 $\mathbb{F}_q[x]'_{p_i(x)^{e_i}}$ 与 $\mathbb{F}_q[x]_{p_i(x)^{e_i}}$ 同构，而刚才已证明了每个 $\mathbb{F}_q[x]_{p_i(x)^{e_i}}$ $(i = 1, 2, \cdots, r)$ 中多项式 (10.15) 的解的个数都等于 q. 因此在 $\mathbb{F}_q[x]_{f(x)}$ 中多项式 (10.15) 的解的个数等于 q^r. □

推论 10.12 $\mathbb{F}_q$ 上一个次数 $\geqslant 1$ 的多项式是 $\mathbb{F}_q[x]$ 中一个不可约多项式的幂，当且仅当多项式 $x^q - x$ 在 $\mathbb{F}_q[x]_{f(x)}$ 中的解个数是 q.

仍设 $f(x) \in \mathbb{F}_q[x]$，并设 $\deg f(x) = n$. 我们知道 $\mathbb{F}_q[x]_{f(x)}$ 可以看作 $\mathbb{F}_q$ 上的一个 n 维向量空间. 令 V 是多项式 (10.15) 在 $\mathbb{F}_q[x]_{f(x)}$ 中的全体解所组成的集合，即

$$V = \{g(x) : \deg g(x) < \deg f(x),\ g(x)^q - g(x) \equiv 0 (\mathrm{mod}\ f(x))\}.$$

容易验证 V 是 $\mathbb{F}_q[x]_{f(x)}$ 的一个子空间. 这样一来，定理 10.10 可改述成

定理 10.13 设 $f(x) \in \mathbb{F}_q[x]$, $\deg f(x) \geqslant 1$. 令

$$V = \{g(x) : \deg g(x) < \deg f(x),\ g(x)^q - g(x) \equiv 0 (\mathrm{mod}\, f(x))\},$$

那么 $f(x)$ 可分解成 r 个两两不同的不可约多项式的幂的乘积当且仅当 V 是 $\mathbb{F}_q$ 上的一个 r 维向量空间.

推论 10.14 $f(x)$ 是 $\mathbb{F}_q[x]$ 中一个不可约多项式的幂当且仅当 $\dim V = 1$.

V 不仅可用来计算 $f(x)$ 分解成多少个两两不同的不可约多项式的幂的积，还可用来得到 $f(x)$ 的分解式. 我们先证明

定理 10.15 设 $f(x)$ 是 $\mathbb{F}_q[x]$ 中的一个首一多项式，而 $g(x) \in V$，那么

$$f(x) = \prod_{s \in \mathbb{F}_q} \gcd(f(x), g(x) - s). \tag{10.18}$$

证明 显然有

$$\gcd(f(x),\, g(x)-s) | f(x).$$

根据引理 10.11, 如果 $s_1 \neq s_2$, 那么

$$\gcd(g(x)-s_1,\, g(x)-s_2) = 1.$$

于是

$$\gcd((f(x),\, g(x)-s_1), (f(x),\, g(x)-s_2)) = 1.$$

因此

$$\prod_{s\in\mathbb{F}_q} \gcd(f(x),\, g(x)-s) | f(x). \tag{10.19}$$

另一方面, 因为 $g(x) \in V$, 即 $g(x)$ 适合多项式 (10.15). 我们知道 (10.16) 式总成立. 将 $g(x)$ 代入 (10.16) 中的 x, 就有

$$\prod_{s\in\mathbb{F}_q} (g(x)-s) \equiv 0 \pmod{f(x)},$$

即

$$f(x) | \prod_{s\in\mathbb{F}_q} (g(x)-s).$$

因此

$$f(x) | \prod_{s\in\mathbb{F}_q} \gcd(f(x),\, g(x)-s). \tag{10.20}$$

从 (10.19) 和 (10.20) 就推出 (10.18). □

注记 如果 $g(x)$ 是 $\mathbb{F}_q$ 中的元素 (注意 $\mathbb{F}_q$ 中的元素一定属于 V), 那么分解式 (10.18) 退化:

$$\begin{aligned} f(x) &= \prod_{s\in\mathbb{F}_q} \gcd(f(x),\, g(x)-s) \\ &= \gcd(f(x),\, 0) \prod_{s\in\mathbb{F}_q^*} \gcd(f(x),\, s) = f(x) \prod_{s\in\mathbb{F}_q^*} 1. \end{aligned}$$

但是如果 $\deg g(x) \geqslant 1$, 那么 $f(x)$ 不可能作为一个因式出现在 (10.18) 式的右方, 从而分解式 (10.18) 就是 $f(x)$ 分解成两两互素因式的真分解式. 为了进一步地分解 (10.18) 式, 我们需要使用 V 中更多的元素. □

仍设 $f(x)$ 是 $\mathbb{F}_q[x]$ 中的一个首一多项式, 并设 $f(x)$ 有分解式

$$f(x) = p_1(x)^{e_1} p_2(x)^{e_2} \cdots p_r(x)^{e_r}, \tag{10.21}$$

其中 $p_1(x), p_2(x), \cdots, p_r(x)$ 是 $\mathbb{F}_q$ 上两两不同的首一不可约多项式, $e_1, e_2, \cdots, e_r$ 都是正整数. 再设

$$g_1(x) = 1,\, g_2(x),\, g_3(x),\, \cdots,\, g_r(x)$$

是 V 的一个基, 而且

$$1 \leqslant \deg g_i(x) < \deg f(x),\ i = 2, 3, \cdots, r.$$

那么对于每个 $g_j(x)$, $j=1, 2, \cdots, r$, 根据定理 10.15, 我们有

$$f(x)=\prod_{s\in\mathbb{F}_q}\gcd\left(f(x),\ g_j(x)-s\right).$$

因此对每个 $i=1, 2, \cdots, r$,

$$p_i(x)^{e_i}\Big|\prod_{s\in\mathbb{F}_q}\gcd\left(f(x),\ g_j(x)-s\right).$$

根据引理 10.11, 有唯一确定的元素 $s_{ij}\in\mathbb{F}_q$, 使得

$$p_i(x)^{e_i}|(g_j(x)-s_{ij}),\ i,\ j=1,\ 2,\ \cdots,\ r, \tag{10.22}$$

而且

$$p_i(x)^{e_i}\nmid(g_j(x)-s), \text{对于}\, s\neq s_{ij}. \tag{10.23}$$

我们得到 $\mathbb{F}_q$ 上的一个 $r\times r$ 矩阵

$$S=(s_{ij})_{1\leqslant i,j\leqslant r}.$$

引理 10.16 S 是一个非奇异矩阵.

证明 假定 S 的 r 个列有一个线性关系

$$\sum_{j=1}^{r}c_j s_{ij}=0,\ i=1,\ 2,\ \cdots,\ r,$$

其中 $c_1, c_2, \cdots, c_r\in\mathbb{F}_q$. 由 (10.22) 我们推出

$$p_i(x)^{e_i}\left|\sum_{j=1}^{r}c_j g_j(x),\quad i=1,2,\cdots,r.\right.$$

因此

$$f(x)\left|\sum_{j=1}^{r}c_j g_j(x).\right.$$

但

$$\deg\left(\sum_{j=1}^{r}c_{ij}g_j(x)\right)\leqslant\max\{\deg g_1(x),\deg g_2(x),\cdots,\deg g_r(x)\}<\deg f(x),$$

所以

$$\sum_{j=1}^{r}c_j g_j(x)=0.$$

因为 $g_1(x), g_2(x), \cdots, g_r(x)$ 是 V 的一组基, 所以一定有 $c_1=c_2=\cdots=c_r=0$. 这证明 S 的 r 个列一定线性无关. 因此 S 是一个非奇异矩阵. □

从引理 10.16 可以推出

定理 10.17 设 $f(x)$ 是 $\mathbb{F}_q[x]$ 中一个首一多项式, 并假定 $f(x)$ 有分解式 (10.21). 再设 $g_1(x)=1$, $g_2(x)$, $g_3(x)$, $\cdots$, $g_r(x)$ 是 V 的一组基, $1\leqslant\deg g_i(x)<\deg f(x)$, 对 $i=2, 3, \cdots, r$. 假定 $s_{ij}(i,j=1, 2, \cdots, r)$ 是由 $(i,\ j)$ 唯一确定的适合

条件 (10.22) 和 (10.23) 的 $\mathbb{F}_q$ 中的元素，那么对任意一对 (i_1, i_2), $1 \leqslant i_1, i_2 \leqslant r$ 而 $i_1 \neq i_2$, 至少存在一个 j, 使得 $s_{i_1 j} \neq s_{i_2 j}$. 因此

$$\left.\begin{array}{ll} p_{i_1}^{e_{i_1}}(x) | (g_j(x) - s_{i_1 j}), & p_{i_1}^{e_{i_1}}(x) \nmid (g_j(x) - s_{i_2 j}), \\ p_{i_2}^{e_{i_2}}(x) \nmid (g_j(x) - s_{i_1 j}), & p_{i_2}^{e_{i_2}}(x) | (g_j(x) - s_{i_2 j}). \end{array}\right\} \tag{10.24}$$

证明 根据引理 10.16, S 是一个非奇异矩阵，因而 S 的任两行都不同．那么对于 S 的第 i_1 行和 i_2 行来说，至少存在一个 j, 使得 $s_{i_1 j} \neq s_{i_2 j}$. 再由 (10.22) 和 (10.23) 就推出 (10.24). □

基于引理 10.13, 10.15 和 10.17, 我们就可以给出 $\mathbb{F}_q[x]$ 中首一多项式分解成首一不可约多项式的幂的乘积的方法．可以按以下的步骤进行．

1) 令

$$V = \{g(x) : \deg g(x) < \deg f(x),\ g(x)^q - g(x) \equiv 0 \,(\mathrm{mod} f(x))\},$$

并设 V 是 r 维的．选出 V 的一组基：

$$g_1(x) = 1,\ g_2(x),\ g_3(x),\ \cdots,\ g_r(x),$$

其中

$$1 \leqslant \deg g_i(x) < \deg f(x),\ i = 2, 3, \cdots, r.$$

2) 用辗转除法计算

$$\gcd(f(x), g_2(x) - s),\ s \in \mathbb{F}_q.$$

对每一个 s 都算完之后，根据定理 10.15, 我们有

$$f(x) = \prod_{s \in \mathbb{F}_q} \gcd(f(x), g_2(x) - s).$$

将 $f(x)$ 的上述分解式中等于 1 的那些因式略去，并改记

$$f(x) = f_{21}(x) f_{22}(x) \cdots f_{2r_2}(x). \tag{10.25}$$

3) 如果 $r_2 = r$, 那么根据定理 10.13, $f_{21}(x), f_{22}(x), \cdots, f_{2r_2}(x)$ 就都是不可约首一多项式的幂，我们的目的已经达到，不必再计算下去了．如果 $r_2 < r$, 那么对每个 $j = 1, 2, \cdots, r_2$ 和每个 $s \in \mathbb{F}_q$, 用辗转相除法计算

$$\gcd(f_{2j}(x), g_3(x) - s).$$

因为

$$g_3(x)^q - g_3(x) \equiv 0 \,(\mathrm{mod}\ f(x)),$$

所以

$$g_3(x)^q - q_3(x) \equiv 0 \,(\mathrm{mod}\ f_{2j}(x)).$$

令

$$g_{3j} = (g_3(x))_{f_{2j}(x)}.$$

那么

$$g_{3j}(x)^q - g_{3j}(x) \equiv 0 \,(\mathrm{mod}\ f_{2j}(x)).$$

根据定理 10.15, 我们有

$$f_{2j}(x)=\prod_{s\in\mathbb{F}_q}\gcd\left(f_{2j}(x),\, g_{3j}(x)-s\right),\ j=1,\,2,\,\cdots,\,r_2,$$

但显然

$$\gcd\left(f_{2j}(x),\, g_3(x)-s\right)=\gcd\left(f_{2j}(x),\, g_{3j}(x)-s\right),$$

因此

$$f_{2j}(x)=\prod_{s\in\mathbb{F}_q}\gcd\left(f_{2j}(x),\, g_3(x)-s\right),\ j=1,\,2,\,\cdots,\,r_2.$$

将 $f_{2j}(x)\,(j=1,\,2,\,\cdots,\,r_2)$ 的上述分解式中等于 1 的那些因式略去，再将它们代入 (10.25), 并改记成

$$f(x)=f_{31}(x)f_{32}(x)\cdots f_{3r_3}(x). \tag{10.26}$$

4) 如果 $r_3=r$, 我们的目的已经达到，不必再计算下去．如果 $r_3<r$, 那么对每个 $j=1,\,2,\,\cdots,\,r_3$ 和每个 $s\in\mathbb{F}_q$, 用辗转相除法计算

$$\gcd\left(f_{3j}(x),\, g_4(x)-s\right).$$

同理可得

$$f_{3j}(x)=\prod_{s\in\mathbb{F}_q}\gcd\left(f_{3j}(x),\, g_4(x)-s\right),\ j=1,\,2,\,\cdots,\,r_3.$$

再将 $f_{3j}(x)\,(j=1,\,2,\,\cdots,\,r)$ 的上述分解式中等于 1 的那些因式略去，然后将它们代入 (10.26), 并改写成

$$f(x)=f_{41}(x)f_{42}(x)\cdots f_{4r_4}(x).$$

5) 如此下去．根据定理 10.17. 对任意一对 $(i_1,\,i_2)$, $i_1\neq i_2$, $1\leqslant i_1,i_2\leqslant r$, 总有一个 $g_i(x)$ 使 (10.24) 式成立．这样 $p_{i_1}(x)^{e_{i_1}}$ 和 $p_{i_2}(x)^{e_{i_2}}$ 就分别出现在不同的两个 $f_{jk}(x)$ 和 $f_{jk'}(x)$ 中，这里 $f_{jk}(x)$ 和 $f_{jk'}(x)$ 是上述步骤重复 $j-1$ 步时出现在 $f(x)$ 的分解式

$$f(x)=f_{j1}(x)f_{j2}(x)\cdots f_{jr_j}(x)$$

中的两个因式．因此总存在一个 $l\leqslant r$, 使得 $r_l=r$. 这时

$$f(x)=f_{l1}(x)f_{l2}(x)\cdots f_{lr}(x)$$

就是 $f(x)$ 分解成首一不可约多项式幂的乘积的分解式．

上面介绍的因式分解的方法的前提是要先求出 V 的一组基．如何求出 V 的一组基，可以按照以下的步骤进行．

1.1) 计算

$$(x^0)_{f(x)}=1,\,(x^q)_{f(x)},\,(x^{2q})_{f(x)},\,\cdots,\,(x^{(n-1)q})_{f(x)},$$

其中 $n=\deg f(x)$. 假设

$$(x^{jq})_{f(x)}=\prod_{i=0}^{n-1}a_{ij}x^i,\ a_{ij}\in\mathbb{F}_q.$$

我们就得到一个 $n\times n$ 矩阵

$$A = (a_{ij})_{0\leqslant i,j\leqslant n-1}.$$

我们把 A 的行 (列) 从上到下 (从左到右) 依次叫做第 0 行 (列), 第 1 行 (列), 第 2 行 (列), $\cdots$, 第 $n-1$ 行 (列).

设

$$g(x) = \sum_{j=0}^{n-1} g_j x^j,$$

那么

$$\begin{aligned} g(x)^q = g(x^q) &= \sum_{j=0}^{n-1} g_j x^{jq} \\ &\equiv \sum_{j=0}^{n-1}\sum_{i=0}^{n-1} g_j a_{ij} x^i \pmod{f(x)}. \end{aligned}$$

于是

$$g(x)^q - g(x) \equiv \sum_{i=0}^{n-1}\left(\sum_{j=0}^{n-1} a_{ij}g_j - g_i\right)x^i \pmod{f(x)}.$$

因此 $g(x)\in V$ 当且仅当

$$(A-I)^t(g_0, g_1, g_2, \cdots, g_{n-1}) = 0,$$

即当且仅当 $(g_0, g_1, g_2, \cdots, g_{n-1})$ 属于线性方程组

$$(A-I)^t(x_0, x_1, x_2, \cdots, x_{n-1}) = 0 \tag{10.27}$$

的解空间. 设 $\dim V = r$, 那么 $A-I$ 的秩是 $n-r$.

附带地，由此可得如下的推论

推论 10.18 *$f(x)$ 是 $\mathbb{F}_q[x]$ 中的一个不可约多项式的幂当且仅当 $A-I$ 的秩是 $n-1$.*

1.2) 设 $B = A-I$. 将 B 经若干次行的初等变换化为阶梯形矩阵.

$$B_0 = \left(\begin{array}{ccccccccccc} 0\cdots0 & 1 & *\cdots* & 0 & *\cdots* & 0 & *\cdots* & \cdots & 0 & *\cdots* \\ 0\cdots0 & 0 & 0\cdots0 & 1 & *\cdots* & 0 & *\cdots* & \cdots & 0 & *\cdots* \\ 0\cdots0 & 0 & 0\cdots0 & 0 & 0\cdots0 & 1 & *\cdots* & \cdots & 0 & *\cdots* \\ \vdots & \vdots & \vdots & \vdots & \vdots & \vdots & \vdots & \ddots & \vdots & \vdots \\ 0\cdots0 & 0 & 0\cdots0 & 0 & 0\cdots0 & 0 & 0\cdots0 & \cdots & 1 & *\cdots* \\ & & & & 0^{(r,n)} & & & & & \end{array}\right).$$
$$\qquad\qquad i_0 \qquad\qquad i_1 \qquad\qquad i_2 \qquad\qquad\qquad i_{n-r-1}$$

再经若干次行的初等变换，将 B_0 的第 0 行，第 1 行，第 2 行，$\cdots$, 第 i_{n-r-1} 行分别变到第 i_0 行，第 i_1 行，第 i_2 行，$\cdots$, 第 i_{n-r-1} 行，B_0 就化成

$$\left(\begin{array}{c|c|c|c|c}
0^{(i_0-1,i_0-1)} & 0 & 0 & \cdots & 0 \\
\hline
0 & 1 \quad *\cdots* & 0 \quad *\cdots* & \cdots & 0 \quad *\cdots* \\
0 & 0^{(i_1-i_0-1,i_1-i_0)} & 0 & \cdots & 0 \\
\hline
0 & 0 & 1 \quad *\cdots* & \cdots & 0 \quad *\cdots* \\
0 & 0 & 0^{(i_2-i_1-1,i_2-i_1)} & \cdots & 0 \\
\hline
0 & 0 & 0 & \ddots & \vdots \\
\hline
0 & 0 & 0 & \cdots & 1 \quad *\cdots* \\
0 & 0 & 0 & \cdots & 0^{(n-i_{n-r-1},n-i_{n-r-1})}
\end{array}\right).$$

我们把它记成 B_1. 注意 B_1 是所谓 上三角幂等矩阵, 即

i) B_1 的主对角线以下的元素都等于 0.

ii) 如果 B_1 的主对角线上有一个元素等于 0, 那么这个 0 所在的行中其余的元素全都等于 0.

iii) 如果 B_1 的主对角线上有一个元素等于 1, 那么这个 1 所在的列中其余的元素都等于 0.

iv) $B_1^2 = B_1$.

1.3) 显然线性方程组

$$B_1\,{}^t(x_0, x_1, x_2, \cdots, x_{n-1}) = 0 \tag{10.28}$$

与线性方程组 (10.27) 等价，因此它们有相同的解空间.

从 $B_1^2 = B_1$ 推出

$$B_1(B_1 - I) = 0.$$

容易看出，$B_1 - I$ 一共有 r 个非 0 列，而且这 r 个非 0 列线性无关. 因此 $B_1 - I$ 的秩是 r. 它的 r 个非零列就是线性方程组 (10.27) 的解空间的一组基. 设

$${}^t(b_{0j}, b_{1j}, b_{2j}, \cdots, b_{n-1,j}),\ j = 1, 2, \cdots, r,$$

是 $B_1 - I$ 的 r 个非零列. 记

$$g_j(x) = \sum_{i=0}^{n-1} b_{ij}x^j,\ j = 1, 2, \cdots, r,$$

那么

$$g_1(x), g_2(x), \cdots, g_r(x)$$

就是 V 的一组基.

注意 因为 A 的第 0 列是将 $x^0 = 1$ 表示成 $1, x, x^2, \cdots, x^{n-1}$ 的线性组合的系数组成的列, 所以 A 的第 0 列的元素是 ${}^t(1, 0, 0, \cdots, 0)$. 于是 $B = A - I$ 的第 0 列的元素全部是 0. B 经若干次行的初等行变换变成 B_1, B_1 的第 0 列的元素也全都是 0. 于是 $B_1 - I$ 的第 0 列就是 ${}^t(1, 0, 0, \cdots, 0)$, 它相应的多项式是 $g_1(x) = 1$.□

最后，我们注意到第 1.2) 步是 B 经若干次行的初等变换化为三角幂等矩阵 B_1. 为了编程序的方便，我们介绍另一个将 B 直接化成 B_1 的方法. 这个方法是将下列四个步骤重复 n 次来达到目的.

i) 如果矩阵第 $n-1$ 列 (即最右边的一列) 的元素都等于零，或这一列最下边的元素 (即 $(n-1, n-1)$ 位置的元素) 不等于零，那就去进行 ii). 如果矩阵 $n-1$ 列的元素不全等于零，但 $(n-1, n-1)$ 位置的元素等于零，那就去找一个最靠右等于零的对角线上的元素. 设为 (i,i) 位置的元素，而 $(i, n-1)$ 位置的元素不等于零，然后将第 i 行与第 $n-1$ 行 (即第末行) 对调，接着去进行 ii). 如果等于零的对角线元素所在的行的最右边的元素都等于零，就将第 $n-1$ 列中最下面的一个非零元所在的行与 $n-1$ 行对调，接着去进行 ii).

ii) 如果矩阵的 $(n-1, n-1)$ 位置的元素等于零，就去进行 iv), 否则将矩阵第 $n-1$ 行乘以它的 $(n-1, n-1)$ 位置元素的逆.

iii) 将矩阵第 $n-1$ 行乘以适当的元素加到其余各行，使矩阵第 $n-1$ 列中除最后一个元素外其余元素都等于零.

iv) 将矩阵的行向下作循环位移, 使第 i 行移到第 $i+1$ 行 $(i=0, 1, \cdots, n-2)$ 而第 $n-1$ 行移到第 0 行，并将矩阵的列向右作循环位移，使第 i 列移到第 $i+1$ 列 $(i=0, 1, 2, \cdots, n-2)$ 而第 $n-1$ 列移到第 0 列.

注意，将上述算法重复 n 次，就将矩阵的各列向右作了 n 次循环位移. 因此各列又回到原位，即等价于没有对列进行变换.

把 $\mathbb{F}_q[x]$ 中次数 $\geqslant 1$ 的多项式 $f(x)$ 分解成一些因式的乘积，而且知道每个因式都是不可约多项式的幂以后，还需要把这些不可约因式找出来并计算出它们分别在那些因式出现的次数. 为了解决这个问题，我们先证明

定理 10.19 设 $f(x)$ 是 $\mathbb{F}_q$ 上的一个首一不可约多项式的幂, 并假定 $f'(x) \neq 0$. 如果 $\gcd(f(x), f'(x)) = 1$, 那么 $f(x)$ 不可约. 如果 $\gcd(f(x), f'(x)) \neq 1$, 那么 $f(x)/\gcd(f(x), f'(x))$ 是不可约. 令

$$p(x) = f(x)/\gcd(f(x), f'(x)).$$

那么

$$f(x) = p(x)^e,$$

其中

$$e = \deg f(x)/\deg p(x).$$

证明 设

$$f(x) = p(x)^e.$$

其中 $p(x)$ 是 $\mathbb{F}_q[x]$ 中的首一不可约多项式，而且

$$e = \deg f(x)/\deg p(x).$$

那么

$$f'(x) = ep(x)^{e-1}p'(x).$$

因为 $f'(x) \neq 0$, 所以

$$\gcd(f(x),\, f'(x)) = p(x)^{e-1}.$$

如果 $\gcd(f(x),\, f'(x)) = 1$, 那么 $e = 1$. 这时 $f(x) = p(x)$ 不可约. 如果 $\gcd(f(x),\, f'(x)) \neq 1$, 那么

$$p(x) = f(x)/\gcd(f(x),\, f'(x)).$$

因此 $f(x)/\gcd(f(x),\, f'(x))$ 不可约. 这就证明了定理 10.19. □

基于定理 10.19, 如果已知 $\mathbb{F}_q$ 上次数 $\geqslant 1$ 的首一多项式 $f(x)$ 是某个不可约多项式的幂, 那么按如下的步骤进行, 就可将这个不可约多项式求出来.

1) 设 q 是素数 p 的幂. 那么 $\mathbb{F}_q$ 的特征是 p. 根据定理 1.17 和推论 1.18, 可将 $f(x)$ 的系数不等于 0 的各项的 x 的幂次的公因数 p^m 提出来. 得到

$$f(x) = h(x)^{p^m},$$

使得 $h(x)$ 至少有一个系数不等于 0 的项的 x 的幂次不被 p 整除, 这时一定有 $h'(x) \neq 0$.

2) 计算

$$\gcd(h(x),\, h'(x)).$$

如果 $\gcd(h(x),\, h'(x)) = 1$, 那么 $h(x)$ 不可约. 如果 $\gcd(h(x), h'(x)) \neq 1$, 令

$$p(x) = h(x)/\gcd(h(x),\, h'(x)),$$

那么 $h(x) = p(x)^e$, $e = \deg h(x)/\deg p(x)$. 于是

$$f(x) = p(x)^{ep^m}.$$

上面所介绍的因式分解的方法可以编成程序在电子计算机上进行计算.

例 10.4 将 $\mathbb{F}_2$ 上的多项式

$$f(x) = x^9 + x + 1$$

分解成不可约多项式的乘积.

先计算 $(x^0)_{f(x)}$, $(x^2)_{f(x)}$, $(x^4)_{f(x)}$, $\cdots$, $(x^{16})_{f(x)}$, 从而得到矩阵

$$A = \begin{pmatrix} 1 & 0 & 0 & 0 & 0 & 0 & 0 & 0 & 0 \\ 0 & 0 & 0 & 0 & 0 & 1 & 0 & 0 & 0 \\ 0 & 1 & 0 & 0 & 0 & 1 & 0 & 0 & 0 \\ 0 & 0 & 0 & 0 & 0 & 0 & 1 & 0 & 0 \\ 0 & 0 & 1 & 0 & 0 & 0 & 1 & 0 & 0 \\ 0 & 0 & 0 & 0 & 0 & 0 & 0 & 1 & 0 \\ 0 & 0 & 0 & 1 & 0 & 0 & 0 & 1 & 0 \\ 0 & 0 & 0 & 0 & 0 & 0 & 0 & 0 & 1 \\ 0 & 0 & 0 & 0 & 1 & 0 & 0 & 0 & 1 \end{pmatrix},$$

那么

$$B = A - I = \begin{pmatrix} 0&0&0&0&0&0&0&0&0 \\ 0&1&0&0&0&1&0&0&0 \\ 0&1&1&0&0&1&0&0&0 \\ 0&0&0&1&0&0&1&0&0 \\ 0&0&1&0&1&0&1&0&0 \\ 0&0&0&0&0&1&0&1&0 \\ 0&0&0&1&0&0&1&1&0 \\ 0&0&0&0&0&0&0&1&1 \\ 0&0&0&0&1&0&0&0&0 \end{pmatrix}.$$

用行的初等变换将 B 化成阶梯形矩阵

$$B_0 = \begin{pmatrix} 0&1&0&0&0&0&0&0&0 \\ 0&0&1&0&0&0&0&0&0 \\ 0&0&0&1&0&0&0&0&0 \\ 0&0&0&0&1&0&0&0&0 \\ 0&0&0&0&0&1&0&0&0 \\ 0&0&0&0&0&0&1&0&0 \\ 0&0&0&0&0&0&0&1&0 \\ 0&0&0&0&0&0&0&0&1 \\ 0&0&0&0&0&0&0&0&0 \end{pmatrix}.$$

再将 B_0 的行互换，将 B_0 化成上三角幂等矩阵

$$B_1 = \begin{pmatrix} 0&0&0&0&0&0&0&0&0 \\ 0&1&0&0&0&0&0&0&0 \\ 0&0&1&0&0&0&0&0&0 \\ 0&0&0&1&0&0&0&0&0 \\ 0&0&0&0&1&0&0&0&0 \\ 0&0&0&0&0&1&0&0&0 \\ 0&0&0&0&0&0&1&0&0 \\ 0&0&0&0&0&0&0&1&0 \\ 0&0&0&0&0&0&0&0&1 \end{pmatrix}.$$

容易看出 $B_1 - I$ 只有一个非零列，因此 $f(x)$ 一定是某一个不可约多项式的幂.

再计算

$$f'(x) = x^8 + 1.$$

显然有

$$f(x) + xf'(x) = 1.$$

因此

$$\gcd(f(x),\ f'(x)) = 1.$$

于是 $f(x)$ 是 $\mathbb{F}_q$ 上的不可约多项式. □

例 10.5 将 $\mathbb{F}_2$ 上的多项式

$$f(x) = x^8 + x^4 + x^3 + x^2 + x + 1$$

分解成不可约多项式的乘积.

先计算

$$(x^0)_{f(x)},\ (x^2)_{f(x)},\ (x^4)_{f(x)},\ \cdots,\ (x^{14})_{f(x)},$$

从而得到矩阵

$$A = \begin{pmatrix} 1 & 0 & 0 & 0 & 1 & 0 & 1 & 1 \\ 0 & 0 & 0 & 0 & 1 & 0 & 1 & 0 \\ 0 & 1 & 0 & 0 & 1 & 1 & 1 & 1 \\ 0 & 0 & 0 & 0 & 1 & 1 & 1 & 1 \\ 0 & 0 & 1 & 0 & 1 & 1 & 0 & 1 \\ 0 & 0 & 0 & 0 & 0 & 1 & 1 & 0 \\ 0 & 0 & 0 & 1 & 0 & 1 & 1 & 0 \\ 0 & 0 & 0 & 0 & 0 & 0 & 1 & 1 \end{pmatrix},$$

那么

$$B = A - I = \begin{pmatrix} 0 & 0 & 0 & 0 & 1 & 0 & 1 & 1 \\ 0 & 1 & 0 & 0 & 1 & 0 & 1 & 0 \\ 0 & 1 & 1 & 0 & 1 & 1 & 1 & 1 \\ 0 & 0 & 0 & 1 & 1 & 1 & 1 & 1 \\ 0 & 0 & 1 & 0 & 0 & 1 & 0 & 1 \\ 0 & 0 & 0 & 0 & 0 & 0 & 1 & 0 \\ 0 & 0 & 0 & 1 & 0 & 1 & 0 & 0 \\ 0 & 0 & 0 & 0 & 0 & 0 & 1 & 0 \end{pmatrix}.$$

用行的初等变换将 B 化成阶梯形矩阵

$$B_0 = \begin{pmatrix} 0 & 1 & 0 & 0 & 0 & 0 & 0 & 1 \\ 0 & 0 & 1 & 0 & 0 & 1 & 0 & 1 \\ 0 & 0 & 0 & 1 & 0 & 1 & 0 & 0 \\ 0 & 0 & 0 & 0 & 1 & 0 & 0 & 1 \\ 0 & 0 & 0 & 0 & 0 & 0 & 1 & 0 \\ 0 & 0 & 0 & 0 & 0 & 0 & 0 & 0 \\ 0 & 0 & 0 & 0 & 0 & 0 & 0 & 0 \\ 0 & 0 & 0 & 0 & 0 & 0 & 0 & 0 \end{pmatrix}.$$

再将 B_0 的行互换，将 B_0 化成上三角幂等矩阵

$$B_1 = \begin{pmatrix} 0 & 0 & 0 & 0 & 0 & 0 & 0 & 0 \\ 0 & 1 & 0 & 0 & 0 & 0 & 0 & 1 \\ 0 & 0 & 1 & 0 & 0 & 1 & 0 & 1 \\ 0 & 0 & 0 & 1 & 0 & 1 & 0 & 0 \\ 0 & 0 & 0 & 0 & 1 & 0 & 0 & 1 \\ 0 & 0 & 0 & 0 & 0 & 0 & 0 & 0 \\ 0 & 0 & 0 & 0 & 0 & 0 & 1 & 0 \\ 0 & 0 & 0 & 0 & 0 & 0 & 0 & 0 \end{pmatrix},$$

那么

$$B_1 - I = \begin{pmatrix} 1 & 0 & 0 & 0 & 0 & 0 & 0 & 0 \\ 0 & 0 & 0 & 0 & 0 & 0 & 0 & 1 \\ 0 & 0 & 0 & 0 & 0 & 1 & 0 & 1 \\ 0 & 0 & 0 & 0 & 0 & 1 & 0 & 0 \\ 0 & 0 & 0 & 0 & 0 & 0 & 0 & 1 \\ 0 & 0 & 0 & 0 & 0 & 1 & 0 & 0 \\ 0 & 0 & 0 & 0 & 0 & 0 & 0 & 0 \\ 0 & 0 & 0 & 0 & 0 & 0 & 0 & 1 \end{pmatrix}.$$

$B_1 - I$ 一共有 3 个非零列，由这 3 个非零列得出

$$g_1(x) = 1,\ g_2(x) = x^5 + x^3 + x^2,\ \ g_3(x) = x^7 + x^4 + x^2 + x.$$

用辗转相除法计算 $\gcd(f(x), g_2(x))$ 与 $\gcd(f(x), g_2(x)+1)$, 我们得到

$$\begin{aligned} \gcd(f(x), g_2(x)) &= x^3 + x + 1, \\ \gcd(f(x), g_2(x)+1) &= x^5 + x^3 + x^2 + 1. \end{aligned}$$

于是

$$f(x) = (x^5 + x^3 + x^2 + 1)(x^3 + x + 1).$$

计算 $x^5 + x^3 + x^2 + 1$ 与 $g_3(x)$ 的最高公因式，以及 $x^5 + x^3 + x^2 + 1$ 与 $g_3(x) + 1$ 的最高公因式，分别得到

$$\begin{aligned} \gcd(x^5 + x^3 + x^2 + 1, g_3(x)) &= x^3 + x^2 + x + 1, \\ \gcd(x^5 + x^2 + x^2 + 1, g_3(x) + 1) &= x^2 + x + 1. \end{aligned}$$

因此

$$f(x) = (x^3 + x^2 + x + 1)(x^2 + x + 1)(x^3 + x + 1).$$

显然 $x^2 + x + 1$ 和 $x^3 + x + 1$ 都是 $\mathbb{F}_2$ 上的不可约多项式. 令

$$f_1(x) = x^3 + x^2 + x + 1.$$

那么

$$f_1'(x) = x^2 + 1 = (x+1)^2.$$

于是

$$\gcd(f_1(x), f_1'(x)) = (x+1)^2,$$

$$p_1(x) = f_1(x)/\gcd(f_1(x), f_1'(x)) = x+1.$$

因此

$$f_1(x) = (x+1)^3.$$

所以

$$f(x) = (x+1)^3(x^2+x+1)(x^3+x+1). \qquad \square$$

10.4 x^n-1 的因式分解

设 $\mathbb{F}_q$ 是 q 个元素的有限域，q 是一个素数 p 的幂. 再设 n 是一个与 p 互素的正整数. 我们来研究怎样把多项式

$$f(x) = x^n - 1$$

分解成 $\mathbb{F}_q[x]$ 中不可约多项式乘积这个问题.

首先，我们注意，因为 $(n, p) = 1$, 所以

$$f'(x) = nx^{n-1} \neq 0.$$

因此

$$\gcd(f(x), f'(x)) = 1.$$

由此推出 $f(x)$ 没有重因式. 这就是

定理 10.20 设 $\mathbb{F}_q$ 是 q 个元素的有限域，n 是一个与 q 互素的正整数，那么 x^n-1 没有重因式.

其次，因为 $(n, p) = 1$, 所以 $q \in \mathbb{Z}_n^*$. 假定 q 在 $\mathbb{Z}_n^*$ 中的阶是 m, 那么

$$q^m \equiv 1 (\bmod n).$$

于是

$$n|(q^m-1).$$

设 ξ 是 $\mathbb{F}_{q^m}^*$ 中的本原元. 根据引理 3.1,

$$\alpha = \xi^{(q^m-1)/n}$$

是 $\mathbb{F}_{q^m}^*$ 的一个 n 阶元素，我们把 α 叫做一个 n 次本原单位根. 这时

$$\alpha^0 = 1,\ \alpha,\ \alpha^2,\ \cdots,\ \alpha^{n-1},$$

这 n 个元素两两不同，而且它们是多项式 x^n-1 的全部 n 个根.

设 $f_1(x)$ 是 x^n-1 的一个首一因式，那么它的根必定是 α 的某些个幂. 假定 α^i 是 $f_1(x)$ 的一个根，即 $f_1(\alpha^i) = 0$, 那么

$$[f_1(\alpha^i)]^q = f_1(\alpha^{iq}) = 0,$$

即 α^{iq} 也是 $f_1(x)$ 的根. 设 l 是使 $\alpha^{iq^l} = \alpha^i$ 的最小非负整数，那么易证

$$\alpha^i,\ \alpha^{iq},\ \alpha^{iq^2},\ \cdots,\ \alpha^{iq^{l-1}} \tag{10.29}$$

两两不同，而且它们都是 $f_1(x)$ 的根，令

$$h_1(x) = (x - \alpha^i)(x - \alpha^{iq})(x - \alpha^{iq^2}) \cdots (x - \alpha^{iq^{l-1}}).$$

仿照定理 3.23 的证明，可证 $h_1(x) \in \mathbb{F}_q[x]$. 但显然 $h_1(x)|f_1(x)$, 而 $f_1(x)$ 不可约，所以 $h_1(x) = f_1(x)$. 这就证明了 (10.29) 中 l 个 α 的幂就是 $f_1(x)$ 的全部根.

反过来，设 i 是一个非负整数， $0 \leqslant i \leqslant n-1$. 如果 l 是使 $\alpha^{iq^l} = \alpha^i$ 的最小非负整数，那么 (10.29) 中 l 个 α 的幂两两不同. 令

$$h_1(x) = (x - \alpha^i)(x - \alpha^{iq})(x - \alpha^{iq^2}) \cdots (x - \alpha^{iq^{l-1}}),$$

那么和刚才的道理一样， $h_1(x) \in \mathbb{F}_q[x]$. 设 $f_1(x)$ 是 $h_1(x)$ 的一个首一不可约多项式. 假定 α^{ig^j} $(0 \leqslant j \leqslant l-1)$ 是 $f_1(x)$ 的一个根，那么和刚才一样可以证明 $\alpha^{iq^{j+1}}, \cdots, \alpha^{iq^{l-1}}$, $\alpha^{iq^l} = \alpha^i$, α^{iq}, $\cdots$, $\alpha^{iq^{j-1}}$ 都是 $f_1(x)$ 的根，因此 $f_1(x) = h_1(x)$. 这就证明了 $h_1(x)$ 是 $x^n - 1$ 在 $\mathbb{F}_q[x]$ 中的一个不可约因式.

现在我们给出下面的定义

定义 10.3 设 $a_0, a_1, a_2, \cdots, a_{l-1}$ 是从 0 到 $n-1$ 中选出来的 l 个两两不同的数. 假定它们具有性质：

$$a_i q = a_{i+1} \,(\mathrm{mod}\ n),\ i = 0, 1, 2, \cdots, l-2,$$
$$a_{l-1} q = a_0 \,(\mathrm{mod}\ n).$$

我们就说它们组成 $\mathrm{mod}\, n$ 的一个 q 轮换. 记作

$$(a_0, a_1, a_2, \cdots, a_{l-1}),$$

并把 l 叫做这个 q 轮换的长.

有了这个定义，就可把刚才得到的结论叙述成

定理 10.21 设 $\mathbb{F}_q$ 是 q 个元素的有限域， n 是与 q 互素的一个正整数. 假定 α 是一个 n 次本原单位根 (如果 q 在 $\mathbb{Z}_n^*$ 中的阶是 m, 那么 $\mathbb{F}_{q^m}$ 中就一定有 n 次本原单位根). 设

$$f(x) = x^n - 1,$$

并设 $f_1(x)$ 是 $f(x)$ 的一个首一的不可约因式，那么 $f_1(x)$ 的根都是 α 的一些幂，而且这些幂次组成 $\mathrm{mod}\, n$ 的一个 q 轮换. 反过来，如果 $(a_0, a_1, a_2, \cdots, a_{l-1})$ 是 $\mathrm{mod}\ n$ 的一个 q 轮换，那么

$$f_1(x) = (x - \alpha^{a_0})(x - \alpha^{a_1})(x - \alpha^{a_2}) \cdots (x - \alpha^{a_{l-1}})$$

就是 $x^n - 1$ 的一个不可约因式. □

推论 10.22 设 $\mathbb{F}_q$ 是 q 个元素的有限域， n 是与 q 互素的一个正整数，那么 $x^n - 1$ 在 $\mathbb{F}_q[x]$ 中分解成不可约因式的个数就等于 $0, 1, 2, \cdots, n-1$ 这 n 个数所分成的 $\mathrm{mod}\, n$ 的 q 轮换的个数. □

根据上一节介绍的因式分解的方法，要将 $x^n - 1$ 分解成不可约因式的乘积，首先要求出 V 的一组基，而

$$V=\{g(x):\deg g(x)<n,\ g(x)^q\equiv g(x)\ (\operatorname{mod} x^n-1)\}.$$

上一节介绍的求 V 的基的方法是要计算矩阵. 现在我们介绍一个简单方法, 当然这个方法只对 x^n-1 适用. 设 $(a_0, a_1, a_2, \cdots, a_{l-1})$ 是 $\operatorname{mod} n$ 的一个 q 轮换, 令

$$\theta(x)=x^{a_0}+x^{a_1}+x^{a_2}+\cdots+x^{a_{l-1}}.$$

显然

$$\theta(x)^q=\theta(x)\ (\operatorname{mod}\ x^n-1).$$

假定 $0, 1, 2, \cdots, n-1$ 这 n 个数分成了 r 个 $\operatorname{mod}\ n$ 的 q 轮换. 对于每个 q 轮换, 我们都得到 V 的一个元素. 这样一共得到 V 的 r 个元素: $\theta_1(x), \theta_2(x), \cdots, \theta_r(x)$. 显然 x 的每个幂 $x^i\ (0\leqslant i\leqslant n-1)$ 在一个而且仅在一个 $\theta_j(x)\ (1\leqslant j\leqslant r)$ 中出现. 因此 $\theta_1(x), \theta_2(x), \cdots, \theta_r(x)$ 在 $\mathbb{F}_q$ 上线性无关. 根据定理 10.13, V 在 $\mathbb{F}_q$ 上的维数等于 x^n-1 的不可约因式的个数. 根据推论 10.22, 后者又等于 $0, 1, 2, \cdots, n-1$ 这 n 个数所分成的 $\operatorname{mod} n$ 的 q 轮换的个数. 这就证明了 $\theta_1(x), \theta_2(x), \cdots, \theta_r(x)$ 是 V 的一组基. V 的一组基既已得到, 利用辗转除法就可将 x^n-1 分解成不可约多项式的乘积.

我们再指出, 当 $q=2$ 时, V 实际上就是 $\mathbb{F}_2[x]_{x^n-1}$ 中幂等元的全体所组成的向量空间. 根据定理 4.36 和定理 4.37, 要将 x^n-1 分解成不可约多项式的乘积, 只要将 1 分解成 $\mathbb{F}_2[x]_{x^n-1}$ 中两两正交的本原幂等元的和就行了. 我们介绍一个如何从 V 的一组基 $\theta_1, \theta_2, \cdots, \theta_r$ 出发, 将 1 分解成 $\mathbb{F}_2[x]_{x^n-1}$ 中 r 个两两正交的幂等元 $e_1, e_2, \cdots, e_r$ 的和的一个算法. 我们先证明

引理 10.23 设 n 是一个奇数, V 是 $\mathbb{F}_2[x]_{x^n-1}$ 中幂等元的全体所组成的 $\mathbb{F}_2$ 上的向量空间, 而 $\theta_1, \theta_2, \cdots, \theta_r$ 是 V 的一组基. 假定 $\mathbb{F}_2[x]_{x^n-1}$ 中的单位元 1 分解成 t 个两两正交的幂等元 $\varepsilon_1, \varepsilon_2, \cdots, \varepsilon_t$ 的和:

$$1=\varepsilon_1\oplus\varepsilon_2\oplus\cdots\oplus\varepsilon_t. \tag{10.30}$$

如果 $t<r$, 那么总有一个 $\theta_i\ (1\leqslant i\leqslant r)$ 和一个 $\varepsilon_j\ (1\leqslant j\leqslant t)$ 使得

$$\theta_i\odot\varepsilon_j\neq 0,\ (1\oplus\theta_i)\odot\varepsilon_j\neq 0$$

同时成立.

证明 设有 $\theta_i\ (1\leqslant i\leqslant r)$, 使得

$$\theta_i\odot\varepsilon_j=0\ \text{或}\ (1\oplus\theta_i)\odot\varepsilon_j=0,\ \text{对于}\ j=1, 2, \cdots, t,$$

即

$$\theta_i\odot\varepsilon_j=0\ \text{或}\ \theta_i\odot\varepsilon_j=\varepsilon_j,\ \text{对于}\ j=1, 2, \cdots, t.$$

将 (10.30) 两边同乘以 θ_i, 得出 θ_i 是某几个 $\varepsilon_j\ (j=1, 2, \cdots, t)$ 的和. 如果对每个 $\theta_i\ (1\leqslant i\leqslant r)$, 都有

$$\theta_i\odot\varepsilon_j=0\ \text{或}\ (1\oplus\theta_i)\odot\varepsilon_j=0,\ j=1, 2, \cdots, t.$$

那么 $\theta_1, \theta_2, \cdots, \theta_r$ 都是某几个 $\varepsilon_1, \varepsilon_2, \cdots, \varepsilon_t$ 的和，即 $\varepsilon_1,\varepsilon_2,\cdots,\varepsilon_t$ 的系数属于 $\mathbb{F}_2$ 的线性组合. 因 $r > t$, 所以 $\theta_1, \theta_2, \cdots, \theta_r$ 就在 $\mathbb{F}_2$ 上线性相关，这与 $\theta_1, \theta_2, \cdots, \theta_r$ 是 V 的一组基相矛盾. 因此一定有一个 θ_i 和 ε_j, 使得

$$\theta_i \odot \varepsilon_j \neq 0, (1 \oplus \theta_i) \odot \varepsilon_j \neq 0$$

同时成立. □

我们可以把从 V 的一组基 $\theta_1, \theta_2, \cdots, \theta_r$ 出发，得出将 1 分解成 r 个两两正交的非零幂等元 $e_1,\varepsilon_2,\cdots,e_r$ 的和的算法叙述如下：

"首先，将 1 分解成两个互相正交的幂等元的 θ_1 和 $1+\theta_1$ 的和：

$$1 = \theta_1 \oplus (1 \oplus \theta_1).$$

如果 $r = 2$, 我们的目的已经达到. 否则，将 θ_1 改记成 ε_1, 将 $1+\theta_1$ 改记成 ε_2:

$$1 = \varepsilon_1 \oplus \varepsilon_2.$$

根据引理 10.23, 有一个 θ_i 和 ε_j, 设为 ε_1, 使得

$$\theta_i \odot \varepsilon_1 \neq 0, \ (1 \oplus \theta_i) \odot \varepsilon_1 \neq 0.$$

那么

$$1 = \theta_i \odot \varepsilon_1 \oplus (1 \oplus \theta_i) \odot \varepsilon_1 \oplus \varepsilon_2,$$

而 $\theta_i \odot \varepsilon_1$, $(1 \oplus \theta_i) \odot \varepsilon_1$ 和 ε_2 是 3 个两两正交的非零幂等元.

如果 $r = 3$, 我们的目的已经达到. 否则继续用上面的方法进行下去，直到把 1 分成 r 个两两正交的非零幂等元的和".

一旦将 $\mathbb{F}_2[x]_{x^n-1}$ 中的单位元 1 分解成 r 个两两正交的非零幂等元 $e_1, e_2, \cdots, e_r$ 的和，这里 r 是 V 在 $\mathbb{F}_2$ 上的维数， $e_1, e_2, \cdots, e_r$ 一定是本原幂等元. 令

$$f_i(x) = \gcd(x^n - 1, 1 - e_i), \ i = 1, 2, \cdots, r.$$

那么根据定理 4.36 和 4.37

$$x^n - 1 = f_1(x)f_2(x)\cdots f_r(x),$$

而且 $f_1(x), f_2(x), \cdots, f_r(x)$ 是两两不同的不可约多项式.

当然上述算法是可以编出程序来在电子计算机上算的. 当 n 不太大时，用手算并无很大困难.

例 10.6 将 $\mathbb{F}_2$ 上多项式

$$x^{15} - 1$$

分解成不可约多项式的乘积.

先将 0, 1, 2, $\cdots$, 14 这 15 个数分成 mod 15 的 2 轮换：(1,2, 4, 8), (3, 6, 12, 9), (5, 10), (7, 14, 13, 11), (0). 于是得到 $\mathbb{F}_2[x]_{x^{15}-1}$ 中 5 个幂等元

$$\theta_1 = x + x^2 + x^4 + x^8, \quad \theta_2 = x^3 + x^6 + x^9 + x^{12},$$

$$\theta_3 = x^5 + x^{10}, \quad \theta_4 = x^7 + x^{11} + x^{13} + x^{14}, \ \theta_5 = 1.$$

它们组成 $\mathbb{F}_2[x]_{x^{15}-1}$ 中所有幂等元所组成的向量空间 V 的一组基.

现在利用它们将 1 表示成 5 个两两正交的非零幂等元的和.

首先，我们有

$$1=\theta_1\oplus(1\oplus\theta_1).$$

注意,

$$\theta_2\odot(1\oplus\theta_1)=\theta_1\oplus\theta_2\neq 0,$$

$$(1\oplus\theta_2)\odot(1\oplus\theta_1)=1\oplus\theta_2\neq 0,$$

因此有

$$1=\theta_1\oplus(\theta_1\oplus\theta_2)\oplus(1\oplus\theta_2),$$

而且 $\theta_1, \theta_1\oplus\theta_2$ 和 $1\oplus\theta_2$ 是三个两两正交的幂等元.

又有

$$\begin{aligned}\theta_3\odot\theta_1 &=\theta_2\oplus\theta_4\neq 0,\\(1\oplus\theta_3)\odot\theta_1 &=\theta_1\oplus\theta_2\oplus\theta_4\neq 0,\\\theta_3\odot(1\oplus\theta_2) &=\theta_1\oplus\theta_3\oplus\theta_4\neq 0,\\(1\oplus\theta_3)\odot(1\oplus\theta_2) &=\theta_1\oplus\theta_2\oplus\theta_3\oplus\theta_4\oplus\theta_5\neq 0.\end{aligned}$$

因此

$$1=(\theta_2\oplus\theta_4)\oplus(\theta_1\oplus\theta_2\oplus\theta_4)\oplus(\theta_1\oplus\theta_2)\oplus(\theta_1\oplus\theta_3\oplus\theta_4)\oplus(\theta_1\oplus\theta_2\oplus\theta_3\oplus\theta_4\oplus\theta_5)$$

就是将 1 分成 5 个两两正交的非零幂等元的和的分解. 令

$$e_1=\theta_2\oplus\theta_4,\qquad e_2=\theta_1\oplus\theta_2\oplus\theta_4,\ e_3=\theta_1+\theta_2,$$

$$e_4=\theta_1\oplus\theta_3\oplus\theta_4,\quad e_5=\theta_1\oplus\theta_2\oplus\theta_3\oplus\theta_4\oplus\theta_5,$$

那么 e_1, e_2, e_3, e_4, e_5 都是本原幂等元. 我们有

$$\begin{aligned}&e_1=x^3+x^6+x^7+x^9+x^{11}+x^{12}+x^{13}+x^{14},\\&e_2=x+x^2+x^3+x^4+x^6+x^7+x^8+x^9+x^{11}+x^{12}+x^{13}+x^{14},\\&e_3=x+x^2+x^3+x^4+x^6+x^8+x^9+x^{12},\\&e_4=x+x^2+x^4+x^5+x^7+x^8+x^{10}+x^{11}+x^{13}+x^{14},\\&e_5=1+x+x^2+x^3+x^4+x^5+x^6+x^7+x^8+x^9+x^{10}+x^{11}+x^{12}+x^{13}+x^{14}.\end{aligned}$$

用辗转除法可以算出

$$\begin{aligned}f_1(x) &=\gcd(x^{15}-1,1-e_1)=x^4+x^3+1,\\f_2(x) &=\gcd(x^{15}-1,1-e_2)=x^4+x^3+x^2+x+1,\\f_3(x) &=\gcd(x^{15}-1,1-e_3)=x^4+x+1,\\f_4(x) &=\gcd(x^{15}-1,1-e_4)=x^2+x+1,\\f_5(x) &=\gcd(x^{15}-1,1-e_5)=x+1.\end{aligned}$$

于是

$$\begin{aligned}x^{15}-1= &\ (x^4+x^3+1)(x^4+x^3+x^2+x+1)\\&(x^4+x+1)(x^2+x+1)(x+1).\end{aligned}$$

□

10.5 确定不可约多项式和本原多项式的问题

在 3.2 节中我们曾经指出，要具体构造 p^n 个元素的有限域 $\mathbb{F}_{p^n}$ (这里 p 是一个素数，而 n 是个正整数)，需要求出 $\mathbb{F}_p$ 上一个 n 次不可约多项式. 为了得到 $\mathbb{F}_{p^n}$ 的一个本原元素，也需要求出 $\mathbb{F}_p$ 上一个 n 次本原多项式. 因此求 $\mathbb{F}_p$ 上 n 次不可约多项式和本原多项式是有意义的.

因为 $\mathbb{F}_q$ 上的 n 次本原多项式是周期等于 q^n-1 的 n 次不可约多项式，所以要确定 n 次本原多项式可以先确定 n 次不可约多项式，然后再计算一下它的周期是否等于 q^n-1. 关于后一个问题，即计算不可约多项式周期，可以利用 10.2 节介绍的方法来计算，但困难之处是当 n 和 q 较大时， q^n-1 的素因数分解问题.

怎样确定 $\mathbb{F}_q$ 上的不可约多项式呢？我们知道不可约多项式在多项式中的地位相当于素数在整数中的地位. 在 0.2 节我们介绍了求素数的筛法. 当然也可以用筛法来求不可约多项式. 譬如将次数 $\geqslant 1$ 而 $\leqslant n$ 的多项式按次数排列成表，次数小的排在前面，次数大的排在后面，次数相等的多项式按某种规则排列前后. 那么排在最前面的多项式是不可约的，把它圈出来，再把它的倍式从表中划去. 剩下的没有圈和没有划的多项式中排在最前面多项式又是不可约的，把它圈出来，再把它的倍式从表中划去；等等. 但这种做法，只要 n 适当大，工作量就太大. 因此通常并不采用这种办法.

为了确定有限域上的不可约多项式，人们探讨了判定一个多项式是否可约一些方法. 利用这些方法去判定一个多项式是否可约. 这样就可以从次数 $\leqslant n$ 的不可约多项式的表中删去这些可约的多项式. 于是就得到了所有次数 $\leqslant n$ 的不可约多项式. 10.3 节介绍的方法就可以用来判定一个多相式是否可约. 但这个方法毕竟比较复杂. 因此人们先用一些简单的容易判定一个多项式是可约多项式的方法删去一些可约多项式，然后再对剩下的多项式采用 10.3 节介绍的方法来判定它究竟可约还是不可约. 有时如果能够比较容易地找到 $\mathbb{F}_q[x]_{f(x)}$ 中一个 $\neq 1$ 的非零幂等元，那么根据定理 4.36 也可以判定 $f(x)$ 是否可约.

常用的判定 $\mathbb{F}_2$ 上的一个 $n(\geqslant 1)$ 次多项式是可约多项式的方法有：

1) 如果 $f(x)$ 的常数项等于零，除非 $f(x)=x$, 否则 $f(x)$ 一定可约.

2) 如果 $f(x)$ 中系数等于 1 的项的个数是偶数，那么 $f(x)$ 一定可约.

3) 如果 $f(x)$ 中系数等于 1 的项的 x 的幂次都是 2 的倍数，那么 $f(x)$ 一定可约.

4) 如果 $\gcd(f(x), f'(x)) \neq 1$, 那么 $f(x)$ 一定可约.

5) 如果 $f(x+1)$ 可约，那么 $f(x)$ 也可约.

6) 如果 $x^n f(\frac{1}{x})$ 可约，那么 $f(x)$ 可约，等等.

对于 $\mathbb{F}_2$ 上的三项式 $f_{n,k}(x)=x^n+x^k+1\,(n,\ k$ 不同时是偶数), 还有

1) 设 $n \geqslant 4$, 当 $n \equiv 1 \pmod 3$ 而 $k \equiv 2 \pmod 3$ 或当 $n \equiv 2 \pmod 3$ 而 $k \equiv 1 \pmod 3$ 时, $f_{n,k}(x)$ 被 x^2+x+1 除尽, 因此这时 $f_{n,k}(x)$ 可约.

2)① $f_{n,k}(x)$ 有偶数个不可约因式当且仅当以下三种情况之一成立:

i) n 是偶数, k 是奇数, $n \neq 2k$, 而 $\frac{nk}{2} \equiv 0$ 或 $1 \pmod 4$,

ii) n 是奇数, k 是偶数, $k \nmid 2n$, 而 $n \equiv \pm 3 \pmod 8$.

iii) n 是奇数, k 是偶数, $k | 2n$, 而 $n \equiv \pm 1 \pmod 8$.

因此上述三种情况之一成立时, $f_{n,k}(x)$ 一定可约.

Zierler, N. 和 Brillhart, J.② 利用上述这些判定 $\mathbb{F}_2$ 上多项式和三项式可约的条件以及 10.3 节介绍的方法, 用计算机定出了 $\mathbb{F}_2$ 上所有次数 $\leqslant 1000$ 的不可约三项式, 并对已知 2^n-1 的素因数分解的那些 $n(\leqslant 1000)$ 次不可约三项式算出了它们的周期, 因而定出了一些本原三项式. 它们的结果表明, 并不是有任意次数的不可约三项式 (和本原三项式). 但是任给一个正整数 N, 是否有次数 $\geqslant N$ 的本原三项式则不清楚.

最后, 假定已知 $\mathbb{F}_q$ 上的一个 n 次本原多项式. 那么 $\mathbb{F}[x]_{f(x)}$ 是 q^n 个元素的有限域. 记 ξ 为 $\mathbb{F}_q[x]_{f(x)}$ 中的 x. 那么 ξ^k $(1 \leqslant k < q^n-1, \gcd(k, q^n-1)=1)$ 是 $\phi(q^n-1)$ 个本原元. 我们把满足 $1 \leqslant k < q^{n-1}$ 和 $\gcd(k, q^n-1)=1$ 的 k 分成 $\phi(q^n-1)/n$ 个 mod q^n-1 的 q 轮换. 那么对应于每个 mod q^n-1 的 q 轮换 $(a_0, a_1, \cdots, a_{n-1})$, 有 $\mathbb{F}_q$ 上的一个 n 次本原多项式, 即 $(x-\xi^{a_0})(x-\xi^{a_1})\cdots(x-\xi^{a_{n-1}})$. 用这种方法可以得到 $\mathbb{F}_q$ 上的所有 n 次本原多项式.

习 题 十

10.1 用修饰的辗转相除法求 $\mathbb{F}_2$ 上的多项式 $c(x), d(x)$, 使得

$$c(x)(x^5+x^2+1)+d(x)(x^6+x^5+x^4+x^3+x^2+1)=1.$$

10.2 用修饰的辗转相除法求 $\mathbb{F}_2$ 上多项式

$$x^8+x^7+x^5+x^4+1 \text{ 和 } x^3+x^2+x$$

的最高公因式, 并将其表示成上述两个多项式的线性组合.

10.3 把下面 $\mathbb{F}_2$ 上的多项式分解成不可约因式的乘积, 并计算它们的周期.

(i) $x^8+x^6+x^4+x^3+x$,

(ii) $x^{12}+x^8+x^7+x^6+x^2+x+1$.

10.4 求出 mod 21 的 2 轮换, 并且求出 $\mathbb{F}_2$ 上多项式 $x^{21}-1$ 的分解式.

① 见 Swan, R. G., Factorization of polynomials over finite fields, Pacific J.Math., 12 (1962), 1099~1106.

② On primitive trinomials, I and II, Information and control, 13(1968), 541~554 and 14(1969), 556~569.

参 考 文 献

1 王湘浩，谢邦杰. 高等代数 (修订本). 北京：高等教育出版社，1964

2 刘绍学. 抽象代数. 北京：高等教育出版社，2001

3 张禾瑞. 近世代数基础 (第二版). 北京：高等教育出版社，1978

4 张禾瑞，郝炳新. 高等代数 (第四版). 北京：高等教育出版社，1998

5 张海权，游宏. 抽象代数. 长春：东北师范大学出版社，1994

6 周伯勋. 高等代数. 北京：人民教育出版社，1978

7 聂灵沼，丁石孙. 代数学引论. 北京：高等教育出版社，1988

8 谢邦杰. 抽象代数学. 上海：上海科学技术出版社，1982

9 康明昌. 近世代数. 台北：联经出版事业公司，1986

10 Albert, A. A. Fundamental Concepts of Higher Algebra. Chicago: University of Chicago Press, 1956

11 Artin, E. Geometric Algebra. New York: Intersciece, 1955

12 Berlekamp, E. R. Algebraic Coding Theorey. New York: McGraw-Hill, 1968

13 Caldwell, C. K. Mersenne primes: history, theorems and lists, 2014. Caldwell @ utm.edu

14 Jacobson, N. Lectures in Abstract Algebra, Vol. 1: Fundamental Concepts, Vol. 2: Linear Algebra, and Vol.3: Theory of Fields and Galois Theory. New York: Van Nostrand, 1951, 1953, and 1964

15 Jacobson, N. Basic Algebra I and II, 2nd ed, New York: W. H. Freeman and Company. 1985 and 1989

16 Lidl, R. and Niederreiter, H. Finite Fields. Cambridge: Cambridge University Press, 1987

17 Lidl, R. and Pilz, G. Applied Abstract Algebra. Springer, 1984

18 Roman, S. Advanced Linear Algebra. New York: Springer-Verlag, 1992

19 McEliece, R. J. Finite Fields for Computer Scientists and Engineers. Kluwer Academic Publishers, 1987

20 Strang, G. Linear Algebra and its applications, 2nd ed., Academic Press, 1980

21 Wan, Zhe-Xian. Geometry of Classical Groups over finite fields, 2nd Edition. Beijing: Science Press, 2002

符 号 表

$a \in M$	元素a属于集合M
$a \notin M$	元素a不属于集合M
$\emptyset$	空集合
$\{a, b, c\}$	a, b和c组成的集合
$\{x : p(x)\}$	使$p(x)$成立的所有x组成的集合
$M \subset N$	M是N的子集合
$M \cap N$	两个集合M和N的交
$M \cup N$	两个集合M和N的并
$M \backslash N$	当$M \supseteq N$时,N在M中的余集
$\|M\|$	集合M的基数
$\sigma : A \to B$	σ是从A到B的映射
$\sigma(a)$	a在映射σ下的像
$\sigma^{-1}(a)$	a在映射σ下的完全原像
$\gcd(a, b)$	如果a, b中至少有一个非零，两个整数a, b的最大公因数
$\mathrm{lcm}[a, b]$	如果a, b都非零，两个整数a, b的最小公倍数
$S \times S$	S与S的笛卡儿积
$a \sim b$	a和b有关系$\sim$
$\mathrm{diag}\{d_1, d_2, \cdots, d_r, 0, \cdots, 0\}$	主对角线上前r个元素依序是$d_1, d_2, \cdots, d_r$其他位置上的元素是0的矩阵
$\mathbb{C}$	复数域
$\mathbb{R}$	实数域
$\mathbb{Q}$	有理数域
$\mathbb{Z}$	整数环
$\mathbb{Z}_p$	整数模p的域
$\mathbb{Z}_m$	整数模m的环
$\mathbb{N}$	正整数的集合
F^+	域F的加法群
F^*	域F的乘法群
$F[x]$	域F上一个未定元x的多项式环
$F[x_1, x_2, \cdots, x_n]$	域F上n个未定元$x_1, x_2, \cdots, x_n$的多项式环

F_q	q个元素的有限域
$F(x)$	域F上一个未定元x的有理分式域
$\oplus$	模p加号，或模m的加号，或模$p(x)$的加号
$\odot$	模p乘号，或模m的乘号，或模$p(x)$的乘号
$(a)_b$	整数a除以非零整数b的余数
$(g(x))_{f(x)}$	多项式$g(x)$除以非零多项式 $f(x)$ 的余式
aH	在群中元素a关于它的子群H的左陪集
Ha	在群中元素a关于它的子群H的右陪集
$G:H$	子群H在群G中的指数
$N \triangleleft G$	N是G的正规子群
G/N	群G对于其正规子群N的商群
S_n	n次对称群
A_n	n次交错群
$GL_n(F)$	域F上的n次一般线性群
$\langle a\rangle$	由群中一个元素a生成的循环子群
R/I	环R模它的理想I的同余类环
$\equiv$	同余
$R = R_1 \dot{+} R_2 \dot{+} \cdots \dot{+} R_r$	交换环R是它的理想$R_1, R_2, \cdots, R_r$的直和
$\langle S\rangle$	向量空间的子集合S张成的子空间
$\dim V$	向量空间V的维数
$V = V_1 \dot{+} V_2 \dot{+} \cdots \dot{+} V_r$	向量空间V是它的子空间$V_1, V_2, \cdots, V_r$的直和
$U+V$	两个子空间U和V的和
$\|A\|$	方阵A的行列式
$\operatorname{rank} A$	矩阵A的秩
$M = M_1 \dot{+} M_2 \dot{+} \cdots \dot{+} M_r$	R 模V是它的子 R 模$M_1, M_2, \cdots, M_r$的直和
$U+V$	两个子 R 模M_1和M_2的和

附　表

附表 1　2^n-1 的素因数分解表 ($n \leqslant 100$)

n	2^n-1 的素因数分解
1	1
2	3
3	7
4	$3 \cdot 5$
5	31
6	$3^2 \cdot 7$
7	127
8	$3 \cdot 5 \cdot 17$
9	$7 \cdot 73$
10	$3 \cdot 11 \cdot 31$
11	$23 \cdot 89$
12	$3^2 \cdot 5 \cdot 7 \cdot 13$
13	8191
14	$3 \cdot 43 \cdot 127$
15	$7 \cdot 31 \cdot 151$
16	$3 \cdot 5 \cdot 17 \cdot 257$
17	131071
18	$3^3 \cdot 7 \cdot 19 \cdot 73$
19	524287
20	$3 \cdot 5^2 \cdot 11 \cdot 31 \cdot 41$
21	$7^2 \cdot 127 \cdot 337$
22	$3 \cdot 23 \cdot 89 \cdot 683$
23	$47 \cdot 178481$
24	$3^2 \cdot 5 \cdot 7 \cdot 13 \cdot 17 \cdot 241$
25	$31 \cdot 601 \cdot 1801$
26	$3 \cdot 2731 \cdot 8191$
27	$7 \cdot 73 \cdot 262657$
28	$3 \cdot 5 \cdot 29 \cdot 43 \cdot 113 \cdot 127$
29	$233 \cdot 1103 \cdot 2089$
30	$3^2 \cdot 7 \cdot 11 \cdot 31 \cdot 151 \cdot 331$
31	2147483647
32	$3 \cdot 5 \cdot 17 \cdot 257 \cdot 65537$
33	$7 \cdot 23 \cdot 89 \cdot 599479$
34	$3 \cdot 43691 \cdot 131071$
35	$31 \cdot 71 \cdot 127 \cdot 122921$
36	$3^3 \cdot 5 \cdot 7 \cdot 13 \cdot 19 \cdot 37 \cdot 73 \cdot 109$
37	$223 \cdot 616318177$
38	$3 \cdot 174763 \cdot 524287$

续表

n	2^n-1 的素因数分解
39	$7 \cdot 79 \cdot 8191 \cdot 121369$
40	$3 \cdot 5^2 \cdot 11 \cdot 17 \cdot 31 \cdot 41 \cdot 61861$
41	$13367 \cdot 164511353$
42	$3^2 \cdot 7^2 \cdot 43 \cdot 127 \cdot 337 \cdot 5419$
43	$431 \cdot 9719 \cdot 2099863$
44	$3 \cdot 5 \cdot 23 \cdot 89 \cdot 397 \cdot 683 \cdot 2113$
45	$7 \cdot 31 \cdot 73 \cdot 151 \cdot 631 \cdot 23311$
46	$3 \cdot 47 \cdot 178481 \cdot 2796203$
47	$2351 \cdot 4513 \cdot 13264529$
48	$3^2 \cdot 5 \cdot 7 \cdot 13 \cdot 17 \cdot 97 \cdot 241 \cdot 257 \cdot 673$
49	$127 \cdot 4432676798593$
50	$3 \cdot 11 \cdot 31 \cdot 251 \cdot 601 \cdot 1801 \cdot 4051$
51	$7 \cdot 103 \cdot 2143 \cdot 11119 \cdot 131071$
52	$3 \cdot 5 \cdot 53 \cdot 157 \cdot 1613 \cdot 2731 \cdot 8191$
53	$6361 \cdot 69431 \cdot 20394401$
54	$3^4 \cdot 7 \cdot 19 \cdot 73 \cdot 87211 \cdot 262657$
55	$23 \cdot 31 \cdot 89 \cdot 881 \cdot 3191 \cdot 201961$
56	$3 \cdot 5 \cdot 17 \cdot 29 \cdot 43 \cdot 113 \cdot 127 \cdot 15790321$
57	$7 \cdot 32377 \cdot 524287 \cdot 1212847$
58	$3 \cdot 59 \cdot 233 \cdot 1103 \cdot 2089 \cdot 3033169$
59	$179951 \cdot 3203431780337$
60	$3^2 \cdot 5^2 \cdot 7 \cdot 11 \cdot 13 \cdot 31 \cdot 41 \cdot 61 \cdot 151 \cdot 331 \cdot 1321$
61	2305843009213693951
62	$3 \cdot 715827883 \cdot 2147483647$
63	$7^2 \cdot 73 \cdot 127 \cdot 337 \cdot 92737 \cdot 649657$
64	$3 \cdot 5 \cdot 17 \cdot 257 \cdot 641 \cdot 65537 \cdot 6700417$
65	$31 \cdot 8191 \cdot 145295143558111$
66	$3^2 \cdot 7 \cdot 23 \cdot 67 \cdot 89 \cdot 683 \cdot 20857 \cdot 599479$
67	$193707721 \cdot 761838257287$
68	$3 \cdot 5 \cdot 137 \cdot 953 \cdot 26317 \cdot 43691 \cdot 131071$
69	$7 \cdot 47 \cdot 178481 \cdot 10052678938039$
70	$3 \cdot 11 \cdot 31 \cdot 43 \cdot 71 \cdot 127 \cdot 281 \cdot 86171 \cdot 122921$
71	$228479 \cdot 48544121 \cdot 212885833$
72	$3^3 \cdot 5 \cdot 7 \cdot 13 \cdot 17 \cdot 19 \cdot 37 \cdot 73 \cdot 109 \cdot 241 \cdot 433 \cdot 38737$
73	$439 \cdot 2298041 \cdot 9361973132609$
74	$3 \cdot 223 \cdot 1777 \cdot 25781083 \cdot 616318177$
75	$7 \cdot 31 \cdot 151 \cdot 601 \cdot 1801 \cdot 100801 \cdot 10567201$
76	$3 \cdot 5 \cdot 229 \cdot 457 \cdot 174763 \cdot 524287 \cdot 525313$
77	$23 \cdot 89 \cdot 127 \cdot 581283643249112959$
78	$3^2 \cdot 7 \cdot 79 \cdot 2731 \cdot 8191 \cdot 121369 \cdot 22366891$

续表

n	2^n-1 的素因数分解
79	$2687 \cdot 202029703 \cdot 1113491139767$
80	$3 \cdot 5^2 \cdot 11 \cdot 17 \cdot 31 \cdot 41 \cdot 257 \cdot 61681 \cdot 4278255361$
81	$7 \cdot 73 \cdot 2593 \cdot 71119 \cdot 262657 \cdot 97685839$
82	$3 \cdot 83 \cdot 13367 \cdot 164511353 \cdot 8831418697$
83	$167 \cdot 57912614113275649087721$
84	$3^2 \cdot 5 \cdot 7^2 \cdot 13 \cdot 29 \cdot 43 \cdot 113 \cdot 127 \cdot 337 \cdot 1429 \cdot 5419 \cdot 14449$
85	$31 \cdot 131071 \cdot 9520972806333758431$
86	$3 \cdot 431 \cdot 9719 \cdot 2099863 \cdot 2932031007403$
87	$7 \cdot 233 \cdot 1103 \cdot 2089 \cdot 4177 \cdot 9857737155463$
88	$3 \cdot 5 \cdot 17 \cdot 23 \cdot 89 \cdot 353 \cdot 397 \cdot 683 \cdot 2113 \cdot 2931542417$
89	$618970019642690137449562111$
90	$3^3 \cdot 7 \cdot 11 \cdot 19 \cdot 31 \cdot 73 \cdot 151 \cdot 331 \cdot 631 \cdot 23311 \cdot 18837001$
91	$127 \cdot 911 \cdot 8191 \cdot 112901153 \cdot 23140471537$
92	$3 \cdot 5 \cdot 47 \cdot 277 \cdot 1013 \cdot 1657 \cdot 30269 \cdot 178481 \cdot 2796203$
93	$7 \cdot 2147483647 \cdot 658812288653553079$
94	$3 \cdot 283 \cdot 2351 \cdot 4513 \cdot 13264529 \cdot 165768537521$
95	$31 \cdot 191 \cdot 524287 \cdot 420778751 \cdot 30327152671$
96	$3^2 \cdot 5 \cdot 7 \cdot 13 \cdot 17 \cdot 97 \cdot 193 \cdot 241 \cdot 257 \cdot 673 \cdot 65537 \cdot 22253377$
97	$11447 \cdot 13842607235828485645766393$
98	$3 \cdot 43 \cdot 127 \cdot 4363953127297 \cdot 4432676798593$
99	$7 \cdot 23 \cdot 73 \cdot 89 \cdot 199 \cdot 153649 \cdot 599479 \cdot 33057806959$
100	$3 \cdot 5^3 \cdot 11 \cdot 31 \cdot 41 \cdot 101 \cdot 251 \cdot 601 \cdot 1801 \cdot 4051 \cdot 8101 \cdot 268501$

附注：① 本表根据 "Kraitchik, M., On the factorization of 2^n-1, Scripta Mathematica, 18 (1952), 39~52" 编成；$2^{95}-1$ 的素因数分解据 "Robinson, R. M., Some factorizations of numbers of the form $2^n \pm 1$, MTAC, 11(1957), 265~268" 一文加以改正.

② 当 $n>100$ 时，对 2^n-1 的素因数分解有兴趣的读者可参阅 "Brillhart, J. and Selfridge, J. L., Some factorizations of $2^n \pm 1$ and related results, Math. of Comp., 21 (1967), 87~96" 一文及该文所引文献.

附表 2 $\mathbb{F}_2$ 上不可约多项式的表 ($n \leqslant 10$)

次数	不可约多项式	周期	次数	不可约多项式	周期
1	1 0		9	1 0 0 0 0 0 0 0 1 1	73
	1 1	1		1 0 0 0 0 1 0 0 0 1	511
2	1 1 1	3		1 0 0 0 0 1 0 1 1 1	73
3	1 0 1 1	7		1 0 0 0 0 1 1 0 1 1	511
4	1 0 0 1 1	15		1 0 0 0 1 0 1 1 0 1	511
	1 1 1 1 1	5		1 0 0 0 1 1 0 0 1 1	511
5	1 0 0 1 0 1	31		1 0 0 1 0 0 1 0 1 1	73
	1 0 1 1 1 1	31		1 0 0 1 0 1 1 0 0 1	511
	1 1 0 1 1 1	31		1 0 0 1 0 1 1 1 1 1	511
6	1 0 0 0 0 1 1	63		1 0 0 1 1 0 0 1 0 1	73
	1 0 0 1 0 0 1	9		1 0 0 1 1 0 1 1 1 1	511
	1 0 1 0 1 1 1	21		1 0 0 1 1 1 0 1 1 1	511
	1 0 1 1 0 1 1	63		1 0 0 1 1 1 1 1 0 1	511
	1 1 0 0 1 1 1	63		1 0 1 0 0 0 0 1 1 1	511
7	1 0 0 0 0 0 1 1	127		1 0 1 0 0 1 0 1 0 1	511
	1 0 0 0 1 0 0 1	127		1 0 1 0 1 0 0 0 1 1	511
	1 0 0 0 1 1 1 1	127		1 0 1 0 1 0 1 1 1 1	511
	1 0 0 1 1 1 0 1	127		1 0 1 0 1 1 0 1 1 1	511
	1 0 1 0 0 1 1 1	127		1 0 1 0 1 1 1 1 0 1	511
	1 0 1 0 1 0 1 1	127		1 0 1 1 0 0 1 1 1 1	511
	1 0 1 1 1 1 1 1	127		1 0 1 1 0 1 1 0 1 1	511
	1 1 0 0 1 0 1 1	127		1 1 0 0 0 1 0 0 1 1	511
	1 1 1 0 1 1 1 1	127		1 1 0 0 0 1 1 1 1 1	511
8	1 0 0 0 1 1 0 1 1	51		1 1 0 0 1 1 1 0 1 1	511
	1 0 0 0 1 1 1 0 1	255		1 1 0 1 0 0 1 1 1 1	511
	1 0 0 1 0 1 0 1 1	255		1 1 0 1 0 1 1 0 1 1	511
	1 0 0 1 0 1 1 0 1	255		1 1 0 1 1 1 1 1 1 1	511
	1 0 0 1 1 1 0 0 1	17		1 1 1 0 0 0 1 1 1 1	511
	1 0 0 1 1 1 1 1 1	85	10	1 0 0 0 0 0 0 1 0 0 1	1023
	1 0 1 0 0 1 1 0 1	255		1 0 0 0 0 0 0 1 1 1 1	341
	1 0 1 0 1 1 1 1 1	255		1 0 0 0 0 0 1 1 0 1 1	1023
	1 0 1 1 0 0 0 1 1	255		1 0 0 0 0 0 1 1 1 0 1	341
	1 0 1 1 1 0 1 1 1	85		1 0 0 0 0 1 0 0 1 1 1	1023
	1 0 1 1 1 1 0 1 1	85		1 0 0 0 0 1 0 1 1 0 1	1023
	1 1 0 0 0 0 1 1 1	255		1 0 0 0 0 1 1 0 1 0 1	93
	1 1 0 0 0 1 0 1 1	85		1 0 0 0 1 0 0 0 1 1 1	341
	1 1 0 0 1 1 1 1 1	51		1 0 0 0 1 0 1 0 0 1 1	341
	1 1 1 0 0 1 1 1 1	255		1 0 0 0 1 1 0 0 0 1 1	341
	1 1 1 0 1 0 1 1 1	17		1 0 0 0 1 1 0 0 1 0 1	1023

续表

次数	不可约多项式	周期	次数	不可约多项式	周期
10	1 0 0 0 1 1 0 1 1 1 1	1023	10	1 0 1 1 0 0 0 1 1 1 1	1023
	1 0 0 1 0 0 0 1 0 1 1	1023		1 0 1 1 0 0 1 0 1 1 1	1023
	1 0 0 1 0 0 1 1 0 0 1	341		1 0 1 1 0 0 1 1 0 1 1	341
	1 0 0 1 0 1 0 1 0 0 1	33		1 0 1 1 0 1 0 1 0 1 1	341
	1 0 0 1 0 1 0 1 1 1 1	341		1 0 1 1 1 0 0 0 1 1 1	1023
	1 0 0 1 1 0 0 0 1 0 1	1023		1 0 1 1 1 1 1 0 1 1 1	1023
	1 0 0 1 1 0 1 0 1 1 1	1023		1 0 1 1 1 1 1 1 0 1 1	1023
	1 0 0 1 1 1 0 0 1 1 1	1023		1 1 0 0 0 0 1 0 0 1 1	1023
	1 0 0 1 1 1 0 1 1 0 1	341		1 1 0 0 0 1 0 0 0 1 1	33
	1 0 0 1 1 1 1 0 0 1 1	1023		1 1 0 0 0 1 1 0 1 1 1	1023
	1 0 0 1 1 1 1 1 1 1 1	1023		1 1 0 0 1 0 0 1 1 1 1	1023
	1 0 1 0 0 0 0 1 0 1 1	93		1 1 0 0 1 0 1 1 0 1 1	1023
	1 0 1 0 0 0 0 1 1 0 1	1023		1 1 0 0 1 1 1 1 1 1 1	1023
	1 0 1 0 0 0 1 1 1 1 1	341		1 1 0 1 0 1 0 0 1 1 1	93
	1 0 1 0 0 1 0 0 0 1 1	1023		1 1 0 1 0 1 1 1 1 1 1	341
	1 0 1 0 0 1 1 1 1 0 1	1023		1 1 0 1 1 0 1 1 1 1 1	1023
	1 0 1 0 1 0 0 0 0 1 1	1023		1 1 0 1 1 1 1 0 1 1 1	341
	1 0 1 0 1 0 1 0 1 1 1	1023		1 1 1 0 0 0 0 1 1 1 1	341
	1 0 1 0 1 1 0 0 1 1 1	341		1 1 1 0 0 0 1 0 1 1 1	1023
	1 0 1 0 1 1 0 1 0 1 1	1023		1 1 1 1 1 1 1 1 1 1 1	11

附注： ① 不可约多项式栏中列出了不可约多项式各次幂的系数，最左侧的是最高次幂的系数，然后依序是次高次项的系数， $\cdots$，直到 0 次项的系数，例如 111 代表多项式 x^2+x+1; 100011011 代表多项式 $x^8+x^4+x^3+x+1$.

② 与表中不可约多项式互反的多项式未列入，例如，与 $x^8+x^4+x^3+x+1$ 互反的多项式 $x^8+x^7+x^5+x^4+1$ 就没有列入.

③ 本表根据 “Marsh, R.W., Table of irreducible polynomials over GF (2) through degree 19, NSA, Washington, D. C., 1957” 编成.

附表 3 $\mathbb{F}_2$ 上不可约三项式 x^n+x^k+1 的表 $(2 \leqslant n \leqslant 100, 1 \leqslant k \leqslant n/2)$

n	k	周期 (或指数)	n	k	周期 (或指数)
2	1	本原	31	3	本原
3	1	本原		6	本原
4	1	本原		7	本原
5	2	本原		13	本原
6	1	本原	33	10	(7)
6	3	3^3		13	本原
7	1	本原	34	7	(3)
7	3	本原	35	2	本原
9	1	73	36	9	$3^3 \cdot 5$
9	4	本原		11	本原
10	3	本原		15	$3^3 \cdot 7 \cdot 13$
11	2	本原	39	4	本原
12	3	$3^2 \cdot 5$		8	本原
	5	(5)		14	本原
14	5	(3)	41	3	本原
15	1	本原		20	本原
	4	本原	42	7	$3^2 \cdot 7^2$
	7	本原	44	5	$(3 \cdot 5)$
17	3	本原	46	1	(3)
	5	本原	47	5	本原
17	6	本原		14	本原
18	3	$3^3 \cdot 7$		20	本原
	7	本原		21	本原
	9	3^3	49	9	本原
20	3	本原		12	本原
	5	$3 \cdot 5^2$		15	本原
21	2	本原		22	本原
	7	7^2	52	3	本原
22	1	本原		7	(3)
23	5	本原		19	本原
	9	本原		21	本原
			54	9	$3^4 \cdot 7$
25	3	本原		21	$3^4 \cdot 7 \cdot 19 \cdot 73$
	7	本原		27	3^4
28	1	$(3 \cdot 5)$	55	7	(23)
	3	本原		24	本原
	9	本原	57	4	(7)
	13	本原		7	本原
29	2	本原		22	本原
30	1	$(3^2 \cdot 11)$		25	(7)
	9	$3^2 \cdot 11 \cdot 31$	58	19	本原

续表

n	k	周期 (或指数)	n	k	周期 (或指数)
60	1	本原		16	本原
	9	$3^2\cdot5^2\cdot11\cdot31\cdot41$		35	本原
	11	本原	84	5	(5)
	15	$3^2\cdot5^2$		9	$3^2\cdot5\cdot29\cdot43\cdot113\cdot127$
	17	$(3\cdot5\cdot7\cdot11)$		11	(5)
	23	(5)		13	本原
62	29	(3)		27	$3^2\cdot5\cdot29\cdot43\cdot113\cdot127$
63	1	本原		35	$3^2\cdot7^2\cdot13$
	5	本原		39	$3^2\cdot5\cdot29\cdot43\cdot113\cdot127$
	11	(7)	86	21	(3)
	28	$7^2\cdot73$	87	13	本原
	31	本原	89	38	本原
65	18	本原	90	27	$3^2\cdot11\cdot31$
	32	本原	92	21	(5)
66	3	$3^2\cdot23\cdot89\cdot683$	93	2	本原
68	9	本原	94	21	本原
	33	本原	95	11	本原
71	6	本原		17	本原
	9	本原	97	6	本原
	18	本原		12	本原
	20	本原		33	本原
	35	本原		34	本原
73	25	本原	98	11	本原
	28	本原		27	本原
	31	本原	100	15	$3\cdot5^2\cdot11\cdot31\cdot41$
74	35	(3)		19	(41)
76	21	(3)		25	$3\cdot5^3$
79	9	本原		37	本原
	19	本原		49	(11)
81	4	本原			

附注：① 因 x^n+x^k+1 和 $x^n+x^{n-k}+1$ 同时可约或不可约，而当它们不可约时，它们的周期相等，所以当 $n/2<k<n$ 时，三项式 x^n+x^k+1 是否不可约及是否本原可以从表中 $x^n+x^{n-k}+1$ 是否列入及是否本原来断定，而当 x^n+x^k+1 不可约时，它的周期等于表中 $x^n+x^{n-k}+1$ 的周期.
② 当 x^n+x^k+1 是本原多项式时，在表中周期 (或指数) 栏写明，当 x^n+x^k+1 是非本原的不约三项式时，表中周期 (或指数) 栏中一般列出的是它的周期，但如周期较大，则列出指数. 注意周期 · 指数 $=2^n-1$. 周期 (或指数) 栏中，不加圆括号的数字是周期，加圆括号的数字指数，如 x^6+x^3+1 的周期是 3^2, $x^{12}+x^5+1$ 的指数是 5.

③ 本表根据 “Zierler, N. and Brillhart, J., On Primitive trinomials (mod 2), Information and Control, 13 (1968), 541~554” 编成.

附表 4 $\mathbb{F}_2$ 上本原多项式的表 (次数 ≤ 168, 每个次数 1 个)

次数	本原多项式	次数	本原多项式
1	1 0	40	40 21 19 2 0
2	2 1 0	41	41 3 0
3	3 1 0	42	42 23 22 1 0
4	4 1 0	43	43 6 5 1 0
5	5 2 0	44	44 27 26 1 0
6	6 1 0	45	45 4 3 1 0
7	7 1 0	46	46 21 20 1 0
8	8 6 5 1 0	47	47 5 0
9	9 4 0	48	48 28 27 1 0
10	10 3 0	49	49 9 0
11	11 2 0	50	50 27 26 1 0
12	12 7 4 3 0	51	51 16 15 1 0
13	13 4 3 1 0	52	52 3 0
14	14 12 11 1 0	53	53 16 15 1 0
15	15 1 0	54	54 37 36 1 0
16	16 5 3 2 0	55	55 24 0
17	17 3 0	56	56 22 21 1 0
18	18 7 0	57	57 7 0
19	19 6 5 1 0	58	58 19 0
20	20 3 0	59	59 22 21 1 0
21	21 2 0	60	60 1 0
22	22 1 0	61	61 16 15 1 0
23	23 5 0	62	62 57 56 1 0
24	24 4 3 1 0	63	63 1 0
25	25 3 0	64	64 4 3 1 0
26	26 8 7 1 0	65	65 18 0
27	27 8 7 1 0	66	66 10 9 1 0
28	28 3 0	67	67 10 9 1 0
29	29 2 0	68	68 9 0
30	30 16 15 1 0	69	69 29 27 2 0
31	31 3 0	70	70 16 15 1 0
32	32 28 27 1 0	71	71 6 0
33	33 13 0	72	72 53 47 6 0
34	34 15 14 1 0	73	73 25 0
35	35 2 0	74	74 16 15 1 0
36	36 11 0	75	75 11 10 1 0
37	37 12 10 2 0	76	76 36 35 1 0
38	38 6 5 1 0	77	77 31 30 1 0
39	39 4 0	78	78 20 19 1 0

续表

次数	本原多项式	次数	本原多项式
79	79　9　0	118	118　33　0
80	80　38　37　1　0	119	119　8　0
81	81　4　0	120	120　118　111　7　0
82	82　38　35　3　0	121	121　18　0
83	83　46　45　1　0	122	122　60　59　1　0
84	84　13　0	123	123　2　0
85	85　28　27　1　0	124	124　37　0
86	86　13　12　1　0	125	125　108　107　1　0
87	87　13　0	126	126　37　36　1　0
88	88　72　71　1　0	127	127　1　0
89	89　38　0	128	128　29　27　2　0
90	90　19　18　1　0	129	129　5　0
91	91　84　83　1　0	130	130　3　0
92	92　13　12　1　0	131	131　48　47　1　0
93	93　2　0	132	132　29　0
94	94　21　0	133	133　52　51　1　0
95	95　11　0	134	134　57　0
96	96　49　47　2　0	135	135　11　0
97	97　6　0	136	136　126　125　1　0
98	98　11　0	137	137　21　0
99	99　47　45　2　0	138	138　8　7　1　0
100	100　37　0	139	139　8　5　3　0
101	101　7　6　1　0	140	140　29　0
102	102　77　76　1　0	141	141　32　31　0
103	103　9　0	142	142　21　0
104	104　11　10　1　0	143	143　21　20　1　0
105	105　16　0	144	144　70　69　1　0
106	106　15　0	145	145　52　0
107	107　65　63　2　0	146	146　60　59　1　0
108	108　31　0	147	147　38　37　1　0
109	109　7　6　1　0	148	148　27　0
110	110　13　12　1　0	149	149　110　109　1　0
111	111　10　0	150	150　53　0
112	112　45　43　2　0	151	151　3　0
113	113　9　0	152	152　66　65　1　0
114	114　82　81　1　0	153	153　1　0
115	115　15　14　1　0	154	154　129　127　2　0
116	116　71　70　1　0	155	155　32　31　1　0
117	117　20　18　2　0	156	156　116　115　1　0

续表

次数	本原多项式	次数	本原多项式
157	157 27 26 1 0	163	163 60 59 1 0
158	158 27 26 1 0	164	164 14 13 1 0
159	159 31 0	165	165 31 30 1 0
160	160 19 18 1 0	166	166 39 38 1 0
161	161 18 0	167	167 6 0
162	162 88 87 1 0	168	168 17 15 2 0

附注：① 本原多项式栏中列出的是该多项式非零系数的幂次，例如，210 代表多项式 x^2+x+1, 86510 代表多项式 $x^8+x^6+x^5+x+1$.

② 对于任意次数 $n \leqslant 168$, 如果有 n 次三项本原多项式，就在表中给出一个三项本原多项式 x^n+x^k+1, 其中 k 尽可能地小；不然，如果上述的 n 次三项本原多项式不存在，那么给出一个五项本原多项式 $x^n+x^{b+a}+x^b+x^a+1$, 其中 $0<a<b<n-a$, a 保持最小，而 b 也如此.

③ 本表取自 “Stahnke, W., Primitive binary polynomials, Math. of Comp. 27 (1973), 977~980”.

名 词 索 引

六 画

七　画

八　画

九　画

十　画

《大学数学科学丛书》已出版书目

(按初版时间排序)

1. 代数导引　万哲先　著　2004年8月
2. 代数几何初步　李克正　著　2004年5月
3. 线性模型引论　王松桂等　编著　2004年5月
4. 抽象代数　张勤海　著　2004年8月
5. 变分迭代法　曹志浩　编著　2005年2月
6. 现代偏微分方程导论　陈恕行　著　2005年3月
7. 抽象空间引论　胡适耕　张显文　编著　2005年7月
8. 近代分析基础　陈志华　编著　2005年7月
9. 抽象代数——理论、问题与方法　张广祥　著　2005年8月
10. 混合有限元法基础及其应用　罗振东　著　2006年3月
11. 孤子引论　陈登远　编著　2006年4月
12. 矩阵不等式　王松桂等　编著　2006年5月
13. 算子半群与发展方程　王明新　编著　2006年8月
14. Maple教程　何青　王丽芬　编著　2006年8月
15. 有限群表示论　孟道骥　朱萍　著　2006年8月
16. 遗传学中的统计方法　李照海　覃　红　张　洪　编著　2006年9月
17. 广义最小二乘问题的理论和计算　魏木生　著　2006年9月
18. 多元统计分析　张润楚　2006年9月
19. 几何与代数导引　胡国权　编著　2006年10月
20. 特殊矩阵分析及应用　黄廷祝等　编著　2007年6月
21. 泛函分析新讲　定光桂　著　2007年8月
22. 随机微分方程　胡适耕　黄乘明　吴付科　著　2008年5月
23. 有限维半单李代数简明教程　苏育才　卢才辉　崔一敏　著　2008年5月
24. 积分方程　李星　编著　2008年8月
25. 代数学　游宏　刘文德　编著　2009年6月
26. **代数导引(第二版)　万哲先　著　2010年2月**